AVIS.

Le mérite des ouvrages de l'*Encyclopédie-Roret* leur a valu les honneurs de la traduction, de l'imitation et de la contrefaçon. Pour distinguer ce volume, il porte la signature de l'Editeur.

LIBRAIRIE ENCYCLOPÉDIQUE DE RORET,

RUE HAUTEFEUILLE, 12 :

AVIS DU TRADUCTEUR.

Ma première traduction de l'Astronomie de sir John F. W. Herschel a été imprimée en 1837; il existait déjà plusieurs traductions françaises de l'ouvrage anglais, notamment celle de A. Cournot, recteur de l'Académie, et professeur à la faculté des sciences de Grenoble, imprimée en 1836.

L'édition anglaise de 1849 ayant en quelque sorte refondu l'ouvrage primitif qui formait la part. 43 du cabinet *Cyclopædia*, publié en 1833, j'ai dû faire une traduction nouvelle, dans laquelle je me suis efforcé surtout de conserver la naïve simplicité du texte anglais, qui me semble

MANUELS-RORET.

NOUVEAU MANUEL
COMPLET
D'ASTRONOMIE
OU
TRAITÉ ÉLÉMENTAIRE DE CETTE SCIENCE

DE

SIR JOHN F. W. HERSCHEL, BART. K. H.

Membre correspondant ou honoraire des Académies des sciences de Paris, Berlin, St.-Pétersbourg, Stockholm, Washington, etc., etc.

NOUVELLE ÉDITION,

Traduite par A. D. VERGNAUD,

Colonel d'Artillerie en retraite, officier de la Légion-d'Honneur, ancien élève de l'Ecole polytechnique.

Ouvrage orné de Planches.

PARIS

A LA LIBRAIRIE ENCYCLOPÉDIQUE DE RORET,

RUE HAUTEFEUILLE, 12.

1853.

ENCYCLOPÉDIE-RORET.

ASTRONOMIE.

atteindre le but que s'en proposait sir John Herschell, celui de mettre l'astronomie à la portée du plus grand nombre des lecteurs.

J'ai partout conservé les mesures anglaises, en ayant soin d'y faire correspondre en regard les mesures françaises du système métrique, pour que la vérification en fût toujours prompte et facile.

Rochecorbon, décembre 1852.

A. D. VERGNAUD.

PRÉFACE

DE

J. F. W. HERSCHEL.

Collingwood, 12 avril 1849.

L'ouvrage que j'offre maintenant au public a pour base un traité sur le même sujet qui formait la 43me partie du cabinet *Cyclopœdia*, publié en 1833; et j'ose espérer qu'il peut en être considéré comme un véritable perfectionnement. Son objet particulier et son caractère général sont suffisamment établis dans le chapitre qui sert d'introduction, et que je reproduis sans beaucoup de changements; mais les éditeurs propriétaires m'ayant donné la facilité d'un meilleur format, j'en ai profité avec satisfaction, non-seulement pour corriger quelques erreurs qui, à mon grand regret, subsistaient dans la première édition, mais encore pour refondre tout l'ouvrage, en lui conservant son caractère primitif d'*ouvrage élémentaire*, quoique j'aie donné beaucoup plus d'extension aux derniers chapitres. J'ai pu d'ailleurs comprendre dans un ensemble complet et d'un seul jet, ce qui est relatif aux perturbations de la lune et des planètes, en remettant au courant de la science l'astronomie sidérale et nébulaire.

On verra que l'un des sujets qui ont été traités avec le plus de nouveauté, est celui des perturbations. Il n'est pas, et il ne peut être rendu *élémentaire*, dans le sens d'un ouvrage facile à comprendre par une rapide et première lecture. Ce chapitre doit donc être considéré comme adressé à cette classe de lecteurs qui a quelques connaissances mathématiques, plutôt qu'à celle qui lira couramment les autres chapitres. Enfin je l'adresse aux lecteurs désireux de se préparer en quelque sorte, par la reconnaissance de la *carte du pays*, à une campagne plus attachante et plus productive dans les applications de la géométrie moderne : il est au reste plus spécialement fait, pour les étudiants de l'Université, où le livre *Principia of Newton*, ne peut être mis de côté ni oublié; la section onzième de cet immortel ouvrage qui pose les règles générales de la théorie lunaire, devant y être étudiée moins pour la théorie elle-même que pour l'esprit supérieur de recherches et d'éclaircissements, qui met cette production de l'intelligence humaine bien au-dessus de toutes les autres.

En donnant une exposition distincte et rationnelle de ce sujet, je n'ai pas suivi servilement la marche que Newton a tracée dans la section des *Principia* dont je viens de parler. Quant aux perturbations des nœuds et aux inclinaisons, rien d'aussi lumineux ne peut être substitué à leur explication. Mais quant aux autres perturbations, le point de vue choisi par Newton a été abandonné pour un autre qu'il est si difficile de saisir que c'est sans doute pour cette raison qu'il ne lui a pas donné la préférence. Par une résolution des forces perturbatrices, différente de celle qu'il avait adoptée, et à l'aide de quelques conclusions évidentes tirées des lois du mouvement elliptique qui ont trouvé leur place, successivement et naturellement, comme corollaires de la 17me proposition du 1er livre (proposition qui semble presque avoir été préparée en vue de cette application), le changement momentané de place du foyer supérieur de l'ellipse en perturbation est distinctement mis en vue. La clarté de conception introduite dans les perturbations des excentricités, des périhélies, et des époques est telle, que je ne présume pas qu'on puisse l'obtenir par aucune autre méthode; et certes on ne l'obtient pas de la méthode abandonnée. C'eût été sortir du plan suivi dans le reste de l'ouvrage que d'introduire dans ce chapitre quelques investigations algébriques ; mais il eût été facile de prouver ainsi que l'on serait conduit pas à pas, et de la manière la plus élémentaire, aux formules générales de ces perturbations, telles que Laplace les a données, dans sa Mécanique céleste, *livre* II, *chap. VIII; art.* 67.

Le lecteur trouvera une classe des inégalités de la lune et des planètes, présentée d'une manière très-différente de celle que l'on explique habituellement. Elle comprend celles qui sont caractérisées comme incidentes à l'époque : les principales étant les équations annuelles et séculaires de la lune, et cette partie délicate et obscure de la théorie des perturbations (si peu satisfaisante par la manière dont elle sort de l'analyse), l'effet constant ou permanent de la force perturbatrice attirant l'orbite en perturbation. Je me plais à croire que ce que j'en dis ici tend à éloigner les malentendus et à donner un nouvel appui aux explications de Newton sur l'équation annuelle, *Principia*, *lib.* I, *prop.* 66 *cor.* 6.

Si l'on manquait de preuves de l'inépuisable fertilité de la science astronomique en intérêt et en nouveautés, il suffirait de citer, pendant l'impression de cet ouvrage, la découverte de huit nouvelles planètes et de leurs satellites, dont l'une peut être regardée comme le triomphe de la théorie. Dans le rapport que je fais de cette découverte, j'ai la confiance de m'être exprimé avec une entière impartialité : dans l'exposition de l'action perturbatrice d'Uranus, par laquelle l'existence et la situation de cette planète nous a été révélée, je me suis efforcé, conformément au plan général de cet ouvrage, plutôt de donner une vue rationnelle de l'action dynamique, que d'exposer les voies d'analyse par lesquelles MM. Leverrier et Adams ont illustré leurs savantes recherches.

J'ai à remercier l'un et l'autre de ces éminents géomètres, des communications qui ont dissipé les doutes qu'il pouvait y avoir entre nous sur la *compatibilité* de nos vues au sujet de l'équation annuelle avec le rapport de Newton dont j'ai parlé plus haut. Je dois à mon estimable ami, le professeur de Margan, quelques suggestions ingénieuses au sujet des méprises que j'avais commises dans mon premier ouvrage de la réformation du calendrier julien, et j'en aurais profité, s'il ne m'eût paru plus convenable, après mûre réflexion, de présenter ce sujet sous sa forme la plus simple, et d'éviter toute discussion chronologique.

NOUVEAU MANUEL

COMPLET

D'ASTRONOMIE.

INTRODUCTION.

1. Celui qui veut se livrer à l'étude sérieuse d'une science, surtout s'il est déjà d'un âge avancé, trouvera que non-seulement il a beaucoup à apprendre, mais qu'il a beaucoup aussi à oublier. Les objets et les évènements familiers sont loin de se présenter à nos sens sous l'aspect et avec les rapports que la science requiert pour qu'ils soient bien vus, et qui constitue leur explication rationnelle. Il y a donc tout lieu de s'attendre à ce que ces objets et leurs rapports qui, pris ensemble, constituent le sujet qu'on veut approfondir, auront été d'abord conçus imparfaitement, parce qu'on manquait de moyens de redresser son jugement ; et non-seulement mal compris, mais détournés de leur vrai sens par de fausses analogies et l'influence générale d'erreurs vulgaires. Il faut donc commencer par se débarrasser des notions adoptées trop à la hâte, et s'efforcer par une volonté ferme, de n'admettre aucune conclusion qui ne soit tombée sur une observation exacte et sur une saine logique, lors même que cette conclusion se trouverait opposée à des impressions anciennes ou admises sans examen sur la parole des autres. Cette liberté d'esprit constitue, de fait, le commencement de la discipline intellectuelle par laquelle on arrive aux fins importantes de toute science ; c'est

le premier degré par lequel on approche de cette pureté d'âme qui peut seule nous permettre de comprendre le beau en morale, aussi bien qu'en physique ; c'est, en quelque sorte, la médecine salutaire qui délivre notre esprit de toute impureté, afin qu'il soit apte à saisir et à contempler l'éclatante lumière de la vérité dans l'étude de la nature.

2. L'astronomie est, de toutes les sciences, celle qui exige le plus impérieusement une telle préparation ; elle réclame, plus qu'aucune autre, la netteté de ces vues larges et libérales, qui nous disposent à adopter tout ce qui est démontré, comme à concéder tout ce qui est rendu fortement probable, quelque extraordinaires que soient les aspects nouveaux sous lesquels se présentent les objets qui nous étaient les plus familiers. Presque toutes les conclusions astronomiques sont en contradiction ouverte avec l'observation superficielle et vulgaire, avec le témoignage même de nos sens, tant que nous ne l'avons pas rectifié, en comprenant et pesant les preuves du contraire. Ainsi, la terre que nous habitons, et qui semble depuis des siècles l'inébranlable appui sur lequel se fondent les constructions les plus solides de la nature et de l'art, loin d'être fixe comme elle paraît l'être, tourne sur elle-même, emportée par un mouvement rapide à travers l'espace ; ce double mouvement de la terre, l'astronome le comprend et l'apprécie dans toutes ses phases ; pour lui, le soleil et la lune développent leurs vastes globes, l'un immensément plus grand, et l'autre presqu'aussi volumineux que la terre, au lieu de conserver l'apparence qu'ils ont pour des yeux ignorants, de corps ronds d'une faible dimension : pour lui, les planètes ne sont pas simplement des étoiles un peu plus brillantes que les autres ; ce sont des mondes spacieux, habitables, dont quelques-uns surpassent notre terre en grandeur et en richesse de cortège; les étoiles proprement dites, ne sont plus pour lui de lumineuses étincelles ou de brillants atomes, mais bien des soleils divers, centres éblouissants de lumière et de vie, pour des myriades de mondes inaperçus. C'est ainsi que l'astronome, après avoir élevé ses pensées jusqu'aux grandeurs que lui ont révélé ses calculs, après avoir épuisé les ressources de son imagination et de sa langue pour essayer de faire sentir, par la richesse des métaphores, l'immensité de l'échelle sur laquelle est construit l'univers, ne trouve plus, quand il reporte ses regards sur notre globe terrestre, qu'un simple point, tellement perdu dans le petit système auquel il appartient, qu'il ne peut se

dissimuler qu'il resterait inaperçu et à peine soupçonné, si on le regardait de l'un des corps principaux de ce système.

3. Rien ne met mieux en évidence le pouvoir inhérent de la vérité sur l'esprit humain, quand aucun motif d'intérêt ou de passion ne s'y oppose, que la facilité parfaite avec laquelle toutes ses conclusions sont admises, dès l'instant où leur évidence est nettement perçue, et que la tenacité avec laquelle elles se maintiennent dès-lors en possession de nos pensées. Nous supposerons donc, dans tout le cours de cet ouvrage, le lecteur plus désireux d'apprendre le système astronomique tel qu'il est établi, que d'élever ou de faire revivre des objections maintenant oiseuses; en un mot, nous lui supposerons la bonne volonté et les dispositions convenables, ce qui nous épargnera l'ennui d'entasser arguments sur arguments pour convaincre les sceptiques. Nous avancerons ainsi directement au but, sans soulever des difficultés pour le plaisir de les aplanir, et sans être obligé de revenir à chaque instant sur nos pas, ce qui rendra les progrès du lecteur d'autant plus rapides qu'il suivra facilement notre marche ainsi débarrassée d'inutiles détours.

4. La méthode que nous nous proposons d'employer, ne sera conséquemment, ni tout-à-fait analytique, ni purement synthétique; mais une combinaison de l'analyse et de la synthèse, nous appuyant toutefois sur cette dernière, comme plus convenable à une composition didactique. Notre objet n'est pas de convaincre ou de réfuter les opposants; non plus que d'aller, en affectant l'ignorance, à la recherche de principes dont nous sommes, de tout temps, en pleine possession, mais bien d'*enseigner* simplement ce que nous savons. La nécessité d'explications plutôt précises que diffuses, pour nous renfermer dans les bornes d'un volume, aussi bien que le caractère éminent de maturité et de certitude de la science, rendent d'ailleurs cette marche praticable et préférable. *Praticable*, parce qu'il n'y a pas de danger maintenant d'aucune révolution en astronomie, ainsi que cela a journellement lieu pour des sciences moins avancées, qui changent de formes à mesure que leurs hypothèses sont renversées; *préférable*, parce que le temps perdu soit à combattre des systèmes réfutés, soit à marcher lentement à pas comptés, du connu à l'inconnu, peut être plus avantageusement employé à donner au lecteur, par des développements convenables, le sentiment familier et praticable, pour ainsi dire, de la série des phénomènes et de la

manière dont ils sont produits. Nous ne rejetterons pas, d'ailleurs, la marche analytique, quand elle nous conduira plus facilement ou plus directement à notre but, voulant seulement nous délivrer de la chaîne qui nous astreindrait servilement à une méthode spéciale. N'écrivant que pour être compris, pour communiquer le plus d'instruction dans le moins de mots possible, nous nous efforcerons de rendre cette communication *distincte* et *efficace*, sans rechercher ni le système, ni la forme des phrases d'apparat.

5. Nous prendrons pour point de départ, et nous regarderons comme admis, le système du monde de Copernic ; l'explication facile, claire et naturelle qu'il donne de tous les phénomènes, à mesure qu'ils se présentent, porte la conviction de la vérité dans l'esprit de l'élève, sans aucune des formalités d'une démonstration fastidieuse, suivant cette remarque importante de Bacon : « *La théorie se forme et se soutient par l'appui mutuel de toutes ses parties, comme une voûte, par les pierres qui la composent.* » Nous ne manquerons pas d'ailleurs, quand l'occasion s'en présentera, de faire ressortir aux yeux du lecteur le contraste de la simplicité supérieure de ce système avec la complication des autres hypothèses.

6. Les connaissances préliminaires qu'il est à désirer que le lecteur possède pour tirer le parti le plus avantageux de ce que nous allons dire, consistent : dans la pratique familière de l'arithmétique décimale et sexagésimale ; dans quelques notions de géométrie et de trigonométrie plane et sphérique ; dans les principes élémentaires de la mécanique, et assez d'optique pour comprendre la construction et l'usage, tant du télescope que de quelques autres des instruments les plus simples. Nous renvoyons à ce sujet, aux divers Manuels de cette collection, qui traitent spécialement de ces sciences. Plus ces connaissances seront familières, plus les progrès seront rapides et l'instruction complète ; au reste, nous tâcherons toujours de rendre ce que nous aurons à dire, aussi indépendant que possible de tout autre livre, sans nuire, par des digressions, soit à la clarté, soit à la concision du sujet principal que nous traiterons.

7. Après tout, je dois avertir formellement ceux de mes lecteurs qui voudraient commencer et croiraient terminer leurs études astronomiques avec cet ouvrage (quoique j'espère que le nombre de ces derniers au moins sera fort petit), que je n'ai d'autre prétention que de les conduire sur le seuil

du temple de la science, ou plutôt sur une éminence extérieure d'où ils puissent prendre une notion générale de sa structure, en donnant à ceux qui voudront y pénétrer, un plan de ses abords et le mot de passe. L'admission dans le sanctuaire et les privilèges des initiés ne peuvent être donnés qu'à ceux *qui ont acquis une connaissance profonde des mathématiques, ce grand instrument de toute recherche exacte, sans lequel nul ne peut avancer dans aucune des hautes régions de la science, ni se former une opinion indépendante sur aucun sujet de discussion de cet ordre élevé.* Ce n'est pas sans effort que ceux qui possèdent ces connaissances peuvent communiquer avec ceux qui ne les ont pas, sur de pareils sujets, et se rendre intelligibles en soumettant à de telles exigences leur langage et leurs explications. Des propositions qui pour les uns sont tout-à-fait simples et faciles, deviennent pour les autres des théorèmes compliqués et difficiles; l'évidence ne se présentant pas de la même manière à l'esprit de chacun. Dans cette occurrence, il faut faire appel, non pas à la raison pure et abstraite, mais au sentiment de l'analogie, à la pratique et à l'expérience. Les principes et le mode d'action doivent être établis, non par l'argumentation directe d'axiômes reconnus, mais par des exemples simples et familiers qui retracent ces mêmes principes et ce même mode d'action, ou de semblables, en procédant, dans chaque cas particulier, par une induction séparée, marchant en quelque sorte par un sentier commode et d'une pente douce pour regagner la grande route. Nous voulons dire en un mot, que notre but principal sera toujours de nous faire comprendre du lecteur, et d'en appeler à sa raison, au lieu d'employer la méthode d'*assertion*, exigeant une *foi aveugle*, ce que nous n'adoptons pas pour nous-même et que nous ne conseillons à personne, quoique cette méthode devienne indispensable dans certains cas compliqués où l'explication fastidieuse des détails empêcherait de saisir le sens de l'ensemble.

8. Quoique ce soit quelque chose de nouveau que d'abandonner la voie de la démonstration mathématique en traitant des sujets qui en sont susceptibles, et d'enseigner entièrement ou du moins en grande partie une branche de la science par des comparaisons familières, il n'est pas impossible cependant que ceux mêmes qui ont des connaissances astronomiques acquises par des moyens d'un ordre plus élevé, ne tirent quelque fruit de ce livre, par la raison qu'il y a

toujours de l'avantage à présenter une science quelconque sous le plus grand nombre possible de points de vue différents. C'est ainsi que les mêmes explications ne frappent pas deux esprits, avec la même force ni de la même manière, parce qu'il n'y a pas deux esprits qui soient remplis des mêmes images ou qui se soient formés par les mêmes habitudes. Il peut donc très-bien arriver qu'une proposition, même pour celui qui la connaît le mieux, soit placée ainsi non pas seulement sous un jour nouveau, mais encore à un point de vue plus satisfaisant, qui dissipe quelque obscurité, éclaircisse quelques doutes, en conduisant à la perfection de rapports et d'analogie jusqu'alors inconnus. La probabilité d'un tel résultat s'accroît quand les explications sont données telles qu'elles se sont offertes à l'esprit de l'auteur, comme étant le plus en harmonie avec ses propres vues, ainsi que cela a lieu ici, et non comme un choix d'exemples puisés dans les livres, sans prétendre pour cela à plus d'originalité qu'elles n'en ont en effet.

9. Il est en outre des cas, dans l'application des principes de la mécanique, où le mathématicien, quoique les données du problème soient sous ses yeux avec toutes leurs relations numériques et géométriques, quoique les forces soient calculées et les lignes mesurées, quoiqu'il soit arrivé à la solution par une marche progressive, éprouve cependant un certain vide d'esprit, et cela précisément dans le *mode d'action*, car il n'a d'ailleurs aucun doute sur l'enchaînement des principes ni sur la réalité des bases qui les établissent. Il a suivi logiquement des règles techniques, mais les signes qu'il a employés ne sont pas l'image de la nature ou bien ont perdu pour lui cette empreinte originaire, en sorte qu'il n'a pas vu la nature passant sous ses yeux, en un instant, des détails à l'ensemble. Une comparaison familière, une explication résultant de quelque procédé de l'art ou de la nature, rectifie ses idées en donnant un corps et la vie à des symboles qui n'étaient sans cela que le tableau inanimé d'une série de mots et de signes. Nous ne pouvons nous flatter, sans doute, de réussir toujours à donner ce degré de vie à nos explications, car il est des points difficiles à éclaircir ou bien à *paraphraser*, qu'on nous passe l'expression, par l'exemple de quelque expérience vulgaire; mais ce sera le but que nous nous proposerons sans cesse; et comme nous avons la conscience d'avoir, par ce moyen, éclairci pour nous-mêmes certains effets de la perturbation planétaire, beaucoup

mieux que par la théorie mathématique, nous pouvons raisonnablement espérer de notre travail un succès semblable pour les autres.

10. Il est évident, par tout ce qui précède, que notre but n'est pas d'offrir au public un traité technique, dans lequel l'étudiant de l'astronomie pratique ou théorique, trouvera la description minutieuse des méthodes d'observation avec leurs formules et leurs démonstrations détaillées, car sous ces rapports, notre livre lui paraîtra fort incomplet pour ses besoins. Notre but est entièrement différent; c'est de présenter, dans chaque cas, le dernier résultat *rationnel* des faits, des arguments et des procédés, et dans tous les cas d'application mathématique, d'éviter ce qui tendrait à encombrer nos pages de symboles algébriques ou géométriques, pour leur substituer ce fil du sens commun auquel toute recherche analytique se rattache invariablement, mais qui se voile trop souvent ou se perd quand l'attention est d'ailleurs absorbée par les calculs. La faute cependant n'en est pas aux grands mathématiciens qui les ont établis; ils avaient besoin d'un grand effort d'esprit pour y parvenir; peut-être même savaient-ils par leur propre expérience *combien peu* l'on avance par la simple *perspicacité*, tandis que le calcul purement mathématique mène au but plus sûrement, par une série d'équations, que par le raisonnement qui enchaîne les causes aux effets. De là pourtant ce manque de netteté de vue dont se plaint l'étudiant le plus zélé, et qu'on attribue le plus souvent à la nébulosité naturelle d'une atmosphère trop sublime pour une intelligence vulgaire. Quant à nous, nous croyons rendre service à toutes les classes de lecteurs, en nous efforçant de dissiper cette obscurité accidentelle, soit par des explications claires pour des intelligences ordinaires, lorsque faire se pourra, soit, lorsque cela deviendra impossible, en les mettant du moins sur la voie, de manière à leur laisser l'espoir de les voir s'éclaircir un jour.

PREMIÈRE PARTIE.

CHAPITRE PREMIER.

Notions générales. — Forme et grandeur de la terre. — Horizon et sa dépression. — Atmosphère. — Réfraction. — Crépuscule. — Apparence résultant du mouvement diurne. — Du changement de station en général. — Mouvements parallactiques. — Parallaxe. — Terrestre. — Celui des étoiles insensible. — Premier aperçu donnant une idée de la distance des étoiles. — Vues de Copernic sur le mouvement de la terre. — Mouvements en partie réels, en partie apparents. — Astronomie géocentrique ou rapport idéal de phénomènes au centre de la terre pris comme point conventionnel de station.

11. Les grands corps qui composent au-dessus de nous l'univers visible, leurs dimensions, leurs arrangements, leurs mouvements, leur constitution physique, leurs influences mutuelles, les actions qu'ils exerçent les uns sur les autres, aussi loin qu'ils peuvent être perçus par les effets produits et comparés par le raisonnement, sont les objets des études de l'astronome. C'est ce qu'indique suffisamment le mot *astronomie* qui signifie *loi* ou règle des astres, et les anciens comprenaient par ce mot astres, non-seulement les étoiles, mais encore le soleil, la lune et tous les corps visibles qui constituaient leurs cieux. Le mot astrologie, dont la signification est la même, a été depuis détourné de sa primitive acception, pour être appliqué à l'ensemble des superstitions à l'aide desquelles on prétendait deviner l'avenir, par sa dépendance des influences planétaires.

12. Mais les astronomes ne s'occupent pas seulement des corps célestes; la terre elle-même, considérée comme un corps individuel, est un objet principal, sinon capital, de leurs études; son importance en pratique et en théorie, ne tient pas seulement à ce qu'elle est plus proche de nous; qu'elle fournit à nos besoins, et à tous ceux des êtres animés qui l'habitent; mais encore à ce qu'elle nous sert de station d'où nous pouvons observer le reste, et sur laquelle nous établissons des points de repère; ainsi que des mesures comparatives des distances.

13. Classer la terre parmi les corps célestes, lui assigner une nature commune avec des objets d'apparences si différentes, paraîtra sans doute fort étrange au lecteur qui ouvre pour la première fois un livre d'astronomie. En effet n'est-elle pas extraordinaire, cette comparaison de la terre, si vaste et d'une immense étendue, avec des étoiles qui n'apparaissent que comme des points presque sans aucune grandeur? Ne voit-on pas la terre sombre et opaque, tandis que brillent les corps célestes? ne la sent-on pas immobile, tandis qu'ils se meuvent incessamment, en toute saison, à toute heure du jour et de la nuit? Aussi les anciens, si l'on en excepte un très-petit nombre de leurs hommes les plus instruits, n'admettaient-ils pas une nature commune à la terre et aux astres; les corps célestes, ainsi que leurs mouvements, ne pouvaient plus dès-lors se comprendre à l'aide de l'analogie et de l'expérience, puisqu'on interceptait toute liaison entre ce qui se passait dans les cieux et sur la terre. L'astronomie n'est plus ainsi une science de cause et d'effet, mais un simple recueil d'apparences, sans liaison et sans rapport avec aucun principe raisonnable; comment dès-lors réussir dans cette science, en suivant les conséquences d'un faux système et les lois empiriques qui le régissent? aussi notre premier soin est donc de détruire ce préjugé, car si l'élève n'est pas de suite familiarisé avec cette idée que la terre n'est qu'un astre d'une grande étendue, il est arrêté dès ses premiers pas. Nous allons examiner maintenant la base, les limites et les modifications de cette idée.

14. Il est évident que pour acquérir de justes notions de l'arrangement, dans l'espace, d'un certain nombre d'objets que nous ne pouvons approcher et examiner, mais dont nous pouvons observer les évolutions en restant où nous sommes, rien n'est plus important pour nous que de savoir avant tout ce qu'est *réellement* ce que nous appelons *en restant où nous sommes*, et si cette station d'où nous les voyons, ainsi que tous les objets qui nous environnent, n'a pas elle-même un mouvement inaperçu pour nous; enfin quelle est la nature de ce mouvement s'il existe. Les places apparentes d'un certain nombre d'objets ainsi que leurs arrangements respectifs apparents, dépendent matériellement de la situation des spectateurs parmi ces objets, et si cette situation est susceptible de changer, à l'insu du spectateur lui-même, une apparence de changement peut paraître avoir lieu dans les situations res-

pectives de ces objets; quoiqu'ils ne changent pas réellement. Si alors, et tel est le cas, il s'ensuit que *tous* les mouvements que nous croyons apercevoir parmi les étoiles, ne sont pas leurs mouvements réels, ou du moins que ces mouvements apparents sont dus en partie à la mobilité de notre point de vue, nous ne pourrons reconnaître les mouvements réels des astres qu'après avoir recherché, pour tenir compte de ses effets, notre propre mouvement. Ainsi, la question de savoir si la terre est en mouvement ou en repos; et si elle se meut, comment elle se meut, n'est pas oiseuse, car de cette solution dépend la véritable conclusion de la constitution de l'univers.

15. Pour ne pas trouver étrange que nous parlions d'un mouvement de la terre insensible à ses habitants, il faut se rappeler qu'il en est de la terre *comme d'un tout*, qui comprend les substances qu'elle renferme dans son sein et qu'elle supporte à sa surface; ce mouvement étant commun à la masse solide, à l'Océan, à l'air et aux nuages qui flottent autour d'elles. Un tel mouvement, qui ne déplace aucun des objets terrestres dans leur station respective, qui ne produit aucun choc, aucune secousse, peut par cela même ne pas être senti par nous, s'il n'y a pas de sensation particulière qui nous avertisse que nous sommes *en mouvement*. Nous ne nous apercevons de *secousse* ou de *choc*, qu'autant qu'un *changement* soudain de mouvement a lieu, ainsi que les lois de la mécanique nous l'enseignent des forces actives et soudaines agissant pendant un moment, et c'est l'action de ces forces sur nos corps que *nous sentons*. Quand, par exemple, nous cheminons dans une voiture fermée de manière à nous masquer les objets extérieurs, ou bien en tenant nos paupières closes, nous nous apercevons bien du cahot résultant des inégalités de la route, mais nous ne sentons pas que *nous avançons*. Si la route devient plus unie, notre sensation des mouvements diminue, quoique notre marche soit accélérée. En voyageant sur un chemin de fer, surtout pendant la nuit, ou traversant un *Tunnel* souterrain, il n'est personne qui n'ait fait cette remarque. Ceux qui ont fait des voyages aéronautiques attestent qu'en fermant les yeux, et sous l'influence d'une brise légère ne communiquant aucune oscillation à la nacelle du ballon, la *sensation* est celle d'un repos parfait, quelque rapide que soit la translation d'un lieu à un autre.

16. Lorsque l'on est sur un vaisseau, ensemble d'un vaste

système en mouvement, où l'on se trouve entouré d'une multitude d'objets qui participent au transport commun de toute la masse, c'est là que l'on éprouve plus positivement l'identité de la sensation entre un état de mouvement et un état de repos. Dans la cabine d'un gros vaisseau, glissant doucement vent arrière, sur une eau paisible, ou tiré le long d'un canal, nous n'éprouvons pas le moindre indice de sa marche, et nous lisons, restons assis, marchons, agissons enfin en tout, comme si nous étions sur terre. Une balle jetée en l'air, se rattrapera dans la main, ou retombera à nos pieds. Les insectes bourdonnent autour de nous, librement dans l'air, et la fumée monte de la même manière qu'elle le ferait dans un appartement en terre ferme. Mais si nous nous transportons sur le pont, l'aspect des choses est déjà différent à quelques égards; l'atmosphère n'étant pas emportée avec nous, la fumée, les plumes et d'autres corps légers, semblent entraînés dans une direction opposée à la marche du vaisseau, tandis qu'en réalité cependant, *ils restent* dans l'air en arrière de nous. L'illusion continue pourtant encore pour les objets massifs mais qui voyagent avec nous : si nous regardons vers le rivage, alors nous apercevons l'effet de notre propre mouvement, en sens inverse, car les objets *extérieurs au système dont nous faisons partie*, semblent s'éloigner.

« Entraînés hors du port, la terre semble fuir. »

17. Il faut nous faire une idée de la forme et du volume de la terre, avant d'en concevoir le mouvement. Or un objet ne peut avoir de forme et de volume déterminés, qu'autant qu'il est de toutes parts *limité* par un contour extérieur défini, que nous puissions imaginer, et qui l'isole dans l'espace, en le séparant des objets environnants. La première et grossière ébauche, que nous présente la terre, est celle d'une surface plate, s'étendant à l'infini dans toutes les directions, à partir du point où nous sommes, avec l'air et le ciel en dessus, et une masse solide d'une immense profondeur en dessous. Cette ébauche est un préjugé, comme celui de l'immobilité de la terre; mais il est beaucoup plus facile de s'en défaire, car il n'a pris naissance que faute de réflexion sur les limites d'un espace que nous sommes accoutumés dès l'enfance à regarder comme immensément étendu, sans que nous ayons à combattre le témoignage de nos sens, ainsi que nous devons le faire pour concevoir que la terre se meut. Quand nous voyons le soleil se

coucher à l'ouest, pour venir se lever à l'est, comme nous ne pouvons pas douter que ce soit le *même* soleil que nous revoyons après une absence momentanée, il faudrait que nous fissions violence à toutes nos idées sur la solidité de la matière, pour supposer que le soleil a *traversé* la substance de la terre. Il faut donc qu'il ait passé *dessous;* or ce ne peut être par un *canal* souterrain ; car si l'on remarque les points de son coucher et de son lever, pendant plusieurs jours de suite ou pendant toute une année, on voit que ces points embrassent une très-grande partie de l'horizon ; de plus la lune et les étoiles se couchent aussi, et se lèvent à *tous* les points de l'horizon visible. La conclusion est simple : la terre ne peut s'étendre indéfiniment, ni en profondeur, ni en surface ; il faut, non pas seulement qu'elle ait des bornes dans la direction horizontale, mais aussi qu'elle ait un *envers*, face inférieure autour de laquelle le soleil, la lune et les étoiles peuvent passer. Ce dessous de la terre doit être d'ailleurs aussi étendu que le dessus que nous voyons, ayant un ciel, une lumière solaire, le jour pendant que nous avons la nuit et *vice versâ*.

« L'aurore en s'enfuyant, nous ramène le jour ;
« Et lorsque le soleil disparaît à son tour,
« De l'étoile du soir vient la lueur brillante. » *Virg. Géorg.*

18. Dès que nous nous sommes familiarisés avec l'idée que la terre est sans *fondations* ou supports fixes, existant isolée dans l'espace et hors du contact de tout corps extérieur, il devient facile de concevoir qu'elle se meut, ou plutôt il est difficile d'imaginer qu'il en soit autrement ; car puisqu'il n'y a rien pour la *retenir* en place, elle doit obéir à l'impulsion de toute cause de mouvement qui aura lieu, de toute *force* qui agira sur elle. Voyons maintenant quelles circonstances évidentes peuvent nous amener à connaître la *forme* de la terre.

19. Examinons d'abord ce que nous pouvons *voir* de cette forme. Ce n'est pas sur terre, à moins d'être au milieu d'une plaine extraordinairement grande et unie, que nous pouvons voir quelque chose de la figure *générale* de la terre ; les collines, les bois et les autres objets qui rendent sa surface raboteuse, en rompant et élevant la ligne de l'horizon, sont des inégalités qui, minimes, il est vrai, en proportion de *toute* la terre, sont cependant trop considérables par rapport à nous et à cette petite portion de terre que nous embrassons à la simple vue, pour nous permettre de former aucun jugement sur la forme du tout, d'après une de ses parties ainsi défigurée ;

mais sur mer, ou du haut d'un vaste plateau très-uni, il en est autrement. Quand on a perdu les côtes de vue, du pont du vaisseau et du haut des mâts, on ne voit plus que la surface de la mer, non pas infinie et se perdant dans le brouillard, mais terminée par une ligne tranchée, distincte, bien définie, le *large*, comme disent les marins (*horizon* de la perspective d'un panorama), formant une circonférence, dont le centre est la station du spectateur. On conclut que cette ligne est réellement la circonférence d'un cercle, d'abord, parce que son contour est parfaitement semblable de toutes parts, ensuite parce que tous ses points paraissent à même distance; enfin, parce que son *diamètre* apparent, mesuré avec l'instrument nommé *secteur de dépression*, est le même dans toute espèce de directions, excepté dans quelques circonstances atmosphériques singulières, qui produisent une inflexion momentanée de la courbe. Le même horizon circulaire s'aperçoit, en s'élevant à une grande hauteur au-dessus d'une plaine, par exemple, du haut de l'une des pyramides d'Egypte.

20. Les mâts des vaisseaux, au reste, et les édifices érigés par les hommes, sont de faibles élévations comparées à ce que nous offre la nature elle-même; Etna, Ténériffe, Mowna-Roa, sont des hauteurs desquelles on peut voir une partie *aliquote*, qui n'est pas à dédaigner, de la surface de toute la terre; dans les occasions rares et momentanées, où la transparence de l'air permet de voir les bornes réelles de l'horizon, la vraie ligne de mer, on observe la même apparence circulaire, mais avec cette circonstance remarquable que le *diamètre* angulaire de l'aire visible, mesuré par le secteur de dépression, est matériellement *moindre* que lorsqu'on l'observe d'un niveau plus bas. C'est-à-dire, en d'autres termes, que l'*apparente grandeur* de la terre est diminuée sensiblement à mesure qu'on s'élève au-dessus de sa surface, tandis que la *quantité absolue* qu'on en voit, est en même temps augmentée.

21. Les mêmes apparences sont généralement observées, dans chaque partie de la surface de la terre que l'homme a visitée. Or, la figure d'un corps qui paraît toujours circulaire, de quelque part qu'il soit vu, ne peut être autre chose qu'une sphère ou un globe.

22. Un dessin éclaircira ceci. Supposons (fig. 1) la terre représentée par la sphère L H N Q, dont le centre est C; soient A, G, M, des stations à différentes hauteurs au-dessus des points de sa surface, respectivement représentés par *a*, *g*, *m*,

Si de chacune des stations, M, par exemple, on tire une ligne M N *n*, tangente à la surface en N, cette ligne représentera le rayon visuel, suivant lequel le spectateur en M verra l'horizon apparent; et comme cette tangente peut tourner autour de M, occupant successivement les positions M O *o*. M P *p*, M Q *q*; son point de contact N, décrira la circonférence N O P Q. L'aire de la surface sphérique comprise dans ce cercle est la portion de la surface de la terre visible au spectateur, stationné en M, et l'angle N M Q, compris entre les deux rayons visuels extérieurs, est la mesure de son diamètre angulaire apparent. Ne prenant pas en considération, quant à présent, l'effet de la réfraction dans l'air au-dessous de M, dont nous parlerons ailleurs, et qui tend toujours à *accroître* l'angle, ou à le rendre *plus obtus*, c'est l'angle mesuré par le secteur de dépression. Maintenant, il est évident : 1° que plus la station M est élevée au-dessus du point *m*, immédiatement au-dessous sur le globe, plus l'aire visible, segment sphérique ou calotte N O P Q augmente; 2° que la distance de l'*horizon* visible où se borne notre vue, c'est-à-dire, la ligne M N augmente; 3° que l'angle N M Q devient *moins obtus*, ou en d'autres termes, que le diamètre angulaire apparent de la terre diminue, n'atteignant jamais 180°, grandeur de deux angles droits, mais en différant toujours d'une quantité sensible, et de plus en plus, à mesure que la station est plus élevée. La figure montre trois stations à des hauteurs différentes, avec l'horizon correspondant à chacune, et on la comprendra d'un coup-d'œil. En nous bornant à l'horizon le plus grand et le plus distinct, M N O P Q, que le lecteur imagine suivant *n* N M, M Q *q*, deux règles jointes en M, et comprenant entre elles la portion N *m* Q du globe, il est clair que si M descend vers la surface, les règles *s'ouvriront* et tendront à se mettre dans le prolongement l'une de l'autre, ce qui n'arrivera, de manière à former une *ligne droite*, qu'autant que M viendra en contact avec *m*, et alors cette droite *x y*, formée par les deux règles, est une *tangente* à la sphère, au point *m*.

23. Ceci explique ce que l'on entend par la *dépression de l'horizon*. M *m*, qui est perpendiculaire à la surface de la sphère en *m*, est aussi la direction que suit le *fil-à-plomb*; car c'est un fait observé que, dans toutes les situations, dans chaque partie du monde, le fil-à-plomb est exactement perpendiculaire à la surface de l'eau tranquille. Il est d'ailleurs

aussi exactement perpendiculaire à une ligne ou à une surface plane ajustée au *niveau*. Supposons qu'à notre station M, nous ajustions une ligne parfaitement de niveau, sur une règle de bois, par exemple, et imaginons cette horizontale, prolongée indéfiniment des deux côtés, suivant X M Y, elle sera à angles droits avec M *m*, et conséquemment parallèle à *x m y*, tangente à la sphère en *m*. Un spectateur, placé en M, verra donc, non-seulement toute la voûte du ciel *au-dessus* de cette ligne, mais encore cette portion ou zône comprise entre X N et Y Q; en d'autres termes, son ciel sera plus qu'un hémisphère de toute la zône Y Q N X. C'est la largeur angulaire de cette zône excédante, l'angle Y M Q, par qui le *visible* horizon paraît déprimé au-dessous de la direction du niveau, qu'on nomme la *dépression de l'horizon*. C'est une correction que l'on fait toujours en astronomie nautique.

24. Il résulte des explications qui précèdent : 1° que la figure générale de la terre, autant qu'on peut du moins le conclure de ce genre d'observations, est celle d'une sphère ou d'un globe, en y comprenant la mer qui, partout où elle s'étend, couvre et remplit les inégalités du sol, en faisant disparaître ces irrégularités de la terre que l'on ne peut pas plus considérer comme des déviations du contour général de toute la masse, que les rugosités d'une orange comme changeant sa rondeur; 2° que l'apparence du *visible* horizon, ou *large* de mer, est une conséquence de la courbure de sa surface, et ne provient pas de l'inaptitude de l'œil à voir à de plus grandes distances, ou d'un manque de transparence de l'atmosphère. Il sera convenable de suivre ces notions générales dans quelques-unes de leurs conséquences, afin que par leur accord, avec des observations d'un autre genre, faites sur une plus grande échelle, on puisse acquérir une idée plus nette de la manière dont toutes les parties de la terre sont respectivement placées, et se tiennent ensemble pour former un tout.

25. En premier lieu, quiconque a passé un peu de temps sur le bord de la mer, sait bien que l'on peut voir parfaitement les objets au-dessus du *large* ou visible horizon, mais non pas en *totalité*; on n'en voit que les sommets. Leurs bases, soit qu'elles reposent sur l'eau, ou qu'elles en sortent, sont mises hors de vue par la courbure de la surface de la mer, comprise entre elle et le spectateur. Supposons, par exemple, qu'un vaisseau s'éloigne directement du spectateur

stationnant en S (fig. 2), à peu de hauteur au-dessus de la mer; tant que le vaisseau n'est qu'à une petite distance, on le voit tout entier, même avec la *ligne d'eau*, par laquelle il repose sur la mer, comme en A. A mesure que le vaisseau s'éloigne, ses dimensions semblent diminuer, il est vrai, mais il se voit encore *tout entier* dans la ligne d'eau, jusqu'à ce qu'il atteigne le *visible* horizon en B. Dès qu'il a dépassé cette distance, non-seulement la portion visible continue à diminuer de grandeur apparente, mais le corps du vaisseau commence à disparaître, comme s'il s'enfonçait dans la mer. Plus loin, quand le bâtiment arrive en C, son corps disparaît entièrement, ses mâts et ses voiles restent encore apparents comme en *c*. Mais si dans cet état de choses, le spectateur monte rapidement à une station plus haut T, qui a D pour visible horizon, le corps du vaisseau reparaît à la vue, et disparaît de nouveau quand le spectateur redescend. Le navire continuant à s'éloigner encore, les basses voiles semblent descendre au-dessous de l'eau, comme en *d*, jusqu'à ce qu'enfin le tout disparaisse. La manière distincte dont les dernières parties des voiles *d* sont vues, nous prouve que ces aspects différents du même navire n'ont eu lieu qu'à raison de la courbure ABCDE du segment de mer interposé, la distance TE n'étant pas assez grande pour avoir empêché de le voir aussi bien en totalité qu'en partie.

26. Une aventure aéronautique offre un curieux exemple du même principe. Feu M. Sudler, le célèbre aéronaute, étant parti, en ballon, de Dublin, se trouvait en travers le canal d'Irlande, quand, en s'approchant de la côte du pays de Galles, le ballon descendit presqu'à la surface de la mer. Le soleil s'était couché, et les ombres du soir commençaient à tomber. Il jeta presque tout son lest, et s'éleva soudain à une grande hauteur, amenant ainsi son horizon *à plonger* au-dessous du soleil, ce qui produisit pour lui tout le phénomène d'un soleil levant à l'ouest. Descendant ensuite dans le pays de Galles, il eut le même soir un second coucher du soleil.

27. En conséquence, si nous pouvions mesurer les hauteurs et la distance exacte de deux stations que nous distinguerions simplement l'une de l'autre au bord de l'horizon, nous pourrions en conclure la grandeur même de la terre, et, de fait, ce serait une assez bonne méthode, sans la réfraction qui nous permet de voir un peu *autour* du segment interposé,

ainsi que nous l'expliquerons plus tard. Soient A et B (fig. 3) les deux stations, dont nous supposerons les hauteurs, A *a*, B *b*, égales, pour plus de simplicité, et connues ainsi que leur distance *a* D *b*, exactement mesurée suivant une horizontale. Il est évident que leur visible horizon, D, sera juste au milieu de cette distance, et si nous supposons que *a* D *b*, soit le contour de la sphère terrestre, dont le centre est en C, nous connaîtrons D *b*, longueur de l'arc, entre D et *b*, qui est moitié de la distance mesurée, et de plus *b* B, excédant de la sécante sur le rayon, qui est la hauteur de la station B. Avec ces données nous trouverons la longueur du rayon D C, en résolvant un problème facile de géométrie. Si nous considérons que les hauteurs et les distances des stations sont peu considérables en raison de la grandeur de la terre, ce qui a toujours effectivement lieu, la solution du problème est contenue dans la proposition suivante : *le rapport est le même entre le diamètre de la terre et la distance de l'horizon visible à l'œil du spectateur, qu'entre cette distance et la hauteur de l'œil, au-dessus du niveau de la mer.* Quand les hauteurs des deux stations sont inégales, le problème est un peu plus compliqué.

28. Quoique l'effet de la réfraction empêche, ainsi que nous l'avons observé, de regarder cette méthode comme exacte pour mesurer la grandeur de la terre, elle est assez approximative, cependant, pour donner dès à présent au lecteur une idée juste de cette grandeur : nous allons en faire l'application en nombres. L'observation apprend que deux points élevés chacun de dix *feet* (3m,048) au-dessus de la surface des eaux tranquilles, cessent d'être visibles l'un à l'autre, dans les circonstances atmosphériques ordinaires, à la distance de huit *miles* (12874m). Or, 10 *feet* est $\frac{1}{528}$ de *mile*, en sorte que la demi-distance ou 4 *miles* est à la hauteur de chaque point comme 4×528 ou 2112 : 1 ; et puisque la longueur du diamètre de la terre est dans la même proportion à 4 *miles*, ce diamètre est égal à 4×2112 ou 8448 *miles* (13592 *kilomètres*), nombre assez rapproché de la vérité.

29. Tel est le résultat de notre premier essai, pour mesurer la grandeur de la terre, et il ne sera pas en pure perte, si nous nous en servons pour rectifier nos idées ordinaires de grandeur, en le comparant avec les objets que nous sommes habitués à considérer comme de la plus vaste étendue. Nous avons déjà dit que les inégalités de la surface de la terre, pro-

venant des montagnes et des vallées, n'ont guère plus de valeur par rapport à l'ensemble, que les rugosités de la peau d'une orange par rapport à la grosseur de ce fruit, et cette comparaison n'a rien d'exagéré. La plus haute montagne connue n'excède pas cinq *miles* (8045^{m}) de hauteur ; ce n'est que la 1600me partie du diamètre de la terre ; conséquemment sur un globe de 16 *inches* (3 *décimètres*) de diamètre, une telle montagne n'aurait pas plus de la centième partie d'un *inch* (0^{m},00023), ou à peine l'épaisseur d'une feuille de papier. Maintenant, comme il n'y a pas de continent, ou même de contrée connue dont l'élévation au-dessus de la mer soit moitié de celle-là, il s'ensuit que si nous voulions construire un modèle correct de notre terre avec ses continents, et ses montagnes, au moyen d'un globle de trois décimètres de diamètre, la terre ferme, à l'exception de quelques proéminences et rides, y serait comprise pour l'épaisseur d'une feuille de papier à lettre, et les plus hautes montagnes seraient figurées par les grains du sable le plus fin.

30. Les mines les plus profondes ne pénètrent pas à un demi *mile* (804^{m}) au-dessous de la surface, en sorte que les égratignures, ou piqures d'épingles qui les représenteraient dans notre modèle seraient imperceptibles, sans l'aide d'un microscope.

31. La plus grande profondeur de la mer, n'excède probablement guère la plus grande élévation des continents, et serait conséquemment représentée par une excavation correspondante sur notre petit globe. Ainsi l'Océan y paraîtrait comme une simple couche de liquide appliquée au pinceau, de la teinte convenable, mais quant aux lois qui règleraient la distribution et les mouvements de cette couche liquide ainsi que son adhésion à la surface, elles n'auraient rien de commun avec celles qui gouvernent les phénomènes de la mer.

32. La plus grande étendue de la surface de la terre qui jamais ait été vue par l'homme, est sans doute celle qu'ont pu apercevoir MM. Biot et Gay-Lussac, dans leur célèbre expédition d'aéronautes, à la hauteur de 25000 *feet*, un peu moins de cinq *miles*, (7625 *mètres*). Pour estimer la portion visible de la surface entière de la terre, à cette élévation, il faut avoir recours à la géométrie de la sphère, qui nous apprend que la surface convexe d'un segment sphérique est à la surface entière de sa sphère, comme le sinus verse ou épaisseur

du segment est au diamètre de la sphère; et dans le cas en question, l'épaisseur du segment, est sensiblement égale à l'élévation perpendiculaire de l'œil du spectateur au-dessus de la surface. Ainsi le rapport de la portion visible à la surface entière, est ici de 5 *miles* à 8000 ou de 1 à 1600 : la portion visible, du haut de l'Etna, du Pic de Ténériffe, ou de Mowna-Roa et environ la 4000me partie de la surface de la terre.

33. Quand on se trouve élevé, soit en ballon, soit sur une montagne, à une hauteur considérable au dessus de la surface de la terre, on est averti par plusieurs sensations pénibles que l'on n'a plus suffisamment d'air. Le baromètre, instrument qui montre le poids de l'air chargeant une surface horizontale, confirme cette impression et fournit directement le calcul de la diminution du poids de l'air à mesure que l'on s'éloigne de la surface de la terre. Ces indications barométriques nous apprennent qu'à la hauteur de 1000 *feet* (305^{m}), on a laissé sous soi environ la trentième partie du poids de la masse de l'atmosphère : qu'à 10600 *feet* (3233^{m}), hauteur un peu moindre que le sommet de l'Etna (1), c'est environ le tiers du poids de l'atmosphère que l'on a en moins; et qu'enfin à 18000 *feet* (5490^{m}), presque la hauteur de Cotopaxi, et on est débarrassé de la moitié, en poids, de la masse d'air qui presse la surface de la terre. La progression de ces nombres, ou bien *à priori* la nature de l'air lui-même qui est *compressible*, capable d'être condensé ou d'occuper moins d'espace à raison de la pression qu'il éprouve, nous fait voir aisément que la quantité pondérable d'air que nous laissons en dessous de nous, qui nous en débarrassons, en montant, ainsi que de la pression qu'il exerce sur nous, au lieu d'aller continuellement en augmentant, ira au contraire en diminuant à mesure que nous nous élèverons de plus en plus. Un calcul aisé, fondé sur la connaissance pratique des propriétés de l'air et des lois mécaniques qui régissent sa dilatation et sa compression, est suffisant pour prouver, qu'au-dessus de la surface de la terre, à une hauteur n'excédant pas la centième partie de son diamètre, la ténuité ou raréfraction de l'air, doit devenir si excessive que non-seulement aucun animal n'y pourrait vivre, ni la combustion s'y entretenir, mais encore que les moyens les plus délicats que

(1) La hauteur de l'Etna au-dessus de la Méditerranée est de 10872 *feet* (3310 *mètres*), d'après une mesure barométrique prise par l'auteur lui-même, en juillet 1834, dans des circonstances très-favorables.

nous possédions de reconnaître l'existence *d'aucun air que ce soit*, n'y présenteraient pas les plus légères indications de sa présence.

34. Mais laissant de côté, pour le moment, toutes recherches de l'existence probable d'une limite définie de l'atmosphère au-delà de laquelle il n'y aurait absolument et rigoureusement parlant, *pas* d'air, il est clair que nous pouvons, dans tous les cas où il s'agira de ces régions atmosphériques qui sont à la distance de la surface de la terre, de plus d'un centième de son diamètre, les considérer comme sans air, et dès lors comme sans nuages, qui ne sont que des vapeurs visibles, diffuses et *flottantes* dans l'air qui les soutient et qu'elles *troublent* comme le limon trouble l'eau. Il semble probable, d'après plusieurs indications, que la plus grande hauteur à laquelle *existent jamais* les nuages visibles, n'excède pas dix *miles* (16093^{m}); à cette élévation, la densité de l'air est d'environ la huitième partie de ce qu'elle est au-dessus de la mer.

35. Nous sommes donc conduits à regarder l'atmosphère d'air, avec les nuages qu'il supporte, comme une couche d'une épaisseur égale à peu près partout, enveloppant notre globe de tous côtés; ou mieux comme un océan aérien qui a pour lit la surface de la mer et des continents, tandis que ses ondes inférieures à quelques milles de la terre, constituent la plus grande partie de la masse; sa densité diminuant avec une extrême rapidité à mesure que l'on s'élève jusqu'à ce que, à une distance peu considérable, toute trace sensible d'air disparaisse. Ainsi dans notre modèle de la terre, que nous avions fait environ de la grosseur d'une pêche, l'atmosphère serait le velouté du fruit ou de l'épaisseur du sixième d'un *inch* (0^{m},0047).

36. On ne manque pas d'ailleurs de raisons pour regarder, sinon comme positif, au moins comme très-probable que, semblable en cela à l'océan aqueux, l'océan aérien a ses limites, ainsi que nous l'avons déjà donné à entendre. Si au-delà de ces limites où il n'y a plus d'air, on pouvait amener d'en bas ou d'en haut une quantité d'air ordinaire, au lieu de se dilater indéfiniment dans l'espace, il finirait, après un énorme accroissement de volume, par se mêler onduleusement à la masse atmosphérique, comme les fleuves se mêlent à la mer. La vérité de cette conclusion importe peu d'ailleurs à l'astronomie, car tous les effets de l'atmosphère pour modifier les

phénomènes astronomiques sont les mêmes, qu'il y ait ou non des limites à l'atmosphère.

37. Au reste, quelle que soit l'opinion que l'on adopte, il est également certain que l'air, dans ses limites où il possède une densité appréciable, a la même constitution sur tous les points de la surface de la terre; c'est-à-dire en général, et faisant abstraction des causes locales de dérangement, telles que les vents et les grands courants qui semblables à ceux des flots, se font sentir à d'immenses distances. En d'autres termes, la loi de la diminution de l'air à mesure qu'on s'élève au-dessus *du niveau de la mer*, est la même dans chacune des colonnes suivant lesquelles on le suppose divisé, ou de quelque point de la surface que l'on parte. Il faut donc considérer l'atmosphère comme formée de couches superposées, de forme sphérique, concentriques avec la surface générale de la mer et de la terre, chacune étant plus *rare*, plus légère spécifiquement, que celle qui est placée immédiatement au-dessous, et plus *dense*, moins légère spécifiquement, que celle qui est placée immédiatement au-dessus. Cette distribution de la masse pondérable de l'atmosphère, est nécessitée par la loi d'équilibre des fluides; comme d'ailleurs l'atmosphère n'est pas dans un équilibre parfait, étant toujours maintenue au contraire dans un état de circulation dû à l'excès de chaleur des régions équatoriales sur celle des pôles, quelques légères déviations de l'expression rigoureuse de cette loi ont lieu; et c'est une raison de penser que, dans certaines localités, une dépression considérable des contours de ces couches, au-dessous de leur niveau général ou sphérique, subsiste d'une manière permanente; mais ce sont là des considérations qui appartiennent plutôt à la météorologie qu'à l'astronomie.

Il faut observer d'ailleurs que les inégalités des montagnes et des vallées ne changent pas plus la distribution et la forme sphérique de ces couches atmosphériques, que le fond de la mer ne change la sphéricité de sa surface. Il s'établit simplement, en direction horizontale, des courants d'air qui constituent les vents, comme les bas-fonds de l'océan poussent en quelque sorte les courants qui viennent à la surface, ce qui tend à troubler un peu le parfait niveau de sa surface.

38. Ce qui rend la connaissance de la constitution de l'atmosphère importante pour l'astronome, c'est la propriété de *réfraction* que l'air possède, comme tous les milieux transparents, c'est-à-dire de détourner les rayons de lumière de leur

marche en ligne droite. C'est à raison de cette propriété, que les objets vus dans une direction oblique à l'atmosphère, paraissent autrement situés pour le même spectateur, que si l'atmosphère n'existait pas. Cela produit une fausse impression de leurs positions; il faut la rectifier, en s'assurant de la valeur et de la direction du déplacement apparent de chacun, avant de pouvoir arriver à la connaissance de la direction véritable où ils sont par rapport à nous, dans un instant donné.

39. Supposons un spectateur placé en un point quelconque A (fig. 4), de la surface K A *k* de la terre; soient L *l*, M *m*, N *n*, des couches successives de densités décroissantes, suivant lesquelles nous concevons l'atmosphère divisée, et qui sont des surfaces sphériques, concentriques à celle de la terre K *k*; soit S une étoile ou tout autre corps céleste au-delà des limites de l'atmosphère : s'il n'y avait pas d'atmosphère, le spectateur verrait S suivant la ligne droite A S, mais en réalité quand le rayon de lumière S A atteint l'atmosphère, en *d* par exemple, il s'infléchira en *contre-bas*, suivant les lois de l'optique et prendra une direction plus inclinée *d c*. Cette inflexion sera d'abord imperceptible, à raison de l'extrême ténuité de la couche supérieure de l'atmosphère, mais à mesure que le rayon avancera en contre-bas, il rencontrera des couches de plus en plus denses, ce qui rendra la *réfraction* de plus en plus grande, suivant la même direction. Ainsi, au lieu de suivre la ligne droite S *d* A, il décrit la courbe S *d c b a*, de plus en plus concave jusqu'à ce qu'il atteigne la terre, non pas en A, mais en un certain point *a* plus près de S. Ce rayon n'arrivera donc pas à l'œil du spectateur, qui ne verra pas l'etoile suivant S *d* A, mais suivant un autre rayon qui, sans l'atmosphère, eût été frapper la terre en un point K *en arrière* du spectateur, et que l'atmosphère a courbé suivant SDBA, de manière à ce qu'il arrive ainsi en A; car c'est une loi de l'optique que l'objet est vu dans la direction qu'a le rayon visuel au moment où il *arrive à l'œil*, sans égard au chemin qu'il a parcouru avant de parvenir de l'objet à l'œil. Il suit de là que l'étoile S sera vue, non suivant la direction A S, mais bien suivant A *s*, *tangente* en A à la courbe SDCBA. Mais comme la courbe décrite par le rayon réfracté est concave vers la terre, la tangente A *s* sera *au-dessus* de A S qui eût été le rayon non réfracté. Ainsi l'objet S paraîtra plus élevé au-dessus de l'horizon AH, étant vu à travers l'atmosphère qui réfracte, qu'il ne le paraîtrait

sans l'atmosphère. Comme d'ailleurs la disposition des couches est la même dans toutes les directions autour de A, le rayon visuel ne sera pas divisé *latéralement*, mais il restera constamment dans le même plan vertical SAC' qui passe par l'œil, par l'objet et par le centre de la terre.

40. Dès lors l'effet de la réfraction de l'air est d'*élever*, en apparence, les corps célestes au-dessus de l'horizon, plus qu'ils ne le sont en réalité ; un tel corps, si nous le supposons actuellement dans le véritable horizon, paraîtra donc *au-dessus*, ou bien il aura une certaine apparente *hauteur*, comme on l'appelle; de plus un tel corps, lors même qu'étant au-dessous de l'horizon il ne serait pas visible sans l'effet de la réfraction, le deviendra par cet effet, paraîtra s'élever au-dessus de l'horizon et surgir dans le ciel. Ainsi le soleil, placé par exemple en P au-dessous de l'horizon AH du spectateur A paraît visible comme s'il surgissait en p, à l'aide du rayon réfracté $PqrtA$, auquel Ap est tangente.

41. L'estimation exacte de la réfraction atmosphérique, ou la détermination rigoureuse de l'angle SAs, suivant lequel un corps céleste à une hauteur donnée, HAS, paraît élevé au-dessus de sa véritable place, est malheureusement un sujet très-difficile d'observations et sur lequel les géomètres, qui seuls pourraient résoudre le problème, ne sont pas d'accord. La difficulté provient de ce que la *densité* d'une couche d'air, d'où dépend son pouvoir de réfraction, n'est pas affectée *simplement* par la pression, mais encore par la *température* qu'elle éprouve, ou par son degré de chaleur. Or, quoique l'on sache que la température de l'air diminue constamment à mesure que l'on s'éloigne de la surface de la terre, cependant *la loi* de cette diminution, à différentes hauteurs, n'est pas encore bien déterminée. D'ailleurs le pouvoir réfringent de l'air est sensiblement affecté par son *humidité*, qui n'est pas la même dans chaque partie d'une colonne d'air, sans que nous sachions suivant quelles lois elle y est distribuée : notre ignorance sur tous ces points laisse de l'incertitude sur la détermination de la réfraction, et par suite influe d'une manière appréciable sur plusieurs des plus importantes *données* de l'astronomie; cette incertitude, cependant, est renfermée dans de telles limites, qu'elle ne cause d'embarras que pour les recherches les plus délicates, et que nous n'aurons plus à nous en occuper dans le reste de ce traité.

42. Ce serait l'une des tables astronomiques les plus impor-

tantes que celles « des réfractions » comme on l'appelle, ou l'état comparatif du déplacement apparent qui en provient, à toutes les hauteurs, pour un corps céleste quelconque depuis l'horizon jusqu'au *zénith*, (point du ciel verticalement au-dessus du spectateur), et dans toutes les circonstances où les observations astronomiques sont soumises à la réfraction de l'atmosphère. L'usage d'une table semblable pourrait seul corriger une illusion qui altérerait sans cela toutes nos connaissances sur les mouvements des corps célestes. Aussi des tables de réfraction, construites avec le plus grand soin, se trouvent-elles toujours dans un recueil de tables astronomiques. Notre intention cependant n'est pas de les donner ici, et nous nous contenterons, comme dans tous les cas semblables de renvoyer nos lecteurs aux traités spéciaux destinés aux calculs astronomiques. Il est bon toutefois d'avoir des notions générales sur la valeur de la réfraction et sur la loi de sa variation.

43 1° Au *zénith*, il n'y a pas réfraction; un corps céleste, situé verticalement au-dessus de notre tête, est vu dans sa véritable direction, comme s'il n'y avait pas d'atmosphère, du moins si l'air est tranquille.

2° En descendant du zénith à l'horizon, la réfraction s'accroît continuellement; les astres voisins de l'horizon paraissent plus élevés au-dessus de leur véritable direction que ceux qui sont éloignés de l'horizon.

3° Cet accroissement est presque en proportion de la tangente de la distance angulaire apparente de l'astre, à partir du zénith; mais cette règle qui n'est pas éloignée de la vérité, à des *distances zénith* modérées, cesse de donner des résultats exacts dans le voisinage de l'horizon où sa formule devient beaucoup plus compliquée.

4° La moyenne de réfraction, pour un astre à moitié distance du zénith et de l'horizon, ou bien à une hauteur apparente de 45°, est d'environ 1' (plus exactement 57"), quantité à peine sensible à l'œil nu; mais au visible horizon, elle ne vaut pas moins de 33', ce qui est un peu plus que le plus grand diamètre apparent soit du soleil, soit de la lune. Il suit de là que lorsqu'on voit le bord inférieur du soleil ou de la lune reposant juste, *en apparence*, sur l'horizon, le disque entier est en réalité au-dessous, et serait caché hors de vue par a convexité de la terre si la réfraction ne changeait pas la marche des rayons lumineux à travers l'atmosphère, comme nous l'avons indiqué art. 40.

5° Quand le baromètre s'élève au-dessus de la moyenne habituelle, l'accroissement de réfraction est plus grand que son accroissement moyen; quand il est plus bas, moins.

6° Dans un même état du baromètre, la réfraction est d'autant plus grande que l'air est plus froid, la variation due à ces deux causes, en moyenne, à la température de 55°, avec une pression de 30 *inches* (76 *centimètres*), est d'environ la 420me partie de cet accroissement pour chaque degré du thermomètre de *Fahrenheit* (0°, 56 *therm. centig.*) et d'un 300me pour chaque 10me de *inch* (2 *millimètres*) dans la hauteur du baromètre.

44. C'est donc évidemment un effet de réfraction qui raccourcit la durée de la nuit ou des ténèbres, en prolongeant le séjour du soleil et de la lune au-dessus de l'horizon même après qu'ils sont couchés; l'influence de l'atmosphère continue à nous faire arriver une portion de leur lumière, non par une transmission directe, à la vérité, mais par *réflexion* sur les vapeurs et sur les particules solides qui flottent dedans et peut-être aussi sur les molécules de l'air lui-même. Pour comprendre comment cela a lieu, rappelons-nous que ce n'est pas seulement par la lumière directe d'un objet lumineux que nous voyons, mais encore par cette portion de la lumière qui ne viendrait pas frapper nos yeux si, interceptée dans sa marche, elle ne nous était renvoyée en arrière ou latéralement par des corps qui la réfléchissent et qui existent toujours flottants dans l'air. La marche entière d'un rayon de soleil pénétrant à travers le trou du volet d'une chambre obscure est visible, comme tracé d'une ligne brillante dans l'air; même quand on l'absorbe, ou quand on le *laisse sortir* par un trou opposé, la lumière qu'il répand à travers l'appartement est suffisante pour en dissiper les ténèbres; les traces lumineuses que l'on voit dans un ciel nuageux et que l'on désigne vulgairement « le soleil attirant l'eau » sont dues à des causes semblables. Ce sont les rayons solaires qui, passant à travers des ouvertures dans les nuages, sont en partie interceptés et réfléchis sur les poussières et les vapeurs de l'air au-dessous. Il en est de même des rayons qui, après que le soleil nous est caché par la convexité de la terre, continuent à traverser les régions atmosphériques au-dessus de nos têtes, et paraissent çà et là, sans frapper directement sur la terre, mais dont une

partie réfléchie en arrière et latéralement nous éclaire d'une manière indirecte, en produisant le crépuscule. On comprendra de suite la marche de ces rayons par la fig. 5, dans laquelle ABCD représente la terre; A est un point sur sa surface, où le soleil S est vu se couchant; son dernier rayon le plus bas SAM rase la surface en A, tandis que les rayons supérieurs SN, SO, traversent au-dessus de A, sans frapper la terre, l'atmosphère qu'ils abandonnent enfin aux points PQR, après avoir plus ou moins dévié, suivant qu'ils sont plus bas ou plus haut; le rayon SRO qui rase la limite extérieure de l'atmosphère ne déviant pas du tout. Considérons plusieurs points, A, B, C, D, chacun de plus en plus éloignés de A, et chacun dès lors plus profondément enveloppé dans l'ombre *de la terre* qui occupe tout l'espace au-dessous de AM, le point A reçoit le dernier rayon direct du soleil, et de plus il est éclairé par toute l'atmosphère de réflexion PQRT. Il reçoit en conséquence la lumière de tout le ciel. Le point B pour lequel le soleil est couché ne reçoit plus la lumière directe solaire ni aucune lumière directe ou réfléchie de toute cette partie de *sa* visible atmosphère au-dessous de APM; mais à partir de la portion lenticulaire PRx, qui est traversée par les rayons du soleil et située sur le visible horizon BR, B reçoit un crépuscule qui est le plus fort en R, point immédiatement au-dessous duquel est le soleil, et dont la teinte s'affaiblit graduellement jusqu'en P, où s'amincit la partie lumineuse de l'atmosphère. En C, dernier point de cet amincissement, PQz du segment lenticulaire alors illuminé reste sur l'horizon, CQ, de cette station; le crépuscule y est faible, confiné dans un petit espace et près de l'horizon que le soleil a quitté, tandis qu'en D le crépuscule a cessé tout-à-fait.

45. Quand le soleil est sur l'horizon, il éclaire l'atmosphère et les nuages, qui de leur côté dispersent et répandent une partie de cette lumière dans toutes les directions, de manière que de chaque point du ciel arrivent des rayons à chaque objet qui s'y trouve exposé. Ainsi la lumière diffuse, dont nous jouissons dans le jour, est un phénomène de même origine et ayant les mêmes causes que le crépuscule. Si l'atmosphère n'avait pas le pouvoir de réfléchir et de répandre la lumière, aucun objet ne serait visible pour nous hors de la direction des rayons solaires; chaque ombre d'un nuage qui viendrait à passer produirait une obscurité complète; les étoiles seraient visibles tout le jour, et tout appartement dans lequel le soleil

ne pénétrerait pas directement, serait enveloppé de l'obscurité de la nuit. L'action de l'atmosphère pour répandre la lumière solaire, est grandement accrue, il faut l'observer, par l'irrégularité de température causée par les rayons, ce qui, pendant le jour, produit un mouvement constant d'ondulation qui rassemblant des masses d'air de température très-inégales, donne lieu à des réflexions et des réfractions partielles à leur point de contact, en sorte que la lumière, ainsi détournée de sa marche directe, se répand de tous côtés pour éclairer d'une manière générale.

46. Il est évident, d'après l'explication donnée art. 39 et 40 sur la nature de la réfraction atmosphérique et de la marche qu'elle suit à travers les couches successives de l'atmosphère, que toutes les fois qu'un rayon passe *obliquement* d'un niveau plus élevé à un niveau plus bas, et *vice versâ*, il ne suit plus une ligne droite, mais bien une courbe dont la concavité est tournée en bas. Ainsi un objet vu par un tel rayon, doit paraître dévié de sa vraie position, soit que cet objet repose comme tous les corps célestes, au-delà de l'atmosphère, soit que cet objet reste dans l'atmosphère, comme le sommet d'une montagne vue de la plaine, ou autres stations terrestres, à différents niveaux. Chaque différence de niveau accompagnée, comme cela doit être, d'une différence de densité dans les couches d'air, doit aussi avoir une certaine valeur de réfraction, moindre il est vrai que celle de *toute* l'atmosphère, mais appréciable le plus souvent et quelquefois même très-considérable. Cette réfraction, entre les stations terrestres, s'appelle *réfraction terrestre*, pour la distinguer de celle qu'on nomme céleste ou astronomique, dont l'effet total n'est produit que sur les corps célestes ou sur d'autres objets au-delà de l'atmosphère.

47. Un autre effet de la réfraction est de changer les formes et les proportions des objets vus près de l'horizon. Le soleil, par exemple, qui, à une hauteur considérable, paraît toujours rond, prend en approchant de l'horizon, un contour aplati ou ovale, son diamètre horizontal étant visiblement plus grand que le vertical. Très près de l'horizon, cet aplatissement est évidemment plus considérable à sa partie inférieure qu'à sa partie supérieure, de sorte que sa forme apparente n'est ni circulaire ni elliptique, mais une espèce d'ovale qui diffère plus du cercle en dessous qu'en dessus. Ce singulier effet, que chacun peut remarquer par un beau temps, provient de l'ac-

croissement rapide de réfraction en approchant de l'horizon. Si chacun des points visibles de la circonférence du soleil s'élevait également par la réfraction, le disque paraîtrait encore circulaire, quoique déplacé, mais la partie inférieure étant *plus* relevée que la supérieure, le diamètre vertical est dès lors raccourci, tandis que le diamètre horizontal dont les deux extrémités s'élèvent également, suivant des directions parallèles, conserve sa même grandeur apparente. La grandeur des disques du soleil et de la lune, si différente, près de l'horizon, de celle qu'ils ont à une plus grande hauteur dans le ciel, n'a rien de commun avec la réfraction ; c'est une illusion qui tient à la comparaison que nous pouvons faire, alors que ces astres sont près de l'horizon, avec les objets terrestres. Dans cette position nous les voyons et nous les jugeons, en détail, pour ainsi dire, comme nous avons l'habitude de juger les objets terrestres dans toutes leurs parties. Plus haut, nous n'avons plus de comparaison qui nous guide, et leur isolement dans le ciel nous dispose plutôt à les rapetisser qu'à les agrandir. La mesure prise avec un instrument convenable corrige notre erreur, sans cependant détruire notre illusion. Nous apprenons ainsi que le soleil, juste à l'horizon, sous-tend à nos yeux, exactement le même angle que lorsqu'il est à une plus grande hauteur dans le ciel, tandis que la lune sous-tend un angle moindre que lorsqu'elle est vue à une plus grande hauteur dans le ciel, ce qui est dû à la plus grande distance de nous dans la première position comparée à la seconde, ce que nous allons expliquer.

48. Après ce que nous avons dit du peu d'étendue de l'atmosphère par rapport à la masse de la terre, nous éprouverons peu d'hésitation à admettre que ces astres qui peuplent et ornent le ciel sont étrangers à notre atmosphère, car il est évident que s'ils ne font pas partie de la terre dont ils ne reçoivent aucun appui, ils ne naissent pas non plus comme les nuages qui flottent au gré des vents. Nous les considérerons donc, ainsi que nous l'avons fait en parlant de leurs réfractions, comme existant dans l'immensité de l'espace, à d'énormes distances de nous et entre eux, car nous n'apercevons rien qui s'y oppose.

49. S'il pouvait exister un spectateur qui ne serait appuyé ni sur la terre, ni sur aucun autre support solide, il aurait autour de lui, tout d'une vue, dans l'espace, les constituants de l'univers ; dans l'absence des moyens de juger leur éloi-

gnement de lui, il les rapporterait dans les directions suivant lesquelles ils sont vus de sa station, à la surface concave d'une sphère imaginaire dont son œil serait le centre, et la surface à quelque vaste distance indéterminée. Peut-être jugerait-il ceux qui lui paraîtraient grands et brillants, plus près de lui que ceux moins grands et moins brillants; mais à défaut d'autres moyens d'en juger, il n'aurait aucune garantie de son opinion, et de plus l'idée que tous sont équidistants de lui, et réellement rangés sur la surface de cette sphère imaginaire dont nous venons de parler. Néanmoins il pourrait leur assigner pour place, géométriquement parlant, les points d'intersection de leurs rayons visuels avec cette sphère purement imaginaire, et il aurait ainsi l'avantage de se faire en quelque sorte un plan mémoratif de leur apparence et de leurs situations respectives. Dans un paysage, les objets sont à des distances très-variées de l'œil, et cependant nous les rapportons sur un plan, dans un dessin, à une même distance, *avec leurs proportions apparentes*, sans que cette image soit taxée d'incorrection, parce qu'un homme y paraît alors plus grand, sur les devants, qu'une montagne dans les fonds. Il en est de même pour le spectateur qui *projette* sur une sphère imaginaire, *ciel* ou *firmament*, tous les corps célestes qu'il y veut représenter. Nous concevons aisément ainsi, que la lune, qui nous paraît aussi grande que le soleil, quoique moins brillante, *peut* devoir cette apparente égalité à sa proximité de nous, et *peut* être beaucoup moins grande en réalité, tandis que le soleil et la lune peuvent paraître plus grands et plus brillants que les étoiles, seulement parce que ces dernières sont plus éloignées.

50. Un spectateur, à la surface de la terre, est empêché, par cette grande masse sur laquelle il est, de voir toute la portion de l'espace qui est au-dessous de lui, ou qu'il ne pourrait regarder en quelque sorte qu'en contre-bas. Il est vrai que si son observatoire est très-élevé, la dépression de l'horizon étendra le champ de la vision un peu au-delà d'une demi-sphère, et que la réfraction l'agrandira, dans tous les cas, quel que soit le point de station; mais la zône ainsi ajoutée ne peut pas excéder, à moins de circonstances très-extraordinaires, deux degrés en largeur, et elle est toujours mal vue à cause des vapeurs voisines de l'horizon. Ainsi, à moins que l'on ne change de position géographique, et par suite d'horizon (qui est toujours un plan passant par son œil touchant la

convexité sphérique de la terre à chaque station), ou bien à moins que les corps célestes ne viennent à s'élever au-dessus de l'horizon par quelques mouvements qui leur soient propres, à moins enfin que la terre, en tournant sur elle-même, ne présente à différentes régions de l'espace, le point où l'on reste en observation, on n'apercevrait jamais qu'un hémisphère, à peu près moitié de [illegible]tre atmosphère. Nous verrons dans quel cas l'une ou l'autre, ou plusieurs de ces hypothèses pourront être admises.

51. Un voyageur, par exemple, changeant de localité sur notre globe, découvrira des corps célestes qui n'étaient pas visibles pour lui dans sa station primitive. On peut s'en faire en quelque sorte une idée, si l'on se représente qu'en tournant autour d'un gros tronc d'arbre qui masquait la vue, on découvre successivement les différentes parties du panorama qui l'entoure. De même si l'on part de la station de Londres, pour aller au sud, on ne manquera pas de remarquer que plusieurs corps célestes que l'on n'avait jamais vus à Londres, paraissent s'avancer comme s'ils s'élevaient sur l'horizon, d'une nuit à l'autre, à partir du sud, quoique ce soit en réalité l'horizon qui, voyageant avec nous au sud autour de la sphère, s'abaisse successivement au-dessous d'eux. La nouveauté et la splendeur des constellations qui semblent ainsi naître, pendant les nuits calmes des tropiques, dans les longs voyages au sud, ont été remarquées par tous ceux qui ont joui de ce spectacle, et c'est une de ces impressions délicieuses qui ne manquent jamais de se placer parmi les souvenirs intéressants d'un voyage de long cours. La fig. 6 où les lettres A, B, C, indiquent trois stations successives d'un spectateur, avec les horizons correspondants, rendra ceci plus clair qu'aucune description ne le pourrait faire.

52. Reprenons l'hypothèse de la terre ayant un mouvement de rotation sur elle-même autour de son centre. Il est évident qu'un spectateur placé en un point quelconque de sa surface et s'y croyant immobile sera entraîné par ce mouvement dont il ne s'apercevra pas, parce que son horizon contiendra constamment les mêmes objets terrestres et sera borné par eux. Le même paysage restera toujours devant ses yeux, et tous les objets qui lui sont familiers dans ce paysage conserveront invariablement entre eux et pour lui les mêmes positions. Le mouvement doux et parfaitement égal d'une si vaste masse, entraînant avec elle tous les objets qu'il voit rester autour de lui

(article 15), ne lui permet pas de soupçonner qu'il a changé de place. Cependant, par rapport aux corps célestes, qui ne participent pas au mouvement de rotation que nous supposons à la terre, son horizon aura changé comme celui du voyageur de l'article précédent. En recourant à la fig. 6, ce sera donc la même chose dans tout ce qui concerne la vue des astres, soit que le mouvement de la terre amène successivement le spectateur aux points A, B, C, soit qu'il s'y transporte en voyageant; ou bien en reprenant la comparaison d'un tronc d'arbre qui masque le paysage, ce sera la même vue, soit que l'on tourne autour de ce tronc, soit qu'après l'avoir scié et le faisant tourner sur un pivot, on y attache le spectateur. La seule différence c'est que dans le premier cas on verra tout le tour de l'arbre, tandis que dans le second cas on n'en verra que la partie à laquelle on sera attaché.

53. Par cette rotation de la terre, telle que nous l'avons supposée, l'horizon du spectateur stationnaire s'abaissera constamment au-dessous des objets situés dans cette région de l'espace vers laquelle l'emporte le mouvement, et s'élèvera au-dessus de ceux de la région opposée, amenant ainsi les uns sous ses yeux, et emmenant successivement les autres. Au reste, comme l'horizon du spectateur lui paraît immobile *à lui*, il rapporte de tels changements au mouvement de ces mêmes objets qui successivement apparaissent et disparaissent à ses yeux. Ainsi, au lieu de croire que son horizon approche des étoiles, il jugera que les étoiles approchent de son horizon; quand son horizon, passant par dessus, en cachera quelques-unes, il considérera celles-là comme allant en dessous, pour *se coucher*, tandis que celles que son horizon lui découvrira, en s'éloignant d'elles, lui sembleront venir en dessus pour se lever.

54. Si nous supposons que cette rotation de la terre continue dans une seule et même direction, c'est-à-dire autour d'un même *axe*, jusqu'à ce qu'elle ait complété une entière révolution qui ramène le spectateur au point où il a commencé ses observations, il est clair que chaque chose se retrouvera pour lui dans la même position qu'avant le mouvement; tous les corps célestes lui paraîtront occuper les mêmes places dans la voûte du ciel, à l'exception de ceux qui se seraient mus dans l'intervalle. Si la rotation continue, les mêmes phénomènes de lever, de coucher, et de retour à la même place, se reproduiront dans le même ordre et ainsi de *suite jusqu'à*

l'infini, dans des intervalles de temps égaux, si la vitesse du mouvement de rotation est uniforme.

55. Ce qui précède est la peinture vivante de ce grand phénomène, le plus important, sans comparaison, de tous ceux que la nature présente, le lever et le coucher journaliers du soleil et des astres, leur marche progressive à travers la voûte du ciel et leur retour aux mêmes places apparentes, aux même heures du jour et de nuit. Ce rétablissement de l'état des choses dans l'intervalle régulier de vingt-quatre heures, est le premier exemple que nous rencontrions de cette grande loi qui, comme nous le verrons, régit toute l'astronomie, *la périodicité*, expression par laquelle nous entendons la reproduction continue des mêmes phénomènes, dans le même ordre, à des intervalles égaux de temps.

56. Une libre rotation de la terre autour de son centre, doit satisfaire à deux conditions essentielles, si elle s'exécute en conformité des lois mécaniques auxquelles sont soumis les mouvements des masses de matière que nous pouvons expérimenter. Il faut qu'elle soit invariable dans sa direction; *par rapport à la sphère elle-même*, et d'une vitesse uniforme. Cette rotation doit être accomplie *autour d'un axe* ou diamètre de la sphère, dont les *pôles* ou extrémités, là où ils rencontrent la surface, correspondent toujours aux mêmes points de la sphère. Le mode de rotation d'un corps solide sous l'influence d'agents extérieurs, est concevable avec des pôles d'un axe autour duquel, en tournant, ils se déplacent sans cesse sans rester fixes à la surface. Mais cela est inconciliable avec l'idée de rotation d'un corps de figure régulière autour de son axe de symétrie, exécutée en espace libre, sans résistance ou empêchement d'aucun milieu environnant et sans influences perturbatrices. L'absence complète de tels obstacles entraîne avec elle, de toute nécessité, le strict accomplissement des deux conditions ci-dessus mentionnées.

57. Ces conditions s'accordent parfaitement avec ce que nous observons, et avec les observations qui nous ont été transmises sur les mouvements diurnes des corps célestes. L'histoire ne nous donne aucune raison de croire, que depuis les âges les plus reculés, aucun changement sensible ait eu lieu dans l'intervalle de temps écoulé entre deux retours successifs du même astre au même point du ciel; et même on peut démontrer par des archives astronomiques, qu'un tel changement n'a pas eu lieu. Quant à l'autre condition (*perma-*

nence de rotation), les apparences que la moindre altération à cet égard pourrait produire, eussent été remarquées, ainsi que nous les observerions maintenant par un changement correspondant très-visible des mouvements des étoiles, ce que les documents historiques déclarent n'être jamais arrivé.

58. Avant d'examiner plus en détail comment l'hypothèse de la rotation de la terre autour d'un axe, s'accorde avec le phénomène que nous offre le mouvement diurne des corps célestes, il est convenable de décrire avec précision, en quoi consiste ce mouvement diurne, jusqu'à quel point y participent tous les astres; ou quels sont ceux qui font exception en tout ou en partie, à l'analogie commune aux autres. Supposons donc le lecteur lui-même en station, un beau soir après le coucher du soleil, quand les premières étoiles commencent à poindre, et en plein air, de manière à pouvoir obtenir une bonne vue générale du ciel; alors il apercevra au-dessus et autour de lui une vaste voûte concave hémisphérique, parsemée d'étoiles de diverses grandeurs, et dont les plus brillantes attireront seules son attention pendant le crépuscule; à mesures que les ténèbres s'accroîtront, le nombre des étoiles ira en s'augmentant de plus en plus jusqu'à ce que le ciel en soit entièrement couvert. Après avoir quelque temps admiré le calme magnifique de cet admirable spectacle, qui a inspiré tant de chants et de méditations, spectacle que nul ne peut voir sans émotion et sans désir ardent d'en pénétrer la nature et les causes, qu'il fixe plus particulièrement son attention sur quelques unes des étoiles les plus brillantes, de manière à ne pouvoir manquer de les reconnaître sans se tromper, après les avoir perdues de vue quelque temps, et qu'il rapporte leur apparente situation à quelques objets environnants, édifices, arbustes choisis de préférence dans diverses parties de l'horizon. En les comparant de *nouveau*, avec leurs points de repère, après quelque temps, lorsque la nuit est plus avancée, il ne peut manquer de s'apercevoir que ces étoiles ont changé de place et que par un mouvement général elles ont marché vers l'ouest; celles qui étaient à l'est, paraissant s'élever ou s'éloigner de l'horizon, tandis que celles qui étaient à l'ouest semblent s'en être approchées; de telle manière qu'en prolongeant suffisamment l'observation, elles finissent par disparaître sous l'horizon; d'autres étoiles au contraire paraîtront venir de l'est, et s'élever pour suivre les autres dans leur marche vers l'ouest.

39. Si pendant une ou plusieurs nuits, on continue à observer leurs mouvements, on s'aperçoit que chaque étoile paraît décrire, dans toute sa marche, au-dessus de l'horizon, un cercle dans le ciel ; que les cercles ainsi décrits, ne sont pas de la même grandeur pour toutes les étoiles; et que ceux décrits par des étoiles différentes varie beaucoup dans leurs arcs, au-dessus de l'horizon : quelques étoiles situées dans cette partie de l'horizon que l'on nomme le *sud* (1), ne restent que très-peu de temps au-dessus de l'horizon et disparaissent en ne traçant que le petit segment supérieur de leur cercle diurne ; d'autres qui se lèvent entre le sud et l'est, décrivent au-dessus de l'horizon de plus grands segments de leurs cercles, restent proportionnellement plus longtemps en vue et se couchent vers l'ouest, précisément aussi loin du sud, qu'elles l'étaient de l'est en se levant ; enfin celles qui se lèvent exactement à l'est, restent juste douze heures à décrire un demi-cercle, et se couchent exactement à l'ouest. La même loi s'observe de nouveau, pour celles qui se lèvent entre l'est et le nord, au moins quant au temps de leur apparence au-dessus de l'horizon et quant au rapport des segments visibles à la circonférence entière. L'un et l'autre vont en augmentant ; il faut plus de douze heures pour un arc visible diurne, plus grand que la demi-circonférence. Quant aux grandeurs des cercles, elles diminuent, en allant de l'est vers le nord, les plus grands cercles étant décrits par les étoiles qui se lèvent précisément à l'est. En portant l'œil plus loin vers le nord, on remarquera enfin des étoiles qui, dans leur mouvement diurne, rasent juste l'horizon au point nord, ou passent seulement au-dessous pour un instant, tandis que d'autres ne l'atteignent pas du tout, mais continuant à rester sans cesse, au-dessus, décrivent leurs cercles entiers, autour d'un *point* appelé *pôle*, qui paraît être le centre commun de tous leurs mouvements et le seul immobile dans les cieux. Aucune étoile ne marque d'ailleurs ce point ; c'est un centre purement imaginaire, mais il est près d'une étoile très-brillante, nommée *polaire* et qu'il est facile de reconnaître par le très-petit cercle qu'elle décrit. Ce cercle est si petit qu'à moins d'une attention particulière, et de points fixes de repère, on pourrait supposer l'étoile en repos et la prendre pour le centre des cercles que décrivent les étoiles de cette

(1) Nous supposons la station de l'observateur en quelque latitude septentrionale, l'Europe, par exemple.

région. On peut aussi la reconnaître par sa configuration dans une brillante et remarquable *constellation* ou groupe d'étoiles nommée la *grande ourse* par les astronomes,

60. On observera de plus que l'apparence des situations relatives de toutes les étoiles, les unes par rapport aux autres, n'est pas changée par leurs mouvements diurnes. En quelque partie de leurs cercles qu'elles soient observées, ou à quelque heure que ce soit de la nuit, elles forment les unes avec les autres les mêmes groupes identiques ou configuration auxquelles a été donné le nom de *constellations*; il est vrai que dans les diverses phases de leur marche, ces groupes sont placés différemment par rapport à l'horizon, et que les groupes qui sont vers le nord, passant alternativement en dessus et en dessous de leur centre de mouvement dont nous avons parlé à l'article précédent, pendant la durée du mouvement diurne, paraissent en sens inverse, quant à l'horizon, quoiqu'ils ne cessent de tourner autour des mêmes points, vers le pôle. En un mot, on s'apercevra que tout l'assemblage d'étoiles visibles à la fois, ou successivement dans le ciel, peut être considéré comme une grande constellation qui semble tourner avec un mouvement uniforme, comme formé d'une masse cohérente, attachée à la surface interne d'une vaste sphère creuse, ayant pour centre la terre, ou plutôt l'œil du spectateur, et tournant autour d'un axe incliné à son horizon, de manière à passer par le point fixe ou *pôle* dont nous avons déjà parlé.

61. Enfin on remarquera, si l'on a la patience de veiller une longue nuit d'hiver, depuis le moment où paraissent les étoiles, jusqu'à celui où le point du jour les fait disparaître, que celles qui ont été observées se couchant à l'ouest, vont se lever à l'est, tandis que celles qui étaient levées au commencement de l'observation, ont complété leur course et vont se coucher. Ainsi l'hémisphère, ou la grande partie qu'on en avait sur la tête, est sous les pieds, et elle est remplacée par celle qui d'abord était dans cette position, et qui n'est pas moins riche en étoiles parsemées en groupes aussi permanents et aussi distinctement reconnaissables. On apprend dès lors, que cette grande constellation dont nous avons parlé, comme tournant autour du pôle, est étendue à toute la surface de la terre, n'étant rien moins en réalité, que l'universalité des corps lumineux entourant la terre de tous côtés, et amenés ainsi successivement à la vue du spectateur, qui les rapporte, chacun suivant son propre rayon visuel, à la surface d'une sphère

imaginaire dont il occupe le centre (art. 49). Il y a donc toujours, pourrait-on dire, une étoile brillante au firmament sur la tête du spectateur, aussi bien de jour que de nuit, mais que la lumière éblouissante du jour, laquelle efface successivement les étoiles à mesure que paraît le matin, l'empêche d'apercevoir. C'est en effet ce qui a lieu. Les étoiles continuent d'être visibles, pendant le jour, à l'aide de télescopes; et, suivant la puissance de ces instruments, non-seulement les plus grandes et les plus brillantes, mais celles même d'un éclat inférieur, qui sont à peine visibles à l'œil nu pendant la nuit, peuvent être trouvées et suivies en plein midi ; jusque dans la partie du ciel qui est très-près du soleil, pourvu que l'on sache pointer convenablement un télescope sur leur gisement. Au fond d'un abîme, d'un puits très-profond, ou d'une mine, on peut discerner à l'œil nu les étoiles brillantes qui passent au zénith ; et nous avons entendu dire par un célèbre opticien, que la circonstance qui avait appelé son attention sur l'astronomie, était l'apparence, à certaine heure, plusieurs jours de suite, d'une grande étoile, à travers la profondeur d'une cheminée. Vénus dans nos climats, et même Jupiter dans les cieux les plus clairs des tropiques, sont souvent visibles. sans l'aide d'aucun autre moyen, à l'œil nu, pourvu qu'on sache où les regarder. Pendant les éclipses totales de soleil, les plus grandes étoiles paraissent aussi dans leurs situations particulières.

62. Mais revenons à notre étudiant en astronomie que nous avons laissé contemplant la sphère des cieux, aussi complète dans son imagination, sous les pieds que sur la tête, où elle s'élève dans son cours journalier.

Il y a pourtant une portion ou segment de cette sphère dont nous n'obtenons pas ainsi la vue, et de même qu'il y a un segment au nord, adjacent au pôle au-dessus de l'horizon, dans lequel les étoiles ne *se couchent jamais;* il y a un segment correspondant où les étoiles du sud, décrivant les plus petits cercles, ne se *lèvent jamais*. Les étoiles qui bordent la circonférence extrême de ce segment, affleurent juste le point sud de l'horizon, et se montrent pendant peu d'instants au-dessus, précisément comme celles du segment nord affleurent le point nord de l'horizon et se cachent quelques moments en dessous, pour reparaître immédiatement. A chaque point d'une surface sphérique, correspond un autre point diamétralement opposé, et comme l'horizon du spectateur divise la sphère en deux hémisphères, l'une supérieure, l'autre inférieure, il est de toute nécessité qu'il existe un pôle déprimé ou correspondant à celui élevé au nord, avec une portion ou segment sud perpétuellement en dessous, comme il y a un segment au pôle nord perpétuellement en dessus.

« L'un est sur notre tête, et l'autre sous nos pieds,
» Vu par la nuit profonde et fréquenté des mânes. » *Virg.*

63. Pour avoir la vue de ce segment, il faut voyager vers le sud, et alors se présente une nouvelle série de phénomènes. A mesure que l'on avance vers le sud, quelques-unes de ces constellations qui, lors de la station primitive, affleuraient seulement l'horizon nord, paraissent passer en dessous et se coucher, restant d'abord cachées peu de temps, mais ensuite, pendant une partie plus grande des vingt-quatre heures, elles continuent, d'ailleurs, à circuler autour du même point, qui conserve la même invariable position, *quant à elles*, dans la concavité sphérique des cieux parmi les étoiles ; mais ce point lui-même s'abaisse graduellement par rapport à l'horizon du spectateur. En un mot, l'axe autour duquel le mouvement diurne est accompli, paraît devenir de moins en moins incliné à l'horizon ; et le pôle nord s'abaisse de la même quantité que le pôle sud s'élève, amenant à la vue les constellations qui l'entourent, d'abord momentanément, et par degrés, pour un temps de plus en plus long à chaque révolution diurne, réalisant tout ce que nous avons déjà dit à l'art. 51.

64. En continuant à voyager vers le sud, on trouve une ligne de la surface de la terre appelée l'*équateur*, à chaque point de laquelle, indifféremment, si l'on prend station, et qu'on recommence des observations, on voit les deux centres de mouvement diurne de l'horizon occuper deux points opposés, le pôle nord s'étant abaissé, et le pôle sud élevé ; en sorte que, dans cette position géographique, la rotation diurne des cieux parait s'accomplir autour d'un axe horizontal, chaque étoile décrivant moitié de son cercle diurne au-dessus de l'horizon, et moitié en dessous, restant alternativement visible pendant douze heures et cachée pendant douze heures. Dans cette situation, *aucune* partie des cieux n'est cachée à l'œil qui les parcourt *successivement*. Dans une nuit de douze heures, (en suppposant que l'obscurité puisse durer aussi longtemps à l'équateur), on passera toute la sphère en revue, l'hémisphère par lequel a commencé l'observation de la nuit, passant en dessous, à mesure que surgit l'hémisphère opposé.

65. Après avoir dépassé l'équateur et s'être avancé davan-

tage vers le sud, le pôle sud s'élève au-dessus de l'horizon, le pôle nord s'abaissant au-dessous, de plus en plus, à mesure qu'on marche au sud. Quand on parvient à une station aussi éloignée de l'équateur, au sud, que l'était la station primitive, au nord, tous les phénomènes des cieux sont inverses : les étoiles, qui paraissaient décrire tout leur cercle diurne au-dessus de l'horizon, sans jamais se coucher, le décrivent entièrement au-dessous, sans jamais se *lever*, et restent constamment invisibles, tandis que *vice versâ*, les étoiles qui ne se voyaient jamais, de la première station, ne cessent plus maintenant d'être visibles.

66. Enfin, si au lieu de marcher vers le sud, à partir de la première station, on va au nord, on observe que le pôle nord devient de plus en plus élevé au-dessus de l'horizon, et que le pôle sud s'abaisse de plus en plus au-dessous. En conséquence, l'hémisphère visible présente une moins grande variété d'étoiles, parce qu'une plus grande portion de la voûte céleste reste constamment cachée. Le cercle décrit par chaque étoile s'approche plus d'être presque parallèle à l'horizon; enfin, toutes les apparences conduisent à supposer que si l'on marchait assez loin vers le nord, on atteindrait un point *verticalement* sous le pôle nord des cieux, où chaque étoile circulant en cercle parallèle autour de l'horizon, aucune étoile n'aurait ni lever, ni coucher. Bien des efforts ont été faits pour atteindre ce point, qui se nomme le *pôle nord de la terre*, mais sans succès jusqu'ici, la rigueur croissante du climat présentant une barrière d'une insurmontable difficulté. Cependant, on en est approché de très-près, et les phénomènes de ces régions, quoiqu'ils ne soient pas précisément ceux que nous venons de décrire comme devant exister *au pôle lui-même*, ont prouvé qu'ils correspondaient exactement à cette grande proximité. Une remarque semblable s'applique au pôle sud, qui est moins facile encore à approcher, ou du moins, qui a été moins près approché que le pôle nord.

67. Ce qui précède est une relation des phénomènes du mouvement diurne des étoiles, tel que le modifient différentes situations géographiques, et cette relation n'est pas fondée seulement sur la théorie, mais elle résulte encore des observations et des rapports de tous les voyageurs. Elle est d'ailleurs complètement d'accord avec l'hypothèse de la rotation de la terre autour d'un axe fixe. Pour le prouver, il devient nécessaire de recourir à quelques observations sur le *mouvement parallactique* en général, et sur les apparences

que présentent un assemblage d'objets éloignés, quand on le voit des différentes parties d'une petite station circonscrite.

68. Nous avons vu (art. 16) qu'un spectateur se mouvant doucement avec un grand système dont il fait partie, qui l'enveloppe de toutes parts, ne s'aperçoit pas de son propre mouvement, et le reporte en idée sur les objets extérieurs qui lui semblent se mouvoir en direction contraire; ceux qu'il laisse en arrière paraissant s'éloigner, et ceux vers lesquels il avance paraissant s'approcher. Ce n'est pas seulement par rapport à nous, qui sommes en mouvement, que les objets extérieurs qui restent en repos semblent se mouvoir, mais ils paraissent même changer entre eux leurs positions *relatives* apparentes.

Supposons un voyageur qui, parcourant avec vitesse une route élevée, arrête fixement son œil sur un objet, sans néanmoins perdre de vue l'ensemble du paysage; il verra, ou croira voir le paysage se mettre en *rotation* autour de cet objet comme centre: tous les objets qui seront entre lui et ce centre paraîtront *reculer* dans une direction contraire au mouvement qui l'emporte, lui voyageur, tandis que tout ce qui sera au-delà semblera *avancer* dans la direction qu'il suit; mais que son œil quitte cet objet pour se fixer sur un autre, plus rapproché par exemple, sur-le-champ ce nouvel objet reste en repos et paraît servir de centre au mouvement illusoire qui fait tourner le paysage. Ce changement apparent de situation des objets, les uns par rapport aux autres, provenant du mouvement du spectateur, s'appelle mouvement parallactique.

La raison en est que nous rapportons la position de chaque objet à la surface imaginaire d'une sphère d'un rayon infini, ayant notre œil pour centre. Ainsi, fig. 7, comme nous avançons dans la direction A B, emportant avec nous cette sphère imaginaire, les rayons visuels A P, A Q, suivant lesquels les objets sont vus à sa surface, en C, par exemple, quittent leurs positions par rapport à la ligne A B, suivant laquelle nous nous mouvons, qui nous sert d'axe ou de ligne de rapport, et en prennent de nouvelles B P p, B Q q, en tournant autour de leurs objets respectifs comme centres. Leurs intersections p, q, avec notre sphère visuelle, paraîtront donc s'éloigner sur la surface, mais à divers degrés de vitesse, suivant qu'ils sont plus ou moins à proximité, la même distance de l'avance A B, sous-tendant un angle A P B = c P p plus grand que l'angle AQB = cQq, lorsque l'objet P est plus près que l'objet Q.

69. Une conséquence de cette apparence familière que nous avons prise pour exemple de ces principes est digne de remarque, car nous aurons occasion d'y revenir plus tard. Nous observons que chaque objet plus près de nous que celui sur lequel notre œil est fixé semble s'éloigner, et que chaque objet plus loin semble au contraire s'avancer l'un par rapport à l'autre. Si nous ne savions pas, ou si nous ne pouvions pas juger par d'autres apparences, lequel des deux objets est le plus près de nous, cette avance ou ce recul apparent de l'un vers l'autre, quand notre œil est invariablement fixé sur un autre objet, nous servirait de marque pour juger, dans les ténèbres de la nuit, par exemple, quand tous les objets intermédiaires disparaissent : le mouvement relatif apparent de leurs lumières que nous savons être fixes elles-mêmes, peut nous décider sur leur proximité relative : celle qui semble s'avancer vers nous et gagner l'autre de vitesse ou la laisser derrière, est celle qui est la plus loin.

70. On nomme *parallaxe*, ce mouvement angulaire apparent d'un objet sur notre sphère de vision, provenant du changement de notre point de vue; il est toujours exprimé par l'*angle* APB *sous-tendu à l'objet* P, par une ligne joignant les deux points de vue A, B. Il est évident, en effet, que la différence de la position angulaire de P, quant à la direction invariable ABD, suivant qu'on regarde de A ou de B, est la différence des deux angles DBP et DAP; or, DBP étant l'angle extérieur du triangle ABP, est égal à la somme des angles intérieurs opposés DAP + APB, d'où DBP — DAP = APB.

71. Il suit de là que la valeur du mouvement parallactique provenant d'un changement de notre point de vue, toutes choses égales d'ailleurs, est d'autant moindre que la distance de l'objet est plus considérable; et lorsque cette distance est extrêmement grande par rapport au peu de changement de notre point de vue, la parallaxe devient insensible; en d'autres termes, les objets ne paraissent pas avoir changé de situation du tout. C'est par cette raison que dans les Alpes, lorsqu'on visite ces hautes régions pour la première fois, on est surpris et confondu du peu de chemin que l'on paraît faire par une longue marche. Une heure de promenade, par exemple, ne produit qu'un petit changement parallactique, dans les situations respectives des masses vastes et éloignées des en-

virons. Soit que nous nous promenions sur la circonférence d'un cercle de 100 mètres de diamètre, ou que nous restions au centre, le panorama présente presque le même aspect, et nous semblons à peine avoir changé de point de vue.

72. Quelque notion que nous puissions, à d'autres égards, nous former des étoiles, il est clair qu'il faut qu'elles soient à d'immenses distances. S'il n'en était pas ainsi, l'intervalle angulaire apparent de deux d'entre elles vu au-dessus de notre tête serait beaucoup plus grand que vu près de l'horizon, et les constellations, au lieu de conserver les mêmes apparences et les mêmes dimensions pendant toute la durée de leur course diurne, paraîtraient s'élargir lorsqu'elles s'élèvent plus haut dans le ciel, comme nous voyons de petits nuages à l'horizon grossir et nous couvrir de leurs vastes ombres quand le vent les pousse à notre zénith. Dans la fig. 8, *ab*, *AB*, *ab*, sont trois différentes positions des mêmes étoiles, telles que pour le spectateur S, elles seraient vues si elles étaient près de la terre, sous les angles visuels *a*S*b*, ASB. Mais aucune apparence d'un tel changement n'a lieu. Les plus exactes mesures de la distance angulaire apparente de deux étoiles, *entre elles*, prises en un moment quelconque de leur course diurne, (en tenant compte des effets inégaux de réfraction, ou prenant des temps d'observation tels que cette cause soit exactement la même pour tous) ne manifestent pas la *plus légère variation* apercevable. De plus, à quelque point de la terre que ces mesures soient prises, les résultats sont *absolument identiques*. Aucun instrument assez délicat pour indiquer, par la diminution ou par l'accroissement de l'angle sous-tendu, si tel point de la terre est plus ou moins distant des étoiles, n'a été encore inventé par l'homme.

73. Il s'ensuit nécessairement que les dimensions de la terre, quelque grandes qu'elles soient, ne sont *rien* ou sont absolument imperceptibles, comparées avec la distance qui sépare les étoiles de la terre. Si un observateur se promène autour d'un cercle de quelques mètres de rayon, et que, des points différents de la circonférence, il mesure avec un sextant ou autre instrument plus exact de ce genre; les angles PAQ, PBQ, PCQ, *fig.* 9, sous-tendus à ces différentes stations par deux points bien définis à l'horizon P, Q, il sera averti, par la différence des résultats, du changement de leur distance provenant de son changement de lieu, quoique cette différence soit si petite qu'elle ne produit aucun changement

de leur aspect général, à la simple vue. C'est l'un des exemples innombrables où des instruments nous donnant des mesures exactes, nous placent dans une situation totalement différente, relativement à des faits et aux conclusions qui s'en déduisent, de celle où nous serions en nous en rapportant au simple jugement de notre œil. On a apporté une si grande exactitude dans ces observations, à l'aide de l'instrument nommé théodolithe, qu'un cercle du diamètre ci-dessus mentionné peut être rendu *sensible*, avoir une *grandeur*, une *place* assignée, relativement à des objets distants de 100,000 fois ses propres dimensions; des observations faites, il est vrai par une autre méthode, mais d'après le même principe, et avec la plus grande exactitude, ont été appliquées aux étoiles et ont donné le même résultat. Il s'ensuit, sans aucun doute, que la distance des étoiles à la terre ne peut *être moindre* de cent mille fois le diamètre de la terre; elle est même incomparablement plus grande, car nous démontrerons plus tard que cette distance qui paraît immense (1274 millions de kilomètres environ), est relativement beaucoup trop faible.

74. A cette distance, la terre seroit imperceptible pour un spectateur doué de nos facultés et pourvu de nos instruments; et réciproquement un objet de même dimension que la terre, serait inapercevable s'il était placé aussi loin de nous que le sont les étoiles. Si donc au point sur lequel stationne l'observateur, nous menons un plan qui touche l'autre globe et que nous le prolongions en idée jusqu'à ce qu'il atteigne la région des étoiles; si, par le centre de la terre, nous concevons un autre plan parallèle au premier et s'étendant de même indéfiniment, ces deux plans, quoique séparés dans toute leur étendue par le même intervalle, c'est-à-dire le demi-diamètre de la terre, seront cependant confondus ensemble, et non distincts l'un de l'autre, dans la région des étoiles, quand ils seront vus par un spectateur sur la terre. La zône qu'ils comprennent sera d'une largeur s'évanouissant à son œil, et ne marquera qu'un grand cercle dans les cieux, un seul et le même pour les deux stations. Ce grand cercle, quand on parle comme d'un cercle de la sphère, s'appelle l'*horizon céleste*, ou simplement l'*horizon*; et les deux plans dont nous venons aussi de parler, l'horizon *sensible* et l'horizon *rationnel* de la station de l'observateur.

75. Il suit de ce que nous avons dit (art. 73) sur la distance où nous sommes des étoiles, que si l'on suppose un

spectateur ayant, au centre de la terre, sa vue bornée par l'horizon *rationnel*, de même qu'un spectateur corespondant à la surface de la terre, aurait sa vue bornée par l'horiron *sensible*, ces deux observateurs verraient les mêmes étoiles dans les mêmes situations relatives, chacun d'eux apercevant l'entier hémisphère des cieux qui est au-dessus de l'horizon céleste correspondant à leur commun zénith.

Maintenant, aussi loin que les apparences peuvent aller, il est clair qu'il en est de même, soit que les cieux, c'est-à-dire l'espace et tout son contenu, tournent autour du spectateur en station au centre de la terre, soit que le spectateur tourne simplement sur place, en sens inverse, de manière à voir successivement toutes les régions de l'espace. L'aspect des cieux, à chaque instant, rapporté à son horizon qu'il faut supposer tournant avec lui, sera le même dans les deux hypothèses. Or, puisque les apparences sont aussi les mêmes, en ce qui concerne les étoiles, pour un spectateur placé à la surface de la terre et pour un autre au centre, ainsi que nous l'avons vu, il s'ensuit que les phénomènes diurnes ne seront aucunement différents pour tous les habitants de la terre, soit que l'on suppose que ce soit les cieux qui tournent sans la terre ou la terre dans les cieux en sens opposé.

76. L'astronomie copernicienne adopte cette dernière hypothèse, comme la véritable explication des phénomènes, évitant ainsi la nécessité de recourir au mécanisme compliqué d'une sphère solide, quoique invisible, à laquelle seraient attachées les étoiles de telle manière, qu'elles pussent tourner autour de la terre sans dérangement de leurs positions relatives *entre elles*. Un tel mécanisme qui suffirait, il est vrai, pour expliquer les révolutions diurnes des étoiles, quant à leurs apparences au moins, serait incompatible avec le mouvement du soleil et de la lune, aussi bien qu'avec ceux des planètes, ainsi que nous le verrons quand nous viendrons à parler de ces corps célestes. D'un autre côté, loin qu'il soit difficile d'accorder qu'une masse sphérique de moyenne dimension, (ou plutôt d'une grandeur qui disparaît, quand on la compare à celle de l'univers qui l'entoure visiblement), se mouvant en liberté, sans être assujettie par aucun lien, tourne, ainsi qu'elle le fait, conformément aux mouvements réguliers de tous les corps solides, il serait plutôt étonnant qu'aucun fait vînt à prouver le contraire. Nous regarderons donc le système copernicien comme le point de départ de tout notre

ouvrage; et nous aurons soin de faire ressortir, à mesure qu'elles se présenteront, les analogies qui, dans les observations des autres corps célestes, viennent à l'appui de ce système.

77. La rotation de la terre sur son axe ainsi admise, expliquant, comme elle le fait évidemment, le mouvement apparent des étoiles d'une manière complètement satisfaisante, nous prépare à comprendre ensuite le mouvement de ce corps dans l'espace, mouvement qui sert également à expliquer les mouvements en apparence compliqués et énigmatiques du soleil, de la lune et des planètes. L'astronomie copernicienne adopte cette idée dans toute son extension, attribuant à la terre, en outre de son mouvement de rotation sur son axe, un mouvement de *translation* ou de parcours dans l'espace, dans une telle *orbite*, et tellement réglé en vitesse et direction, que, d'accord avec les mouvements des autres corps de l'univers, il rend compte des apparences qu'ils présentent successivement, c'est-à-dire un compte dont tous les détails, tous les principes, toutes les propositions et leurs corollaires sont réunis dans un ensemble si parfait, qu'on n'y peut trouver aucune contradiction entre la nature des choses qui se concluent de l'expérience. Dans cette vue de la doctrine copernicienne, c'est plutôt une conception géométrique qu'une théorie physique, développant simplement les mouvements requis, sans assigner leur origine mécanique ou leur dépendance des causes physiques. La théorie newtonienne de la gravitation y supplée; en prouvant que tous les mouvements prévus par le système copernicien, *doivent*, sans qu'il puisse y en avoir d'autres, résulter d'une simple loi dynamique très-facile à comprendre, Newton a donné à la conception de Copernic un tel degré de certitude qu'aucun fait ne peut paraître plus positif pour l'esprit humain.

78. Pour bien comprendre cette idée féconde, dans tous ses développements, le lecteur doit faire une distinction sérieuse entre le mouvement *relatif* et *absolu*. Rien de plus facile à saisir que si un spectateur *en repos* voit un certain nombre d'objets se mouvant, ils formeront *pour son œil*, à chaque moment, des groupes différents de ceux qu'ils formeraient si lui-même était *en mouvement* parmi eux; s'il était l'un d'eux, par exemple, et joint à leur branle. Ceci résulte évidemment de ce que nous avons dit sur le mouvement parallactique; mais on peut demander comment le spectateur décidera les

deux parts de ces mouvements apparents des objets extérieurs, celle qui provient de l'effet de son propre changement de lieu, et qui n'est conséquemment qu'une apparence (*subjective*, ayant rapport seulement au sujet qui l'aperçoit, comme disent les métaphysiciens allemands), et celle qui est réelle (ou *objective*, ayant son existence positive, qu'elle soit aperçue ou non des spectateurs?) Par quelle règle le spectateur s'assurera-t-il par les apparences qui lui *surviennent* quand il est en mouvement, quelles seraient les apparences qui lui *surviendraient* s'il restait en repos? Il ne s'ensuit pas, au reste, qu'il aurait même alors une idée nette de tous les mouvements, de tous les objets. Les apparences ainsi survenues à lui auraient encore quelque chose de *subjectif* entre elles. Ce seraient encore des apparences, et non des réalités géométriques. Elles auraient rapport au point de vue, qui peut être défavorablement situé (comme il l'est dans notre système), pour donner une notion bien claire du mouvement réel de chaque objet. Aucune figure géométrique, ou courbe, n'est vue par l'œil telle que l'esprit la conçoit exister en réalité. Les lois de la perspective interviennent, attirent les directions apparentes et changent en raccourci les dimensions de diverses parties. Si le spectateur est défavorablement placé, comme par exemple presque dans le plan de la figure (ce qui est le cas que nous débattons), les objets prennent une telle extension, qu'il faut un grand effort d'imagination pour rétablir la forme réelle à l'aide de la forme sensible.

79. Avant même de faire ce dernier effort, il est nécessaire que le spectateur débarrasse les apparences de l'influence perturbatrice de son propre changement de lieu. Ceci peut toujours se faire au moyen de la règle générale suivante :

Le *mouvement relatif de deux corps est le même* que, si l'un des deux *restant en repos, tout le mouvement* fût communiqué à l'autre *dans une* direction opposée (1).

Il s'ensuit que si deux corps se meuvent semblablement, ils paraîtront en repos, vus l'un de l'autre (sans rapport aux autres corps voisins, mais seulement à la voûte étoilée). Il s'ensuit aussi que si les mouvements absolus de deux corps

(1) Cette proposition est équivalente à celle-ci qui précisément affère au cas en question, mais qui, peut-être, demande un peu plus de réflexion pour être comprise par un étudiant :

Si deux corps A et B sont en mouvement indépendamment l'un de l'autre, le mouvement que B vu de A paraîtrait avoir si A restait en repos, est le même qu'il paraîtrait avoir, A étant en mouvement, si l'on ajoute à *son propre mouvement un mouvement égal de A et qui lui serait communiqué dans la même direction.*

sont uniformes et rectilignes, leur mouvement relatif l'est aussi.

80. Les étoiles sont à une si grande distance, qu'il est absolument indifférent de quel point de la surface de la terre nous les voyons, leurs configurations *entre elles* sont identiquement les mêmes. Il en est autrement du soleil, de la lune, et des planètes, qui sont (la lune surtout) assez près pour être *parallacticalement* déplacées par le changement de lieu d'un point à un autre sur le globe. Pour que les astronomes résidant en différents points de la surface de la terre puissent comparer leurs observations utilement, il est nécessaire qu'ils comprennent parfaitement cet effet de la différence de leurs stations sur les apparences de l'univers extérieur vues de ces stations, et qu'ils en tiennent compte exactement. De même qu'un objet extérieur vu d'une station paraîtrait avoir changé de place, si le spectateur se transportait soudainement à une autre station, de même deux spectateurs le voyant de deux stations au même instant, ne le voient pas dans la *même direction*. De là suit la nécessité d'adopter un centre conventionnel ou une station imaginaire d'observations communes pour tout le monde, et à laquelle chaque spectateur, en quelque lieu du globe qu'il soit placé, puisse rapporter (ou *ramener*, comme on le dit) ses observations, par le calcul et le décompte de l'effet de la station par rapport à ce centre imaginaire commun, en supposant qu'il ait toutes les données nécessaires. S'il n'y avait que deux observateurs, en deux stations fixes, l'un pourrait rapporter les observations à l'autre station ; mais, comme chaque lieu du globe peut servir de station, il est plus naturel et plus convenable de fixer une station commune pour tous les observateurs, et cette station imaginaire ne peut être autre que le centre de la terre lui-même. Le changement parallactique de place apparente qui peut survenir dans un objet, si le spectateur était effectivement transporté au centre de la terre, est évidemment l'angle CSP (fig. 9 *bis*) sous-tendu à l'objet S par ce rayon CP de la terre, qui joint son centre et le lieu P de l'observation.

CHAPITRE II.

Terminologie; idées et rapports géométriques élémentaires. — Terminologie relative au globe de la terre. — A la sphère céleste. — Perspective céleste.

81. Nous avons expliqué dans le chapitre précédent quelques-uns des termes en usage parmi les astronomes, et nous en avons employé d'autres, par anticipation, qu'il est nécessaire de définir et de bien comprendre. Nous allons donc donner ici les définitions des termes dont on se sert constamment en astronomie, et qui ont rapport au globe de la terre et à la sphère céleste.

82. Définition 1. L'*axe* de la terre est le diamètre autour duquel elle tourne, avec un mouvement uniforme, de l'*ouest* à l'*est*; achevant une révolution dans l'intervalle qui s'écoule entre une étoile quittant un certain point dans les cieux, et retournant au même point de nouveau.

83. Déf. 2. Les *pôles* de la terre sont les points où son axe rencontre sa surface. Le pôle nord est celui qui est le plus proche de l'Europe; le pôle sud est celui qui en est le plus éloigné.

84. Déf. 3. L'*équateur de la terre* est un grand cercle de sa surface, équidistant des pôles, et la divisant en deux hémisphères, nord et sud, dans le milieu desquels sont situés respectivement les pôles ainsi nommés. Le *plan* de l'équateur est donc perpendiculaire à l'axe de la terre, et passe par son centre.

85. Déf. 4. Le *méridien terrestre* d'une station à la surface de la terre, est un grand cercle, passant par ce lieu et par les deux pôles. Le plan du méridien est le plan dans lequel est ce cercle. Quand ce plan est prolongé jusqu'à la sphère des cieux, il trace le *méridien céleste* du spectateur à cette station. Quand on parle du méridien du spectateur, on entend le méridien céleste, qui est un cercle vertical passant par les pôles des cieux.

86. Déf. 5. L'horizon *sensible* et l'horizon *rationnel* de chaque station, ont été définis déjà art. 74.

87. Déf. 6. Une *ligne méridienne* est la ligne d'intersection

du plan du méridien de chaque station avec le plan de l'horizon sensible, et marque, en conséquence, les points Nord et Sud de l'horizon, ou les directions suivant lesquelles la vue d'un spectateur pourrait s'étendre, s'il voyageait en ligne directe vers le pôle nord ou le pôle sud.

88. Déf. 7. La *latitude* d'un lieu sur la surface de la terre, est sa distance angulaire de l'équateur, mesurée sur son propre méridien terrestre; il est compté en degrés, minutes, secondes, de 0 à 90, vers le nord, ou vers le sud, suivant l'hémisphère à laquelle ce lieu appartient. Ainsi, l'observatoire de Greenwich est à 51° 28' 40" de latitude nord. Observons que cette définition de la latitude ne doit être regardée que comme provisoire; elle sera nécessairement modifiée, quand nous aurons acquis une connaissance plus exacte de la structure physique et de la figure de la terre, et que nous serons plus familiarisés avec la précision astronomique.

89. Déf. 8. Les *parallèles de latitude* sont de petits cercles sur la surface de la terre, parallèles à l'équateur. Chaque point d'un tel cercle a la même latitude. Ainsi l'on dit, Greenwich est situé dans le *parallèle de* 51° 28' 40".

90. Déf. 9. La *longitude* d'un lieu sur la surface de la terre est l'inclinaison de son méridien sur celui de quelque station fixe prise comme point de départ. Les astronomes et les géographes anglais prennent pour cette station fixe l'observatoire de Greenwich, de même que ceux des autres nations prennent pour leurs points de départ leurs principaux observatoires. Quelques géographes ont adopté l'Ile-de-Fer. Quand il sera question de longitude dans cet ouvrage, ce sera celle de Greenwich, mesurée par l'arc de l'équateur, entre le méridien du lieu et celui de Greenwich, ou, ce qui est la même chose, par l'angle sphérique au pôle inclus entre ces méridiens.

91. De même que la *latitude* se compte nord ou sud, la *longitude* est comptée ordinairement ouest et est. D'ailleurs on ajouterait à la régularité et l'on éviterait la confusion et l'ambiguité des calculs, si l'on abandonnait ce mode de s'exprimer et que l'on comptât invariablement les longitudes vers *l'ouest* de leur origine autour de tout le cercle, depuis 0° jusqu'à 360°. Ainsi la longitude de Paris est, en langage ordinaire, soit de 2° 20' 22" Est, soit de 357° 39' 38" Ouest de Greenwich. Mais cette dernière est la plus convenable, et nous nous en servirons en en recommandant l'usage aux autres. La

longitude se compte aussi en temps, à raison de 24 h. pour 360° ou 15° par heure. Dans ce système la longitude de Paris est 23 h. 30″ 38 1/2 (1).

92. Connaissant la longitude et la latitude d'un lieu, on peut le placer sous un globe artificiel, et construire ainsi une *mappe-monde*, carte sphérique de la terre. Les cartes des contrées particulières sont des parties détachées de cette carte générale, développées en plan; ou plutôt ce sont les représentations de ces contrées, exécutées suivant certains systèmes de règles conventionuelles, appelées *projections*; et dont le but est de déformer aussi peu que possible les contours que ces contrées affectent sur le globe, ou d'établir des moyens faciles, à l'inspection de la carte, d'établir graphiquement les latitudes et les longitudes des lieux, sans recourir à un globe ou à des livres. La méthode des projections a d'ailleurs d'autres usages particuliers. (Voyez Chap. IV.)

93. Déf. 10. Les tropiques sont deux parallèles de latitude, l'un au côté nord et l'autre au côté sud de l'équateur, sur chacun desquels respectivement le soleil passe verticalement, dans sa course diurne, le 21 mars et le 21 septembre de chaque année, leurs latitudes sont environ 23° 28′ respectivement nord et sud.

94. Déf. 11. Les cercles *arctique* et *antarctique* sont deux petits cercles ou parallèles de latitude aussi distants du pôle nord et du pôle sud que les tropiques le sont de l'équateur, c'est-à-dire d'environ 23° 28′; leurs latitudes sont donc environ 66° 32′; nous disons *environ*, car les lieux de ces cercles et ceux des tropiques sont continuellement changeants sur la surface de la terre, quoique avec une extrême lenteur, comme on l'expliquera en temps convenable.

95. Déf. 12. La sphère des cieux ou la sphère des étoiles, est une surface sphérique imaginaire, d'un rayon infini, et ayant le centre de la terre, ou ce qui revient au même, l'œil d'un spectateur sur la surface de la terre, pour centre. On peut la concevoir comme le champ sur lequel les étoiles, les planètes, etc., et tout le contenu visible de l'univers est vu projeté comme dans un vaste tableau (2).

(1) Pour distinguer les minutes et les secondes du temps, des minutes et des secondes d'angle mesuré en degrés, nous conserverons partout ce système distinct de notation; degré (0), minute (′), seconde (″); heure (h), minute (m), seconde (s); une grande confusion pouvant résulter parfois d'une même notation pour ces deux choses si différentes entre elles.

(2) La sphère idéale, en dehors de nous, à laquelle nous rapportons les lieux des

96. DÉF. 13. Les *pôles de la sphère céleste* sont les points de cette sphère imaginaire vers lesquels l'axe de la terre est dirigé.

97. DÉF. 14. L'*équateur céleste*, ou *ligne équinoxiale* comme l'appellent souvent les astronomes, est un grand cercle de la sphère céleste, tracé par l'extension indéfinie du plan de l'équateur terrestre.

98. DÉF. 15. L'*horizon céleste* de chaque lieu est un grand cercle de la sphère tracée par l'extension indéfinie du plan *sensible* de chaque spectateur, ou, (ce qui revient au même, comme nous l'avons fait voir), de son *horizon rationnel,* comme dans le cas de l'équateur.

99. DÉF. 16. Le *zénith* et le *nadir* sont les deux points de la sphère des cieux, verticalement sur la tête et verticalement sous les pieds du spectateur, ou les pôles de l'horizon céleste ; c'est-à-dire, des points distants de 90° de chaque point de cet horizon.

100. DÉF. 17. Les *cercles verticaux* de la sphère sont de grands cercles passant par le zénith et le nadir, ou de grands cercles perpendiculaires à l'horizon. C'est sur eux qu'on mesure les *hauteurs* des objets au-dessus de l'horizon, hauteurs dont les compléments sont les *distances zénithales.*

101. DÉF. 18. Le *méridien céleste* d'un spectateur est le grand cercle tracé en dehors de la sphère par le prolongement du plan du méridien terrestre. Si la terre est supposée en repos, c'est un cercle fixe, et toutes les étoiles le traversent dans leurs courses diurnes de l'est à l'ouest. Si les étoiles sont supposées en repos, et la terre en mouvement, le méridien du spectateur, comme son horizon, (art. 52) marche journellement à travers les étoiles de l'ouest à l'est. Toutes les fois que dorénavant nous parlerons du méridien d'un spectateur ou d'un observateur, ce sera le méridien céleste, cercle qui, passant à

objets, et que nous portons avec nous, en quelque endroit que nous allions, est sans aucun doute entièrement liée, sinon entièrement dépendante de cette obscure perception de sensation dans la rétine de nos yeux, dont nous ne pouvons nous débarrasser, lors même que nos yeux sont en repos et fermés. Nous avons dans nos yeux une surface sphérique réelle, siége de sensation, de vision, correspondant point pour point à la sphère extérieure. C'est sur cette sphère que les étoiles en sont représentées, comme nous avons supposé qu'elles l'étaient sur la sphère imaginaire et concave des cieux. Quand toute la surface de la rétine est excitée par la lumière, nous nous habituons à l'associer avec l'idée d'une surface réelle existant en dehors de nous. Alors nous sommes impressionnés par la notion d'un *firmament*, d'un *ciel*, mais la surface concave de la rétine elle-même est le vrai siége de toute dimension et de tout mouvement *angulaire* visible. On ne fait pas, en parlant, la substitution de la *rétine* pour le *ciel*, mais on la fait mentalement.

travers les pôles des cieux et le zénith de l'observateur, est nécessairement un cercle vertical, passant par les points nord et sud de l'horizon.

102. Déf. 19. Le *vertical primitif* est un cercle vertical perpendiculaire au méridien, et qui passe conséquemment par les points est et ouest de l'horizon.

103. Déf. 20. L'*azimuth* est la distance angulaire d'un objet céleste, au nord ou au sud de l'horizon, suivant que c'est le pôle nord ou le pôle sud qui est *élevé*, quand on rapporte l'objet à l'horizon par un cercle vertical; ou bien c'est l'angle compris entre deux plans verticaux, l'un passant par le pôle élevé, et l'autre par l'objet. L'azimuth peut être compté vers l'est ou l'ouest du point nord ou sud, et il est habituellement compté ainsi de 180° de chaque côté, mais pour éviter la confusion, et pour prévenir toute interprétation quand on se sert de formules algébriques, (point essentiel sur lequel on ne saurait trop insister), nous compterons toujours l'azimuth à *partir* du point de l'horizon le plus *éloigné* du pôle *élevé*, vers l'*ouest* (de manière à suivre les étoiles dans leur mouvement diurne apparent), et comptant de 0° à 360° comme toujours positif, et comme négatif au contraire vers l'est.

104. Déf. 21. La *hauteur* d'un corps céleste est sa hauteur apparente angulaire au-dessus de l'horizon. C'est donc le complément à 90° de la distance zénithale. La hauteur et l'azimuth d'un objet étant connus, la place dans les cieux visible est déterminée.

105. Déf. 22. La déclinaison d'un corps céleste est la distance angulaire de l'*équinoxial*, équateur céleste, ou le complément à 90° de la distance angulaire du pôle le plus voisin, et cette distance est appelée la *distance polaire*. Les déclinaisons sont comptées en *plus* ou en *moins*, suivant que l'objet est situé dans l'hémisphère céleste nord ou sud. Les *distances polaires* sont toujours comptées à partir du pôle nord, de 1° jusqu'à 180°, ce qui prévient toute espèce de doute et empêche toute ambiguïté d'expression.

106. Déf. 23. Les *cercles horaires* de la sphère, ou cercles de déclinaison, sont les grands cercles passant par les pôles, et perpendiculaires enfin à l'*équinoxial*. Le cercle horaire passant par chaque corps céleste particulier, sert à le ramener sur un point de l'équinoxiale, comme un cercle vertical le fait à un point de l'horizon.

107. Déf. 24. L'*angle horaire* d'un corps céleste est l'angle

au pôle compris entre le cercle horaire passant par ce corps et le méridien céleste du lieu de l'observation. Nous le compterons toujours *positivement* à partir de la culmination *supérieure* (art. 125) *vers l'ouest*, ou en conformité avec son mouvement diurne apparent, complètement autour du cercle de 0° à 360°. Les *angles horaires*, sont généralement des angles compris au pôle entre différents cercles horaires.

108. DÉF. 25. L'*Ascension droite* d'un corps céleste, est l'arc de l'*équinoxial* compris entre un certain point dans ce cercle nommé l'*équinoxe du printemps*, et le point du même cercle auquel il est ramené par le cercle de déclinaison passant par ce corps, ou bien l'angle horaire compris entre deux cercles horaires, dont l'un passe par l'équinoxe du printemps (et on l'appelle colure équinoxiale), et l'autre passe par le corps céleste. Nous expliquerons plus loin comment on détermine le lieu de ce point initial.

109. Les ascensions droites des objets célestes sont toujours comptées vers l'est de l'équinoxe, et sont, comme pour les longitudes sur terre, estimées en degrés, minutes, secondes, de 0 à 360 qui complètent le cercle, ou bien en temps, d'heures, minutes, secondes, de 0^h à 24^h. Le mouvement diurne apparent des cieux étant en sens contraire du mouvement réel de la terre, cette manière de compter est en conformité des longitudes vers l'ouest (art. 91).

110. Le *temps sidéral* est supputé par le mouvement diurne des étoiles, ou plutôt de ce point de l'équinoxial à partir duquel on compte les ascensions droites. Ce point peut être considéré comme une étoile, quoique aucune étoile ne s'y trouve de fait, et ce point d'ailleurs est lui-même soumis à certaine lente variation, si lente au reste qu'elle n'affecte pas sensiblement l'intervalle entre deux de ses retours successifs au méridien. Cet intervalle s'appelle un jour sidéral, et se divise en 24 heures sidérales qui sont elles-mêmes subdivisées en minutes et secondes. Une horloge qui marque le temps sidéral, c'est-à-dire qui marche uniformément de manière à marquer $0^h, 0^m, 0^s$, quand l'équinoxe arrive au méridien, s'appelle horloge sidérale, et c'est une pièce indispensable de l'outillage d'un observatoire.

Il suit de là que l'angle horaire d'un objet réduit au temps dans le rapport de 15° par heure, exprime l'intervalle du temps sidéral où (s'il est reconnu positif) il a passé le méridien ; ou bien s'il est négatif, le temps qui manque à son arrivée au méridien du lieu de l'observation. De même l'ascension droite d'un objet, si on la convertit en temps dans le même rapport (puisque 360° étant décrits uniformément en 24^h, 15° doivent être décrits en 1^h), exprimera l'intervalle du temps sidéral qui s'écoule depuis le passage de l'équinoxe du printemps par le méridien, jusqu'à celui de l'objet voisin subséquent.

111. De la même manière que l'on peut faire un globe représentant toute la surface de la terre, ou des cartes qui en représentent certaines régions, on peut aussi construire un globe général des cieux, ou des cartes de certaines régions célestes, en rapportant les étoiles dans leurs situations respectives entre elles, avec les pôles des cieux et avec l'équateur céleste. Une telle représentation, une fois exécutée, montrera la véritable apparence des étoiles, telles qu'elles se présentent successivement aux yeux d'un observateur placé à la surface de la terre, ou qu'on pourrait imaginer placé au centre du globe. Elle sera donc indépendante de toutes localités *géographiques*, et n'aura par conséquent ni zénith, ni nadir, ni horizon, ni points Est et Ouest; et quoique l'on y puisse tracer de grands cercles d'un pôle à l'autre, correspondants aux méridiens terrestres, ils ne pourront pas être, sous ce point de vue, considérés comme les méridiens célestes de points fixes sur la surface de la terre, puisque dans le cours d'une révolution diurne, chaque point de la terre passe au-dessous de chacun d'eux. C'est à raison de ce changement de conception, et dans la vue d'établir une distinction complète entre la description de la terre et celle des cieux, la *géographie* et *l'uranographie*, que les astronomes ont adopté différents termes; *déclinaison* et *ascension droite*, pour désigner ces arcs qui, dans les cieux, correspondent aux *latitudes* et *longitudes* sur terre; *équinoxial*, le cercle qui, dans les cieux, répond à l'équateur sur terre; *cercles horaires*, ceux qui dans les cieux correspondent aux méridiens sur terre, et *angles horaires*, les angles qu'ils comprennent entre les pôles et eux. Tout cela est convenable et intelligible, et tout ce que renferme cette nomenclature ne peut jamais donner lieu à aucune confusion. Malheureusement les anciens astronomes ont employé *aussi* les mots latitude et longitude dans leur uranographie, en parlant d'arcs de cercle qui ne correspondent en rien à ceux que l'on désigne par ces mots, sur terre, mais qui se rapportent au mouvement du soleil et des planètes parmi les étoiles. Il est trop tard mainte-

nant pour remédier à cette confusion qui existe imprimée dans tous les livres d'astronomie ; nous ne pouvons que la regretter et avertir le lecteur d'y prendre garde, lorsque plus tard nous aurons occasion de définir et d'employer ces termes dans leur sens *uranographique*, en recommandant aux écrivains futurs de les remplacer par d'autres.

De même que les longitudes sur terre se comptent à partir d'un méridien fixe, ou d'un point déterminé de l'équateur, il a fallu que les ascensions droites dans les cieux eussent un cercle horaire déterminé, ou quelque point connu dans l'équinoxial pour leur servir de *zéro*. Le cercle horaire passant par quelque remarquable étoile brillante eût pu être choisi; mais il n'y aurait aucun avantage particulier, et les astronomes ont adopté de préférence, un point de *l'équinoxial*, appelé *l'équinoxe*, par lequel ils supposent que passe le cercle horaire à partir duquel tous les autres sont comptés, et lequel point est lui-même le zéro de toutes les ascensions droites comptées sur l'équinoxial.

112. Il reste à éclaircir ces descriptions par des figures. Soit C, fig. 10, le centre de la terre dont N C S est l'axe ; alors N et S sont ses pôles, E Q son équateur; A B le parallèle de latitude de la station A sur sa surface ; A P parallèle à SCN est la direction suivant laquelle l'observateur en A voit le pôle *élevé* des cieux ; et A Z, prolongation du rayon terrestre C A, celle de son zénith. N A E S en est le méridien ; N G S celui d'une station fixe telle que Greenwich ; et G E ou l'angle sphérique G N E sa longitude ; E A étant sa latitude ; de plus si *n s* est un plan touchant la surface en A, ce sera son horizon sensible; *n* A *s* marqué sur ce plan par son intersection avec son méridien sera sa ligne méridienne, *n* et *s* étant les points nord et sud de son horizon.

113. Négligeant la grandeur de la terre, ou concevant l'observateur stationné au centre et rapportant chaque chose à son horison *rationnel*, si l'on représente la sphère des *cieux* par la fig. 11 ; C est le spectateur; Z son zénith et N son nadir ; H A O, grand cercle de la sphère dont les pôles sont Z N, est son *horizon céleste* ; P est le *pôle élevé* et *p* le *pôle abaissé* des cieux; H P est la hauteur du pôle, et H P Z E O son méridien ; E T Q, grand cercle perpendiculaire à P *p*, est l'équinoxial ; *y* représentant l'équinoxe, *y* T est *l'ascension droite*, T S la déclinaison, et P S la *distance polaire* de chaque étoile ou objet S, rapporté à l'équinoxial par le *cercle horaire* P S T *p* ; B S D est

le cercle diurne qu'il paraît décrire autour du pôle. Si nous rapportons l'objet à l'horizon par le *cercle vertical* Z S M, O M sera son azimuth, M S sa hauteur et Z S sa distance zénithale: H, O, sont le nord et le sud; *e*, *w*, sont l'est et l'ouest de son horizon céleste. En outre si H *h*, O *o* sont les petits cercles ou parallèles de déclinaison, touchant l'horizon dans ses points nord et sud. H *h* sera le cercle de *perpétuelle apparition*, les étoiles ne se couchant jamais entre lui et le pôle élevé; O *o* sera le cercle de *perpétuelle occultation*, les étoiles ne se levant jamais entre lui et le pôle abaissé. Dans toute la zône des cieux entre H *h* et O *o*, les étoiles se lèvent et se couchent, quelques-unes d'elles, comme S, restent en dessus de l'horizon, dans cette partie du cercle diurne représenté par *a* B A, et en dessous dans toute la portion A D *a*. Le lecteur fera bien de s'exercer à la construction de cette figure, pour diverses *élévations du pôle*, avec des positions différentes de l'étoile S pour chacune.

114. La perspective céleste est cette branche de la science générale de la perspective qui nous apprend à conclure de la connaissance exacte de la situation réelle des objets, de leurs formes, de leurs contours, de leurs angles, de leurs mouvements, etc. Par rapport au spectateur, leur aspect apparent quand il les voit projetés sur la concavité imaginaire des cieux; et réciproquement à conclure de ces projections apparentes, aussi loin que cela peut s'étendre, les rapports géométriques de ces objets, les uns par rapport aux autres et au spectateur. Cette perspective s'accorde avec celle d'une petite aire terrestre, parce que la concavité de la sphère céleste, dans une petite étendue, peut être regardée comme une surface plane, sur laquelle les objets sont projetés ou représentés comme dans la perspective ordinaire, mais quand on embrasse une grande étendue de l'aire céleste, ou quand tout le contenu de l'espace est considéré comme projeté sur la surface intérieure de la sphère, il devient nécessaire de se servir de termes différents et de les conformer à des idées d'un autre ordre. Dans la perspective ordinaire il y a *un seul point de vue*, ou *centre du tableau*, et la place du rayon visuel est perpendiculaire à celui du tableau, en sorte que toutes les lignes droites sont représentées par des lignes droites. Mais dans la perspective céleste, chaque point sur lequel la vue se dirige momentanément, devient un *centre de tableau*, chaque portion de la surface de la sphère étant semblablement ramenée à

l'œil. D'ailleurs chaque ligne droite, en la supposant indéfiniment prolongée, est projetée suivant un demi-cercle de la sphère, c'est-à dire suivant lequel un plan passant par cette ligne et par l'œil coupe sa surface. Chaque système de lignes parallèles, quelle que soit sa direction, est projeté suivant un système de demi-cercle de la sphère, se rencontrant en deux sommets communs, points de *fuite* ou *évanouissants*, diamétralement opposés l'un à l'autre, dont l'un correspond au point de *fuite* ou *évanouissant* des parallèles dans la perspective ordinaire, et dont l'autre n'existe pas dans cette perspective. En d'autres termes, chaque point de la sphère sur lequel l'œil se dirige peut être regardé comme un point de fuite accidentel, ou le sommet d'un système de lignes droites parallèles au rayon de la sphère qui passe par ce point, ou à la direction du rayon visuel, vu en perspective de la terre, et des points diamétralement opposés, ou de celui dont nous avons parlé comme n'existant pas dans la perspective ordinaire. Chaque grand cercle de la sphère peut être regardé de même comme le cercle de *fuite* ou *évanouissant* d'un système de plans qui lui sont parallèles.

115. On a souvent un exemple familier de ce que nous venons de dire dans les rayons de soleil qui traversent un nuage, pendant que le soleil lui-même est obscurci. Ces rayons qui émanent d'un point qui se trouve à une distance infinie, et qui doivent être considérés comme des lignes droites parallèles, se projettent suivant les grands cercles de la sphère, ayant deux sommets ou points d'intersection commune, l'un au lieu où serait vu le soleil s'il n'était pas obscurci par les nuages, et l'autre diamétralement opposé. Le spectateur qui a la vue dirigée vers le soleil, se rend compte seulement du premier de ces points. En pays de montagne, quand le spectateur tourne le dos au soleil, le phénomène de rayons convergeant en un point diamétralement au soleil est assez fréquent; et ce point est d'autant plus au-dessous de l'horizon que le soleil est plus élevé. Accidentellement, mais bien plus rarement, on peut voir tout l'ensemble d'un tel système de rayons s'étendre en demi-cercles dans l'hémisphère d'un point à l'autre de l'horizon, quand le soleil est près de se coucher (1). Ainsi les

(1) C'est dans de tels cas seulement que nous les comprenons comme des cercles, les conventions ordinaires de plans perspectifs n'étant plus admissibles. L'auteur a eu le bonheur d'être témoin de ce phénomène sur une grande échelle. En approchant de Lyon, venant du Sud, le 30 septembre à 5 h. 1/2 du soir, le soleil était près de se coucher entre des masses énormes de nuages laissant échapper par une étroite ouverture

rayons d'aurore boréale, qui sans doute sont des rayons de lumière électrique, parallèles ou presque parallèles l'un à l'autre et à l'aiguille de la boussole, paraissent ordinairement diverger du point vers lequel l'aiguille, librement suspendue, plongerait vers le nord* (c'est-à-dire 70° au-dessous de l'horizon et 23° ouest du nord de Londres), puis à mesure qu'ils s'élèvent, suivre le tracé de grands cercles jusqu'à ce qu'ils convergent de nouveau (en apparence) vers le point diamétralement opposé (c'est-à-dire 70° au-dessus de l'horizon, et 23° à l'est du sud), formant une espèce de dais sur la tête qui semble en être le centre. Ainsi, dans le phénomène des étoiles filantes, on observe que les lignes de direction qui paraissent prendre certains accidents remarquables de retour périodique, si elles étaient prolongées en arrière, sembleraient se rencontrer en un point de la sphère; indice certain qu'elles approchent du parallélisme dans la réalité de leurs mouvements.

116. Pour se faire une idée de la perspective céleste, on peut concevoir les pôles nord et sud de la sphère comme les points de fuite d'un système de lignes parallèles à l'axe de la terre; et le zénith et le nadir de celle d'un système de perpendiculaires à sa surface, au lieu de l'observation, etc. On verra que la direction du *fil-à-plomb*, est partout perpendiculaire à la surface de l'eau tranquille au lieu qui est le véritable horizon, et quoique, mathématiquement parlant, deux fils-à-plomb ne soient pas parallèles (puisqu'ils convergent au centre de la terre), on les considère comme tels dans les constructions, leur différence de parallélisme n'étant pas sensible dans la pratique (1). Pour un spectateur regardant en haut, ce système de fil-à-plomb paraît converger à son zénith, et, s'il regarde en bas, à son nadir.

117. Ainsi, l'équateur céleste, ou l'équinoxial, doit être considéré comme le cercle de fuite d'un système de plans parallèles à l'équateur terrestre ou perpendiculaire à l'axe de la terre. L'horizon céleste de chaque spectateur est de même le cercle de fuite de tous les plans parallèles à son véritable horizon, desquels plans, l'un est son horizon *rationnel* (passant

des rayons rosés qui se traçaient à travers l'hémisphère presque jusqu'à leur point opposé de convergence derrière les sommets neigeux du Mont-Blanc, distinctement visible à près de 100 *miles* (160,931 mètres), à l'Est. L'impression produite était celle d'un soleil se levant derrière la montagne et dardant ses premiers rayons en sens inverse de ceux qui lui étaient opposés réellement.

(1) Un intervalle d'un *mile* (1609 mètres) correspond à la convergence des fils-à-plomb embrassant moins d'une minute d'un degré dans l'espace.

par le centre de la terre), et l'autre, son horizon *sensible* (plan tangent à sa station).

118. D'ailleurs, à raison de l'absence de toutes les indications ordinaires de distance qui influencent notre jugement, par rapport aux objets terrestres, aussi bien qu'à défaut de figure et grandeur déterminées des planètes telles que nous les voyons, la projection des corps célestes sur la surface concave des cieux n'est pas habituellement regardée à son vrai point de vue d'une *représentation perspective* ou *tableau ;* elle exige même un effort d'imagination pour être comprise dans ses vrais rapports : les lignes à si vastes distances différentes, l'une derrière l'autre, et violemment raccourcies, se rencontrent sous des angles tout-à-fait différents de ceux que leurs projections apparentes semblent faire.

On ne peut comprendre tous ces effets sans la connaissance de leurs vraies situations dans l'espace, ce que l'astronomie peut seul donner convenablement. Mais la connexion qui existe entre les différentes parties du *tableau*, les rapports géométriques entre les angles et les côtés des triangles sphériques qui les composent, constitue, sous le nom d'*uranographie*, une branche préliminaire des connaissances qu'il faut posséder pour parvenir à faire quelques progrès en astronomie. Nous allons donner l'explication de quelques-uns de ces rapports les plus élémentaires et qui se présentent le plus souvent, et d'abord les propositions qui sont les conséquences immédiates des définitions précédentes, et que le lecteur fera bien de retenir.

119. *La hauteur du pôle élevé est égale à la latitude de la station géographique du spectateur :* car il est évident, fig. 10, que l'angle P A Z, entre le pôle et le zénith est égal à N C A, et les angles Z A n et N C E étant droits, on a P A n = A C E. Le premier est l'élévation du pôle vu de E, et le second est l'angle au centre de la terre, sous-tendu par l'arc E A ou la latitude du lieu.

120. Il suit de là que pour un spectateur au pôle nord de la terre, le pôle nord des cieux est à son zénith. A mesure qu'il avance vers le sud il devient de moins en moins élevé, jusqu'à ce qu'il atteigne l'équateur, où les deux pôles sont dans son horizon ; au sud de l'équateur le pôle nord s'abaisse au-dessous, tandis que le pôle sud s'élève au-dessus de son horizon, ce qui continue jusqu'à ce que le pôle sud du globe soit atteint, quand celui des cieux est à son zénith.

121. Les mêmes étoiles, dans leur révolution diurne, viennent au méridien, *successivement*, de chaque lieu du globe une fois en vingt-quatre heures sidérales. Puisque la rotation diurne est uniforme, l'intervalle, en temps sidéral, qui s'écoule entre les instants où la même étoile arrive sur les méridiens de deux lieux différents, est mesuré par la différence de longitude de ces lieux.

122. Réciproquement, l'intervalle entre les passages de deux *étoiles différentes*, sur le méridien d'un seul et *même lieu*, exprimé en temps sidéral, est la mesure de la différence des ascensions droites des étoiles.

123. L'équinoxial coupe l'horizon aux points Est et Ouest, et le méridien en un point dont la hauteur est égale au complément de latitude du lieu. Ainsi, à Greenwich, la hauteur de l'intersection de l'équinoxial et du méridien est 38° 31' 20". Les pôles nord et sud des cieux sont les pôles de l'équinoxial. Les points Est et Ouest de l'horizon d'un spectateur sont les pôles de son méridien céleste. Les points Nord et Sud de son horizon sont les pôles de la verticale primitive, et son zénith et son nadir sont les pôles de son horizon.

124. Tous les corps célestes *culminent*, c'est-à-dire atteignent leurs plus grandes hauteurs sur le méridien ; c'est donc la meilleure position pour les observer, parce qu'ils sont alors le moins obscurcis par les inégalités et les vapeurs de l'atmosphère, et le moins déplacés par la réfraction.

125. Tous les objets célestes compris dans le cercle de perpétuelle apparition, viennent deux fois sur le méridien, au-dessus de l'horizon, pendant chaque révolution diurne, une fois *au-dessus* et une fois *au-dessous* du pôle. On les appelle *leurs culminations supérieures et inférieures.*

126. Les problèmes d'uranométrie, comme nous l'avons dit, consistent dans la solution d'une variété de triangles sphériques, ayant des angles droits, aigus ou obtus, suivant les règles et par les formules de la trigonométrie sphérique, que nous supposons connue du lecteur, ou pour laquelle il pourra consulter des traités élémentaires. Nous ferons simplement cette observation générale, que dans tous les problèmes de géométrie sphérique, l'étudiant devra prendre pour pratique utile, de considérer plutôt les pôles des grands cercles, ce qui est pour lui la question principale, que les grands cercles eux-mêmes. Par exemple, dans les rapports qu'il doit considérer, il se servira des distances polaires plutôt que des déclinaisons,

des distances zénithales plutôt que des hauteurs, etc., etc. ; et par ce moyen, il y a peu de problèmes d'uranométrie qui lui offrent quelque difficulté.

127. Dans le triangle ZPS (fig. 11), Z est le zénith, P le pôle élevé, et S l'étoile, ou le soleil, ou tout autre objet céleste. On trouve dans ce triangle, d'abord PZ qui étant le complément de PH (hauteur du pôle), est évidemment le complément de latitude (ou la *colatitude* comme on l'appelle) du lieu ; ensuite PS ou la *distance polaire*, ou le complément de la déclinaison (*codéclinaison*) de l'étoile; enfin, ZS distance zénithale, ou *cohauteur* de l'étoile. Si PS est plus grand que 90°, l'objet est situé du côté de l'équinoxial opposé à celui du pôle élevé. Si ZS est ainsi, l'objet est en dessous de l'horizon.

Dans le même triangle il y a d'abord l'angle ZPS qui est l'angle le plus bas ; ensuite PZS (supplément de SZO qui est l'azimuth de l'étoile ou de tout autre corps céleste) ; enfin, PSZ qui n'a pas reçu de nom particulier parce qu'on ne s'en sert pas fréquemment (1).

Voici les cinq grandeurs astronomiques qui se trouvent parmi les côtés et les angles de ce triangle, le plus utile de tous ; 1° la colatitude du lieu d'observation ; 2° la distance polaire ; 3° la distance zénithale ; 4° l'angle horaire ; 5° le sous-azimuth (supplément de l'azimuth) d'un objet céleste donné. La résolution de ce triangle sert à tous les problèmes dans lesquels trois de ces grandeurs étant données directement ou indirectement, il s'agit de déterminer les deux autres.

128. Supposons, par exemple, que l'on cherche le temps du lever ou du coucher du soleil ou d'une étoile, étant données son ascension droite et sa distance polaire, l'étoile se lève quand elle *paraît* sur l'horizon ou qu'elle *est* réellement de 34' en dessous (à cause de la réfraction) ; ainsi, au moment de son lever apparent, sa distance zénithale est 90° 34' = ZS. Sa distance polaire PS étant aussi donnée, ainsi que la colatitude ZP du lieu, nous avons les trois côtés du triangle pour trouver l'angle horaire ZPS qui, étant connu, doit être ajouté à l'ascension droite de l'étoile, ou bien en être retranché, pour avoir le temps sidéral du lever ou du coucher qui peut être converti, si on le veut, en temps solaire, au moyen des tables.

(1) Dans la discussion pratique des mesures des étoiles doubles et autres objets à l'aide du micromètre de position, on a quelquefois besoin de connaître cet angle PSZ ; et alors il n'y a aucun inconvénient à le dénommer l'angle de *position du zénith*.

129. Un autre exemple de l'usage du même triangle est de se proposer de trouver le temps local sidéral, et la latitude du lieu d'observation, en observant les hauteurs égales de la même étoile à l'est et a l'ouest du méridien, et notant l'intervalle des observations en temps sidéral.

Les angles horaires correspondant aux latitudes égales d'une étoile fixe, étant égaux, l'angle horaire est ou ouest sera mesuré par la moitié de l'intervalle observé des observations. Alors, dans notre triangle nous avons pour données, l'angle horaire Z P S, la distance polaire P S de l'étoile, et Z S sa co-hauteur au moment de l'observation, de là l'on conclut P Z, la colatitude du lieu; d'ailleurs l'angle horaire de l'étoile étant connu, et aussi son ascension droite, le point de l'équinoxial est connu; il est sur le méridien au moment de l'observation; et par conséquent le temps local sidéral à cet instant. C'est une observation très en usage pour déterminer la latitude et le temps, dans une station inconnue.

CHAPITRE III (1).

Nature des instruments astronomiques et des observations en général. — Temps sidéral et solaire. — Mesure du temps. — Pendules, chronomètres. — Mesures astronomiques. — Principe des vues télescopiques pour l'exactitude des indications. — Application la plus simple de ce principe. — Instruments des passages. — Mesure des intervalles angulaires. — Méthode pour lire avec plus d'exactitude. — Vernier. — Microscope. — Cercle mural. — Cercle méridien. — Fixation des points polaire et horizontal. — Niveau. — Fil-à-plomb. — Horizon artificiel. — Principe de collimation. — Collimateurs de Rittenhouse, Kater et Benzenberg. — Instruments composés de cercles coordonnés. — Instrument de hauteur équatoriale et d'azimuth. — Sextant et cercle réflecteur. — Principe de répétition. — Micromètres. — Micromètre à fil parallèle. — Principe de la duplication des images. — Héliomètre. — Oculaire à double réfraction. — Micromètre à prisme variable. — Position du micromètre.

130. Notre premier chapitre a été consacré principalement à des notions préliminaires du globe que nous habitons, de ses relations avec les objets célestes qui l'environnent, des circonstances physiques sous lesquelles toutes les observations

(1) L'élève désireux de se familiariser avec le principal objet de cet ouvrage, doit différer de lire la partie de ce chapitre qui est consacrée à la description des instruments, ou se contenter de la parcourir, pour y revenir ensuite à mesure qu'il sera plus avancé.

astronomiques doivent être faites, et des *mots techniques* qui, par suite, devront être pour nous de l'usage le plus fréquent et le plus familier. Nous allons procéder maintenant à l'exposition plus exacte et plus détaillée des faits et des théories astronomiques; mais pour que ce soit d'une manière profitable au lecteur, il faut d'abord qu'il connaisse les principaux moyens qu'ont les astronomes pour déterminer avec le degré de précision qu'exigent leurs théories, les données sur lesquelles ils fondent leurs conclusions; en d'autres termes, comment ils s'assurent, en les mesurant, des grandeurs apparentes et réelles dont ils traitent. Ce n'est que pourvu de cette connaissance, qu'on pourra juger soit de la vérité des théories elles-mêmes, soit du degré de confiance que méritent quelques-unes des conclusions qui s'en tirent; car ce n'est qu'en sachant la valeur des erreurs possibles dans les mesures et dans les calculs, qu'on peut être en état d'apprécier si la théorie donne des résultats assez rapprochés des phénomènes naturels, pour qu'on puisse la regarder comme une représentation exacte de la nature.

131. L'art de fabriquer les instruments astronomiques peut être regardé à juste titre comme l'un des arts mécaniques qui exigent le plus de perfection, et dans lequel on a obtenu une exactitude presque mathématique. On peut croire facile, quand on n'est pas familiarisé avec la délicatesse que de telles opérations exigent, de tourner un cercle de métal, d'en diviser la circonférence en 360 parties égales, de subdiviser ensuite chacune d'elles, de placer le cercle exactement sur son centre et de l'y ajuster suivant une position donnée, mais en pratique tout cela est d'une grande difficulté. On ne s'en étonnera pas si l'on considère que par l'application des télescopes aux mesures d'angles, chaque imperfection de division se grossit de tout le pouvoir optique de l'instrument, et cela non-seulement pour les fautes du travail de l'ouvrier, mais encore pour ces inexactitudes auxquelles il est impossible d'assigner d'autres causes que la dilatation et la contraction des métaux, par changement de température, et la flexion ou courbure qu'ils subissent à raison de leur propre poids par rapport à leur longueur. Un angle d'une minute, occupe, sur la circonférence d'un cercle de 10 *inches* ($0^m,25$) de rayon, seulement 1/350 de *inch* ($0^m,00007$), quantité trop petite pour être assignée *certainement* sans l'aide de verres grossissants; une minute cependant est une forte quantité dans la

mesure astronomique d'un angle. Avec les instruments actuellement en usage dans les observatoires, une simple seconde ou la 60me partie d'une minute, devient une quantité distinctement visible et appréciable sur l'arc de cercle sous-tendu par une seconde, et moindre que la 200000me partie du rayon; de sorte que, sur un cercle de 6 *feet* (1^{m}, 828) de diamètre, elle n'aurait pas de plus grande etendue linéaire que 1/5700 de *inch* (0^{m}, 000004), ce qui, pour être aperçu, exige un puissant microscope. Que l'on se figure donc la difficulté de placer sur la circonférence métallique d'un cercle de cette dimension, en supposant surmontée la difficulté de le construire, 360 divisions ou degrés reconnaissables, n'occupant que leurs places marquées par d'aussi étroites limites, pour ne rien dire de la subdivision de chacun de ces degrés en minutes et secondes. Un tel ouvrage a probablement toujours défié et ne cessera de défier les plus grandes ressources de l'industrie humaine; il y a plus, il ne pourrait se conserver si l'on venait à bout de l'exécuter. Chaque variation de chaleur ou de froid tend à produire non pas des changements temporaires et passagers, mais des altérations permanentes dans la forme des masses métalliques qu'on peut seules employer à de tels usages; leur poids, quoique symétriquement distribué, n'est jamais soutenu de la même manière, puisqu'il est impossible d'appliquer un appui séparé à *chaque partie*, et en supposant que cela fût, il faudrait arriver à mouvoir et à fixer le tout, ce qui ne se pourrait sans amener un changement de forme au moins temporaire, sinon permanent. Il est vrai qu'en divisant l'instrument centré et mis en place, en employant une foule de moyens ingénieux et délicats, on fait des merveilles dans cet art, où l'on est parvenu à donner un certain degré de perfection, non pas seulement à des chefs-d'œuvre, mais à des instruments de moyenne grandeur et d'un prix modéré. Mais si nous sommes habitués à voir éclore des *merveilles* sous les mains habiles de nos savants artistes, nous ne pouvons pas en attendre des miracles. L'astronome demandera toujours plus que ne pourra l'artiste, et c'est, par conséquent, au savant de tâcher de se rendre aussi indépendant que possible des imperfections inévitables des instruments que l'ouvrier met entre ses mains. Il doit pour cela combiner ses observations, choisir les moments favorables, se familiariser avec toutes les causes qui peuvent déranger ses instruments, en connaître enfin assez bien la structure et les propriétés, pour ne jamais être trompé par les erreurs de leurs indications; il doit en tirer, au contraire, toute la *vérité* possible. C'est en cela que consiste l'art de l'astronomie pratique, art curieux et compliqué de sa nature, et dont nous allons esquisser seulement les traits généraux.

132. Le plus grand soin de l'astronome praticien est la correction numérique des mesures résultant de ses instruments; il doit étendre sa vigilance à tout ce qui peut lui servir à la découverte, à la compensation, à l'annihilation ou du moins à l'évaluation des erreurs. Si nous examinons maintenant quelles sont les sources d'erreurs provenant de l'emploi des instruments, nous trouverons qu'on peut les réduire à trois principales.

133. 1° Causes extérieures ou accidentelles d'erreur, comprenant celles qui dépendent de circonstances extérieures que nous ne pouvons évaluer; telles sont, entre autres, les variations de temps qui changent les valeurs des réfractions données par les tables, sans qu'il soit possible de les comprendre dans une formule qui en règle positivement l'influence; les variations de température qui changent la forme et la position des instruments en altérant la grandeur relative et la tension de leur partie.

134. 2° *Erreurs d'observation*, telles que celles qui proviennent, par exemple, d'inexpérience, d'une mauvaise vue, de lenteur ou de précipitation, empressement de saisir l'instant *exact* de l'occurrence d'un phénomène, du manque de transparence de l'atmosphère, de l'insuffisance du pouvoir optique d'un instrument, et autres semblables. Il faut rapporter à cette même source toutes les erreurs provenant d'un dérangement momentané d'un instrument, jeux d'emboîture, relâchement d'écrous.

135. 3° La troisième et la plus nombreuse des classes d'erreurs auquelles sont sujettes les mesures astronomiques, est pour ainsi dire instrumentale et peut se subdiviser en deux branches principales. La *première* comprend tout ce qui provient d'une *faute de l'ouvrier*, l'instrument *n'étant pas* ce qu'il annonce être : ainsi un pivot ou axe sera aplati ou elliptique au lieu d'être exactement cylindrique; il ne sera pas tout-à-fait concentrique, comme il doit l'être, avec le cercle qu'il porte; ce cercle, quoique ainsi nommé, ne *sera pas* en réalité circulaire, ni plane; ses divisions, quoique supposées équidistantes, auront des intervalles inégaux, et mille autres défauts

de ce genre. Ce ne sont pas là seulement des sources d'erreur, dans la spéculation, mais dans la pratique, ce sont des obstacles avec lesquels l'observateur a continuellement à lutter.

136. L'autre branche des erreurs instrumentales comprend toutes celles qui proviennent d'un instrument qui n'est pas bien placé dans la *position* qu'il doit avoir, ou de ce que les parties mobiles ne sont pas convenablement disposées *entr'elles*. Ce sont *les erreurs d'ajustement*. Quelques-unes sont inévitables, parce qu'elles tiennent à l'instabilité du sol ou des instruments, et quoique insensibles en toute autre circonstance, elles sont appréciables dans les observations astronomiques délicates; quelques autres sont les conséquences d'un ouvrage imparfait en ce que l'instrument qui d'abord était bien ajusté, ne se soutient pas ainsi sans déviation. Mais les erreurs les plus importantes de cette classe proviennent d'un manque des indications naturelles, *autres* que celui de l'observation astronomique elle-même, tel, par exemple, qu'une position fausse ou inexacte de l'instrument par rapport à l'horizon, aux points cardinaux, à l'axe de la terre, ou à toute autre ligne ou cercle astronomique, avec lequel il doit être convenablement coordonné.

137. Il faut observer, quant aux deux premières classes d'erreurs, que tant qu'elles ne peuvent pas être ramenées à des lois connues et dès lors s'évaluer, elles vicient les résultats de chacune des observations dans lesquelles elles subsistent; étant d'ailleurs, de leur nature, fortuites et accidentelles, leurs effets ont nécessairement lieu, tantôt dans un sens et tantôt dans un autre; ils influent dès lors sur les résultats en plus et en moins, en sorte qu'en multipliant beaucoup les observations, sous des circonstances variées, et prenant des *moyennes*, cette cause d'erreurs peut être *écartée*, les unes détruisant les autres et ne viciant plus la conclusion théorique ou pratique. C'est la grande et même la seule ressource que puissent avoir contre de semblables erreurs, les astronomes et les investigateurs de résultats numériques dans toute recherche physique.

138. Quant aux erreurs d'ajustage et aux imperfections du travail, de toute espèce d'instruments, sous toutes les formes, il faut en avouer non-seulement la *possibilité* mais encore la *certitude*. Aucune main d'homme, aucune machine ne décrira jamais un cercle parfait, une ligne droite, une perpendicu-

laire ; ne placera jamais un instrument parfaitement ajusté, à moins que ce ne soit par hasard et pour peu de temps. Mais cela n'empêche pas que l'on n'obtienne pour toutes ces choses une grande approximation, et c'est une particularité remarquable des observations astronomiques, d'être le *dernier moyen de découverte* de tous les défauts des mécanismes qui, par leur petitesse, échapperaient à toute autre investigation. Ce que l'œil ne peut discerner, le tact sentir, devient évident par une suite d'observations astronomiques. L'imperfection des produits de l'industrie humaine se révèle par leur comparaison avec la perfection des œuvres de la nature, et aucun ne résiste à cette épreuve ; il semble que ce soit tourner dans un cercle vicieux, que de déduire les conclusions théoriques et les lois d'observations pour lesquelles nous employons des instruments que nous accusons d'imperfection et que nous prétendons rectifier par ces mêmes théories dont ils nous ont servi à acquérir la connaissance ; mais quelques considérations suffiront pour prouver qu'une semblable façon de procéder n'a rien que de parfaitement légitime.

139. La marche qui conduit aux lois des phénomènes de la nature, et surtout de ceux dont la vérification dépend de déterminations numériques, est nécessairement successive. De grands résultats et des lois palpables ont été obtenus par de grossières observations avec de pauvres instruments, ou sans instruments du tout, et sont exprimés dans un langage qu'on ne doit pas considérer comme absolu, mais qu'il faut interpréter en ayant égard à l'imperfection des observations elles-mêmes. On a depuis corrigé et perfectionné ces résultats, en les scrutant mieux, par des moyens plus délicats. On s'est aperçu de l'inexactitude des lois qu'on avait d'abord grossièrement énoncées. On a corrigé l'expression, mieux défini les termes, introduit des mots nouveaux, jusqu'à ce que tout ait été amené à l'état de perfection de nos connaissances actuelles. Pendant ce progrès, des lois secondaires ont été découvertes qui modifient à la fois les énoncés et les résultats numériques de celles qui s'étaient offertes les premières ; et lorsque celles-ci ont été tracées avec certitude, d'autres apparaissent encore secondairement et deviennent les sujets de nouvelles enquêtes. Car il arrive invariablement (et la raison en est évidente), que les premières lueurs que nous ayons de ces lois secondaires, les premières formes sous lesquelles elles se présentent à notre esprit, nous semblent des *erreurs*, puisqu'il y a discordance

entre ce que nous *trouvons* et ce que nous *attendions*. Nous attribuons de prime abord, cette discordance au hasard ; elle se reproduit encore, et de nouveau nous commençons à soupçonner nos instruments ; nous nous enquérons ensuite jusqu'où peut aller l'erreur dont leurs déterminations ont la *possibilité* d'être atteintes ; si leurs *limites d'erreur possible* excèdent la déviation observée, nous condamnons l'instrument, sa construction ou son ajustage. La même déviation se représente, et loin de pouvoir être ainsi palliée, elle est plus marquée et mieux définie qu'avant. Nous voilà sûrs que nous sommes sur les traces d'une loi naturelle, et nous la poursuivons jusqu'à ce que nous l'ayons ramenée à une formule définie, après l'avoir vérifiée par des observations répétées sous une grande variété de circonstances.

140. Pendant le cours de cette enquête, il ne manquera pas de nous arriver d'être frappés par d'autres discordances. Avertis par l'expérience, nous soupçonnons l'existence de quelque loi naturelle inconnue jusque là ; nous mettons en tableaux les résultats de nos observations, et nous apercevons dans cet arrangement synoptique, des indications distinctes d'une progression régulière. Nous condamnons de nouveau, ou nous varions nos instruments, et nous perdons de vue cette nouvelle loi de nature, ou nous la trouvons remplacée par quelque autre d'un caractère totalement différent. Nous voilà conduits à soupçonner une erreur d'instruments dans ce que nous avons consigné. Nous examinons donc la *théorie* sur laquelle se fonde la construction de nos instruments, nous faisons la part de l'imperfection du travail, et nous évaluons à l'aide de la géométrie, l'influence que ces causes peuvent avoir dans les *erreurs actuelles* de leurs indications. Ces erreurs ont *leurs lois*, qui, tant que nous n'en avons pas su les causes, ont pu être confondues avec les lois de nature, ou s'y combiner effectivement. Ces erreurs ne sont pas fortuites, ainsi que le sont les erreurs d'observation ; mais comme elles sont inhérentes à l'instrument, et restent constantes, tant qu'on ne change ni l'instrument, ni son ajustage, elles sont réductibles à des formes fixes et certaines, chaque défaut de construction ou d'ajustage produisant sa *forme* spéciale d'erreur. Après cette investigation, on reconnaît l'erreur qui coïncide, par sa nature et par sa progression, avec celle des discordances observées. Le mystère est enfin éclairci ; nous avons découvert, par une observation directe, une erreur d'instrument.

141. Il est donc indispensable, pour un astronome praticien, de se rendre tout-à-fait familière la *théorie* de ses instruments, et de se mettre en état de décider quel *effet*, sur ses observations, un défaut de constructions ou d'ajustage pourra produire, suivant les circonstances où les observations seront faites. Cela le met aussi dans l'obligation de trouver des moyens convenables et pratiques pour détruire et éliminer à la fois l'influence et l'imperfection des instruments, en disposant ses observations pour qu'elles donnent leurs résultats en sens opposé et que cette influence soit aussi annihilée, ce qui est l'un des meilleurs moyens pratiques d'obtenir une grande précision dans l'astronomie pratique. Supposons, par exemple, que la théorie d'un instrument exige un cercle parfaitement concentrique avec l'axe sur lequel il tourne. Comme c'est une condition qu'aucun ouvrier ne peut remplir entièrement, il devient nécessaire de savoir quelles erreurs seront commises dans les observations par l'emploi d'un tel instrument, et suivant son plus ou moins de déviation ; c'est-à-dire, quelle différence il y aurait pour des observations faites avec un instrument absolument parfait, si l'on pouvait en obtenir un; or, de simples considérations géométriques suffisent pour montrer : 1° que si l'axe a une excentricité d'une fraction donnée (d'un millième, par exemple) du rayon du cercle, tous les angles lus *vers* cette partie du cercle entaché d'excentricité, paraîtront trop petits, et tous ceux du côté opposés paraîtront trop grands; 2° que *quelle que soit* l'excentricité, et en *quelque partie* du cercle que soit mesuré l'angle, l'effet de l'erreur par déviation d'excentricité sur le résultat des observations dépendant de la graduation de la circonférence du *limbe*, comme on le nomme techniquement, sera complètement annulé par la méthode facile de lire toujours les divisions des deux points opposés du cercle et d'en prendre la moyenne : effectivement, si l'excentricité accroît d'un côté l'angle qu'il s'agit de mesurer, elle le diminue juste de la même quantité de l'autre côté. Or, un simple théorème de géométrie prouve que, quelle que soit l'étendue de cette déviation, elle n'a pas d'effet sur le résultat des observations dépendant de la graduation du limbe, en lisant ces divisions sur deux points diamétralement opposés du cercle ; et prenant une moyenne, l'effet de l'excentricité étant d'accroître l'un des axes justes de la même quantité dont il diminue l'autre. Supposons encore que l'usage convenable de l'instrument exige

que son axe soit exactement parallèle à celui de la terre. Comme on ne pourra jamais le *placer* ou le maintenir parfaitement ainsi, il faut de même évaluer l'erreur qui proviendra de sa déviation déterminée dans le plan horizontal ou vertical. De telles recherches constituent la théorie des erreurs instrumentales ; théorie de la plus grande importance dans la pratique, et dont la parfaite connaissance rend l'observateur capable d'obtenir, avec des instruments médiocres, un degré de précision qu'il n'obtiendrait qu'à peine des instruments les meilleurs et les plus coûteux ; cette théorie repose entièrement, comme on le voit, sur des considérations de pure géométrie qui n'offrent aucune difficulté. Mais nous n'avons pas à entrer ici dans plus de développements à cet égard. Le peu d'instruments astronomiques que nous nous proposons de décrire dans ce chapitre, peuvent être regardés comme parfaits sous le rapport de leur construction et de leur ajustage (1).

142. Comme les remarques ci-dessus sont très-essentielles à la véritable entente de la philosophie et de l'esprit des méthodes astronomiques, nous les éclaircirons par un ou deux exemples particuliers. Des observateurs, avant l'invention des instruments astronomiques, avaient déjà conclu que les mouvements diurnes apparents se font en cercle autour des pôles fixes dans les cieux, comme nous l'avons vu dans le chapitre précédent. En tirant cette conclusion, la réfraction, d'ailleurs, était mise entièrement de côté ; ou, si l'on était forcé de la remarquer par sa grandeur dans le voisinage de l'horizon, on la regardait comme une irrégularité locale et qu'on pouvait négliger dès lors. Cependant, aussitôt que l'on essaya de suivre la marche des étoiles avec des instruments, même de l'espèce la plus grossière, il devint évident que la notion de cercles exacts décrits autour d'un seul et même pôle, ne représentait pas correctement le phénomène, mais que l'orbite apparente diurne de chaque étoile était, par une cause quelconque, ramenée de la forme circulaire à l'ovale, le segment inférieur devenant plus aplati que le supérieur ; la déviation devenant plus grande à mesure que l'étoile approche plus de l'horizon, produisant le même effet que si le cercle était pressé de bas en haut, et sa partie inférieure plus que la supérieure. Il devenait nécessaire de chercher une cause na-

(1) Les principes sur lesquels repose la construction de deux ou trois des instruments les plus usuels et les plus ordinaires, ceux du transit, de l'équatorial et du sextant, sont indiqués pour la convenance des lecteurs qui peuvent se servir de ces instruments sans pénétrer plus avant dans les secrets de l'astronomie pratique.

turelle à cet effet, dès qu'on se fut assuré qu'il ne provenait pas d'une cause accidentelle ou instrumentale; la réfraction se présenta et résolut la difficulté. De fait, c'est un cas précisément analogue à ce que nous avons déjà remarqué (art. 47), de la distorsion apparente du soleil, près de l'horizon, seulement sur une échelle plus grande, et tracée sur de plus grandes hauteurs. Cette loi nouvelle une fois établie, il devint nécessaire de modifier l'expression anciennement admise, en y insérant un *correctif* pour l'effet de la réfraction, ou bien en faisant une distinction entre les orbites diurnes *apparentes*, affectées de réfraction, et les *véritables* débarrassées de cet effet. Cette distinction entre les *apparentes* et les *véritables*; entre les *non correctes* et *correctes*; entre le calcul *brut* et *apuré*; entre le *dernier* et le *définitif*, se rencontre à tout moment dans chaque partie de l'astronomie.

143. Autre exemple : la première impression produite par le mouvement diurne des cieux est, que *tous* les corps célestes accomplissent leur révolution en une commune période, *d'un jour*, ou de 24 heures. Mais on n'arrive pas plus tôt à l'examiner avec des *instruments*, c'est-à-dire, en notant avec des garde-temps, leurs arrivées successives sur le méridien; que l'on trouve des différences qui ne peuvent être imputées à aucune erreur d'observation. Toutes les *étoiles*, il est vrai, mettent le même intervalle entre leurs apparitions successives au méridien, ou à tout autre cercle vertical ; mais *cet intervalle* est très-différent de celui qu'y met le soleil. Il est sensiblement plus court, n'étant que de 23 heures 56' 4",09, au lieu de 24 heures, telles que les marquent nos pendules ordinaires. On a dès-lors ainsi *deux jours différents*, un *sidéral* et un *solaire*; et si, au lieu du soleil, on observait la lune, on en aurait un troisième, beaucoup plus long que les deux autres, un jour *lunaire* de 24 heures 54' de notre temps ordinaire ou *solaire*, qui est celui dont il était nécessaire de nous accommoder, puisque les retours journaliers du soleil règlent toutes les affaires de la vie.

144. Maintenant on trouve que toutes les étoiles sont unanimes à donner exactement la même durée de 23 h. 56 m. 4s,09 pour un *jour sidéral* ; nous ne pouvons donc hésiter à prendre cette période comme celle pendant laquelle la terre accomplit sa révolution autour de son axe. Nous sommes donc forcés de regarder le soleil et la lune, comme faisant exception à cette loi générale ; comme ayant une nature différente

de celle des étoiles, ou du moins des relations différentes avec nous; comme ayant des mouvements réels ou apparents, qui leur sont particuliers ou indépendants de la rotation de la terre sur son axe. Ainsi s'établit une grande et importante distinction.

145. Il n'est besoin d'aucun appareil pour établir ces faits. Un observateur prend station au nord de quelque objet vertical bien défini, comme l'angle d'un bâtiment, et plaçant exactement son œil sur un certain point fixe, tel qu'un petit trou dans une plaque de métal appuyée sur un support immobile; il note avec une montre (1), les disparitions successives de chaque étoile derrière le bâtiment. Quand il observe le soleil; il doit armer son œil d'un verre coloré ou enfumé, et noter les instants où ses bords Est et Ouest quittent successivement le mur; en prenant la moyenne de cet intervalle, il aura le moment précis de la disparition du centre, ce qu'il ne pourrait *observer* autrement.

146. Quand, en continuant ces observations, nous arrivons à noter plus délicatement l'instant de l'arrivée journalière du soleil sur le méridien, nous commençons à y remarquer des irrégularités, qui nous semblent telles d'abord, au moins. Les intervalles entre deux arrivées successives ne sont pas les mêmes à tous les temps de l'année. Ils sont marqués par l'horloge tantôt plus grands, tantôt moindres que 24 heures; c'est-à-dire que le jour *solaire* n'est pas toujours de la même longueur. Vers le 21 décembre, par exemple, il est d'une demi-minute *plus long*, et vers le même jour de septembre, il est presque *plus court* de la même quantité, par rapport à sa *durée moyenne*. Voilà donc une nouvelle distinction entre le jour solaire actuel, qui n'a jamais deux jours de succession semblables, et le jour *solaire moyen*, de 24 heures, qui est la moyenne de tous les jours solaires pendant l'année. Dès lors s'ouvre à nous une nouvelle source de recherches. Le mouvement apparent du soleil, non-seulement n'est pas le même que celui des étoiles, mais il n'est pas uniforme comme ce dernier. Il est sujet à des fluctuations dont les lois deviennent des objets

(1) C'est une méthode pratique excellente pour régler la marche d'une horloge ou d'une montre, et quelques précautions la rendent très-sûre; la principale est d'avoir soin que cette partie du mur derrière laquelle disparait l'étoile fixe et non *la planète*, soit parfaitement unie; autrement la réfraction variable pourrait transporter le point de disparition, d'une aspérité en saillie à un creux, ce qui changerait indûment le moment de l'observation; on y pourvoit facilement, à l'aide d'une planche très-unie sur ses bords, et qu'on cloue contre le mur. On s'assure de la verticalité de la planche avec un fil-à-plomb.

de recherche; mais pour suivre ces lois, il faut des moyens d'observation plus délicats que ceux que nous avons décrits; nous sommes obligés d'appeler à notre aide l'appareil appelé *l'instrument des passages*, destiné spécialement à ce genre d'observations, et d'avoir minutieusement égard à toutes les causes d'irrégularités de la marche des pendules qui nous servent à compter le temps. Nous sommes ainsi engagés par degrés dans des recherches instrumentales de plus en plus délicates; et nous trouvons enfin, à mesure que nous déterminons l'étendue et la loi d'une grande oscillation du mouvement diurne du soleil, ou inégalité, comme on l'appelle, qu'il nous en apparaît continuellement d'autres, de plus en plus petites, qui étaient obscures avant cela, ou se mêlaient avec les erreurs de l'observation et les imperfections des instruments. En un mot, nous en venons à comparer la *moyenne* longueur d'un jour solaire à la moyenne hauteur de l'eau dans un hâvre, ou bien au niveau général d'une mer sans agitation. La grande oscillation annuelle notée ci-dessus peut se comparer aux variations journalières de niveau produites par les marées, qui ne sont autre chose que d'énormes flots s'étendant sur tout l'Océan, tandis que les plus petites inégalités ordinaires peuvent être assimilées aux vagues qui s'étendent par ondulations successives et de moins en moins fortes, sans qu'on en puisse apercevoir la fin.

147. Quant aux causes de ces irrégularités dans le mouvement solaire, nous n'avons point à nous en occuper pour le moment; leur explication appartient à une partie plus avancée de notre sujet; mais la distinction entre le jour solaire et sidéral, revenant sans cesse en astronomie, a besoin d'être énoncée de suite, afin qu'on ne la perde plus jamais de vue. C'est ainsi que nous l'avons observé déjà, la *moyenne* longueur du jour solaire, qui est en usage dans le comput civil du temps. Il commence à minuit, mais les astronomes (au moins ceux de nos pays), s'écartent du comput civil, lors même qu'ils se servent du temps moyen solaire, en commençant le jour à midi et comptant les heures de o à 24. Ainsi 11 h. avant midi du 2 janvier comput civil, répond à 1 jour et 23 h. de janvier, comput astronomique; 1 h. après midi du premier comput, répondait à 2 jours et 1 h. du second. Cet usage a ses avantages et ses inconvénients, mais les derniers semblent l'emporter, en sorte qu'on ferait bien de s'en tenir simplement au comput civil. L'*uniformité dans la nomenclature* et les *modes*

de compter dans toute espèce de choses *relatives* au *temps*, à *l'espace*, au *poids*, *mesure*, etc., etc., *est d'une telle importance pour tous les usages de la vie*, qu'elle *efface toute autre considération* de *coutumes* ou d'*avantages particuliers* (1).

148. Au reste les habitants des divers points de la terre, diffèrent dans leur manière de compter le temps civil ou astronomique; il est clair qu'il en doit être ainsi, si l'on considère que midi dans un lieu est minuit pour le lieu diamétralement opposé, et que le même soleil qui se lève pour un lieu se couche pour un autre; il s'ensuit de grands inconvénients, surtout pour des lieux de situation entièrement différente, et cela entraîne même, dans certains cas, des erreurs d'un jour entier: pour y remédier, on a introduit en dernier lieu un système de compter le temps par jour et fractions de jour solaire moyen, à partir d'un instant fixe, commun à tout le monde, et déterminé non par des circonstances locales, telle que midi ou minuit, mais par le mouvement du soleil parmi les étoiles. Le temps ainsi compté se nomme *temps équinoxial;* il est numériquement le même, au même instant, dans chaque partie du globe. Nous en expliquerons plus amplement l'origine, dans la suite de notre ouvrage.

149. Le temps est un élément essentiel de l'observation astronomique, sous un double point de vue: 1° comme expression du mouvement angulaire. Le mouvement diurne de la terre étant uniforme, chaque étoile décrit uniformément son cercle diurne; et le temps s'écoulant entre le passage des étoiles successivement au méridien d'un observateur, devient, conséquemment, une mesure directe de leurs différences d'ascension droite; 2° comme élément fondamental, ou variable indépendante, ainsi que l'appellent les géomètres, de toute théorie dynamique. Le grand objet de l'astronomie est la détermination des lois des mouvements célestes, et leurs rapports avec des causes prochaines ou éloignées. Or, l'établissement de *la loi* d'un mouvement quelconque observé dans un objet céleste ne peut être autre chose que la déclaration qu'il a été, qu'il *est*, et qu'il sera la situation réelle ou apparente de cet

(1) Le seul désavantage qu'auraient les astronomes à se servir du comput civil, c'est que leurs observations étant surtout faites pendant la nuit, le jour de leur date, dans ce comput, doit être changé à minuit, la première et la dernière portion de la nuit, se rapportant à deux jours différents du mois civil. On ne peut nier que ce ne soit un désavantage. Au reste l'habitude le pallierait, et l'on ne doit pas s'arrêter à *quelques inconvénients*, quand il s'agit d'une loi fondée sur des principes généraux, tous les autres citoyens dont les occupations s'étendent à la nuit comme au jour, se soumettent à cette loi et trouvent de l'avantage à le faire.

objet en *tout temps*, passé, présent ou futur. Pour comparer de telles lois avec l'observation, il faut donc un registre de toutes les situations observées de l'objet en question, et des *temps* où elles ont été observées.

150. La mesure du temps est prise avec des pendules, des chronomètres, des clepsydres, et des sabliers; les deux premiers instruments sont les seuls en usage dans l'astronomie moderne. Le sablier est un grossier appareil pour mesurer, ou plutôt compter, des portions fixes de temps, et il est entièrement hors d'usage. Le clepsydre qui mesure le temps par l'écoulement graduel de l'eau d'un grand vase, d'un orifice déterminé, est susceptible d'une grande exactitude, et c'était la seule ressource des astronomes, avant l'invention des pendules et des montres; la grande commodité et l'exactitude de ces derniers instruments l'a fait abandonner à présent. On a proposé d'en reprendre l'usage, pour un seul cas, celui de la mesure de très-petits espaces de temps que marquerait l'écoulement du mercure par le petit orifice percé au fond d'un vase, où l'on entretiendrait constamment une même hauteur de mercure. Le courant est intercepté au moment de noter un évènement, et dirigé de côté dans un réservoir où il continue de couler jusqu'au moment de noter un autre évènement, et lorsque la cause qui l'interceptait cesse subitement, le courant reprend sa marche habituelle et cesse de couler dans le réservoir. Le *poids* du mercure du réservoir, comparé avec celui qu'il aurait reçu dans un intervalle de temps mesuré par la pendule, donne l'intervalle entre les deux évènements observés. Cette méthode simple et ingénieuse de résoudre avec toute la précision possible, un problème dont on s'occupait beaucoup, est due au capitaine Kater.

151. L'horloge à pendule oscillant, et la montre à balancier avec tous les perfectionnements qui leur ont valu le nom emphatique de *chronomètres*, sont les instruments sur lesquels l'astronome compte le laps du temps. Ils sont maintenant portés à une telle perfection, qu'une irrégularité de marche d'une simple seconde dans les 24 heures, de deux jours consécutifs, ne serait pas tolérée dans ceux de bonne qualité, en sorte que chaque intervalle de temps moindre que 24 heures, peut être positivement assuré par eux à quelques dixièmes de secondes près. Plus les intervalles sont longs, plus il y a chances d'erreur, et d'erreurs d'autant plus considérables qu'elles se sont accumulées pendant plusieurs jours, et que les causes qui produisent un changement lent et progressif dans la mar-

che, subsistent inaperçues. Il n'est donc pas sûr de se fier à la détermination du temps donné par des pendules ou des montres, pendant plusieurs jours, sans les régler et en reconnaître les erreurs au moyen de quelques évènements naturels que nous savons arriver, jour par jour, à des intervalles égaux. Mais en les réglant ainsi, les plus longs intervalles peuvent être fixés avec la même précision que les plus courts, puisque, de fait, c'est seulement le temps entre le premier et le dernier moment de ces longs intervalles, et de ces évènements périodiques adoptés pour points de repère, tel qu'il se passe dans les 24 heures de l'un à l'autre, que nous mesurons par des moyens artificiels. Tous les jours sont comptés pour nous par la nature; les fractions seules, à chaque fin, sont mesurées par nos horloges. Le compte correct des jours entiers, de manière qu'aucun ne soit omis ni compté deux fois, est l'objet du calendrier. La chronologie marque l'ordre de succession des évènements, et les rapporte à leurs propres ans et jours, tandis que la chronométrie, basant ses déterminations sur l'observation précise d'évènements régulièrement périodiques, qu'elle peut diviser convenablement et exactement, nous donne les moyens de fixer, avec le plus haut degré de précision, l'instant où a lieu le phénomène.

152. La *culmination* ou *passage* au méridien de l'observateur, de chaque étoile dans les cieux, est un de ces évènements naturels sur la régularité périodique desquels on peut compter. Aussi c'est aux passages des étoiles fixes les plus brillantes et les plus convenablement placées, que les astronomes ont recours pour s'assurer du temps exact, ou, ce qui revient au même, pour évaluer l'erreur de leurs montres.

153. Avant de décrire les instruments destinés à observer ces culminations, et ceux qui servent à mesurer les intervalles angulaires dans la sphère, il est essentiel de définir clairement le principe d'après lequel on applique, en astronomie, le télescope à la détermination précise d'une direction dans l'espace, — nommément celle du rayon visuel suivant lequel nous voyons une étoile ou tout autre objet éloigné.

154. Le télescope le plus ordinairement en usage à cet effet dans l'astronomie, est le télescope à réfraction. Il se compose (fig. 11 *bis*) : d'un objectif A, (simple ou double, pour former la combinaison achromatique, qui est le plus généralement adoptée); d'un tube en cuivre AB dans lequel est solidement vissé cet objectif, et aussi l'oculaire, composé le plus souvent

d'une combinaison de lentilles destinées à augmenter le pouvoir grossissant du télescope, ou bien à donner plus de netteté de vision, le tout suivant le principe de l'optique que nous n'avons pas à examiner ici (1). Cet oculaire est renfermé dans un petit tube solidement vissé à l'extrémité B du tube principal A B, en sorte que l'objectif, le tube et l'oculaire ne forment qu'un tout d'une seule pièce, invariable dans sa position.

155. La ligne P Q, passant par les centres de l'objectif et de l'oculaire, s'appelle l'*axe* ou *ligne de collimation* du télescope. Il est évident que la situation de cette ligne fixe les relations entre le tube et les verres du télescope, tant que l'objectif et l'oculaire sont maintenus dans leur position *invariablement*.

156. A quelque distance que soit l'objet E, cet axe y est dirigé, et il se forme en F une image renversée et distincte de cet objet, suivant les principes de l'optique; F étant le foyer de l'objectif, on y voit l'objet comme en *réalité*, à travers l'oculaire C, qui, s'il est d'un foyer un peu court, permet de grossir l'image autant qu'une lentille de cette force grossirait l'objet lui-même s'il était à la même place.

157. Comme cette image, formée et vue dans l'air, n'a pas de consistance comme en aurait un objet matériel, rien n'empêche de fixer en F, sur l'axe du télescope, une pointe fine métallique, ou mieux un croisillon formé de deux fils métalliques, ou de deux lignes simplement tracées sur un verre, et s'y coupant bien à angles droits; leur intersection n'étant ainsi qu'un point mathématique, si cette pointe d'aiguille ou ce point d'intersection de deux fils métalliques ou de deux lignes tracées sur un verre, est solidement fixé au foyer F, de l'objectif et de l'oculaire, on le verra à travers ce dernier en *même temps* et occupant *précisément la même place* que l'image de l'étoile éloignée E. Le pouvoir grossissant de la lentille rendra perceptible la moindre déviation d'une coïncidence parfaite, et cette déviation serait une preuve que l'axe Q P n'est pas rigoureusement dirigé vers E, dans ce cas, un léger mouvement opéré dans le télescope à l'aide d'une vis de rappel, remettrait l'axe du télescope en coïncidence parfaite. Ce mode de pointer le télescope devient si précis, dans la pratique, que l'axe d'un télescope peut être dirigé vers une étoile ou tout autre objet céleste, sans erreur de plus de quelques dixièmes de seconde de mesure angulaire.

(1) Voir le *Manuel d'optique*, qui fait partie de l'*Encyclopédie-Roret*.

158. Cet emploi du télescope peut être considéré comme annihilant tout-à-fait cette portion des erreurs de l'observation qui provient d'une estimation erronée de la direction dans laquelle se trouve l'objet par rapport à l'œil de l'observateur et au centre de l'instrument, c'est de fait la grande source de toute la précision de l'astronomie moderne, sans laquelle les autres perfectionnements de la construction des instruments seraient presque en pure perte, les erreurs qu'on peut commettre en pointant un objet, sans cette méthode, étant beaucoup plus grandes que celles qui pourraient résulter d'une graduation incorrecte (1). Le télescope, ainsi appliqué, devient pour les mesures angulaires, ce qu'est le microscope pour les lignes de petite dimension. En concentrant l'attention sur les moindres détails, et grossissant les moindres différences de manière à les rendre palpables, le télescope nous donne les moyens non-seulement de scruter la contexture des objets sur lesquels il est pointé, mais encore de les rapporter à leurs places apparentes, avec une précision géométrique, et à l'échelle où l'on veut les apprécier.

159. Revenons maintenant à notre sujet, la détermination du temps par les passages ou les culminations des objets célestes.

On nomme *instrument du passage*, fig. 12, celui avec lequel on observe les culminations des objets célestes. Il se compose d'un télescope bien assuré sur son axe horizontal, dirigé aux points Est et Ouest de l'horizon, ou à angle droit au plan du méridien du lieu de station. Les extrémités de l'axe reposent sur des pivots cylindriques de même diamètre exactement, qui se fixent dans les entailles de supports métalliques assis, pour de grands instruments, sur de forts piliers de pierre, et pou-

(1) L'honneur de ce perfectionnement capital a été successivement revendiqué par Derham (transact. phil. 603) pour notre jeune et malheureux compatriote Gascoigne, d'après sa correspondance avec Crabtree et Horrockes, que possédait Derham. Les passages des lettres citées par Derham ne laissent aucun doute sur ce que, en 1640, Gascoigne a appliqué le télescope à ses cadrans et sextants, avec *des fils au foyer commun des verres*, et qu'il a même porté son invention jusqu'à éclairer le champ de la vue par une lumière artificielle qu'il trouvait *très-suffisante, quand il n'y avait pas de lune, ou qu'elle n'éclairait pas assez.* Ces inventions furent librement communiquées par lui à Crabtree, qui les communiqua à Horrockes, l'orgueil de l'astronomie anglaise. Tous deux lui exprimèrent leur admiration sans bornes pour ces perfectionnements sans égal dans l'œil de l'observation. Gascoigne mourut à 23 ans à la bataille de Marston Moor; et la mort également prématurée de Horrockes, fit mettre temporairement en oubli cette invention : on la retrouva en 1667 (Astr. de Lalande 2310), et ce furent Picard et Auzout qui, peut-être, l'inventèrent de nouveau; après quoi l'usage en devint général. Morin en 1635, même avant Gascoigne, avait proposé de substituer le télescope à la vue simple ; mais c'est le fil au foyer, ramenant la coïncidence de l'étoile sur l'axe sans la moindre déviation, qui fait tout l'avantage du télescope, et Morin ne paraît pas en avoir eu l'idée. (Voir l'*Astronomie de Lalande*.)

vant s'ajuster verticalement et horizontalement, par des écrous. Le premier ajustage rend l'axe parfaitement horizontal, ce que l'on vérifie à l'aide d'un niveau placé sur les pivots. Le second ajustage met l'axe précisément dans la direction Est et Ouest; on le vérifie par des observations faites avec l'instrument lui-même, ou par un objet bien défini appelé *mire méridienne;* celle-ci est déterminée primitivement par de semblables observations, et on l'établit d'une manière permanente, pour la promptitude de l'ajustage, à une grande distance, exactement dans la *ligne méridienne* passant à travers le point central de tout l'instrument. Il est clair, d'après cette description, que si la ligne centrale du télescope, (celle qui joint les centres des verres objectif et oculaire, et que l'on appelle, en astronomie, *ligne de collimation*), est une fois bien ajustée à angles droits à l'axe de l'instrument, elle ne quittera jamais le plan du méridien, lorsque le télescope tourne autour de son axe.

160. Dans le foyer de l'oculaire et à angles droits avec la longueur du télescope, est placé, non plus un simple croisillon comme nous l'avons expliqué, art. 157, mais bien un système de cinq fils verticaux équidistants et d'un fil horizontal, tels que l'indique la fig. 13, et qui paraissent toujours dans le *champ de vue,* éclairés, de jour par la lumière solaire, et de nuit par une lampe dont il est inutile d'expliquer l'appareil ici; l'emplacement de ce système de fils peut être changé par des vis de rappel qui lui donnent latéralement un mouvement horizontal, et on l'amène ainsi, pour l'y arrêter et l'y fixer, dans une position telle que le fil vertical du milieu coupe la ligne de collimation du télescope (1); dans cette situation il est évident que le fil du milieu est une représentation visible de cette portion du méridien céleste vers lequel le télescope est pointé; et lorsqu'une étoile est vue croisant ce fil dans le télescope, elle est au moment de sa culmination ou de son passage au méridien céleste. L'instant de cet évènement est noté par la pendule ou chronomètre qui est l'accompagnement obligé de l'instrument du passage. Pour plus de précision, les instants où l'étoile se croise avec les cinq fils verticaux sont notés, et l'on prend la moyenne qui, puisque les fils sont équidistants, doit donner rigoureusement le même résultat que le fil milieu, si toutes les observations sont exactes,

(1) Ce n'est pas le moyen de ramener le *véritable axe optique* de l'objectif à coïncider *exactement* avec la ligne de collimation, mais tant que l'objectif ne change pas, on ne remue pas dans le tube; toute *ligne présentant une position invariable* par rapport à *cet axe,* peut être prise pour l'axe *de convention* ou astronomique, avec un effet égal.

et tendre enfin à détruire les erreurs en les répartissant sur l'ensemble.

161. Le lecteur peut consulter pour le mode d'exécution et d'ajustage de ce simple et élégant instrument, aussi bien que pour les moyens de tenir compte des erreurs inévitables dans son usage, les ouvrages spécialement consacrés à cette branche de l'astronomie pratique. Nous mentionnerons seulement ici une importante vérification qui consiste à *renverser* les extrémités de l'axe, ou bien à le retourner de l'est à l'ouest. S'il continue, après cette opération, de donner les mêmes résultats et le même point d'intersection avec la mire méridienne, on sera sûr que la ligne de collimation du télescope est réellement à angle droit avec l'axe, et décrit exactement un plan, c'est-à-dire un *grand cercle* dans les cieux. Dans de bonnes observations du passage, une erreur de deux ou trois dixièmes de secondes de temps dans le moment de la culmination de l'étoile, est ce qu'on peut craindre, indépendamment des erreurs de la pendule : en d'autres termes, la pendule peut être réglée par le mouvement diurne de la terre à l'aide d'une seule observation, sans risque d'erreur trop grande. En multipliant d'ailleurs les observations, on obtiendra un plus grand degré de précision.

162. Le plan décrit par la ligne de collimation d'un passage doit être celui du méridien du lieu de l'observation. Pour s'en assurer, il faut recourir à une observation céleste. Or, comme le méridien est un grand cercle passant par le pôle, il coupe en deux nécessairement les cercles diurnes décrits par toutes les étoiles, lesquelles décrivent deux demi-cercles s'élevant dans les intervalles égaux de 12 heures sidérales chacun. Il s'ensuit que si l'on choisit une étoile dont tout le cercle diurnal est au-dessus de l'horizon, ou ne se couche jamais, et qu'on observe les moments de ses passages supérieurs et inférieurs à travers le fil milieu du télescope, et que si l'on trouve que les deux positions semi-diurnales est et ouest du plan décrit par le télescope sont décrites *précisément* en temps égaux, on est certain que ce plan est le méridien.

163. Les intervalles angulaires, mesurés par l'instrument du passage et par la pendule, sont des arcs de l'équinoxial compris entre les cercles de déclinaison qui passent par les objets observés ; leur mesure, dans ce cas, est donnée non par la graduation artificielle des cercles, mais à l'aide du mouvement diurne de la terre, qui porte des arcs égaux de l'équinoxial à travers le méridien, en temps égaux, à raison de 15°

par heure sidérale. Dans tous les autres cas, si nous voulons mesurer des intervalles angulaires, il est nécessaire de recourir à des cercles ou portions de cercles, faits de métal ou d'autre matière ferme et durable, et mécaniquement subdivisés en parties égales, degrés, minutes, etc. Soit AB C D, *fig.* 14, un semblable cercle, divisé en 360 degrés (comptés à partir du o marqué sur la circonférence pour revenir à ce même point), et dont le centre soit uni à la circonférence ou *limbe* par des raies *xyz* qui font corps avec elle. Soit percé au centre un trou circulaire dans lequel se meut un pivot bien ajusté, portant un tube dont l'arc *a b* est exactement parallèle au plan du cercle, ou perpendiculaire au pivot, avec deux bras *mn* qui s'y croisent à angles droits et ne font qu'une seule pièce avec le tube et l'axe, en sorte que le mouvement de l'axe sur le centre promène doucement le tube et les bras autour du cercle, sur lequel on peut les arrêter et les fixer au point que l'on veut par un *clichet* ou vis d'arrêt. Supposons maintenant que l'on veuille mesurer l'intervalle angulaire de deux objets fixes S, T. On ajuste d'abord le plan du cercle de manière à ce qu'il passe à la fois par tous les deux. Cela fait, on dirige *l'axe a b* du tube sur l'un d'eux S, et on *l'arrête*. On remarque alors si le bras *m* tombe exactement sur l'une des divisions du limbe, ou bien entre deux adjacentes. Dans le premier cas, on met la division comme la désignation du bras *m*; dans le second, on estime la fraction dont le bras *m* surpasse la division inférieure, ou bien on la mesure par des moyens optiques ou mécaniques. (Voyez art. 165.) La division et sa fraction ainsi notées et réduites en degrés, minutes, secondes, est enregistrée comme *lecture du limbe* correspondant à la position du tube *a b* pointé sur l'objet S. On opère de même pour l'objet T, pointant le tube et faisant la lecture du limbe. Il est clair alors que si l'on retranche la plus petite lecture de la plus grande, *leur différence* sera l'intervalle angulaire de S à T, vu du centre du cercle, à quelque point du limbe que soit le zéro de sa graduation.

164. On obtiendra le même résultat, si, au lieu de faire le tube mobile sur le cercle, on l'y fixe invariablement, en les faisant tourner tous deux sur un axe concentrique avec le cercle et formant corps avec lui, pivotant dans un trou pratiqué dans quelque support immobile. La figure 15 représente la coupe de cette combinaison. T est le tube ou lunette qui s'attache en *pp* sur le cercle A B dont l'axe D fonctionne dans la pièce solide de centrage E, d'où sort un bras F portant à son

extrémité un index ou style qui marque en B le point de division du cercle qui lui correspond. Il est clair que, si la révolution du télescope et du cercle décrit un certain angle, la portion du limbe qui, dans cette révolution, a passé l'index F mesurera cet angle. C'est le mode le plus usité des cercles gradués pour l'astronomie.

165. L'index F peut être une simple pointe, comme l'aiguille d'une horloge *a*, fig. 16, ou un verrier *b*, ou enfin un microscope composé *c* dont *d* est la coupe, et garni d'un croisillon dans le foyer commun de son objectif et de son oculaire ; ce croisillon est mobile, par une fine vis de rappel, de manière que son point d'intersection puisse être amené dans une parfaite coïncidence avec l'image de la plus proche des divisions du cercle formé au foyer de l'objectif d'après le même principe que celui expliqué art. 157, par le pointage du télescope, seulement avec celui ou le croisillon est fait mobile. La distance de cette division du point de départ ou zéro du microscope peut s'estimer par le nombre de tours ou de parties de tour qu'il a fallu donner à la vis de rappel. Cet appareil simple et délicat donne à la lecture de la graduation du cercle un degré d'exactitude qui n'est limité que par le grossissement du microscope et l'égalité des filets de la vis, en plaçant la subdivision des angles sur le même pied de certitude optique que l'emploi du télescope donne à leur mesurage.

166. L'exactitude du résultat ainsi obtenu dépend donc : 1° de la précision avec laquelle le tube-lunette a été pointé sur les objets ; 2° de l'exactitude de la graduation du limbe ; 3° du soin avec lequel on a pris la subdivision entre deux divisions consécutives du limbe, et nous venons d'expliquer comment on y parvient. Quant à la graduation du limbe, cela dépend d'une opération mécanique qui s'exécute si bien dans l'état actuel des arts, qu'il suffit de remarquer ici que l'erreur est bornée à ses plus étroites limites (1). Pour le tube-lunette, il est clair que s'il n'a que de simples croix ou pinnules à l'extrémité du tube, ou simplement un trou pour l'œil à l'un des bouts et un croisillon à l'autre, on ne peut en attendre rien autre chose que ce que la simple vue à l'œil nu peut donner. Mais si ce tube-lunette devient lui-même un *télescope* ayant son objectif et son oculaire, avec un croisillon à leur foyer commun, comme on l'a expliqué art. 157 ; et si le mouvement

(1) Dans le grand cercle Ertel à Pulkova, la supputation probable d'une erreur accidentelle de division a été établie par M. Struve ne pas excéder 0'',264. (Des. de l'obs. centr. de Pulkova, p. 147.)

du tube ou du limbe du cercle peut être arrêté juste quand l'objet est amené en coïncidence avec le point d'intersection du croisillon, il est évident que l'on peut atteindre un plus grand degré d'exactitude par le pointage du tube, qu'à l'œil nu, et l'on obtiendra d'autant plus d'exactitude alors, que ce télescope aura plus de grossissement et de clarté.

167. Le mode que nous venons de décrire pour mesurer un intervalle angulaire est le plus simple de tous; mais, à la rigueur, ce mode n'est applicable qu'aux angles terrestres, tels que ceux occupés sur l'horizon par les objets qui environnent la station, parce que ceux-là seuls restent stationnaires pendant que le télescope est changé sur le limbe d'un objet à l'autre. Mais le mouvement diurne des cieux, en détruisant cette condition essentielle, rend la mesure directe de la distance angulaire d'*objet* à *objet* impossible par ce moyen. Au reste la même objection ne s'applique pas à la détermination de l'intervalle entre les *cercles diurnes* décrits par deux objets célestes. Supposons que chaque étoile, dans sa révolution diurne, laisse dans les cieux une trace visible, telle par exemple qu'un mince sillon de lumière, le télescope alors, une fois pointé sur l'étoile, de manière à ce que son image soit amenée en parfaite coïncidence avec l'intersection des fils, restera constamment pointé sur un point ou sur un autre de ce sillon, qui ne cessera de paraître dans le champ de vue, comme une ligne lumineuse ayant sans cesse cette même intersection, jusqu'à ce que l'étoile tourne de nouveau. Le télescope peut être pointé d'une semblable ligne sur une autre sans erreur, et par suite servir à mesurer l'intervalle angulaire entre deux cercles diurnes, *dans le plan de rotation du télescope*. Or, quoique nous ne puissions *voir* la trace d'une étoile dans les cieux, nous pouvons *attendre* jusqu'à ce que cette étoile traverse le champ de vue, et saisir le moment de son passage, pour placer l'intersection des fils croisés en coïncidence avec elle; par ce moyen, quand le télescope est bien arrêté, nous pouvons nous assurer de la position de son cercle diurne, comme s'il continuait à *être vu* pendant tout le temps qu'il est décrit. La lecture du limbe se fait alors à loisir, et quand une autre étoile arrive *dans le plan du cercle*, on peut lever l'arrêt du télescope et le pointer pour assigner, par une observation semblable, la place de son cercle diurne sur le limbe; ces observations peuvent se répéter tous les jours, à chaque passage des étoiles, jusqu'à ce que l'on soit satisfait du résultat.

168. Ceci est le principe du cercle mural qui n'est autre chose qu'un cercle tel que celui que nous avons décrit art. 163, fermement supporté dans le plan du méridien, sur un axe horizontal long et fort. Cet axe repose sur un pilier massif, ou mur, ce qui a fait donner à l'instrument le nom mural, et il y est assujetti par des vis qui permettent de l'ajuster dans les directions verticale et horizontale; il peut être ainsi maintenu, comme l'axe de l'instrument du passage, dans la direction exacte de l'Est à l'Ouest de l'horizon, le plan du cercle étant conséquemment un vrai méridien.

169. Le méridien coupant à angles droits tous les cercles diurnes décrits par les étoiles, son arc intercepté par deux d'entre eux, mesurera leur plus courte distance, et sera égal à la différence de leurs déclinaisons, comme aussi à la différence des *hauteurs méridiennes* des objets, au moins après correction de la réfraction. Ces différences sont les intervalles angulaires *directement* mesurés par le cercle mural. Il est facile d'en conclure, en supposant connue la loi de la réfraction, non-seulement ces différences, mais les quantités elles-mêmes, ainsi que nous allons l'expliquer.

170. La déclinaison d'un corps céleste est le complément de sa distance au pôle. Le pôle étant un point dans le méridien, pourrait être *directement* observé sur le limbe du cercle, s'il s'y trouvait *exactement* une étoile, et l'on déterminerait en une seule fois les *distances polaires* avec les déclinaisons de tout le reste. Mais, comme il n'en est pas ainsi, on choisit une étoile brillante aussi près du pôle que possible, et on l'observe dans ses culminations *inférieure* et *supérieure*, c'est-à-dire quand elle passe au méridien *dessus* et *dessous* le pôle. Car, sa distance au pôle restant la même, la différence de la lecture du cercle dans les deux cas est, en définitive, après correction de la réfraction, égale à deux fois la distance polaire; l'arc intercepté sur le limbe étant, dans ce cas, égal au diamètre angulaire du cercle diurne de l'étoile. Dans la fig. 17, HPO représente le méridien céleste; P le pôle; BR, AQ, CD, les cercles diurnes des étoiles qui arrivent au méridien en B, A, C, dans leurs culminations supérieures; en R, Q, D dans leurs culminations inférieures, parmi lesquelles D se trouve au-dessus de l'horizon HO. Supposons que *hpo* soit le cercle mural ayant S pour centre, *bacpd* seront les points de sa circonférence correspondant aux points BACPD dans les cieux. Or les arcs *ba*, *bc*, *bd*, et *cd* sont donnés immédia-

tement par l'observation, et puisque $CP = PD$, $cp = pd = \frac{1}{2}$ cd; conséquemment la place du *point polaire*, comme on l'appelle, est connue sur le limbe du cercle, et les arcs pb, pa, pc, qui représentent les *distances polaires* sur le cercle, sont également connus.

171. La situation de l'étoile polaire, qui est l'une des plus brillantes, est éminemment favorable pour cette observation, n'étant qu'à un degré et demi du pôle; et c'est aussi celle que l'on choisit presque uniquement, surtout parce que ses deux culminations ayant lieu à des hauteurs très-grandes et peu différentes, les réfractions dont elles sont affectées ont peu de valeur et diffèrent peu, ce qui en rend la correction facile. L'éclat de l'étoile polaire en rend aussi l'observation aisée pendant le jour. Cette étoile est donc, à raison de ces particularités, une ressource constante dont profitent les astronomes pour l'ajustage et la vérification de leurs instruments de toute espèce. Dans le cas du passage, par exemple, elle fournit une excellente application de la méthode pour s'assurer de la position méridionale de l'instrument décrit art. 162; elle est de fait la plus avantageuse de toutes, étant la plus éloignée du zénith à sa culmination supérieure, parmi toutes les étoiles brillantes que l'on peut observer au-dessus et au-dessous des pôles.

172. La position du *point polaire*, une fois déterminée sur le cercle mural, devient l'origine ou le zéro à partir duquel on compte les distances polaires de tous les objets rapportés à d'autres points sur les mêmes lignes. Il importe peu que ce soit le zéro de la graduation, puisque c'est seulement par la *différence* des lectures, que les arcs sur le limbe sont déterminés; de là, ce grand avantage de pouvoir commencer une nouvelle série d'observations, dans lesquelles on emploie une portion différente de la circonférence du cercle, avec d'autres graduations qui servent à découvrir et à neutraliser les inégalités de division du limbe. On détache à cet effet, le télescope du cercle, et on le fixe à d'autres parties de la circonférence.

173. Un point non moins important, sur le cercle mural, que le *point polaire* est le *point horizontal* qui, une fois connu, devient celui de départ, ou le zéro d'où l'on compte les hauteurs. Le principe de sa détermination est presque entièrement le même que celui du point polaire. Comme il n'existe aucune étoile à l'horizon céleste, l'observateur doit déterminer sur le limbe deux points, dont l'un soit précisément autant en des-

sous du point horizontal que l'autre est en dessus. A cet effet, on observe dans la nuit la culmination d'une étoile, sur laquelle on pointe directement le télescope d'abord, et sur l'*image réfléchie* de laquelle on le pointe ensuite, la réflexion se faisant sur une surface fluide d'un niveau parfait. Le mercure est ordinairement employé comme le meilleur fluide réflecteur connu. Comme la surface du fluide est nécessairement horizontale, et comme l'angle de réflexion, suivant les lois de l'optique, est égal à l'angle d'incidence, l'image sera justement aussi abaissée sous l'horizon que l'étoile est élevée dessus, en évaluant la différence des réfractions aux instants de l'observation. L'arc intercepté sur le limbe du cercle par l'étoile et son image, étant ainsi consécutivement observé, est, après correction de la réfraction, la double hauteur de l'étoile, et son point de bissection est le point horizontal. On appelle *horizon artificiel*, la surface fluide qui sert ainsi de réflecteur pour la détermination des hauteurs (1).

174. Le cercle mural est donc, de fait, un instrument du passage en même temps, et s'il est garni du croisillon de fils dans le foyer de son télescope, on peut s'en servir comme tel. L'axe, d'ailleurs, n'étant supporté que par un bout, n'a pas assez de force et de fixité pour les observations les plus délicates du passage; il ne peut se vérifier, ainsi que celui de l'instrument du passage, par le *renversement* des deux extrémités de son axe, Est pour Ouest. Rien, d'ailleurs, n'empêche qu'on ne fixe, d'une manière stable, l'axe d'un instrument du passage sur un cercle divisé, de manière à tourner avec lui, la lecture se faisant avec un microscope fixé à l'un de ses piliers. Un instrument de ce genre se nomme *cercle du passage* ou *cercle méridien*; il sert à la détermination simultanée des ascensions droites et des distances polaires; le temps du passage se note à la pendule, et la lecture du cercle a lieu avec un microscope latéral. Il y a beaucoup d'avantage, quand on veut former des catalogues étendus de petites étoiles, dans cette détermination simultanée des deux coordonnées célestes. On y peut ajouter la facilité d'appliquer au cercle méridien un télescope de quelque longueur et d'une certaine puissance.

(1) Par une manipulation particulière et délicate de l'ajustage, de la bissection, et par la lecture du cercle, à l'aide d'un fil micrométrique au foyer de l'objectif, on est venu à bout d'observer une étoile se mouvant lentement (comme l'étoile polaire), *dans une seule et même* nuit, à la fois par réflexion et par vision directe, suffisamment près de l'une et l'autre culmination pour donner le point horizontal, sans risquer le changement de réfraction en 24 heures; en sorte que cette source d'erreurs se trouve ainsi complètement éliminée.

La construction du cercle mural rend ceci très-difficile et presque impraticable au-delà des limites très-restreintes.

175. La détermination du point horizontal sur le limbe d'un instrument est d'une importance si essentielle en astronomie, que l'élève doit connaître tous les moyens employés pour l'obtenir. Ce sont l'horizon artificiel, le fil-à-plomb, le niveau, et le collimateur flottant. Le fil-à-plomb est un fil délié auquel est suspendu un poids dont les oscillations sont amoindries et empêchées, en le plongeant dans l'eau. La dernière direction que prend ce fil, en le supposant d'une *flexibilité parfaite*, est celle de la gravité, ou perpendiculaire à la surface de l'eau tranquille. Son application aux besoins de l'astronomie, est d'ailleurs si délicate, si difficile, et sujette à tant d'erreurs, à moins de précautions extraordinaires, que le fil-à-plomb est généralement abandonné et remplacé maintenant par le *niveau*, instrument plus convenable et aussi exact au moins.

176. Le niveau n'est rien autre chose qu'un tube de verre presque entièrement rempli d'un liquide (ordinairement d'alcool, fluide *très-mobile* et qui n'est pas sujet à geler) avec une bulle d'air, qui resterait indistinctement dans chaque partie du tube, s'il était mathématiquement *droit*. Mais comme le tube a toujours une certaine courbure, la bulle en occupe la partie supérieure, quand la convexité est tournée en haut, ainsi que cela a lieu dans la fig. 18, où la courbure est exagérée à dessein. Supposons ce tube AB bien fixé sur une barre droite CD, et dans lequel *a b* indique la longueur occupée par la bulle, il est clair que C D a dès lors une inclinaison déterminée par rapport à l'horizon; car pour peu qu'elle varie d'un côté ou de l'autre, la bulle changera de place, et marchera du côté élevé. Si l'on veut s'assurer maintenant de l'horizontalité d'une ligne PQ, il suffira de placer sur cette ligne la base CD du niveau, et de noter les points *a b* entre lesquels la bulle se loge exactement, puis de retourner le niveau, C venant en Q, et D en P Si la bulle se trouve encore logée de *a* en *b*, il est clair que P Q ne peut être qu'horizontale. Autrement, le côté où va la bulle est plus haut, et pour rétablir l'horizontalité, il le faut baisser. Les niveaux astronomiques sont garnis d'une échelle de division, qui désigne l'emplacement de la bulle, et l'on peut, dit-on, les exécuter avec une telle précision, qu'ils indiquent une simple seconde de déviation angulaire de l'horizontalité. Dans ces niveaux, on ne se fie pas au hasard pour

donner la courbure voulue : on les calibre par un mécanisme particulier d'une grande délicatesse.

177. Il faut maintenant expliquer la méthode de trouver avec le niveau, le point horizontal sur le limbe d'un cercle vertical divisé. Soit A B, *fig.* 19, un télescope bien fixé sur ce cercle D E F et mobile avec lui sur son axe horizontal C, qui, comme celui de l'instrument du passage, doit être susceptible de se retourner, art. 161, et dont le cercle est inséparable; on dirige le télescope sur quelque objet bien défini, en S, coupé en deux par le fil horizontal, et on le fixe en arrêt dans cette position. Soit L un niveau attaché à angles droits avec un bras L E F garni d'un microscope ou vernier en F et aussi en E si l'on veut. Ce bras se fixe à frottement sur l'axe C, mais peut se mouvoir doucement autour comme aussi s'arrêter à volonté. Pendant que le télescope est braqué fixe sur S, on place le niveau de manière que sa bulle se loge en *a b* et on l'arrête. Le bras L E F a dès lors une certaine inclinaison déterminée avec l'horizon, n'importe laquelle. Dans cette position on fait la lecture du cercle en F, puis on retourne tout l'appareil sur son axe horizontal, bout par bout, sans *déranger le bras niveau* de l'axe. Cela fait, par le mouvement de tout l'instrument sur son axe, on ramène le *niveau* à sa position horizontale avec la bulle *a b*; on est sûr ainsi que le télescope a pris, *d'un autre* côté, la même inclinaison à l'horizon qu'il avait quand il était pointé sur S, et la lecture en F doit être encore la même. Maintenant, sans fixer le niveau et le tenant presque horizontal, qu'on fasse tourner le cercle sur son axe, de manière à ramener le télescope en arrière, sur S, après avoir passé au zénith, et qu'on arrête le cercle et le télescope dans cette position; il est clair que l'axe du télescope a décrit, à partir de sa dernière position, un angle égal à deux fois la distance zénithale de S. Enfin sans bouger le télescope et le cercle, qu'on rectifie encore le niveau; le bras L E F reprendra sa même position déterminée par rapport à l'horizon, et dès lors, si l'on fait de nouveau la lecture du cercle, sa différence avec la lecture précédente donnera la mesure de l'arc de sa circonférence qui a passé sous le point F qu'on peut regarder comme invariable de position. Cette différence sera le double de la distance zénithale de l'objet S, et sa moitié, sa simple distance zénithale dont le complément est sa hauteur. On connaît ainsi la hauteur correspondante à une lecture donnée du limbe, ou en d'autres termes, le point horizontal sur le limbe. Quelque

détournée que cette marche paraisse, il n'existe pas d'autre moyen d'employer le niveau qui ne revienne en définitive à celui-là. Au reste on se sert plus ordinairement du niveau, comme d'un repère de *confiance*, pour conserver le point horizontal déjà déterminé par d'autres moyens; pour cela on l'ajuste quand le télescope est exactement horizontal, et ce repère alors dépend de la permanence de l'ajustement.

178. Le dernier moyen et qui, certes le plus commode, n'est pas le moins exact de déterminer le point horizontal, est celui du collimateur flottant, fig. 20, récente invention du capitaine Kater; mais le principe optique sur lequel elle repose, fut d'abord employé par Rittenhouse en 1785, dans le but de fixer une direction définie dans l'espace par l'émergence de rayons parallèles provenant d'un objet matériel placé au foyer d'une lentille fixe. Cet élégant instrument est un petit télescope garni d'un croisillon de fil à son foyer, et maintenu aussi horizontal que possible par un *flotteur* de fer qui nage sur le mercure et qui, lorsqu'on l'abandonne à lui-même, prend constamment la même inclinaison invariable à l'horizon; si le croisillon du collimateur est éclairé par une lampe, dans le foyer de l'objectif, les rayons en sortiront parallèles et pourront conséquemment être dirigés au foyer de l'objectif d'un autre télescope dans lequel ils formeront une image, *comme s'ils venaient d'un objet céleste dans leur direction*, c'est-à-dire, à une hauteur égale à leur inclinaison; l'intersection du croisillon du collimateur peut être observée dès lors *comme s'il était une étoile*, et cela, quoique les deux télescopes soient près l'un de l'autre. En transportant le collimateur *encore flottant* dans un vase de mercure, d'un côté à l'autre du cercle, on est pourvu de deux objets *quasi-célestes*, à des hauteurs précisément égales, sur les côtés opposés du centre; si on les observe successivement avec le télescope du cercle, en sorte que son croisillon coupe l'image du croisillon du collimateur, que l'on dispose à cet effet à 45° à l'horizon comme dans la *fig.* 21, la différence des lectures sur le limbe donnera deux fois la distance zénithale, d'où suit immédiatement, comme dans l'art. précédent, la détermination du point horizontal, ou zénith. On trouve dans les *Phil. Trans.* 1828, p. 257, une autre forme préférable du collimateur flottant, dans laquelle M. Kater a mis le télescope *vertical*, ce qui donne directement le zénith.

179. Mais l'application la plus claire et la plus précise du *principe de collimation* de Rittenhouse, a été faite par Benzen-

berg qui donne d'une seule fois, par une simple observation, la connaissance exacte du point nadir d'un cercle astronomique. Dans cette combinaison, le télescope du cercle est son propre collimateur. L'objet observé est l'intersection centrale des fils croisés dans son propre foyer, réfléchi dans le mercure, un puissant éclairage étant dirigé sur le système des fils (art. 160), au moyen d'une lampe placée sur le côté, le télescope de l'instrument est dirigé verticalement en bas vers la surface du mercure, comme dans la fig. 21 *bis*. Les rayons divergents des fils s'échappent en pinceaux parallèles de l'objectif, sont incidents sur le mercure, et sont ensuite réfléchis en arrière (sans perdre leur parallélisme) sur l'objectif qui les réunit de nouveau à son foyer. Il se forme ainsi une image réfléchie du système des fils croisés, qui étant amenée, par un mouvement lent du télescope, en coïncidence parfaite (intersection sur intersection) avec tout le système, comme s'ils étaient vus dans l'oculaire de l'instrument, indique la verticalité précise et rigoureuse de l'axe optique du télescope quand il est dirigé au point nadir.

180. L'instrument du passage et le cercle mural sont essentiellement méridiens, ne servant à observer les étoiles, qu'au moment de leur passage au méridien. Indépendamment de ce que c'est le moment le plus favorable pour les voir, c'est celui dans lequel leur cercle diurne est parallèle à l'horizon. Il est donc plus facile, à ce moment qu'à tout autre, de placer exactement le télescope dans leur véritable direction; puisque leur course apparente dans le champ de vue est parallèle au fil horizontal du croisillon, on peut, en bougeant très peu le télescope, obtenir une coïncidence parfaite, ayant tout le temps de la vérifier et de la corriger, ce qu'on ne pourrait faire dans aucune autre situation. Généralement parlant, toutes les grandeurs angulaires, qu'il est important de déterminer exactement, devraient être, autant que possible, observées à leurs maxima ou minima d'accroissement ou de décroissement; car ce n'est qu'en ces points qu'elles restent assez longtemps, sans changement sensible, pour compléter, et même, dans certains cas pour répéter et vérifier soigneusement l'observation à loisir. L'angle qui, dans cette circonstance, est en situation d'atteindre son maximum ou son minimum au méridien, donne la hauteur de l'étoile, et c'est celui que l'on mesure sur le limbe du cercle mural.

181. Les besoins de l'astronomie exigent cependant que l'ob-

servateur possède les moyens d'observer un objet non-seulement au méridien, mais encore en un point quelconque de sa course diurne, ou à quelque endroit des cieux qu'il se montre. Or, un point sur la sphère est déterminé quand on le rapporte à deux grands cercles qui se coupent à angles droits, ou dont l'un passe par le pôle de l'autre. Ce sont, géométriquement parlant, les cercles *coordonnés* qui en déterminent la position : par exemple, sur terre, un lieu est connu par sa longitude et sa latitude ; dans les cieux, il est connu par son ascension droite et sa déclinaison ; dans l'hémisphère visible, par son azimuth et sa hauteur, etc.

182. Pour observer un objet en un point quelconque de sa course diurne ; il faut avoir les moyens de diriger sur lui un télescope qui soit susceptible de se mouvoir suivant deux plans perpendiculaires l'un à l'autre, en sorte que la valeur de son mouvement angulaire dans chacun, soit mesurée sur deux cercles *coordonnés* l'un à l'autre, et dont les plans soient parallèles à ceux suivant lesquels se meut le télescope. On remplit cette condition en faisant pénétrer l'axe de l'un des cercles dans celui de l'autre, à angles droits. L'axe percé tourne sur des supports fixes, tandis que l'autre n'a pas de connexion avec un support extérieur, mais se trouve entièrement soutenu par celui qu'il pénètre, et qui est assez fort et assez long pour le recevoir ainsi à ce point de pénétration. La fig. 22 représente la forme la plus simple de cette combinaison, quoiqu'elle ne soit pas la meilleure, quant au mécanisme. Les deux cercles *sont lus* avec des verniers ou microscopes ; l'un est attaché au support fixe, qui porte l'axe principal, l'autre au bras qui part de cet axe. Les deux cercles sont aussi susceptibles d'être fixés par des vis d'arrêt qui ont le même support que celui auquel se lie tout l'appareil pour la lecture.

183. On voit que cette combinaison, quelle que soit la direction de son axe principal, pourvu qu'elle reste invariable, donne les moyens de déterminer la situation d'un objet quelconque par rapport à la station de l'observateur, par les angles comptés sur deux grands cercles de l'hémisphère visible, dont l'un a pour pôles les prolongements de l'axe principal ou des points évanouissants d'un système de lignes qui lui sont parallèles, et l'autre passe toujours par ces pôles. En effet, le premier grand cercle est la ligne évanouissante de tous les plans parallèles au cercle A B, tandis que le second, dans toute position de l'instrument, est la ligne évanouissante de tous les

plans parallèles au cercle GH, et si ces deux plans sont par construction, à angles droits, les grands cercles qui sont leurs lignes évanouissantes le seront de même, car si deux grands cercles d'une sphère sont à angles droits l'un sur l'autre; l'un passera toujours par les pôles de l'autre.

184. Il n'y a d'ailleurs que deux positions dans lesquelles on puisse monter un semblable appareil de manière à ce qu'il soit d'une utilité pratique en astronomie. La première est quand l'axe principal CD est parallèle à l'axe de la terre, et conséquemment aux pôles des cieux, qui sont les points évanouissants de toutes les lignes dans ce système de parallèles; et quand enfin le plan du cercle AB est parallèle à l'équateur de la terre, et conséquemment aux pôles des cieux qui sont les points évanouissants de toutes les lignes dans ce système de parallèles; quand enfin le plan du cercle AB est parallèle à l'équateur de la terre, ayant conséquemment l'équinoxial pour cercle évanouissant, et mesurant par la lecture de ses arcs, les angles horaires ou les différences de droite ascension. Dans ce cas les grands cercles dans les cieux, correspondant à diverses positions que le cercle GH peut prendre par la rotation de l'instrument autour de son axe CD, sont tous des cercles horaires; les arcs lus sur le cercle sont les déclinaisons, les distances polaires, ou leurs différences.

185. Dans cette position, l'appareil prend le nom *d'équatorial*, ou, comme on l'appelait autrefois, *d'instrument parallactique*. C'est l'un des instruments les plus convenables pour toutes les observations qui exigent de suivre longtemps un objet en vue, parce qu'une fois braqué sur l'objet, il permet de le suivre aussi longtemps qu'on veut par un simple mouvement, qui consiste à faire tourner tout l'appareil sur son axe polaire. En effet, puisque lorsque le télescope est braqué sur une étoile, l'angle, entre sa direction et celle de l'axe polaire, est égal à la distance polaire de l'étoile, il s'ensuit qu'en le faisant tourner sur son axe sans altérer la position du télescope sur le cercle GH, le point sur lequel il est dirigé est toujours dans le même cercle des cieux coïncidant avec la marche diurne de l'étoile. C'est un avantage inestimable dans beaucoup d'observations, et qui n'appartient à aucun autre instrument. On se sert aussi de l'équatorial pour déterminer la place d'un objet inconnu par comparaison avec celle d'un objet connu, ainsi que nous l'expliquerons, chap. V. L'ajustage de l'équatorial a quelque chose de compliqué et de difficile. Voici le meilleur moyen de

l'obtenir : 1° suivre l'étoile polaire dans toute sa course diurne, au moyen de quoi il deviendra évident si l'axe polaire est dirigé en dessus ou en dessous, à droite ou à gauche, du vrai pôle ; puis le corriger convenablement (sans aucun essai, pendant ce procédé, pour corriger les erreurs, s'il s'en trouve, dans la position de déclinaison de l'axe) ; 2° après avoir ramené l'axe polaire dans son ajustement, placer le plan du cercle de déclinaison dans son méridien ou très-près ; l'ayant assuré ainsi, observer les transits de plusieurs étoiles connues de déclinaisons très-différentes. Si les intervalles entre les transits correspondent aux différences connues des ascensions droites des étoiles, on peut être sûr que le télescope décrit son vrai méridien, et qu'en conséquence l'axe de déclinaison est vraiment perpendiculaire à l'axe polaire ; s'il ne l'est pas, la déviation des intervalles de cette loi indiquera la direction et le montant de déviation de l'axe en question, ce qui mettra à même de le corriger.

186. On a, depuis quelques années, apporté un grand perfectionnement dans la construction de l'instrument équatorial. Il consiste en un mouvement d'horlogerie qui fait tourner tout l'instrument sur son axe polaire, de manière à suivre le mouvement diurne de tout objet céleste, sans la nécessité pour l'observateur d'y mettre la main. La force motrice est la descente d'un poids qui communique le mouvement à tout l'engrenage, avec transmission à l'axe polaire, tandis qu'en même temps, sa descente *trop rapide* est contrôlée et régularisée de manière à ne donner à cet axe qu'un seul tour en 24 heures, par sa connexité avec un chronomètre, ou ce qui vaut mieux en épuisant toute la force motrice superflue à vaincre un frottement régulier. C'est ainsi qu'on est venu à bout d'obtenir un mouvement doux, uniforme, et parfaitement *réglé*, qui sert à maintenir tout objet sur lequel le télescope peut être pointé, très-commodément, au centre du champ de vue pendant tout le temps nécessaire, laissant l'observateur sans aucune distraction pour diriger un mouvement mécanique, libre de toute son attention et de ses deux mains.

187. L'autre position dans laquelle l'appareil composé, *fig.* 22, peut être d'un emploi avantageux, est celle où l'axe principal occupe une position verticale, un cercle AB correspondant à l'horizon céleste, et l'autre cercle GH à un cercle vertical des cieux. Les angles mesurés sur le premier, sont conséquemment des *azimuths* ou des différences d'azimuth, et

ceux mesurés sur le second, sont des distances zénithales ou des hauteurs, suivant que la graduation commence du point le plus élevé du limbe, ou du point qui en est distant de 90°. On s'assure de la position verticale de l'axe par un fil-à-plomb suspendu à son extrémité supérieure, et qui, pendant son mouvement circulaire, continue toujours à tomber sur un point de repère de l'extrémité inférieure, ou bien encore à l'aide d'un niveau placé en croix et dont la bulle ne change pas de place pendant que l'instrument se meut en azimuth. Le point nord ou sud se détermine sur le cercle horizontal en faisant coïncider le cercle vertical avec le plan du méridien, par le même procédé employé, art. 162, pour l'ajustage azimuthal de l'instrument du passage, et notant, dans cette position, la lecture du cercle inférieur, ou bien à l'aide du moyen suivant.

188. Qu'on observe une étoile brillante à une distance considérable à l'*est* du méridien, en y amenant l'intersection du fil des croisillons du télescope; que l'on fasse, dans cette position, lecture du cercle horizontal, et qu'on arrête avec soin le télescope sur un cercle vertical. Quand l'étoile a passé le méridien et qu'elle est au point descendant de sa course journalière, qu'on l'y suive en faisant tourner l'instrument vers l'Ouest, sans lever l'arrêt du télescope, et jusqu'à ce qu'elle arrive dans le champ de vue; puis, continuant le mouvement horizontal, que l'on ramène en coïncidence l'étoile et le point d'intersection du croisillon. Il est évident que, dans cette position, l'étoile doit avoir précisément la même hauteur au-dessus de l'horizon *Ouest*, qu'elle avait au moment de la première observation au-dessus de l'horizon *Est*. Qu'on arrête alors le mouvement et qu'on fasse une nouvelle lecture du cercle horizontal. La différence entre ces deux lectures sera l'arc azimuthal décrit dans l'intervalle. Or, il est clair que lorsque les hauteurs d'une étoile sont égales de l'un et de l'autre côté du méridien, ses *azimuths*, soit qu'on les compte tous deux des points Nord ou Sud de l'horizon, sont aussi égaux, donc ce point Nord ou Sud doit couper en deux également l'arc azimuthal ainsi déterminé, et sera dès lors connu.

189. Cette manière de déterminer le point Nord ou Sud d'un cercle horizontal, s'appelle « méthode des hauteurs égales » ; elle est d'un grand et fréquent usage en astronomie pratique. Si l'on note le temps, aux instants des deux observations, avec une pendule ou un chronomètre, l'instant milieu

entre eux, sera celui du passage de l'étoile au méridien, et qui se trouve ainsi déterminé sans un instrument du passage; réciproquement on peut découvrir ainsi l'erreur de la pendule ou du chronomètre. Pour ce dernier dessein, il n'est pas nécessaire que l'instrument soit pourvu d'un cercle horizontal. Tout moyen de mesurer les hauteurs sert aussi à déterminer les instants où la même étoile arrive à des hauteurs *égales* à l'Est et à l'Ouest de sa course diurne; ceci connu, l'instant du passage au méridien et l'erreur de la pendule, le sont également.

190. On peut ainsi tracer une ligne méridienne et déterminer un *indice méridien*. Les points Nord et Sud étant connus par la lecture du limbe du cercle horizontal, le cercle vertical peut être amené exactement dans le plan du méridien, en le plaçant d'après cette lecture. Ceci fait, abaisser le télescope à l'horizon Nord, et noter le point marqué par l'intersection des fils croisés, en y marquant un indice, et faisant la même chose pour l'horizon Sud. La ligne joignant ces points est une ligne méridienne passant par le centre du cercle horizontal. Les indices peuvent être tracés d'une manière permanente et invariable si l'on veut.

191. Un des principaux objets auxquels soit applicable le cercle hauteur-azimuth est l'investigation de la valeur et des lois de la réfraction. Car, en s'en servant pour suivre une étoile circompolaire qui passe au zénith, et une autre qui rase l'horizon, dans toute leur course diurne, on peut tracer la forme *apparente* de leurs orbites diurnes, ou les ovales suivant lesquelles la réfraction aplatit leurs cercles; cette déviation du cercle étant donnée à chaque instant par la nature de l'observation, *dans la direction suivant laquelle la réfraction elle-même a lieu*, c'est-à-dire en hauteur, devient le sujet d'une observation directe.

192. Le *secteur zénith* et le *théodolite* sont des modifications particulières de l'instrument hauteur-azimuth. Le secteur est adapté à l'observation très-exacte des étoiles dans le zénith ou auprès, en donnant une grande longueur à l'axe vertical, et supprimant toute la circonférence du cercle vertical, à l'exception de quelques degrés de sa partie inférieure, au moyen de laquelle on obtient une grande longueur de rayon, et par suite un élargissement proportionnel des divisions de l'arc. Le théodolite est spécialement consacré à la mesure des angles horizontaux entre les objets terrestres, pour

laquelle on n'a besoin d'élever le télescope que de peu de degrés, et pour laquelle on peut dès lors se dispenser du cercle vertical, ou du moins ne l'avoir que sur une échelle plus petite et beaucoup moins délicate ; il faut, d'un autre côté, le plus grand soin pour assurer l'exacte perpendicularité du plan de mouvement du télescope, en faisant reposer son axe horizontal sur deux supports semblables à ceux de l'instrument du passage, et les fixant aux rais du cercle horizontal pour qu'ils tournent avec lui.

193. Le dernier instrument que nous décrirons, est un de ceux à l'aide desquels la distance angulaire directe de deux objets peut être mesurée, ou la hauteur de l'un d'eux, soit en prenant sa distance de l'horizon visible, tel que celui de la mer avec sa dépression évaluée, soit par la réflexion de l'objet lui-même sur la surface du mercure. C'est le sextant ou cadran de *Hadley*, qui a conservé ce nom de son inventeur présumé, quoique la priorité de l'invention en appartienne sans doute à Newton, qui s'est acquis ainsi un double droit à la reconnaissance des navigateurs, en leur donnant à la fois la seule théorie qui puisse guider un vaisseau et le seul instrument qui puisse servir dans l'application de cette théorie à la pratique de la navigation.

194. Le principe de cet instrument est basé sur la propriété optique des rayons réfléchis, qui se formule ainsi : « L'angle compris entre les première et dernière réflexion d'un rayon qui a subi deux réflexions dans un même plan, est égal à deux fois l'inclinaison des surfaces réfléchissantes entre elles. » Soit A B, fig. 23, le limbe ou arc gradué d'une portion de cercle ayant 60° d'étendue, mais qui soit divisée en 120 parties égales. Qu'on fixe sur le rayon C B, un verre plan étamé D, à angles droits avec le plan du cercle, et sur le rayon mobile C E, un autre verre plan étamé C. Le miroir D est fixé parallèlement à A C d'une manière permanente, et n'a qu'une moitié étamée, l'autre moitié laissant voir les objets à travers. Le miroir C est entièrement étamé, et son plan est parallèle à la longueur du rayon mobile C E, à l'extrémité E duquel se trouve un vernier facilitant la lecture des divisions du limbe. Sur le rayon A C est placé un télescope F, au travers duquel un objet Q peut être vu par des rayons directs qui traversent la moitié non étamée du verre D, tandis qu'un autre objet P se voit dans le même télescope par les rayons réfléchis de C sur D, qui les renvoie au télescope par une se-

conde réflexion. Les deux images ainsi formées arrivent toutes deux à la fois dans le champ de vue, et le mouvement de rayon CE, si les deux réflecteurs sont bien perpendiculaires au plan du cercle, les fait se rencontrer et se dépasser, sans se détruire l'une l'autre. Ce mouvement est d'ailleurs arrêté, quand elles se rencontrent, et à ce point, l'angle compris entre la direction CP de l'un des objets et la déviation FQ de l'autre, est deux fois l'angle ECA, compris entre le rayon fixe CA et le rayon mobile CE. Or les graduations du limbe étant faites à dessein sur une échelle double d'un degré, l'arc AE dont on fait lecture, sera de fait d'un nombre de degrés double du nombre qu'on y lira, et conséquemment le nombre lu n'exprimera pas l'angle ECA, mais le double de cet angle, l'angle sous-tendu par les objets.

195. Déterminer par une observation directe, les distances exactes entre les étoiles serait de peu d'utilité comparativement; mais en astronomie nautique, le mesurage de leurs distances de la lune, et de leurs hauteurs, est d'une grande importance; et comme le sextant n'exige pas de support fixe, qu'on peut le tenir à la main, et s'en servir à bord, c'est un instrument à la fois utile et commode. Pour les hauteurs, à la mer, comme on n'y peut employer ni le niveau, ni le fil-à-plomb, ni l'horizon artificiel, l'horizon de mer est la seule ressource, et l'image de l'étoile observée, vue par réflexion, est amenée à coïncider avec cet horizon qui borne la mer, vu directement. La hauteur au-dessus de la ligne de mer est ainsi trouvée; et, corrigée par *la dépression de l'horizon* (art. 23), elle donne la véritable hauteur de l'étoile. Sur terre, on peut employer un horizon artificiel (art. 173), et l'on n'a plus besoin de s'occuper de la dépression.

196. L'ajustage du sextant est fort simple. Il consiste à fixer les deux réflecteurs, l'un sur le rayon tournant CE, l'autre sur un rayon fixe CB, de manière à avoir leurs plans perpendiculaires au plan du cercle, et parallèles l'un à l'autre, quand la lecture sur le limbe est zéro. Cet ajustage est l'affaire d'un moment, comme son effet est de produire une erreur *constante*, dont le compte est promptement apuré en amenant les deux images d'une seule et même étoile, ou de tout autre objet éloigné, à une coïncidence parfaite; cependant l'instrument doit faire lire zéro, et s'il ne le fait pas, l'angle qui *est lu* est la correction du zéro et doit être retranché de tous les angles mesurés avec le sextant. Il est essentiel de maintenir cet ajus-

tage préliminaire, et on le fait à l'aide de petites vis de rappel qui servent à glisser l'une des glaces ou toutes les deux, peu à peu, jusqu'à ce que les images directes et réfléchies d'une *ligne* verticale (fil-à-plomb) puisse être amené en coïncidence sur toute *leur* étendue, de manière à ne former qu'une seule et même ligne droite, quelle que soit la position du rayon mobile, au milieu du champ de vue du télescope, dont l'axe est soigneusement réglé par l'opticien parallèlement au plan du limbe. Dans la pratique on laisse seulement le réflecteur C à ajuster sur le rayon mobile, celui du rayon fixe étant placé avec le plus grand soin par le fabricant. Dans ce cas, le meilleur mode d'ajustage est de voir une couple de lignes se croisant l'une l'autre à angles droits (l'une horizontale et l'autre verticale) dans le télescope de l'instrument, maintenant le plan de son limbe vertical; puis après avoir amené la ligne horizontale et son image réfléchie à coïncider par le mouvement du rayon, les deux images du bras vertical doivent être amenées en coïncidence par le glissement d'un ou d'autre côté du réflecteur fixe D à l'aide d'une vis de rappel qui existe toujours à cet effet. Quand les deux lignes coïncident au *centre du champ de vue*, l'instrument est exactement ajusté.

197. Le cercle de réflexion est un instrument destiné au même usage que le sextant, mais plus complet, en ce que le cercle est entier, et que toute sa circonférence est divisée. Il est ordinairement garni de trois verniers, ce qui permet trois lectures distinctes, et réduit l'erreur de graduation et de lecture. C'est, au reste, un instrument élégant et très-perfectionné.

198. Nous ne devons pas terminer ce chapitre sans mentionner « le principe de répétition », invention de Borda, à l'aide de laquelle l'erreur de graduation peut être indéfiniment diminuée, et, dans la pratique, annulée. Soient P Q, fig. 24, deux objets que nous supposons fixes, pour plus de simplicité, et soit K L un télescope mobile en O, sur l'axe commun de deux cercles A M L et *a b c*, dont le premier portant graduation, est fixé dans le plan des objets, et dont le second se meut librement sur l'axe. Le télescope, fixé à ce dernier d'une manière permanente, se meut avec lui. Un bras O *a* A porte l'index ou vernier, qui fait lire le limbe du cercle fixe. Ce bras est pourvu de deux vis d'arrêt qui servent à l'attacher sur le cercle fixe, et à l'en détacher à volonté. Supposons maintenant le télescope dirigé sur P. On arrête le bras

indicateur O A sur le cercle *en dedans*, et on le détache du cercle en dehors, puis on lit. On reporte le télescope sur un autre objet Q. Dans ce mouvement, le cercle intérieur et le bras indicateur qui fait corps avec lui, tourne, suivant l'arc AB, sur le limbe du cercle extérieur, en degrés équivalents à l'angle P O Q. Maintenant, on arrête l'index au cercle extérieur, on détache le cercle intérieur, puis on lit; la différence entre les deux lectures sera, en définitive, la mesure de l'angle P O Q; mais le résultat sera sujet à deux espèces d'erreurs, celle de la graduation et celle de l'observation, que notre objet est d'éviter l'une et l'autre. A cet effet, reportons le télescope en P, *sans* détacher le bras du cercle extérieur; *alors*, ayant pointé P, arrêtons le bras à *b*, et détachons-le de B, puis reportons le télescope vers Q, ramenant avec lui le bras en C, sur un second arc B C, égal à l'angle P O Q. Faisons une nouvelle lecture; la différence entre elle et la *primitive*, mesure *deux fois* l'angle P O Q, mais chargée de *deux* erreurs d'observation, elle n'a que *la même erreur de graduation*. Répétons cette opération autant que nous le voudrons, dix fois par exemple; l'arc final A B C D lu sur le limbe, sera dix fois l'angle cherché, avec toutes les erreurs de dix observations, mais avec la même constante erreur de graduation, qui dépend seulement de la première et de la dernière lecture. Or, les erreurs d'observation, quand elles sont répétées, tendent à se compenser et à se détruire, de sorte qu'en les multipliant suffisamment, elles n'ont plus d'influence sur le résultat. Il ne reste donc plus que l'erreur constante de graduation qui, se divisant finalement par le nombre des observations, se trouve conséquemment ici réduite d'un dixième, et qui pourrait l'être bien davantage. La beauté de ce principe et son avantage, en théorie, semblent contre-balancés dans la pratique, par quelque cause inconnue qui doit tenir probablement à l'imperfection des moyens d'arrêt.

199. Les *micromètres* sont, comme leur nom l'indique, des instruments de grande précision pour mesurer de petits angles de quelques minutes, ou d'un degré au plus. Il y en a de très-variés, quant à leur construction et même au principe de cette construction; mais tous cependant reposent sur l'excessive délicatesse de subdivision de l'espace à l'aide de tours ou de partie de tours de vis de rappel. Ainsi dans le *micromètre à fil parallèle*, fig. 24 bis, deux fils parallèles (et l'on se sert ordinairement de fils d'araignée) étendus sur des cou-

lisses, dont l'une ou toutes les deux sont mobiles à l'aide de vis de rappel dans une direction perpendiculaire à celle des fils, sont placés au foyer commun de l'objectif et de l'oculaire d'un télescope, et ramenés par la marche des vis de rappel à couvrir les deux extrémités de l'image de quelque petit objet vu dans le télescope, comme le diamètre d'une planète, etc., la distance angulaire qu'il s'agit de mesurer. Ceci posé, les fils sont fermés de manière à se recouvrir parfaitement en tournant l'une des vis de rappel, et le nombre de tours ou de parties de tours voulus donne l'intervalle des fils, quand on les écarte en tournant l'autre vis de rappel, intervalle que l'on convertit en mesure angulaire, par le calcul de la mesure linéaire des fils de la vis et de la longueur focale de l'objectif, ou que l'on apprécie en mesurant l'image d'un objet connu placé à une distance connue, cent mètres par exemple, et sous-tendant par conséquent un angle connu.

200. La *duplication de l'image* d'un objet par les moyens optiques fournit une ressource féconde et précieuse pour le micromètre. Supposons que, par quelque moyen optique, l'image A d'un certain objet (fig. 24 bis *a*), puisse être convertie en deux images, exactement semblables et égales, A, B, à distance l'une de l'autre, cette distance pouvant varier à l'aide de quelque moteur mécanique à la volonté de l'observateur, même suivant toute direction indiquée. Comme on peut rapprocher ou éloigner les deux images, on commencera par les rapprocher de manière qu'elles se touchent d'un côté, comme en AC et alors en les faisant mouvoir et tourner jusqu'à ce qu'elles se touchent de l'autre côté comme en AD, il est évident que la quantité de mouvement voulu pour produire ce changement du contact de l'un à l'autre côté, s'il est *uniforme*, sera *mesuré* par le double diamètre de l'objet A.

201. D'innombrables combinaisons optiques peuvent être employées à produire cet effet de duplication. La principale et la plus importante des applications les plus récentes, est l'*héliomètre*, dans lequel l'image est divisée par la *bissection* de l'*objectif* du télescope, en en faisant deux moitiés, en deux demi-anneaux séparés, glissant latéralement l'un sur l'autre, comme AB (fig 24 *bis b*), dont le mouvement est apuré et mesuré par une vis de rappel. Chaque moitié, par les lois de l'optique, forme sa propre image, un peu brouillée il est vrai par la diffraction (1), sur son propre axe : ainsi deux images

(1) On peut y remédier, quoique aux dépens de la lumière, en limitant chaque moitié

semblables et égales sont formées, côte à côte, dans le foyer de l'oculaire qui peut être approché ou éloigné par une vis servant ainsi de mesure par le nombre de ses tours ou de ses parties de tours.

202. La double réfraction de certains cristaux donne d'autres moyens d'arriver au même but. Sans entrer dans les détails de cette branche difficile de l'optique, il suffit de dire que les objets vus à travers certains cristaux, comme le spath d'Islande ou le quartz, paraissent doubles, deux images également distinctes étant formées, dont la distance angulaire l'une de l'autre varie de très-peu (coïncidence presque parfaite), dans une certaine limite, *suivant la direction par rapport à une certaine ligne fine du cristal*, qu'on nomme son axe optique. Supposons, pour prendre le cas le plus simple, que l'oculaire d'un télescope, au lieu d'être de verre, soit fait de quartz par exemple, qui se travaille aussi bien ou même mieux que le verre, de *forme sphérique*, de manière à n'avoir, quand il tourne sur son centre, d'autres différences que l'inclinaison de son axe optique par rapport au rayon visuel. Dès lors quand cet axe coïncide avec la ligne de collimation de l'objectif, on ne voit qu'une seule image, mais quand il tourne sur un axe perpendiculaire à cette ligne, deux images surgissent, se séparant graduellement l'une de l'autre, et donnant ainsi la duplication cherchée. Dans cette disposition, le calcul angulaire de rotation de la sphère renferme les données nécessaires pour déterminer la séparation des images.

203. Voici d'ailleurs la plus simple et la meilleure des méthodes proposées ; il est bien connu de tous ceux qui étudient l'optique, que deux prismes de verre différent, *flint* et *crown*, peuvent être apposés l'un à l'autre, de manière à produire une *déclinaison incolore* des rayons parallèles. Un objet vu à travers un prisme achromatique ainsi composé, sera vu simplement dévié en direction, mais sans autre altération ou changement. Construisons un tel prisme avec les surfaces, assez près parallèles, pour que la *déviation totale* produite en les traversant, n'excède par 5' par exemple. Coupons-le par moitié, et de chaque moitié formons un disque circulaire, joint à une plaque circulaire de verre parallèle (fig. 24 *bis c*), ou autrement soutenu, et concentrique avec l'autre par un châssis métallique assez léger pour n'intercepter qu'une faible

par un diaphragme circulaire, ainsi que l'indiquent les lignes ponctuées dans la fig. 24 *bis b*.

portion de la lumière, les lignes ponctuées indiquant les rayons qui supportent l'un des disques, et les lignes pleines les rayons qui supportent l'autre. Le tout doit être monté de manière que l'un des disques tourne dans son propre plan, autour de l'autre fixé de telle sorte que l'on y puisse lire la quantité du mouvement de rotation ; il est évident que, lorsque les déviations produites par les deux disques s'accordent, une déviation totale de 10', a été effectuée sur toute la lumière qui a passé à travers ; que, lorsqu'elles sont opposées l'une à l'autre, les rayons émergent sans être déviés, et que dans les positions intermédiaires, une déviation de zéro à 10' a lieu, déviation qui se calcule par la rotation angulaire de l'un des disques sur l'autre. Maintenant appliquons cette combinaison à un point du cône des rayons, entre l'objectif et son foyer, tel que les disques occupent exactement moitié de l'aire de leur section. Alors moitié de la lumière de l'objectif passe sans être déviée ; l'autre moitié est déviée, comme nous l'avons dit ; et il y a duplication de l'image, variable et mesurable, comme il convient à une mesure micrométrique. Si l'objectif n'est pas très-grand, le point le plus convenable de cette application se fera entièrement devant lui, auquel cas le diamètre des disques devra être à celui de l'objectif dans le rapport de 707 à 1000, ou de 7 à 10 environ.

204. Le *micromètre de position* est simplement un fil droit, qui tourne par un mouvement lent, au foyer commun de l'objectif et de l'oculaire, dans un plan perpendiculaire à l'axe du télescope ; il sert à déterminer la situation, par rapport à quelque ligne fixe dans le champ de vue de la ligne joignant deux objets ou les deux extrémités d'un objet vu dans ce champ, deux étoiles, par exemple, assez près l'une de l'autre pour paraître n'en faire qu'une. A cet effet, le fil mobile est placé de manière à couvrir les deux objets, ou à se tenir, suivant qu'on le juge plus convenable, parallèle à leur ligne de jonction. Son angle, avec un angle déterminé, est alors lu sur un petit cercle ou limbe extérieur à l'instrument. Quand on applique ce micromètre, comme on le fait ordinairement, à un télescope monté équatorialement, le *zéro* de sa position correspond à la direction du fil, tel que, prolongé, il représenterait le cercle de déclinaison dans les cieux ; les *angles de position*, ainsi lus, sont comptés invariablement d'un point et d'une direction, c'est-à-dire *Nord*, *suivant*, *Sud*, *précédent*, de telle sorte que la position *zéro* correspond à la situation

d'un objet exactement *Nord* de celui pris comme centre de rapport; que 90° correspond à la situation vers l'*Est* ou *suivant;* 180°, au *Sud* exactement ; et 270° à l'*Ouest* exactement, ou précédent, suivant l'ordre du mouvement diurne.

CHAPITRE IV.

GÉOGRAPHIE.

Figure de la terre. — Ses dimensions exactes. — Sa forme que modifie celle d'équilibre par la force centrifuge. — Variations de gravité sur sa surface. — Mesures statiques et dynamiques de gravité. — Pendule.—Gravité pour un sphéroïde.—Autres effets de la rotation de la terre. — Vents alisés. — Détermination des positions géographiques. — Latitudes. — Longitudes. — Conduite d'un travail trigonométrique. — Mappemonde. — Projection de la sphère. — Mesurage des hauteurs par le baromètre.

205. La Géographie n'est pas seulement une des applications pratiques les plus importantes des connaissances astronomiques, mais encore, théoriquement parlant, une partie essentielle de la science de l'astronomie. La terre étant la station générale d'où nous voyons les cieux, la connaissance de la situation locale de stations particulières sur sa surface, est d'une grande conséquence dans la recherce des distances des corps célestes qui sont le plus près de nous, puisqu'on en conclut des observations de leur parallaxe ou d'autres phénomènes pour lesquels la différence de localité peut influer sur les résultats astronomiques. Nous nous proposons donc d'expliquer, dans ce chapitre, les principes suivant lesquels les observations astronomiques s'appliquent aux déterminations géographiques, et de donner en même temps une esquisse de la géographie considérée comme faisant partie de l'astronomie.

206. La Géographie est, ainsi que l'indique son nom, le dessin ou la description de la terre. Dans le sens le plus étendu, elle ne comprend pas seulement le dessin des contours de ses continents, mers, rivières et montagnes, mais leur état physique, climats, produits, et leur appropriation à la société humaine. Quant à la géographie physique et politique, nous n'avons pas à nous en occuper ici. La géographie astronomique a pour objet l'exacte connaissance de la forme et des

dimensions de la terre, des portions de sa surface occupées par la mer et la terre, et de la configuration de cette dernière, par rapport au niveau de l'Océan, sous ses formes différentes de montagnes, plaines, vallées ; elle considère aussi la forme du lit de l'Océan comme une continuation de la surface de la terre au-dessous de l'eau ; quoique l'on sache peu de chose à cet égard, il faut plutôt déplorer cette ignorance, et, s'il est possible, y remédier, que de s'y résigner, car plusieurs branches de recherches très-importantes seraient fort avancées si l'on connaissait mieux le lit de la mer.

207. Nous avons déjà dit que la figure de la terre, *dans son ensemble*, pouvait être regardée comme sphérique ; mais si le lecteur a bien apprécié les remarques de l'art. 22, il n'est pas à savoir que ce résultat conclu d'observations susceptibles de peu d'exactitude, et n'embrassant à la fois que de petites portions de la surface, ne peut être regardé que comme une première approximation qui se modifie par des détails d'abord négligés, par des observations mieux faites, plus délicates, ou comprenant une plus grande étendue de surface. Par exemple, si l'on admet, ainsi que cela résulte des recherches les plus minutieuses, que la vraie figure de la terre soit elliptique ou aplatie, comme une orange, ayant le diamètre qui coïncide avec son axe plus petit d'environ 1/300 que le diamètre du cercle équatorial ; c'est une si légère déviation de la forme sphérique, que si l'on en faisait un modèle en bois et qu'on le mît devant nos yeux sur une table, ni la vue ni le tact le plus délicat ne pourraient saisir cet aplatissement, puisque la différence du diamètre pour un globe de seize *inches* (trois *décimètres*) serait à peine d'un vingtième de *inch*. (1 *millimètre*). Dans le langage commun, et pour tous les usages ordinaires, la terre peut donc encore être appelée globe, tandis que l'on ne doit jamais manquer, pour des mesures délicates, de noter la différence de ses diamètres, et, parlant à la rigueur, de la nommer non un globe, mais un ellipsoïde aplati ou sphéroïde, qui est la dénomination appropriée à sa forme par les géomètres.

208. Les sections d'une semblable figure par un plan ne sont pas des cercles, mais des ellipses ; en sorte que l'horizon du spectateur ne sera jamais, excepté aux pôles, exactement circulaire, mais bien elliptique. Il est facile au reste de démontrer que cette déviation de la forme circulaire, provenant

d'une *ellipticité* aussi légère que celle que nous avons admise, ci-dessus, est presque imperceptible non-seulement à nos yeux mais avec un instrument à mesurer cette dépression ; en sorte que par ce mode d'observation nous n'aurions jamais connu une si faible déviation de la sphéricité parfaite. On verra comment on a été amené à la conclure comme résultat pratique, quand nous aurons expliqué les moyens de déterminer avec exactitude les dimensions de l'ensemble ou d'une portion de la terre.

209. Comme nous ne pouvons ni saisir la terre, ni l'éloigner assez de la vue pour embrasser l'ensemble d'un coup-d'œil, et la comparer à un étalon de mesure qui soit proportionné à sa grandeur ; comme nous ne pouvons que ramper dessus et appliquer nos chétives mesures aux parties les plus minimes de ce vaste ensemble, il devient nécessaire de suppléer, par le raisonnement géométrique, à cette imperfection de nos moyens physiques, afin de conclure la forme et les dimensions de toute la masse, de la mesure très-exacte de ces petites parties. Cela présenterait peu de difficultés, si nous étions sûrs que la terre est strictement une sphère ; car le rapport du cercle à son diamètre étant connu (3,1415926 à 1,0000000) il suffirait d'avoir la longueur de la circonférence entière d'un grand cercle, tel qu'un méridien, en mètres, ou toute autre unité de mesure, pour connaître le diamètre en unités de même espèce. Or, la circonférence de tout le cercle est connue dès que l'on connaît la longueur exacte d'une de ses parties aliquotes, telles que 1° ou sa 360e partie, ce degré n'ayant pas plus de 70 *miles* (112652^m) de longueur, n'est pas au-delà des limites d'une mesure que l'on puisse prendre exactement, à quelques mètres, ou même à quelques décimètres près, pourvu que l'on connaisse les deux points extrêmes, et cela se fait effectivement à l'aide de procédés que nous allons maintenant particulariser.

210. En supposant que nous commencions à mesurer avec le plus grand soin, à partir d'une station, dans la direction exacte du méridien, et continuant ainsi jusqu'à ce que nous arrivions exactement à un point que nous sachions être à 1° de notre point de départ, le problème serait résolu. Il reste donc à savoir seulement par quelles indications nous pouvons nous assurer : 1° que nous avons avancé *d'un degré exactement*, et 2° que nous avons toujours mesuré *dans la direction exacte d'un grand cercle*.

211. La terre n'a aucune marque indiquant ses degrés, ni aucune trace à sa surface pour nous guider dans cette recherche. La boussole, quoiqu'elle offre un guide passable au marin et au voyageur, est trop incertaine dans ses indications et soumise à des lois trop peu connues pour qu'on puisse s'en servir pour une *semblable* opération. Il faut donc recourir ailleurs et rapporter notre situation sur la surface du globe à quelques marques naturelles, qui lui soient *extérieures*, mais qui aient la même permanence et la même stabilité que la terre elle-même. Ces marques nous sont données par les étoiles. Des observations faites sur leurs hauteurs méridiennes, à chaque station, et de leurs distances polaires connues, nous concluons la hauteur du pôle; et puisque la hauteur du pôle est égale à la latitude du lieu, art. 119, les mêmes observations donnent les latitudes de toutes les stations où nous pouvons établir les instruments convenables. Alors si notre latitude se trouve avoir diminué d'un degré, nous savons que, *pourvu que nous ayons gardé le méridien*, nous avons décrit une trois-cent-soixantième partie de la terre.

212. La direction du méridien peut être fixée à chaque instant par les observations décrites art. 162, 188 : et quoique des difficultés locales puissent nous obliger à dévier dans notre mesurage de cette direction exacte, il nous suffit de tenir un compte rigoureux de cette déviation, pour réduire par un simple calcul les mesures prises à leurs valeurs *méridiennes*.

213. Tel est le principe de cette opération géographique, la plus importante de toutes, la mesure d'un arc du méridien. Pour ses détails d'exécution, il y a d'ailleurs quelques modifications à suivre. On ne peut monter et démonter un observatoire à chaque pas, de manière à ne mesurer qu'un degré, *ni plus ni moins;* mais cela est sans conséquence, pourvu que l'on sache précisément *combien* on en a mesuré soit en plus, soit en moins. Ainsi, au lieu de mesurer précisément cette partie aliquote, un degré, on choisit le mesurage le plus commode entre deux bonnes stations *d'environ* un, deux ou trois degrés, suivant les cas, et l'on détermine par l'observation astronomique la différence exacte des latitudes des deux stations.

214. Il est, au reste, très-important d'éviter dans cette opération toute cause d'incertitude, puisqu'une erreur com-

mise dans la longueur d'un seul degré se multiplierait par 360 dans celle qu'on en conclurait pour la circonférence, et par 115 environ dans celle qu'on en conclurait pour le diamètre de la terre. Toute erreur d'observation astronomique dans la détermination de la hauteur des étoiles aurait une influence spéciale, et elle doit être d'autant plus soigneusement évitée, qu'il y a malheureusement encore trop d'incertitude et de fluctuation dans les valeurs de la réfraction à des hauteurs moyennes. Pour y parvenir, on a soin de choisir pour observation quelque étoile passant aux zéniths ou près des zéniths des stations extrêmes. La valeur de la réfraction, à peu de degrés du zénith, est très-petite, ses fluctuations et son incertitude représentent dès lors une quantité si excessivement faible qu'elle devient inappréciable. Or, c'est la même chose d'observer si le *pôle* est élevé ou abaissé d'un degré, ou si la *distance zénithale* d'une étoile au méridien a varié de cette même quantité. Si donc à l'une des stations on observe l'étoile à son passage au zénith, et qu'à l'autre station ce soit à son passage à un degré sud ou nord du zénith, on est sûr que les latitudes géographiques, ou la hauteur du pôle aux deux stations, doit varier d'autant.

215. En admettant que les points extrêmes d'un degré puissent être fixés, sa *longueur* peut être mesurée à quelques décimètres près, ainsi que nous l'avons fait observer déjà. Or, l'erreur commise dans la fixation de chaque point extrême ne peut excéder celle qui le serait dans l'observation de la distance zénithale d'une étoile convenablement choisie, c'est-à-dire à peine une seconde, si l'on a opéré avec soin. Supposons la possibilité d'une erreur de dix *feet* (3^{m},04) dans la longueur mesurée d'un degré, et celle d'une seconde dans chacune des distances zénithales de l'étoile observée aux stations nord et sud; admettons que ces erreurs se cumulent pour donner un résultat en dessous ou en dessus de la vérité; il est évident, par une proportion facile à établir, que l'erreur totale qui en résulte pour l'estimation du diamètre de la terre, n'excède pas 1147 *yards* (1049^{m}), dans le calcul le plus large.

216. Au reste, ceci suppose que la forme de la terre est celle d'une sphère parfaite dont les degrés sont dès lors de longueurs égales dans toutes ses parties. Mais quand on vient à comparer les mesures des arcs méridiens prises en diverses

parties du globe, les résultats obtenus, quoique d'une concordance suffisante pour faire voir que l'hypothèse d'une figure sphérique ne s'éloigne pas *beaucoup* de la vérité, ont cependant des discordances plus grandes que celles que l'on pourrait attribuer aux erreurs de l'observation, ce qui rend, à la rigueur, cette hypothèse inadmissible. La table suivante donne les longueurs d'un degré du méridien, déterminées par les méthodes astronomiques ci-dessus décrites, telles qu'elles résultent du mesurage fait, avec tout le soin et toute la précision possible, par des commissaires nommés dans chaque pays parmi les hommes du savoir le plus éminent, pourvus des meilleurs instruments et de toutes les ressources qui pouvaient faciliter leur travail et en assurer le succès.

(*Voir le Tableau suivant, page* 108.)

CONTRÉES.		Latitude du milieu de l'arc.	Arc mesuré.	Longueur mesurée en		Longueur moyenn. du degré à la lat. milieu en		NOMS des Observateurs.
				feet.	mètres.	*feet.*	mètres.	
Suède	B	+66°20'10"0	1°37'19"6	593277	180825	365744	111477	Svanberg.
Suède	A	+66 19 37	0 57 30 4	351832	107234	365782	111486	Maupertuis.
Russie	A	+58 17 37	3 35 5 2	1309742	399196	365368	111460	Struve.
Russie	B	+56 3 55 5	8 2 28 9	2937439	795302	365291	111337	Struve-Termer.
Prusse	B	+54 58 26	1 30 29	551073	167961	365420	111376	Bessel-Bayer.
Danemarck	B	+54 8 13 7	1 31 53 3	559121	170414	365087	111264	Schumacher.
Hanovre	A B	+52 32 16 6	2 0 57 4	736425	224553	365300	111339	Gauss.
Angleterre	A	+52 35 45	3 57 13 1	1442953	439797	364971	111259	Ray-Kater.
Angleterre	B	+52 2 19 4	2 50 23 5	1036409	315887	364951	111233	
France	A	+46 52 2	8 20 0 3	3040605	926746	364872	111209	Lacaille-Cassini.
France	A B	+44 51 2 5	12 22 12 7	4509832	1374551	364572	111117	Delandre-Méchain.
Rome	A	+42 59	2 9 47	787919	310128	364262	111023	Boscovich.
Amérique	A	+39 12	1 28 45	588100	18107	363786	110878	Mason et Dixon.
Inde	A B	+16 8 21 5	15 57 40 7	5794598	1766135	360044	109737	Lambton.
Inde	A B	+12 32 20 8	1 34 56 4	574318	175046	362956	110625	Lambton-Everest.
Pérou	A B	− 1 31 0 4	3 7 3 5	1131050	344732	363626	110829	Lacondamine, Bouguer
Cap de B.-Espér.	A	−33 18 30	1 13 17 5	445506	135816	364713	111160	Lacaille.
	B	−33 43 20	3 34 34 7	1381993	396834	364060	110961	Maclear.

Il est évident à la seule inspection de ce tableau que la *longueur mesurée d'un degré croît avec la latitude*, étant plus grande près des pôles et moindre près de l'équateur. Voyons maintenant ce que l'on en peut conclure par rapport à la forme de la terre.

217. Supposons que nous tenions dans nos mains un modèle de la terre, bien tourné en bois ; il serait, comme nous l'avons observé déjà, si près de la forme sphérique, que ni la vue, ni le tact, sans le secours d'instruments, ne pourraient nous faire découvrir aucune déviation de cette forme. Supposons de plus que nous soyons privés des moyens d'en mesurer directement les diamètres, en diverses directions, pour reconnaître s'il y a un diamètre plus long qu'un autre ; comment alors pourrions-nous essayer de nous assurer si c'est ou non une sphère? Il est évident que nous n'avons plus d'autre ressource que de tâcher de découvrir, par quelques moyens plus délicats que la vue simple ou le toucher, si la convexité de sa surface est partout également la même, et dans le cas où cela n'est pas, où se trouve le renflement, où se trouve l'aplatissement. Supposons alors une plaque mince de métal, courbe et dont la concavité s'applique exactement en A sur la surface ; transportons cette plaque en divers autres points de la surface, en ayant soin de la maintenir toujours sur un grand cercle du globe, ainsi que le représente la figure 25. Si nous trouvons une position B dans laquelle on voit le jour entre le globe et le milieu de la plaque, ou bien entre le globe et les bords de la plaque comme en C, nous serons certains que la courbure de la surface en B est moins convexe qu'en A et qu'elle l'est plus en C.

218. Ce que nous venons de faire par l'application de la plaque de métal d'une longueur et d'une courbure déterminées, on le fait sur la terre par le mesurage d'un degré de variation dans la hauteur du pôle. La courbure d'une surface n'est rien autre que le fléchissement continuel de sa tangente à partir d'une direction fixe, à mesure qu'elle avance. Lorsque dans la *même distance mesurée de cet avancement*, on trouve que la tangente (qui répond à l'horizon) a changé de position par rapport à une direction fixe dans l'espace (telle par exemple, que l'axe des cieux, ou la ligne joignant le centre de la terre à une étoile déterminée), plus dans une partie du méridien de la terre que dans l'autre ; on en conclut nécessairement que la courbure de la surface au premier lieu est plus

grande qu'au dernier, et réciproquement ; lorsque, pour produire le même changement d'horizon par rapport au pôle, (d'un degré par exemple), il faut voyager sur un espace *plus long* mesuré en un point qu'en un autre, on en conclut qu'en ce point la courbure est moindre. Il s'ensuit que *la courbure d'une section méridienne de la terre, est sensiblement plus grande à l'équateur que vers les pôles;* ou en d'autres termes, que la terre n'est pas sphérique, mais *aplatie* aux pôles, ou, ce qui revient au même, renflée à l'équateur.

219. Soit NABDEF, fig. 26, une section méridienne de la terre dont C est le centre, NA, BD, GE des arcs du méridien dont chacun correspond à un degré de différence de latitude, ou bien à un degré de variation dans la hauteur méridienne d'une étoile, comme rapporté à l'horizon d'un spectateur voyageant sur le méridien. Soient *n*N, *a*A, *b*B, *d*D, *g*G, *e*E les directions respectives du fil-à-plomb aux stations N, A, B, D, G, E, parmi lesquelles nous supposerons N au pôle et E à l'équateur ; les tangentes à la surface en ces stations seront perpendiculaires aux directions respectives du fil-à-plomb ; donc, si l'on prolonge ces directions, *n*N et *a*A, *b*B et *d*D, *g*G et *e*E, jusqu'à ce qu'elles se coupent deux à deux aux points x, y, z, les angles NxA, ByD, GzE seront chacun d'un degré et par conséquent seront égaux ; en sorte que les petits arcs curvilignes NA, BD, GE peuvent être regardés comme des arcs de cercle d'un degré chacun et décrits des points x, y, z, comme centres. On les appelle en géométrie *centres de courbure,* et les rayons xN ou xA, yB ou yD, zG ou zE représentent les *rayons de courbure,* par lesquels on détermine et on mesure la courbure en ces points. Or, comme les arcs, de cercles différents, qui sous-tendent des angles égaux à leurs centres respectifs, sont en rapport direct de leurs rayons, et que l'arc NA est plus grand que BD, et celui-ci plus grand que GE, il s'ensuit que le rayon Nx est plus grand que By, et celui-ci plus grand que Ez. On voit par là, que les intersections mutuelles des directions du fil-à-plomb, ne vont pas comme dans la sphère, coïncider en un point central C, mais se dispersent suivant une courbe xyz que l'on pourrait compléter à l'aide d'un certain nombre de stations intermédiaires. Les géomètres lui ont donné le nom de *développée* de la courbe NABDGE avec les centres de courbure de laquelle elle est tracée.

220. Le caractère distinctif de la forme elliptique se recon-

naît à l'aplatissement d'une figure ronde, en deux points opposés, et à son renflement en deux autres points placés rectangulairement par rapport aux premiers. La supposition la plus simple que nous puissions faire touchant la figure du méridien, c'est, puisqu'il est prouvé que ce n'est pas un cercle, que c'est une ellipse ou approchant, ayant l'axe NS de la terre pour son plus petit axe, et le diamètre équatorial EF pour son plus grand axe ; il s'ensuit que la forme de la surface de la terre est celle qui résulterait de la révolution de cette ellipse autour de son petit axe NS. Cela s'accorde avec la marche progressive de l'augmentation du degré en allant de l'équateur au pôle. Dans l'ellipse, le rayon de courbure en E, extrémité du grand axe, est moindre, tandis qu'il est plus grand à l'extrémité du petit axe, ce qui donne à la *développée*, la forme qu'elle a dans la figure 26, où les lignes ponctuées sont les parties de la développée qui appartiennent aux trois cadrans autres que ABDGE. Admettant alors que c'est une ellipse, les propriétés géométriques de cette courbe nous mettent à même d'assigner le rapport entre ses longueurs d'axes qui correspondra à la variation de sa courbure, aussi bien que de fixer leurs longueurs absolues, correspondant à une longueur déterminée du degré en une latitude donnée. Sans ennuyer le lecteur des détails qu'il trouvera dans tous les traités des sections coniques, il suffira de donner les résultats auxquels on est arrivé par les meilleures combinaisons des arcs mesurés, que les géomètres ont adoptées. La plus récente est celle de Bessel qui, par la combinaison de dix arcs marqués B dans notre table, a conclu les dimensions suivantes du sphéroïde terrestre :

	feet.	*miles.*	mètres.
Grand axe ou diamètre équatorial.	41.847.192 —	7925,604 —	12.754.792,6086
Petit axe ou diamètre polaire..	41.707.324 —	7899,114 —	12.712.161,8369
Différence ou aplatissement polaire.. . .	139.768 —	26,471 —	42.600,3747

Proportion des diamètres : 299,15 à 298,15 ;

L'autre combinaison est celle de M. Airy, dont les résultats sont les suivants :

	feet.	*miles.*	mètres.
Grand axe ou diamètre équatorial..	41847426 —	7925,648 —	12.754.875,4185
Petit axe ou diamètre polaire.	41707620 —	7899,170 —	12.712.231,9786
Différence ou aplatissement polaire.	139806 —	26,478 —	42.611,4409

Proportion des diamètres : 299,33 à 298,33.

Ces résultats sont basés sur la considération des 13 arcs notés A dans notre table, et d'un autre arc de 1° 7′ 31″ 1 mesuré en Piémont par Plana et Carlini, dont le désaccord avec le reste, dû à des circonstances locales que nous expliquerons plus tard, provenant de la nature fort montagneuse du pays, rend l'emploi très-douteux. Quoi qu'il en soit, la concordance des résultats cités plus haut, inspire la plus grande confiance dans chacun d'eux. La mesure prise au cap de Bonne-Espérance, par Lacaille, dont on s'est servi pour cette détermination, a toujours été regardée comme peu satisfaisante; et M. Maclear a démontré récemment qu'elle était fort erronée. Cependant on n'obtiendrait qu'un résultat définitif peu différent, en s'abstenant d'employer l'arc douteux, et en faisant la rectification de M. Maclear.

Le rapport des deux diamètres est presque 298 à 299 et leur différence 1/294 du plus grand, ou un peu plus qu'un trois-centième.

221. On voit que le diamètre approximatif que nous avons employé déjà, 8000 *miles* (12,87,4520 mètres) est un peu trop grand de 1/80 environ. Comme nombres ronds, le lecteur peut se rappeler qu'à notre latitude de Greenwich, il y a autant de millions *feet* en un degré du méridien qu'il y a de jours, 365, dans l'année; c'est-à-dire, qu'un degré est d'environ 70 *miles* ou bien *onze milles mètres;* qu'une seconde est d'environ 100 *feet*, ou bien *trente mètres*, et que la circonférence équatoriale de la terre est un peu moins de 25,000 *miles*, ou bien *quarante millions de mètres.*

222. Les deux tableaux qui représentent ces résultats ont été placés l'un à côté de l'autre, et l'on est entré dans de plus grands détails à ce sujet que ne semblait peut-être le comporter le plan général de l'ouvrage, ou l'état présumé des connaissances du lecteur. Mais il est important de lui montrer de bonne heure, en astronomie, combien les résultats obtenus de données provenant de localités tout-à-fait différentes ont de concordance entre eux, et combien d'irrégularités locales et accidentelles dans ces données elles-mêmes, disparaissent en se neutralisant quand on les soumet au calcul géométrique. Dans ces tableaux, les méthodes de calcul suivies sont très-différentes, et dans chaque calcul, la masse des figures à suivre pour arriver au même résultat est énorme.

223. L'hypothèse de la forme elliptique d'une section de la terre faite par son axe, se recommande par sa simplicité, et

elle est confirmée par le rapport des résultats numériques que nous avons établis avec ceux trouvés par le mesurage. Quand on les compare, on trouve, il est vrai, des discordances encore trop grandes pour être attribuées à une erreur de mesurage; mais elles sont si petites, cependant, à l'égard de celles qui résultent de l'hypothèse de la sphéricité, que l'on peut regarder comme vrai que la terre est un ellipsoïde, et attribuer les déviations que l'on observe à des causes locales, ou infiniment moindres si elles sont générales.

224. Il est très-satisfaisant de trouver que cette forme générale elliptique que nous prouvons ainsi *pratiquement* exister, est précisément celle que la terre *doit avoir théoriquement*, comme résultant de sa rotation sur son axe. Supposons en effet que la terre soit, à l'état de repos, une sphère de matière uniforme de part en part et couverte extérieurement par un océan d'égale profondeur; elle sera évidemment ainsi dans un état *d'équilibre*, et l'eau qui recouvrira sa surface n'aura aucune tendance à couler plutôt d'un côté que de l'autre. Supposons maintenant que l'on enlève aux régions polaires et qu'on empile autour de l'équateur, assez de matière pour produire cette différence d'environ *trente-deux mille mètres* que nous avons reconnue entre les diamètres polaire et équatorial. Il est évident que nous aurons formé ainsi une élévation ou continent, *seulement équatorial*, d'où l'eau aura coulé dans les parties excavées aux pôles; car si les matières solides peuvent rester où on les a placées, la partie liquide au moins n'y resterait pas plus que sur le flanc d'une montagne. La conséquence serait donc la formation de deux grandes mers polaires entourées chacune par la terre équatoriale; mais il n'en est pas ainsi dans la nature: l'Océan y occupe indifféremment toutes les latitudes sans plus de préférence pour les polaires que pour les équatoriales, puisque, comme nous l'avons vu, l'eau s'élève au-dessus du centre, d'environ *seize mille mètres* de plus à l'équateur qu'aux pôles, sans manifester la moindre tendance à quitter l'un pour couler vers l'autre: il faut donc qu'elle y soit *retenue* par une *force* convenable. Mais aucune force de ce genre ne pourrait exister dans l'hypothèse de l'état de repos que nous avons admise. En d'autres termes, la forme sphérique n'est pas la *figure d'équilibre;* et *conséquemment* la terre, ou n'est pas en repos, ou bien a son intérieur constitué de manière à *attirer* l'eau dans les régions équatoriales et à l'y retenir. Cette dernière suppo-

sition n'a pas la moindre probabilité de prime-abord, et aucune analogie ne peut nous y conduire. La première, au contraire est d'accord avec tous les phénomènes du mouvement apparent diurne des cieux ; et, si de cette mobilité de la terre résulte la *force* en question, nous ne pouvons hésiter à la regarder comme vraie.

225. Tout le monde sait qu'un corps pesant que l'on fait tourner sur lui-même, acquiert ainsi une tendance à s'échapper du centre de mouvement ; c'est ce qu'on nomme la force centrifuge. La pierre lancée par une fronde en est l'exemple le plus commun ; mais il sera mieux pour notre dessein actuel, de prendre celui d'un seau d'eau suspendu par une corde qui restera verticalement tendue pendant que l'on fera tourner le seau rapidement autour *d'un crochet*, fig. 27. La surface de l'eau, au lieu de rester horizontale, deviendra concave, comme le montre la figure. La force centrifuge engendre une tendance dans *toute* l'eau, à quitter son axe et à se presser vers la circonférence ; l'eau sera donc pressée contre les parois du seau, elle s'élèvera contre, jusqu'à ce que la pression qui résultera de sa hauteur, contre-balance la force centrifuge, et alors un *état d'équilibre* aura lieu. Cette expérience, facile et instructive, est bien calculée pour montrer comment la *forme d'équilibre* s'accommode aux circonstances différentes. Si par exemple nous faisons cesser par degré la rotation, à mesure qu'elle se ralentira, nous verrons la concavité de l'eau diminuer ; la partie élevée contre les bords s'abaissera, la partie abaissée au centre s'élèvera sans que le tout cesse de rester une surface *unie*, qui reprendra son niveau horizontal, après que la rotation aura cessé.

226. Supposons qu'un globe de la grandeur de la terre, en repos, et couvert d'un océan uniforme, soit mis en rotation autour d'un certain axe, d'abord très lentement, mais ensuite plus rapidement par degrés jusqu'à ce qu'il fasse une révolution en vingt-quatre heures; une force centrifuge sera engendrée, et sa tendance générale sera de presser l'eau à chaque point de la surface pour *l'éloigner* de *l'axe*. On peut même concevoir une rotation assez rapide pour *balayer* tout l'océan de la surface comme l'eau d'une serviette; mais ce serait un mouvement plus rapide que celui dont nous nous occupons maintenant et dans lequel le *poids* de l'eau la *maintient* sur la terre ; sa tendance à s'éloigner de l'axe, ne peut alors se satisfaire que si l'eau quitte les pôles pour refluer vers l'équateur ; là, s'élevant exactement comme l'eau contre les bords du

seau de la fig. 27, elle y est retenue par la pression exercée malgré son poids qui la ramène naturellement vers le centre. Cela d'ailleurs ne peut avoir lieu sans laisser à sec les portions polaires de la terre sous forme de continents immensément protubérants, et la différence entre les deux cas supposés est donc que : dans le premier, on a comme nous l'avons vu, un grand continent équatorial et des mers polaires, tandis que dans le second on a des continents polaires et une mer équatoriale. Tels en seraient au moins les premiers effets immédiats. Voyons maintenant ce qui arriverait, dans ces deux cas, en abandonnant les choses à leur cours naturel.

227. La mer bat constamment la terre, en ronge les bords et entraîne ses débris à l'état de poussière et de fragments qu'elle roule sur son lit. Les faits géologiques fournissent des preuves abondantes que les continents actuels ont tous été formés par ce procédé, même plus d'une fois, ayant été rompus par fragments, réduits en poudre, submergés et reconstitués. La terre, sous ce point de vue, n'est donc pas ferme comme on le dit. Comme masse, elle se maintient en opposition avec les forces auxquelles l'eau obéit librement; mais dans son état de débris, disséminés pulvérulents dans l'eau, boue et sable, elle est soumise à toutes les impulsions de ce fluide. Par le laps du temps, cette terre que nous avions supposée protubérante, tantôt vers l'équateur, tantôt vers les pôles, serait détruite et amenée au fond de l'océan, remplissant ses cavités les plus profondes, et tendant continuellement à ramener la surface des nœuds solides en correspondance avec la *forme d'équilibre* dans les deux cas. Ainsi, avec le temps, dans l'hypothèse de la terre à l'état de repos, le continent équatorial que nous avions amoncelé, serait de nouveau nivelé et reporté aux excavations polaires, en ramenant la forme sphérique à la fin. Dans l'hypothèse de la rotation, les protubérances polaires seraient graduellement rasées et disparaîtraient en se reportant vers la mer équatoriale, alors la plus profonde, jusqu'à ce que la terre reprît par degrés la forme que nous avons observé qu'elle avait, celle d'un ellipsoïde *aplati*.

228. Nous sommes loin de prétendre ici tracer le procédé *par lequel* la terre a réellement pris sa forme actuelle; tout ce que nous voulons, c'est de prouver que c'est la forme à laquelle elle *doit tendre*, d'après la condition de la rotation sur son axe, et qu'elle atteindrait, quand même elle eût été originairement constituée d'une autre manière.

229. Les dimensions de la terre et le temps de sa rotation étant connus, il est aisé de calculer la valeur exacte de la force centrifuge qui paraît être, à l'équateur, 1/289 de la force ou pesanteur avec laquelle tous les corps, solides ou liquides, tendent vers le centre de la terre. Ainsi la mer est *allégée*, à l'équateur, de cette fraction de son poids et rendue susceptible d'être soutenue à un niveau plus élevé, ou plus éloigné du centre, qu'aux pôles, où il n'existe pas de semblable force qui contre-balance la pesanteur de l'eau, qui peut y être considérée dès lors comme *spécifiquement plus pesante*. Prenant ce principe pour guide, et le combinant avec les lois de la pesanteur, telles que Newton les a trouvées et que nous les expliquerons plus loin, les mathématiciens ont pu déterminer, *à priori*, quelle serait la figure d'équilibre d'un corps constitué comme nous avons raison de croire que l'est la terre, recouverte en tout ou en partie d'un liquide; faisant uniformément sa révolution en vingt-quatre heures; et le résultat qu'ils ont trouvé, s'accorde d'une manière satisfaisante avec ce que l'expérience a prouvé. Il paraît en effet que la figure d'équilibre n'est autre qu'un ellipsoïde aplati, d'un degré d'ellipticité presque identique avec celui qui est observé, et qui serait sans doute exactement le même, si nous connaissions la constitution intérieure et les matériaux du globe.

230. Cette confirmation incidemment fournie de l'hypothèse de la rotation de la terre sur son axe, ne peut manquer de frapper le lecteur. Une déviation de la sphéricité de sa forme n'était pas au nombre des raisons que nous donnions pour adopter cette hypothèse, émise seulement d'abord pour l'explication facile du mouvement diurne apparent des cieux. Cependant, nous voyons qu'une fois admise, elle entraîne nécessairement, comme corollaire, cet autre phénomène remarquable dont on ne pouvait autrement rendre un compte satisfaisant, l'une se trouvant tellement liée à l'autre, que Newton découvrit l'ellipticité de la terre comme une conséquence de sa rotation, et qu'il calcula même la valeur de l'aplatissement, longtemps avant qu'on eût été conduit à cette conclusion par aucun mesurage. En avançant de plus en plus dans notre sujet, nous trouverons le même principe simple, fécond en conséquences singulières et importantes, les unes assez évidentes, les autres n'en paraissant pas de prime-abord découler aussi directement, et qui, jusqu'à ce que Newton les eut rattachées à leur commune origine, étaient rangées

parmi les mystères les plus impénétrables et les plus grands phénomènes de l'astronomie.

231. Nous ferons mention ici de l'une de ces conséquences les plus évidentes, et qui rentrent naturellement dans le sujet que nous traitons à présent. Si la terre tourne réellement sur son axe, sa rotation doit engendrer une force centrifuge (art. 225) dont l'effet définitif est de contre-balancer une certaine partie du *poids* de chaque corps situé à l'équateur, par rapport à son poids aux pôles ou aux latitudes intermédiaires. Or, ce fait est pleinement confirmé par l'expérience, car l'observation prouve qu'il y a une différence dans la *gravité*, pesanteur ou tendance vers le centre de la terre, d'un seul et même corps, lorsqu'on le pèse à des stations de latitudes différentes. Des expériences faites avec le plus grand soin, dans toutes les parties accessibles du globe, ont démontré positivement l'accroissement progressif du poids des corps en raison de la latitude, et fixé la valeur et les lois de cette progression. Il paraît que la plus grande variation, ou la différence entre les poids équatoriaux et polaires d'une seule et même masse de matières, est 1 sur 194 de tout le poids, ce rapport s'accroissant, en voyageant de l'équateur au pôle, *suivant le carré du sinus de la latitude.*

232. Le lecteur demandera naturellement ici ce que *signifie* une différence de poids du même corps à différentes stations, et comment on peut s'assurer d'un tel fait, s'il est vrai. Quand nous pesons un corps avec une balance, nous contre-balançons son poids par un poids égal d'un autre corps exactement dans les mêmes circonstances; et, si le corps pesé et son contre-poids sont transportés à une autre station, leur gravité, si tant est qu'elle soit la même, sera changée également, en sorte qu'ils continueront encore à se contre-balancer l'un l'autre. Une différence dans l'intensité de la gravité, ne pourrait donc être découverte par ce moyen; mais ce n'est pas en ce *sens* que nous avons dit qu'un corps, pesant 194 à l'équateur, pèserait 195 au pôle. La balance, tenue en équilibre par un corps et par son contre-poids, à la première station, pencherait indubitablement à la dernière station par la moindre addition dans l'un ou dans l'autre de ses plateaux.

233. Voici comment on peut concevoir la chose: soit x (fig. 29) un poids suspendu dans une station à l'équateur, par un fil qui n'a pas de pesanteur, et passant sur une poulie A, et puis, en supposant la chose possible, sur d'autres pou-

lies telles que B, autour de la convexité de la terre, jusqu'à ce que l'autre extrémité arrive sur une poulie C au pôle, en y supportant un poids y. Si alors les deux poids x et y, en une station quelconque équatoriale ou polaire, sont mis dans les deux plateaux d'une même balance, ou s'ils sont suspendus des deux côtés d'une même poulie, ils ne se feront plus équilibre, mais le poids polaire y l'emportera, en sorte que pour rétablir l'équilibre, il faudra augmenter le poids x d'un cent-quatre-vingt-quatorzième.

234. Les moyens à l'aide desquels cette variation de gravité peut être reconnue et mesurée, sont à la fois statistiques et dynamiques, comme toutes les estimations de forces mécaniques. Les premiers consistent à mettre la gravité d'un poids en équilibre, non avec celle d'un autre poids, mais avec une force naturelle d'une espèce différente, non susceptible d'être affectée par sa situation locale. Cette force est celle élastique d'un ressort. Soit ABC, fig. 28, un fort support en bronze, fondu d'une seule pièce, avec son pied AED, dans lequel est ajustée une plaque polie d'agate, ou niveau parfaitement horizontal. Qu'au point C, on attache un ressort en spirale G, qui porte à son extrémité inférieure un poids F, poli et convexe en dessous. La longueur et la force du ressort peuvent être ajustées, de manière que le poids F arrive juste au-dessus du contact immédiat avec la plaque d'agate, dans la plus haute latitude où l'on doit faire usage de l'instrument. Si l'on y ajoute avec précaution de petits poids, on pourra le faire descendre jusqu'à ce qu'il *effleure juste* l'agate, contact qui peut se faire avec toute la précision imaginable. Qu'on tienne note de ces poids additionnels ; qu'on détache le poids F ; qu'on décroche le ressort G, qu'on le préserve de toute poussière, de toute cause d'accident, et qu'on transporte tout l'appareil en station dans une latitude plus basse. En l'y rétablissant on trouvera que le poids F, bien que surchargé des même poids additionnels, ne pourra plus tendre le ressort de manière à arriver de nouveau en contact avec l'agate. Il faudra ajouter plus de poids, et la quantité additionnelle sera évidemment la mesure de la variation de la gravité entre les deux stations, exercée sur toute la quantité de la masse suspendue, c'est-à-dire sur le poids F et la *moitié* de tout le ressort lui-même. Admettons qu'un ressort en spirale puisse être construit de telles dimensions et de telle force, qu'un poids de 10000 *grains* (647,gr. 500), compris le sien, y produise un

allongement de 10 *inches* ($0^m,254$) sans le forcer (1), un *grain* ($0,^{gr}065$) y produira une extension du millième d'un *inch* ($0^m,000025$), quantité qu'il n'est pas possible de ne pas apprécier dans un contact comme celui en question. Ce procédé fournit donc les moyens de mesurer la force de gravité, en chaque station, à un dix-millième de sa valeur entière.

235. Le procédé dynamique par lequel on peut mesurer la force de gravité qui presse un poids donné contre la terre, consiste à déterminer la vitesse acquise par ce poids qu'on laisse tomber librement, en un temps donné, tel qu'une seconde. Cette vitesse, à la vérité, ne peut pas être mesurée directement, mais indirectement; les principes de mécanique fournissent un moyen facile et certain de la déduire par l'observation des oscillations d'un pendule, et d'en conclure l'intensité de la gravité. Il est prouvé en mécanique, que si un seul et même pendule oscille à différentes stations, ou sous l'influence de différentes forces, et que le nombre des oscillations soit compté pour le même temps dans chaque cas, les intensités des forces seront réciproquement comme les carrés des nombres des oscillations faites, et les rapports de ces forces se concluront ainsi. Par exemple, on a trouvé que sous l'équateur, un pendule d'une certaine forme et d'une certaine longueur fait 86400 oscillations en un jour solaire moyen; et que, transporté à Londres, le même pendule en fait 86535 dans le même temps. On conclut de là que l'intensité de la force agissant sur le pendule à l'équateur, est à celle agissant à Londres comme 86400 est à 86535, ou comme 1 est à 1,00315 (2); ou en d'autres termes, qu'une masse de matières pesant à l'équateur 10000 kilogrammes, exerce la même pression sur la terre, le même effort pour écraser un corps qu'on placerait dessous, qu'exercerait à Londres 10031,5 des *mêmes kilogrammes.*

236. Des expériences de ce genre ont été faites, comme nous l'avons dit ci-dessus, avec le plus grand soin et les précautions les plus minutieuses pour en assurer l'exactitude dans toutes les latitudes accessibles, et le résultat définitif a

(1) Si l'on peut jamais perfectionner ce procédé de manière à le substituer à l'usage du pendule, ce sera par la permanence et l'uniformité d'action des ressorts, par la détermination de l'effet de la température sur leur force élastique, par la possibilité de les transporter sans altération d'un lieu à un autre, etc., etc. Les grands avantages qu'un tel mode d'observation aurait pour la convenance avec moins de cherté, d'un appareil plus portatif et plus expéditif, sur le pendule actuel, coûteux et fastidieux, doivent exciter à tenter ces perfectionnements.

(2) A Paris, où le pendule fait 86523 oscillations, le rapport est de 1 à 1,00285.

été la fraction 1/194 pour l'expression de la différence de gravité à l'équateur et aux pôles. Maintenant, le lecteur ne manquera pas de remarquer, et cela se présentera sans doute à lui comme une objection contre notre explication de ce fait par la rotation de la terre, que ce résultat diffère sensiblement de l'expression 1/289 de la force centrifuge à l'équateur. La différence entre ces deux fractions est 1/590, quantité fort petite en elle-même, mais cependant trop grande par rapport aux deux autres pour qu'on puisse le négliger, et pour qu'elle n'entache pas notre explication, si nous ne pouvons pas en rendre compte.

237. La manière dont surgit cette différence, offre un fait curieux et instructif, parmi les exemples innombrables que fournit l'astronomie, de l'influence indirecte qu'exercent souvent des causes mécaniques. La rotation de la terre donne naissance à la force centrifuge ; la force centrifuge produit une ellipticité dans la forme de la terre elle-même ; et cette ellipticité de forme modifie son pouvoir d'attraction sur les corps placés à sa surface, d'où surgit la différence en question. Ici, la même cause a donc à la fois une influence directe et indirecte. On calcule aisément la valeur de la première ; il est plus difficile de calculer la seconde, parce que cela exige une application compliquée de géométrie analytique, que nous ne pouvons avoir la prétention de donner ici, mais dont nous allons faire connaître la nature et le résultat.

238. Le poids d'un corps (considéré comme non diminué par la force centrifuge) est l'effet de l'attraction que la terre exerce sur lui. Cette attraction consiste, ainsi que Newton l'a démontré, non dans une tendance de toute matière vers quelque centre particulier, mais dans une disposition de toutes les molécules de matière dans l'univers à se rechercher et, si rien ne s'oppose à leur approche, à se presser l'une contre l'autre. Ainsi l'attraction de la terre sur un corps placé à sa surface, n'est pas une force simple, mais complexe, résultant des attractions séparées de toutes les parties. Car il est évident que si la terre était une sphère parfaite, l'attraction qu'elle exercerait sur un corps placé en un point quelconque de sa surface, à son équateur ou à ses pôles, serait exactement la même, à raison de la parfaite symétrie d'une sphère en tout sens. Il n'est pas moins évident que, la terre étant elliptique et cette symétrie ou similitude de toutes ses parties n'existant pas, on ne peut espérer le même résultat. Un corps placé à

l'équateur d'un ellipsoïde aplati, et un corps semblable placé à l'un de ses pôles, se trouvent dans des rapports géométriques différents avec la masse du tout. Cette différence comme on s'y peut attendre sans entrer dans plus de détails, sera une différence dans ses forces d'attraction sur les deux corps, et le calcul le confirme. C'est une question de recherches mathématiques pures, et elle a été traitée avec une clarté et une précision parfaites par Newton, Maclaurin, Clairaut et plusieurs autres grands géomètres. Le résultat de leurs recherches a été de prouver que, due à la forme elliptique de la terre seule, et indépendamment de la force centrifuge, son attraction devait accroître le poids d'un corps, en allant de l'équateur au pôle, presque exactement de 1/590; ce qui, joint à 1/289 provenant de la force centrifuge, fait exactement les 1/194 donnés par l'observation.

239. Un autre grand phénomène géographique qui doit son existence à la rotation de la terre est celui des vents alisés. Ces courants puissants dans notre atmosphère et d'où dépend une partie si importante de la navigation, proviennent : 1° de l'exposition inégale de la surface de la terre aux rayons du soleil, qui l'échauffent inégalement à différentes latitudes; 2° de cette loi générale de la constitution de tous les fluides qui leur fait occuper un plus grand volume et qui les rend spécifiquement plus légers quand ils sont chauds que lorsqu'ils sont froids. Ces causes combinées avec celles de la rotation de la terre de l'Est à l'Ouest, offrent une explication facile et satisfaisante du phénomène admirable dont il s'agit.

240. C'est un fait d'observation dont nous donnerons plus tard l'explication, que le soleil est constamment vertical sur l'une ou l'autre partie de la terre située entre deux parallèles de latitude, appelés les tropiques, respectivement à 23° 1/2 au nord et au sud de l'équateur; et que toute cette zone ou ceinture de la surface de la terre comprise entre les tropiques, également divisée par l'équateur, est à raison de la grande hauteur atteinte par le soleil dans sa course diurne, maintenue à une plus haute température que les régions qui sont plus près des pôles nord et sud. Or, cette chaleur qu'acquiert ainsi la surface de la terre se communique à l'air ambiant qui l'environne et le rend plus léger spécifiquement que l'air ambiant du reste du globe. Il est donc déplacé et chassé de la surface, conformément aux lois générales de l'hydrostatique, et remplacé par un air plus froid et dès-lors plus pesant qui,

des régions au-delà des tropiques, glisse de deux côtés à la fois le long de sa surface; tandis que l'air déplacé s'élevant ainsi au-dessus de son niveau et n'étant plus soutenu par aucune pression latérale, s'échappe pour ainsi dire, en formant un courant supérieur en deux directions contraires vers les pôles, refroidi dans sa course, et retombant pour refouler à son tour l'air échappé des régions extrà-tropicales; il s'établit ainsi une circulation continuelle.

241. Puisque la terre tourne sur l'axe passant aux pôles, la portion équatoriale de sa surface a la plus grande vitesse de rotation, et toutes les autres parties ont une vitesse moindre en proportion des rayons des cercles de latitude auxquels elles correspondent. Mais comme l'air ne paraît en repos en aucune partie de la surface de la terre, que relativement, et qu'il participe réellement au mouvement de rotation propre à cette partie, il s'ensuit que lorsqu'une masse d'air, près les pôles, est transportée à la région près l'équateur par quelque impulsion qui la presse directement contre ce cercle, à chaque point de sa marche vers sa nouvelle destination, elle doit perdre de sa vitesse de rotation, et conséquemment ne pouvoir plus suivre le mouvement de la nouvelle surface sur laquelle elle est amenée. Par suite, les courants d'air qui vont du nord et du sud vers l'équateur doivent, en glissant le long de la surface, en même temps s'arrêter, ou rester en arrière, et *traîner sur elle,* dans une direction *opposée* à la rotation de la terre, c'est-à-dire, de l'Est à l'Ouest. Ainsi, ces courants qui, sans la rotation de la terre, seraient simplement des vents nord et sud, acquièrent à raison de cette rotation, une direction relative vers l'*ouest,* ce qui leur donne le caractère de vents permanents nord-est et sud-ouest.

242. Si une masse d'air considérable était transportée *soudainement* d'au-delà des tropiques à l'équateur, la différence des vitesses de rotation propres à ces deux situations serait si grande, qu'elle ne produirait pas seulement du vent, mais une tempête de la violence la plus destructive. Il n'en est pas ainsi : l'air s'avance graduellement du Nord et du Sud, et pendant tout ce temps la terre agit continuellement dessus, accélérant sa vitesse de rotation par le frottement contre sa surface. Supposons que sa marche vers l'équateur cesse en un point quelconque, cela lui communique presque immédiatement le mouvement de rotation qui lui manque, après quoi il suivrait tranquillement le mouvement de la terre dans un état de

calme apparent et relatif. Nous n'avons qu'à nous rappeler le *peu d'épaisseur* de la couche que forme l'atmosphère autour du globe (art. 35) et la *masse* immense de ce dernier qui est comparativement un million de fois plus grande, et nous serons à même d'apprécier la *puissance* positive d'une certaine étendue de terre, sur l'atmosphère qui l'environne, pour l'entraîner dans son mouvement.

243. Il suit de là que, comme les vents approchent de l'équateur des deux côtés, leur tendance en doit diminuer, la longueur des cercles diurnes croissant très-lentement dans le voisinage immédiat de l'équateur, et ne changeant, pour ainsi dire pas, pour quelques degrés de chacun de ses côtés. Alors le frottement de la surface a plus de temps pour agir en accélérant la vitesse de l'air, en l'amenant vers un état de repos *relatif*, et diminuant la marche relative des courants de l'Est à l'Ouest, qui faiblit d'ailleurs, et finit par n'être plus soutenue par la cause qui l'a produite originairement. Parvenus à l'équateur, on doit s'attendre à ce que les courants ont perdu l'un et l'autre leur tendance Est. De plus, en ce point, les courants nord et sud les arrêtent en s'y opposant, tendant à se détruire les uns par les autres, sans autre prépondérance que celle due à la différence des causes locales qui agissent dans les deux hémisphères, tantôt dans un sens et tantôt dans l'autre pour quelques régions autour de l'équateur.

244. En résultat, on aura ainsi deux larges ceintures tropicales, celle nord avec un vent constant nord-est, et celle sud avec un vent constant sud-est, lequel vent prévaudra ; tandis que le vent dans la ceinture équatoriale qui sépare les deux autres, sera comparativement calme et libre de sa tendance Est. Toutes ces conséquences sont conformes aux faits observés, et le système des courants d'air ci-dessus décrits constitue réellement le système régulier des vents alisés.

245. On peut objecter que le frottement constant ainsi produit entre la terre et l'atmosphère, dans les régions près l'équateur, doit par degrés réduire et détruire enfin la rotation de toute la masse. Les lois dynamiques rendent, au reste, cette conséquence généralement impossible, et il est aisé de voir, dans le cas actuel, où et comment a lieu la compensation. L'air équatorial échauffé, pendant qu'il s'élève et s'échappe vers les pôles, emporte avec lui cette vitesse de rotation, qu'il doit à sa situation équatoriale, dans une latitude plus élevée, où la surface de la terre tourne moins rapide-

ment. De là, soit qu'il aille vers le nord ou vers le sud, il *gagne* continuellement de plus en plus de vitesse la surface de la terre dans son mouvement diurne, et prend constamment de plus en plus une direction relative d'ouest; quand enfin il revient à la surface, par suite de sa circulation qui doit être plus ou moins active, dans tout l'intervalle entre les tropiques et les pôles, il agit alors par son frottement comme un vent puissant de sud-ouest dans l'hémisphère nord, et de nord-ouest dans l'hémisphère sud, restituant à la terre l'impulsion qu'il en avait reçue à l'équateur. Telle est l'origine des vents sud-ouest et ouest qui prévalent dans nos latitudes, et de presque tous les vents ouest de l'Atlantique nord qui, de fait, ne sont rien autre chose qu'une partie du système général de réaction des courants d'air, et par qui l'équilibre du mouvement de la terre est maintenu (1).

246. Pour construire une carte géographique sur laquelle on marque la terre, la mer, le contour des continents et des îles, les cours des rivières et les chaînes de montagnes, dans leurs situations respectives et avec les lieux qui nous intéressent le plus comme les centres d'habitations humaines ou par tout autre motif, il est nécessaire d'avoir les moyens de déterminer correctement la situation d'un lieu quelconque à la surface de la terre. Les deux éléments en sont: la latitude qui donne la distance des pôles ou à l'équateur, et la longitude sur le méridien de laquelle on mesure cette distance. Il y faut ajouter, à la rigueur, sa hauteur au-dessus du niveau de la mer, mais il sera mieux d'en faire abstraction pour ne pas compliquer ce sujet.

247. La latitude d'une station sur une sphère serait simplement la longueur d'un arc du méridien, compris entre la station et le point le plus près de l'équateur, exprimée en

(1) Comme notre objet est simplement d'expliquer le mode d'action de la rotation du globe sur l'atmosphère, en grand, nous omettons toute considération de vents locaux périodiques, tels que moussons, etc.

Il semble bien de rechercher si les ouragans dans les climats tropicaux ne proviennent pas de portions de courants supérieurs prématurément précipités avant que leur vitesse relative ait été suffisamment réduite par le frottement et par un mélange gradué avec les couches inférieures; et si, heurtant contre la terre avec cette effroyable vitesse, ils n'acquièrent pas ainsi leur caractère destructif, dont on n'a donné encore aucune raison plausible. La marche des ouragans, généralement parlant, est en opposition avec celle régulière des vents alisés, ainsi que cela doit être, conformément à notre opinion. Mais il ne s'ensuit pas qu'il en soit toujours ainsi. En général, un transport subit, en latitude, d'une masse d'air que des causes locales ou temporaires amènent à *la portée immédiate du frottement de la surface de la terre,* donnera un terrible accroissement à sa vitesse; dès qu'une telle masse frappe la terre, un ouragan surgit, et lorsque deux masses de ce genre se rencontrent dans l'air, leur combinaison produit un tourbillon plus ou moins violent.

degrés (art. 88). Mais comme la terre est elliptique, ce mode de concevoir les latitudes n'est plus applicable; et nous sommes forcés de recourir, pour notre détermination de latitude, à la généralisation de la propriété, art. 119, qui donne les moyens les plus prompts de les déterminer par l'observation, et qui a l'avantage d'être indépendant de la figure de la terre, qui, après tout, n'est *exactement* ni un ellipsoïde, ni tout autre solide géométrique. La latitude d'une station, alors, est la hauteur du pôle élevé, et conséquemment elle est astronomiquement déterminée par les méthodes que nous avons exposées déjà pour assurer ce principe important. Rappelons-nous donc, pour faire une carte géographique correcte de tout ou partie de la terre, que des différences égales de latitude ne sont pas exactement représentées par des intervalles égaux de surface.

248. Il est nécessaire, pour les mesures géodésiques et trigonométriques, d'avoir une grande correction dans la détermination de latitude. On se sert en conséquence, à cet effet, du secteur zénith, instrument d'une grande précision employé ordinairement à observer les étoiles passant au méridien près le zénith, quand on connaît d'avance leurs déclinaisons par une longue série d'observations dans des observatoires déterminés, et que l'on appelle en conséquence des étoiles fondamentales ou types. Récemment, on a employé avec succès un moyen primitivement donné par Römer et que Bessel a fait revivre ou bien a inventé de nouveau. Il consiste dans l'usage d'un instrument semblable, à tous égards, à celui du transit, mais ayant le mouvement du plan du télescope non coïncidant avec le méridien, mais bien avec le vertical primitif, en sorte que le prolongement de son axe de rotation passe par les points nord et sud de l'horizon. Soit A B C D, fig. 28 *bis*, l'hémisphère céleste projeté sur l'horizon, P le pôle, Z le zénith, A B le méridien, C D le vertical primitif, Q R S la partie du cercle diurne d'une étoile passant près le zénith, dont la distance polaire P R n'est qu'un peu plus grande que la colatitude du lieu, ou l'arc P Z entre le zénith et le pôle (art. 112). Alors les moments d'arrivée de l'étoile au primitif vertical en Q et en S seront, si l'instrument est bien ajusté, ceux où elle croisera le milieu du fil dans le champ de vue du télescope (art. 160). Conséquemment l'intervalle entre ces moments sera le temps du passage de l'étoile de Q en S, ou la mesure de l'arc diurne Q R S, qui correspond à l'angle Q P S au pôle. Cet angle

sera donc connu *par la simple observation d'un intervalle de temps*, dans lequel il n'est pas même nécessaire de connaître l'erreur de la pendule; car lorsque l'étoile passe près du zénith, l'intervalle est si petit, que l'avance ou le retard de la pendule sur le temps sidéral peut être négligé. Maintenant l'angle QPS, ou sa moitié QPR, et PQ distance polaire de l'étoile étant connus, PZ distance zénithale du pôle peut être calculée par la résolution du triangle sphérique à angles droits PZQ, ce qui donne la colatitude, puis la latitude, du lieu de l'observation. Les avantages que procure ce mode d'observation sont : 1° qu'il n'est pas nécessaire de lire les divisions de l'arc, en sorte que les erreurs de ses divisions sont évitées ; 2° que l'arc QRS est beaucoup plus grand que son cosinus RZ, en sorte que la différence RZ entre la latitude du lieu et la déclinaison de l'étoile, est donnée par l'observation d'une grandeur plus considérable ; c'est-à-dire que c'est comme si on l'eût observé sur une plus grande échelle. Conséquemment on n'a qu'une très-petite erreur affectant RZ, quand on en a commis une assez forte affectant QRS; 3° que dans ce mode d'observation, toutes les erreurs purement instrumentales qui affectent l'instrument, ordinairement l'instrument du transit, sont sans influence, ou éliminées par un simple renversement de l'axe.

249. Si déterminer la latitude d'une station est facile, il n'en est pas de même pour la longitude, dont la détermination exacte est assez difficile. La raison en est : qu'il n'y a pas plus de méridiens tracés sur la terre que de parallèles de latitude, ce qui nous oblige dans ce cas, comme dans celui de la latitude, à recourir à des marques extérieures à la terre, c'est-à-dire aux corps célestes, pour en faire les objets de notre mesurage; mais avec cette différence dans les deux cas, que pour les observateurs placés à des stations du même méridien (c'est-à-dire différant en latitude), les cieux présentent un aspect différent à *chaque* instant. Les parties qui en deviennent visibles pendant une rotation diurne complète, ne sont pas les mêmes, et les étoiles qui leur sont communes décrivent des cercles différemment inclinés à leurs horizons, différemment divisés par eux, et atteignant différentes hauteurs. D'un autre côté, pour les observateurs placés sur les mêmes parallèles (c'est-à-dire différant en longitude seulement) les cieux présentent le même aspect; leurs portions visibles sont les mêmes; les mêmes étoiles décrivent des cercles également inclinés, divisés de la même manière par leurs horizons, et atteignent

les mêmes hauteurs. Dans le premier cas, *il y a*, et dans le second *il n'y a pas* quelque chose dans l'apparence des cieux, pendant toute une rotation diurne, qui indique, pour l'observateur, une différence de lieu.

250. Mais deux observateurs à deux points différents de la surface de la terre, ne peuvent pas avoir *au même instant* le même hémisphère céleste visible. Supposons, pour fixer nos idées, un observateur placé en un point donné de l'équateur, et qu'à l'instant où il vient de noter quelques brillantes étoiles à son zénith, conséquemment sur son méridien, il soit transporté soudain, sans perdre un moment, tournant un quart du globe dans une direction *ouest;* il est évident qu'il cessera d'avoir la même étoile verticalement au-dessus de lui; elle lui paraîtra se lever et il aura six heures à attendre pour qu'elle soit à son zénith, c'est-à-dire, avant que la rotation de la terre de l'Ouest à l'Est *le reporte lui-même en arrière* sur la ligne où il était, et menée de l'étoile au centre de la terre.

251. La différence ainsi établie doit nous conduire à la solution astronomique du problème de la longitude. Dans le cas de stations différant seulement en latitude, la même étoile arrive au méridien *au même temps*, mais à des *hauteurs différentes*. Dans celui de stations différant seulement en longitude, elle arrive au méridien *à la même hauteur à temps différents*. Supposons alors un observateur ayant les moyens de déterminer précisément le *temps* du passage d'une étoile connue au méridien ; il connaît sa longitude, ou s'il connaît la différence entre les temps des passages à son méridien et à celui d'une autre station, il connaît leur différence de longitudes. Par exemple, si la même étoile passe au méridien d'un lieu A à un certain instant, et à celui de B exactement une heure sidérale après, ou la vingt-quatrième partie d'une révolution diurne de la terre, plus tard, alors la différence des longitudes entre A et B est une heure de temps ou 15°, et B est ainsi plus à l'ouest que A.

252. Pour comprendre parfaitement le principe d'après lequel on résout le problème de trouver la longitude à l'aide d'observations astronomiques, le lecteur doit apprendre à distinguer le temps, abstractivement parlant et commun à tout l'univers, se comptant à partir d'une époque indépendante de la situation particulière, du *temps local* qui se compte, en chaque lieu, à partir d'une époque déterminée par une convenance de localité. Nous avons un exemple du

premier dans le temps équinoxial qui date d'une époque déterminée par le mouvement du soleil parmi les étoiles. Nous avons des exemples du second dans l'heure sidérale de chaque observatoire, et de chaque horloge ordinaire. Chaque astronome règle ou tâche de régler sa pendule sidérale de manière qu'elle indique $0^h\ 0^m\ 0^s$ quand un certain point dans les cieux, appelé équinoxe, est au méridien de la station. C'est *l'époque* de son temps sidéral qui, dès lors, est entièrement *locale*. On n'apprend rien à quelqu'un en lui disant qu'un évènement est arrivé à telle ou telle heure de temps sidéral, à moins que l'on ne particularise la station à laquelle appartient le temps sidéral. Il en est de même pour le temps ordinaire qui est aussi local, ayant pour son époque *midi moyen*, ou la moyenne de tous les jours d'une année, lorsque le soleil est au méridien *de ce lieu particulier dont on parle;* en conséquence, quand on date un évènement par le temps moyen, il est nécessaire de nommer le lieu, ou de particulariser *quel* temps moyen on emploie. D'un autre côté, une date par le temps équinoxial est absolue et n'exige aucune autre explication.

253. Les astronomes établissent et règlent leurs pendules sidérales pour l'observation du passage au méridien des étoiles les plus apparentes et les mieux connues. Chacune d'elles a dans les cieux une certaine place connue et déterminée par rapport à un point imaginaire appelé l'équinoxe, et en notant les temps de leur passage successivement, la pendule fait connaître le passage de l'équinoxe; à cet instant la pendule doit marquer 0^h, 0^m, 0^s, et s'il n'en est pas ainsi, on reconnaît et on corrige l'erreur; par la concordance et la discordance des erreurs accusées par chaque étoile, on peut savoir si la pendule est bien réglée pour aller vingt-quatre heures dans une période diurne, ou si cela n'est pas, combien sa marche en diffère. Ainsi, quoique la pendule ne soit pas et ne puisse pas être correctement réglée, ou bien aller, cependant en tenant compte de son *erreur* et de sa *marche*, comme on le dit techniquement, on peut corriger ses indications de manière à avoir le temps sidéral exact et convenable à la localité. Cette opération indispensable est appelée *prendre le temps local.* Pour la simplicité de l'explication, nous avons supposé que la pendule était un bon instrument, ou, ce qui revient au même, que son erreur et sa marche ont été notées dans ses indications, toutes les fois qu'on l'a consultée.

254. Supposons maintenant deux observateurs réglant chacun leur pendule sur le temps sidéral vrai de chacune des stations A et B qui sont éloignées l'une de l'autre. Il est évident que si l'une de ces pendules pouvait être transportée, sans déranger sa marche, côte à côte de l'autre, les deux pendules se trouveraient différer, de la même manière exactement que leurs époques locales; c'est-à-dire, du temps employé par l'équinoxe ou par une étoile, à passer du méridien de A à celui de B; en d'autres termes, la différence serait celle de leurs longitudes exprimées en heures, minutes et secondes sidérales.

255. Une pendule ordinaire ne peut pas être transportée ainsi d'un endroit à l'autre, sans dérangement, mais un chronomètre peut l'être. Supposons alors que l'observateur en B se serve d'un chronomètre au lieu de pendule : il peut aisément transporter cet instrument à l'autre station, se procurer ainsi une comparaison directe du temps sidéral de chaque station, et par conséquent déterminer sa longitude de A. Si même il emploie une pendule, il lui suffira de la comparer d'abord à un bon chronomètre, et de transporter ensuite ce chronomètre pour le comparer avec la pendule de l'autre station; tout repose donc sur l'exactitude de la marche.

256. S'il y avait des chronomètres parfaits, rien ne serait plus convenable et plus complet que ce mode de détermination des différences de longitude. L'observateur pourvu d'un tel chronomètre et d'un instrument du passage portatif, ou d'une méthode équivalente de détermination du temps local à une station, peut, en voyageant d'un endroit à l'autre, déterminer leurs différences de longitudes avec toute la précision désirable, en observant dans chacun le passage des étoiles au méridien, et prenant soin que son chronomètre ne se dérange pas. Dans ce cas le même chronomètre ou garde-temps servant à chaque station, s'il marque à l'une d'elles A, le vrai temps sidéral, à l'autre B, il y aura juste autant de temps sidéral d'erreur qu'il y a de différence équivalente des longitudes de A et B : en d'autres termes, la longitude, de B à partir de A, paraîtra comme l'erreur du garde-temps sur le temps local en B. Si l'on voyage vers l'ouest, le chronomètre paraîtra gagner continuellement, quoique en réalité il marche correctement. Supposons par exemple que l'on quitte la station A, l'équinoxe étant au méridien, ou le chronomètre à 0^h, et qu'en 24 heures de temps sidéral on ait parcouru 15° vers l'ouest jusqu'en B,

au moment où l'on y arrivera, le chronomètre marquera de nouveau 0^h; mais l'équinoxe ne sera pas au nouveau méridien B, il sera à celui A et il faudra attendre plus d'une heure pour qu'il passe au méridien B; quand il y passera, le chronomètre ne marquera plus 0^h, mais bien 1 heure, et sera conséquemment d'une heure *en avance* sur le temps local B; si l'on voyage vers l'est, le contraire aura lieu.

257. Maintenant supposons qu'un observateur parte d'une station, comme ci-dessus, et que, se dirigeant constamment vers l'ouest pour faire le tour du globe, il revienne à son point de départ, une conséquence singulière s'ensuivra, c'est qu'il aura perdu un jour dans son compte de temps. Il entrera le lundi, par exemple, suivant son journal, et de fait ce sera le mardi : la raison en est évidente, les jours et les nuits résultent de l'apparence alternative du soleil et des étoiles, telles que la rotation de la terre amène le spectateur à les voir successivement. Ainsi, autant de révolutions complètes autour du centre, autant de jours et de nuits. Mais s'il fait le tour du globe dans la direction de son mouvement, il aura fait réellement, à son retour au point de départ, une révolution *de plus* autour du centre : et s'il eût fait le tour du globe dans la direction opposée, il eût fait une révolution *de moins* autour du centre que s'il fût resté en place; dans le premier cas il aura été témoin d'une alternative de jour et de nuit en plus, et dans le second, en moins, que s'il se fût abandonné à la rotation seule de la terre, sans bouger : comme la terre tourne de l'ouest vers l'est, il s'ensuit qu'une direction de voyage vers l'ouest, contrairement à sa rotation, occasionne un jour de retard, et qu'une direction de voyage vers l'est, dans le sens de sa rotation, donne un jour d'avance. Dans le premier cas tous les jours seront plus longs; dans le second, tous les jours seront plus courts que ceux d'un observateur stationnaire. C'est ce qui arrive aux navigateurs dans un voyage autour du monde. Il s'ensuit aussi que les établissements éloignés, *sur le même méridien*, diffèrent d'un jour dans leur compte de temps ordinaire, suivant qu'ils ont été colonisés par des navigateurs venant de l'est ou de l'ouest, circonstance qui peut produire une étrange confusion quand ces colonies viennent à communiquer ensemble. Le seul moyen de faire disparaître toute équivoque, et de mettre fin aux contestations que cette différence pourrait amener, est de recourir à la date équinoxiale, qui n'a jamais d'ambiguité.

258. Malheureusement pour la géographie et pour la navigation, le chronomètre, malgré ses grands et merveilleux perfectionnements dus à l'habileté des artistes modernes, est encore un instrument trop imparfait pour qu'on s'y puisse fier entièrement. Certes, un tel instrument conservera bien son uniformité de marche pendant quelques heures ou même quelques jours, mais pour de longs voyages, les chances d'erreur et d'accident sont si multipliées, qu'elles détruisent toute confiance dans le meilleur chronomètre. On peut cependant remédier jusqu'à certain point à cet inconvénient, en emportant plusieurs chronomètres, qui se contrôleront l'un par l'autre; mais outre la dépense et l'embarras, ce n'est encore qu'un palliatif du mal qui est d'autant plus grand, qu'il n'y a pas d'autre moyen de *détermination des longitudes par le chronomètre*. Il est donc nécessaire de recourir à d'autres moyens pour communiquer d'une station à l'autre, le temps local, ou pour propager le temps local d'une station centrale à toutes les autres, afin qu'il y serve d'étalon de comparaison, et de rapporter alors les longitudes de tous les lieux au médium de la station centrale.

259. Les signaux télégraphiques, quand les circonstances le permettent, sont le moyen le plus simple et le plus exact. Soient A et B deux observatoires, ou deux stations visibles l'une à l'autre, et qui soient pourvues de tout ce qu'il faut pour déterminer leur *temps local respectif*. Les pendules étant réglées, et le compte tenu de leurs erreurs et de leur marche, qu'on fasse un signal en A, distinct et instantané, comme le feu d'une traînée de poudre, ou d'une fusée, l'extinction d'une lumière brillante; enfin, tel qu'on ne puisse s'y méprendre, et qu'on le puisse voir à de grandes distances. Que l'instant du signal soit noté par *chaque* observateur à sa pendule ou à sa montre, comme le passage d'une étoile ou tout autre phénomène astronomique; l'erreur et la marche de la pendule à chaque station étant prises en compte, le temps local du signal est déterminé à chaque station. En conséquence, lorsque les observateurs se communiquent leurs notes du signal vu *positivement* au même instant par tous deux, à raison de la transmission instantanée de la lumière, ils connaissent la différence de leur temps local, et dès lors celle de leur longitude. Par exemple, en A le signal est noté $5^h\ 0^m\ 0^s$ du temps sidéral de A, toutes corrections faites d'erreur et de marche de la pendule à l'instant de l'observation. En B, le même signal est

noté $5^h\,4^m\,0^s$ du temps sidéral de B, toutes corrections également faites d'erreur et de marche de la pendule à l'instant de l'observation. Conséquemment, la différence de leurs époques locales est $4^m\,0^s$, qui est aussi leur différence de longitudes en temps, ou $1^\circ\,0'\,0''$ en angle horaire.

260. L'exactitude de la détermination définitive peut s'accroître par des observations répétées de signaux à des intervalles réglés, chacune apportant une comparaison des temps qui sert à établir la moyenne. L'erreur introduite par la comparaison des pendules peut être regardée comme détruite ainsi.

261. Les distances auxquelles les signaux peuvent être rendus visibles dépendent de la nature du pays. Sur mer, l'explosion des fusées peut aisément se voir à 50 ou 60 *milés* (8050 à 9660m); en pays de montagnes, l'inflammation d'une traînée de poudre sur une cuillère, peut se voir à de bien plus grandes distances, si la station est bien choisie pour le signal.

262. Quand la lumière directe de la flamme ne peut être aperçue plus loin, soit par la convexité du segment interposé de la terre, soit par d'autres obstacles, l'illumination soudaine que produit sur les parties inférieures des nuages l'inflammation d'une quantité considérable de poudre à canon, peut être utile à observer et souvent elle a suffi pour des signaux à de très-grandes distances. De quelque manière que l'on s'y prenne pour déterminer la même sensation aux deux observateurs, soit par le son, soit par la lumière, soit par le mouvement, *précisément au même instant*, ce sera un bon moyen de signaux pour longitude. Par exemple, une ligne de télégraphie électrique, non interrompue, est le meilleur moyen d'établir une comparaison exacte de toutes les pendules, pour toute espèce de stations de la ligne, et l'on ne peut rien trouver de plus parfait pour la détermination des différences de longitude. Les différences de longitude entre les observatoires de New-York, Washington et Philadelphie, ont été récemment déterminées ainsi par les astronomes de ces observatoires; et celles entre les observatoires de Paris et de Londres l'ont été de même sans doute à présent.

2[illegible]. Quand il n'existe pas de communication électrique, on peut augmenter l'intervalle des stations en plaçant des signaux en un point intermédiaire; il suffit qu'il soit vu des deux stations pour que le point soit convenable. L'intervalle que l'on peut embrasser ainsi serait encore très-limité et ce procédé de peu d'usage, par conséquent, si le moyen ingénieux suivant ne s'étendait à toute distance, en tous pays, sans aucune difficulté.

264. On établit entre les deux stations extrêmes, dont la différence de longitude est à déterminer et où le temps local est observé, une série de stations intermédiaires, destinées alternativement pour des signaux et pour des observations. Aussi soient A et Z, fig. 30, les deux stations extrêmes; en B, une station à signaux donnés par des fusées, à intervalles réglés; en C, une station d'observateur, pourvu d'un chronomètre; en D, une station à signaux; en E, une station d'observateur avec chronomètre, et ainsi de suite sur toute la ligne, les signaux de B pouvant être vus de A et C; ceux de D, de C et E, etc. Tout étant ainsi disposé, les erreurs et la marche des pendules en A et Z, réglées par l'observation astronomique, que l'on fasse un signal en B, qu'on l'observe de A et de C, et que l'on tienne note du temps. Alors on connaîtra la différence entre la pendule de A et le chronomètre de C. Après un court intervalle, de cinq minutes, par exemple, qu'on fasse un signal en D, et qu'on l'observe de C et de E. Alors, la différence entre leurs chronomètres respectifs sera déterminée, et la différence entre le premier et la pendule A étant déjà connue, la différence entre la pendule A et le chronomètre E le sera conséquemment. Toutefois ceci suppose que le chronomètre C a bien gardé le temps sidéral, ou que sa marche du moins est connue, dans l'intervalle des signaux. Car cet intervalle est très-court, précisément à dessein qu'aucun instrument passable ne commettra d'erreur appréciable dans ce laps de temps. Le temps peut donc être regardé comme transmis de A en C, sans avance ni retard, sauf erreur d'observation, et jusqu'en E. De même, par le signal en F, et observé en E et Z, le temps transmis en E arrive en Z, ce qui permet de comparer les pendules en A et Z. L'expérience peut être répétée aussi souvent qu'il est nécessaire pour déterminer l'erreur par une moyenne, prise des résultats; et quand la série des stations est nombreuse, et celle des signaux telle que chaque observateur puisse noter alternativement ceux de chaque côté, ce qu'il est facile d'arranger à l'avance, plusieurs comparaisons peuvent être faites le long de la ligne à la fois, ce qui assure le temps et procure d'autres avantages; dans les cas importants, on répète ordinairement l'expérience plusieurs nuits de suite.

265. Au lieu de signaux artificiels, on peut en employer de naturels, quand ils se présentent suffisamment définis pour

l'observation. Dans une nuit claire, le nombre de ces singuliers météores, nommés étoiles filantes, que l'on peut observer est ordinairement très-grand, surtout du 9 au 10 août, du 12 au 13 novembre quelquefois ; comme ils paraissent et disparaissent soudain, et qu'ils ont lieu à une assez grande hauteur pour être visibles d'une grande étendue de la surface de la terre, il n'y a pas de doute qu'on les pourrait employer avec avantage, des observateurs éloignés se concertant pour y veiller et les observer (1).

266. Les perturbations soudaines de l'aiguille aimantée auxquelles on a donné le nom de chocs magnétiques, ont été remarquées, très-souvent enfin, comme simultanées sur tous les continents et peut-être sur tout le globe, de manière à pouvoir servir également. Si on les observe avec une attention précise au temps astronomique, ils donnent un moyen, plus précis peut-être que tout autre, de déterminer la différence de longitude ; pourvu toutefois que les remarques soient assez nombreuses, pour s'assurer de leur *identité*, et ne laisser aucun doute pour les intervalles de temps auxquels il paraissent exactement en deux stations.

Une autre espèce de signaux naturels d'une étendue plus grande encore et presque universelle, puisqu'ils sont visibles à la fois pour tout un hémisphère terrestre, est donnée par les éclipses des satellites de Jupiter, dont nous parlerons plus au long, quand nous traiterons de ces corps célestes. Chacune de ces éclipses est d'une application très-avantageuse à la série des signaux, car le temps de son apparition, à chaque station ou observatoire, peut être *prédite* par une longue suite d'observations et de calculs, et cette prédiction est assez certaine et suffisamment précise pour tenir lieu de l'observation. Ainsi, un observateur, en une station quelconque, ayant observé une ou plusieurs de ces éclipses et déterminé son temps local, au lieu de se mettre en communication avec l'observatoire de Greenwich, par exemple, pour s'informer de l'instant où l'éclipse y a eu lieu, peut se servir du *temps prédit* pour *Greenwich*, et déterminer par là de suite sa longitude. Ce mode de détermination des longitudes, n'est au reste, pas susceptible d'une grande exactitude, et l'on ne doit y recourir que faute

(1) L'idée première de ce procédé appartient à feu le docteur Maskelyne auquel le fait pratique usuel de ce retour périodique était inconnu. M. Cooper s'est servi des météores des 10 et 12 août 1847, pour déterminer les différences de longitude de Markree et Mont-Aigle en Irlande. On s'est également servi avec succès de ces météores en Allemagne pour s'assurer de quelques longitudes.

d'autres. La nature de l'observation est telle, d'ailleurs, qu'on ne peut la faire à la mer, en sorte, que si elle est utile au géographe, elle est sans avantage pour le navigateur(1).

267. Mais de tels phénomènes ne sont que des occurrences fortuites, et pendant leurs intervalles, quand on est privé de toute communication avec une autre station; il est indispensable d'avoir quelques moyens de déterminer les longitudes, non-seulement pour que le géographe puisse relever la position exacte de quelques points importants dans des contrées lointaines, mais encore pour que le navigateur puisse assurer sa course aventureuse, d'où dépend sa vie, celle de ses camarades, leurs fortunes et l'intérêt du pays. Ces moyens sont fournis par *les observations lunaires.* Quoique nous n'ayons pas encore initié le lecteur aux phénomènes du mouvement de la lune, cela ne nous empêchera pas d'exposer ici le principe de la méthode lunaire; il sera très-avantageux, au contraire, d'agir ainsi, puisque nous n'aurons affaire qu'au principe lui-même, sans le compliquer des difficultés dont est encombrée la théorie lunaire, et qui sont d'ailleurs complètement étrangères au *principe* de son application au problème des longitudes, qui est tout-à-fait élémentaire.

268. S'il y avait dans les cieux une horloge avec son cadran et ses aiguilles, qui marquât toujours le temps d'une observation, celui de Greenwich, par exemple, la longitude d'une station quelconque serait déterminée aussitôt que le *temps local* serait connu, et comparé avec celui de cette horloge. Or, l'office du cadran et des aiguilles d'une horloge est pour l'un, de porter une série de marques dont la position soit connue, et pour les autres de passer sur ces marques, en nous indiquant quelle heure il est, ou quel temps s'est écoulé depuis le moment où elles reposaient en un point déterminé.

269. Les marques du cadran d'une horloge sont uniformément distribuées sur toute la circonférence dont le centre est le point d'attache des aiguilles qui s'y meuvent uniformément. Mais il est évident qu'on pourrait y lire l'heure avec autant de certitude, quoique avec beaucoup plus d'embarras, si les marques du cadran n'étaient pas distribuées uniformément, si les aiguilles étaient excentriques et leur mouvement *non* uniforme, pourvu que l'on sût: 1° à quel intervalle, autour du cadran,

(1) On n'a pu réussir encore à empêcher les effets d'oscillation du navire, malgré toutes les précautions prises pour suspendre des fauteuils d'observation, et en cherchant à atténuer le roulis par des câbles à frottement, sans poulies, tout ce qu'on a pu faire ainsi, c'est de suspendre d'une manière plus confortable le hamac de l'auteur.

est placée la marque de l'heure et celle des minutes, telle qu'elle résulterait d'une table où elle serait enregistrée d'après les résultats prévus d'un mesurage soigné; 2° quelle est la valeur exacte et la direction d'excentricité du centre de mouvement des aiguilles; 3° quel mécanisme fait mouvoir les aiguilles pour connaître à chaque instant la vitesse de leur mouvement, et calculer, sans crainte d'erreur, *combien de temps* doit correspondre à *combien de mouvement angulaire.*

270. La surface visible des cieux étoilés est le cadran de notre horloge: les étoiles sont les marques autour, la lune en est l'aiguille, et son mouvement qui semble uniforme, lorsqu'on le considère superficiellement, est réglé par des lois d'une étonnante complication, inextricable dans ses résultats, quoique réellement d'une belle simplicité dans son principe: elle accomplit sa révolution parmi elles, en passant visiblement sur quelques-unes, les cachant ou les occultant, comme on dit, tandis qu'elle glisse à côté des autres; sa position parmi elles, à tous les instants où elle est visible, peut donc être exactement mesurée à l'aide d'un sextant, de même qu'on mesure la place d'une aiguille d'horloge parmi les marques du cadran avec un compas, et que l'on en conclut le temps à raison des lois connues et calculées de son mouvement. L'étudiant peut se convaincre par une observation de quelques nuits ou de quelques heures, qui est tout ce qu'il nous faut maintenant, que la lune *se meut parmi les étoiles*, tandis que ces dernières conservent constamment entre elles la même position relative.

271. Il ne manque qu'une seule circonstance pour rendre l'analogie complète. Supposons que les aiguilles de notre horloge, au lieu de se mouvoir *tout contre* le cadran, en soient très-distantes ou considérablement élevées au-dessus. A moins alors que nous ne mettions notre œil juste dans la ligne de leur centre, nous ne les verrons pas tomber exactement, ou se *projeter* à leurs vraies places sur le cadran. Si nous ne tenons pas compte de cette cause de changement optique de place, cette *parallaxe*, en négligeant de l'évaluer, occasionne de grandes méprises dans le temps, en rapportant l'aiguille à une marque erronée, ou en appréciant incorrectement sa distance de la bonne marque. D'un autre côté, si l'on a soin de noter, dans chaque cas d'observation du temps, la position exacte de l'œil, il n'y aura plus de difficulté à apprécier et à évaluer cette cause de déplacement apparent. Or c'est justement ce que l'on a par le mouvement apparent de la lune parmi les étoiles. La lune,

comme il paraît, est comparativement près de la terre; les étoiles en sont immensément distantes; conséquemment, puisque nous n'occupons pas le centre de la terre, mais bien sa surface qui change constamment de place, il survient une *parallaxe* qui paraît déplacer la lune parmi les étoiles, et dont il faut tenir compte avant de savoir la place qu'elle y occuperait si nous la voyions du centre de la terre.

272. Une horloge telle que celle que nous venons de décrire, serait mauvaise sans doute; mais si elle était *l'unique* et si des intérêts inestimables reposaient sur une parfaite connaissance du temps, nous la regarderions comme précieuse et nous n'épargnerions pas nos peines pour étudier les lois de ses mouvements, ou nous faciliter les moyens d'y *lire* correctement. Telle est la théorie lunaire dont l'objet est de régulariser les indications de cette horloge d'une marche étrangement irrégulière, afin de prédire avec une certitude absolue et longtemps d'avance, *aux environs* de quelles étoiles, à chaque heure, minute, seconde, de chaque jour, de chaque année, à l'observatoire de Greenwich, par exemple, la lune *serait* vue du centre de la terre, et *sera* vue de chaque point accessible de sa surface; voilà ce qui constitue la *méthode lunaire* des longitudes. Les distances angulaires apparentes de la lune, à chacune des étoiles principales qu'elle approche dans sa course, vue du centre de la terre, sont calculées dans des tables dressées avec la plus grande précision et que l'on publie dans les almanachs du gouvernement. Un observateur en un lieu quelconque du globe, sur mer ou sur terre, n'a pas plus tôt mesuré la distance de la lune à l'une de ces *étoiles repère*, dont la place dans les cieux est déterminée à cet effet avec le plus grand soin, qu'il a, de fait, achevé la comparaison de son temps local avec le temps local de chaque observatoire, ce qui le met à même d'établir la différence de longitude avec chacun d'eux et avec tous.

273. Les latitudes et les longitudes d'un nombre quelconque de points de la surface de la terre peuvent être établies par les méthodes décrites ci-dessus; fixant alors un nombre suffisant des points principaux, et remplissant les espaces intermédiaires à l'aide des mesurages locaux, on construirait des cartes géographiques où se verraient les contours des continents et des îles, le cours des rivières, les chaînes de montagnes, les villes et les villages, rapportés à leurs propres localités. Au reste, on a trouvé plus simple et plus facile, en pratique, de

partager chaque pays en une série de triangles dont les angles sont des stations visibles de l'une à l'autre. On mesure simplement les *angles* de ces triangles avec le théodolite, à l'exception *d'un seul triangle* dont *l'un des côtés*, qu'on appelle *base*, est mesuré avec tout le soin et toute la précision imaginables. Cette base est d'une médiocre étendue, rarement de plus de six à sept *miles* (9656 à 11265^{m}); on la choisit en terrain bien horizontal et le plus convenable d'ailleurs au mesurage. Ses deux points extrêmes sont marqués sur des plaques d'or ou de platine, et dans tous les cas, de manière à être conservés comme des repères de la plus haute importance; on mesure sa longueur entre ces deux points, avec toutes les précautions qui peuvent en assurer la précision; puis on détermine sa position par rapport au méridien et à la place géographique de chacune de ses extrémités.

274. La figure 31 représente une *série* de ces triangles, AB est la base; O, C sont des stations visibles de ses deux extrémités à la fois; O sera par exemple l'observatoire national auquel on doit avoir pour but de la rattacher aussi immédiatement que possible; D, E, F, G, H, K, sont d'autres stations, points remarquables du pays, et dont la connexion établit le réseau des triangles dont on doit le recouvrir. Maintenant il est clair que les angles A, B, C étant observés, et la base AB mesurée, les deux autres côtés du triangle, AC, BC, peuvent être calculés par les règles de la trigonométrie; chacun de ces côtés devient ainsi à son tour, une *base* qui servira à la détermination d'autres triangles. Par exemple, les angles des triangles ACG et BCF étant connus par l'observation, ainsi que leurs côtés AC et BC, on peut calculer les côtés AG, CG, et BF; CF, GC et CF étant connus, ainsi que l'angle qu'ils comprennent GCF, on peut calculer GF et ainsi de suite. Toutes les stations sont alors déterminées, rapportées, et par ce procédé qui peut embrasser une étendue quelconque, on construit une carte géographique du pays, aussi détaillée que l'on veut.

275. Il y a deux remarques importantes à faire, sur ce procédé. La première est qu'il est nécessaire de choisir les stations de manière à former des triangles qui n'aient pas une très-grande inégalité dans leurs angles. Par exemple, le triangle KBF serait très-impropre à déterminer la situation de F par les observations en B et en K, parce que l'angle F étant très-aigu, la moindre erreur d'observations de l'angle K, en pro-

duirait une très-grande pour l'emplacement de F, sur la ligne BF ; de tels triangles, mal conditionnés, sont donc à éviter, et avec cette précaution, la détermination des côtés calculés ne sera pas moins exacte que si l'on avait pu les mesurer ; donc, à mesure que de tous côtés nous nous éloignons de la base centrale, nous arrivons à avoir pour bases les côtés de triangles beaucoup plus grands, tels que GF, GH, HK ; par ce moyen la suite des opérations se fera sur une plus grande échelle, et embrassera plus d'étendue que si on l'eût continuée dans le voisinage immédiat de la base. Il devient facile ainsi de diviser tout un pays *en grands* triangles de 30 à 100 *miles* (48279 à 160931^{m}), suivant la nature du sol, qui déterminés une fois, peuvent se décomposer en plus petits par une nouvelle série d'opérations secondaires, et ainsi de suite jusqu'à ce qu'on ait amené les détails au degré voulu pour la carte qu'il s'agit de faire.

276. La seconde remarque que nous avons à faire est que tous les triangles en question ne sont pas, rigoureusement parlant, *plans*, mais *sphériques*, puisqu'ils sont sur la surface d'une sphère ou d'un ellipsoïde, pour parler correctement ; dans de très-petits triangles de dix à douze mille mètres de côté, cette différence est imperceptible et peut être négligée, mais dans de plus grands, il faut la prendre en considération.

Il est évident que chaque objet sur lequel on pointe le télescope d'un théodolite a une certaine *élévation*, non-seulement au-dessus du *sol*, mais encore au-dessus du niveau de la *mer*, et que d'ailleurs dans chaque cas, ces élévations sont différentes, ce qui paraît exiger une *réduction à l'horizon* de tous les angles mesurés. Mais de fait par la construction du théodolite (art. 192) qui n'est autre chose qu'un instrument hauteur-azimuth, la réduction *s'opère* à chaque lecture des angles horizontaux. Soit E (fig. 32) le centre de la terre ; soient A, B, C, les lieux de sa *surface sphérique* auxquels trois stations A, P, Q, dans un pays, sont rapportées par les rayons EA, EBP, ECQ. Si le théodolite stationne en A, l'axe de son cercle horizontal sera pointé vers E, quand il sera bien ajusté, et son plan sera tangent à la sphère en A, coupant les rayons EBP, ECQ, en M et N, *au-dessus* de la surface sphérique. Le télescope du théodolite, il est vrai, est pointé successivement sur P et sur Q ; mais les lectures de son cercle azimuth donnent : *non* l'angle PAQ entre les deux directions du télescope ou les objets, P, Q, vus de A ; *mais l'angle azimuthal* MAN qui est la mesure de l'angle A du triangle sphérique BAC. Il s'ensuit cette circonstance remarquable que la somme des trois angles observés d'un grand triangle, dans les opérations géodésiques, est toujours trouvée de plus de 180°; tandis que si la surface de la terre était plane, cette somme devrait être exactement 180° ; cet excédant qu'on nomme *excédant sphérique* est si loin d'être un indice de l'incorrection du travail, qu'au contraire il est la preuve de son exactitude, en même temps que celle de la sphéricité de la terre.

277. La vraie manière, alors, de concevoir le sujet d'un mesurage trigonométrique, quand la forme sphérique de la terre est prise en considération, est de regarder le réseau de triangles dont le pays est couvert, comme les bases d'un assemblage de pyramides convergentes au centre de la terre. Le théodolite donne les *vraies mesures des angles, compris entre les plans de ces pyramides ;* et la surface d'une sphère imaginaire sur le niveau de la mer, les coupe suivant un assemblage de triangles sphériques, au-dessus des angles desquels, sur les rayons prolongés, les stations réelles d'observation se trouvent élevées par les inégalités superficielles des montagnes et des vallées. Les calculs de trigonométrie sphérique que cette considération semble rendre nécessaires pour les réductions d'un mesurage, s'évitent, en pratique par une règle simple et facile qu'on appelle *règle pour l'excédant sphérique*, et que l'on trouve dans tous les ouvrages de trigonométrie. Si l'on veut tenir compte de l'ellipticité de la terre, cela se peut faire par des procédés de calculs trop compliqués pour que nous les donnions dans cet ouvrage.

278. Quel que soit le moyen de calcul que l'on adopte, il en résulte une réduction, au niveau de la mer, de tous les triangles, et par suite la détermination de la latitude et de la longitude géographiques de chaque station observée. Nous sommes donc en état de construire la carte d'un pays ; d'y tracer les contours des continents et des îles, enfin tous les détails sur lesquels nous ne nous étendrons pas ici, parce qu'ils sont plutôt du ressort de la géographie physique et statique, que de l'astronomie. Quelques mots sont nécessaires cependant sur les cartes dont on fait usage en astronomie, comme en géographie.

279. Une carte n'est autre chose qu'une représentation, sur un plan, de quelque portion de la surface de la sphère

avec des points ou des lignes exprimant les particularités du pays. Or, comme on ne peut étendre ou projeter une surface sphérique (pour ne pas nous occuper de l'ellipticité de la terre qui n'a pas d'importance ici), sur un plan sans déformation, par l'élargissement ou par la contraction de quelques parties ; que le système de projection décèle *quelles* sont les parties éloignées et celles contractées, et dans quelle proportion ; il s'ensuit que lorsque l'on fait la carte de grandes portions de la sphère, il y a une sensible différence dans la déformation, suivant le système de projection adopté.

280. Les projections le plus en usage pour les cartes sont celles, *orthographiques*, *stéréographiques*, et de *Mercator*. Dans la projection *orthographique*, chaque point de l'hémisphère est rapporté par une perpendiculaire à son plan diamétral ou base; en sorte que la représentation de l'hémisphère sur cette base est celle qui paraîtrait à un œil qui en serait à une distance infinie. Il est clair, d'après le dessin de la figure 33, que, dans ce genre de projection, les portions centrales sont les seules qui ne soient pas déformées; tandis que les autres le sont d'autant plus, qu'elles sont plus rapprochées des bords de la carte. C'est par cette raison que les projections orthographiques, très-bonnes pour de petites portions, sont peu utiles pour les grandes divisions du globe.

281. La projection *stéréographique* est en grande partie exempte de ce défaut. Pour la comprendre, concevons, fig. 34, un œil placé en E, l'une des extrémités du diamètre E C B de la sphère et ayant vue sur toute la surface concave de cette sphère, dont chaque point, tel que P, est rapporté au plan diamétral A D F, perpendiculaire à E B, par le rayon visuel P M E. La projection stéréographique de la sphère, alors, est une véritable perspective de sa concavité sur un plan diamétral; et comme telle, elle a quelques singulières et élégantes propriétés géométriques dont nous allons décrire une ou deux principales.

282. D'abord tous les cercles de la sphère sont représentés en projection par des cercles : par exemple, le grand cercle X se projette suivant le cercle *x*. Les seuls grands cercles passant par le sommet B sont projetés suivant des droites traversant le centre C : ainsi B P A est projeté suivant C A.

Ensuite chaque petit triangle G H K, sur la sphère est représenté par un triangle *semblable* *g h k*, dans la projection. C'est une propriété d'autant plus satisfaisante qu'elle assure la ressemblance de la carte avec la réalité, et permet de projeter tout un hémisphère sans déformation trop violente. Mais, si dans la projection orthographique, les bords de l'hémisphère sont refoulés ensemble, ils sont au contraire trop étalés dans la projection stéréographique à mesure qu'ils s'éloignent du centre.

283. Ces deux espèces de projections peuvent être regardées comme *naturelles*, car ce sont réellement des perspectives sur une surface plane. Celle de Mercator est entièrement artificielle, puisqu'elle représente la sphère comme on ne peut la voir d'aucun point, mais comme elle peut être vue par un œil qui la parcourrait successivement. Dans cette méthode, les degrés de *longitude* et ceux de *latitude* conservent toujours les uns et les autres leurs véritables proportions; on conçoit l'équateur s'étendant en droite ligne et les méridiens à angles droits avec lui, comme dans la figure 35. Au reste, une carte ainsi projetée ressemble à celle que l'on obtiendrait en rapportant chaque point du globe à un cylindre qui l'envelopperait, par des lignes tirées du centre et déroulant le cylindre sur un plan. Ainsi qu'avec la projection stéréographique, la représentation de la *forme* est vraie, pour chaque petite portion, mais son *échelle* varie beaucoup dans les différentes régions; les portions polaires sont ridiculement élargies, et la carte d'un simple hémisphère n'a pas de limites déterminées.

284. Sans entrer ici dans aucun détail géographique, nous signalerons comme très-remarquable par sa liaison avec l'astronomie, un résultat de découverte maritime qui a lieu sur une grande échelle. Quand les continents et les mers sont projetés sur un globe (et depuis la découverte de l'Australie, nous sommes certains qu'il n'y a pas de terres inconnues de quelque étendue, excepté peut-être au pôle sud), on trouve qu'il est possible de diviser le globe en deux hémisphères dont l'un est *presque toute la terre ferme*, tandis que l'autre est presque entièrement la mer. Un fait qui ne manque pas d'intérêt pour les Anglais et qui joint à leur position insulaire dans l'Atlantique, cette grande route des nations, explique un peu leur proéminence commerciale, c'est que Londres, ou plus exactement Falmouth (1), occupe à peu près le centre de

(1) Cette prétention, que l'astronome anglais n'a sans doute mis en avant que pour plaire à sa nation, est loin d'être justifiée, et M. Francœur qui l'a relevée, ajoute avec raison qu'il semblerait plus vrai de mettre ce centre au Caire ou à Bagdad, et de regarder Londres comme relégué sur les confins. (*N. du Trad.*)

l'hémisphère de terre ferme. Astronomiquement parlant, la divisibilité du globe en hémisphères océanique et terrestre est importante, en ce qu'elle démontre le manque d'égalité dans la densité des matières solides des deux hémisphères. Considérant l'ensemble de la masse, terre et eau, comme dans un état d'*équilibre*, il est évident que la moitié qui est proéminente doit être nécessairement *flottante;* non que nous voulions dire qu'elle est plus légère que l'*eau*, mais, par rapport à tout le globe, elle est *spécifiquement moins pesante* que la masse fluide. Nous laissons aux géologues à tirer de ces prémices leurs conclusions qui nous semblent assez claires, quant à la constitution intérieure du globe et à la nature immédiate des forces qui soutiennent les continents à leur élévation actuelle. Mais nous ne perdrons pas de vue ce fait général dans celles de nos recherches à venir qui auront pour objet d'expliquer les déviations locales de l'intensité de la gravité par rapport à celle que requiert l'hypothèse d'une figure exactement elliptique.

285. Nous n'aurions qu'une connaissance incomplète de la surface de notre globe, si nous ignorions les hauteurs de chaque partie de terre au-dessus du niveau de la mer, et la dépression du lit de l'Océan au-dessous de la surface de ses eaux. On atteint ce dernier objet, par des sondages directs quoique péniblement et lentement, et le premier par deux méthodes distinctes : l'une consiste en mesurage trigonométrique des différences de niveau de toutes les stations d'un levé; l'autre dans l'emploi du baromètre, dont le principe est en quelque sorte identique avec celui de la ligne de sonde. Dans les deux cas, on mesure la distance du point dont on veut connaître le niveau à la surface d'un océan en équilibre; seulement, l'un est un océan d'eau, et l'autre un océan d'air. Dans l'un, la ligne de sonde est réelle et matérielle; dans l'autre, elle est imaginaire et donnée par la hauteur de la colonne de mercure à laquelle l'air environnant fait équilibre.

286. Supposons qu'au lieu d'une couche d'air, ce soit une couche d'huile qui recouvre la terre ferme et l'océan, et que l'homme puisse vivre de même. Soit ABCDE (*fig.* 36) un continent dont une partie ABC fait saillie au-dessus de l'eau, mais qui est recouverte d'une couche d'huile d'une épaisseur uniforme sur tout l'océan. Si l'on veut savoir la hauteur de D au-dessous du niveau de la mer, nous y laisserons tomber la sonde de F; mais pour la hauteur de B, au-dessous du même niveau, il

faudra de B laisser aller un flotteur jusqu'à la surface de l'huile ; et, *ayant fait la même chose en un point C au niveau de la mer, la différence des deux lignes des flotteurs, donnera la hauteur cherchée C b.*

287. Maintenant, quoique l'atmosphère n'ait pas, comme l'huile, une surface positive également définie, et quoiqu'on n'y puisse pas envoyer un flotteur, elle possède cependant toutes les propriétés d'un fluide réellement essentiel au but que nous nous proposons, et particulièrement celle-ci : que sur toute la surface du globe, ses *couches d'égale densité* sont parallèles à la surface d'équilibre, ou bien à ce qui serait la surface de la mer, si elle *était prolongée sous les continents*, et qu'en conséquence, chacune des couches atmosphériques a tous les caractères d'une surface définie qui peut servir de repère de mesure, pourvu que cette couche soit elle-même positivement déterminée. Or, la hauteur à laquelle s'élève le mercure dans le baromètre, à la station B, par exemple, nous informe *tout de suite* de combien l'atmosphère pèse en B, ou en d'autres termes, dans *quelle couche* de l'atmosphère générale, indiquée par sa densité, B est situé. On en conclut, par un raisonnement fondé sur les principes de la mécanique, à quelle hauteur au-dessus du niveau de la mer, se trouve ce *degré de densité* sur toute la surface du globe. Tel est le principe de l'application du baromètre à la mesure des hauteurs ; on en trouvera les détails dans l'Astronomie physique de Biot, vol. 3, ainsi que des tables barométriques toutes calculées, tant dans cet ouvrage, que dans l'Annuaire du bureau des longitudes de France.

288. Nous nous contenterons ici de protester contre la dépendance implicite des mesurages barométriques, excepté comme procédé de vérification, pour des stations qui ne sont pas très-éloignées l'une de l'autre. Ils se fient, dans leur application, sur un *état d'équilibre* des couches atmosphériques sur tout le globe, qui est bien loin d'être leur état habituel (art. 37), les vents et surtout les courants qui s'établissent sur les grands continents, *tendent*, sans aucun doute, à établir quelque degré de conformité dans la courbure de ces couches par rapport à la forme *générale* de la surface de la terre, et à donner par conséquent en quelques points une hauteur factice à la colonne de mercure. D'un autre côté, l'existence des localités où l'on trouve l'étonnante dépression du baromètre, de près de 2 centimètres, a été prouvée clairement par

les observations de Ermann en Sibérie et de Ross dans la mer antarctique. C'est probablement la même cause qui produit cet effet, et l'on doit considérer cet abaissement du baromètre, comme le complément de son élévation factice en d'autres régions.

289. Connaissant les hauteurs des stations au-dessus de la mer, on peut lier toutes les stations de même hauteur par des lignes de niveau, dont la plus basse sera celle du contour des côtes de la mer; puis celles des contours que prendrait graduellement la mer, en s'élevant par des niveaux successifs jusqu'à la submersion des plus hautes montagnes. Le fond des vallées et les crêtes des montagnes sont déterminés par leurs propriétés de couper toutes ces lignes de niveau à angles droits, les perpendiculaires les plus courtes marquant, comme les plus longues, la distance du sommet à la mer. Les premières indiquant les cours d'eau du pays, les secondes le divisant en bassins d'écoulement; les uns et les autres indiquant les arrondissements naturels du caractère le plus ineffaçable, d'où dépendent principalement la distribution, les limites et toutes autres particularités des sociétés humaines.

La hauteur moyenne du continent de l'Europe, ou la hauteur qu'elle aurait en faisant disparaître l'inégalité des montagnes pour ramener le tout à un même niveau, est, suivant Humboldt, de 671 *feet* (204 mètres); celle de l'Asie de 1137 *feet* (346 mètres); celle de l'Amérique Nord de 748 *feet* (228 mètres), et celle de l'Amérique Sud de 1151 *feet* (387 mètres).

CHAPITRE V.

URANOGRAPHIE.

Construction de cartes célestes et de globes pour les observations des ascensions droites et des déclinaisons. — Corps célestes, distingués en fixes et errants. — Constellations. — Régions naturelles dans les cieux. — Voie lactée. — Zodiaque; écliptique. — Latitudes et longitudes célestes. — Précession des équinoxes. — Nutation. — Aberration. — Réfraction. — Parallaxe. — Vues générales de corrections uranographiques.

290. La détermination des situations relatives des objets dans les cieux, et la construction de cartes et de globes qui représentent fidèlement leurs mutuelles configurations, avec des catalogues indicatifs de leur position précise, est une tâche plus simple et moins fatigante que celle accomplie pour me-

surer la terre et en établir la carte. Chaque étoile, dans la grande constellation qui paraît faire sa révolution au-dessus de nous, constitue une station céleste, pour ainsi dire. Parmi ces stations, nous pouvons, comme sur terre, opérer une triangulation, en mesurant avec des instruments convenables leurs distances angulaires, faisant la correction des effets de la réfraction, et les mettant ainsi en état d'être rapportées sur une carte, comme on y rapporte les villes et les villages d'un pays; tout cela, sans bouger de place, au moins pour toutes les étoiles qui paraissent s'élever au-dessus de notre horizon.

291. Sans doute, on peut atteindre à une grande exactitude par ces moyens, et construire ainsi d'excellentes cartes célestes; mais il est plus simple, plus facile, et en même temps, infiniment *plus* expéditif pour nous de prendre avantage de la rotation de la terre sur son axe, en observant chaque objet céleste à son passage à notre méridien, en le rapportant d'une manière indépendante et séparée à l'équateur céleste, et fixant ainsi sa place sur une sphère imaginaire que nous concevons faire sa révolution autour de nous, et sur laquelle nous le projetons.

292. L'ascension droite et la déclinaison d'un point dans les cieux, correspondant à la longitude et à la latitude d'une station sur terre, la place d'une étoile est déterminée sur la sphère céleste, quand les premiers sont connus, juste comme celle d'une ville sur la carte par les derniers. Les grands avantages de la méthode d'observation au méridien, sur la triangulation d'étoile à étoile sont : 1° que chaque étoile est observée en ce point de sa course diurne où elle est le mieux vue et le moins déplacée par la réfraction; 2° que les instruments nécessaires, celui du passage et le cercle mural, sont les plus simples et les moins sujets à se déranger de tous ceux qu'ont les astronomes; 3° que toutes les observations peuvent être faites systématiquement, en se succédant régulièrement et avec les mêmes avantages, sans qu'il y soit question de triangles favorables ou défavorables; enfin que les quantités que l'on ne pourrait obtenir que par des calculs longs et fatigants, des opérations de trigonométrie sphérique, et qui sont essentielles à la formation d'un catalogue, sont données immédiatement par l'observation. Il est presque inutile d'ajouter que c'est la méthode adoptée par les astronomes.

293. Tout ce qu'il est nécessaire d'observer, pour déterminer l'ascension droite d'un corps céleste, c'est l'instant de son

passage au méridien, avec l'instrument du passage, à l'aide d'une pendule réglée sur le temps sidéral exact, ou dont l'erreur et la marche sont mises en ligne de compte. La *marche* peut s'obtenir par des observations répétées de la même étoile à ses passages successifs au méridien. L'*erreur* exige la connaissance de l'*équinoxe*, ou point initial duquel toutes les ascensions droites dans les cieux sont comptées, comme les longitudes le sont sur terre à partir d'un premier méridien.

294. Nous expliquerons ici la nature de ce point initial; quoique cette connaissance de l'équinoxe ne soit pas nécessaire, en uranographie, pour tout ce qui concerne la configuration des étoiles entre elles. Le choix de l'équinoxe, comme point zéro des ascensions droites, est purement de convention; mais de même que sur terre, une station, telle que l'observatoire national, doit être choisie pour point de départ des longitudes, en uranographie il faut choisir quelque étoile remarquable pour un point initial des angles horaires et duquel se déduit la situation de tous les autres, par la simple observation des *différences* ou des *intervalles* de temps. Dans la pratique, ces intervalles sont affectés de certaines petites causes d'inégalités dont il faut tenir compte, ainsi que nous l'expliquerons en temps et lieu convenables.

295. On obtient les déclinaisons des objets célestes : 1° par l'observation de leurs *hauteurs méridiennes* avec le cercle mural ou autres instruments convenables. Cela exige que l'on connaisse la latitude géographique de la station de l'observation, et on l'obtient elle-même par des observations célestes; 2° et plus directement, par l'observation de leurs *distances polaires* sur le cercle mural, comme nous l'avons expliqué, art. 170, ce qui est indépendant de toute détermination préalable de la station; dans ce cas, toutefois, l'observation ne donne pas directement et immédiatement les déclinaisons *exactes*. Il faut faire la correction de la réfraction et de toutes les autres petites causes d'inégalités auxquelles nous avons fait allusion en parlant des ascensions droites.

296. De cette manière, on peut assigner les places de tous les corps célestes, entre eux, et construire des cartes et des globes; mais ici s'élève une question très-importante. Jusqu'à quel point ces places sont-elles permanentes? ces étoiles et ces grands luminaires du ciel conservent-ils toujours une liaison invariable et relative de place entre eux, comme s'ils faisaient partie d'un firmament solide, quoique invisible; et con-

servent-ils, comme les grandes inégalités du sol de la terre, les distances invariables qui les séparent? s'il en était ainsi, l'idée la plus rationnelle que nous pourrions nous former de l'univers serait celle d'une terre en repos absolu au centre, avec une voûte de cristal tournant autour et emportant avec elle, dans sa révolution diurne, le soleil, la lune et les étoiles. Mais si cela n'est pas, nous devons rejeter une telle idée et rechercher l'histoire distincte de chaque objet pour découvrir les lois de son mouvement particulier, et de sa liaison avec les autres.

297. Bien loin que les corps célestes restent dans la même place, les observations, faites même à la hâte, suffisent pour prouver que quelques-uns au moins des corps célestes et les plus remarquables, changent continuellement de place, les uns par rapport aux autres. Pour la lune, ce changement est si rapide et si remarquable que l'on peut le constater en quelques heures d'une belle nuit par rapport à quelques étoiles brillantes dans son voisinage; et cela ne peut manquer de frapper l'observateur le moins soigneux, s'il y regarde deux nuits de suite. Pour le soleil, le changement de place parmi les étoiles est constant et rapide aussi, mais il n'est pas aussi facile à reconnaître, à raison de l'invisibilité des étoiles à l'œil nu, ce qui exige l'emploi de télescopes et d'instruments angulaires pour le mesurer, comme aussi une plus longue observation pour en être frappé. Néanmoins, il suffit de se rappeler que la hauteur méridienne est plus grande l'été que l'hiver, et que les étoiles qui viennent en vue la nuit (et qui sont par conséquent situées dans un hémisphère opposé à celui occupé par le soleil qu'elles ont pour centre), varient avec les saisons, pour s'apercevoir qu'un grand changement a dû avoir lieu, dans l'intervalle, dans leur situation relative à celle des autres étoiles. Outre le soleil et la lune, il y a plusieurs autres corps célestes, qu'on nomme planètes, et qui offrent les mêmes phénomènes d'un changement constant de place parmi les étoiles, dont elles paraissent à l'œil nu les plus grandes et les plus brillantes. Tantôt elles s'approchent, tantôt elles s'éloignent des étoiles qui peuvent leur servir de repères, quelques-unes faisant le tour entier des cieux dans des périodes plus longues, et quelques autres, comme le soleil et la lune, dans des périodes plus courtes.

298. Toutefois ce sont des exceptions à la règle générale : l'innombrable multitude des étoiles qui sont distribuées sur

la voûte des cieux, forme une constellation qui conserve; non pas seulement à l'œil d'un observateur ordinaire, mais encore à l'examen d'un astronome, une uniformité d'aspect qui, par son contraste avec le perpétuel changement du soleil, de la lune et des autres planètes, peut bien s'appeler invariable. Il est vrai cependant que par les soins de mesures exactes prises d'âge en âge, quelques petits changements de place apparents, qu'on ne peut attribuer ni à quelque illusion ni à quelque cause *terrestre*, ont été découverts pour quelques-unes d'elles, (*mouvements propres* des astres, comme on les appelle en astronomie), mais ils sont si excessivement lents que, même pour les étoiles où ils sont les plus grands, ils ont été insuffisants pour produire quelque altération matérielle dans l'apparence des cieux étoilés, depuis que l'on a écrit l'histoire de l'astronomie.

299. Une distinction formelle range donc ainsi les corps célestes en deux grandes classes : ceux fixes, parmi lesquels on n'a pu découvrir aucun changement de situation mutuelle, au moins pendant le cours des observations de plusieurs années; ceux errants, comme l'indique leur nom grec πλανητης (planètes) comprennent le soleil, la lune, et non-seulement les planètes proprement dites, mais encore les comètes, ces corps singuliers qui, en peu de jours, ou même en peu d'heures, montrent un changement incontestable de situation parmi les étoiles et entre elles.

300. L'uranographie se réduit, en ce qui concerne les corps célestes fixes, ou comme on dit ordinairement les étoiles fixes, à marquer leurs places respectives sur un globe ou sur des cartes; elle comprend aussi l'insertion sur le globe, en situation convenable dans la grande constellation des étoiles, du pôle des cieux, ou du point évanouissant des parallèles à l'axe de la terre; de plus, l'équateur et la place de l'équinoxe : quoique ces points et ces cercles soient artificiels, et que, se rapportant entièrement à notre terre, ils soient sujets à tous les changements que peut éprouver l'axe de la terre, ils sont cependant si utiles dans la pratique, que l'usage en a consacré l'admission, ainsi que celle de quelques autres cercles, sur tous les globes et planisphères. Au reste, le lecteur aura soin de les en séparer dans sa pensée, et de se familiariser plutôt avec l'idée de *deux* ou plusieurs globes célestes, superposés l'un à l'autre, sur l'un desquels, comme le seul réel, seraient indiquées les étoiles, tandis que sur les autres se trouveraient les points, les lignes et les cercles imaginaires que les astro-

nomes ont inventés, comme repères, pour s'en aider dans leurs calculs. Le lecteur devra s'accoutumer aussi à regarder ces sphères imaginaires comme se mouvant en tous sens sur la surface de la sphère étoilée, afin de n'être pas surpris, et de n'éprouver aucune confusion à corriger ses notions, si l'expérience vient à lui démontrer, comme elle le fera, que ces points et lignes artificiels sont amenés par le mouvement lent de l'axe de la terre, ou par d'autres *variations séculaires*, comme on les appelle, à coïncider, à de très-grands intervalles de temps, avec différentes étoiles.

301. Enfin, nous ne voulons pas parler ici de ces figures bizarres d'hommes et de monstres, qui sont habituellement tracées sur les globes et cartes célestes, et qui servent, par un usage grossier et barbare, à dénommer des groupes d'étoiles ou les régions des cieux, quoique leurs noms, absurdes ou puérils dans l'origine, aient fini par obtenir une vogue qu'il serait difficile et peut-être inutile de leur ôter. Quelques-uns de ces noms, cependant, ont une faible analogie avec les figures que les constellations les plus brillantes rappellent à notre imagination ; mais en général, comme ils sont entièrement arbitraires, et ne correspondent à aucune subdivision *naturelle* ou groupes des étoiles, les astronomes s'en occupent peu ou point (1), à moins qu'ils n'aient à *nommer* brièvement des étoiles par les lettres de l'alphabet grec dont elles suivent l'ordre pour chaque constellation, α du lion, β du scorpion, etc. Le lecteur les trouvera sur quelques cartes et globes célestes, et il pourra, en les comparant avec les cieux, en apprendre les positions.

302. Au reste, il ne manque pas de régions *naturelles* dans les cieux, offrant des particularités de caractère propres à frapper un observateur ; telle est la *voie lactée*, cette grande bande lumineuse qui, chaque soir, se dessine au travers du ciel, d'un bout à l'autre de l'horizon, et qui, tracée avec soin, se trouve former une zone enveloppant complètement *toute la sphère*, presque dans un grand cercle, qui n'est ni un cercle *horaire*, ni coïncident avec aucune autre annotation astronomique. Elle se partage en une partie de son cours,

(1) Ce mépris n'est ni présomptueux ni sans cause. Il semble qu'on ait pris à tâche d'introduire le plus de confusion et d'inconvénients possible par ces noms et par ces dessins. D'innombrables serpents se tortillent pour contourner les aires des cieux, et la mémoire ne peut les suivre ; ours, lions et poissons, petits et grands, du nord et du sud, rendent la nomenclature confuse. Un meilleur système de constellations eût pu rendre service comme artifice de mémoire.

suivant une espèce d'embranchement qui se réunit après être resté distinct l'espace de 150 degrés environ. Cette ceinture remarquable a gardé, depuis les siècles les plus reculés, la même situation relative parmi les étoiles, et quand on l'examine avec de puissants télescopes, on trouve, chose merveilleuse, qu'elle *se compose entièrement d'étoiles amoncelées par millions*, comme une poussière brillante sur le fond noir des cieux. Nous en donnerons une description plus détaillée dans le cours de cet ouvrage.

303. Une autre région remarquable dans les cieux, est le *zodiaque*, non par aucune particularité de sa constitution, mais comme étant l'aire dans laquelle sont relégués les mouvements apparents du soleil, de la lune et des autres grandes planètes. Pour tracer la marche de l'une d'elles, il suffit de déterminer, par une constante observation, sa place à diverses époques; formant aussi sur une sphère ou sur une carte des points de repère suffisants, on les peut joindre par une ligne semblable à celle par laquelle on indique la marche d'un vaisseau en mer, en relatant sur la carte sa position de chaque jour. En opérant ainsi, on trouve : 1° que la marche ou trace apparente du soleil sur la surface des cieux, est exactement un grand cercle de la sphère, que l'on nomme *écliptique*, et qui est incliné à l'équinoxial d'un angle d'environ 23° 28', le coupant en deux points opposés, qui s'appellent les points équinoxiaux ou équinoxes, l'un du printemps, l'autre de l'automne : l'équinoxe du printemps est le point d'intersection de la marche du soleil, coupant l'équinoxial du Sud au Nord; l'équinoxe d'automne arrive quand le soleil quitte l'hémisphère nord pour entrer dans l'hémisphère sud : 2° on trouve que la lune et les planètes, dans une marche semblable, entourent tous les cieux, mais non, comme le soleil, suivant de grands cercles, retournant exactement sur eux-mêmes, et coupant la sphère en deux portions égales, mais plutôt suivant des courbes spirales très-compliquées, qu'elles décrivent avec des vitesses inégales dans leurs différentes parties, elles ont toutes d'ailleurs ceci de commun, que la *direction générale* de leurs mouvements est la même que celle du soleil, ou de l'Ouest à l'Est, c'est-à-dire, le contraire de celle suivant laquelle elles semblent entraînées, ainsi que les étoiles, dans le mouvement diurne des cieux. En outre, elles ne dévient jamais loin de l'écliptique d'un ou d'autre côté, le croisant et le recroisant à des intervalles réguliers de temps égaux, et se confinant dans

cette zone ou ceinture, que nous avons déjà nommée le *zodiaque*, et qui s'étend sur 9° de chaque côté de l'écliptique.

304. Il serait évidemment inutile de tracer sur des globes ou des cartes les traces apparentes de chacun des corps qui ne suivent jamais le même cours, et qui doivent occuper, d'un moment à l'autre de leur histoire, chacun des points de l'aire de cette zone des cieux dans laquelle ils sont circonscrits. La complication apparente de leur mouvement, celui de la lune excepté, provient de ce que nous les voyons d'une station qui est elle-même en mouvement; elle disparaîtrait si nous pouvions avoir un point de vue fixe, et les observer du soleil. D'un autre côté, le mouvement apparent du soleil se présente à nous sous sa forme la moins compliquée, et l'on peut l'étudier, de notre station sur terre, avec le plus grand avantage. Ainsi, indépendamment de l'importance du soleil pour nous, à tous autres égards, c'est par la recherche des lois de ses mouvements que nous devons commencer, pour parvenir à la connaissance du mouvement de tous les autres corps de notre système.

305. L'écliptique, qui est la marche apparente du soleil parmi les étoiles, est parcourue, dans une période appelée *année sidérale*, qui se compose de 365 j. 6 h. 9 m. 9 s. 6, en temps solaire moyen; et de 366 j. 6 h. 9 m. 9 s. 6, en temps sidéral. La raison de cette différence, origine de celle entre le temps solaire et sidéral, est que, le mouvement annuel apparent du soleil, *parmi* les étoiles, se faisant en direction contraire à son mouvement *diurne* apparent et à celui des étoiles, cela revient au même que si le mouvement diurne du soleil était plus *lent* que celui des étoiles, ou que si les étoiles laissaient le soleil derrière elles dans leur course journalière : quand cela a eu lieu pendant toute l'année, le soleil est venu en arrière des étoiles de toute la circonférence des cieux; ou bien, en d'autres termes, dans une année, le soleil a fait une révolution diurne de moins que les étoiles. Ainsi, le même intervalle de temps, qui se mesure par 366 j. 6 h. de temps sidéral, est compté en jours solaires moyens pour 365 j. 6 h., etc.; le rapport du jour solaire moyen au jour sidéral est donc, en fraction décimale, celui de 1,00273791 à 1. La mesure du temps rapportée à ces deux étalons différents, peut se comparer à celle des pieds et aunes de deux nations, ce qui ne peut entraîner aucune erreur, dès que leur rapport est fixé.

306. La position de l'écliptique parmi les étoiles peut être regardée comme invariable, pour l'objet que nous avons main-

tenant en vue, quoique cela ne soit pas rigoureusement vrai. En comparant sa position actuelle avec celle qu'elle avait à l'époque la plus éloignée, dont on a les observations, on trouve de petits changements, dont la théorie rend compte, et dont nous expliquerons la nature ailleurs; mais ces changements sont si excessivement lents, que pendant une longue suite d'années, ou même de siècles, ce cercle peut être regardé comme conservant la même position dans les cieux étoilés.

307. Les pôles de l'écliptique, comme ceux de tout autre grand cercle de la sphère, sont des points opposés de sa surface, équidistants de l'écliptique dans chaque direction. Ils ne coïncident pas avec ceux de l'équinoxial, mais ils en sont distants d'un intervalle angulaire, égal à l'inclinaison de l'écliptique à l'équinoxial (23° 28'), et que l'on appelle l'*obliquité de l'écliptique*. Dans la fig. 37 P *p*, représentant les pôles Nord et Sud, (ce qui, sans autre qualification, signifiera toujours pour nous les pôles de l'*équinoxial*), E A Q V l'équinoxial, V S A W, l'écliptique avec ses pôles K *k*, l'angle sphérique QVS est l'obliquité de l'écliptique, mesurée angulairement par P K ou S Q. Si nous supposons le mouvement apparent du soleil dans la direction V S A W, sera l'équinoxe du *printemps*, et A l'équinoxe d'*automne*. Les deux points S et W auxquels l'écliptique est la plus distante de l'équinoxial, se nomment *solstices*, parce qu'aux époques où le soleil y arrive, il cesse de s'éloigner de l'équateur, et paraît en repos dans les cieux, en ce qui concerne du moins son mouvement de déclinaison. Le point S, où le soleil a sa plus grande déclinaison Nord, se nomme le solstice d'*été*, et le point W, où il a sa plus grande déclinaison Sud, le solstice d'*hiver*. Ces épithètes sont relatives à la dépendance où sont les saisons de ces déclinaisons, ainsi que nous l'expliquerons dans le prochain chapitre. Le cercle E K P Q *kp* qui passe par les pôles de l'écliptique et ceux de l'équinoxial, se nomme le *colure des solstices*; et le *colure des équinoxes* est le méridien P V*p*A, qui passe par les équinoxes.

308. Puisque l'écliptique conserve une position déterminée dans les cieux étoilés, on peut l'employer, comme l'équinoxial, à y rapporter les positions des étoiles, par des cercles qui passent par ses pôles et qui lui sont conséquemment perpendiculaires; on nomme, en astronomie, ces cercles, cercles de latitude; la distance d'une étoile à l'écliptique comptée sur le cercle de latitude passant par cette étoile, se nomme la *latitude* des étoiles; l'arc de l'écliptique entre l'équinoxe du printemps

et ce cercle, en est la *longitude* Dans la fig. 37, X est une étoile, P X R un cercle de déclinaison qui, mené par elle, sert à la rapporter à l'équinoxial, et KXT un cercle de latitude la rapportant à l'écliptique ; ainsi de même que V R est l'ascension droite et R X la déclinaison de X, V T en est la longitude et T X la latitude. L'emploi des termes longitude et latitude, en ce sens, semble avoir pour origine la considération de l'écliptique comme formant une espèce d'équateur naturel pour les cieux, comme l'équateur terrestre pour la terre ; l'un conservant sa position invariable par rapport aux étoiles, comme l'autre par rapport aux stations de la surface terrestre. La force de cette observation va devenir apparente.

309. Connaissant l'ascension droite et la déclinaison d'un objet, on peut trouver sa longitude et sa latitude, et réciproquement. C'est un problème d'un emploi fréquent en astronomie physique, et dont voici la solution : le colure des solstices EKPQ (fig. 37) est à 90° de distance de V, l'équinoxe du printemps, qui est l'un de ses pôles, en sorte que l'ascension droite VR étant donnée, ainsi que VE, l'arc ER, avec sa mesure l'angle sphérique EPR ou KPX, est connu. Dans le triangle KPX alors, nous avons donné : 1° le côté P K qui, étant la distance des pôles de l'écliptique et de l'équinoxial, est égal à l'obliquité de l'écliptique ; 2° le côté PX, *distance polaire*, ou complément de la déclinaison RX ; 3° l'angle compris KPX ; et par conséquent il est aisé de trouver, par la trigonométrie sphérique, l'autre côté KX et les deux autres angles. Or, KX est le complément de la latitude cherchée XT, et l'angle PKX étant connu, ainsi que PKV comme angle droit, SV étant de 90°, l'angle XKV se trouve connu et il n'est autre que la mesure de la longitude VT de l'objet. Le problème inverse se résout par le même triangle, et absolument de la même manière.

310. Il est souvent utile aussi de connaître la situation de l'écliptique dans les cieux visibles en un instant donné ; c'est-à-dire, les points où il coupe l'horizon et la hauteur du plus élevé de ces points, ou comme on l'appelle quelquefois le *nonagésime* de l'écliptique, aussi bien que la longitude de ce point sur l'écliptique même, à partir de l'équinoxe. Ces questions et toutes celles qui ont rapport à ces mêmes données, se résolvent par le triangle sphérique ZPE (fig. 41), qui est formé par le zénith Z, considéré comme le pôle de l'horizon, par le pôle P de l'équinoxial, et par le pôle E de l'écliptique. Le temps

sidéral étant donné, et aussi l'ascension droite du pôle de l'écliptique, (toujours la même, est de 18 h. 0 m. 0 s.), l'angle horaire de ce point ZPE est connue. On a donc alors dans le triangle : PZ, complément de la latitude; PE, la distance polaire du pôle de l'écliptique 23° 28', et l'angle ZPE; on en conclut: 1° le côté ZE qui est égal, comme on le peut voir aisément, à la hauteur du nonagésime; 2° l'angle PZE, qui est l'azimuth du pôle de l'écliptique, et qui, par conséquent, en l'ajoutant à 90°, ou l'en retranchant, donne les azimuths des intersections Est et Ouest de l'écliptique avec l'horizon. Enfin, la longitude du nonagésime peut s'obtenir en calculant l'angle PEZ, qui en est le complément.

311. L'*angle de situation* d'un astre, est l'angle compris entre les cercles de latitude et de déclinaison qui passent par l'astre. Pour le déterminer, il faut résoudre le triangle PSE dans lequel sont donnés PS, SE, et l'angle SPE, qui est la différence entre l'ascension droite de l'astre et 18 h.; il est aisé d'en conclure l'angle cherché PSE. Cet angle a plusieurs usages en astronomie. On l'appelle angle de *position*, dans plusieurs livres; mais l'autre expression dont nous nous sommes servi, est plus convenable (*voyez* art. 204).

312. La même série d'observations qui a tracé la marche du soleil parmi les étoiles fixes, et marqué par suite l'écliptique, détermine encore la place de l'équinoxe V (fig. 37) sur la sphère étoilée au même temps; ce point équinoxial est d'une grande importance en astronomie pratique, comme le point de départ ou le zéro de l'ascension droite. Maintenant, quand on répète ce procédé à des intervalles de temps considérables, on observe un phénomène très-remarquable, c'est-à-dire que l'équinoxe ne conserve pas une place constante parmi les étoiles, mais qu'il change de place, voyageant continuellement et régulièrement, quoique avec une extrême lenteur, *en arrière*, le long de l'écliptique dans la direction V W de l'Est à l'Ouest, *contraire* à celle suivant laquelle le soleil paraît se mouvoir dans ce cercle. Comme l'écliptique et l'équinoxial ne sont pas très-inclinés entre eux, le mouvement de l'équinoxe de l'Est à l'Ouest le long du premier, concourt, généralement parlant, avec le mouvement diurne, et lui donne par rapport à ce mouvement, une avance continuelle sur les étoiles : de là vient le nom de *précession des équinoxes*, parce que la place de l'équinoxe parmi les étoiles, à chaque instant, *précède* relativement

au mouvement diurne; celle qu'il avait un instant auparavant. Le mouvement par lequel l'équinoxe recule, ou rétrograde, comme on dit, sur l'écliptique est compté, *par an*, 0° 0' 50" 10, quantité extrêmement faible, mais qui, par son accumulation continuelle d'année en année, finit par devenir très-sensible, et qui ne laisse pas que d'être un grand inconvénient pour les astronomes pratiques, parce qu'elle détruit, en peu d'années, l'arrangement de leurs catalogues d'étoiles, et qu'elle en nécessite de nouveaux. Depuis la formation des plus anciens catalogues connus, l'équinoxe a déjà rétrogradé d'environ 30°. La période dans laquelle il achève le tour complet de l'écliptique est de 25868 ans.

313. L'effet uranographique immédiat de la précession des équinoxes est de produire un uniforme *accroissement de longitude* dans tous les corps célestes fixes ou errants, car l'équinoxe du printemps étant le point de départ des longitudes aussi bien que celui des ascensions droites, un retrait de ce point sur l'écliptique en *appelle* un semblable des longitudes des astres en repos ou en mouvement, et produit, aussi loin que cela peut s'étendre, l'*apparence* d'un mouvement en longitude commun à tous, *comme si* tous les cieux avaient une lente rotation autour des pôles de l'écliptique dans la longue période ci-dessus mentionnée, semblable à leur rotation dans les vingt-quatre heures autour des pôles de l'équinoxial. C'est un résultat purement technique provenant du changement graduel du point zéro, à partir duquel les longitudes sont comptées. Si l'on eut choisi une étoile fixe pour point de départ des longitudes, elles eussent été invariables.

314. Au reste, pour nous former des idées justes de ce curieux phénomène astronomique, il nous faut abandonner un instant la considération de l'écliptique qui peut y jeter quelque confusion, parceque la stabilité de l'écliptique elle-même parmi les étoiles, n'est seulement, ainsi que nous l'avons insinué, art. 306, qu'une approximation; en sorte que *son* oscillation produisant un changement dans son intersection avec l'équinoxial, cela pourrait se mêler avec la cause uranographique principale du phénomène. Cette cause deviendra de suite évidente, si, au lieu de regarder l'équinoxe, nous fixons notre attention sur le pôle de l'équinoxial, ou point évanouissant de l'axe de la terre.

315. La place de ce point parmi les étoiles est aisément

déterminée à chaque époque, par les plus directes de toutes les observations astronomiques, celles qui se font avec le méridien ou le cercle mural. A l'aide de cet instrument nous pouvons déterminer, à chaque instant, la distance exacte du point polaire à trois ou plusieurs étoiles, et par conséquent le projeter, par la triangulation de ces étoiles, avec une entière précision sur une carte ou sur un globe, sans le moindre rapport à la position de l'écliptique ou de tout autre cercle avec lequel il n'a pas de connexion naturelle. Ceci fait avec soin et exactitude, il en résulte que pour de courts intervalles de temps, peu de jours par exemple, la place du pôle peut être regardée comme n'étant pas sensiblement variable, quoiqu'elle soit en réalité dans un état constant de mouvement très-lent : ce qu'il y a de plus remarquable encore, c'est que ce mouvement n'est pas uniforme, mais qu'il se compose d'un mouvement principal uniforme, ou à peu près, et d'un autre plus petit qui est subordonné à des oscillations périodiques : le premier donne naissance au phénomène de la *précession*, et l'autre à un phénomène distinct que l'on nomme *nutation*. Ces deux phénomènes, il est vrai, se rattachent, théoriquement parlant, au même principe général ; liés intimement l'un à l'autre, ils font partie de cette longue série de conséquences qui se déduisent de la rotation de la terre sur son axe ; mais il y aura de l'avantage à présent, à les considérer séparément, pour plus de clarté.

316. On trouve ainsi qu'en vertu de la partie uniforme de son mouvement, le pôle décrit dans les cieux un cercle autour du pôle de l'écliptique comme centre, se tenant constamment à la même distance de 23° 28° de lui, dans la direction de l'Est à l'Ouest, et avec une vitesse telle que l'angle annuel qu'il décrit dans son orbite imaginaire est de 50" 10, en sorte que le cercle entier serait décrit dans la période déjà citée de 25868 ans. Il est aisé d'apercevoir comment le mouvement du pôle donnera naissance au mouvement rétrograde des équinoxes ; supposons en effet le pôle P, fig. 37, en progrès de son mouvement dans le petit cercle P O Z autour de K pour venir en O. comme la situation de l'équinoxial est déterminée par celle du pôle, ce sera évidemment une cause de déplacement de l'équinoxial, qui arrivera dans une nouvelle position E U Q, distante de 90° de toutes parts de la nouvelle position O du pôle. Le point U, conséquemment, suivant lequel l'équinoxial déplacé coupera l'écliptique, c'est-à-dire l'équinoxe dé-

placé, sera sur ce côté de V, sa position primitive autour de laquelle se dirige le mouvement du pôle, ou vers l'Ouest.

317. La précession des équinoxes ainsi conçue, consiste dans un mouvement réel et très-lent du pôle des cieux parmi les étoiles, dans un petit cercle autour du pôle de l'écliptique. Car cela ne peut arriver sans produire des changements correspondants dans le mouvement diurne apparent de la sphère et dans l'aspect que présentent les cieux à des temps très-reculés de l'histoire. Le pôle n'étant autre chose que le point évanouissant de l'axe de la terre, et ce point se mouvant comme nous venons de le dire, il s'ensuit que l'*axe* de la terre a un mouvement conique en vertu duquel il décrit successivement tous les points de la circonférence du petit cercle en question. La meilleure idée que l'on puisse se former de ce mouvement, est de le comparer à celui d'une toupie d'enfant, quand elle ne dort pas debout, ou à celui du toton; ce jouet, bien exécuté et soigneusement équilibré, devient un élégant instrument de philosophie, qui montre tout le phénomène, d'une très-belle manière, en faisant concevoir de suite non-seulement le fait en lui-même, mais encore sa cause physique et son effet dynamique. Le lecteur aura soin de ne pas confondre, la variation de *la position de l'axe de la terre dans l'espace*, avec un simple gauchissement de cette ligne imaginaire intérieure autour de laquelle se fait sa révolution. Toute la terre participe au mouvement de son axe, comme s'il était réellement une barre de fer qui la traversât et y fût fixée. Deux grands faits le prouvent : 1° c'est que les latitudes des lieux sur terre, ou leur situation géographique par rapport aux pôles, n'ont éprouvé aucun changement sensible depuis les siècles les plus reculés; 2° c'est que la mer conserve son niveau, ce qui ne pourrait avoir lieu si toute la masse de la terre ne suivait pas le mouvement de son axe (1).

318. L'effet visible de la précession sur l'aspect des cieux consiste dans l'approche *apparente* de quelques étoiles et constellations vers le pôle, et l'éloignement de quelques autres. L'étoile brillante de la petite ourse, que nous appelons l'étoile polaire, n'a pas toujours été et ne continuera pas toujours à être notre petite ourse : lors de la construction des

(1) Des changements locaux du niveau de la mer, provenant de causes purement géologiques, sont faciles à distinguer de cette altération générale et systématique que détermine un changement de l'axe de rotation.

plus anciens catalogues, elle était à 12° du pôle; elle n'en est plus maintenant qu'à 1° 24', et s'en approchera plus près encore, jusqu'à un demi-degré, après quoi elle s'éloignera de nouveau et cédera lentement sa place à d'autres qui lui succéderont dans le voisinage du pôle. Après un laps d'environ 12000 ans, l'étoile α de la lyre, la plus brillante de l'hémisphère Nord, occupera la situation remarquable de l'étoile polaire, s'approchant jusqu'à 5° du pôle.

319. A la date de l'érection de la grande pyramide de Gizeh qui précède de 3970 (ou 4000) ans l'époque actuelle, les longitudes de toutes les étoiles avaient de moins 55° 45' qu'à présent. Calculant d'après cette donnée (1), le lieu du pôle des cieux parmi les étoiles, on le trouvera près α du Dragon, la distance de cette étoile étant 3° 44' 25". Cette étoile étant la plus visible dans le voisinage immédiat, était donc alors l'étoile polaire. La latitude de Gizeh étant juste 30° nord, et conséquemment la hauteur du pôle nord 30° aussi, il s'ensuit que l'étoile en question doit avoir eu à sa plus basse culmination, à Gizeh, une hauteur de 26° 15' 35". Maintenant c'est un fait remarquable, affirmé par les récentes recherches du Col-Vyse, que des neuf pyramides encore existantes à Gizeh, six (compris la plus grande) ont d'étroits passages par lesquels seuls on y peut entrer (tous s'ouvrant sur les faces Nord de leurs pyramides respectives), inclinées à l'horizon sous les angles suivants :

1°	Pyramide	de Chéops...	26° 41'	En moyenne 26° 47'
2°	—	de Céphren..	25 55	
3°	—	de Mycerinus	25 2	
4°	—	—	27 0	
5°	—	—	27 12	
9°	—	—	28 0	

des deux pyramides d'Abousseir aussi, qui seules existent dans un état de conservation suffisante pour déterminer l'inclinaison de leurs passages d'entrée, l'une est sous l'angle de 27° 5' et l'autre 26°.

320. Au fond de chacun de ces passages, l'étoile polaire d'*alors* doit avoir été visible à sa plus basse culmination, cir-

(1) Dans ce calcul, la diminution de l'obliquité de l'écliptique pendant les 4,000 ans écoulés, n'a pas d'influence. Cette diminution provient d'un changement dans le plan de l'orbite de la terre, et n'a rien de commun avec le changement de position de l'axe, quant à la sphère céleste.

constance qu'on peut difficilement supposer avoir été sans intention, et qui se rattachait sans doute, superstitieusement peut-être, à l'observation de cette étoile dont la proximité du pôle, à l'époque de l'érection de ces constructions étonnantes, nous fournit ainsi des archives monumentales de la nature la plus indestructive.

321. La *nutation* de l'axe de la terre est un petit et lent mouvement circulaire subordonné, par lequel, s'il subsistait seul, le pôle décrirait parmi les étoiles, dans une période d'environ 19 ans, une petite ellipse ayant son grand axe de 18", 5 et son petit axe de 13", 74, coupant à angles droits le grand axe qui est dirigé vers le pôle de l'écliptique. La conséquence de ce mouvement réel du pôle, est un rapprochement *apparent* et un éloignement du pôle de toutes les étoiles des cieux dans la même période. De plus, puisque la place de l'équinoxe sur l'écliptique est déterminée par la place du pôle dans les cieux, la même cause produira un rapprochement et un éloignement faibles et alternatifs des points équinoxiaux; ce qui, dans la même période, accroîtra et diminuera alternativement les longitudes et les ascensions droites des étoiles.

322. Ces deux mouvements d'ailleurs, subsistent ensemble, quoique nous les ayons considérés séparément; et, pendant qu'en vertu de la nutation, le pôle décrit une petite ellipse de 18", 5 de diamètre, il est entraîné par le mouvement plus grand et régulièrement progressif de l'équinoxe sur autant de son cercle autour du pôle de l'écliptique qu'il en correspond à 19 ans, c'est-à-dire sur un angle de dix-neuf fois 50", 1 autour du centre, ce qui dans un petit cercle de 23° 28' de diamètre, correspond à 6' 20" vu du centre de la sphère. La marche qu'il suit en vertu de ces deux mouvements, agissant simultanément, ne sera ni une ellipse ni un cercle, mais un anneau légèrement ondulé comme celui de la fig. 38 où d'ailleurs ces ondulations sont très-exagérées.

323. Ces mouvements de précession et de nutation sont communs à tous les corps célestes fixes et errants, et cette circonstance met dans l'impossibilité de les attribuer à aucune autre cause qu'au mouvement réel de l'axe de la terre, tel que nous l'avons décrit. S'ils affectaient seulement les étoiles, ils pourraient être attribués d'une manière aussi plausible à une rotation *réelle* des cieux étoilés, comme une subite enveloppe tournant en 25868 ans, autour d'un axe qui traverserait les

pôles de l'écliptique, et à un mouvement elliptique de *cet* axe en 19 ans : mais cette hypothèse s'écroule, parce que le soleil, la lune et les planètes sont également affectés par ces mouvements, et, comme ils ont des mouvements indépendants de l'ensemble général des étoiles, on ne peut, sans extravagance, les supposer *attachés* à la concavité de la voûte céleste (1). On prouvera dans l'un des chapitres suivants, que c'est une conséquence forcée de la rotation de la terre, combinée avec sa forme elliptique et l'attraction inégale du soleil et de la lune sur ses régions polaire et équatoriale.

324. Considérés uranographiquement, comme affectant les places apparentes des étoiles, ces mouvements sont de la plus grande importance en astronomie pratique. Quand on parle de l'ascension droite et de la déclinaison d'un objet céleste, il devient nécessaire de préciser *l'époque*, et si l'on entend la *moyenne* d'ascension droite, corrigée des oscillations périodiques que donne la nutation, ou l'ascension droite *apparente* qui, comptée de la position de l'équinoxe du printemps, est affectée de l'avance et du recul périodique du point équinoxial, et de même pour d'autres éléments. C'est l'usage des astronomes de *réduire*, comme ils le disent, toutes leurs observations d'ascension droite et de déclinaison, à une époque commune et convenable, telle que le commencement de l'année pour des applications temporaires, ou celui de la décade ou du siècle pour celles qui sont plus permanentes, en soustrayant tout l'effet de la précession dans l'intervalle ; ils font de plus disparaître l'influence de la nutation, en calculant et soustrayant le compte du changement de l'ascension droite et de la déclinaison, dû au déplacement du pôle, du centre à la circonférence de la petite ellipse ci-dessus mentionnée. Ce dernier procédé a pour nom technique la correction ou *l'équation* de l'observation par la nutation ; par ce mot d'équation, on entend toujours, en astronomie, la mise en dehors d'une cause périodique d'oscillations, ou le résultat, non tel qu'il *a été* observé, mais tel qu'il eût été si la cause des oscillations n'eût pas existé.

325. On a construit, dans ce dessein, des tables commodes d'après les formules convenables. Elles sont, au reste, d'un

(1) Cet argument, pressant comme il l'est, acquiert une force nouvelle et décisive par la loi de *nutation* qui dépend pour le temps, de la position de *l'orbite lunaire*. Si nous l'attribuions à un mouvement de la sphère céleste, il nous faudrait admettre que cette sphère est dans un état de *ballottement* constant par le mouvement de la lune.

caractère trop technique pour cet ouvrage, et nous nous bornerons à indiquer la manière dont on est parvenu à leur détermination. Nous avons vu, art. 309, comment l'ascension droite et la déclinaison d'un objet dérivent de sa longitude et de sa latitude. Revenons à la fig. 37, et supposons que le triangle K P X soit projeté orthographiquement sur le plan de l'écliptique, comme dans la fig. 38. Dans le triangle KPX, K P est l'obliquité de l'écliptique, K X le complément de la latitude, et l'angle P K X le complément de la longitude de l'objet X. Ce sont les données de notre question; la première est constante, et les deux autres varient par l'effet de précession et de nutation ; leurs variations, (en considérant le peu d'effet de la nutation généralement, et son petit nombre d'années en comparaison de la période des 25,868 années, que l'on prend toujours pour estimer la précession), sont de cet ordre de quantités que l'on regarde en géométrie, comme des infiniment petits et que l'on peut dès lors traiter comme tels sans crainte d'erreur; la question se réduit donc à ceci : dans un triangle sphérique KPX où l'un des côtés KX étant constant, l'angle K et le côté KP variant par des changements infiniment petits du point P, quels sont les changements qui surviennent pour le troisième côté P X et pour l'angle KPX? Ce n'est plus qu'un problème très-aisé de géométrie sphérique dont la solution donne les réductions cherchées ; car PX étant la distance polaire de l'objet, et l'angle KPX son ascension droite *plus* 90°, leurs variations sont précisément les quantités que nous cherchons. Il reste seulement à exprimer en forme convenable le compte de la précession et de la nutation, en *longitude* et *latitude*, quand on l'aura obtenu immédiatement, en ascension droite et en déclinaison.

326. La précession en latitude est zéro, puisqu'elle ne change pas les latitudes des objets ; celle en longitude est une quantité proportionnelle au temps, à raison de 50", 10 par an. Quant à la nutation en longitude et latitude, c'est l'abscisse et l'ordonnée de cette petite ellipse dans laquelle le pôle se meut. La loi de son mouvement ne peut être comprise du lecteur, que lorsqu'il connaîtra les traits principaux du mouvement de la lune dont elle dépend.

327. Une autre conséquence de ce que nous avons dit sur la précession et la nutation, c'est que le temps *sidéral* comme le comptent les astronomes à partir du passage du point équinoxial, n'est *pas une moyenne quantité uniformément flottante*,

en tant qu'il est affecté de la nutation ; et de plus que compté *ainsi*, lors même qu'il est débarrassé de l'oscillation périodique de nutation, il ne correspond pas *strictement* à la rotation diurne de la terre. De même que le soleil *perd* un jour en un an sur les étoiles, par son mouvement *direct* en longitude, l'équinoxe *gagne* un jour, par sa rétrogradation, en 25,868 ans. On doit donc distinguer soigneusement le temps sidéral moyen, du temps sidéral apparent, comme on le fait pour le temps solaire moyen ou apparent.

328. Les places apparentes des objets célestes entre eux, ne changent ni par la précession ni par la nutation. Nous les voyons telles qu'elles sont, et seulement d'une station plus ou moins *instable*, comme d'un vaisseau, dont le roulis et le tangage se font sentir, on voit les objets sur terre, distants entre eux tels qu'ils le sont, mais semblant monter et descendre. Il y a cependant une cause optique, indépendante de la réfraction ou de la perspective, qui déplace les corps célestes de leurs positions *respectives*, et qui nous montre les cieux sous un aspect toujours faux dans une certaine étendue ; il faut donc en estimer et en compter l'influence avant de pouvoir obtenir une connaissance précise de la place d'un objet quelconque. Cette cause est ce qu'on appelle l'aberration de la lumière, effet singulier et surprenant qui provient de ce qu'en station nous ne sommes pas en repos, mais en mouvement rapide, et que les directions apparentes des rayons de lumière ne sont pas les mêmes pour un spectateur en mouvement que pour un spectateur en repos. Comme l'estimation de cet effet appartient à l'uranographie, nous allons l'expliquer, quoique ce soit anticiper sur quelques résultats qui seront exposés en détail dans les chapitres suivants.

329. Supposons qu'une ondée de pluie tombe perpendiculairement en temps calme ; une personne exposée à cette pluie, si elle reste debout et en repos, en recevra les gouttes sur son chapeau qui l'abritera, mais si elle court dans une direction quelconque, ces gouttes la frapperont au visage. L'effet alors sera le même que si la personne fût restée en repos et qu'il se fût élevé du vent qui fît fouetter la pluie contre elle. Supposons qu'une balle tombe du point A, fig. 39, au-dessus de la ligne horizontale E F et qu'il y ait en B, pour la recevoir, l'ouverture d'un tube creux et incliné P Q. Si le tube était immobile, la balle frapperait sur son côté inférieur, mais si le tube est en même temps porté en avant dans la direction de

E vers F, avec une vitesse convenable à chaque instant à celle de la balle, le tube *conservant son inclinaison* à l'horizon, de sorte que la balle puisse arriver en C, comme dans sa chute naturelle, et le tube étant ainsi arrivé dans la position R S, il est évident que la balle, pendant toute sa descente restera dans l'axe du tube ; un spectateur entraîné sans le savoir avec le tube et rapportant au tube le mouvement de la balle, s'imaginerait que la balle s'est mue suivant la direction inclinée R S de l'axe du tube.

330. Nos yeux et nos télescopes sont des tubes pareils. De quelque manière que nous considérions la lumière, soit comme une ondulation qui se propage dans un éther immobile, soit comme une ondée d'atomes traversant l'espace, (pourvu que dans les deux cas nous la regardions comme absolument incapable de supporter une résistance ou un empêchement matériel des particules des milieux qu'elle traverse) (1) ; si dans l'instant où les rayons traversent, soit l'objectif, soit la cornée, (et c'est à cet instant qu'ils acquièrent la convergence qui les dirige vers un certain point dans un *espace fixe*), on fait *glisser de côté* le croisillon des fils de l'un ou la rétine de l'autre, le point de convergence, qui reste fixe, ne correspondra plus à l'intersection des fils ou au centre de notre aire visuelle. L'objet alors *paraît* déplacé, et le montant de ce déplacement est *l'aberration*.

331. La terre se meut dans l'espace avec une vitesse d'environ 19 *miles* (30577^{m}) par seconde, suivant une marche elliptique autour du soleil, et changeant par conséquent la direction de son mouvement à chaque instant. La lumière se meut avec une vitesse de 192000 *miles* ($30,898,846^{m}$), plus de *trente mille kilomètres* par seconde, et cette vitesse, quoique beaucoup plus grande que celle de la terre, n'est cependant pas *infinie* par rapport à elle. L'espace parcouru par la terre, dans un même temps, est à celui que parcourt la lumière, comme 19 est à 192,000, ou comme la tangente de 20'', 5 est au rayon. Supposons maintenant que A P S (fig. 39) représente un rayon de lumière d'une étoile en A, et que le tube P Q soit celui d'un télescope incliné vers elle, de manière que

(1) Cette condition est indispensable. Sans cela nous tomberions dans toutes les difficultés que M. Doppler a si bien relevées dans son article sur l'aberration. Si la lumière elle-même ou l'éther lumineux, était un corps matériel, cette condition détruirait le principe, soit de l'extension, soit de l'impénétrabilité de la matière, au moins dans le sens que les métaphysiciens attachent à ces expressions ; au point où la science est arrivée, il s'en trouvera bien peu qui soient disposés à soutenir l'un ou l'autre.

le foyer *formé* par son objectif soit *reçu* sur le croisillon des fils, il est évident, d'après ce qui a été dit, que l'inclinaison du tube doit être telle que PS soit à SQ comme la vitesse de la lumière est à celle de la terre, ou : : tang. 20', 5 : 1 ; donc l'angle SPQ ou PSR, dont l'axe du télescope dévie de la vraie direction de l'étoile, doit être 20", 5.

332. Un semblable raisonnement serait toujours bon lors même que la direction du mouvement de la terre ne serait pas perpendiculaire au rayon visuel. Soit SB (fig. 40) la vraie direction du rayon visuel, et AC la position que doit avoir le télescope pour être braqué suivant sa direction apparente, nous aurons encore la proportion, BC est à BA, comme la vitesse de la lumière est à la vitesse de la terre, : : rayon : sinus 20", 5, car pour de si petits angles, il importe peu que l'on se serve des sinus ou des tangentes. Mais la trigonométrie donne aussi BC : BA : : sin. BAC : sin. ACB ou CBD, qui, enfin, est le déplacement apparent causé par l'aberration. Il paraît donc que le sinus de l'aberration, ou l'aberration elle-même, puisqu'il s'agit d'un angle extrêmement petit, est proportionnelle au sinus de l'angle, que fait dans l'espace le mouvement de la terre avec le rayon visuel; c'est donc un maximum quand la ligne de lumière est perpendiculaire à la direction du mouvement de la terre.

333. L'effet uranographique de l'aberration est donc d'obtenir l'aspect des cieux, faisant refouler toutes les étoiles, comme si elles étaient directement vers ce point des cieux, qui est le point évanouissant de toutes les lignes parallèles à celle suivant laquelle se fait le mouvement actuel de la terre. Comme la terre se meut autour du soleil dans le plan de l'écliptique, ce point doit se trouver dans ce plan, à 90° en avance de la longitude de la terre, ou 90° en *retard* de celle du soleil, et il varie continuellement en décrivant pendant l'année la circonférence de l'écliptique. Il est aisé de démontrer que cet effet tend pour chaque étoile en particulier, à lui faire décrire dans les cieux l'apparence d'une petite ellipse, ayant pour centre le point dans lequel serait vue l'étoile, si la terre était en repos.

334. Ainsi l'aberration affecte les ascensions droites et les déclinaisons de toutes les étoiles, de quantités faciles à calculer. Les formules les plus convenables pour cet objet, et qui embrassent en même temps les corrections pour la précession

et la nutation, de manière à ce que l'observateur puisse, avec la plus grande promptitude, débarrasser de leur influence l'ascension droite et la déclinaison, ont été établies par le professeur Bessel, et mises en tables à l'appendice du premier volume des transactions de la Société astronomique. On les y trouvera, accompagnées d'un catalogue très-étendu, pour 1830, des positions des principales étoiles fixes ; c'est un des ouvrages en ce genre le plus utile et le mieux rangé.

335. Lorsque le corps dont émane le rayon visuel, est lui-même en mouvement, il survient un effet qui n'est pas de l'aberration proprement dite, quoiqu'on en parle ainsi dans les traités d'astronomie, ce qui, pour l'étudiant, peut mettre quelque confusion à cet égard. Cet effet, qui est indépendant de toutes vues théoriques sur la nature de la lumière (1) peut s'expliquer ainsi : Le rayon par lequel nous voyons un objet, n'est pas celui qu'il émet à l'instant où nous le regardons, mais celui qu'il a émis un peu avant, à l'intervalle du temps que met la lumière à traverser la distance qui le sépare de nous. L'aberration d'un tel corps provenant alors de la vitesse de la terre, doit être appliqué comme une correction, non à la ligne qui joindrait la terre, à l'instant de l'observation, avec le corps au *même instant*, mais à la ligne qui le joignait à l'instant précédent où le rayon a quitté l'objet. Il est facile de conclure de là cette formule générale des traités d'astronomie pour le cas d'un objet se mouvant. *Calculer le mouvement angulaire apparent ou relatif de l'astre dans le temps employé par la lumière pour traverser sa distance de la terre, d'après les lois connues du mouvement de la terre et de l'astre. C'est le compte total de son déplacement apparent.* Son effet est de déplacer l'astre dans une direction contraire à son mouvement relatif apparent parmi les étoiles. C'est un effet composé de deux parties distinctes, dont l'une est l'aberration proprement dite, résultant du mouvement composé de la terre et de la lumière, et l'autre est ce qu'on peut appeler l'*équation de lumière*, ap-

(1) Les résultats des théories des ondulations et de l'émission de la lumière, sont au fond les mêmes quant à l'aberration. Nous disons *au fond* quoiqu'il y ait une légère différence numérique. Dans le système des ondulations, la propagation de la lumière a lieu avec une égale vitesse en toute direction, soit que le corps lumineux reste en repos ou se mette en mouvement. Dans le système de l'émission, il y a un excès de vitesse, dans la direction du mouvement sur celle contraire, égal à deux fois la vitesse du mouvement du corps. Dans le cas d'un corps se mouvant avec une égale vitesse dans la direction du mouvement de la terre ou en sens inverse, les aberrations seront les *mêmes* suivant la théorie des ondulations, et *différentes* suivant la théorie de l'émission. La plus grande différence qui puisse résulter dans *notre système* ne s'élève pas à plus de six millièmes de seconde.

point fait pour le *temps* que met la lumière à traverser un espace variable.

336. La *réduction complète*, comme on l'appelle, d'une observation astronomique, consiste à appliquer au lieu du corps céleste observé, tel qu'on l'a lu sur les instruments, en supposant ces instruments parfaits et bien ajustés, cinq corrections distinctes et indépendantes, pour réfraction, parallaxe, aberration, parallaxe et nutation. La correction pour réfraction, met à même de préciser quel eût été le lieu observé, s'il n'y avait pas d'atmosphère qui le déplaçât. La correction pour la parallaxe nous met à même de parler de son lieu observé à la surface de la terre, comme on l'eût vu si l'observation eût été faite au centre de la terre. La correction pour aberration, au lieu d'une station mobile, rétablit l'observation comme si elle eût été faite d'une station en repos; tandis que les corrections pour précession et nutation rapportent le lieu à des cercles célestes fixes et déterminés en remplacement de cercles constamment variables. La grande importance de ces corrections qui pèsent sur toute l'astronomie et qui doivent être appliquées à chaque observation avant de s'en servir pour tout usage théorique ou pratique, rend cette récapitulation bien loin d'être superflue ici.

337. La réfraction a déjà été suffisamment expliquée, art. 40, et dès lors il est seulement nécessaire d'ajouter ici que dans son usage pour une correction astronomique, son total doit être appliqué en sens inverse de celui dont elle affecte l'observation; cette remarque s'applique également aux autres corrections.

338. La nature générale de la parallaxe ou plutôt du mouvement parallactique, a été expliquée aussi, art. 80. Mais la parallaxe, dans le sens uranographique du mot, a une signification plus technique. On l'emploie pour exprimer ce déplacement optique d'un corps qui provient de ce qu'il est observé, non du point qui a été fixé comme station centrale (dont le mouvement apparent serait plus simple dans ses lois), mais de toute autre station éloignée de ce centre conventionnel; non pas du centre de la terre, par exemple, mais de sa surface; non pas du centre du soleil (qui serait, comme nous l'avons dit précédemment, une station conventionnelle plus convenable à certains égards), mais du centre de la terre. Dans le premier cas ce déplacement optique s'appelle la parallaxe *diurne* ou géocentrique; dans le second cas on la

nomme parallaxe *annuelle* ou héliocentrique. Dans l'un et l'autre cas de parallaxe, la *correction* doit être appliquée au lieu apparent du corps céleste, comme vu de la station d'observation, pour le *ramener* au lieu où il eût été vu, en ce moment de la station conventionnelle.

339. La parallaxe diurne ou géocentrique en un lieu quelconque de la surface de la terre, peut se calculer aisément si l'on connaît la distance des corps ; et réciproquement si l'on connaît la parallaxe diurne, on peut calculer la distance. Supposons, fig. 41 *bis*, que S soit l'objet, C le centre de la terre, A la station d'observation à sa surface, et CAZ la direction d'une perpendiculaire à la surface en A, alors l'objet sera vu de A dans la direction AS, et sa distance zénithale apparente sera ZAS ; s'il était vu du centre, il paraîtrait dans la direction CS, avec une distance angulaire du zénith de A égal à ZSC ; en sorte que ZCS—ZAS ou ASC est la parallaxe.

Or, puisque trigonométriquement CS : CA : : sin CAS = sin ZAS : sin ASC, il s'ensuit que le sinus de la parallaxe

$$= \frac{\text{rayon de la terre}}{\text{distance du corps}} \times \text{sin ZAS}.$$

340. Ainsi, la parallaxe diurne ou géocentrique, en un lieu donné, et pour une distance donnée du corps observé, est proportionnelle au sinus de sa distance zénithale apparente, et par conséquent est plus grande, quand le corps est observé dans l'acte de son lever ou de son coucher, auquel cas la parallaxe est appelée la parallaxe *horizontale* ; de manière qu'à toute autre distance zénithale, la parallaxe = parallaxe horizontale × sinus de distance zénithale apparente ; et puisque ACS est toujours moindre que ZAS, on voit que l'application de réduction ou correction pour parallaxe agit toujours en diminution de distance zénithale apparente, ou bien en accroissement de hauteur apparente ou distance du nadir, c'est-à-dire en sens contraire de la correction pour réfraction.

341. De la même manière précisément que la parallaxe géocentrique ou diurne se rapporte au zénith de l'observateur pour sa direction et sa règle de proportion, la parallaxe héliocentrique ou annuelle se rapporte pour sa loi au point des cieux diamétralement opposé à celui du soleil comme vu de la terre. Appliquée comme correction, son effet a lieu dans un plan passant par le soleil, la terre est le corps observé. Son effet est toujours de diminuer la distance observée de ce point, ou d'accroître sa distance angulaire du soleil. Son sinus est donné

par cette proportion (distance du corps observé du soleil : distance de la terre du soleil : : sinus de la distance apparente angulaire du corps, du soleil (ou son *élongation* apparente) : sinus de parallaxe héliocentrique (1).

342. Comme résumé de toutes les corrections uranographiques, on les divise en deux classes, celles qui *altèrent*, et celles qui n'*altèrent pas* les configurations apparentes des corps célestes entre eux. Les premières sont *réelles*, et les autres *techniques*. Les corrections réelles sont : la réfraction, l'aberration et la parallaxe; les corrections techniques sont : la précession et la nutation, à moins que l'on ne veuille considérer la parallaxe comme une correction technique introduite en vue d'une simplification par un meilleur choix du point de vue.

343. Les corrections de la première classe ont une particularité commune, eu égard à leur loi, que l'étudiant en astronomie pratique doit bien fixer dans sa mémoire. *Elles se rapportent toutes à des sommets définis ou points de convergence sur la sphère.* Ainsi la réfraction dans son effet apparent, fait que tous les objets célestes sont attirés ou convergent vers le zénith de l'observateur; la parallaxe géocentrique vers le nadir; la parallaxe héliocentrique vers la station du soleil dans les cieux; l'aberration vers ce point de la sphère céleste qui est le point évanouissant de toutes les lignes parallèles à la direction du mouvement de la terre en cet instant, ou, comme on l'expliquera plus loin, vers un point dans le grand cercle appelé écliptique, de 90° derrière la station du soleil dans ce cercle. Quand on les applique comme correction à une observation, ces directions doivent être renversées.

344. Dans la loi que suit aussi cette classe de corrections, un semblable décompte a lieu, au moins quant aux parallaxes géocentrique et héliocentrique et à l'aberration; dans toutes les trois le montant de la correction (ou plus strictement son sinus) s'accroît en raison directe du sinus de la distance apparente du corps observé du *sommet* convenable à la correction particulière dont il est question. Dans le cas de réfraction, la loi est moins simple, se rapprochant plus de la tangente que du sinus de cette distance, mais se rapprochant des autres en plaçant le maximum à 90° de son sommet.

345. Voici l'ordre suivant lequel les corrections s'appliquent

(1) Cette loi de la parallaxe héliocentrique est donnée ici par anticipation sur le chapitre suivant, et l'étudiant la comprendra mieux en avançant davantage.

à une observation quelconque : 1° réfraction ; 2° aberration ; 3° parallaxe géocentrique ; 4° parallaxe héliocentrique ; 5° nutation ; 6° précession. C'est au moins l'ordre strictement théorique. Mais comme le montant de l'aberration et de la nutation est dans tous les cas une très-faible quantité, il importe peu dans quel ordre il est appliqué; en sorte que, pour la pratique, on le réunit à celui de la précession, pour l'appliquer après les autres.

CHAPITRE VI.

MOUVEMENT DU SOLEIL.

Le mouvement apparent du soleil n'est pas uniforme. — Son diamètre apparent varie aussi. — La variation de sa distance s'en conclut. — Son orbite apparente est une ellipse autour du foyer. — Loi de la vitesse angulaire. — Description égale des aires. — Parallaxe du soleil. — Sa distance et sa grandeur. — Explication copernicienne du mouvement apparent du soleil. — Parallélisme de l'axe de la terre. — Les saisons. — Chaleur reçue du soleil en différentes parties du globe. — Equation du centre. — Années sidérales, tropicales, anomalistiques. — Constitution physique du soleil. — Ses taches. — Facules. — Nature et cause probable des taches. — Atmosphère du soleil. — Ses nuages supposés. — Température à sa surface. — Sa dépense de chaleur. — Effets terrestres du rayonnement solaire.

346. On a vu, dans les chapitres précédents que la marche apparente du soleil est un grand cercle de la sphère, et qu'elle s'accomplit dans la période d'une année sidérale. Il s'ensuit que la ligne menée de la terre au soleil, reste constamment dans un *seul plan;* et quel que soit le mouvement réel qui donne lieu à son mouvement apparent, il faut qu'il soit restreint dans un plan que l'on nomme *plan de l'écliptique.*

347. On a vu déjà (art. 146) que le mouvement du soleil en ascension droite parmi les étoiles n'est pas uniforme. Cela résulte en partie de l'obliquité de l'écliptique, par suite de laquelle des variations égales en longitude ne correspondent pas à des changements égaux d'ascension droite. Mais si nous observons la position journalière du soleil pendant l'année, au moyen de l'instrument du passage et du cercle, et que nous en déduisions par le calcul, sa longitude pour chaque jour, nous trouverons que, même dans sa propre marche, son mouvement angulaire apparent est loin d'être uniforme. Le changement de longitude en vingt-quatre heures solaires moyennes se répartit à 0° 59' 8",33 ; mais vers le 31 décembre, il

s'élève à 1° 1' 9",9, tandis qu'au 1er juillet, il n'est que de 0° 57' 11",5. Telles sont la valeur moyenne et les limites de la vitesse angulaire du soleil dans son orbite annuelle.

348. Cette variation de sa vitesse angulaire est accompagnée d'un changement correspondant de sa distance de nous. Le changement de distance se reconnaît par la variation que l'on observe avoir lieu dans son diamètre apparent, lorsqu'on le mesure en différentes saisons de l'année, avec un instrument fait exprès nommé *héliomètre*; ou bien en calculant le temps que son disque met à traverser le méridien dans l'instrument du passage. Le plus grand diamètre apparent correspond au 31 décembre, ou bien à la plus grande vitesse angulaire et mesurée 32' 35",6; le plus petit est 31' 31" et correspond au 1er juillet; ces époques sont, comme nous l'avons vu, celles où le mouvement angulaire arrive aussi à ses limites inférieure et supérieure de vitesse. Or, comme nous ne pouvons pas supposer que le soleil change périodiquement ses dimensions, le changement observé de sa grandeur apparente ne peut provenir que d'un changement de sa distance. Comme les sinus ou les tangentes de si petits arcs sont proportionnels aux arcs eux-mêmes, ses distances de nous, aux époques ci-dessus doivent être en rapport inverse du diamètre apparent. Il semble donc que la plus grande, la moyenne et la plus petite distances du soleil de nous, sont dans le rapport respectif de 1,01679; 1,0000; 0,98342; et que sa vitesse angulaire apparente diminue à mesure que la distance s'accroît, et réciproquement.

349. Il suit de là que l'orbite réelle du soleil, rapportée à la terre supposée immobile, n'est pas un cercle dont le centre soit la terre. La position de la terre dans cette projection est *excentrique*, *l'excentricité* s'élevant à 0,01679 de la distance moyenne que l'on peut prendre ici pour unité de mesure. De plus, la forme de l'orbite n'est pas circulaire, mais bien elliptique. Si d'un point O (fig. 42), pris pour représenter la terre, on tire une ligne OA à partir de laquelle on fasse une série d'angles AOB, AOC, égaux aux longitudes du soleil observées dans l'année; que dans chacune de ces directions respectives on mesure à partir de O les distances OA, OB, OC représentant les distances déduites de l'observation du diamètre du soleil; puis qu'on joigne tous les points ABC, etc., par une courbe continue, ce sera évidemment une représentation correcte de l'orbite relative du soleil autour de la

terre. Or, ceci fait, la courbe tracée offre une déviation sensible de la figure circulaire; elle est évidemment plus longue que large; c'est-à-dire elliptique, et le point O n'occupe pas le centre, mais bien l'un des foyers de l'ellipse. Le procédé graphique que nous venons d'indiquer est suffisant pour donner la forme générale de la courbe en question; mais pour une exacte vérification, il faut recourir aux propriétés de l'ellipse, et exprimer la distance correspondante à chaque angle de situation de ce point par rapport au plus grand axe ou au diamètre de l'ellipse. Cela d'ailleurs est aisément fait; et le calcul numérique, établi sur l'hypothèse d'une excentricité semblable à celle ci-dessus déterminée, offre une coïncidence parfaite entre les distances ainsi comptées et celles qui résultent du mesurage des diamètres apparents.

350. La distance moyenne de la terre au soleil étant prise pour unité, les limites sont 1,01679 en dessus, et 0,98321 en dessous. Si l'on compare de même la moyenne de la vitesse angulaire, on trouve que sa limite inférieure est 0,96614, et sa limite supérieure 1,03386. La variation de la *vitesse angulaire* du soleil est donc beaucoup plus grande, relativement, que celle de sa distance, presque deux fois aussi grande; et si nous examinons ces expressions numériques à différentes périodes, en les comparant à la valeur moyenne ainsi qu'aux distances correspondantes, nous trouverons que pour chaque fraction dont la distance excède la moyenne, la vitesse angulaire sera moindre que *sa* moyenne, d'une quantité moyenne presque *deux fois* aussi grande que la fraction, et réciproquement. Nous en conclurons que la *vitesse angulaire* est en rapport inverse, non pas de la distance simplement, mais du *carré* de la distance. Ainsi pour comparer le mouvement journalier en longitude du soleil, en un point A de sa marche, à celui en B, on fera la proportion suivante : OB^2 est à OA^2, comme le mouvement journalier en A, est au mouvement journalier en B. Cette proportion a été vérifiée et se trouve exacte pour chaque partie de l'orbite.

351. Nous en déduirons une autre conclusion remarquable, c'est que si l'on suppose que le soleil se meut réellement suivant la circonférence de l'ellipse, sa vitesse ne peut pas être uniforme; mais qu'elle est plus grande à une moindre distance; et moindre à une plus grande distance, car si elle était uniforme, la vitesse angulaire apparente serait, en définitive, en rapport inverse de la distance; simplement parce

que le même changement linéaire de place, étant produit dans le même temps à des distances différentes de l'œil, doit, par les lois de la perspective, correspondre à des déplacements angulaires apparents inverses à ces distances. Puisqu'alors l'observation indique une loi de variation plus rapide dans les vitesses angulaires, il est évident qu'un simple changement de distance, qui n'est pas accompagné d'un changement de vitesse, est insuffisant pour en rendre compte, et que le rapprochement du soleil de la terre doit être accompagné d'un accroissement de la vitesse réelle du mouvement de sa marche.

352. Cette forme elliptique de la marche du soleil, la position excentrique de la terre dans cette courbe, et la vitesse inégale du cours du soleil lui-même, tendraient toutes à rendre difficile le calcul de sa longitude, par la théorie, c'est-à-dire par la connaissance des causes et de la nature de son mouvement; ce calcul serait même impossible, tant que la *loi* de sa vitesse resterait inconnue. Cette *loi*, d'ailleurs, ne se découvre pas immédiatement. Elle ne vient pas en avant, pour ainsi dire, et ne se présente pas de suite, elle-même, comme la forme elliptique de l'orbite, par une comparaison directe d'angles et de distance; mais elle exige un examen attentif de toute la série des observations enregistrées pendant une entière période. Ce n'est donc pas sans de longs et pénibles calculs qu'elle a été découverte par Kepler, le premier qui ait aussi constaté la forme elliptique de l'orbite, et qui a énoncé cette loi dans les termes suivants : Imaginons qu'une ligne joigne toujours le soleil que nous supposons en mouvement, avec la terre que nous supposons immobile; alors, comme le soleil se meut suivant une ellipse, cette ligne ou *rayon vecteur* (comme on l'appelle en astronomie) *décrira* ou *parcourra* cette portion de toute *l'aire* ou *surface* de l'ellipse qui est comprise entre ses positions consécutives; et le mouvement du soleil sera tel que des *aires égales* sont ainsi *parcourues* par le mouvement du rayon vecteur en *temps égaux*, dans quelque partie de la circonférence de l'ellipse que se meuve le soleil.

353. Il suit nécessairement de là que les aires décrites, en des *temps inégaux* doivent être proportionnelles à ces temps, ainsi dans la figure 42, le temps dans lequel le soleil se meut de A en B, est au temps dans lequel il se meut de C en D, comme l'aire du secteur elliptique A O B est à l'aire du secteur elliptique D O C.

354. Les circonstances du mouvement annuel apparent du

soleil peuvent donc se résumer ainsi qu'il suit : son cours s'accomplit suivant une orbite située dans un plan passant par le centre de la terre, appelé le plan de l'écliptique et dont la projection dans les cieux est le grand cercle ainsi nommé. Dans ce plan, d'ailleurs, son cours n'est pas circulaire mais elliptique, la terre n'étant pas au centre, mais au foyer de l'ellipse. L'excentricité de cette ellipse est 0,01679, l'unité de mesure étant égale à la *distance moyenne*, ou moitié du grand axe de l'ellipse ; et le mouvement du soleil suivant cette circonférence est réglé de manière que des aires égales de l'ellipse sont parcourues en des temps égaux par le rayon vecteur.

355. Tout ce que nous avons établi jusqu'ici ne suppose ni la connaissance de la distance du soleil à la terre, ni par conséquent les dimensions de son orbite elliptique, ni celles du corps du soleil lui-même. Pour arriver à quelque conclusion à cet égard, il faut voir d'abord comment on peut connaître la distance d'un objet inaccessible. Or il est évident, que la parallaxe peut seule nous donner quelque indication. La parallaxe peut en général se définir : « le changement de situation apparente d'un objet provenant d'un changement de la situation réelle de l'observateur. » Supposons donc que P A B Q, fig. 43, représente la terre dont C est le centre ; S est le soleil ; A, B sont deux situations du spectateur, ou, ce qui revient au même, les situations de deux spectateurs qui observent le soleil au même instant. Le spectateur A le verra suivant la direction ASa, et le rapportera en a dans la sphère infiniment distante des étoiles fixes ; tandis que le spectateur B le verra dans la direction BSb, et le rapportera en b. L'angle compris entre ces deux directions, ou la mesure de l'arc céleste ab suivant lequel le soleil est *déplacé* est égal à l'angle A S B ; et si cet angle est connu, ainsi que les situations locales A et B, avec cette portion de la surface terrestre qu'elles comprennent, il est évident qu'on peut calculer la distance C S. Or puisque A S C (art. 339), est la parallaxe du soleil comme vu de A, et B S C comme vu de B, l'angle A S B ou le déplacement total apparent, est la somme des deux parallaxes. Supposons alors deux observateurs, l'un dans l'hémisphère Nord, l'autre dans l'hémisphère Sud, à des stations sur le même méridien, pour observer le même jour les hauteurs méridiennes du centre du soleil. Ayant conclu les distances zénithales apparentes, et les ayant débarrassées des effets de réfraction, si la distance du soleil était égale à celle des étoiles fixes, la somme des dis-

tances zénithales alors trouvées serait précisément égale à la somme des latitudes Nord et Sud des lieux d'observation. Car la somme en question serait alors égale à l'angle Z C X, qui est la distance méridionale des stations à travers l'équateur. Mais l'effet de parallaxe étant dans les deux cas d'accroître les distances zénithales, leur somme observée sera plus grande que la somme des latitudes, de la somme des deux parallaxes; ou de l'angle A S B. Cet angle s'obtient alors en déduisant la somme des latitudes Nord et Sud, de celle des distances zénithales: et celle-ci une fois déterminée, la parallaxe horizontale se trouve aisément, en divisant l'angle ainsi déterminé, par la somme du sinus des deux latitudes.

356. Si les deux stations n'étaient pas exactement dans le même méridien, condition difficile à remplir, le même procédé peut encore s'appliquer, en ayant soin de tenir compte du changement de la distance zénithale du soleil pendant l'intervalle du temps écoulé entre son arrivée aux méridiens des stations. Ce changement est facile à déterminer, soit par les tables du mouvement solaire, construites avec l'expérience d'une longue suite d'observations, ou par l'observation directe de sa hauteur méridienne quelques jours avant et après les observations de la parallaxe. Plus les stations sont près l'une de l'autre en longitude, moindre est l'intervalle des temps, et par conséquent plus est faible le montant de la correction; donc, moins il y a à craindre pour l'exactitude du résultat final, quelque incertitude sur le changement journalier de la distance zénithale provenant de quelque imperfection des tables solaires, ou dans les observations qui le déterminent.

357. La parallaxe horizontale du soleil a été conclue d'observations de ce genre, faites en des stations plus éloignées l'une de l'autre en latitude, où l'on avait établi des observatoires. On l'a déduite aussi d'autres méthodes plus délicates et d'une plus grande exactitude. Sa valeur ainsi obtenue est 8",6, et quelque faible que soit cette quantité, on ne peut douter que ce ne soit une approximation passablement correcte. Il faut donc admettre dès lors que le soleil est situé à une distance moyenne de nous pas moindre que 23984 fois la longueur du rayon de la terre, ou 95000000 *miles* (152884915 kilomètres), plus de 15 millions de myriamètres.

358. Pour qu'à cette immense distance, le soleil nous paraisse aussi grand, et qu'il ait sur nous autant d'influence de

chaleur et de lumière, il nous faut imaginer combien doivent être immenses ses dimensions et l'échelle suivant laquelle ont lieu les procédés qui nous dispensent sans cesse le secours libéral de ces éléments. Quant à sa grandeur, on peut la déterminer, connaissant sa distance et les angles sous lesquels son diamètre nous apparaît. Un objet placé à la distance de 95000000 *miles* (152884915 kilomètres), et sous-tendant un angle de 32' 3" doit avoir un diamètre réel de 882000 *miles* (1419418 kilomètres), près de 142000 myriamètres; et tel est par conséquent le diamètre de ce globe merveilleux. Si nous le comparons au nôtre, nous trouverons que sa grandeur linéaire excède celle de la terre dans le rapport de 111 1/2 à 1, et son volume dans le rapport de 1384472 à 1.

359. Il est à peine possible de concevoir un objet de forme globulaire, et d'aussi énormes dimensions, sans lui donner quelques attributs correspondants de solidité matérielle et de masse. Nos télescopes nous montrent distinctement que le soleil n'est pas un fantôme, mais un corps ayant sa structure et son économie particulière. Ils nous montrent, sur sa surface, des taches sombres qui changent de places et de formes; et d'après leurs situations, en différents temps, les astronomes ont déterminé que le soleil tourne autour d'un axe presque perpendiculaire au plan de l'écliptique, achevant sa rotation dans une période de 25 jours et dans la même direction que celle diurne de la terre, c'est-à-dire de l'Ouest à l'Est. Il y a là de l'analogie avec notre globe; le mouvement plus lent et plus majestueux correspond à de plus grandes dimensions, et nous donne à penser qu'il est soumis à des lois mécaniques semblables, et qu'il a quelque communauté de nature, comme l'inertie de la matière et son obéissance aux forces qui la sollicitent. Maintenant, si nous donnons à ce corps immense les attributs relatifs d'unité ou de poids, il devient difficile de concevoir comment il circule autour d'un corps relativement aussi petit que la terre, sans l'entraîner et le déplacer, s'il y est attaché par quelque invisible lien, ou bien s'il n'en est pas ainsi, comment il ne poursuit pas son cours dans l'espace en laissant la terre en arrière. Lions deux masses solides ensemble avec un cordon, et lançons-les en l'air; nous les verrons tourner entre elles, autour d'un point qui est leur centre commun de gravité; mais si l'une est beaucoup plus pesante que l'autre, ce centre se rapprochera d'elle, et sera même dans elle, en sorte que de fait la petite ne fera que tourner autour de la

grosse, qui comparativement, sera très-peu dérangée de sa place.

360. Soit que la terre se meuve autour du soleil, le soleil autour de la terre, ou tous deux autour de leur centre commun de gravité, cela n'apporte aucun changement dans les apparences, pourvu que les étoiles soient supposées suffisamment distantes pour ne subir aucun déplacement *parallactique* sensible et apparent par suite du mouvement de la terre. Nous rechercherons plus tard s'il en est ainsi; mais si nous ne trouvons aucune indication mesurable d'un tel déplacement, nous ne pouvons en conclure autre chose, sinon que l'échelle de l'univers sidéral est si grande, que les orbites de la terre et du soleil ne sont que des points imperceptibles en comparaison: Admettant alors, conformément aux lois de la dynamique, que deux corps liés ensemble et tournant l'un autour de l'autre dans un espace libre, tournent réellement autour de leur centre commun de gravité, qui devient immobile par leur action mutuelle, il reste à rechercher *en quel endroit* ce centre est situé entre eux. La mécanique nous apprend qu'il divise la distance qui les sépare en raison inverse de leurs *poids* ou de leurs *masses*, et des calculs basés sur des phénomènes dont nous rendrons compte plus tard, nous montrent que ce rapport, pour le soleil et la terre, est celui de 354936 à 1, c'est-à-dire que le soleil pèse 354936 fois plus que la terre; il s'ensuit que le centre commun autour duquel ils tournent tous deux n'est qu'à 267 *miles* (429674^{m}) du centre du soleil ou environ 1/3310 de son diamètre.

361. Ainsi dorénavant, conformément à ces bases et au système de Copernic, nous apprendrons à regarder le soleil comme le centre, relativement immobile, autour duquel la terre décrit annuellement un orbe elliptique, dont les dimensions, l'excentricité et la vitesse sont réglées par la loi que nous avons établie ci-dessus; le soleil occupant un des foyers de l'ellipse et de cette station, disséminant en tous sens la lumière et la chaleur, tandis que la terre tournant autour, se présente différemment à lui en différents temps de l'année et du jour, passant par les phases du jour et de la nuit, de l'été et de l'hiver, comme nous les avons.

362. Dans ce mouvement annuel de la terre, son axe conserve en tout temps la même direction que si ce mouvement d'orbite n'existait pas; il est entraîné parallèlement à lui-même, et toujours dirigé vers le même point évanouissant de

la sphère des étoiles fixes. C'est là ce qui donne naissance à la variété des saisons, comme nous l'expliquerons, en négligeant l'ellipticité de l'orbite, que nous regarderons comme un cercle ayant le soleil au centre, par des motifs que nous allons donner.

363. Soit S, fig. 44, le soleil, et A, B, C, D, quatre stations de la terre dans son orbite à 90° de distance, c'est-à-dire, A répondant au 21 mars ou à l'équinoxe de printemps; B au 21 juin ou au solstice d'été; C au 21 septembre ou à l'équinoxe d'automne; D au 21 décembre ou au solstice d'hiver. Dans chacune de ces positions P Q représente l'axe de la terre, autour duquel s'accomplit sa rotation diurne, indépendamment de son mouvement annuel dans son orbite, et puisque le soleil ne peut éclairer à la fois qu'une moitié de la surface, celle qui est tournée vers lui, nous représenterons dans la figure les portions non éclairées par des ombres. D'abord, dans la position A, le soleil est verticalement sur l'intersection de l'équinoxial F E et de l'écliptique H G. C'est donc dans l'équinoxe, et dans cette position que les pôles P, Q, tombent tous deux sur les confins extrêmes du côté éclairé. En conséquence il est jour sur moitié de l'hémisphère nord et sur moitié de l'hémisphère sud à la fois; et comme la terre tourne sur son axe, chaque point de sa surface décrit moitié de sa course diurne dans la lumière, et moitié dans les ténèbres; en d'autres termes, la durée du jour est égale à celle de la nuit sur tout le globe, et c'est de là que vient le mot *équinoxe*. La même chose reparaît à l'équinoxe d'automne à la position C.

364. B est la position de la terre au temps du solstice *du nord*, ou solstice *d'été*. Alors le pôle nord P et une portion considérable de la terre dans son voisinage, jusqu'en B, sont *dans* la moitié éclairée. Comme la terre tourne sur son axe, dans cette position, toute cette partie reste constamment éclairée; conséquemment, à ce point de son orbite ou à cette saison de l'année, il y a jour continuel au pôle nord et dans toute cette région de la terre qui s'étend autour du pôle jusqu'en B, c'est-à-dire jusqu'à une distance de 23° 28' du pôle, ou dans ce qu'on nomme en géographie, le *cercle arctique*. Le côté opposé ou le pôle sud Q, avec toute la région comprise dans le *cercle antarctique*, jusqu'à une distance de 23° 28' du pôle sud, est plongé pendant cette saison dans les ténèbres, pendant toute la durée de la rotation diurne, c'est-à-dire qu'il y a nuit continuelle.

365. Quant à la portion comprise entre les cercles arctique et antarctique, il n'est pas moins évident que plus un point est près du pôle nord, plus est grande la portion de sa course diurne comprise dans la lumière, et plus est petite celle comprise dans l'hémisphère des ténèbres, c'est-à-dire plus le jour y est long et plus la nuit y est courte. Chaque station nord de l'équateur aura un jour de plus de 12^h et une nuit de moins de 12^h, et réciproquement pour le sud. Tous ces phénomènes seront exactement inverses quand la terre arrive au point opposé D de son orbite.

366. La température de chaque partie de la surface de la terre dépend surtout, sinon entièrement, de son exposition aux rayons du soleil. Tant que le soleil est au-dessus de l'horizon d'un lieu, ce lieu reçoit de la chaleur ; dès qu'il est en dessous, il en perd, par suite de ce qu'on nomme le rayonnement ; et toutes les quantités ainsi reçues et perdues dans l'année (causes secondaires à part), doivent se balancer à chaque station, sans quoi l'équilibre de température ne serait pas maintenu, c'est-à-dire la continuité des moyennes que l'on observe dans la température observée avec le thermomètre. Ainsi, partout où le soleil reste plus de 12^h au-dessus de l'horizon, et moins au-dessous, la température générale du lieu gagne en chaleur, et elle perd quand le contraire a lieu. Ainsi, quand la terre se meut de A en B, les jours deviennent plus longs et les nuits plus courtes, dans l'hémisphère nord ; la température de chaque partie de cette atmosphère s'accroît, et l'on y passe du printemps à l'été ; le contraire a lieu en même temps pour l'hémisphère sud. Quand la terre se meut de B en C, les jours et les nuits approchent de l'égalité ; l'excès de température dans l'hémisphère nord sur la moyenne, aussi bien que son défaut dans l'hémisphère sud, sont moins prononcés, et à l'équinoxe d'automne C, la moyenne s'établit encore. De là en D et jusqu'au retour en A, les mêmes phénomènes se représentent évidemment, mais en ordre inverse ; l'hiver est à l'hémisphère nord et l'été à l'hémisphère sud.

367. Tout cela est parfaitement d'accord avec les faits observés. Le jour continuel dans les cercles polaires pendant l'été, leur nuit continuelle pendant l'hiver, l'accroissement général de température et la longueur du jour à mesure que le soleil s'approche du pôle élevé, les saisons en sens inverse dans les hémisphères nord et sud, sont des faits trop bien connus pour avoir besoin de commentaires. Les positions A et

C de la terre correspondent, comme nous l'avons dit, aux équinoxes ; celles B et D aux *solstices*, ce qui demande explication pour ce dernier terme. Si en un point X de l'orbite, nous menons l'axe de la terre XP et la ligne XS qui le joint au soleil ; il est évident que l'angle PXS sera *la distance polaire* du soleil. Or son angle est au maximum dans la position D et à son minimum en B ; c'est-à-dire de 90° + 23° 28' = 113° 28' en D et de 90° — 23° 28' = 66° 32' en B. En ces points le soleil cesse de s'approcher ou de s'éloigner du pôle, et de là vient le nom de solstice.

368. La forme elliptique de l'orbite de la terre n'a qu'une faible participation à la variation de température correspondante à la différence des saisons. Cette assertion peut d'abord sembler incompatible avec ce que nous savons des lois de la communication de la chaleur d'un luminaire placé à des distances variables. Le soleil dispersant la chaleur comme la lumière, en toutes directions, et la disséminant sur la surface d'une sphère qui s'agrandit continuellement à mesure qu'elle s'éloigne de ce centre d'action, la chaleur et la lumière doivent diminuer en rapport inverse de la surface de la sphère où elles se distribuent, c'est-à-dire en raison inverse du carré de la distance. Mais nous avons vu, art. 350, que c'est dans cette même proportion que varie la *vitesse angulaire* de la terre autour du soleil. Il paraîtrait d'après cela, que le *supplément momentané de chaleur* reçue du soleil par la terre, varie exactement en raison de la vitesse angulaire, c'est-à-dire de *l'accroissement momentané de longitude;* il s'ensuit que d'égales quantités de chaleur sont reçues du soleil en passant sur des angles égaux, dans quelque partie de l'ellipse que ces angles soient situés. Soient : S le soleil, fig. 45; AQMP l'orbite de la terre; A son point le plus près du soleil, ou comme on l'appelle le *périhélie* de son orbite; M le point le plus éloigné, ou son *aphélie*, et conséquemment ASM l'axe de l'ellipse. Supposons maintenant l'orbite divisée en deux segments par une ligne droite PSQ et passant par le soleil suivant une direction quelconque ; imaginons que la terre circule dans la direction PAQMP, elle aura passé 180° de longitude pour se mouvoir de P à Q et autant de Q à P. Il paraît donc, d'après ce qu'on a vu, que le supplément de chaleur reçue du soleil sera égal dans les deux segments, dans quelque direction que soit tirée la ligne PSQ, ils seront décrits, il est vrai, en temps inégaux : celui du périhélie A en moins de temps,

l'autre en plus de temps, en proportion de l'inégalité de leurs aires; mais la plus grande proximité du soleil dans le petit segment, compense exactement le plus de rapidité de la description, et dès lors l'équilibre de température est maintenu, ce qui a lieu; sans cela l'excentricité de l'orbite aurait une influence sensible sur la transition des saisons, la fluctuation de distance s'élève presque au 1/30 de la moyenne, et conséquemment la fluctuation dans le pouvoir échauffant du soleil va jusqu'au double, ou 1/15. Or le périhélie de l'orbite est situé presque au solstice nord d'hiver, de sorte que s'il n'y avait pas la compensation que nous avons établie, cela exagérerait la différence de l'été à l'hiver dans l'hémisphère Sud et la modérerait dans le Nord; il y aurait donc une alternative violente du climat de l'un des hémisphères, et dans l'autre un printemps presque perpétuel. Une telle inégalité est bien loin de subsister, car la chaleur et la lumière sont distribuées avec impartialité à l'un et à l'autre hémisphère.

369. Cela n'empêche pas d'ailleurs l'impression directe de la chaleur solaire au fort de l'été, la vivacité et l'ardeur de ses rayons, sous un ciel parfaitement clair, à midi, dans des latitudes égales, et dans les mêmes circonstances d'exposition, d'être très-positivement plus considérables dans l'hémisphère Sud que dans l'hémisphère Nord. Un quinzième est une fraction trop considérable de l'intensité de la chaleur solaire pour ne pas aggraver d'une manière terrible les souffrances de ceux qui s'y trouvent exposés, sans abri, dans des déserts arides. Par exemple, dans l'intérieur de l'Australie, les récits de ces souffrances sont effrayants, et semblent dépasser de beaucoup tout ce qu'ont éprouvé les voyageurs dans les déserts du nord de l'Afrique. Dans le rapport du capitaine Strurt, qui explorait Athenœum, on voit : « que la terre était une surface tellement brûlante, qu'une allumette y prenait feu en tombant accidentellement ». L'auteur a observé que la température de la surface du sol, dans le sud de l'Afrique, était de 159° Fahrenheit (plus de 70° centigrades), une allumette chimique que l'on passe simplement sur une surface unie, à 212° Fahrenheit (100° centigrades), ne s'enflamme pas, mais *en la retirant*, elle prend feu, et le plus léger frottement l'enflamme.

370. Une conclusion très-remarquable, récemment tirée par le professeur Dove de la comparaison des observations thermométriques faites, en différentes saisons, dans les régions

les plus éloignées du globe, paraît au premier abord en contradiction avec ce que nous avons dit précédemment. Ce météorologiste éminent a prouvé, en prenant les températures moyennes, dans toutes les saisons, des points diamétralement opposés, que la température moyenne de *toute la surface de la terre*, en juin, excède considérablement celle prise en décembre. Ce résultat qui est en opposition avec la plus grande proximité du soleil, en décembre, est au reste dû à une cause très-puissante et tout-à-fait distincte, la plus grande quantité de terre dans l'hémisphère qui a son solstice d'été en juin (l'hémisphère Nord, art. 362); le fait s'explique ainsi de lui-même. L'effet de la terre sous le rayon solaire est de régler la chaleur dans l'atmosphère, et de la distribuer ainsi sur toute la surface de la terre par le pouvoir conducteur de l'atmosphère. L'eau ne produit pas le même effet, la chaleur pénétrant ses profondeurs et s'y trouvant absorbée; en sorte que sa surface n'acquiert jamais une température très-élevée, même sous l'équateur.

371. Le grand moyen de simplifier la conception en astronomie, et même dans toutes les sciences qui concernent le mouvement, consiste à regarder chaque mouvement comme rapporté à des points invariablement fixes, ou du moins si peu variables qu'il n'en résulte aucune confusion sensible. On doit aussi, dans le choix de ces points primitifs de repère, avoir soin qu'il s'établisse des relations simples et symétriques géométriquement entre ces points et les courbes décrites par tout ou partie du système, en sorte qu'ils y fassent fonction de centres naturels, stations avantageuses pour l'œil de la raison et pour la théorie. Ayant appris à attribuer un mouvement d'orbite à la terre, elle perd cet avantage d'un point central qui revient au soleil, comme le centre fixe autour duquel se trace cette orbite. Précisément de la même manière que nous avons imaginé de transporter, quand nous voulions nous débarrasser de la complication du mouvement diurne de la terre, notre station d'observation, de sa surface à son centre, par l'emploi de la parallaxe diurne, nous allons, pour ne pas être continuellement embarrassé du mouvement d'orbite de la terre, rapporter nos observations au centre du soleil, ou plutôt au centre commun de gravité du soleil et des autres corps de notre système, par la considération de la *parallaxe annuelle* ou *héliocentrique*, comme on l'appelle. De là provient la distinction entre le lieu *géocentrique* ou *héliocentrique* d'un

objet. Le premier rapporte sa situation dans l'espace à une sphère imaginaire d'un rayon infini, ayant pour centre le centre de la terre, et l'autre le centre du soleil. Ainsi, quand nous parlons de *longitudes* et *latitudes héliocentriques* des objets, nous supposons le spectateur au centre du soleil, et les rapportant par des cercles perpendiculaires au plan de l'écliptique, à ce grand cercle que tracerait dans les cieux le prolongement indéfini du plan de l'écliptique.

372. Le point de la concavité imaginaire des cieux infinis, auquel un spectateur, dans le soleil, rapporte la terre, doit être diamétralement opposé à celui auquel un spectateur, sur la terre, rapporte le centre du soleil; conséquemment la *latitude* héliocentrique de la terre n'est jamais *rien*, et sa longitude héliocentrique est toujours égale à la longitude géocentrique du soleil, + 180°. Les équinoxes et les solstices héliocentriques sont donc les mêmes que ceux géocentriques, et pour les concevoir, il suffit d'imaginer un plan passant par le centre du soleil, parallèle à l'équateur de la terre, et indéfiniment prolongé en tous sens. La ligne d'intersection de ce plan avec l'écliptique, est la ligne des équinoxes, et les solstices en sont à 90° de distance.

373. La position du grand axe de l'orbite de la terre, est d'une grande importance. Soient (fig. 45); ECLI l'écliptique, E l'équinoxe de printemps, L celui d'automne, c'est-à-dire, les points *auxquels la terre est rapportée du soleil quand ses longitudes héliocentriques sont respectivement* 0° *et* 180°. Supposons que le mouvement de la terre soit dans la direction ECLI, l'angle ESA, ou la longitude de périhélie, dans l'année 1800, était 99° 30' 5''. Nous disons en 1800, parce qu'il est de fait que, par des causes que nous expliquerons plus tard, sa position est sujette à une très-lente variation de 12'' environ par année vers l'Est, ce qui, dans une très-longue période, pas moindre que 20984 ans, amène l'axe ASM de l'orbite tout autour de la circonférence de l'écliptique. Mais nous pouvons, pour le moment, ne pas faire attention à cette déviation et à quelques autres, dont il est mieux de rendre compte ailleurs.

374. Si l'orbite de la terre était un cercle décrit avec une égale vitesse autour du soleil placé à son centre, rien ne serait plus aisé que de calculer à chaque instant sa position par rapport à la ligne des équinoxes, ou sa longitude, car on n'aurait qu'à mettre en chiffres la proportion suivante : un an est au temps écoulé, comme 360° sont à l'axe de longitude

décrit ; la longitude ainsi calculée, s'appelle en astronomie, *moyenne* longitude de la terre. Mais comme l'orbite de la terre n'est ni circulaire, ni décrite uniformément, cette règle ne nous donnera pas la vraie position dans l'orbite à un instant quelconque. Néanmoins, comme l'excentricité et la déviation du cercle sont petites, la *vraie position* ne déviera jamais beaucoup de la position ainsi déterminée, ou de la *moyenne*, et l'on pourra déduire l'une de l'autre, par une *correction* ou *équation*, comme on dit, dont le montant ne sera jamais considérable, et dont le calcul est une question de pure géométrie, dépendant des aires égales que décrit la terre autour du soleil. Car, puisque, dans le mouvement elliptique, ainsi que l'établit la loi de Kepler, les *aires* et non les *angles* sont uniformément décrites, la proportion doit s'établir ainsi : un an est au temps écoulé, comme toute l'aire de l'ellipse est à l'aire du secteur tracé par le rayon vecteur pendant ce temps. Cette aire du secteur sera donc connue, et c'est alors, ainsi que nous l'avons observé, un problème de pure géométrie de déterminer l'angle au soleil ASP (fig. 45) qui correspond à la portion de l'aire totale de l'ellipse que contient le secteur APS. Supposons que nous partions du périhélie A, l'angle ASP croîtra d'abord plus rapidement que la longitude moyenne, et par conséquent, pendant toute la demi-révolution de A en M, la dépassera ; ou bien, en d'autres termes, le lieu vrai sera en avance sur la *moyenne*. En M, une demi-année sera écoulée, et une moitié de l'orbite sera décrite, qu'elle soit circulaire ou elliptique ; alors la *moyenne*, là, coïncide avec le lieu *vrai* ; mais dans toute l'autre moitié de l'orbite, de M en A, le lieu vrai est en arrière de la moyenne, puisqu'en M le mouvement angulaire est plus lent ; et le lieu vrai de ce point commence à rester en arrière de la moyenne, jusqu'à ce qu'il la rattrape en A.

375. La quantité dont la longitude *vraie* de la terre diffère de la *moyenne*, s'appelle l'équation du centre, et est *additive* pendant toute la demi-année durant laquelle la terre passe de A en M, commençant à 0° 0' 0", parvenant à son maximum, et décroissant de nouveau jusqu'à zéro en M ; ensuite elle devient *soustractive*, atteint un maximum soustractif entre M et A, et décroît de nouveau jusqu'à zéro en A. Son maximum additif ou soustractif, est 1° 55' 33",3.

376. La longitude vraie de la terre sera donc connue, si l'on applique à la moyenne l'équation du centre correspondant au

temps auquel on veut la déterminer, et puisque le soleil est toujours vu de la terre à 180° de longitude de plus que la terre n'est vue du soleil, on connaîtra par ce moyen, le lieu vrai du soleil dans l'écliptique. Le calcul de l'équation du centre, se fait à l'aide de tables construites exprès, et qui se trouvent dans toutes « les tables solaires. »

377. La valeur maxima de l'équation du centre, dépend seulement de l'ellipticité de l'orbite, et peut être exprimée en fonction de l'excentricité. Donc réciproquement, si l'une est donnée pour l'observation, l'autre peut s'en déduire, parce que la loi qui lie numériquement deux quantités l'une à l'autre, étant connue, il suffit d'avoir l'une pour déterminer l'autre. Or, une observation assidue du passage du soleil au méridien détermine, pour chaque jour, son ascension droite exactement, et l'on en conclut sa longitude (art. 309); puis, il est facile d'assigner l'angle dont la longitude *observée* surpasse la moyenne, ou est moindre; et le plus fort excès ou défaut, dans toute l'année, est l'équation maxima du centre. Ce moyen de déterminer l'excentricité de l'orbite, est plus facile et plus exact que celui de conclure sa distance par le mesurage de son diamètre apparent. Au reste, les résultats obtenus par l'un et par l'autre, coïncident parfaitement.

378. Si l'écliptique coïncidait avec l'équinoxial, l'effet de l'équation du centre, en troublant l'uniformité du mouvement apparent du soleil en longitude, causerait une inégalité dans son temps de passage au méridien chaque jour. Quand le centre du soleil arrive au méridien, il est midi apparent, et si son mouvement en longitude était uniforme, et que l'écliptique coïncidât avec l'équinoxial, cela coïnciderait toujours avec le *midi moyen*, ou avec le coup de midi d'une bonne horloge solaire. Mais indépendamment du manque d'uniformité de mouvement, l'obliquité de l'écliptique est cause d'une autre inégalité à cet égard, par suite de laquelle, le soleil, même en supposant uniforme son mouvement dans l'écliptique, serait alternativement, pour son passage au méridien, en avance ou en retard du midi moyen ou du coup de midi de l'horloge. En effet, l'ascension droite d'un corps céleste formant un côté de l'angle droit d'un triangle sphérique, dont la longitude est l'hypothénuse, il est clair que l'accroissement uniforme de l'une doit nécessiter une déviation de l'uniformité dans l'accroissement de l'autre.

379. Ces deux causes agissant ensemble produisent, au

fait, une fluctuation très-considérable dans le temps indiqué par l'horloge, lorsque le soleil atteint réellement le méridien. Elle s'élève effectivement à plus d'une demi-heure : midi apparent ayant lieu quelquefois 16 1/2 minutes *avant* midi moyen, et quelquefois 14 1/2 minutes après; la différence entre midi apparent et midi moyen, s'appelle *équation du temps;* elle se calcule et se trouve insérée sous ce titre, dans les éphémérides, pour chaque jour de l'année; ou bien, ce qui revient au même, l'instant, *en temps moyen* de la culmination du soleil pour chaque jour, s'y trouve comme l'un des phénomènes astronomiques à observer.

380. Pendant que le soleil, dans sa course annuelle apparente, est entraîné le long de l'écliptique, sa déclinaison varie continuellement entre les extrêmes limites de 23° 28' 40" Nord, et autant au Sud, limites qu'il atteint aux solstices. Il est donc toujours vertical sur quelque partie de cette zone ou ceinture de la surface de la terre, qui s'étend entre les parallèles Nord et Sud de 23° 28' 40". Ces parallèles se nomment, en géographie, les *tropiques*, celui Nord est dit du *Cancer,* et celui Sud du *Capricorne;* parce que le soleil, aux solstices respectifs, se trouve dans la division ou dans les signes de l'écliptique ainsi nommés. Il y a douze de ces signes qui occupent 30° chacun de la circonférence. Ils commencent à l'équinoxe de printemps, et viennent dans cet ordre : le Bélier, le Taureau, les Gémeaux, le Cancer, le Lion, la Vierge, la Balance, le Scorpion, le Sagittaire, le Capricorne, le Verseau, les Poissons ; on les représente par les symboles suivants :

♈, ♉, ♊, ♋, ♌, ♍, ♎, ♏, ♐, ♑, ♒, ♓,

L'écliptique elle-même est aussi divisée en signes, degrés, minutes etc. 5ˢ 27° 0', correspondant à 177° 0'; mais cela commence à tomber en désuétude.

381. Ces *signes* sont des subdivisions purement techniques de l'écliptique, commençant à l'équinoxe actuel, et qu'il ne faut pas confondre avec les *constellations* ainsi nommées, quelquefois représentées par les mêmes symbobes. Les constellations du zodiaque, comme elles sont rangées actuellement sur l'écliptique, sont toutes un plein « signe » en avance ou anticipation de leurs symboles analogues. Ainsi la constellation Aries, le Bélier, occupe actuellement le signe ♉ Taurus, le Taureau ; les deux Gémeaux et ainsi de suite, les *signes* ayant ainsi rétrogradé, (quant à la longitude et non quant à

leur mouvement diurne apparent), parmi les étoiles, avec l'équinoxe leur origine, par l'effet de la précession. La brillante étoile Spica dans la constellation de la Vierge, d'après les observations de Hipparchus, 128 ans avant la naissance du Christ, *précédait*, ou était vers l'ouest de l'équinoxe d'automne de 6° en longitude : en 1750 cette étoile *le suivait*, ou était vers l'est du même équinoxe de 20° 21'. Son lieu alors, rapporté à l'écliptique à la première époque, eut été en longitude 5ˢ 24° 0', ou dans le 24ᵐᵉ degré du signe ♌ le Lion ; tandis que dans la dernière époque, il était dans le 21ᵐᵉ degré de ♍ la Vierge, l'équinoxe ayant rétrogradé de 26° 21' dans l'intervalle des 1878 années écoulées. Pour éviter cette source de méprises, l'usage des signes et leurs symboles, dans le compte des longitudes célestes, est maintenant tout-à-fait abandonné ; et le compte ordinaire en degrés, de 0 à 360, adopté à leur place. Les noms du Bélier, de la Vierge, etc., sont réservés pour les constellations (1).

382. Quand le soleil est à l'un des tropiques, il éclaire, comme nous l'avons vu, le pôle de ce côté de l'équateur et autour, jusqu'à une distance de 23° 28' 40". Les parallèles de latitude, à cette distance de chaque pôle, se nomment cercles polaires, et se distinguent l'un de l'autre par les noms d'*arctique* et d'*antarctique*. Les régions qui se trouvent dans ces cercles, sont quelquefois nommées zones glaciales, tandis que l'on appelle zone torride celle qui est entre les tropiques, et zones tempérées celles intermédiaires. Ce ne sont d'ailleurs que de simples dénominations, car, par la distribution différente de la terre et de la mer dans les deux hémisphères, les zones de *climat* ne coïncident pas avec les zones de *latitude*.

383. Nos saisons sont déterminées par les passages apparents du soleil à l'équinoxial, et son arrivée alternative dans l'hémisphère Nord et Sud. Si l'équinoxe était invariable, cela arriverait à des intervalles précisément égaux à la durée de l'année sidérale ; mais, en réalité, à cause du lent mouvement conique de l'axe de la terre (art. 317), l'équinoxe rétrograde sur l'écliptique, et *rencontre* le soleil s'avançant un peu *avant* que tout son circuit sidéral soit accompli. La rétrogradation annuelle de l'équinoxe est 50",1 ; et cet arc est décrit

(1) Quand on parle de la station du soleil, cependant, le vieil usage prévaut encore ; et l'on dit : *le soleil dans le Bélier*, c'est-à-dire entre 0° et 30° de longitude ; le premier point du Bélier est encore ainsi compris, pour désigner l'équinoxe de printemps, et le premier point de la Balance celui d'automne, et de même dans un petit nombre de cas.

par le soleil dans l'écliptique en 20′ 19″,9. C'est ainsi que le retour périodique de nos saisons est *plus court* que la révolution sidérale de la terre autour du soleil ; et, comme l'année sidérale est de 365^j 6^h 9^m, 9^{s}6, il s'ensuit que la période des saisons, ou l'année *tropique*, comme on l'appelle, n'est que de 365^j 5^h 48^m 49^s,7.

384. Nous avons déjà dit que le grand axe de l'ellipse décrite par la terre, a un mouvement lent, de 11″,8 par année, en avant. Il en résulte que lorsque la terre, à partir du périhélie, a complété une période sidérale, le périhélie a marché de 11″,8, et qu'il faut que la terre décrive cet arc en plus pour le rejoindre. Elle y met 4′ 39″,7, qui doivent s'ajouter par conséquent à la période sidérale, pour donner l'intervalle entre deux passages consécutifs au périhélie. Cet intervalle qu'on nomme *année anomalistique*, est donc de 365^j 6^h 13^m 49″ 3(1). Toutes ces périodes ont leur usage en astronomie, mais celle qui intéresse le plus les hommes, en général, est *l'année tropique*, de laquelle dépend le retour des saisons, et que nous voyons être un phénomène composé, dépendant surtout et directement de la révolution annuelle de la terre autour du soleil, mais subordonné d'ailleurs indirectement à sa rotation autour de son axe, ce qui occasionne la précession des équinoxes. C'est un exemple instructif de l'influence qu'exerce sur tout le système, le mouvement une fois admis de l'une de ses parties.

385. Un premier aperçu de l'apparence de la terre nous a donné la rondeur de sa forme ; une recherche plus exacte nous a fait découvrir son ellipticité ; puis enfin, nous sommes parvenus à explorer les moindres irrégularités de sa forme. De même, la première notion que nous ayons eue, en nous occupant du mouvement du soleil, est celle d'une orbite ronde, et généralement parlant, ne s'éloignant guère d'un cercle ; un examen plus attentif nous a prouvé que ce cercle s'aplatit en ellipse d'une faible excentricité, et décrite suivant certaines lois que nous avons déterminées. Des recherches plus délicates encore peuvent nous découvrir les petites irrégularités de cette forme et de ces lois, ainsi que nous en avons eu l'exemple dans le mouvement lent de son axe (art. 372) ; et on les comprend, en général, sous le nom de perturbations et d'inéga-

(1) Ces nombres, ainsi que toutes nos autres données numériques sont, à moins qu'on n'avertisse du contraire, extraites des *Astronomical tables and formulæ* de M. Baily.

lités séculaires. Nous parlerons longuement, par la suite, de ces déviations et de leurs causes. C'est le triomphe de l'astronomie physique d'en avoir rendu un compte complet, et de n'avoir laissé sans explication aucun des mouvements du soleil et des autres corps de notre système. Mais la nature de ces explications ne permet de les faire comprendre, qu'après avoir développé la loi de la gravitation et l'avoir suivie dans ses conséquences les plus directes. Ce sera l'objet des trois chapitres suivants, dans lesquels nous profiterons de la proximité de la lune, de sa connexion immédiate avec la terre, et de sa dépendance, pour assurer les bases de la théorie générale des mouvements planétaires. Nous terminerons ce chapitre par la description de ce que l'on sait sur la constitution physique du soleil.

386. Quand on regarde le soleil avec de puissants télescopes, pourvus de verres colorés, pour que les yeux ne soient pas blessés de son ardeur ; on observe qu'il a fréquemment de grandes taches parfaitement noires, entourées d'une espèce de bordure, moins complètement sombre, appelée pénombre. Quelques-unes sont représentées figure 81 ; au reste, elles ne sont pas permanentes. Quand on y prend garde, de jour en jour, ou même d'heure en heure, elles semblent s'élargir ou se contracter, changer leurs formes et disparaître enfin, ou se rompre pour reparaître dans quelque partie de la surface où il n'y en avait pas avant. Lorsqu'elles disparaissent, la tache d'ombre se contracte en un point et s'évanouit avant la bordure. Accidentellement, elles se rompent, se divisent en deux ou plusieurs autres, offrant ainsi l'aspect de cette extrême mobilité qui n'appartient qu'à l'état fluide, et de cette agitation extrêmement violente, qui n'appartient qu'à l'état gazeux ou aériforme. L'échelle sur laquelle s'accomplissent leurs mouvements est immense. Une simple seconde de mesure angulaire, vue de la terre, correspond sur le disque du soleil à 461 *miles* (741894 *mètres*) ; et un cercle de ce diamètre (comprenant 434200 kilomètres carrés), est le moindre espace que l'on puisse discerner distinctement sur le soleil comme aire visible. On a, d'ailleurs, observé des taches dont le diamètre était de plus de 45000 *miles* (7241 *myriamètres*) (1), et même de bien plus considérables, si l'on doit ajouter foi à quelques témoignages. Pour que de telles taches se forment en six semaines (car elles

(1) Mayer Obs. 15 mars 1758. « *Ingens macula in sole conspiciebatur cujus diameter* = 1/20 *diam. solis.* »

y mettent rarement plus de temps), il faut que leurs bordures s'élèvent à plus de 1000 *miles* (161 *myriamètres*) par jour.

387. Plusieurs autres circonstances tendent à corroborer ces aperçus. La portion du disque du soleil que n'occupent pas ces taches, est loin d'être uniformément brillante. Son fond paraît sablé de très-petites taches, ou criblé de *pores* qui, lorsqu'on y regarde attentivement, se trouvent être dans un état de changement perpétuel. Rien n'en peut mieux représenter l'aspect qu'un précipité floconneux dans un fluide transparent, vu perpendiculairement d'en haut. Cette image est si fidèle, qu'il est impossible qu'elle ne donne pas l'idée d'un milieu lumineux mêlé, mais non confondu, avec une atmosphère transparente et non lumineuse, ou flottant dans l'air comme les nuages, ou tourbillonnant comme la flamme, ou s'ondulant comme la lumière de nos aurores boréales, dirigées en lignes perpendiculaires à la surface.

388. Enfin dans les environs des grandes taches, ou de leurs groupes les plus étendus, on a souvent observé de vastes espaces couverts de courbes bien marquées, ou de raies à embranchement beaucoup plus lumineuses que le reste ; on les nomme *facules*, et des taches s'y déclarent fréquemment, lorsqu'il n'y en avait pas auparavant. On peut les regarder avec beaucoup de probabilité, comme les bords de vagues immenses dans les régions lumineuses de l'atmosphère solaire, et comme indication d'une violente agitation dans leur voisinage. On les voit plus ordinairement et mieux, vers les bords du disque visible, et leur apparence est représentée fig. 84.

389. Mais que *sont* ces taches? On a bâti plusieurs systèmes à cet égard, et un seul d'entre eux paraît avoir quelque probabilité physique; c'est que ce sont les parties du corps solide et obscur, ou du moins comparativement obscur, du soleil, découvertes à notre vue par les immenses fluctuations auxquelles sont exposées les régions lumineuses de son atmosphère. Quant à la manière dont elles se découvrent, il y aussi diverses hypothèses à cet égard. Lalande suppose, art. 3240, que des éminences de la nature des montagnes sont mises à découvert, et que se précipitant sur un océan lumineux, elles forment des ombres, tandis que leurs déclivités, dans un fluide lumineux moins profond, produisent les pénombres. Une terrible objection à cette théorie, est la teinte parfaitement uniforme de la pénombre qui se termine brusquement, du dedans où elle limite l'ombre, au dehors où elle tranche sur la surface bril-

lante. Une conjecture beaucoup plus probable, est celle qu'émit Williams Herschell, dans les Transactions philosophiques 1801; il considère les couches lumineuses de l'atmosphère comme soutenues bien au-dessus du niveau du corps solide par un milieu transparent, élastique, portant sur sa surface supérieure, (ou plutôt pour éviter l'objection précédente, *à quelque niveau beaucoup plus bas dans sa profondeur)*, une couche nuageuse qui, fortement illuminée d'en haut, réfléchit une portion considérable de la lumière à nos yeux et forme une pénombre, tandis que le corps solide, masqué par les nuages n'en reflète aucune. L'écartement temporaire des deux couches, mais plus prononcé dans la couche supérieure que dans l'inférieure, s'effectue par de puissants courants de l'atmosphère d'en haut, s'élevant peut-être de soupiraux dans le corps, ou par des agitations locales. Voyez fig. 81.

390. Quand on examine ces taches attentivement, on observe des changements dans leur situation sur le disque du soleil: Elles avancent régulièrement vers l'ouest du corps, en bordure, où elles disparaissent et sont remplacées par d'autres qui entrent par la bordure de l'est, et qui, à leur tour, après avoir poursuivi leur cours, disparaissent à l'ouest aussi. La rapidité apparente de ce mouvement n'est pas uniforme, comme elle le serait, si les taches du corps opaque passaient, par un mouvement indépendant de celui qui leur est propre, entre la terre et le soleil; mais il y a accélération de vitesse au milieu de leur passage à travers le disque, et rallentissement à ses bordures. C'est ce qui arriverait précisément, en supposant qu'elles appartiennent au globe du soleil et font partie de sa surface visible, entraînées par la rotation uniforme de ce globe sur son axe, de manière que chaque tache décrit un cercle parallèle à l'équateur du soleil, lequel cercle paraît être une ellipse par l'effet de la perspective. Leur marche apparente à travers le disque, conforme à cette vue elliptique, est tracée, en général, suivant des ellipses très-allongées, concentriques au disque du soleil, ayant chacune, pour son axe le plus long, un rayon de ce disque, et tous ces axes étant parallèles les uns aux autres. A deux périodes de l'année seulement, les taches paraissent décrire des lignes droites, vers les 11 juin et 12 décembre, jours pendant lesquels le plan du cercle que décrit une tache située sur le plan de l'équateur du soleil (et par conséquent le plan de l'équateur lui-même) passe à travers la terre. Il est clair, d'après cela, que le plan de l'é-

quateur du soleil est incliné à celui de l'écliptique, et le coupe suivant une ligne qui passe par le lieu de la terre ces jours-là. La situation de cette ligne, ou la *ligne des nœuds de l'équateur du soleil*, comme on l'appelle, est donc limitée par les longitudes de la terre, comme vue du soleil à ces époques, lesquelles sont respectivement, 80° 21' et 260° 21' (=80° 21+180°), en directions diamétralement opposées.

391. L'inclinaison de l'axe du soleil (celle du plan de son équateur), sur l'écliptique est déterminée par la différence du plus grand au plus petit diamètre de l'ellipse apparente décrite par une tache très-remarquable et bien limitée ; pour y parvenir, il faut déterminer, par des mesures micrométriques prises avec précision, son lieu apparent sur le disque du soleil, en répétant l'observation chaque jour tant que la tache continue d'être visible; cela dure ordinairement 12 à 13 jours, suivant la grandeur des taches qui disparaissent par un effet de raccourcissement avant d'avoir atteint la bordure du disque; mais les taches les plus grandes sont tracées plus près du corps que les plus petites (1). La *réduction* de ces observations, ou la conclusion que l'on en tire, est compliquée par l'effet du mouvement de la terre dans l'intervalle des observations, et par sa situation dans l'écliptique, relativement à la ligne des nœuds. Supposons, pour plus de simplicité, que la terre soit placée comme elle l'est le 10 mars, suivant une ligne perpendiculaire à la ligne des nœuds, c'est-à-dire 170° 21' en longitude héliocentrique, et qu'elle y reste stationnaire pendant tout le temps du passage d'une tache à travers le disque du soleil. Dans ce cas l'axe de rotation du soleil sera situé dans un plan passant par la terre et perpendiculaire au plan de l'écliptique. Supposons C, fig. 85, le centre du soleil, P C*p* son axe, E C la ligne de vue, P N Q A *p* S une section du soleil passant par la terre et Q une tache située sur son équateur, dans ce plan, et par conséquent dans le milieu de sa marche apparente à travers le disque. Si l'axe de rotation était perpendiculaire à l'écliptique, tel que N S, cette tache serait en A, et serait vue projetée en C au centre du soleil. Elle est maintenant en Q, projetée en D, à une distance apparente C D au nord du centre, qui est le petit demi-axe apparent de l'ellipse décrite par cette tache, lequel étant connu par mesurage mi-

(1) La grande tache de décembre 1719 est citée comme ayant été vue semblable à une brèche dans le corps du soleil.

crométrique, la valeur $\frac{CD}{CN}$ ou cosinus de QCA, l'inclinaison de l'équateur du soleil devient connue, CN étant le demi-diamètre apparent du soleil à ce temps. Au reste, à cette époque, la moitié Nord du cercle décrit par cette tache est visible (la moitié Sud passant derrière le corps du soleil), et le pôle sud *p* du soleil est dans l'hémisphère visible. Le contraire arrive dans l'autre moitié de l'année, du 12 juillet au 11 décembre, et c'est ce qu'on devra comprendre quand nous dirons que le nœud ascendant (noté ☊) de l'équateur du soleil est par 80° 21' longitude, une tache sur l'équateur passant ce nœud étant alors *ascendant* du sud au nord du plan de l'écliptique; tel est le langage conventionnel des astronomes à ce sujet.

392. Si les observations sont faites en d'autres saisons, qui sont d'ailleurs moins favorables que les époques que nous venons d'assigner à cet effet; comme il est nécessaire de tenir compte du mouvement de la terre, dans l'intervalle des mesurages, aussi bien que du changement de point de vue, les calculs pour déduire la situation de l'axe dans l'espace et la durée de révolution autour de lui, deviennent beaucoup plus compliqués et se trouvent trop en dehors du plan de cet ouvrage pour que nous nous y arrêtions (1). Suivant les meilleures déterminations, l'inclinaison de l'axe du soleil sur l'écliptique est d'environ 7° 20' (ses nœuds étant établis comme ci-dessus), et sa période de rotation de 25 jours 7 h. 48 m. (2).

393. La région des taches est confinée dans 250° de chaque côté de l'équateur du soleil; au-delà de 30°, on les voit rarement; et jamais dans les régions polaires, l'équateur actuel du soleil est aussi moins fréquemment visité par les taches du soleil que les zones adjacentes de l'un et l'autre côté, et il y a une différence matérielle dans leur fréquence et leur grandeur pour l'hémisphère Nord ou Sud, celles de l'hémisphère Nord étant à la fois plus fréquentes et plus grandes. La zone comprise entre le 11me et le 15me degré vers le nord de l'équateur, est particulièrement fertile en taches grandes et durables. Ces circonstances aussi bien que la fréquente occur-

(1) Voyez art. 3258, Astronomie de Lalande; et n° 419, Formules par Petersen Schumaker's Nachricten.

(2) Bianchi (Schumaker's Nach. 483) s'accordant avec Laugier et Delambre, dit 25 jours 0 h. 17 m.; Petersen 25 jours 4 h. 30 m. L'inclinaison de l'axe varie d'un demi-degré et les nœuds de plusieurs degrés. Un changement continuel des taches elles-mêmes est cause de cette incertitude.

rence d'un arrangement plus ou moins régulier des taches, quand elles sont nombreuses, à la manière de couches parallèles à l'équateur, indiquent évidemment une disposition physique particulière à certaines parties du corps du soleil d'être plus favorables à la production de ces taches; d'un autre côté l'influence de la rotation du soleil sur son axe paraît une cause déterminante de la distribution et de l'arrangement des taches, et semble indiquer, dans les fluides qui constituent sa surface lumineuse, un système de mouvements semblables à ceux de nos vents alisés. (*Voyez* art. 239 et suiv.)

394. La durée des taches séparées n'est pas très-considérable ordinairement; quelques-unes sont formées et disparaissent dans la limite d'un simple passage à travers le disque; mais elles sont alors, pour la plupart, petites et insignifiantes. Fréquemment elles font une ou deux révolutions, étant reconnaissables à leur réapparition par leur situation relativement à l'équateur, leur configuration *entre elles*, leur grandeur, ou d'autres particularités; aussi bien que par l'intervalle écoulé entre leur disparition à l'un des bords du disque et leur réapparition à l'autre bord. Dans un petit nombre de cas très-rares, elles ont été observées faisant plusieurs révolutions. La grande tache de 1779 parut durant six mois, et Schwabe en observa une du *même groupe*, en 1840, qui revint huit fois (1). Enfin on a imaginé, avec beaucoup de probabilité, que certaines taches sont engendrées et reproduites, à certains intervalles de temps, identiquement sur les mêmes points du soleil, comme les ouragans, par exemple, qui sont connus pour affecter certaines localités de la surface de la terre, et suivre une marche définie. L'incertitude qui prévaut encore quant à la durée de leur rotation, rend très-difficile d'avoir une évidence convainquante à cet égard. On ne peut l'obtenir qu'en résumant ensemble l'état de la surface du soleil pendant une longue période de temps, et celui des taches remarquables observées dans les *mêmes parallèles*, un temps périodique précis conciliant leurs apparences nombreuses et bien caractérisées. Cette enquête est d'un grand intérêt, car il n'est pas douteux qu'un supplément de lumière et de chaleur apporté à notre globe terrestre est en intime connexité avec ce qui se passe sur la surface solaire, où ces taches prennent naissance de manière ou d'autre.

(1) Schum. Nach. n° 418, p. 150. De nouveaux articles de Biela, Capocci, Schwabe, Pastorff et Schmidt, dans cette collection, présentent un grand intérêt.

398. Il y a de fortes indications de l'existence d'une atmosphère gazeuse ayant une espèce de transparence imparfaite, au-dessus de la surface lumineuse du soleil, et dans la région où résident ses taches. Quand on voit tout le disque du soleil à travers un télescope grossissant modérément, avec un verre obscur pour permettre d'examiner à l'aise, il devient évident que les bordures de son disque sont beaucoup plus lumineuses que le centre. On s'assure que ce n'est pas une illusion, en projetant l'image du soleil modérément grossie et non obscurcie de manière à occuper un cercle de un décimètre environ de diamètre, sur une feuille de papier blanc, en ayant soin de l'avoir bien au foyer quand la même apparence devra être observée. Cela peut seulement provenir de ce que les rayons solaires de la circonférence ont subi une action absorbante, d'une beaucoup plus grande densité que les rayons solaires du centre, par quelque enveloppe imparfaitement transparente, et due à la plus grande obliquité de leur passage à travers cette enveloppe. Mais on en a une preuve plus convaincante et tout-à-fait décisive par le phénomène d'une éclipse totale de soleil. De telles éclipses, ainsi que nous le verrons plus tard, sont produites par l'interposition du corps sombre de la lune entre la terre et le soleil, la lune étant assez grande pour couvrir alors tout le disque du soleil et le dépasser même d'une certaine largeur. Quand cela a lieu ; s'il n'y avait pas d'atmosphère vaporeuse capable de réfléchir toute lumière autour du soleil, le ciel serait entièrement obscurci, puisque, (comme nous le verrons du reste plus tard), il n'y a pas la moindre raison de penser que *la lune* ait une atmosphère de ce genre. Mais c'est précisément le contraire qui a lieu, car un anneau brillant ou couronne de lumière, s'affaiblissant peu à peu, fig. 86, est observé toujours concentrique au soleil et non à la lune, lorsque le soleil et la lune ne sont pas concentriquement superposés. Cette couronne était d'une grande beauté dans l'éclipse du 7 juillet 1842 ; elle avait une addition très-remarquable, comme plusieurs spectateurs l'ont observé à Paris, Milan, Vienne et ailleurs ; c'était trois protubérances rosées, représentées dans la fig. 86, qui semblaient se projeter au-delà de l'ombre du corps de la lune ; quelques-uns les ont comparées à des flammes, d'autres à des montagnes ; mais leur grandeur énorme (elles paraissaient à l'œil nu avoir plus de *six mille myriamètres*), et l'intensité de leur illumination, prouvaient clairement que c'étaient des masses

nuageuses *de la plus excessive ténuité*, supportées sans doute par l'atmosphère dont nous venons de parler, et qui probablement lui devaient leur existence.

396. Nous avons des indications, de plusieurs espèces distinctes, qui nous portent à croire que la température à la surface visible du soleil ne peut être que très-élevée, beaucoup plus que celle que produisent nos fourneaux, et nos procédés chimiques ou galvaniques; 1° il suit de la loi de décroissement de la chaleur rayonnante et de la lumière, en raison inverse des carrés des distances, que la chaleur reçue sur une aire donnée, à la distance de la terre, et sur une aire égale à la surface visible du soleil, doit être en rapport de l'aire des cieux occupée par le disque apparent du soleil avec tout l'hémisphère, ou comme 1 est à 300000 environ. Une moindre intensité de rayonnement solaire, obtenue au foyer d'un miroir ardent, suffit pour réduire en vapeur l'or et le platine. 2° la facilité avec laquelle les rayons calorifiques du soleil traversent le verre, propriété qui se trouve appartenir à la chaleur de nos foyers artificiels en raison directe de leur intensité (1). 3° Les flammes les plus vives disparaissent, et les solides enflammés de la manière la plus intense ne paraissent que comme des taches noires sur le disque du soleil quand on les place entre lui et l'œil (2). Il suit de cette dernière remarque, que le corps du soleil, quoiqu'il paraisse noir, vu à travers ses taches, *peut* néanmoins être dans l'état de l'ignition la plus intense; mais il ne s'ensuit pas nécessairement qu'il *doit* être ainsi. Le contraire est au moins physiquement possible, un dais *parfaitement réfléchissant* le défendrait du rayonnement des régions lumineuses au-dessus de son atmosphère, et aucune chaleur ne serait conduite de haut en bas à travers un milieu gazeux dont la densité s'accroîtrait rapidement. C'est un fait que les nuages de pénombre *sont* hautement réflecteurs, et leur visibilité dans une telle situation ne peut laisser aucun doute à cet égard.

397. La grandeur du soleil ayant été mesurée, et son poids,

(1) Par un mesurage direct avec l'*actinomètre*, instrument que j'ai longtemps employé dans ces recherches, et dont les indications ne sont sujettes à aucune des sources d'erreur qui vicient les autres modes d'estimation, je trouve que, sur 1000 rayons calorifiques, 816 pénètrent une feuille de verre de 0,12 *inches* (3 *millimètres*), et que sur 1000 rayons qui ont traversé une semblable plaque, 859 sont capables encore d'en traverser une autre.

(2) La boule enflammée de chaux vive dans la lampe oxy-hydrogène du lieutenant Drommond, donne l'imitation la plus [illegible] de la splendeur solaire. Son apparence, en regard du soleil, fut d'ailleurs telle qu'on l'a décrite dans un essai imparfait auquel j'étais présent. L'expérience doit être répétée dans des circonstances favorables.

comme nous le verrons plus tard, ou sa quantité de matière pondérable déterminée, on a essayé aussi, et non sans succès, d'estimer toute la chaleur développée par ce corps lumineux, dans un temps donné, à l'aide de la chaleur communiquée par ses rayons à des surfaces données de corps matériels exposés à son action verticale. Le résultat de ces expériences a été publié ainsi : Supposons qu'un cylindre de glace de 45 *miles* (72419 *mètres*) de diamètre, soit continuellement lancé dans le soleil, avec *la vitesse de la lumière*, et que l'eau produite par la fusion de la glace soit continuellement enlevée, la chaleur développée par le rayonnement du soleil sera dépensée entièrement par cette liquéfaction, de manière à ne laisser aucun rayon en plus; tandis que d'un autre côté la température de la surface ne subira aucune diminution.

398. Nous devons aussi remarquer que l'immense dégagement de chaleur opéré par le rayonnement, explique entièrement l'état constant d'agitation tumultueuse dans laquelle sont maintenus les fluides composant sa surface visible et la formation *des* pores qui s'y ouvrent et s'y ferment, sans qu'il soit besoin d'avoir recours à des causes internes. Ce mode d'action se représente parfaitement à l'œil dans le précipité dont nous avons cité déjà l'exemple, art 386, lorsque le fluide où il s'opère est chaud et qu'il perd la chaleur à sa surface.

399. Les rayons solaires sont la source définitive de tous les mouvements qui ont lieu à la surface de la terre. Leur chaleur produit les vents et les perturbations d'équilibre électrique de l'atmosphère qui donnent naissance au phénomène de la lumière, et probablement aussi à celui du magnétisme terrestre et de l'aurore. Par leur action vivifiante les végétaux sont élaborés de la matière inorganique, deviennent à leur tour les aliments des animaux et de l'homme, et les sources de ces grands dépôts de puissance dynamique qui sont mis en réserve pour l'usage de l'homme dans nos couches houillières. C'est à l'action solaire qu'est due la vaporisation de l'eau de la mer qui circule ainsi dans l'air, arrose la terre et y forme des ruisseaux et des rivières. C'est elle qui produit toutes les perturbations de l'équilibre chimique des éléments de la nature, qui, par une série de compositions et de décompositions, donnent naissance à de nouveaux produits et en transportent les matériaux. La dégradation lente des solides, qui constitue principalement les changements géologiques, et leur

dispersion dans les eaux de l'Océan sont dus entièrement au vent, à la pluie et à l'action alternative de la chaleur et du froid ; et d'un autre côté à l'agitation continuelle des vagues de la mer, par les vents qui résultent du rayonnement solaire. L'action des marées, due en partie à l'intervention du soleil, n'aura qu'une légère influence comparativement. L'effet des courants de l'Océan, s'engendrant surtout par cette influence, quoique faible pour l'action de miner par frottement, est puissant pour en transporter et en disperser les débris. Quand on considère l'immense transport de matières qui en résulte, l'accroissement de pression sur de larges espaces du lit de l'Océan et la diminution qui s'ensuit sur des portions correspondantes de la terre, on n'est pas éloigné de concevoir comment le pouvoir élastique des feux souterrains, ainsi refoulé sur un point et dégagé sur un autre, parvient à rompre les points de résistance insuffisante, et d'attribuer à la loi générale de l'influence solaire les phénomènes de l'activité des volcans.

400. Le grand mystère, au reste, est de concevoir comment a lieu, lorsqu'elle arrive, une si énorme conflagration ; chaque découverte chimique nous laisse ignorer, ou plutôt semble éloigner une explication probable. Si l'on peut hasarder une conjecture, nous assignerons à l'origine des rayons solaires, plutôt la possibilité connue de production indéfinie de chaleur par le frottement, ou son excitation produite par la décharge électrique, qu'aucune combustion de matière enflammée, solide ou gazeuse.

Nota. L'électricité traversant un air excessivement raréfié ou des vapeurs, produit de la lumière et sans doute aussi de la chaleur. Un courant continu de matière électrique ne peut-il circuler constamment dans le voisinage immédiat du soleil, traverser les espaces planétaires, et exciter dans les régions supérieures de son atmosphère les mêmes phénomènes dont nos aurores boréales, sur une échelle moindre, sont une manifestation non équivoque? L'analogie possible de la lumière solaire avec la lumière de l'aurore boréale est un point sur lequel mon père a insisté dans le Mémoire déjà cité. Un sujet curieux de recherche expérimentale, serait de voir combien loin la multiplication des courants de flammes, à quelque distance l'une de l'autre (en amenant leur lumière à l'intensité requise), communiquerait la *chaleur* d'un rayon composé du caractère *pénétrant* qui distingue les rayons solaires calorifiques. Nous devons observer aussi que la tranquillité des régions polaires du soleil, par rapport à celle de son équateur (si les taches sont réellement atmosphériques), ne peut s'expliquer par la rotation seule autour de son axe, mais doit provenir de quelque cause extérieure au soleil, comme nous voyons que les bandes de Jupiter et de Saturne, ainsi que nos vents alisés proviennent d'une cause extérieure à ces planètes, se combinent avec leur rotation qui *seule* ne peut produire de mouvements quand une fois l'état d'équilibre est atteint.

L'analyse des rayons solaires par le prisme, montre dans le spectre une série de « lignes fixes » tout-à-fait différentes de celles qui appartiennent à la lumière d'aucune flamme terrestre, et ceci pourra nous conduire plus tard à éclaircir l'origine des rayons solaires. Mais avant de tirer aucune conclusion d'une telle indication, rappelons-nous, qu'avant de nous arriver, le rayon solaire a subi toute l'action absorbante de notre atmosphère et de celle du soleil. Nous ne savons rien de cette dernière, et toute conjecture est permise ; mais nous sommes certains de la couleur bleue de notre atmosphère ; et si elle lui est inhérente, comme c'est une couleur absorbante, nous devons nous attendre à ce que l'air agisse sur le spectre d'après l'analogie des autres milieux colorés qui toujours, et *spécialement la lumière bleue* comme milieu, laissent les portions non absorbées séparées par des intervalles sombres. Il faut donc rechercher si les lignes fixes observées par Wollaston et Frauenhofer, n'ont pas leur origine dans notre propre atmosphère. Des expériences faites sur de hautes montagnes ou en ballon, d'une part, et de l'autre sur les rayons réfléchis qui auront eu à traverser plusieurs milles d'air ajoutés près de la surface, décideront ce point. On ne peut éliminer alors ni l'effet absorbant de l'atmosphère solaire, ni peut-être celui du milieu, quel qu'il soit, qui l'entoure, et qui résiste aux mouvements des comètes.

CHAPITRE VII.

La lune. — Sa période sidérale. — Son diamètre apparent. — Sa parallaxe. — Sa distance et son diamètre réels. — Première approximation de son orbite. — Une ellipse autour de la terre au foyer. — Son excentricité et son inclinaison. — Mouvement de ses nœuds et de ses apsides. — Des occultations et des éclipses solaires en général. — Limites dans lesquelles elles sont possibles. — Elles prouvent que la lune est un solide opaque. — La lumière vient du soleil. — Phases de la lune. — Révolution synodique du mois lunaire. — Des éclipses plus particulièrement. — Leurs phénomènes. — Leur retour périodique. — Constitution physique de la lune. — Ses montagnes et autres traits superficiels. — Indices de la première activité volcanique. — Son atmosphère. — Climat. — Rotation sur son propre axe. — Libration. — Apparence de la terre, vue de la lune.

401. La lune paraît avancer parmi les étoiles, comme le soleil, par un mouvement contraire au mouvement diurne général des cieux, mais bien plus rapidement, ainsi qu'il est facile de l'apercevoir, comme nous l'avons remarqué déjà, par une attention de quelques heures sur une nuit éclairée par la lune. Par cette avance continuelle, tantôt plus vive, tantôt plus lente, mais jamais interrompue ou intervertie, la lune fait le tour des cieux dans une période moyenne de 27 j. 7 h. 43^{m} 11^{s} 5, revenant, dans ce temps, à une position parmi les étoiles, presque coïncidente à celle qu'elle avait précédemment et qui serait tout-à-fait la même sans des causes que nous allons expliquer.

402. Comme le soleil, la lune paraît décrire une orbite autour de la terre, et cette orbite ne peut pas être *très*-différente d'un cercle, puisque le diamètre angulaire de la pleine lune n'est sujet à aucune variation d'une grande étendue.

403. La distance de la lune à la terre se conclut de sa parallaxe horizontale qui peut être déterminée, soit directement, par des observations à des stations géographiques très-éloignées, et semblables à celles décrites (art. 355), dans le cas du soleil, ou par le moyen des phénomènes appelés occultations, qui donnent aussi son diamètre apparent d'une manière plus facile et plus courte. Il résulte de telles observations que la moyenne distance du centre de la lune à celui de la terre est de 59,9643, le rayon équatorial de la terre étant 1, ou 237000 *miles* (38240 *myriamètres*) environ. Cette distance, toute grande qu'elle est, n'est qu'un peu plus du quart du diamètre du corps du soleil, en sorte que le globe du soleil

renfermerait, presque deux fois, toute l'orbite de la lune; calcul bien fait pour élever nos idées par rapport à ce prodigieux luminaire.

404. La distance du centre de la lune à la station d'un observateur placé à la surface de la terre, comparée avec son diamètre angulaire apparent, mesuré de cette station, donnera son diamètre réel ou linéaire. Or, la première distance se calcule aisément quand la distance du centre de la terre est connue, et que la distance zénithale apparente de la lune est aussi déterminée par l'observation; car supposons que S (fig. 43) soit la lune, A la station, et C le centre de la terre; la distance SC, et le rayon de la terre CA, ou deux côtés du triangle ACS sont donnés ainsi que l'angle CAS, qui est le supplément de la distance zénithale ZAS, observée; il est donc facile de trouver AS distance de la lune à la station A. Il résulte d'observations et de calculs semblables que le diamètre réel de la lune est environ 0,2729 de celui de la terre ou 2160 *miles* (3476 *kilomètres*), d'où il suit que le volume de la terre étant 1, celui de la lune sera 0,0204 ou 1/49 environ. La différence du diamètre apparent de la lune, comme vue du centre de la terre et d'un point quelconque de sa surface, s'appelle techniquement, *l'augmentation du diamètre apparent*, et son maximum a lieu quand la lune est dans le zénith du spectateur. Son diamètre angulaire moyen, comme vu du centre, est 31' 7I", et est toujours égal à 0,545 multiplié par sa parallaxe horizontale.

405. Par une série d'observations semblables à celle de l'article 403, continuant pendant une ou plusieurs révolutions de la lune, on pourra déterminer sa distance réelle en un point quelconque de son orbite; et si l'on observe en même temps ses lieux apparents dans les cieux, faisant par le moyen de la parallaxe, la réduction au centre de la terre, on connaîtra leurs intervalles angulaires, en sorte que la marche de la lune pourra se projeter sur une carte qu'on supposera représenter le plan de son orbite, ainsi que nous l'avons expliqué pour l'ellipse solaire (art. 349). Ceci fait, on trouve qu'en négligeant certaines petites déviations (qui sont d'ailleurs appréciables et dont nous rendrons compte plus tard), la forme de l'orbite apparente est elliptique, comme celle du soleil, mais beaucoup plus excentrique, l'excentricité s'élevant à 0,05484 de la distance moyenne, ou du demi-grand axe de l'ellipse, et le centre de la terre se trouvant à son foyer.

406. Le plan dans lequel se trouve l'orbite n'est d'ailleurs pas l'écliptique; il y est incliné suivant un angle de 5° 8' 48", qu'on nomme l'inclinaison de l'orbite lunaire et qui le coupe en deux points opposés qu'on appelle ses nœuds, le *nœud ascendant* étant celui dans lequel la lune passe en allant du côté sud de l'écliptique à celui nord, et le *nœud descendant* le point opposé en sens inverse. Les points de l'orbite où la lune se trouve le plus près et le plus loin de la terre, se nomment respectivement son *périgée* et son *apogée*, et la ligne qui les joint à la terre est la ligne des *apsides*.

407. Au reste, il y a plusieurs circonstances remarquables qui interrompent la continuité de l'analogie, et qui ne peuvent manquer de frapper le lecteur, entre le mouvement de la lune autour de la terre, et celui de la terre autour du soleil. Dans ce dernier cas, l'ellipse décrite reste, pendant un grand nombre de révolutions, sans altération dans sa position et ses dimensions; du moins, les changements qu'elle subit ne s'aperçoivent que dans une série d'observations très-délicates qui ont révélé, il est vrai, l'existence de « perturbations », mais d'un ordre si petit, que, dans le langage et pour les applications ordinaires, nous les avons négligées. Il n'en est pas de même pour la lune, et sa déviation de l'ellipse est très-sensible même dans une seule révolution. Elle ne retourne pas au même lieu, parmi les étoiles, ou à son point de départ, indiquant par là un changement continuel dans le *plan* de son orbite. En effet si l'on trace, à l'aide d'observations, de mois en mois, les points où elle coupe l'écliptique, on trouvera que les *nœuds* de son orbite sont dans un état continuel de *retraite* sur l'écliptique. Soit O la terre (fig. 46), et A *b a d* cette portion du plan de l'écliptique qui est traversée par la lune, dans ses passages alternatifs du Sud au Nord, et *vice versâ*. Soit ABCDEF, une portion de l'orbite de la lune embrassant une révolution sidérale complète. Supposons qu'elle parte du nœud ascendant A; alors si son orbite était toute dans un plan passant par O, elle aurait *a*, point opposé de l'écliptique, pour son nœud descendant; après y avoir passé, elle remonterait de nouveau en A. Or, en réalité, sa marche ne l'amène pas en *a*, mais en C, le long d'une certaine courbe A B C, ce point C étant dans l'écliptique distant de moins de 180° de A; en sorte que l'angle AOC, ou l'arc de longitude décrit entre les nœuds ascendant et descendant, est un peu moindre que 180°. Elle poursuit alors sa marche, en dessous de l'écliptique, le long de la

courbe C D E, puis se relève en dessus, non pas en c, point diamétralement opposé à C, mais en E, point qui est moins avancé en longitude. Ainsi, au total, l'arc décrit en longitude entre deux passages consécutifs du Sud au Nord, à travers le plan de l'écliptique, est plus court de 360° par l'angle A O E ; en d'autres termes, le nœud ascendant paraît avoir rétrogradé, dans une lunaison, de toute cette quantité sur le plan de l'écliptique. Pour compléter une révolution sidérale, il faut que la lune décrive encore sur son orbite, un arc E F qui ne sera pas assez grand pour la ramener exactement en A, mais en un point F au-dessus, ou *ayant une latitude nord.*

408. La valeur de cette retraite du nœud de la lune est d'environ 3' 10",64 par jour, en moyenne, et dans une période de 6793,39 jours solaires moyens ; ou d'environ 18,6 années ; le nœud ascendant est amené dans une direction contraire au mouvement de la lune dans son orbite, ou de l'Est à l'Ouest, sur toute la circonférence de l'écliptique. Enfin, au milieu de cette période, la position de l'orbite doit avoir été précisément inverse de ce qu'elle était en commençant. Sa marche apparente alors a lieu parmi des étoiles et des constellations différentes, aux phases diverses de cette période ; et cette espèce de révolution en spirale étant continuellement maintenue, devra, dans un temps ou dans l'autre, couvrir de son disque chaque point des cieux dans cette limite de latitude, ou distance de l'écliptique que permet son inclinaison ; c'est-à-dire dans une bande ou zone des cieux de 10° 18' de largeur, ayant l'écliptique pour sa ligne milieu. Néanmoins, il reste encore vrai que le *lieu actuel* de la lune, en conséquence de ce mouvement, dévie *très-peu* en une seule révolution de ce qu'il eût été si les nœuds n'eussent pas bougé. Supposons la lune partant de son nœud A, sa latitude, quand elle vient en F, après avoir complété une révolution en longitude, n'excédera pas 8' ; et il faut se mettre dans l'esprit, que c'est à cause de cela, et représenté géométriquement comme une déviation d'un petit ordre, que le *mouvement des nœuds* a été imaginé.

409. L'orbite de la lune n'est donc pas, strictement parlant, une ellipse retournant sur elle-même, à raison de la variation du plan où elle est, et du mouvement de ses nœuds. Mais, laissant même cette considération de côté, l'axe de l'ellipse change constamment lui-même de direction dans l'espace, ainsi que nous l'avons dit pour l'ellipse solaire, mais avec plus

de rapidité; il fait une complète révolution, dans la même direction que le mouvement propre de la lune, en 3232,5753 jours solaires moyens, ou 9 ans environ, ayant à peu près 3° de mouvement angulaire dans toute une révolution de la lune. C'est le phénomène connu sous le nom de révolution des *apsides* de la lune. Nous en expliquerons la cause plus tard. Son effet immédiat est de produire une variation dans la distance de la lune à la terre, laquelle n'est pas comprise dans les lois d'un mouvement elliptique exact. Dans une seule révolution de la lune, cette variation de distance est peu de chose; mais dans le cours de plusieurs révolutions, elle devient considérable, comme il est aisé de le voir, si l'on considère que dans quatre ans et demi, la position de l'axe est complètement renversée et que l'apogée de la lune se montre où était précédemment le périgée.

410. Le meilleur moyen de comprendre distinctement le mouvement de la lune est de le regarder comme décrivant une ellipse autour de la terre comme foyer, et en même temps cette ellipse comme dans un double état de révolution: 1° dans son propre plan, par avance continuelle de son axe dans ce plan; 2° par un mouvement de *joûte* continuel du plan lui-même, exactement semblable, mais avec beaucoup plus de rapidité, à celui de l'équateur de la terre produit par le mouvement conique de son axe décrit, art. 317.

411. Maintenant, comme la lune est à peu de distance de nous, astronomiquement parlant, et que nous sommes réellement ses plus proches voisins, tandis que le soleil et les étoiles sont immensément loin en comparaison, il faut de toute nécessité qu'il arrive, dans un temps ou dans l'autre, qu'elle *passe sur* et *occulte* ou *éclipse* chaque étoile et planète dans la zone ci-dessus décrite, (et même, comme vue de la *surface* de la terre, quelque peu au-delà, en raison de la parallaxe, qui peut les rejeter presque d'un degré, de côté ou d'autre, de son lieu apparent vu du centre, suivant la station de l'observateur). Le soleil n'est pas exempt lui-même d'être ainsi caché, par tout ou partie du disque de la lune dans cette marche tortueuse, lorsque la lune vient à *recouvrir* quelque partie de l'espace des cieux occupée par le soleil. Alors a lieu le plus frappant de tous les phénomènes accidentels de l'astronomie, une *éclipse de soleil*, pendant laquelle une portion plus ou moins grande du disque solaire, et quelquefois même en de rares conjectures, sa totalité est obscurcie, et pour ainsi dire,

effacée par la superposition du disque lunaire, qui paraît dessus comme une tache noire à contour circulaire, produisant une diminution momentanée de l'éclat du jour, ou même des ténèbres nocturnes assez intenses pour qu'on voie les étoiles comme à minuit. Dans d'autres cas, à l'instant où la lune est centralement superposée au soleil, il arrive que la distance où elle se trouve de la terre rend son diamètre angulaire moindre que celui du soleil, et que l'on a le phénomène singulier d'une *éclipse annulaire de soleil*, les bords du soleil paraissant pendant quelques minutes comme un étroit anneau de lumière, rayonnant de tous côtés au-delà du cercle sombre que la lune occupe à son centre.

412. Une éclipse solaire ne peut arriver que lorsque le soleil et la lune sont en *conjonction*, c'est-à-dire ont la *même*, ou quasi la même position dans les cieux, ou la même longitude. Nous allons faire voir maintenant que cette condition ne peut être remplie qu'à l'instant d'une *nouvelle lune*, quoiqu'il ne s'ensuive pas qu'à *chaque* conjonction il *doive* y avoir éclipse de soleil. Si l'orbite lunaire coïncidait avec l'écliptique, il en serait ainsi, mais comme l'angle d'inclinaison est de plus de 5°, il est clair que la conjonction, ou l'égalité des longitudes, peut avoir lieu quand la lune est dans la partie de son orbite trop éloignée de l'écliptique pour permettre aux disques de se rencontrer et de se superposer. Il est facile au reste d'assigner les limites dans lesquelles une éclipse est possible. Pour cela nous devons remarquer que par l'effet de la parallaxe, le bord *apparent* de la lune peut être rejeté dans *quelque* direction, suivant la station géographique de l'observateur, dont la valeur *quelconque* n'excèdera pas la parallaxe horizontale; car cela revient au même, quant à la possibilité d'une éclipse, que si le diamètre apparent de la lune, vu du centre de la terre, était dilaté de deux fois sa parallaxe horizontale; car dès qu'ainsi dilaté, il pourra rencontrer le soleil ou s'y superposer, il *doit* y avoir une éclipse en *quelque* partie de la surface de la terre. Si donc, à l'instant de la plus proche conjonction, la distance géocentrique des centres des deux astres n'excède pas la somme de leurs rayons et de la parallaxe horizontale de la lune, il y aura une éclipse. Cette somme est, à son maximum, d'environ 1° 34′ 27″. Ainsi (fig. 47), dans le triangle sphérique SNM où S est le centre du soleil, M celui de la lune, SN l'écliptique, MN l'orbite de la lune et N son nœud, nous pouvons supposer que l'angle NSM est droit, SM = 1° 34′ 27″, et l'angle MNS

= 5°8' 48", inclinaison de l'orbite. Par là se calcule SN = 16° 58'. Si, alors, à l'instant de la nouvelle lune, le nœud est plus loin du soleil en longitude que cette limite, il n'y aura pas éclipse; s'il rentre dans cette limite, il peut y avoir, et il y aura probablement éclipse en quelque partie de la terre. Pour déterminer précisément s'il y a, ou s'il n'y a pas éclipse, et combien grande sera la partie éclipsée, il faut consulter les tables du soleil et de la lune, fixer exactement le lieu du nœud, les semi-diamètres, la parallaxe locale, et l'augmentation apparente du diamètre de la lune, due à la différence de sa distance de l'observateur à celle au centre de la terre (qui peut s'élever à la sixième partie de son diamètre horizontal). Après quoi il sera facile, à l'aide des considérations précédentes, de calculer quelle sera la superposition des deux disques et le moment du contact.

413. Le calcul de l'occultation d'une étoile dépend de considérations semblables. Une occultation est possible, quand le cours de la lune, *vue* du centre de la terre, l'amène à une distance de l'étoile égale à la somme des rayons, plus la parallaxe horizontale; et *elle arrivera à quelque tache particulière*, quand sa marche apparente, vue de cette tache, amènera son centre à une distance égale à la somme de ses demi-diamètres *augmentés* et de sa parallaxe *actuelle*. Les détails de ces calculs, qui sont souvent pénibles, doivent être étudiés autre part.

414. Les phénomènes d'une éclipse solaire et d'une occultation sont d'un grand intérêt et très-instructifs sous le point de vue physique. Ils nous apprennent que la lune est un corps opaque, terminé par une surface réelle et bien tranchée qui intercepte la lumière comme le ferait un solide. Ils nous prouvent aussi, que dans les temps où nous ne pouvons *voir* la lune, elle existe cependant, poursuivant sa marche, et que lorsque nous ne la voyons que comme un étroit croissant, tout le globe y *est*, la partie invisible comblant le déficit apparent. Les occultations, en effet, ont lieu indistinctement par la partie sombre ou par celle éclairée, le contour visible et le contour invisible, toutes les fois qu'une étoile est dans la direction suivant laquelle se meut la lune; il y a cette différence seulement que l'étoile *occultée* par le limbe brillant avertit des phénomènes, au télescope, par une approche graduelle du bord visible, tandis que si elle est occultée par le limbe sombre, et que la lune ait quelques jours d'âge, l'étoile semble s'éteindre en plein air, sans indice ou cause visible de disparition, en

sorte que cela a lieu *instantanément*, et sans la plus légère diminution préalable de lumière, ce qui surprend toujours; plus l'étoile est grande et brillante, plus on est frappé de cette extinction soudaine. La réapparition de l'étoile, quand la lune a passé, a lieu dans les cas où le limbe brillant a causé l'occultation, non pas au bord concave du croissant, mais au bord invisible du globe complet, et elle n'est pas moins surprenante par la soudaineté, que ne l'était sa disparition dans l'autre cas (1).

415. L'existence du cercle complet du disque, même quand la lune n'est pas pleine, ne repose pas seulement d'ailleurs sur les occultations et les éclipses. On peut le *voir*, quand la lune est dans son croissant, quelques jours avant et après la nouvelle lune, et à l'œil nu, comme un corps rond et pâle auquel le croissant semble attaché, et quelquefois détaché en deçà, ce qui est une illusion optique provenant de l'intensité plus grande de sa lumière. Nous allons expliquer la cause de cette apparence. Ce fait néanmoins est suffisant pour prouver que la lune n'a pas une lumière *inhérente* comme celle du soleil, mais que sa lumière est d'une nature accidentelle. La forme de son croissant, qui passe régulièrement d'une étroite ligne demi-circulaire au disque circulaire complet, correspond à l'aspect que présenterait un globe, dont un hémisphère serait noir et l'autre blanc, quand il serait tourné différemment vers l'œil de manière à présenter une partie plus ou moins grande de chacun d'eux. La conclusion évidente de ceci, c'est que la lune est un globe de ce genre, dont une moitié est éclairée par les rayons de quelque luminaire assez distant pour éclairer tout un hémisphère, et lui communiquer l'éclat que nous lui voyons. Or, le soleil seul peut produire un tel effet. Sa lumière et sa distance sont suffisantes; de plus on a observé invariablement que, dans un croissant, le bord brillant est *vers*

(1) Il y a, dans les occultations, une illusion optique que l'on a souvent remarquée, d'une nature étrange et inexplicable. L'étoile paraît s'avancer *sur* et *dans* le bord du disque, avant de disparaître, et quelquefois jusqu'à une profondeur considérable. Je n'ai jamais été témoin moi-même de cet effet singulier, mais il repose sur des témoignages non équivoques. Je l'ai appelé illusion optique; mais il est *simplement possible* qu'une étoile, dans ces cas, puisse briller à travers les profondes fissures du corps de la lune. On devra prendre garde aux occultations des étoiles doubles, pour observer si les *deux* étoiles sont ainsi *projetées*, et pour examiner quelques points qui se lient à leur théorie. Je remarquerai seulement qu'une étoile double, *trop close* pour qu'on la divise au télescope, peut cependant être reconnue double par le mode de sa disparition. Si, par exemple, une étoile considérable, au lieu d'éprouver une extinction complète et instantanée, à deux reprises distinctes se suivant, perdait une portion de la lumière, puis l'autre, on peut assurer que c'est une étoile double, sans qu'on puisse cependant la voir comme deux étoiles distinctes.

le soleil, et qu'à mesure que dans sa marche, la lune s'éloigne de plus en plus du soleil, la largeur du croissant augmente et *vice versâ*.

416. La distance du soleil étant 23984 rayons de la terre, et celle de la lune 60 seulement, l'une est presque 400 fois l'autre. En conséquence, les lignes menées du soleil à chaque partie de l'orbite lunaire peuvent être regardées comme parallèles. Soient (fig. 48), O la terre, A, B, C, D... diverses positions de la lune dans son orbite, et S le soleil, à l'immense distance que nous avons établie ; l'hémisphère lunaire tourné de son côté, (à droite dans la figure) sera brillant, et l'hémisphère opposé sera obscur, quelle que soit sa position dans son orbite. Maintenant, dans la position E, quand la lune est en conjonction avec le soleil, la partie obscure est entièrement tournée vers O, et la partie éclairée, du côté opposé. Dans ce cas, alors la lune n'est pas vue, il est *nouvelle* lune. Quand la lune est venue en C, elle présente à O moitié de son hémisphère éclairé, et moitié de son hémisphère obscur ; la même chose a lieu à l'opposite en G. Ce sont le premier et le troisième quartier. Enfin, en A, toute la partie éclairée est tournée vers la terre, toute la partie obscure, du côté opposé, et la lune est vue alors toute brillante ou *pleine*. Dans les positions intermédiaires B, D, F, H, les portions de la face brillante présentées à O sont d'abord moindres que moitié de la surface visible, puis plus grandes, et enfin moindres jusqu'à ce qu'elles disparaissent tout-à-fait de retour en E.

417. Ces changements de lune apparents ou *phases*, comme on les appelle, proviennent de ce que la lune est un corps opaque, illuminé d'un côté par le soleil, et réfléchissant en tous sens, une portion de la lumière ainsi reçue. Il n'est donc pas surprenant qu'un solide ainsi éclairé puisse paraître *briller* et éclairer de nouveau la terre. Ce n'est pas plus que ne fait un nuage blanc se détachant sur l'azur du ciel ; et pendant le jour, l'éclat de la lune peut à peine se distinguer de celui de ce nuage ; à l'approche de la nuit, les nuages éclairés par les derniers rayons du soleil, sont d'un brillant qui ne le cède en rien à l'éclat de la lune. L'éclairage provenant de la surface lunaire, n'est pas beaucoup supérieur à celui d'un grès éclairé en plein par le soleil. J'ai souvent comparé le coucher de la lune derrière la face grise perpendiculaire de la montagne de la Table qu'éclairait le soleil se levant à l'horizon opposé, avec le brillant du rocher, sans y pouvoir trouver de

différence. Quand le temps est calme, sans nuages et sans vapeurs, que le soleil et la lune sont à des hauteurs à peu près égales, le reflet du rocher et la face de la lune font l'effet de deux globes lumineux. Que la terre renvoie aussi une telle lumière à la lune, et probablement plus grande, à raison de son volume plus considérable (1), cela est conforme aux principes de l'optique, et cela explique l'apparence de la portion obscure de la lune nouvelle complétant son croissant (art. 413). En effet, quand la lune est presque nouvelle pour la terre, cette dernière est presque pleine, peut-on dire, pour la lune; alors sa face obscure est éclairée par une forte *lumière de la terre*, et c'est une portion de cette lumière, de nouveau réfléchie, qui nous la rend visible au crépuscule du matin et du soir. A mesure que la lune vieillit, la terre lui présente une moindre portion de sa face brillante, et le phénomène en question disparaît.

418. Le mois lunaire est déterminé par le retour des phases; il se compte de nouvelle en nouvelle lune, c'est-à-dire, à partir d'une conjonction avec le soleil jusqu'au retour de la conjonction. Si le soleil s'arrêtait, comme une étoile fixe, l'intervalle entre deux conjontions aurait la même période que la révolution sidérale de la lune (art. 401); mais comme le soleil paraît s'avancer dans les cieux, suivant la même direction que la lune, plus lentement seulement, la lune a plus qu'une complète période sidérale à achever pour se retrouver en conjonction de nouveau avec le soleil, ce qui exige un temps plus long, qui est le mois lunaire, ou comme on l'appelle généralement en astronomie, la période *synodique;* la différence est facile à calculer, si l'on considère que l'arc excédant, quel qu'il soit, est décrit par le soleil avec sa vitesse de 0°,98565 *par jour*, en *même temps* que la lune décrit cet arc, *plus* une révolution complète avec la vitesse de 13°,17640 par jour; les temps de la description étant identiques, les espaces sont l'un à l'autre en raison des vitesses. Soient V et v les vitesses moyennes angulaires, x l'arc excédant, on a $V : v :: 1 + x : x$, et $V - v : v :: 1 : x$, d'où l'on conclut x, $\frac{x}{v}$ = le temps de décrire x, ou la différence entre les périodes sidérale et synodique. Nous aurons occasion de revenir

(1) Le diamètre apparent de la lune est de 32' vu de la terre; celui de la terre vu de la lune est deux fois sa parallaxe horizontale ou 1°54'. Les surfaces apparentes sont donc comme $(114)^2$ est à $(32)^2$, ou comme 13 est à 1 environ.

là dessus. Avec ces données, il suffit d'une légère connaissance de l'arithmétique pour conclure l'arc en question, et le temps que la lune met à le décrire. A raison de l'excès de la période synodique sur la période sidérale, la première aura et paraîtra avoir 29j 12h 44m 2s, 87.

419. Supposons que la position des nœuds de l'orbite de la lune permette, quand la lune est en H, ou qu'il fait nouvelle lune, qu'elle intercepte une partie ou la totalité des rayons du soleil, et qu'il y ait éclipse solaire. D'autre part, quand elle est en E, ou qu'il fait pleine lune, la terre interceptera les rayons du soleil, et *projettera une ombre* sur la lune; il y aura éclipse lunaire. Ceci s'accorde bien avec les faits, de telles éclipses n'arrivant jamais que dans le temps exact de la pleine lune. Mais, ce qu'il y a de plus remarquable, comme confirmation de la position de la sphéricité de la terre, cette ombre que nous voyons envahir et, pour ainsi dire, manger le disque de la lune, est toujours terminée par un contour circulaire, quoique à raison de son cercle qui est plus grand, on ne le voie quelquefois que partiellement. Or, un corps qui projette toujours une ombre circulaire, doit être sphérique lui-même.

420. On a mieux compris les éclipses du soleil, en regardant le soleil et la lune comme deux luminaires indépendants, se mouvant chacun suivant ses lois connues, et vus l'un et l'autre de la terre; mais il est instructif aussi de considérer généralement les éclipses comme provenant de l'ombre d'un corps projeté sur un autre, par un luminaire *plus grand que l'un et l'autre* de ces corps. Supposons donc, (fig. 49) que A B représente le soleil, et C D un corps sphérique, la terre ou la lune, qui soit éclairé par le soleil. Si l'on joint et qu'on prolonge A C, B D; puisque A B est plus grand que C D, ces lignes se couperont en un point E, plus ou moins distant du corps C D, suivant son volume, et dans l'espace C E D, (qui sera conique, C D et A B étant des sphères), il y aura obscurité totale. Cette obscurité s'appelle *ombre*, et le spectateur qui s'y trouve, ne voit aucune partie des rayons du soleil. En deçà de l'ombre, sont deux espaces divergents (ou plutôt une portion d'un simple espace conique ayant K pour sommet), en sorte, que si le spectateur était placé en M, il verrait une partie seulement A O N P de la surface du soleil, le reste B O N P étant obscurci par la terre. Il ne recevra donc qu'une partie de la lumière solaire, mais il en recevra d'autant plus qu'il sera plus près

des bords extérieurs KF, KG de ce cône qu'on appelle la pénombre. En dehors de ce cône, il verra tout le soleil, et en sera complètement éclairé. Toutes ces circonstances peuvent se reproduire parfaitement, en mettant un petit globe en face du soleil, et recevant son ombre, à différentes distances, sur une feuille de papier.

421. Dans une éclipse lunaire, on voit (fig. 50) la lune entrer d'abord dans la *pénombre*, et par degrés se trouver enveloppée par l'*ombre*, la pénombre entourant l'ombre comme un brouillard. A cette période de l'éclipse, et tandis qu'une partie considérable de la lune n'est pas encore obscurcie, la portion enveloppée dans l'ombre est invisible à l'œil nu, quoique perceptible encore avec le télescope, et d'un gris sombre. Mais à mesure que l'éclipse avance, et que les parties éclairées diminuent d'étendue, devenant de plus en plus sombres par l'envahissement de la pénombre, l'œil, revenu de son éblouissement, devient plus sensible aux faibles impressions de lumière et de couleur, et des phénomènes d'une nature instructive et remarquable commencent à se développer. L'*ombre* n'est plus totalement noire; elle présente au contraire une faible illumination avec gradation de couleur, étant bleuâtre, ou même (par contraste) un peu grisâtre vers les bords dans un espace de 4' à 5' de largeur angulaire apparente en dedans; puis passant par gradation délicate mais rapide, du rose-rouge au rouge de feu métallique, du cuivre ou du fer. A mesure que l'éclipse avance, cette flamme s'étend sur toute la surface de la lune, qui devient quelquefois si fortement illuminée qu'elle présente une ombre et des taches très-sensibles qu'on peut distinguer parfaitement avec le télescope.

422. La cause de ces apparences singulières et quelquefois très-belles, est la réfraction de la lumière du soleil à travers notre atmosphère, qui se colore en même temps de la pourpre du soleil couchant par l'absorption du plus ou moins de rayons bleus et violets, qui, passant à travers les couches les plus voisines ou les plus éloignées de la surface de la terre, sont par conséquent plus ou moins chargées de vapeurs. Pour le démontrer, soit ADa une section du cône de l'*ombre*, FBhf une section du cône de la *pénombre*, leur axe commun DES passant par les centres, E, S, de la terre et du soleil; soit KMk une section de ce cône à une distance EM de E égale au rayon

de l'orbite lunaire, ou 60 fois le rayon de la terre (1). Prenant ce rayon pour unité, puisque E S distance du soleil est 23984 de ces unités, et le demi-diamètre du soleil 111 1/2 de ces unités, on calculera facilement DE = 218, DM = 158, pour les distances auxquelles le *sommet* de l'ombre géométrique va derrière la terre et la lune respectivement. On trouvera aussi pour mesure de l'angle EDB, 15' 46", et par conséquent DBE = 89° 44' 14", d'où MC (demi-diamètre linéaire de l'*ombre*) = 0,725, ou 2864 *miles* (4508 *kilomètres*) et l'angle CEM en demi-diamètre angulaire apparaît comme vu de E = 41' 30". Etablissant de semblables calculs pour la *pénombre* géométrique, on aura MK = 1,005, ou 3970 *miles* (6389 *kilomètres*), et KEM = 57' 36"; il faut de plus se rappeler que les doubles de ces angles, ou les diamètres angulaires moyens de l'*ombre* et de la *pénombre*, sont décrits par la lune avec une vitesse moyenne de 2h 43m, et 3h 47m, respectivement, qui sont par conséquent les durées respectives de l'obscurcissement total ou partiel de chaque point du disque de la lune traversant centralement l'ombre géométrique.

423. Si la terre n'avait pas d'atmosphère, tout le phénomène de l'éclipse lunaire se bornerait à ces obscurcissements partiel ou total. Dans l'espace C *c*, la totalité de la lumière, et dans KC et *c k* une portion plus ou moins grande de la lumière serait interceptée par le corps solide B *b* de la terre. L'atmosphère qui réfracte s'étend d'ailleurs de B *b* à une certaine distance inconnue, mais très-petite BH, *b h*, qui, agissant comme une lentille convexe, d'une densité graduellement et très-rapidement décroissante, disperse toute cette petite portion (comparativement) de lumière qui tombe sur elle, dans l'espace borné extérieurement par H *g*, parallèle et presque coïncidente avec BF, et intérieurement par une ligne B *z*; l'une représentant le dernier rayon du limbe *a* du soleil, et l'autre le dernier rayon intérieur du limbe A. Ponr éviter toute complication, nous ne tracerons que les rayons qui effleurent la surface en B, c'est-à-dire B *z* du bord supérieur A, et B *v* du bord inférieur *a* du soleil. Chacun de ses rayons est infléchi en dedans de son cours primitif par le *double* du montant de la réfraction horizontale (33'), c'est-à-dire 1° 6'; parce que, en passant de B hors de l'atmosphère, il subit une

(1) Le dessin de la figure, comme cela était inévitable, est hors de toute proportion, et a beaucoup exagéré les angles. Le lecteur devra rectifier ce dessin, par la pensée, dans des proportions contenues au texte.

déviation égale à celle qu'il y subit à son entrée, et dans la même direction. Au lieu donc de suivre leurs cours B D, B F, ces rayons viennent occuper respectivement les positions B z y; B v, faisant avec les lignes B D, B F, les angles D B b, F B v, chacun de 1° 6'. Or, nous avons trouvé D B E = 89 44' 14", et, par conséquent, F B E (= D B E + diam. angulaire de ☉) = 90° 17' 17"; conséquemment les angles E B y et E B u seront respectivement de 88° 38' 14", et 89° 11' 17"; d'où l'on conclut E z = 42,03 et E v = 88,89, le premier étant plus court que l'orbite de la lune de 17,97, tandis que le dernier est plus long de 28,86 rayons de la terre.

424. La pénombre des rayons réfractés en B s'étendra sur l'espace v B y, celle des rayons réfractés en H sur g H d, et celles des points intermédiaires sur des espaces intermédiaires semblables, et à travers tout ce composé de pénombres superposées, la lune marche pendant toute la durée de son passage à travers l'ombre géométrique sans jamais atteindre du tout l'*ombre absolue* B r b. Sans entrer dans le détail de l'intensité des rayons réfractés, il est évident que la totalité de la lumière ainsi jetée dans l'ombre est à celle que la terre intercepte, comme l'aire d'une section circulaire de l'atmosphère est à celle d'une section diamétrale de la terre elle-même, et très-faible en tout état de cause. Elle est encore affaiblie par les nuages suspendus dans cette portion de l'air qui forme la bande visible du disque de la terre comme vu de la lune, aussi bien que par le manque général de transparence causé par la vapeur invisible qui n'a d'effet spécial que dans les couches les plus basses, dans 4 à 5 kilomètres de surface, et qui communique à tous les rayons qu'elle transmet cette couleur rougeâtre du soleil couchant, seulement *double* en profondeur de la nuance que nous admirons dans le soleil couchant empourpré, à raison de ce que les rayons ont à traverser deux fois une aussi grande épaisseur d'atmosphère. La nuance rouge sera la plus intense aux points x, y, du passage de la lune à travers l'ombre; se dégradera rapidement ensuite en dehors dans les espaces xc, yc; et moins en dedans sur xy. En C et c la couleur sera mêlée de lumière bleue ou grisâtre que l'atmosphère dispose irrégulièrement, ou, en d'autres termes, par notre crépuscule (art. 44). Le phénomène ne se présente pas d'une manière uniforme en tout temps. Supposons un état de l'atmosphère généralement et profondément nuageux autour du bord du disque de la terre visible de la lune, c'est-à-dire autour du grand cercle de la terre dans lequel le soleil est à l'horizon; en ce moment, peu ou point de lumière réfractée atteindra la lune (1). Supposons ce cercle en partie obscurci par des nuages et en partie clair, des traces de lumière rouge correspondantes aux portions claires se projetteront dans l'ombre et donneront naissance à des distributions et à des changements variables de lumière sur le disque éclipsé (2); tandis que s'il est entièrement clair, l'éclipse sera remarquable par la clarté de la lune pendant tout ou partie de son immersion dans l'ombre (3).

425. A raison de la grandeur de la terre, le cône de son ombre se projette toujours bien au-delà de la lune, en sorte qu'au moment de l'éclipse lunaire, si la marche de la lune se trouve en direction convenable, il est sûr de passer à travers l'*ombre*. Il n'en est pas de même pour les éclipses solaires. Il arrive, à raison de la grandeur et de la distance de la lune, que l'extrémité de son *ombre* se précipite toujours *près* de la terre, mais atteint quelquefois sa surface, tandis que d'autres fois l'ombre est trop courte pour l'atteindre. Dans le premier cas, fig. 50, une tache noire entourée par une belle ombre est formée, au-delà de laquelle il n'y a pas d'éclipse sur aucune partie de la terre, mais dans laquelle il peut y avoir éclipse en tout ou en partie, suivant que le spectateur est dans l'*ombre* ou dans la *pénombre*. Quand le sommet de l'ombre tombe *sur* la surface, la lune paraît en ce point, pour un moment, couvrir *exactement* le soleil; mais quand l'ombre est trop courte pour l'atteindre, il n'y a d'éclipse totale en aucune partie de la terre; cependant un spectateur placé sur le prolongement de l'axe du cône, ou près de cet axe, verra la totalité de la lune sur le soleil, quoique la lune ne couvre pas le soleil; en un mot, il verra une éclipse annulaire.

426. Les éclipses reviennent après une certaine période, à très-peu près dans le même ordre et de la même grandeur, à raison d'un accord assez remarquable des périodes dans lesquelles s'accomplit la révolution *synodique* et de celles des nœuds de la lune. On trouve, en effet, que 223 révolutions

(1) Comme dans les éclipses du 5 juin 1620 et du 25 avril 1642. Astronomie de Lalande 1769.

(2) Comme dans l'éclipse du 13 octobre 1837 observée par l'auteur.

(3) Comme au 19 mars 1848, où la lune est décrite, donnant une *bonne lumière* pendant plus d'une heure après son entière immersion, au point de faire douter à plusieurs personnes qu'il y eut éclipse. (*Notices* S. R. A. VIII, p. 132.)

moyennes synodiques de la lune, ou *lunaisons*, comme on les appelle, font 6585,32 jours, et que 19 révolutions complètes synodiques de nœud font 6585,78 jours. La différence dans le lieu moyen des nœuds, au commencement et à la fin de 223 lunaisons, est presque insensible, en sorte que le retour de toutes les éclipses, dans cet intervalle, ne peut manquer. En conséquence, cette période de 223 lunaisons ou 8 ans et dix jours, est très-importante pour le calcul des éclipses. On suppose qu'elle a été connue des Chaldéens, sous le nom de *Saros*, le retour régulier des éclipses étant un fait physique observé depuis des siècles avant que leur théorie exacte fût connue. Dans cette période il y a 70 éclipses ordinairement, 29 de lune et 41 de soleil, visibles en quelque partie de la terre. Sept éclipses de soleil ou de lune au plus, et deux au moins, toutes deux de soleil, peuvent avoir lieu dans une année.

427. Le commencement, la durée et la grandeur d'une éclipse lunaire, se calculent beaucoup plus aisément que pour une éclipse solaire, parce que l'éclipse lunaire est indépendante de la position du spectateur à la surface de la terre et la même que si elle était vue du centre de la terre. Le centre commun de l'*ombre* et de la *pénombre* se trouve toujours dans l'écliptique, en un point opposé au soleil, et la marche décrite par la lune en y passant, est sa véritable orbite comme elle est à l'instant de sa pleine lune. Dans cette orbite, sa position à chaque instant est connue par les tables lunaires et les éphémérides ; on a donc, en conséquence, tout ce qu'il faut pour déterminer le *moment* où la distance entre le centre de la lune et le centre commun obscur est exactement égal à la somme du demi-diamètre de la lune et de la *pénombre*, ou de la lune et de l'*ombre ;* enfin, pour savoir quand la lune entre dans l'une ou dans l'autre et quand elle en sort. Aucune éclipse lunaire n'a lieu, si, au moment de la pleine lune, le soleil est à une distance angulaire du nœud de l'orbite lunaire, plus grande que 11° 21', entendant par *éclipse* l'immersion de quelque partie de la lune dans l'*ombre*, puisque le contact avec la *pénombre* ne peut pas être observé (*voy.* la note de l'art. 421).

428. Les dimensions du cône obscur, au lieu où il traverse la marche de la lune, ont besoin, pour être connues, que les distances du soleil et de la lune le soient en même temps. Ces distances sont variables, mais elles sont calculées aussi bien que leurs demi-diamètres, pour chaque jour, en sorte qu'il

ne manque aucune des données dont on a besoin. La distance du soleil se calcule aisément par son orbite elliptique, mais celle de la lune offre plus de difficulté à raison du mouvement progressif de l'axe de l'orbite lunaire.

429. La constitution physique de la lune nous est mieux connue que celle d'aucun autre corps céleste; à l'aide de télescopes, on distingue à sa surface des inégalités qui ne peuvent être autre chose que des montagnes et des vallées; par cette raison convaincante, que nous voyons les ombres projetées par ces montagnes avoir la longueur que leur assigne l'inclinaison des rayons solaires en ce point de la surface de la lune. Le bord convexe du limbe tourné vers le soleil est toujours circulaire, et presque uni; mais la bordure opposée de la partie éclairée, qui, si la lune était une sphère parfaite, devrait être une ellipse parfaite et bien terminée, offre toujours à l'observation des échancrures et des dentelures avec ressauts et points proéminents. Les montagnes près ce bord projetant de longues ombres noires, comme elles le doivent évidemment, si l'on considère que le soleil se lève et se couche pour ces parties de la lune ainsi circonstanciées. A mesure que le bord éclairé avance au-delà, c'est-à-dire que le soleil s'élève, les ombres deviennent plus courtes, et à la pleine lune, quand toute la lumière tombe dans notre ligne de vision, on ne voit plus aucune ombre sur aucune partie de sa surface. D'après les mesures micrométriques des longueurs des ombres de plusieurs des montagnes les plus remarquables, prises dans les circonstances les plus favorables, on a pu calculer leurs hauteurs. MM. Beer et Maedler dans leur ouvrage intitulé « *Der Mond.* » ont donné la liste des hauteurs résultant de semblables mesurages pour 1095 montagnes lunaires, parmi lesquelles il y en a qui ont 22,823 *feet* (6,938 *mètres*), ou environ 1,400 *feet* (4,350 *mètres*) de plus que le Chimborazo dans les Andes. L'existence de semblables montagnes est confirmée par leur apparence de petites pointes ou filets de lumière placés en deçà du bord de la partie éclairée; ce sont leurs sommets recevant les rayons du soleil avant la plaine intermédiaire, et qui, à mesure que la lumière avance, s'y rattachent en faisant saillie sur le bord du contour.

430. Les montagnes de la lune sont en général d'un aspect frappant par leur singularité et leur uniformité; elles sont étonnamment nombreuses, occupent la plus grande partie de sa surface et sont presque toutes d'une forme exactement circu-

laire, ou semblable à une coupe antérieurement raccourcie en ellipse vers le limbe; les plus grandes ont pour la plupart des fonds plats d'où s'élève une petite éminence, escarpée et conique. Elles offrent en un mot au plus haut point de perfection, le vrai caractère volcanique, tel que le présente le cratère du Vésuve, et les districts volcaniques des champs phlégréens ou le Puy-de-Dôme (1). Il y a de plus cette particularité remarquable, que les fonds de plusieurs des cratères sont très-profondément déprimés en dessous de la surface générale de la lune, la profondeur intérieure étant souvent deux ou trois fois la hauteur extérieure. Dans quelques-unes des principales, on peut observer, ainsi que je l'ai fait, avec de bons télescopes, des traces décisives de stratification volcanique, résultant de dépôts successifs de matière ayant fait éruption, voyez la figure 87. Dans le magnifique réflecteur de Lord Rosse, le fond plat du cratère appelé Albetegnius est vu parsemé de blocs invisibles avec de moins bons télescopes, tandis que l'extérieur d'un autre cratère (Aristillus) est strié de gueules profondes rayonnant vers son centre. Au reste, ce qu'il y a d'extrêmement singulier dans la configuration de la lune, c'est que rien n'y puisse être tracé qui ait le caractère des mers (car les taches sombres que l'on désigne communément comme étant la mer, n'ont, lorsqu'on les examine avec soin, que des apparences incompatibles avec celles d'une eau profonde), quoiqu'il y ait de grandes régions parfaitement de niveau et présentant l'apparence d'un caractère d'alluvions bien décidé.

431. La lune n'a ni les nuages, ni les autres indications de notre atmosphère. S'il y en avait, cela ne pourrait manquer d'être aperçu dans les occultations des étoiles, et dans les phénomènes des éclipses solaires, aussi bien que dans une grande variété d'autres phénomènes. Le diamètre de la lune, par exemple, mesuré micrométriquement et estimé par l'intervalle de l'apparition et de la réapparition d'une étoile en occultation, devrait différer par le double de la réfraction horizontale à la surface de la lune. Aucune différence appréciable n'étant aperçue, on est en droit d'en conclure qu'il n'y pas d'atmosphère assez dense pour causer une réfraction de 1", c'est-à-dire ayant la 1980me partie de la densité de l'atmosphère terrestre. Dans une éclipse solaire, l'existence d'une atmosphère lunaire quelconque ayant réfraction, nous

(1) Voyez la carte des environs de Naples par Breislack, et celle de l'Auvergne par Desmarets.

mettrait à même de tracer le limbe de la lune au-delà de son croissant, extérieurement au disque du soleil, par une ligne de lumière *étroite* mais *brillante*, s'étendant à quelque distance de son bord. Mais aucun phénomène semblable n'apparaît. De *très-belles* étoiles se trouveraient éteintes avant l'occultation, s'il y avait la moindre vapeur appréciable suspendue près de la surface de la lune. Mais il n'en est pas ainsi : quand la lumière de la lune éteint quelques petites étoiles, de son côté brillant ou même de son côté sombre, la clarté produite sur le ciel par le voisinage de la lune, rend l'occultation des *très*-petites étoiles impossible à observer; mais pendant la durée d'une éclipse lunaire totale, les étoiles de 10me et 11me grandeur paraissent sortir du limbe, et subir une extinction *soudaine* aussi bien que celles d'un plus grand éclat, ainsi que je l'ai observé dans l'éclipse du 13 octobre 1837. Il s'ensuit que son climat doit être très-extraordinaire; l'alternative étant celle d'un soleil brûlant, plus terrible que celui du midi de l'équateur, continué pendant une quinzaine, au piquant d'un froid de même durée et bien plus rigoureux que celui de nos hivers polaires. Cette disposition des choses doit produire un transport constant de tout ce qu'il y a d'humidité à sa surface, du point sous le soleil au point opposé, par une distillation dans le vide, semblable à celle du petit instrument nommé *cryophore*; la conséquence en est une constante aridité verticalement sous le soleil, un constant accroissement de neige, à la région de l'opposite, et peut-être une zone étroite d'eau courante aux bords de l'hémisphère éclairé. Il est possible alors que cette évaporation d'un côté et cette condensation de l'autre, puissent, jusqu'à certain point, garder un équilibre de température et mitiger la rigueur extrême des deux climats opposés; mais cette disposition qui impliquerait celle d'une génération et d'une extinction continuelles de vapeur aqueuse, doit, contrairement à ce que nous avons dit sur l'atmosphère lunaire, être reléguée dans de très-étroites limites.

432. Quoique la surface de la pleine lune tournée vers nous doive être nécessairement très-chauffée, *peut-être* à un degré bien supérieur à celui de l'eau bouillante, cependant nous n'en *recevons* aucune chaleur; et même au foyer du meilleur réflecteur, le thermomètre n'en est pas affecté. Sans aucun doute, par conséquent, cette chaleur (conformément à ce qu'on observe pour celle des corps échauffés au-dessous du point où ils deviennent lumineux) est beaucoup plus prompte-

ment absorbée, en traversant les milieux transparents, que la lumière directe du soleil, et elle s'éteint dans les régions supérieures de notre atmosphère, sans jamais atteindre la surface de la terre. Ce qui ajoute à cette probabilité, c'est *la tendance des gros nuages à disparaître sous la pleine lune, fait* météorologique (car c'est ainsi qu'il doit être classé) (1) auquel il est nécessaire de chercher une cause, et pour lequel il semble qu'il n'y ait aucune explication rationnelle. Quant à toute autre influence de la lune sur le temps, nous n'en avons aucune preuve décisive en sa faveur. M. Arago a trouvé, par la comparaison de la pluie, ayant été notée comme ayant tombé pendant une longue période de temps, qu'il y a une faible prépondérance en faveur de la quantité tombée au temps de la nouvelle lune, sur celle tombée au temps de la pleine lune. Ce serait une conséquence naturelle et nécessaire de ce que la pleine lune tend à dissiper les nuages, et cela se rattacherait ainsi au même fait météorologique.

433. Un cercle d'une seconde de diamètre, vu de la terre, contient sur la surface de la lune, environ un *mille* (1609^{m}) carré. Il faut donc que les télescopes soient bien perfectionnés encore, avant que nous puissions espérer de voir des traces de ses habitants, telles que des édifices ou des changements du sol. Au reste, il faut observer qu'à raison de la faible densité des matériaux qui composent la lune, et de la faible gravitation relative des corps à sa surface, la force musculaire serait six fois plus grande, pour y soulever un poids, que sur terre. Le manque d'air ne permet pas de supposer d'ailleurs qu'aucune forme de vie analogue à celle qu'on a sur terre puisse y subsister. Aucune apparence n'y indique la végétation où la plus légère variation de surface qui puisse être attribuée à un changement de saison.

434. L'été et l'hiver lunaires proviennent, de fait, de la rotation de la lune autour de son axe, période de rotation qui est égale exactement à sa révolution sidérale autour de la terre, et qui s'accomplit dans un plan incliné de 1° 30' 11" à l'écliptique, dont le nœud *ascendant* coïncide toujours précisément avec le nœud *descendant* de l'orbite lunaire; en sorte que l'axe de rotation décrit une surface conique autour du pôle de l'écliptique dans une révolution du nœud. Cette

(1) Au moins d'après mon observation indépendante de toute connaissance du même fait observé par d'autres. Humboldt parle d'ailleurs de cette observation comme étant bien connue des pilotes et des marins de l'Amérique Espagnole.

coïncidence remarquable des deux rotations, celle autour de l'axe, et celle autour de la terre, qui au premier aperçu sembleraient parfaitement distinctes, a été regardée, un peu trop hâtivement peut-être, comme une conséquence de lois générales que nous expliquerons plus tard. Quoiqu'il en soit, c'est pour cela que nous voyons toujours la même face de la lune et que nous ne connaissons pas l'autre.

435. La rotation de la lune sur son axe est uniforme; mais puisqu'il n'en est pas ainsi de son mouvement (semblable à celui du soleil) dans son orbite, nous pouvons regarder à quelques degrés autour des parties équatoriales de son bord visible, du côté Est ou Ouest, suivant les circonstances; en d'autres termes, la ligne qui joint les centres de la terre et de la lune dévie un peu dans sa position, de l'intersection moyenne avec sa surface, à l'Est ou à l'Ouest. De plus, comme l'axe autour duquel elle tourne, n'est pas exactement perpendiculaire à son orbite, ses pôles se font voir alternativement dans un petit espace aux bouts de son disque. Ces phénomènes sont connus sous le nom de *librations*. Par suite de ces deux espèces distinctes de librations, le même point de la surface de la lune n'est pas toujours identiquement le centre de son disque, et nous découvrons une zone de quelques degrés en largeur de tous côtés du bord, en deçà d'un exact hémisphère.

436. S'il y a des habitants dans la lune, notre terre doit avoir pour eux l'apparence extraordinaire d'une lune d'un diamètre de 2° environ, et présentant les mêmes phases que sont pour nous celles de la lune, mais *fixement immobile dans leur ciel*, ou du moins ne changeant que sous le rapport de libration, tandis que les étoiles marchent lentement à côté d'elle et derrière. La terre doit leur paraître semée de taches variables, et de zones équatoriales et tropicales correspondantes à nos vents alisés; dans ce changement perpétuel, il est douteux qu'ils puissent distinguer les bords de nos continents et de nos mers. Pendant une éclipse solaire, l'atmosphère terrestre devient visible comme un anneau étroit, d'un rouge lumineux brillant, passant graduellement au bleu à l'endroit où il repose sur la terre, dont il comprend tout ou partie du disque ténébreux dont le reste se confond dans le sombre des nuages.

437. Les meilleures cartes de la surface de la lune sont celles de Cassini, de Russel (gravées sur des dessins faits à l'aide d'un télescope réflecteur de plus de 2 mètres), les cartes sélénotopographiques de Lohrmann, et la projection très-soignée de

Beer et Maedler accompagnant leur ouvrage cité précédemment (1). Mme Witte, Hanovrienne, a réussi récemment en procédant d'après ses propres observations et à l'aide des cartes de Maedler, à faire un *modèle parfait* de tout l'hémisphère visible de la lune, chef-d'œuvre de patience et de travail. Plusieurs cratères des volcans de la lune ont été modelés ainsi sur une grande échelle par cette dame et M. Nasmyth.

CHAPITRE VIII.

Gravité terrestre. — Loi de la gravitation universelle. — Marches apparentes et réelles des projectiles. — La lune retenue dans son orbite par la gravité. — Loi de décroissement. — Lois du mouvement elliptique. — L'orbite de la terre autour du soleil d'accord avec ces lois. — Comparaison des masses de la terre et du soleil. — Densité du soleil. — Force de gravité à sa surface. — Effet de perturbation du soleil sur le mouvement de la lune.

438. Le lecteur est au courant maintenant des principaux phénomènes des mouvements de la terre dans son orbite autour du soleil, et de la lune autour de la terre. Nous allons parler de la cause physique qui maintient ces mouvements, qui les perpétue, et qui fait que des corps massifs en révolution, déviant continuellement des directions qu'ils devraient naturellement suivre pour l'accomplissement de la première loi du mouvement, fléchissent, dans leurs cours, en courbes concaves vers leurs centres.

439. Quelques tentatives qu'aient faites les métaphysiciens pour expliquer la liaison de la cause à l'effet, en la ramenant à la relation peu satisfaisante d'une succession habituelle, il n'en est pas moins vrai que l'idée d'une connexion réelle et plus intime est tacitement imprimée dans l'esprit humain aussi bien que celle de l'existence d'un monde extérieur; et, chose étrange à dire, on a revendiqué cette réalité, comme un perfectionnement peu commun de la métaphysique. C'est notre propre conscience immédiate *de l'effort*, quand nous exerçons la force de mettre la matière en mouvement, ou de nous opposer à une force contraire pour la neutraliser, qui nous donne cette conviction intime de *pouvoir*, *d'être cause*, aussi loin que cela s'étend au monde matériel, et qui nous contraint à penser que chaque fois que nous voyons des objets matériels passer de l'état de repos à celui du mouvement, ou dévier de

(1) La gravure de Hevelius dans sa sélénographie, quoique n'étant pas sans mérite lorsqu'elle a paru, est bien ancienne maintenant.

leur marche rectiligne ou changer de vitesse, c'est en conséquence d'un *effort quelconque*, exercé, sans même que nous sachions comment. Il n'est pas plus difficile de concevoir un tel effort exercé à travers un espace interposé, que de voir notre main communiquer le mouvement à une pierre, avec laquelle elle n'est *évidemment pas en contact.*

440. Tous les corps avec lesquels nous sommes familiarisés, quand on les élève dans l'air et qu'on les y abandonne, descendent perpendiculairement à la surface de la terre. Ils y sont donc contraints par une force ou effort, résultat direct ou indirect d'un *sentiment intérieur* et d'une *volonté quelconque*, que nous ne pouvons qu'indiquer; cette force, à laquelle on a donné le nom de *gravité*, a une tendance ou direction constante vers le centre de la terre, comme l'apprend une expérience universelle; ou plutôt, pour parler rigoureusement et en ayant égard à la figure sphéroïdale de la terre, une direction perpendiculaire à la surface de l'eau tranquille. Mais si le corps est obliquement lancé dans l'air, cette tendance est modifiée sensiblement dans son effet définitif, quoiqu'elle n'ait pas cessé d'exister complètement. L'impulsion que nous donnons de bas en haut à la pierre, est, il est vrai, détruite après un certain temps, et une impulsion de haut en bas lui est communiquée, qui la ramène à la surface, où, ne pouvant aller plus loin, elle reste en repos. Mais pendant tout ce temps elle a été continuellement déviée de sa marche rectiligne, et contrainte à décrire une courbe concave vers le centre de la terre; ayant un *point plus haut*, *sommité* ou *apogée*, juste comme la lune l'a dans son orbite, où la direction de son mouvement est perpendiculaire au rayon.

441. Quand la pierre que nous lançons obliquement de bas en haut, rencontre en retombant la surface de la terre et s'y trouve arrêtée, son mouvement n'est pas *vers le centre*, mais incliné au rayon de la terre suivant le même angle que lorsqu'elle a quitté notre main. Comme nous sommes certains que si elle n'eût pas été arrêtée par la résistance de la terre, elle eût continué à descendre, et cela *obliquement*, quelle présomption, nous pouvons le demander, avons-nous qu'elle eût jamais atteint le centre de la terre vers lequel son mouvement, dans toute la partie visible de son cours, n'a jamais été dirigé? Quelle raison avons-nous de croire qu'elle n'eût pas plutôt circulé autour, comme la lune autour de la terre, en revenant à son point de départ, après avoir achevé une orbite

elliptique dont le centre de la terre eût occupé le foyer le plus bas? Et s'il en est ainsi, n'est-il pas raisonnable d'imaginer que la même force de gravité peut s'étendre jusqu'à la distance de 60 rayons de la terre ou jusqu'à la lune, puisque nous savons qu'elle exerce son action à toutes les hauteurs accessibles de la surface de la terre et même dans les régions les plus élevées de l'atmosphère? N'est-ce pas dès lors ce pouvoir, car ce ne peut être que le *même*, qui fait à chaque instant dévier *la lune* de la tangente à son orbite, et la maintient dans la marche elliptique que l'expérience nous apprend qu'elle suit?

442. Si l'on fait tourner une pierre au bout d'une corde, la corde se tend par une force *centrifuge* qui, si l'on accroît suffisamment la vitesse de la rotation, finira par briser la corde et laissera la pierre s'échapper. Quelque forte que soit la corde, on peut l'amener, par une vitesse suffisante de rotation, à la tension extrême qu'elle peut supporter sans se rompre; et si l'on sait le poids qu'elle est capable de porter, il devient facile de calculer la vitesse nécessaire. Maintenant supposons qu'une corde lie au centre de la terre le poids qui repose à la surface, et que la force de cette corde soit juste suffisante pour soutenir ce poids qu'on y suspend. Imaginons d'ailleurs, pour un instant, que la gravité n'existe pas, et que le poids tourne avec la *vitesse limite* qui raidit seulement la corde; alors la tension sera juste équivalente au poids du corps tournant; un pouvoir qui presserait continuellement le corps vers le centre de la terre avec une force égale à son poids, pourrait faire le même effet et suppléer à la corde, s'il était divisé. Divisons-le donc, à sa place laissons agir la gravité, et le corps tournera comme auparavant; sa tendance vers le centre, ou *son poids*, étant juste balancé par sa force centrifuge. Connaissant le rayon de la terre, nous pouvons calculer le temps périodique dans lequel un corps ainsi balancé peut circuler pour revenir au point de départ, et c'est 1 h 23^m 22^s.

443. Si nous faisons le même calcul pour un corps à la distance de la lune, *supposant son poids ou la gravité de même qu'à la surface de la terre*, nous trouverons pour la période cherchée 10 h 45^m 30^s. La période de révolution de la lune est d'ailleurs 27 j 7 h 43^m; il s'ensuit que la vitesse de la lune n'est pas suffisante pour la soutenir contre un *tel* pouvoir, en supposant qu'elle se meuve circulairement, ou négligeant, quant à présent, la faible ellipticité de son orbite. Pour qu'un

corps à la distance de la lune, ou la lune elle-même, fût capable de *maintenir sa distance* de la terre, par l'effort extérieur de sa force centrifuge, tandis que le temps de révolution serait celui actuel de la lune, il paraît d'après un calcul de mécanique, que la *gravité* au lieu d'être aussi intense qu'à la surface de la terre, devrait être 3600 fois moins énergique; en d'autres termes, son intensité devrait être assez affaiblie par l'éloignement du corps sur lequel elle agit, pour n'y produire, dans le même temps que 1/3600 du mouvement qu'elle imprimerait à la même masse de matière, à la surface de la terre.

444. La distance de la lune au centre de la terre est un peu moindre que soixante fois la distance du centre à la surface, et 3600 : 1 : : $60^2 : 1^2$, en sorte que la proportion dans laquelle nous devons admettre que la gravité s'est affaiblie à la distance de la lune, si la gravité était la force réelle qui retient la lune dans son orbite, doit être, pour cet exemple particulier du moins, celle du carré des distances auxquelles elle est comparée. Or, il n'y a rien qui soit inadmissible de prime-abord, dans une telle diminution d'énergie par augmentation de la distance. Les émanations d'un centre, telles que la lumière et la chaleur, diminuent réellement en intensité par un accroissement de distance, et cela dans cette même proportion; quoique nous ne puissions par arguer beaucoup de cette analogie, cependant nous voyons que le pouvoir des attractions et répulsions magnétiques et électriques s'affaiblit réellement par la distance, et beaucoup plus rapidement que suivant le simple rapport de l'accroissement des distances. L'argument repose donc sur ceci : « D'une part la *gravité* est un pouvoir réel de l'action duquel nous avons une expérience journalière. Nous savons qu'elle s'étend aux plus grandes hauteurs accessibles et par-delà; nous ne voyons aucune raison pour tirer une ligne à quelque hauteur particulière en affirmant que là elle cesse tout-à-fait; cependant nous avons des analogies qui nous portent à croire que son énergie diminue rapidement à mesure que nous nous élevons à de grandes hauteurs de la surface de la terre, telles que celle de la lune; d'autre part nous sommes sûrs que la lune *est* poussée vers la terre par *quelque* pouvoir qui la retient dans son orbite, et que l'intensité de ce pouvoir est tel, qu'il correspondrait à une gravité diminuée, suivant le rapport, d'ailleurs non improbable, des carrés des distances. Si la gravité n'était pas ce pouvoir, il y en a donc quelque autre et en outre, la gravité doit cesser à

quelque niveau inférieur, ou la nature de la lune être différente de celle de la matière pondérable ; car si cela n'était pas, la lune serait poussée par *deux* pouvoirs, et conséquemment *beaucoup trop* poussée, pour ne pas l'être hors de sa marche.

445. C'est sur un tel argument que l'on a compris que Newton avait fondé d'abord, et provisoirement, sa loi de gravitation universelle, qu'on peut formuler ainsi : « chaque particule de matière, dans l'univers, attire chaque autre particule, avec une force directement proportionnelle à la masse de la particule attirante, et inversement proportionnelle au carré de la distance entre elles. Au reste, sous cette forme générale et abstraite, la proposition n'est pas applicable au cas qui nous occupe. La terre et la lune ne sont pas de simples *particules*, mais de grands corps sphériques auxquels une telle loi générale ne peut immédiatement s'appliquer; avant de l'y rendre applicable, il devient nécessaire de rechercher *quelle* est la force avec laquelle un amas de particules, constituant une masse solide d'une figure donnée, attirera un autre assemblage d'atomes matériels. Ce problème purement dynamique, est d'une extrême difficulté sous sa forme générale ; heureusement pour les connaissances humaines, quand les corps, attirant et attiré, sont des sphères, il est susceptible d'une solution facile et directe. Newton lui-même a prouvé (*princip.* b. j. prop. 75) que, dans ce cas, l'attraction est précisément la même que si toute la matière de chaque sphère était réunie à son centre, et que les deux sphères fussent de simples particules ainsi placées ; en sorte que dans ce cas, la loi générale s'applique rigoureusement. L'effet de la légère déviation de la terre de la forme sphérique, est trop peu de chose pour appeler notre attention à cette heure. Il est pourtant sensible, et nous en parlerons plus tard.

446. Le pas qui suit, dans l'argumentation newtonienne, débarrasse la loi de gravitation de son caractère provisoire, comme dérivée de la considération superficielle de l'orbite lunaire, telle qu'un cercle décrit avec une vitesse moyenne, et s'élève au rang d'une relation générale et primordiale, en prouvant son application à l'état de la nature existante dans tous ses détails de circonstances. Ce pas consiste à démontrer, comme Newton l'a fait (*princip.* i 17, 175), que sous l'influence d'une telle force attractive poussant mutuellement l'un vers l'autre deux corps sphériques gravitant, ils seront, chacun se

mouvant dans le voisinage de l'autre, déviés dans une orbite concave vers l'autre, et décriront, l'un autour de l'autre, considéré comme fixe, ou l'un et l'autre autour de leur commun centre de gravité, des courbes dont les formes seront celles des figures connues en géométrie sous le nom général de sections coniques. Dans chaque cas donné, suivant les circonstances particulières de vitesse, distance et direction, la courbe décrite sera une ellipse, un cercle, une parabole ou une hyperbole, mais *aucune autre* courbe; et chacune d'elles *peut* avoir un certain degré d'excentricité suivant chaque cas particulier; mais dans tous les cas, le centre de mouvement, qu'il soit celui de l'une ou de l'autre sphère, ou leur centre commun de gravité, sera nécessairement le *foyer* de la courbe décrite. Dans chaque cas enfin (*princip.* i, I.), la vitesse angulaire avec laquelle se meut la ligne qui joint leurs centres, sera en raison inverse du carré de leur distance mutuelle, et des aires égales des courbes seront décrites, par cette ligne de jonction, en temps égaux.

447. Tout cela s'accorde avec ce que nous avons vu des mouvements solaires et lunaires. Leurs orbites sont des ellipses, mais de différents degrés d'excentricité; et cette circonstance indique déjà l'application générale du principe.

448. Mais ici nous avons d'ailleurs, par un progrès naturel à toute généralisation, fait, sans nous en apercevoir, un pas en avant et très-important. Nous avons étendu l'action de la gravité au cas de la terre et du soleil, à une distance immensément plus grande que celle de la lune, et à un corps d'une nature en apparence tout-à-fait différente de l'un et de l'autre. Avons-nous bien fait? A tout évènement, n'y a-t-il pas de modifications introduites par le changement des données, sinon dans l'expression générale, au moins dans l'interprétation particulière de la loi de la gravitation? Or, au moment de recourir aux chiffres, une évidente disconvenance nous frappe. Quand nous calculons comme ci-dessus, par la distance connue du soleil (art. 357) et par la période dans laquelle la terre tourne autour de lui (art. 305), quelle doit être la force centrifuge de la terre pour balancer l'attraction du soleil (et qui devient dès lors une exacte mesure de l'énergie attractive qu'exerce le soleil sur la terre), nous la trouvons immensément plus grande que celle qui suffirait à balancer l'attraction *de la terre* sur un corps égal à cette distance, plus grande dans cette forte proportion de 354936 à 1. Il est clair

alors que si la terre était retenue dans son orbite autour du soleil par *l'attraction solaire*, se conformant dans son rapport de décroissement à la loi générale, cette force ne serait pas moins de 354936 fois plus intense que celle que la terre serait capable d'exercer à pareille distance, toutes choses égales d'ailleurs.

449. Qu'avons-nous alors à conclure de ce résultat? simplement ceci : — Que le soleil attire comme un amas de 354936 terres le ferait à sa place, ou en d'autres termes, que le soleil contient 354936 fois la masse ou la quantité de matière pondérable que comporte la terre. Cette conclusion n'a rien qui doive nous surprendre. Nous n'avons qu'à nous rappeler les dimensions gigantesques de ce corps magnifique (art. 358), pour comprendre qu'en lui assignant une aussi vaste masse, nous ne dépassons aucune proportion raisonnable. En effet, si nous comparons sa *masse* avec son *volume*, nous trouvons que sa densité est moindre que celle de la terre, et pas plus que 0,2543 (1). Il faut donc que le soleil se compose réellement de matériaux beaucoup plus légers, surtout quand nous songeons à la force qui condense ses parties centrales. Cette considération rend hautement probable qu'une chaleur intense y prévaut, pour renforcer leur élasticité et les rendre capables de résister à la pression presque inconcevable qu'elle supporte sans se désunir.

450. Ceci sera plus distinctement apprécié, si nous estimons, comme nous sommes maintenant préparés à le faire, l'intensité de la gravité à la surface du soleil.

L'attraction d'une sphère étant la même (art. 445), que si toute sa masse était réunie à son centre, sera, en définitive, en raison directe de sa masse et en raison inverse du carré des distances; et dans ce cas, la distance est le rayon de la sphère. On en conclut (2) que les intensités des gravités solaires et terrestres aux surfaces de ces deux globes, sont dans le rapport de 27,9 à 1. Ainsi, 1 en poids de matière terrestre, exercerait donc à la surface du soleil, une pression égale à celle que 27,9 exercerait à la surface de la terre. Par exemple, un

(1) La densité d'un corps matériel est en raison directe de sa masse et en raison inverse de son volume. Ainsi la densité du soleil est à celle de la terre comme $\frac{354936}{1384472}$ est à 1, ou comme 0,2543 est à 1.

(2) La gravité solaire est à la gravité terrestre comme $\frac{354936}{(44000)^2}$ est à $\frac{1}{(4000)^2}$, ou comme 27,9 est à 1, les rayons respectifs de la terre étant 44000 et 4000 *miles* (70810 et 6437 *kilomèt.*)

homme ordinaire ne pourrait supporter son propre poids, à la surface du soleil, et serait littéralement broyé en atomes sous ce poids, une pression de 170 à la surface de la terre, devenant de 4600 à la surface du soleil.

451. Ainsi, dorénavant, nous devons consentir à rejeter toute idée d'immobilité de la terre, et à la transporter au soleil, dont la masse pondérable est calculée pour épuiser les faibles attractions d'atomes, tels que la terre et la lune, sans être sensiblement dérangée de sa place. Leur centre de gravité est, ainsi que nous l'avons déjà montré, presque au centre du globe solaire, à un intervalle presque imperceptible à notre distance; et si nous regardons l'orbite de la terre comme s'achevant autour de l'un ou de l'autre centre, cela n'apporte pas de différence sensible au moindre phénomène astronomique.

452. C'est à raison de cette gravitation *mutuelle* de toutes les parties de la matière, que suppose la loi de Newton, que la terre et la lune, dans leur révolution mensuelle, dans leurs mutuelles orbites autour de leur centre commun de gravité, continuent à circuler, sans se fausser compagnie, dans leur grande orbite annuelle autour du soleil. Nous pouvons comprendre ce mouvement, en réunissant deux balles inégales par un bâton, qui, à leur centre de gravité, est lié par une longue corde qui sert à le faire tourner. Les deux *systèmes* marcheront comme un seul corps autour du centre commun auquel la corde est attachée, tandis qu'ils tourneront l'un autour de l'autre en circonvolutions, comme si le bâton était libre de tout lien et simplement lancé dans l'air. Si la terre seule, et non la lune, gravitait vers le soleil, elle se porterait en avant, et laisserait la lune en arrière, et *vice versâ;* mais la gravitation agissant sur toutes deux, elles continuent à marcher sous son attraction, précisément comme les corps à la surface de la terre, y restent sans en être séparés. C'est alors, rigoureusement parlant, non pas la terre ou la lune qui décrivent une ellipse autour du soleil, mais bien leur centre commun de gravité. Cet effet produit une petite, mais très-sensible *équation* mensuelle dans le mouvement apparent du soleil vu de la terre, et on le prend toujours en compte pour calculer le lieu du soleil. La marche de la lune, dans son orbite composée autour du soleil et de la terre, est une épicycloïde coupant deux fois l'orbite de la terre dans chaque mois lunaire, alternativement en dedans et en dehors. Mais comme il n'y a que

douze mois dans l'année, et que la déviation totale de la lune dans l'une et l'autre voie n'excède pas 1/400 du rayon, cela se monte seulement à une faible ondulation sur l'ellipse de la terre, si faible même, que si on voulait la tracer en vraie proportion sur une grande feuille de papier, l'œil ne pourrait l'apercevoir. L'orbite réelle de la lune est de toutes parts concave vers le soleil.

453. Dans l'attraction du soleil, nous avons la clef de toutes ces différences du mouvement elliptique exact à celui de la lune dans son orbite mensuelle, et que nous avons signalé (art. 407 à 409), c'est-à-dire la révolution rétrograde de ses nœuds ; la circulation directe de l'axe de son ellipse, et toutes les autres déviations au mouvement elliptique que nous avions promis d'expliquer plus tard. Si la lune tournait simplement autour de la terre sous l'influence de sa gravité, aucun de ces phénomènes n'aurait lieu. Son orbite serait une ellipse parfaite, retournant sur elle-même et restant toujours dans un seul et même plan : mais qu'il *n'en soit pas ainsi*, c'est une preuve qu'il y a quelque cause de *trouble* qui se mêle à l'attraction de la terre; et cette cause n'est autre que l'attraction du soleil, ou plutôt cette portion d'attraction qui ne s'exerce pas *également* sur la terre.

454. Supposons deux corps, tombant ensemble, côte à côte ou dans toute autre position respective ; alors, comme la gravité accélère également leur chute commune, comme s'ils ne faisaient qu'une seule masse, ils conserveront la même position entre eux. Mais supposons que la gravité s'exerce avec plus d'intensité sur l'un que sur l'autre; la chute de l'un sera plus accélérée que celle de l'autre, et ils se sépareront; il y aura entre eux un mouvement relatif à la différence d'action, quelque faible qu'elle soit d'ailleurs.

455. Le soleil est environ trois fois plus loin que la lune; en conséquence, tandis que la lune décrit son orbite mensuelle autour de la terre, sa distance du soleil est alternativement plus grande et plus petite d'un 400e que celle de la terre. Quelque faible que soit cette différence, elle suffit pour produire un excès sensible de tendance attractive de la lune vers le soleil, par rapport à celle de la terre, quand elle est au point le plus proche M (fig. 51), et un défaut correspondant au point le plus éloigné du soleil dans son orbite; dans les positions intermédiaires, non-seulement la différence *des forces* subsiste, mais aussi une différence de *directions*. En effet, quelque pe-

tite que soit l'orbite lunaire M N, ce n'est pas un *point*, et dès lors, les lignes menées du soleil S à ses différentes parties, ne peuvent pas être regardées comme des parallèles rigoureusement. Si, comme nous l'avons déjà vu, la force du soleil s'exerçait également, et dans des directions parallèles sur la terre et la lune, il n'y aurait aucune perturbation dans leur situation respective ; mais de ce qu'elle ne s'exerce pas également, il s'ensuit une *force de perturbation* oblique à la ligne joignant la lune à la terre, et qui, dans certaines positions, agit pour *accélérer*, dans d'autres, pour *retarder* leur mouvement orbital elliptique ; tantôt éloignant la terre de la lune, et tantôt la lune de la terre. De plus, l'orbite lunaire, quoiqu'elle en diffère peu, ne coïncide pas exactement avec le plan de l'écliptique ; dès lors, l'action du soleil, qui est quasi-parallèle à ce plan, tend à la tirer *hors du plan* de son orbite, en produisant la révolution des nœuds, et d'autres phénomènes moins frappants. Nous ne sommes pas encore prêts à entrer dans le sujet des *perturbations*, comme on les appelle, mais nous avons voulu rassurer, autant que possible, l'esprit du lecteur contre les doutes qui eussent pu s'y élever, quant à la correction logique de notre argumentation, si nous eussions passé temporairement ces perturbations sous silence, quand nous avons déduit la loi de gravitation, d'une considération générale de l'orbite lunaire.

CHAPITRE IX.

SYSTÈME SOLAIRE.

Mouvements apparents des planètes. — Leurs stations et rétrogradations. — Le soleil centre naturel de leurs mouvements. — Planètes inférieures. — Leurs phases, périodes, etc. — Dimensions et formes de leurs orbites. — Passages en travers du soleil. — Planètes supérieures. — Leurs distances, périodes, etc. — Lois de Kepler et leur interprétation. — Eléments elliptiques de l'orbite d'une planète. — Ses lieux héliocentriques et géocentriques. — Loi empirique des distances planétaires ; troublée dans le cas de Neptune. — Planètes ultra-zodiacales. — Particularités physiques qu'on peut observer dans chacune des planètes.

456. Le soleil et la lune ne sont pas les seuls objets célestes qui paraissent avoir un mouvement indépendant de celui qui journellement emporte la grande constellation des cieux autour de la terre. Parmi les étoiles il y en a plusieurs des plus brillantes et des plus remarquables, que l'on trouve changer de position relativement aux autres, quand on les observe atten-

tivement chaque nuit ; quelques-unes plus rapidement, d'autres beaucoup plus lentement. On les appelle *planètes.* Quatre d'entre elles « Vénus, Mars, Jupiter et Saturne » sont remarquablement grandes et brillantes ; une autre, Mercure, est aussi visible à l'œil nu qu'une grande étoile, mais par une raison que l'on saura bientôt, elle est rarement apparente ; une sixième, Uranus, se distingue difficilement sans télescope ; neuf autres : « Neptune, Cérès, Pallas, Vesta, Junon, Astrée, Hebé, Iris, Flore, » ne sont jamais visibles à l'œil nu. Outre ces quinze planètes, il est fort probable qu'il en existe une foule d'autres que l'on n'a pas encore découvertes (1) ; la multitude des étoiles télescopiques étant si grande que l'on n'en a noté qu'une petite partie d'une manière suffisante pour déterminer si elles conservent ou non les mêmes places, et les dix dernières planètes citées n'ayant été découvertes que depuis un demi-siècle.

457. Les mouvements apparents des planètes sont beaucoup plus irréguliers que ceux du soleil ou de la lune. Généralement parlant, en comparant leurs places à quelque intervalle de temps, elles avancent toutes, quoique avec des vitessés *moyennes* très-différentes, dans la même direction, de l'Ouest à l'Est, comme le soleil et la lune, en sens inverse du mouvement diurne ; elles font toutes, quoique avec des circonstances diverses, le tour entier des cieux ; toutes, à l'exception des huit planètes télescopiques et que l'on pourrait appeler *ultra-zodiacales*, « Cérès, Pallas, Junon, Vesta, Astrée, Hébé, Iris et Flore, sont reléguées pour leur marche visible, dans des limites fort resserrées des deux côtés de l'écliptique, et accomplissent leurs mouvements dans cette zone des cieux que nous avons nommée le zodiaque, (art. 303).

458. La conclusion évidente de ce qui précède, c'est que, quelles que soient d'ailleurs la nature et la loi de leurs mouvements, ces mouvements s'accomplissent tous *presque dans le plan de l'écliptique*, ce plan dans lequel notre propre mouvement autour du soleil s'accomplit. Il s'ensuit que nous voyons leurs évolutions, non en *plan*, mais en coupe ; leurs mouvements réels angulaires et leurs distances étant tous *raccourcis* et indistinctement confondus, tandis que leurs déviations de l'écliptique paraissent de grandeur naturelle et sans déformation perspective.

(1) Pendant l'impression de cet ouvrage, une seizième planète qui n'a pas encore de nom, a été ajoutée à cette liste, d'après les observations de M. Graham, astronome adjoint à E. Cooper, ec., dans son observation de Markree, Sligo, Irlande.

459. Les mouvements apparents du soleil et de la lune, quoique n'étant pas uniformes, ne dévient pas beaucoup de l'uniformité ; une accélération et un retard modérés, d'accord avec l'ellipticité de leurs orbites, sont tout ce qu'on a remarqué. Le cas est bien différent pour les planètes ; quelquefois elles avancent rapidement; ensuite elles se relâchent de leur apparente vitesse, et marquent un temps d'arrêt; puis elles retournent en sens inverse, rétrogradant sur leur cours primitif avec une rapidité d'abord croissante, et décroissante ensuite, jusqu'à ce qu'enfin cesse le mouvement rétrograde. Une autre *station*, moment de repos apparent ou d'indécision, a lieu ; après quoi le mouvement change de nouveau, et reprend sa direction et son caractère primitifs. En somme, au reste, le mouvement direct compense et au-delà le mouvement rétrograde, et l'excès maintient l'avance successive de la planète de l'Ouest vers l'Est. Ainsi, en supposant le zodiaque développé sur une surface plane, ou représenté suivant la projection de Mercator (art. 283) en prenant l'écliptique EC, fig. 52, pour ligne de terre, la trace de la planète, projetée jour par jour suivant l'observation, décrira la ligne PQRS ; le mouvement étant direct de P à Q, stationnaire en Q, rétrograde de Q à R, de nouveau stationnaire en R, direct de R à S et ainsi de suite.

460. On observe un indice remarquable d'uniformité, au milieu de l'irrégularité et de l'oscillation de ce mouvement. Partout où la planète croise l'écliptique, comme en N, il y a un nœud, comme on le dit de même pour la lune ; et comme la terre est nécessairement dans le plan de l'écliptique, la planète ne peut pas être *apparemment* ou *uranographiquement* située dans le cercle céleste qu'on appelle ainsi, sans être *réellement* et *localement* située *dans ce plan*. Le passage visible de la planète à son nœud est donc un phénomène indicatif d'une circonstance dans son mouvement réel, indépendante de la station d'où nous la voyons. Or, il est facile de déterminer, par l'observation, quand une planète passe du côté Nord au Sud de l'écliptique ; il n'y a qu'à convertir ses ascensions droites en longitudes et latitudes, et le changement du Nord à la latitude Sud, en deux jours successifs, indiquera *quel jour* la transition a eu lieu ; une simple proportion basée sur l'état observé de son mouvement en *latitude* dans l'intervalle, suffira pour fixer l'heure et la minute précises de son arrivée sur l'écliptique. Ceci fait pour plusieurs transitions de l'un à l'autre côté de l'écliptique, et leurs dates fixées, on trouve générale-

ment que l'intervalle du temps s'écoulant entre deux passages successifs de chaque planète au *même nœud*, ascendant ou descendant, est toujours le même, quand la planète, au moment de ce passage, est en marche directe ou rétrograde, rapide ou lente, dans son mouvement apparent.

461. Nous avons donc là une circonstance qui, en même temps qu'elle nous fait voir que les mouvements des planètes sont réellement sujets à certaines lois et périodes fixes, nous porte naturellement à soupçonner que les irrégularités apparentes et les complications de leurs mouvements peuvent être dus à ce que nous les voyons hors de leur centre naturel (art. 338 371), mêlant dès lors à leurs propres mouvements du genre parallactique, nos propres changements de lieu qu'occasionne le mouvement orbital de la terre autour du soleil.

462. Dès que nous cessons de regarder la terre comme le centre des mouvements planétaires, il n'y a plus la moindre hésitation sur sa place la plus probable. Certainement c'est le soleil que nous devons considérer d'abord, comme la station à laquelle se rapporte ce centre; et s'il n'y a pas là quelque connexion physique, le soleil a du moins sur la terre l'avantage d'une immobilité relative. Mais après ce que nous avons vu (art. 409) de l'immensité de la masse de ce luminaire, et de l'office qu'il remplit pour nous comme centre en repos de notre mouvement orbital, rien n'est plus naturel que de supposer que ses fonctions sont les mêmes pour tous les globes qui, comme la terre, tournent autour de lui; et ces globes peuvent être visibles pour nous par sa lumière qu'ils réfléchissent, ainsi que l'est la lune. Il y a maintenant plusieurs faits qui rendent plus que probable cette idée des planètes ayant le soleil pour centre de leurs mouvements.

463. En premier lieu, les planètes sont réellement de grands globes, d'un volume commensurable à celui de la terre, et bien plus considérables pour la plupart; quand on les examine avec de puissants télescopes, on les voit comme des corps ronds, d'un diamètre apparent sensible et même assez grand, offrant des particularités distinctes et caractéristiques, qui prouvent que ce sont des masses solides, possédant chacune sa structure et son mécanisme individuels; et ce, dans un exemple au moins, suivant une combinaison artificielle très-compliquée. (V. les fig. de Mars, Jupiter et Saturne, pl. 3, fig. 75, 76 et 77). Nous concluons que leurs distances de nous sont grandes, bien plus grandes que celle de la lune; et quelques-unes beaucoup

plus grandes que celle du soleil, par la petitesse de leur parallaxe diurne, qui, même pour celles qui sont le plus près et dans la situation la plus favorable, n'excède pas quelques secondes, et qui pour celles qui sont les plus loin est presque imperceptible. Par la comparaison de la parallaxe diurne d'un corps céleste, avec son demi-diamètre apparent, on peut estimer son volume réel. En effet, la parallaxe n'est autre chose que le demi-diamètre apparent de la terre vu du corps en question (art. 339 et suiv.) et, la distance intervenant étant la même, les diamètres réels doivent être l'un à l'autre en proportion de leurs apparences. Sans entrer dans d'autres détails, il suffira d'établir que c'est un résultat général de cette comparaison, que les planètes sont toutes incomparablement plus petites que le soleil; mais que plusieurs sont aussi grandes, et quelques-unes beaucoup plus grandes que la terre.

464. En second lieu, leurs distances de nous, estimées par le mesurage de leurs diamètres angulaires, sont dans un état continuel de changement, croissant et décroissant périodiquement dans certaines limites, ne s'accordant jamais avec l'hypothèse d'orbites circulaires ou elliptiques décrites autour de la terre, comme centre ou foyer, mais conservant une liaison constante et évidente avec leurs distances angulaires apparentes ou *élongations* du soleil. Par exemple, le diamètre apparent de Mars est plus grand lorsqu'il est, comme on dit, en opposition avec le soleil, à l'opposite dans l'écliptique, ou quand il arrive à minuit au méridien, « étant alors d'environ 18'' »; mais il diminue rapidement jusqu'à 4'' environ, qui est son diamètre apparent, lorsqu'il est en conjonction, ou vu presque dans la même direction que le soleil. Ce fait et d'autres d'un caractère semblable, observés par rapport aux diamètres apparents d'autres planètes, font voir clairement que le soleil a des rotations plus qu'accidentelles avec leurs mouvements.

465. En dernier lieu, certaines planètes (Mercure, Vénus et Mars), examinées au télescope, montrent l'apparence de phases semblables à celles de la lune. Ceci prouve que ce sont des corps opaques, ne brillant que par une lumière réfléchie qui ne peut être autre que celle du soleil; non-seulement parce qu'il n'y a pas d'autre source de lumière extérieure assez puissante, mais encore parce que l'apparence et la succession des phases elles-mêmes sont, comme leurs diamètres visibles, intimement liées avec leurs élongations du soleil, ainsi que nous l'allons voir.

466. On a trouvé, conformément, que lorsqu'on rapporte

les mouvements planétaires au soleil, comme centre, toutes les irrégularités apparentes qu'ils offrent, vus de la terre, disparaissent à la fois, et se résolvent en une loi simple et générale, dont le mouvement de la terre, tel que nous l'avons expliqué dans un précédent chapitre, n'est qu'un cas particulier. Afin de montrer comment cela arrive, prenons le cas d'une simple planète, que nous supposerons faire sa révolution autour du soleil, presque en un seul plan, non pas entièrement coïncidant avec l'écliptique, mais passant par le soleil et coupant l'écliptique suivant une ligne fixe, qui est la ligne des nœuds de la planète. Cette ligne doit enfin diviser son orbite en deux segments ; et il est évident que, aussi longtemps que le mouvement de la planète ne change pas d'ailleurs, les temps employés à décrire ces deux segments resteront les mêmes. Alors l'intervalle entre le départ de la planète à chaque nœud, et son retour au *même* nœud doit être celui de sa révolution complète autour du soleil, ou son temps périodique ; nous avons donc une méthode directe pour déterminer le temps périodique de chaque planète.

467. Nous avons dit (art. 457) que les planètes font le tour entier des cieux dans des circonstances très-différentes, et ceci doit être expliqué. Deux d'entre elles « Mercure et Vénus » achèvent ce circuit évidemment comme à la suite du soleil, ne se départant jamais de son voisinage au-delà de certaine limite. On les voit quelquefois à l'Est, quelquefois à l'Ouest du soleil. Dans le premier cas, elles apparaissent sur l'horizon Ouest, juste après le coucher du soleil, et on les appelle étoiles du soir ; Vénus, spécialement, paraît accidentellement ainsi avec un éclat éblouissant ; et dans des circonstances favorables, on peut observer qu'elle projette une petite ombre tranchée (1). Dans le second cas, où elles se trouvent à l'Ouest du soleil, elles se lèvent avant lui, apparaissant sur l'horizon Est, comme étoiles du matin ; au reste, elles n'atteignent pas la même élongation du soleil. Mercure n'atteint jamais une distance angulaire plus grande que 29° environ, tandis que Vénus étend ses excursions de chaque côté jusqu'à 47° environ. Quand elles se sont éloignées du soleil, *vers l'Est*, à leurs distances respectives, elles restent pour quelque temps, comme si elles étaient immobiles, *par rapport à lui*, et sont entraînées

(1) On doit la recevoir sur un fond blanc ; une fenêtre ouverte dans une chambre blanchie, est la meilleure disposition. Dans cette situation j'ai observé non pas seulement une ombre, mais les franges diffractées qui bordent son contour. Vénus peut être vue souvent à l'œil nu, en plein jour.

avec lui le long de l'écliptique avec un mouvement égal au sien ; mais ensuite elles s'en approchent, ou ce qui revient au même, leur mouvement en longitude diminue et le soleil gagne de l'avance sur elles. A mesure de cette approche, leur apparition sur l'horizon, après le coucher du soleil, devient chaque jour plus courte, jusqu'à ce qu'enfin elles se couchent avant que l'obscurité soit suffisante pour qu'on voie leur coucher. Pendant quelque temps alors on ne les voit plus du tout à moins d'occasions très-rares, où on les observe *passant en travers du disque du soleil comme de petites taches noires, rondes, bien terminées*, tout-à-fait distinctes des taches du soleil (art. 386) Ces phénomènes sont appelés spécialement *passages* des planètes en travers du soleil, et ils ont lieu quand la terre arrive à passer la ligne de leurs nœuds, pendant qu'elles sont dans cette partie de leurs orbites, juste comme nous en avons rendu compte (art. 412) pour l'éclipse solaire; après avoir continué d'être invisibles pendant quelque temps, elles commencent à paraître de l'autre côté du soleil, ne se montrant d'abord que quelques minutes avant son lever, et de plus en plus longtemps ensuite à mesure qu'elles s'éloignent du soleil. En ce temps leur mouvement en longitude est rapidement rétrograde. Au reste, avant d'atteindre leur plus grande élongation, elles deviennent stationnaires dans les cieux; mais leur éloignement du soleil est encore maintenu par l'avance le long de l'écliptique de cet astre, qui continue à les laisser en arrière, jusqu'à ce qu'elles aient inversé leur mouvement, et que ce mouvement redevienne *direct*, puis assez rapide pour commencer à le rattraper; elles ont alors atteint leur plus grande élongation Ouest; c'est ainsi une espèce de mouvement oscillatoire qu'elles gardent pendant que leur avance générale le long de l'écliptique continue.

468. Soient, (fig. 53) P Q l'écliptique; A B D l'orbite d'une des planètes, de Mercure, par exemple, vue entièrement de côté par un œil situé presque dans son plan ; S le soleil, centre de cette orbite ; A, B, D, S, les positions successives de la planète, dont B et S sont dans les nœuds. Alors, si le soleil S paraissait stationner encore dans l'écliptique, les planètes sembleront simplement osciller en avant et en arrière de A en D, passant alternativement devant et derrière le soleil; et si l'œil était exactement *dans* le plan de l'orbite, *croisant* son disque dans le premier cas, et recouvertes par lui dans le second cas. Mais, comme au lieu d'être stationnaire, le so-

leil paraît marcher le long de l'écliptique P Q, supposons qu'il se meuve dans les espaces S T, T U, U V, pendant que la planète exécute dans chaque cas un quart de sa période. Alors, son orbite paraîtra entraînée avec le soleil, le long de l'écliptique, dans les positions successives représentées par la figure; et tandis que son mouvement réel autour du soleil, l'amène dans les points respectifs B, D, S, A, son mouvement apparent dans les cieux, semble en zigzag A N H K. Son mouvement en longitude, pendant ce temps, aura été direct dans les parties A N, N H, et rétrograde dans les parties H n K; de plus, dans les détours du zigzag, il aura été stationnaire en H, K.

469. On appelle planètes inférieures, les deux seulement, Mercure et Vénus, dont nous venons de décrire les révolutions; les points de leur plus grand éloignement du soleil sont appelés comme ci-dessus, leurs *plus grandes élongations* Est et Ouest; les points de leur plus grand rapprochement, se nomment leurs conjonctions *inférieures* et *supérieures;* l'une a lieu quand la planète passe entre la terre et le soleil, l'autre, quand la planète est derrière le soleil.

470. Nous avons tracé (art. 467) la marche apparente d'une planète inférieure, en considérant son orbite en coupe, ou vue d'un point pris dans le plan de l'écliptique. Voyons-la maintenant *en plan*, ou d'une station au-dessus de l'écliptique et s'y projetant. Soient, (fig. 54) S le soleil, $a\,b\,c\,d$ l'orbite de Mercure, et A B C D une partie de celle de la terre; la direction de circulation étant la même dans tous les deux, est indiquée en M par la flèche. Quand la planète est en a, supposons que la terre soit en A, dans la direction de la tangente a A, à son orbite; il est évident qu'alors elle paraîtra à sa plus grande *élongation* du soleil, l'angle a A S, qui mesure son intervalle apparent, comme vu de A, étant plus grand alors qu'en aucune autre situation de a sur son propre cercle.

471. Cet angle étant connu par l'observation, nous avons dès lors un moyen de déterminer, approximativement au moins, la distance de la planète au soleil, ou le rayon de son orbite supposée un cercle. En effet, le triangle S A a est rectangle en a, et conséquemment, nous avons S a : S A : : sin. S A a : *rayon*, proportion qui donne directement le rapport des rayons S a, S A, des deux orbites. Si les orbites étaient des cercles toutes les deux, ce mode de procéder serait parfaitement rigoureux; mais il n'en est pas ainsi, comme le prouvent les valeurs différentes de S a obtenues en différents temps; il

devient donc nécessaire, pour rendre compte de cette différence, d'admettre une excentricité de position, et une déviation de la forme exactement circulaire dans *les deux* orbites. Au reste, en négligeant, quant à présent, cette inégalité, on peut obtenir une valeur moyenne de S *a*, par la répétition de calcul dans toutes les variétés de situation des deux corps. Ces calculs faits, on en conclut que la moyenne distance de Mercure au soleil, est de 36000000 *miles* (5993532 *myriamètres*) environ, et celle de Vénus de 68000000 *miles* (10943341 *myriamètres*) environ, le rayon de l'orbite de la terre étant 95000000 *miles* (15288491 *myriamètres*).

472. Les périodes sidérales des planètes peuvent être obtenues, comme nous l'avons précédemment observé, avec une approximation considérable, par l'observation de leurs passages aux nœuds de leurs orbites; et la précision ne sera limitée que par l'imperfection de l'observation, si l'on tient compte d'un certain mouvement très-petit de ses nœuds, semblable à celui des nœuds de la lune, mais incomparablement plus lent. Il paraît, d'après des observations ainsi corrigées, que la période sidérale de Mercure est $87^j\ 23^h\ 15^m\ 43^s,9$, et celle de Vénus $224^j\ 16^h\ 49^m\ 8^s$. Ces périodes, d'ailleurs, sont fort différentes, suivant les intervalles auxquels arrivent les apparences successives des deux planètes à leurs élongations Est et Ouest du soleil. Mercure se voit dans sa plus grande splendeur, comme étoile du soir, après un intervalle de 116, et Vénus de 584 jours, terme moyen. La différence entre les révolutions *sidérale* et *synodique*, en rend compte (art. 418). Si la terre restait encore en A (fig. 54), pendant que la planète avancerait dans son orbite, le laps d'une période sidérale qui la ramènerait en *a*, reproduirait aussi une semblable élongation du soleil. Mais comme la terre n'a pas laissé que d'avancer dans son orbite, dans la même direction vers E, la plus grande élongation du même côté du soleil, sera celle qui aura par conséquent lieu, non pas dans la position *a* A des deux corps, mais dans quelque position plus avancée *e*E. La détermination de cette position, dépend d'un calcul exactement semblable à celui que nous avons expliqué (art. 418), et qui donne, pour les révolutions synodiques des deux planètes $115^j,877$ et $583^j,920$.

473. Dans cet intervalle, les planètes auront décrit une révolution entière *plus* l'arc *a c e*, et la terre, seulement l'arc A C E de son orbite. Pendant ce laps, la *conjonction inférieure*

arrive quand la terre a une certaine situation intermédiaire B, et que la planète atteint le point b entre le soleil et la terre. La plus grande élongation du côté opposé du soleil, aura lieu quand la terre arrivera en C, et la planète en c, où la ligne de jonction Cc est une tangente au cercle intérieur du côté opposé à M. Enfin, la conjonction *supérieure* aura lieu quand la terre arrivera en D, et la planète en d, dans la même ligne prolongée de l'autre côté du soleil. Les intervalles auxquels ont lieu ces phénomènes, peuvent se calculer aisément quand on connaît les périodes synodiques et les rayons des orbites.

474. Les circonférences des cercles sont en proportion de leurs rayons. Si donc nous calculons les circonférences des orbites de Mercure, de Vénus et de la terre, et que nous les comparions aux temps de leurs révolutions, nous trouverons que la vitesse avec laquelle elles se meuvent dans leurs orbites, diffère grandement : celle de Mercure étant d'environ 109360 *miles* (17600 *myriamètres*) par heure, celle de Vénus de 80000 *miles* (12874 *myriamètres*), et celle de la terre de 68040 *miles* (10949 *myriamètres*). Il s'ensuit qu'à la conjonction inférieure, ou en b, chacune des planètes se meut dans la même direction que la terre, mais avec une plus grande vitesse, laissant par conséquent la terre *derrière elle;* et le mouvement apparent de la planète vue de la terre, sera le même *que si* la planète restait en repos, et que la terre vînt à se mouvoir dans une direction contraire à celle qu'elle suit réellement. Dans cette situation, le mouvement apparent de la planète sera donc contraire au mouvement apparent du soleil, et rétrograde par conséquent. D'autre part, à la conjonction supérieure, le mouvement réel de la planète étant dans une direction opposée à celui de la terre, le mouvement relatif sera le même que si la planète restait encore en repos, et que la terre s'avançât avec leurs vitesses réunies suivant sa propre direction. Dans cette situation, le mouvement apparent sera direct. Ces deux résultats sont d'accord avec l'observation des faits.

475. Les points stationnaires peuvent être déterminés par la considération suivante. En a ou c, points de la plus grande élongation, le mouvement de la planète est directement vers la terre, ou *suivant* leur ligne de jonction, tandis que celui de la terre lui est presque perpendiculaire. Le mouvement apparent alors doit être direct. En b, conjonction inférieure, nous

avons vu qu'il doit être rétrograde, à raison de ce que le mouvement de la planète, qui est là *perpendiculaire* à la ligne de jonction, comme celui de la terre, surpasse celui de la terre. Dès lors, les points stationnaires doivent être, ainsi que l'observation le fait voir, entre *a* et *b*, ou entre *c* et *b*, c'est-à-dire, dans une position telle que l'obliquité du mouvement de la planète, par rapport à la ligne de jonction, compense exactement l'excès de sa vitesse, et cause une égale avance de chaque extrémité de la ligne, par le mouvement de la planète à l'une, et celui de la terre à l'autre; en sorte que, pour un instant, toute la ligne se meut parallèlement à elle-même. La question ainsi posée, est purement géométrique, et la solution en est facile dans l'hypothèse d'orbites circulaires. Soient E*e* et P*p*, fig. 89, les petits arcs des orbites de la terre et de la planète, décrits en même temps, au moment où la planète paraît stationnaire vers S, le soleil. Menons *p*P et E*e* tangentes en P et en E, se rencontrant en R; prolongeons EP en arrière vers Q, et joignons *pe*. Puisque PE, *pe* sont parallèles, nous avons par la similitude des triangles P*p* : E*e* :: PR : RE; prenant *v* et V pour les vitesses respectives de la planète et de la terre, on a :

$$Pp : Ee :: v : V;$$

$$\begin{aligned} \text{d'où : } v : V :: PR : PE &:: \sin. PER : \sin. EPR \\ &:: \cos. SEP : \cos. SPQ \\ &:: \cos. SEP : \cos. (SEP + ESP). \end{aligned}$$

les angles SER et SPR étant des angles droits; de plus, si *r* et R sont les rayons des orbites respectives, on a aussi

$$r : R :: \sin. SEP : \sin. (SEP + ESP)$$

et de ces deux proportions il est aisé de conclure la valeur des deux angles SEP et ESP; le premier est l'élongation apparente de la planète du soleil (1); et le second est la différence des longitudes héliocentriques de la terre et de la planète.

476. Quant aux orbites qui ne sont pas des cercles, ce qui

(1) Si $\frac{R}{r} = m$ et $\frac{V}{v} = n$, SEP $= \varphi$, ESP $= \psi$, les équations à résoudre sont : $\sin(\varphi + \psi) = m \sin. \varphi$; et $\cos. (\varphi + \psi) = n \cos. \psi$; ce qui donne : $\cos. \psi = \frac{1 + mn}{m + n}$.

a lieu réellement, la solution devient trop compliquée, pour que nous la donnions ici. Il suffira d'établir les résultats que l'expérience vérifie, et qui assignent les points stationnaires de Mercure entre 15 et 20° d'élongation du soleil, suivant la circonstance; ceux de Vénus à une élongation qui ne diffère jamais beaucoup de 29°. Le premier continue à rétrograder pendant 22 jours et la seconde pendant 42.

477. Nous avons dit que quelques planètes offrent des phases comme la lune. C'est ce qui arrive à Mercure et à Vénus, et cela s'explique aisément par une considération de leurs orbites, telles que nous les avons supposées. Il suffit en effet, de jeter un coup-d'œil sur la fig. 55, pour voir qu'un spectateur placé sur la terre en E, apercevra une planète inférieure éclairée par le soleil, conséquemment brillante de son côté, ténébreuse du côté opposé, et qui lui semblera *pleine* à la conjonction supérieure A; elle paraîtra *gibbeuse* (c'est-à-dire plus que pleine, comme la lune entre le premier et le second quartier) entre ce point A et les points B, C, de sa plus grande élongation; demi-lune à ces points; quartier ou croissant entre eux et la conjonction inférieure D. En approchant de ce point, le croissant doit s'amincir jusqu'à ce qu'il disparaisse, rendant la planète invisible, à moins qu'elle ne paraisse comme une tache noire dans le cas de son *passage* au disque solaire. Tous ces phénomènes sont exactement conformes à l'observation.

478. La variation de l'éclat de Vénus, en diverses parties de son orbite apparente est vraiment remarquable. Elle provient de deux causes: 1° de la proportion variable de l'aire visible éclairée eu égard à tout son disque; 2° de la variation du diamètre angulaire, ou de toute la grandeur apparente du disque lui-même. A mesure qu'il approche de sa conjonction inférieure, à partir de sa plus grande élongation, la demi-lune devient un croissant qui *s'amincit;* mais cela est plus que compensé, pour quelque temps, par l'accroissement de la grandeur apparente en conséquence de la diminution de distance. Ainsi, la totalité de la lumière reçue va en s'accroissant jusqu'à ce qu'enfin elle atteigne un maximum, qui a lieu quand l'élongation de la planète est d'environ 40°.

479. Les passages de Vénus sont d'une occurrence très-rare, ayant lieu alternativement à des intervalles de 8, 122, 8, 105, 8, 122, etc., etc. années, et ainsi de suite, toujours en juin et décembre. Comme phénomènes astronomiques, ils sont

d'ailleurs très-importants, puisqu'ils offrent le moyen le plus exact et le meilleur que nous possédions de déterminer la distance du soleil ou sa parallaxe. Sans entrer dans les détails des calculs de ce problème qui est très-compliqué, à raison de la grande quantité des circonstances qu'il comporte, nous nous contenterons d'en poser ainsi le principe qui, dans son abstraction, est très-clair et très-facile. Soient (fig. 56) E la terre, V Vénus, S le soleil, et C D la portion de l'orbite relative que décrit Vénus à son passage au disque du soleil. Supposons deux spectateurs A, B, aux extrémités opposées du diamètre de la terre, qui est perpendiculaire à celui de l'écliptique, et pour éviter toute complication, mettons de côté la rotation de la terre, et supposons que A et B ne changent pas de position durant tout le temps du passage. Alors, au moment où le spectateur en A voit le centre de Vénus projeté en *a*, le spectateur en B le voit projeté en *b*. Si donc l'un ou l'autre spectateur, pouvait se transporter soudain de A en B, il verrait soudain Vénus se déplacer de *a* en *b*; et s'ils ont les moyens de noter exactement la place des points sur le disque, soit par des mesures micrométriques, à partir du bord, ou de toute autre manière, ils pourront déterminer la mesure angulaire de *a b*, comme vue de la terre. Or, puisque A V *a*, B V *b* sont des lignes droites, et qu'elles font des angles égaux de chaque côté de V. *a b* sera à A B comme la distance de Vénus du soleil est à la distance de la terre, ou comme 68 est à 27, ou presque comme 2 1/2 est à 1; *a b* occupe donc sur le disque du soleil un espace deux fois et demie aussi grand que le diamètre de la terre; sa mesure angulaire est donc égale à deux fois et demie le diamètre apparent de la terre à la distance du soleil, ou ce qui est la même chose à cinq fois la parallaxe horizontale du soleil (art. 355). Conséquemment, aucune erreur ne peut être commise en mesurant *a b*, qui soit plus d'un cinquième sur celle de la parallaxe horizontale qu'on en conclut.

480. Ce qu'il s'agit de déterminer, n'est donc que la largeur P Q R S *p q r s* comprise entre les traces apparentes extrêmes du centre de Vénus en travers du disque du soleil, depuis son entrée d'un côté jusqu'à sa sortie de l'autre. Ainsi toute la besogne des observateurs en A et B se réduit à ceci : déterminer avec tout le soin et toute la précision possibles, chacun en sa station, où la planète entre, où elle sort, et quel segment elle découpe sur le disque du soleil. Un des moyens les

plus exacts pour cela, quand on y joint de bonnes mesures micrométriques, est de noter le *temps* employé à tout le passage. En effet, le mouvement relatif angulaire de Vénus étant donné avec précision par les tables, et sa trace apparente étant presque une ligne droite, les temps observés donneront une mesure (*sur une échelle très-agrandie*) des longueurs des cercles des segments décrits ; le diamètre du soleil étant aussi connu avec précision, on aura les sinus verses, et par conséquent, leur différence, ou la largeur de la zone cherchée. Pour obtenir ces temps corrigés, chaque observateur doit déterminer les instants de l'entrée et de la sortie du *centre.* Pour cela, il doit noter: 1° l'instant où la première impression visible ou échancrure sur le bord du disque en P est produite, ou le *premier contact extérieur;* 2° celui où la planète est en immersion complète, et l'échancrure du disque arrive en Q, ou le premier contact *intérieur;* enfin, il doit répéter les mêmes observations à la sortie en R et S. La moyenne des contacts, intérieur et extérieur, lui donne l'entrée et la sortie du centre de la planète.

481. Les modifications introduites dans ce procédé, par la rotation de la terre sur son axe, et par d'autres stations géographiques des observateurs, sont semblables en principe à celles qui entrent dans le calcul d'une éclipse solaire, ou dans l'occultation d'une étoile par la lune, mais plus délicates seulement. Au reste, cette considération nous entraînerait trop loin ; nous avons voulu seulement donner un exemple admirable de la manière dont de petits éléments astronomiques se grandissent dans leurs effets ; et par leur mesurage sur une échelle beaucoup plus considérable, ou par la substitution de la mesure du temps à l'espace, se déterminent avec un degré de précision convenable, en saisissant une occasion favorable, et profitant habilement de la combinaison convenable des circonstances. Cette observation a paru si importante aux astronomes, qu'au dernier passage de Vénus, en 1769, des expéditions furent faites par l'Angleterre, la France, la Russie et d'autres pays, expressément dans ce but, pour les points les plus éloignés du globe. La célèbre expédition du capitaine Cook à Otahiti en fut une. Le résultat général de toutes les observations recueillies dans cette mémorable occasion, a donné 8",5776 pour parallaxe horizontale du soleil. Les deux prochaines réapparitions de ce phénomène auront lieu le 8 décembre 1874 et le 6 décembre 1882.

482. L'orbite de Mercure est très-elliptique, son excentricité étant presque un quart de la moyenne distance. Cela s'aperçoit par l'inégalité de ses plus grandes élongations du soleil, observées en différents temps, et qui varient entre les limites de 16° 12' à 28° 48'; et par le mesurage exact de ces élongations, il n'est pas difficile de prouver que l'orbite de Vénus aussi, est faiblement excentrique, et qu'enfin ces deux planètes décrivent des ellipses ayant le soleil à leur foyer commun.

483. Les passages de Mercure sur le disque du soleil se présentent accidentellement, comme dans le cas de Vénus, mais plus fréquemment : ceux au nœud ascendant en novembre, et ceux au nœud descendant en mai. Les intervalles, pour chaque nœud séparément, sont 13 ou 7 années, dans cet ordre 13, 13, 13, 7, etc. Mais à raison de l'inclinaison considérable de l'orbite de Mercure à l'écliptique, on ne peut la prendre pour une expression exacte de retour, et il faut une période de 217 ans au moins pour ramener les passages dans un ordre régulier. L'un a eu lieu en 1848, et l'autre aura lieu en 1861. Ils sont d'une bien moindre importance astronomique que ceux de Vénus, à raison de la proximité où Mercure est du soleil, ce qui donne une combinaison moins favorable à la détermination de la parallaxe du soleil.

484. Considérons maintenant les planètes supérieures, ou celles dont les orbites enferment de tous côtés celle de la terre. On prouve qu'il en est ainsi par plusieurs circonstances : 1° elles ne sont pas, comme les planètes inférieures, reléguées dans certaines limites d'élongation du soleil, mais elles s'en montrent à toutes distances, mêmes dans des régions opposées des cieux, ou comme on le dit, en *opposition;* ce qui ne pourrait arriver si la terre ne se plaçait alors entre elles et le soleil; 2° elles ne paraissent jamais en croissant, comme Vénus ou Mercure, ni même en demi-lune. Celles au contraire que, par la petitesse de leur parallaxe, nous pouvons regarder comme les plus éloignées de nous, telles que Jupiter, Saturne, Uranus et Neptune, ne paraissent jamais autrement que rondes; preuve suffisante que nous les voyons toujours dans une direction pas très-éloignée de celle suivant laquelle les rayons du soleil les éclairent, et que nous occupons une station qui n'est jamais très-loin du centre de leurs orbites ; ou en d'autres termes, que l'orbite de la terre est entièrement renfermée dans les leurs, et d'un petit diamètre comparativement. Une

seule d'elles, Mars, offre quelque phase perceptible, et dans sa déviation du contour circulaire, n'excède jamais une apparence *gibbeuse*, la portion éclairée du disque n'en étant jamais moins que les sept huitièmes. Pour le comprendre, nous n'avons qu'à donner un coup-d'œil sur la fig. 57 dans laquelle E est la terre, à sa plus grande élongation apparente du soleil S, et vue de Mars M. Dans cette position, l'angle SME, compris entre les lignes SM et ME, est à son maximum; donc, en cet état de choses, un spectateur sur terre peut voir une plus grande portion de l'hémisphère obscur de Mars qu'en toute autre situation. L'étendue de la phase, ou le plus grand degré de gibbosité que l'on puisse observer, donne une mesure certaine quoique grossière, de l'angle SME, et, par conséquent de la proportion de la distance SM. de Mars, à SE, celle de la terre au soleil, d'où il semble que le diamètre de l'orbite de Mars ne peut être moindre que de 1 1/2 de celui de la terre. Les phases de Jupiter, de Saturne, d'Uranus et de Neptune étant imperceptibles, il s'ensuit que leurs orbites doivent renfermer non-seulement celle de la terre, mais celle de Mars aussi.

485. Toutes les planètes supérieures sont rétrogrades dans leurs mouvements apparents, quand elles sont en *opposition*, et quelque temps avant et après; mais elles diffèrent beaucoup l'une de l'autre, dans l'étendue de leur arc de rétrogradation, dans la durée du mouvement rétrograde et dans sa rapidité. Le mouvement est plus étendu et plus rapide pour Mars que pour Jupiter, pour Jupiter que pour Saturne, pour Saturne que pour Uranus, et pour Uranus que pour Neptune. La vitesse angulaire avec laquelle une planète semble rétrograder est determinée par l'observation de sa place apparente dans les cieux de jour en jour; des observations de ce genre, faites vers le temps de l'apparition, il est facile de conclure les grandeurs relatives de leurs orbites comparées à celle de la terre, en supposant que leurs temps périodiques soient connus, car leurs vitesses sont généralement en raison inverse de ces temps. Supposons donc, fig. 58, que E*e* soit une très-petite portion de l'orbite de la terre, et M*m* une portion correspondante de celle d'une planète supérieure, décrite le jour de l'opposition au soleil S, auquel jour les trois corps sont en ligne droite SEM X. Les angles ES*e* et MS*m* sont donnés. Si maintenant on joint *em* que l'on prolongera jusqu'à sa rencontre en X avec le prolongement de SM, l'an-

gle eXE qui est égal à son alterne Xey, est évidemment la rétrogradation de Mars ce jour, et se trouve ainsi donné. Donc Ee et l'angle EXe étant donnés dans le triangle rectangle EeX, le côté EX s'en déduit aisément, et par suite SX est connu. Conséquemment dans le triangle SmX, nous avons donné le côté SX et les deux angles adjacents mSX et mXS, d'où l'on conclut les deux côtés Sm et mX. Or Sm n'est autre chose que le rayon de l'orbite de la planète supérieure, que dans ce calcul, nous supposons circulaire ainsi que celle de la terre. Cette supposition n'est pas exacte, il est vrai, mais elle l'est assez pour une approximation suffisante des dimensions de l'orbite, et si l'on répète le tout dans chaque variété de situation où peut se présenter l'opposition, nous aurons une moyenne de son diamètre tout-à-fait indépendante.

486. Pour l'application pratique de ce principe, il est nécessaire de connaître les temps périodiques de chaque planète. On peut les obtenir directement, comme on l'a déjà vu, par l'observation des intervalles de leurs passages à l'écliptique; mais, à raison de la très-petite inclinaison des orbites de quelques-unes par rapport à son plan, elles le traversent si obliquement, que le moment précis de leur arrivée ne peut être déterminé par l'observation même la plus délicate. Un moyen préférable consiste à déterminer par les observations de plusieurs jours successifs, les instants exacts de leur arrivée en opposition avec le soleil, dont la marque est une différence de longitudes entre le soleil et la planète de 180° exactement. L'intervalle entre les oppositions successives ainsi obtenu, est presque une période *synodique;* il le serait précisément, si l'orbite de la planète et celle de la terre étaient deux cercles uniformément décrits : mais, comme il n'en est pas ainsi (et que la marque est l'inégalité de révolutions synodiques successives ainsi observées), la moyenne d'un grand nombre, prise dans toutes les variétés de situation où se présentent les oppositions, sera débarrassée de l'inégalité elliptique, et peut être prise pour une période *synodique moyenne*. On obtient aisément ainsi les périodes sidérales, à l'aide de ce qui précède, des considérations de l'art. 418, et du procédé de calcul indiqué en note de cet article. L'exactitude de cette détermination sera grandement accrue enfin, en embrassant un long intervalle entre les observations extrêmes employées. En point de fait, cet intervalle s'étend presque à 2000 ans pour les

planètes connues des anciens, qui ont tenu note de leurs observations avec assez de soin pour que nous puissions nous en servir. Leurs périodes peuvent donc être regardées comme établies avec une très-grande exactitude. Leurs valeurs numériques, ainsi que les moyennes distances et tous les autres éléments des orbites planétaires, sont consignés dans la table synoptique que le lecteur trouvera à la fin de cet ouvrage et à laquelle nous le renvoyons une fois pour toutes.

487. En jetant les yeux sur la liste des distances planétaires et les comparant avec les temps périodiques, nous ne pouvons manquer d'être frappés d'une certaine correspondance. Plus la distance est grande, ou plus l'orbite est considérable, plus la période est longue évidemment. L'ordre des planètes est le même, en partant du soleil; soit qu'on les dispose suivant leurs distances ou suivant les temps qu'elles emploient à compléter leurs révolutions; et voici cet ordre : — Mercure, Vénus, la Terre, Mars, — les quatre planètes ultra-zodiacales ou *Astéroides* comme on les appelle quelquefois. — Jupiter, Saturne, Uranus et Neptune. Cependant, quand on en vient à l'examen des nombres, on trouve que la relation entre les deux séries n'est pas celle d'un simple accroissement *proportionnel*, les périodes croissent plus que les distances, en proportion. Ainsi la période de Mercure est d'environ 88 jours, et celle de la terre de 365, dans la proportion de 1 à 4,15; tandis que les distances ne sont que dans la proportion de 1 à 2,56; une semblable remarque s'applique à chaque exemple. De plus le rapport de l'accroissement des temps n'est pas aussi rapide que celui des *carrés* des distances. Le carré de 2,56 est 6,5536 qui est beaucoup plus considérable que 4,15. Un rapport intermédiaire d'accroissement, entre la simple proportion des distances et celles de leurs carrés, ressort donc de la série des nombres; mais il n'en a pas moins fallu à l'illustre Kepler, pour découvrir et démontrer la loi réelle de leur connexion, une pénétration extraordinaire, soutenue par une persévérance et par une habileté peu communes, dans un temps où les données des problèmes étant elles-mêmes enveloppées d'obscurité, les procédés trigonométriques et les calculs numériques étaient hérissés de difficultés dont l'invention des tables de logarithmes nous permet à peine d'avoir une idée maintenant. Cette connexion est exprimée dans la proposition suivante : — « Les carrés des temps périodiques de deux planètes, sont l'un à l'autre dans le même rapport que

les cubes de leurs moyennes distances du soleil. » Prenons pour exemple la terre et Mars (1), dont les périodes sont dans le rapport de 3652064 à 686976, et les distances dans celui de 100000 à 152369 ; en prenant la peine de calculer, on vérifiera cette proportion :

$$(3652564)^2 : (686976)^2 :: (10000)^3 : (152369)^3.$$

488. De toutes les lois auxquelles l'induction de pure observation ait jamais conduit l'homme, cette *troisième loi de Kepler,* ainsi qu'on la nomme, peut être regardée à juste titre comme la plus remarquable et la plus fertile en conséquences importantes. Quand nous contemplons les parties constituantes du système planétaire, du point de vue que cette loi nous offre, ce n'est plus une simple analogie qui nous frappe, ce n'est plus une ressemblance générale parmi des corps indépendants l'un de l'autre et circulant autour du soleil, chacun suivant les lois de sa nature et de son lieu particulier. La ressemblance s'offre maintenant comme un *air de famille;* la même chaîne lie l'ensemble qui marche en parfaite harmonie, soumis à une seule influence prépondérante, qui s'étend du centre aux limites les plus éloignées de ce vaste système, dont tous les éléments, compris la terre, peuvent être regardés comme les membres d'un seul et même corps.

489. Les lois du mouvement elliptique des planètes autour du soleil comme foyer, et de l'égalité des aires décrites par les lignes joignant le soleil aux planètes, ont été primitivement établies par Kepler, d'après la considération des mouvements observés de Mars ; il les étendit ensuite, par analogie, à toutes les autres planètes. Quelque précaire qu'une telle extension eût alors paru, l'astronomie moderne l'a vérifié complètement de fait, par la coïncidence générale de ses résultats avec les séries entières des observations des lieux apparents des planètes. On les a trouvés d'accord avec la supposition d'une ellipse particulière pour chaque planète, et sa grandeur, son degré d'excentricité, sa position dans l'espace, sont numériquement assignés dans les tables synoptiques auxquelles nous avons déjà renvoyé. Il est vrai que lorsque les observations sont portées à un haut degré de précision,

(1) L'expression de cette loi de Kepler requiert une légère modification quand on arrive à la rigueur du calcul numérique pour les plus grandes planètes, et cela à raison de l'influence de leurs masses. Cette correction est imperceptible pour Mars et la Terre.

que chaque planète est suivie dans plusieurs révolutions successives, et son histoire complétée à l'aide de calculs fondés sur ces données, pour plusieurs siècles, on apprend à ne regarder les lois de Kepler que comme de *simples approximations* de celles beaucoup plus compliquées qui régissent la matière. Pour ramener des observations éloignées à leur accord rigoureux et mathématique l'une avec l'autre, et pour conserver en même temps la nomenclature extrêmement commode et les relations du *système elliptique*, il devient nécessaire de modifier jusqu'à certain point, l'expression verbale des lois de Kepler, et les données numériques des *éléments elliptiques* des orbites planétaires, comme n'étant pas absolument permanents, mais sujets à une série de changements très-lents et presque imperceptibles. Ces changements peuvent se négliger quand on ne considère que quelques révolutions ; mais en s'accumulant continuellement de siècle en siècle, ils finissent par produire dans les orbites des déviations notables de leur état primitif. Cette explication formera l'objet d'un prochain chapitre ; mais quant à présent, nous la passerons sous silence, comme étant d'une trop petite influence sur les conclusions générales dont nous sommes maintenant occupés. Nous allons expliquer comment les astronomes sont à même de comparer les résultats de la théorie elliptique avec leurs observations, et de se rendre compte de leur concordance avec la nature.

490. Au reste il est d'abord convenable de faire ressortir la conclusion théorique particulière que renferment les trois lois de Kepler, considérées comme établies d'une manière satisfaisante : — Quelles indications chacune d'elles, séparément, présente des forces mécaniques qui prévalent dans notre système, et du mode qui en lie les parties? — Comment, ainsi considérées, elles constituent la base de l'explication newtonienne du mécanisme des cieux? Commençons par la première loi, celle de l'égale description des aires. — Puisque la marche des planètes est curviligne, elles doivent, si ce sont des corps soumis aux lois de la dynamique, être déviées de leurs directions naturellement rectilignes par *force;* il suit donc de cette première loi, prise pour matière d'observation, que la *direction* d'une telle force, à chaque point de l'orbite de chaque planète, passe toujours *au travers du soleil*. Peu importe la cause première qui donne naissance au pouvoir que nous appelons gravitation ; — que ce soit une force ayant son siége

dans le soleil, ou bien une pression en dehors, ou la résultante de plusieurs pressions ou impulsions de fluides, éthers électriques ou magnétiques, ou tous autres; — en la réduisant à son énergie résultante, sans autre considération ; — cette force a une *direction* constante, qui, de tous côtés et de *chaque* point, tend *vers le centre du soleil*. Comme proposition de dynamique abstraite, le lecteur trouvera démontré dans la première proposition des *principes* par Newton, avec une simplicité élémentaire à laquelle on ne peut vraiment ajouter que de l'obscurité par un commentaire, que, tout corps poussé vers un point central par une force qui l'y dirige continuellement, est dès lors astreint à une marche curviligne dans laquelle il décrit autour de ce centre, des aires égales dans des temps égaux; et que réciproquement, cette égale description des aires est le signe distinctif de la direction continue d'une force tendant au centre. La première loi de Kepler ne nous donne donc aucune information sur la nature ou l'intensité de la force qui pousse les planètes vers le soleil ; la seule conclusion qu'elle renferme, c'est que cette force agit ainsi. C'est une propriété de la rotation orbitale sous l'influence des forces centrales *généralement*, et dont nous voyons journellement mille exemples familiers. Une de ces expériences bien simple est d'attacher une balle à une ficelle, et de la faire tourner, dans un plan vertical, avec une vitesse modérée, en laissant l'autre bout de la ficelle passant à travers un petit anneau s'enrouler sur le doigt ou sur une baguette cylindrique tenue bien ferme dans une position horizontale. La balle alors s'approche en spirale du centre de mouvement; l'accroissement de sa vitesse angulaire et linéaire, à mesure qu'elle sera près du centre, et la diminution rapide du temps de sa révolution, feront voir plus clairement que tout ce qu'on pourrait dire, la compensation par laquelle se trouve maintenue la description uniforme des aires à l'aide d'une diminution constante de distance. Si le mouvement se fait en sens inverse et commence avec rapidité, la ficelle se déroulant, la vitesse décroîtra par degrés comme elle avait crû auparavant. La rapidité croissante de la *pirouette* du danseur, quand il se dresse sur ses pointes en se raidissant de toute sa personne, comme pour ramener autant que possible chaque partie de son corps le plus près possible de l'axe du mouvement, est un autre exemple, quoique moins évident, de la relation qui lie les effets de la force centrale.

491. La seconde loi de Kepler, ou celle qui assigne aux planètes la description d'ellipses autour du soleil, servant de foyer, renferme comme une conséquence, la *loi* de la gravitation solaire (s'il nous est permis d'appeler ainsi la force, quelle qu'elle soit, qui pousse les planètes vers le soleil), pour chaque planète individuellement, et à part de sa connexion avec les autres. La ligne droite est, dynamiquement parlant, la seule que suit dans sa marche, un corps *absolument libre* de *toute* impulsion extérieure. La moindre *inflexion* courbe, manifeste l'action d'une force, et plus l'inflexion est grande, en temps égaux, plus la force est intense. L'inflexion de la ligne droite n'est qu'un autre mot pour *courbure* de la trace, et le cercle est caractérisé par l'uniformité de sa courbure dans toutes ses parties. Il en de même pour toute autre courbe, telle que l'ellipse, qui se trouve caractérisée par la *loi* particulière qui règle l'accroissement et la diminution de la courbure de son contour. Ainsi la force d'inflexion, qui tend au mouvement courbe d'un corps, peut être déterminée, pourvu que l'on connaisse à la fois et sa direction et la loi de courbure de la courbe elle-même ; car ce sont les deux éléments de l'expression de cette force. Un corps peut décrire une ellipse, par exemple, sous une grande variété de dispositions des forces agissantes ; il peut glisser, comme une perle, sur le fil poli d'un collier de forme elliptique ; auquel cas la force agit toujours perpendiculairement au fil, et la vitesse est uniforme. Ici la force n'est dirigée vers *aucun* centre fixe, et il n'y a aucune égalité des aires décrites. On peut faire décrire une ellipse à un corps en mouvement, en suspendant une balle par un très-long fil que l'on tire de côté hors de son plan de rotation perpendiculaire. Dans ce cas, la force est dirigée vers le centre de l'ellipse, autour duquel les aires sont décrites également, et vers lequel une force *proportionnelle* à la distance, et qui résulte de la décomposition de la gravité, pousse continuellement (1). C'est une expérience facile et instructive, à laquelle nous reviendrons. Dans ce cas, d'une ellipse décrite par l'action d'une force dirigée vers le foyer, la marche de l'investigation de la loi de cette force est la suivante : 1° la loi des aires détermine la *vitesse* du corps à chaque point de sa révolution, ou l'espace qu'il a réellement parcouru dans un instant donné ;

(1) Si le corps suspendu est une vessie pleine de sable fin, ayant un petit trou à son fond, la trace elliptique de l'orbite peut être laissée par le sable sur une table qu'on place en dessous. Cette démonstration fort claire est due, je crois, à M. Babbage.

2° la loi de la courbure elliptique détermine la valeur linéaire de déviation de la tangente *dans la direction du foyer*, qui correspond à l'espace ainsi parcouru; 3° enfin, les lois du mouvement accéléré donnent l'intensité de la force causant une telle déviation de *sa propre direction*, qui se trouve ainsi mesurée par cette déviation ou par une valeur proportionnelle; on peut donc la calculer dans chaque position particulière, ou l'avoir généralement exprimée par des signes géométriques ou des formules algébriques, *comme une loi* indépendante de toutes positions particulières, si c'est ainsi qu'on a calculé ou exprimé la déviation. Tel est l'esprit de la méthode que Newton a employée pour résoudre cet intéressant problème; on en trouvera le détail géométrique dans la troisième section de ses *principes*. Nous ne connaissons aucun moyen artificiel d'imiter cette espèce de mouvement elliptique; on peut en approcher grossièrement, mais assez cependant pour se faire l'idée de l'éloignement et du rapprochement alternatifs d'un corps tournant près et loin d'un foyer, ainsi que la variation de sa vitesse, en suspendant une petite balle d'acier à un fil de soie très-fin et très-long, et la forçant à tourner dans une petite orbite autour du pôle d'un fort aimant cylindrique, tenu debout, et verticalement sous le point de suspension.

492. La troisième loi de Kepler, qui lie les distances et les périodes des planètes par une règle générale, emporte avec elle, comme interprétation théorique, cette conséquence importante, que c'est une seule et même force, modifiée seulement par la distance du soleil, qui retient *toutes* les planètes dans leurs orbites autour de lui : l'attraction du soleil (si telle est cette force), agit indistinctement sur tous les corps de notre système, sans égard à l'espèce de matière qui les compose, dans la proportion exacte de leur inertie, ou des quantités de matières ; en conséquence, cette force n'est pas de la nature des attractions électives chimiques, ou de l'action magnétique qui est sans pouvoir sur d'autres substances que le fer, et une ou deux autres; mais elle a un caractère d'universalité, s'étendant également à toutes les matières constituantes de notre système, et même de tous autres systèmes que le nôtre, ainsi que nous avons eu déjà de nombreuses raisons de le croire. Cette loi, tout importante et générale qu'elle est, résulte, comme le plus simple des corollaires, des relations établies par Newton (*principia prop.* xv), et qui établissent que, si la terre était transportée hors de son orbite, et mise en quel-

que autre lieu de l'espace à la place de quelque autre planète dont elle prendrait la direction et la vitesse, elle décrirait une orbite pareille et dans la même période que cette planète, avec une faible correction de période résultant de la différence entre les masses de la terre et de la planète. Toutes petites que sont les planètes comparées au soleil, quelques-unes d'elles ne sont cependant pas, comme la terre, de simples atomes en comparaison. Le strict énoncé de la loi de Kepler, comme Newton l'a prouvé dans sa 59e proposition, n'est applicable qu'aux planètes dont la masse n'est pas appréciable proportionnellement au corps central. Quand il n'en est pas ainsi, le temps périodique est raccourci dans le rapport de la racine carrée du nombre exprimant la masse du soleil ou l'inertie, à la somme des nombres exprimant la masse du soleil et de la planète. En général, quelles que soient les masses de deux corps tournant l'un autour de l'autre sous l'influence de la loi de gravité newtonienne, les carrés de leur temps périodique seront exprimés par une fraction dont le numérateur est le cube de leur moyenne distance, c'est-à-dire, le plus grand demi-axe de leur orbite elliptique, et dont le dénominateur est la somme de leurs masses. Quand une des masses est incomparablement plus considérable que l'autre, ceci se réduit à la loi de Kepler; mais quand cela n'a pas lieu, la proposition générale précédente remplace cette loi. Dans le système du soleil et des planètes, les corrections numériques qui affectent les résultats de la loi de Kepler, sont trop faibles pour être de quelque importance, la masse de la planète la plus considérable, Jupiter, n'étant pas la millième partie de celle du soleil. Nous verrons d'ailleurs, toute l'importance de cette généralisation, quand nous viendrons à parler des satellites.

493. Il sera d'abord convenable, au reste, d'expliquer par quel procédé de calcul l'expression de l'orbite elliptique d'une planète par ses *éléments*, peut être comparée avec l'observation, et comment on peut se rendre un compte satisfaisant des données numériques des tables pour toute la représentation du système, en y puisant les moyens d'assigner à chaque instant l'état d'une planète, par une simple application de la loi de Kepler. Maintenant, pour chaque planète, il faut connaître à cet effet: 1° la grandeur et la forme de son ellipse; 2° la situation de cette ellipse dans l'espace, par rapport à l'écliptique et à une ligne fixe tirée dans ce plan; 3° la situa-

tion locale de la planète dans son ellipse à quelque époque connue, et son temps périodique, ou vitesse angulaire moyenne, ou son mouvement moyen, comme on dit.

494. La grandeur et la forme d'une ellipse sont déterminées par sa plus grande longueur et sa plus grande largeur, ou par ses deux axes principaux ; mais, pour l'usage astronomique, il est préférable d'avoir le demi-grand axe, (ou moitié de la plus grande longueur), et l'excentricité ou la distance du foyer au centre, que l'on évalue enfin en parties du demi-grand axe. Ainsi, une ellipse dont la longueur est 10, et la largeur 8 parties d'une échelle quelconque, a 5 pour son demi-grand axe, et 3 pour son excentricité ; mais si l'on évalue en parties du demi-axe considéré comme l'unité, l'excentricité s'exprime par la fraction 3/5.

495. L'écliptique est le plan auquel un habitant de la terre doit naturellement rapporter le reste du système solaire, comme une espèce de plan fondamental ; et l'axe de son orbite doit être pris pour ligne de départ dans ce plan, ou comme base du calcul angulaire. Si l'axe était *fixe*, il fournirait la meilleure origine possible des longitudes ; mais comme il a un mouvement, quoique excessivement lent, il n'y a de fait aucun avantage à compter plutôt de l'axe que de la ligne de l'équinoxe ; les astronomes préfèrent cette dernière, et tiennent compte de sa variation par l'effet de précession, en la ramenant ainsi, à chaque instant, dans une position fixe. Maintenant, pour déterminer la position de l'ellipse décrite par une planète par rapport à ce plan, il faut connaître trois *éléments* : 1° l'inclinaison du plan de l'orbite planétaire sur le plan de l'écliptique ; 2° la ligne d'intersection de ces deux plans, qui nécessairement passe par le soleil, et dont la position, par rapport à la ligne des équinoxes, est dès lors établie par sa longitude. Cette ligne s'appelle la ligne des nœuds. Quand la planète est sur cette ligne, à l'instant de son passage du Sud au Nord de l'écliptique, elle est dans *son nœud ascendant*, et sa longitude à cet instant est l'élément appelé la *longitude du nœud*. Ces deux données déterminent la situation du plan de l'orbite, et il ne reste plus, pour la détermination complète de l'ellipse de la planète, qu'à savoir comment elle est placée *dans* ce plan, ce qui, puisque le soleil est nécessairement au foyer, est donné par la *longitude de son périhélie*, ou la place qu'occupe l'extrémité de l'axe la plus près du soleil, dans sa projection orthographique sur l'écliptique.

496. Les dimensions et la position de l'orbite d'une planète ainsi déterminées, il ne reste plus, pour en compléter l'histoire, qu'à déterminer les circonstances de son mouvement dans son orbite aussi précisément fixée. Or, tout ce dont on a besoin pour cela, est de savoir l'instant où elle est au périhélie, ou en tout autre point précis de son orbite, et toute sa période; car ceci étant connu, la loi des aires détermine le lieu à chaque autre instant. Cet instant, quand on choisit celui du périhélie, se nomme *passage au périhélie*, et simplement *époque*, quand on a fait choix d'un point qui n'a rien de commun avec le périhélie.

497. Nous avons ainsi *sept* particularités ou éléments qu'il faut établir numériquement, avant de pouvoir réduire au calcul l'état du système, en un instant donné; mais, ceci fait, il est facile de déterminer les positions apparentes de chaque planète, telles qu'on les verrait du soleil, ou de la terre à chaque instant. L'une s'appelle lieu *héliocentrique* de la planète, et l'autre, lieu *géocentrique*.

498. Pour commencer par les lieux héliocentriques, soient fig. 59, S le soleil; PAN l'orbite d'une planète, ellipse ayant le soleil S à son foyer et A pour périhélie; $p\,a\,N\,\gamma$ représentant la projection de l'orbite sur le plan de l'écliptique, coupant la ligne des équinoxes, $S\gamma$ en γ, qui dès lors est l'origine des longitudes. SN sera la ligne des nœuds, et si l'on suppose que B soit au Sud et A au Nord de l'écliptique, la direction du mouvement de la planète étant de B vers A, N sera le nœud ascendant et l'angle γ SN la *longitude du nœud*. De même si P est le lieu de la planète en quelque instant, et s'il est projeté, ainsi que le périhélie A sur l'écliptique, aux points *p*, *a*, les angles $\gamma\,S\,p$, $\gamma\,S\,a$ seront respectivement les longitudes héliocentriques de la planète, et du périhélie, dont l'un est à déterminer, et dont l'autre est un des éléments donnés. Enfin l'angle $p\,S\,P$ est la latitude héliocentrique de la planète, qu'il faut aussi connaître.

499. Maintenant le temps étant donné, ainsi que l'instant du passage de la planète au périhélie, l'intervalle de temps qu'elle met à décrire la portion AP de l'orbite est connu; le temps périodique et la totalité de l'aire de l'ellipse étant donnés, la loi de proportionnalité des aires aux temps de leur description fait connaître la grandeur de l'aire ASP. C'est dès lors un problème de pure géométrie, que de déterminer l'angle correspondant ASP, que l'on nomme la *véritable anomalie* de la

planète. La solution plus ou moins compliquée, quoique du genre que l'on nomme mathématiques transcendantes, n'offre aucune difficulté particulière, et le calcul pratique s'en fait aisément à l'aide de tables construites exprès pour chaque planète en particulier (1). »

500. La vraie anomalie ainsi obtenue, la distance angulaire de la planète au nœud, ou l'angle NSP, est ce qu'il faut trouver. Or, les longitudes du périhélie et du nœud étant respectivement γa et γN, qui sont données, leur différence *a*N est aussi donnée, et l'angle N du triangle sphérique rectangle AN*a*, qui est l'inclinaison du plan de l'orbite sur l'écliptique, est connu. On calcule dès lors l'arc NA, ou l'angle NSA, qui ajouté à ASP, donne l'angle cherché NSP. De cet angle considéré comme mesure de l'arc NP, formant l'hypothénuse du triangle rectangle sphérique PN*p* dont on connaît l'angle N, on conclut facilement les deux côtés N*p* et P*p*. Ce dernier étant la mesure de l'angle *p*SP exprime la latitude héliocentrique de la planète : le premier mesure l'angle NS*p*, ou la distance en longitude de la planète à son nœud, qui ajoutée à l'angle connu γSN, longitude du nœud, donne la longitude héliocentrique. Ce procédé, quelque détourné qu'il paraisse, quand il est bien compris, permet de faire le calcul à l'aide des tables trigonométriques et de logarithmes, en moins de temps que le lecteur n'en aura mis à suivre sa description.

501. Le lieu géocentrique diffère du lieu héliocentrique d'une planète, en raison de ce changement parallactique de situation apparente qui provient du mouvement de la terre dans son orbite. Si les planètes étaient à distance aussi vastes que le sont les étoiles, le mouvement orbital de la terre serait insensible vu de là, et les planètes paraîtraient conserver toujours pour nous les mêmes positions relatives parmi les étoiles fixes, comme si nous les voyions du soleil, c'ést-à-dire qu'elles nous apparaîtraient dans leurs lieux héliocentriques.

(1) On comprend aisément que l'égale description des *aires* autour d'un centre quelconque, est incompatible avec l'égale description des *angles*, si ce n'est dans le cas d'un mouvement circulaire uniforme. L'objet du problème est de passer de l'*aire*, supposée connue, à l'*angle* supposé inconnu ; en d'autres termes, de déduire la valeur véritable du mouvement angulaire, du périhélie, ou la *véritable anomalie* de ce que l'on appelle la moyenne anomalie, c'est-à-dire le mouvement moyen angulaire qui eût été accompli si le mouvement dans l'*angle* eût été uniforme au lieu du mouvement dans l'*aire*. Il arrive heureusement que c'est le plus simple de tous les problèmes d'espèce transcendante, et qu'il se résout, dans les cas les plus ardus, par une règle « de fausse position » en quelques minutes. On peut même le résoudre instantanément à l'aide d'un simple mécanisme dont le lecteur trouvera la description dans les *Cambridge philosophical transactions*, vol. IV, page 425.

La différence des lieux géocentrique et héliocentrique d'une planète, est donc de fait, la même chose que sa *parallaxe* provenant de l'éloignement de la terre du centre du système et de son mouvement annuel. Il s'ensuit que le premier pas à faire pour connaître la valeur, et par conséquent la détermination du lieu apparent de chaque planète, comme rapportée de la terre à la sphère des étoiles fixes, doit être de déterminer la proportion de ses distances linéaires de la terre et du soleil par rapport à la distance de la terre et du soleil, et les positions angulaires de ces trois corps, l'un par rapport à l'autre.

502. Supposons donc que S, (fig. 60) représente le soleil, E la terre, et P la planète ; S♈ la ligne des équinoxes ; ♈ E l'orbite de la terre, et P*p* une perpendiculaire abaissée de la planète sur l'écliptique. Alors l'angle SPE (conformément aux notions générales de la parallaxe, art. 70) représentera la parallaxe de la planète, provenant du changement de station de S en E, tandis que EP sera la direction apparente de la planète vue de E; si l'on mène SQ parallèle à E*p*, l'angle ♈SQ, sera la longitude géocentrique de la planète, ♈SE la longitude héliocentrique de la terre, et ♈S*p* celle de la planète. L'une ♈SE est donnée par les tables solaires; l'autre ♈ S*p* se trouve par le procédé ci-dessus décrit (art. 500). En outre SP est le rayon vecteur de l'orbite de la planète, SE celui de la terre, tous deux étant déterminés par la connaissance des dimensions de leurs ellipses respectives, et les lieux de ces corps dans ces ellipses en un instant donné. Enfin l'angle PS*p* est la latitude héliocentrique de la planète.

503. Notre objet alors est de conclure de toutes ces données, l'angle ♈SQ et PE*p* qui est la latitude géocentrique, on y procède ainsi qu'il suit: 1° dans le triangle SP*p* rectangle en *p*, étant donnés SP et l'angle PS*p* (le rayon vecteur et la latitude héliocentrique) trouver S*p* et P*p*; 2° dans le triangle SE*p*, étant données S*p* (qu'on vient de trouver) SE (le rayon vecteur de la terre), et l'angle ES*p* (différence des longitudes héliocentriques de la terre et de la planète), trouver l'angle S*p*E et le côté E*p*. Le premier étant égal à son alterne *p*SQ, est l'éloignement parallactique de la planète en longitude, et ajouté à ♈S*p*, il donne sa longitude héliocentrique. Le second E*p* (qu'on appelle la *distance réduite* de la planète à la terre) donne la latitude géocentrique, à l'aide du triangle rectangle

PEp dont Ep et Pp sont les côtés connus, et l'angle PEp est la longitude.

504. Tous ces calculs n'exigent que les procédés ordinaires de la trigonométrie plane, et ne sont ni compliqués, ni difficiles. Ils offrent d'ailleurs les moyens de comparer les lieux observés des planètes avec la théorie elliptique; et comme cette comparaison se fait avec une grande exactitude, elle sert à montrer que cette théorie est une véritable représentation de la nature.

505. Les planètes Mercure, Vénus, Mars, Jupiter et Saturne, sont connues depuis les siècles les plus reculés où l'on ait cultivé l'astronomie, Uranus a été découvert par sir W. Herschell le 13 mars 1781, dans le cours d'une revue du ciel où chaque étoile visible au télescope d'un certain pouvoir était soumise à un examen assidu, et la nouvelle planète fut immédiatement décelée par son disque, à l'aide de ce haut pouvoir grossissant. On s'est assuré depuis qu'elle avait été observée dans plusieurs occasions précédentes, avec des télescopes d'un pouvoir insuffisant pour déceler son disque, et comprise alors dans les catalogues comme étoile; quelques-unes de ces observations ont même servi à nous faire mieux connaître et à vérifier son orbite. La découverte des planètes ultra-zodiacales date du 1er jour de 1801, où Piazzi découvrit Cérès à Palerme, et fut bientôt suivie de celle de Junon par le professeur Harding à Gœtting, en 1804, et de celles de Pallas et Vesta par le docteur Olbers à Brême, en 1802 et 1807. Il est extrêmement remarquable que cette importante addition à notre système a été en quelque sorte soupçonnée comme probable, sur le fondement que l'intervalle entre l'orbite de Mercure et les autres orbites planétaires va en doublant à mesure que nous nous éloignons du soleil, ou à peu près. Ainsi l'intervalle entre les orbites de la terre et de Mercure est presque le double de celui de Vénus et de Mercure; celui entre les orbites de Mars et de Mercure est presque le double de celui de la terre et de Mercure, et ainsi de suite. L'intervalle entre les orbites de Jupiter et de Mercure est d'ailleurs trop grand, et fait exception à cette loi, qui du reste se représente dans le cas des trois planètes plus éloignées, Jupiter, Saturne et Uranus. En conséquence, feu le professeur Bode, de Berlin, avait mis en avant, comme probabilité, l'existence d'une planète entre Mars et Jupiter; et l'on peut aisément s'imaginer quel fut l'étonnement des astronomes d'en trouver, non pas seulement une, mais quatre différant beaucoup dans tous les

éléments de leurs orbites, quoique se rapportant presque entre elles, à la loi empirique établie(1) de leurs moyennes distances du soleil. Aucune raison *à priori* ou d'après la théorie, n'a pu être donnée de cette progression singulière, qui n'est pas comme les lois de Kepler, rigoureusement exacte dans sa vérification numérique; mais les circonstances que nous avons relatées, portent fortement à croire que ce n'est pas une coïncidence purement accidentelle, et que cela tient à la structure essentielle de notre système planétaire. On a conjecturé que les planètes ultra zodiacales sont les fragments de quelque grande planète, qui, circulant primitivement dans cet intervalle a éclaté par une explosion : cette idée s'appuie sur la petitesse excessive des disques de ces corps ; mais on objecte que dans ce cas il en existerait bien d'autres fragments qu'on pourra découvrir plus tard. Quoiqu'il en soit de cette hypothèse, la conclusion a été vérifiée en grande partie par les découvertes subséquentes, résultats d'un examen attentif et détaillé, et d'une carte de petites étoiles dans le zodiaque et auprès, entrepris exprès pour cette vérification. Des cartes zodiacales de cette espèce, produits du zèle et des travaux de plusieurs astronomes, ont été construites, donnant chaque étoile jusqu'à la neuvième ou dixième grandeur ; ces étoiles étant comparées à celles qui existent à présent dans le ciel, on sera dorénavant à même de signaler toute étoile nouvelle qui s'introduirait entre leurs limites, en poursuivant le même système de comparaison. Les découvertes d'Astrée et celle d'Hebé, par le professeur Hencke, sont du 8 décembre 1845 et du 1er juillet 1847 ; celles d'Iris et de Flore, par M. Hind, sont du 13 et du 18 octobre 1847 ; enfin, celle d'une nouvelle planète, par M. Graham, est du 25 avril 1848.

506. La découverte de Neptune signale les progrès réels de l'astronomie. La preuve, ou du moins la forte présomption de l'existence d'une telle planète, à raison de certaines petites irrégularités (provenant de son attraction) remarquées dans le mouvement d'Uranus, fut signalée presque simultanément par les recherches de deux géomètres, MM. Adams, de Cambridge, et Leverrier, de Paris, qui, d'après la *théorie seule*, calculaient, chacun de leur côté, en quel endroit des cieux devait paraître cette planète, *si tant est qu'elle fût visible;* les lieux

(1) Le professeur Titius de Wittemberg attribue cette loi empirique à Voiron et non à Bode, qui cependant paraît avoir appelé le premier l'attention sur cette interprétation de son interruption. (Voiron, supplément à Bailly.)

déterminés ainsi par leurs calculs, coïncidant d'une manière surprenante. Dans *un seul degré* du lieu assigné par les calculs de M. Leverrier, et communiqués par lui au docteur Galle, de l'observatoire royal de Berlin, cet astronome, la première nuit après la réception de cette communication, braquant son télescope sur l'endroit désigné, et comparant les étoiles existant dans son voisinage, avec celles précédemment indiquées sur un des catalogues (1) dont nous avons parlé déjà, trouva la planète. Cette vérification remarquable, d'une indication si extraordinaire, eut lieu le 23 décembre 1846 (2).

507. La moyenne distance de Neptune du soleil, au reste, loin de se trouver d'accord avec la loi supposée des distances planétaires ci-dessus mentionnées, offre au contraire un cas précis de discordance. L'intervalle entre son orbite et celle de Mercure, au lieu d'être presque double de l'intervalle d'Uranus à Mercure, n'excède guère cet intervalle que de moitié. Cette exception remarquable doit nous servir à nous tenir en garde contre la trop prompte admission, comme vérités fondamentales, de lois empiriques qui sont utiles cependant, comme dans ce cas, pour diriger peu à peu vers de nouvelles découvertes. Cette remarque aura plus de force quand nous expliquerons plus en détail la nature des vues théoriques qui ont conduit à la découverte de Neptune.

508. Nous consacrerons le reste de ce chapitre à un compte-rendu des particularités physiques et de la condition probable de plusieurs planètes, en tant que les premières seront fondées sur l'observation, et la seconde sur des conjectures probables. Les traits principaux qui nous frappent, comme devant produire une diversité extraordinaire dans la vie animale des êtres qui les habitent, si elles sont habitées comme l'est notre terre, sont au nombre de trois. 1° La différence des subventions de lumière et de chaleur qu'elles reçoivent du soleil; 2° la différence dans les intensités de la gravité à leurs surfaces, ou les différents rapports, sur leurs globes divers, entre *l'inertie* des corps et leur *poids*; 3° la différence de la nature de la matière qui les compose, d'après ce que nous savons de sa densité moyenne. L'intensité du rayonnement solaire est presque sept

(1) Celui du docteur Bremiker de Berlin.

(2) Le professeur Challis de l'Observatoire de Cambridge, dirigeant le télescope Northumberland sur le lieu assigné par les calculs de M. Adams, le 4 et le 12 août 1846, vit bien chaque fois cette planète et nota son lieu pour des observations subséquentes. Mais n'ayant pas les tables du docteur Bremiker, qui lui eussent indiqué que cette étoile n'était pas relevée encore, il ne sut que la planète annoncée *était visible*, que lorsqu'elle eut été découverte par le docteur Galle.

fois plus grande sur Mercure que sur la Terre, et 330 fois moindre sur Uranus; le rapport entre ces deux extrêmes étant environ celui de 2000 à 1. Que l'on se figure la condition de notre globe, si le rayonnement solaire y était sextuple, pour ne rien dire de plus! ou s'il était réduit à la septième, ou à la trois-centième partie de son pouvoir actuel. De plus, l'intensité de la gravité, ou son efficacité pour restreindre le pouvoir musculaire et réprimer l'activité animale, est, sur Jupiter, près de trois fois celle qui existe sur la Terre; sur Mars, elle n'en est plus que le tiers; sur la lune, un sixième; sur les quatre plus petites planètes, probablement un vingtième; présentant ainsi une échelle dont les extrêmes sont dans le rapport de 60 à 1. Enfin la densité de Saturne excède à peine un huitième de la densité moyenne de la Terre, en sorte que sa matière constituante n'est pas beaucoup plus pesante que le liége. Or, avec cette combinaison variée d'éléments si importants à la vie que ceux-là, quelle immense diversité devons-nous admettre dans les conditions de ce grand problème, le maintien de l'existence animale et intellectuelle, le bonheur, ce but vers lequel semble se diriger l'exercice de la bienfaisance et de la sagesse de l'Éternel qui préside à tout, si nous en jugeons par ce que nous voyons autour de nous, et par la perfection des êtres répandus dans les moindres coins de notre planète!

509. Quittons au reste la région de la pure spéculation, et voyons ce que nous apprend le télescope suivant sa portée, sur la constitution de chaque planète. On ne peut guère voir de Mercure, rien de plus, sinon qu'il est rond et qu'il offre des phases. Il est trop petit, et beaucoup trop perdu dans le voisinage constant du soleil, pour que nous sachions rien de plus de sa nature. Le diamètre réel de Mercure est d'environ 3200 *miles* (plus de 515 *myriamètres*); son diamètre apparent varie de 5" à 12". Vénus non plus n'offre aucune particularité remarquable; quoique son diamètre réel soit de 7800 *miles* (plus de 1255 *myriamètres*), et que son diamètre apparent atteigne quelquefois 61", ce qui est plus que celui d'aucune autre planète, elle est pourtant la plus difficile de toutes à définir au télescope. L'éclat intense de sa portion éclairée fait scintiller la lumière, et exagère chaque imperfection du télescope; on voit clairement cependant que sa surface n'est pas nuancée de taches permanentes comme la lune; on n'y aperçoit ni montagnes, ni ombres, mais un éclat uniforme qui n'est que rarement obscurci dans quelques parties

et encore jamais de manière à ce qu'on puisse bien s'assurer du fait. C'est d'après des observations de ce genre que l'on a conclu que Vénus et Mercure tournent sur leurs axes presque dans le même temps que la Terre. La conclusion la plus naturelle que l'on puisse tirer de la rare apparence de ces taches et de leur manque de permanence, c'est que nous ne voyons pas la surface réelle de ces planètes, comme celle de la Lune, mais seulement leurs atmosphères, très-chargées de nuages et qui servent à mitiger leur éclat qui serait éblouissant sans cela.

510. Le cas est tout différent avec Mars. On distingue parfaitement sur cette planète les contours de ce qui peut être continents et mers. (Voyez pl. 3, fig. 75), qui représente Mars dans son état gibbeux, tel qu'on l'a vu à Slough le 16 août 1830, dans un réflecteur de 20 *feet* (608 *millim.*). Les premiers sont distingués par cette couleur rougeâtre qui caractérise la lumière toujours rutilante de cette planète, et indiquant sans aucun doute une teinte d'ocre rouge du sol général, comme pourraient l'offrir moins prononcée aux habitants de Mars quelques-uns de nos terrains de grès rouge. Par un contraste qui s'accorde avec une loi générale de l'optique, nous voyons ce que nous appelons la mer sous une teinte verdâtre (1). Ces taches ne sont pas vues toujours aussi distinctement, mais quand *on les voit*, elles offrent l'apparence de formes bien définies et très-caractéristiques, amenées successivement en vue par la rotation de la planète dont on a pu construire ainsi une image gracieuse représentant sa surface. La variété des taches peut provenir de ce que la planète n'est entièrement dépourvue ni d'atmosphère, ni de nuages; et ce qui le rend fort probable, c'est l'apparence de taches d'un blanc brillant à ses pôles, dont l'une est indiquée sur notre figure, et que l'on a conjecturé avec un haut degré de probabilité être de la neige; car elles disparaissent après avoir été longtemps exposées au soleil et ont justement le plus d'ampleur après les longues nuits de l'hiver polaire, la ligne de neige s'étendant à environ 6° du pôle, comptés au méridien de la planète En prenant garde à ces taches toute une nuit, ou plusieurs nuits de suite, on a trouvé que Mars tourne sur un axe incliné de 30°18' à l'écliptique, et dans une période de $24^h 39^m 21^s$, dans la même direction que la terre, ou de l'Ouest à l'Est. Les diamètres ap-

(1) J'ai, dans mainte occasion, noté les phénomènes que je viens de décrire, mais jamais plus distinctement qu'à l'époque où fut fait le dessin qui a servi à graver la figure.

parents les plus grands et les moindres de Mars sont 18" et 4", et son diamètre réel est d'environ 4100 *miles* (près de 660 *myriamètres*).

511. Venons maintenant à la plus magnifique planète, Jupiter, la plus grande de toutes, son diamètre n'étant pas moindre de 87000 (14001 *myriamètres*), et son volume excédant presque 1300 fois celui de la terre. Il est d'ailleurs distingué par la suite de ses quatre *lunes*, *satellites*, ou *planètes secondaires*, comme on les appelle, qui l'accompagnent constamment en tournant autour de lui, comme la lune autour de la terre, et dans la même direction, formant avec leur chef ou planète *principale* un beau système en miniature parfaitement analogue à l'ensemble plus grand dont leur corps central n'est qu'un membre, obéissant aux mêmes lois, et montrant de la manière la plus instructive et la plus frappante, l'exemple de la prééminence de la gravité comme pouvoir régissant leurs mouvements. Nous en parlerons d'ailleurs plus au long dans le chapitre suivant.

512. On observe que le disque de Jupiter est toujours traversé dans une certaine direction par des bandes ou zones sombres présentant l'apparence de la figure 76, qui offre l'aspect de cette planète telle qu'elle a été vue à Slough, le 23 septembre 1832 dans un réflecteur de 20 *feet* (608 *millim.*). Ces zones ne sont pas les mêmes en tout temps; elles varient de longueur et de position sur le disque, mais jamais de direction. On les a vues même rompues et distribuées sur toute la face de la planète; mais ce phénomène est extrêmement rare; des embranchements et des subdivisions, telles que celles de la figure, comme aussi des taches sombres évidentes, semblables à des traînées de nuages, y sont assez communes; en les observant attentivement, on en a conclu que la planète fait sa révolution dans la période étonnamment courte de 9 h. 55^{m} 50^{s} (temps sidéral) sur un axe perpendiculaire à la direction des zones. Il est remarquable, et c'est un commentaire très-satisfaisant du raisonnement qui fait déduire la rondeur de la terre de sa rotation diurne, que le contour du disque de Jupiter est évidemment elliptique, et non pas circulaire, très-aplati dans la direction de son axe de rotation. Cette apparence n'est pas une illusion d'optique; elle est authentique par des mesures micrométriques, qui assignent 107 à 100 pour la proportion des diamètres équatorial et polaire. Comme confirmation de la vérité des principes sur lesquels

nous avons basé nos premières conclusions, et comme autorisation pleine de leur extension au système le plus distant, c'est réellement le degré d'aplatissement qui correspond, d'après ces principes, aux dimensions de Jupiter et au temps de la rotation.

513. Le parallélisme des bandes à l'équateur de Jupiter, leurs variations accidentelles et les apparences des taches qu'on y voit, rendent extrêmement probable que ces bandes subsistent dans l'atmosphère de la planète, formant des traînées d'un ciel plus clair comparativement et déterminées par des courants analogues à ceux de nos vents alisés, mais d'un caractère d'impétuosité plus décidé, ainsi qu'on doit s'y attendre à cause de la vitesse immense de rotation de la planète. Il est évident que c'est le corps plus obscur de la planète qui paraît entre les bandes, puisqu'elles n'arrivent pas dans toute leur force au bord du disque, mais qu'elles s'affaiblissent graduellement avant de l'atteindre (*voy*. pl. 3, fig. 76). Le diamètre apparent de Jupiter varie de 30" à 46".

514. Un mécanisme encore plus surprenant, et qu'on peut dire en quelque sorte artistement élaboré, se déploie dans Saturne, planète voisine de Jupiter, dans l'ordre des distances, et qui ne lui est guère inférieure en grandeur, ayant environ 79000 *miles* (12714 *myriamètres*) de diamètre, près de 100 fois plus de volume que la terre, et sous-tendant un diamètre angulaire apparent, vu de la terre, d'environ 16". Ce globe merveilleux qui n'est pas escorté de moins de sept satellites, ou lunes, est entouré de deux anneaux larges, plats, extrêmement minces, concentriques entre eux et avec la planète ; ils sont tous deux dans un seul plan, séparés dans toute leur circonférence par un très-étroit intervalle, et de la planète par un intervalle beaucoup plus large. Les dimensions de cette annexe extraordinaire, sont les suivantes (1).

	"	*miles*	myriam.
Diamètre extérieur de l'anneau extérieur.	40,095	176418	28331
— intérieur — — .	35,289	155272	24988
— extérieur — intérieur.	34,475	151690	24420
— intérieur — — .	26,668	117339	18883
— équatorial du corps de la planète	17,991	79160	12742
Intervalle de la planète à l'anneau intér. .	4,339	19090	3072
— des anneaux.	0,408	1791	288
Epaisseur des anneaux, n'excédant pas..		250	40

(1) Ces dimensions sont calculées d'après les mesures micrométriques du professeur Struve. *Mém. ast soc* iii 301. à l'exception de l'épaisseur de l'anneau, que j'ai conclu de mes propres observations pendant son extinction graduelle qui se continuait en 1833, L'intervalle des anneaux est peut-être un peu grand.

La figure 77 représente Saturne entouré de ses deux anneaux, ayant son globe recouvert de bandes sombres, à peu près semblables, mais plus larges, moins fortement marquées que celles de Jupiter, et provenant sans doute d'une semblable cause (1). Que l'anneau soit d'une substance opaque solide, on peut en douter, puisqu'il projette son ombre sur le corps de la planète, du côté le plus près du soleil, recevant de l'autre côté l'ombre du corps de la planète, ainsi que l'indique la figure. Le parallélisme des bandes avec le plan de l'anneau, peut faire conjecturer que l'axe de rotation de la planète est perpendiculaire à ce plan; cette conjecture est confirmée par l'apparence accidentelle de taches sombres d'une grande étendue à sa surface qui, lorsqu'on les observe comme celles de Mars ou de Jupiter, indiquent une rotation en 10 h. 29^m 17^s autour d'un axe ainsi placé.

515. L'axe de rotation, comme celui de la terre, conserve son parallélisme pendant le mouvement de la planète dans son orbite; il en est de même pour l'anneau, dont le plan est constamment incliné de même, ou presque de même; l'angle qu'il fait avec le plan de son orbite et par conséquent avec l'écliptique étant de 28° 11'; son intersection avec ce dernier plan est une ligne qui fait un angle de 167° 31' (2) avec la ligne des équinoxes; en sorte que les nœuds de l'anneau sont à 167° 31' et 347° 31' de longitude. Toutes les fois donc que la planète arrive à l'une ou à l'autre de ces longitudes, comme en C, fig. 90, le plan de l'anneau passe par le soleil, qui alors en éclaire seulement le bord; et si au même instant, la terre se trouve en F, on verra l'anneau de côté, la planète étant en opposition et par conséquent très-favorablement placée, toutes choses égales d'ailleurs, pour l'observation. Dans cette circonstance, l'anneau, si on le voit en totalité, ne paraît que comme une ligne très-étroite de lumière se projetant de chaque côté du corps, comme prolongement de son diamètre. De fait elle est tout-à-fait invisible, sans télescopes d'une très-grande puissance (3). Ce phénomène remarquable a lieu à des inter-

(1) On voit généralement très-bien la ceinture équatoriale brillante. La subdivision de celle ombrée par deux bandes étroites brillantes se voit rarement d'une manière aussi distincte que dans la figure.

(2) Suivant Bessel, la longitude du nœud de l'anneau s'accroît de 46", 462 par an. En 1800, elle était de 166° 58' 8", 9.

(3) La disparition des anneaux est complète quand on l'observe avec des réflecteurs de 18 *inches* (457 *millimètres*) d'ouverture, et de 20 *feet* (61 *décimètres*) de longueur focale. 20 avril 1833.

valles de près de quinze années (une demi-période de Saturne dans son orbite). Enfin une disparition a lieu quand Saturne passe un nœud de son orbite, et il y en a souvent trois au lieu de deux. Pour le démontrer, supposons que S soit le soleil; A B C D la partie de l'orbite de Saturne située de manière à comprendre le nœud de l'anneau en C; E F G H l'orbite de la terre; S C la ligne du nœud; E B, G D parallèles à S C, tangentes à l'orbite de la terre en E, G; enfin que les flèches de la figure indiquent les directions du mouvement des corps. Puisque l'anneau conserve son parallélisme, son plan ne peut jamais couper l'orbite de la terre, et par conséquent il n'y a pas de disparition, à moins que la planète ne soit entre B et D; d'un autre côté, la disparition est possible (si la terre est placée à angles droits), pendant tout le temps qu'il faut pour décrire l'arc B D. Or, puisque S B ou S D, distance de Saturne du soleil, est à S E ou S C, distance de la terre, comme 9,54 est à 1, l'angle C S D ou C S B = 6° 1', et l'angle total B S D = 12° 2', lequel est décrit par Saturne moyennement en 359j46; 5 j, 8 seulement manquant pour compléter l'année. La terre alors décrit presque une révolution entière dans les limites du temps où une disparition est possible; et puisque dans la moitié de son orbite E F G ou G H F, elle peut également rencontrer le plan de l'anneau, une telle rencontre est au moins inévitable dans ce temps.

516. Soit G *a* l'axe de l'orbite de la terre décrit de G en 5j, 8. Alors, si au moment de l'arrivée de Saturne en B, la terre se trouve en *a*, elle rencontrera le plan de l'anneau s'avançant parallèlement à lui-même et à B E, pour la rencontrer quelque part dans le quart H E, en M par exemple; après quoi elle sera en arrière de ce plan, par rapport à la direction du mouvement de Saturne, dans l'arc M E F G, en haut en G, où elle l'atteindra de nouveau juste au moment où la planète quittera l'arc B D. Dans cet état de choses, il y aura deux disparitions. Si, quand Saturne est en B, la terre est quelque part dans l'arc *a* H E, il est également évident qu'elle *rencontrera* le plan avançant de l'anneau et passera à travers dans le quart H E, qu'elle l'*atteindra* et passera à travers dans le demi-cercle E F G, puis qu'elle le rencontrera en quelque part du quart G H, en sorte qu'il y aura trois disparitions. De même, si la terre est en E, quand Saturne est en B, le mouvement de la terre étant, en ce moment, directement vers B, le plan de l'anneau sera pour quelque temps en arrière; mais

le terrain perdu étant promptement regagné parce que le mouvement de la terre devient oblique à la ligne de jonction, il sera bientôt atteint et elle passera à travers le plan dans la première partie du quart E F, puis passant en G avant que Saturne n'arrive en D, elle rencontrera de nouveau le plan dans le quart G H. Il en sera de même jusqu'en un certain point *b*, où, si la terre y était placée primitivement, il n'y aura que deux disparitions, le plan de l'anneau y atteignant la terre pour un instant, y étant de suite laissé en arrière, puis atteint de nouveau en G H. Enfin si le lieu primitif de la terre, quand Saturne est en B, est dans l'arc *b* F *a*, il n'y aura qu'un passage à travers le plan de l'anneau, dans le demi-cercle G H E, la terre étant en avance de ce plan à travers tout *b* G.

517. Les apparences, d'ailleurs, seront variées suivant que la terre passera du côté éclairé au côté non éclairé de l'anneau et réciproquement. Si C est le nœud ascendant de l'anneau, et si l'on suppose que la partie inférieure de la figure soit le Sud et la partie supérieure le Nord de l'écliptique, alors, quand la terre rencontre le plan de l'anneau dans le quart H E, elle passe du côté éclairé de l'anneau au côté non éclairé : quand elle l'*atteint* dans le quart E F, c'est le contraire. Réciproquement quand elle l'atteint en F G, la transition a lieu du côté éclairé au côté non éclairé, et le contraire a lieu quand elle le rencontre en G H. D'un autre côté, quand la terre est atteinte par le plan de l'anneau dans l'intervalle E *b*, le changement est du côté éclairé à celui qui ne l'est pas. Quand le côté non éclairé est exposé à la vue, l'aspect de la planète est très-singulier. Elle paraît comme un disque rond brillant, avec ses bandes, etc..., mais croisée équatorialement par une ligne étroite et tout-à-fait noire. Ceci ne peut jamais arriver quand la planète est plus éloignée du nœud de l'anneau que 6° 1'. Généralement le côté Nord est éclairé et visible, quand la longitude héliocentrique de Saturne est entre 173° 32' et 341° 30', et le côté Sud l'est quand Saturne se trouve entre 353° 32' et 161° 30'. La plus grande ouverture de l'anneau a lieu quand la planète est située à 90° de distance du nœud de l'anneau, ou en longitudes 77° 31' et 257° 31'; en ces points le grand diamètre de son ellipse apparente est presque exactement le double de son petit diamètre.

518. Il est naturel de demander comment un arc si prodigieux, peut, s'il est composé de matière solide et pondérable, se soutenir sans s'écouler sur la planète? la réponse est dans

la vitesse de la rotation de l'anneau dans son propre plan, vitesse à laquelle l'observation de quelques portions de l'anneau, moins brillantes que les autres, assigne $10^h\ 29^m\ 17^s$ pour période, ce qui d'après ce que nous savons de ses dimensions et de la force de gravité du système saturnien, est presque le temps périodique d'un satellite circulant à la même distance que le milieu de sa largeur. C'est la force centrifuge provenant de sa rotation qui le soutient; et quoiqu'il n'y ait pas d'observation assez délicate pour montrer une différence de poids entre les anneaux intérieur et extérieur, il est plus que probable que cette différence doit exister de manière à les placer indépendamment l'un de l'autre, dans un semblable état d'équilibre.

519. Quoique les anneaux soient, comme nous l'avons dit, à très-peu près concentriques au globe de Saturne, cependant, des mesures micrométriques d'une extrême délicatesse ont démontré que cette coïncidence n'est pas mathématiquement exacte, et que le centre de gravité des anneaux oscille autour de celui du globe, en décrivant une très-petite orbite assujettie à des lois très-compliquées probablement. Cette remarque, qui peut ne paraître qu'une bagatelle, est de la plus grande importance pour la stabilité du système des anneaux. Supposons-les mathématiquement parfaits dans leur forme circulaire, et exactement concentriques à la planète, on peut démontrer qu'ils formeraient un système dans un état d'*équilibre non stable*, que renverserait le moindre pouvoir extérieur, non pas en causant une rupture dans la substance des anneaux, mais en la précipitant, *non rompue*, sur la surface de la planète. En effet, l'attraction d'un tel anneau, ou de tels anneaux sur un point ou sphère placée excentriquement en dedans, n'est pas la même en tous sens, et tend à sortir le point ou la sphère de son centre, en l'attirant vers la portion de l'anneau la plus voisine. Supposant dès lors que le corps devienne pour une cause quelconque, tant soit peu excentrique à l'anneau, la tendance de leur gravité mutuelle n'est pas de corriger, mais bien d'accroître leur excentricité, et d'amener en contact les parties les plus voisines. Or, des pouvoirs extérieurs capables de produire une telle excentricité, existent dans les attractions des satellites, ainsi que nous le verrons, chapitre XII; et pour que le système puisse être *stable*, et qu'il ait en lui-même un pouvoir de résistance aux premières invasions de cette tendance, pendant qu'elle est encore naissante

et faible, pouvoir de conservation apparent force à force, nous avons vu qu'il suffit d'admettre que les anneaux soient *lestés* en quelque partie de leur circonférence, par quelque faible inégalité d'épaisseur ou de densité. Un tel lest donnerait à tout l'anneau le caractère d'un satellite lourd et paresseux, se maintenant lui-même dans une orbite avec une certaine énergie suffisante pour détruire de légères causes de perturbation, et établir une compensation qui porte sur son centre. Mais sans même supposer l'existence d'un pareil lest, dont après tout, nous n'avons aucune preuve, et en accordant, dans toute son étendue, l'instabilité générale de l'équilibre, nous apercevrons dans la périodicité de toutes les causes de perturbation une garantie suffisante de leur compensation. Au reste, quelque familière que soit la comparaison, nous ne pouvons rien voir qui soit plus propre à nous donner une idée de ce maintien d'équilibre, malgré une tendance constante de subversion, que le mode suivant lequel une main exercée supporte une longue perche dans une position perpendiculaire en équilibre sur le doigt, par un mouvement continuel et presque imperceptible du point d'appui. Quoiqu'il en soit, l'oscillation observée des centres des anneaux autour de la planète, est une preuve évidente de la lutte perpétuelle entre les deux pouvoirs opposés, tous deux très-faibles, mais se combattant pour prévenir l'ascendant de l'un sur l'autre, et éviter une catastrophe.

520. C'est ici le lieu d'observer que la plus petite différence de vitesse entre le corps et les anneaux doit infailliblement les amener en contact, sans qu'ils puissent se séparer ensuite, car ils auraient atteint, par le contact, un état d'*équilibre stable,* et ils adhéreraient ensemble par une force immense. Il s'ensuit, ou que leurs mouvements dans leur orbite commune autour du soleil, ont été ajustés avec une excessive précision, par un pouvoir extérieur, ou que les anneaux se sont formés autour de la planète déjà sujette à leur mouvement orbital commun, sous la pleine et libre influence de toutes les forces agissantes.

521. Plusieurs astronomes ont soupçonné, et même croient avoir observé que les anneaux de Saturne, sont, accidentellement au moins, striés de nombreuses lignes sombres parallèles à l'intervalle d'un noir décidé qui sépare les deux anneaux, et qui étant permanent et vu également dans la même partie de la largeur des deux côtés de l'anneau, ne peut pas être re-

gardé comme autre chose qu'une véritable séparation. Comme d'ailleurs il est également certain que l'anneau de Saturne a été bien vu par d'autres astronomes munis d'aussi bons télescopes, sans qu'ils aient rien trouvé qui leur fit soupçonner une semblable subdivision, la *permanence* de ces stries peut enfin être considérée comme n'étant pas démontrée, et le phénomène doit être recommandé à l'attention des observateurs (1).

522. Les anneaux de Saturne doivent présenter un magnifique spectacle, vus de ces régions de la planète qui sont au-dessus de leurs côtés éclairés, celui de vastes arceaux partageant le ciel d'un bout à l'autre de l'horizon, et conservant une invariable situation parmi les étoiles. D'un autre côté, dans les régions au-dessous du côté sombre, une éclipse de soleil de quinze ans de durée, sous leur ombre, doit, suivant nos idées, présenter un séjour inhabitable à tout être vivant, et mal compensé par la faible lumière des satellites. Mais nous avons tort de juger de la convenance ou de l'inconvenance de leur condition, d'après ce que nous voyons autour de nous, tandis que peut-être les combinaisons qui ne nous présentent que des images d'horreur, sont en réalité le théâtre du déploiement le plus frappant et le plus glorieux d'une bienfaisante convenance.

523. Nous ne savons rien d'Uranus, si ce n'est que son petit disque est uniformément éclairé, sans anneaux, sans zones et sans taches distinctes. Son diamètre apparent est d'environ 4", et ne varie jamais beaucoup, ce qui provient de la petitesse de notre orbite en comparaison de la sienne. Son diamètre réel est d'environ 35000 *miles* (plus de 5632 *myriamètres*) et son volume est 80 fois celui de la terre. Il est escorté de satellites, au nombre de deux au moins, et probablement de cinq ou six, dont les orbites offrent des particularités remarquables, ainsi que nous le verrons dans le chapitre suivant.

524. La découverte de Neptune est si récente et sa situation actuelle dans l'écliptique si peu favorable pour le voir distinctement, qu'on n'a rien de positif sur son apparence physique. Il a semblé à deux observateurs, qu'il peut avoir un anneau fortement incliné. D'après les observations de MM. Lassel, Otto, Struve et Bond, il paraît certain que cette planète a au

(1) Le passage de Saturne, en travers de quelque étoile considérable, offrirait une grande facilité pour s'assurer de la réalité de ces fissures qui se manifesteraient successivement. L'occasion ne doit pas être négligée, quand Saturne traverse la voie lactée, par exemple.

moins un, et probablement deux satellites, l'existence du second étant pour ainsi dire démontrée.

525. Si l'immense distance d'Uranus nous interdit tout espoir d'arriver à la connaissance de son état physique, la petitesse des planètes ultra-zodiacales, n'est pas un moindre obstacle à nos recherches à leur égard. Une d'elles, Pallas a, dit-on, quelque chose de nébuleux et d'une apparence obscure, indiquant une atmosphère vaporeuse et étendue, un peu réprimée et condensée par la gravité inégale d'une aussi faible masse ; il est probable que cette apparence est due originairement à l'imperfection du télescope employé ou à quelque illusion accidentelle. Dans Vesta et dans Pallas on a bien observé des disques sensibles, mais seulement avec des instruments d'une grande puissance. Vesta a été vue une fois à l'œil nu par M. Schrœter. Il n'y a pas à douter que leurs particularités les plus remarquables doivent être dans cette condition de leur état. Un homme qui s'y trouverait placé, sauterait aisément à 60 *feet* (plus de 18 *mètres*) de hauteur, et n'éprouverait pas plus de secousse en retombant que si c'était de 1 *mètre* qu'il fût retombé. Des géants pourraient exister sur de telles planètes ; et les animaux énormes qui, chez nous, auraient besoin de l'eau pour se soutenir, pourraient y vivre partout. Mais il n'y a pas de fin à ces spéculations.

526. Nous terminerons ce chapitre par une comparaison destinée à donner à nos lecteurs une impression générale des grandeurs relatives et des distances de chacune des parties de notre système. Choisissons une plaine bien nivelée ou un boulingrin, pour y placer un globe de 2 *feet* (609 *millim*) de diamètre, qui représentera le soleil. Mercure y sera représenté par un grain de moutarde, ayant pour orbite la circonférence d'un cercle de 364 *feet* (plus de 111 *mètres*) de diamètre ; Vénus par un pois, sur un cercle de 284 *feet* (près de 87 *mètres*) de diamètre ; la terre aussi par un pois, sur un cercle de 430 *feet* (plus de 131 *mètres*) ; Mars un peu plus gros qu'une tête d'épingle, sur un cercle de 654 *feet* (plus de 199 *mètres*) ; Junon, Cérès, Vesta et Pallas, par des grains de sable, dans des orbites de 1000 à 1200 *feet* (305 à 366 *mètres*) ; Jupiter, par une moyenne orange, sur un cercle de près d'un *demi-mile* (805 *mètres*) ; Saturne, par une petite orange, sur un cercle de quatre cinquièmes d'un *mile* (1288 *mètres*) ; Uranus par une grosse cerise, ou petite prune, sur un cercle de plus de un *demi-mile* (2415 *mètres*), et Neptune par une prune, sur

un cercle de 2 *miles* 1/2 (4023 *mètres*) de diamètre. Il n'est pas question de donner à ce sujet des notions correctes par des cercles de papier, ou ce qui est pis, par des jouets d'enfant qu'on nomme planétaires. Pour imiter les mouvements des planètes dans les orbites ci-dessus indiquées, Mercure décrirait son propre diamètre en 41 secondes; Vénus en $4^m\ 14^s$; la terre en 7 minutes; Mars en $4^m\ 48^s$; Jupiter en $2^h\ 56^m$; Saturne en $3^h\ 13^m$; Uranus en $2^h\ 16^m$ et Neptune en $3^h\ 30^m$.

CHAPITRE X.

SATELLITES.

La lune satellite de la terre. — Proximité générale des satellites de leurs planètes principales, et subordination qui s'en suit dans leurs mouvements. — Masses des planètes principales conclues des périodes de leurs satellites. — Maintien des lois de Kepler dans les systèmes secondaires. — Satellites de Jupiter. — Leurs éclipses et vitesse de la lumière découvertes par ce moyen. — Satellites de Saturne. — D'Uranus. — De Neptune.

527. Dans son circuit annuel autour du soleil, la terre est constamment suivie par la lune, son satellite, qui tourne autour d'elle; ou plutôt toutes deux tournant autour de leur centre commun de gravité; ce centre, rigoureusement parlant, et non pas l'un ou l'autre de ces deux corps ainsi liés, se meut dans une orbite elliptique, sans que leur action mutuelle trouble ce mouvement; juste de même que le centre de gravité du système d'une petite et d'une grosse pierre liées l'une à l'autre, et lancées dans l'air, y décrit une parabole, comme si elles ne faisaient qu'un seul corps soumis à l'attraction de la terre, tandis que les pierres circulent autour l'une de l'autre, ou bien autour de leur commun centre de gravité, suivant que l'on voudra considérer la chose.

528 Si nous traçons donc la courbe *réelle* décrite par le centre de la lune ou par celui de la terre, en vertu de ce mouvement composé, elle nous paraîtra non pas une ellipse exacte, mais une courbe ondulée comme celle de la figure 58; seulement le nombre des ondulations dans une révolution complète, ne serait que de 13, et leurs déviations du contour de l'ellipse seraient comparativement beaucoup plus faibles, et si faibles, en vérité, que chaque partie de la courbe décrite soit par la terre, soit par la lune, ne cesserait pas d'avoir sa concavité tournée vers le soleil. Les excursions de la terre de

chaque côté de l'ellipse, seraient même si petites, qu'elles seraient à peine appréciables. De fait, le centre commun de gravité de la terre et de la lune est toujours *dans* la terre, en sorte que l'orbite mensuelle décrite par le centre de la terre autour du centre commun de gravité est comprise dans un espace moindre que la grandeur de la terre elle-même. L'effet néanmoins *est* sensible, en produisant un déplacement mensuel apparent du soleil en longitude, du genre parallactique, qu'on appelle l'*équation mensuelle ;* sa plus grande valeur est d'ailleurs moindre que la parallaxe horizontale du soleil, ou que 8", 6.

529. La lune, comme nous l'avons vu, est distante du centre de la terre de 60 rayons terrestres. Sa proximité de son centre d'attraction, ainsi estimée, est donc beaucoup plus grande que celle des planètes au soleil ; la plus voisine, celle de Mercure étant 84, et celle d'Uranus 2026 rayons solaires de distance au *centre du soleil.* C'est à raison de cette proximité que la lune reste attachée à la terre, comme un satellite. Si elle était beaucoup plus loin, la faiblesse de sa gravité vers la terre serait insuffisante pour produire cette accélération et ce retard alternatifs de son mouvement autour du soleil, qui lui ôte le caractère d'une planète indépendante, et subordonne ses mouvements à ceux de la terre. L'une dépasserait l'autre, ou resterait en arrière, dans leurs révolutions autour de la terre, en raison de la troisième loi de Kepler, suivant les dimensions relatives de leurs orbites héliocentriques, après quoi toute l'influence de la terre se bornerait à produire quelque perturbation périodique dans le mouvement de la lune, à son passage à chaque révolution synodique.

530. A la distance où la lune est réellement de nous, sa gravité vers la terre, est moindre en effet que vers le soleil. On s'aperçoit aisément qu'il en est ainsi d'après ce que nous avons déjà dit, que la marche *réelle* de la lune, même quand elle est entre la terre et le soleil, est *concave vers le soleil.* Mais cela paraîtra plus clairement encore, si d'après la connaissance des temps périodiques (1) dans lesquels la terre com-

(1) R et *r* étant les rayons des deux orbites qu'on suppose circulaires; P, *p* les temps périodiques; les arcs en question A, *a* sont alors l'un à l'autre comme $\frac{R}{P}$ est à $\frac{r}{p}$; puisque les sinus verses sont en raison directe des carrés des arcs, et en raison inverse des rayons, ils seront alors l'un à l'autre comme $\frac{R}{P^2}$ est à $\frac{r}{p^2}$, et c'est dans ce rapport que sont les forces agissant sur les révolutions de ces corps dans chaque cas.

plète son orbite annuelle, et la lune son orbite mensuelle, et d'après les dimensions de ces orbites, on calcule les valeurs des déviations de l'une et de l'autre de leurs tangentes, en des instants égaux très-petits, d'une seconde par exemple. Ce sont les sinus verses des arcs décrits pendant ce temps dans leurs deux orbites, et ce sont les mesures des forces actives qui produisent ces déviations. Si l'on fait ce calcul, on trouvera le rapport de 2,233 à 1, pour celui suivant lequel l'intensité de la force qui retient la terre dans son orbite autour du soleil, excède celle de la force qui retient la lune dans *son* orbite autour de la terre.

531. Le soleil est 400 fois plus éloigné de la terre que ne l'est la Lune. La gravité croissant comme les carrés des distances décroissent, il s'ensuit que, à *égales* distances, l'intensité de la gravité solaire excédera la gravité terrestre dans la proportion ci-dessus, augmentée en raison du carré de 400 à 1 ; c'est-à-dire, dans le rapport de 355000 à 1 ; Si donc on admet que l'intensité de l'énergie de gravité est commensurable avec la masse ou l'inertie du corps attirant, on est forcé d'en conclure que la masse de la terre n'est qu'un 355000e de celle du soleil.

532. Ce raisonnement n'est que la récapitulation de ce qu'on a dit au chap. VIII (art. 448). Nous l'avons reproduit ici pour montrer comment la masse d'une planète qui est suivie par un ou plusieurs satellites, peut être comparée à celle du soleil, pourvu que l'observation ait appris les dimensions des orbites décrites par la planète autour du soleil, par les satellites autour de la planète, et aussi les périodes suivant lesquelles ces orbites sont respectivement décrites. C'est par cette méthode que sont établies dans la table synoptique les masses de Jupiter, Saturne et Neptune.

533. Jupiter, comme nous l'avons déjà dit, est suivi par quatre satellites ; Saturne l'est par sept ; Uranus par deux et peut-être par six ; Neptune par deux ou même plus. Ces satellites forment, avec leur planète principale, des systèmes en miniature, entièrement analogues dans les lois générales de leur mouvement au grand système du soleil agissant comme *principal*, et ayant les planètes pour *satellites*. Dans chacun de ces systèmes, les lois de Kepler sont observées comme elles le sont dans le système planétaire, c'est-à-dire approximativement, et sans préjudice des effets de perturbation mutuelle d'intervention extérieure, s'il y en a, et de la petite correc-

tion, qui n'est pas imperceptible, provenant de la forme elliptique du corps central. Leurs orbites sont des cercles, ou des ellipses d'une très-faible excentricité, dont la principale occupe un foyer. Elles décrivent, autour, des aires presque proportionnelles aux temps; et les carrés des temps périodiques de tous les satellites appartenant à chaque planète, sont en raison l'un à l'autre des cercles de leurs distances. Les tables à la fin du volume offrent une vue synoptique des distances et périodes des divers systèmes, autant qu'on les connait actuellement. On observera que les remarques touchant leur proximité de leurs planètes principales, restent les mêmes que celles que nous avons faites au sujet de la lune, et par les mêmes motifs de connexion du satellite à sa principale.

534. Au reste, le seul de ces systèmes qui ait été bien attentivement étudié, est celui de Jupiter; partie à raison de l'aspect brillant de ses quatre satellites, qui sont assez grands pour offrir, à l'aide de bons télescopes, des disques mesurables, mais surtout à raison de leurs ellipses, qui, fréquentes et faciles à observer comme elles sont, offrent des repères d'un grand usage pour la détermination des longitudes terrestres (art. 266). Cette méthode était la meilleure, ou plutôt la seule que l'on eût pour de grandes distances et de longs intervalles, avant qu'on eût employé les observations lunaires, qui offrent plus de facilité et d'exactitude.

535. Les satellites de Jupiter tournent de l'Ouest à l'Est, suivant l'analogie des planètes et de la lune, dans des plans presque, sinon exactement, coïncidants avec celui de l'équateur de la planète, ou parallèles à ses bandes. Ce dernier plan est incliné de 3° 5' 30" à l'orbite de la planète, et ne présente en conséquence qu'une petite différence avec le plan de l'écliptique. Nous voyons donc leurs orbites projetées, presqu'en lignes droites, dans lesquelles elles semblent osciller de çà et de là, quelquefois passant devant Jupiter, et jetant sur son disque des ombres, qui sont visibles avec de bons télescopes, comme de petites taches rondes d'encre, et quelquefois disparaissant derrière, ou éclipsées dans son ombre à quelque distance de lui. Ce sont ces éclipses qui fournissent les données pour la construction des tables du mouvement des satellites, aussi bien que des repères pour déterminer des différences de longitude.

536. Les éclipses des satellites, dans leur entente générale, sont parfaitement analogues à celles de la lune, mais il y a des particularités différentes dans les détails. A raison de la

distance beaucoup plus grande où Jupiter est du soleil, et de son volume considérable, le cône de son ombre (art. 420) est beaucoup plus allongé et d'une dimension plus grande que l'ombre projetée par la terre. Les satellites d'ailleurs, sont beaucoup moindres comparativement à leur principale, et leurs orbites de plus faibles dimensions, sont moins inclinées à *son* écliptique, que cela n'a lieu pour la lune comparativement à la terre, sa principale. C'est à raison de cela que les trois satellites intérieurs de Jupiter passent à travers l'ombre, et sont totalement éclipsés à chaque révolution. Le quatrième échappe quelquefois à l'éclipse par la grande inclinaison de son orbite, il *peut* accidentellement effleurer, pour ainsi dire, la bordure de l'ombre, et ne subir qu'une éclipse partielle; mais ce cas est rare, et généralement, il est éclipsé comme les autres, à chaque révolution.

537. Ces éclipses, au reste, ne sont pas vues, comme cela arrive pour celles de la lune, du centre de leur mouvement, mais d'une station éloignée, et dont la situation par rapport à la ligne d'ombre est variable. Ceci ne fait aucune différence dans les *temps* des éclipses, mais en fait une grande dans leur visibilité et dans leurs situations apparentes quant à la planète, aux instants de l'entrée dans l'ombre et de la sortie.

538. Soient (fig. 61) S le soleil, E la terre dans son orbite EFGK, J Jupiter, et *ab* l'orbite de l'un de ses satellites. Le cône d'ombre alors aura son sommet en X, bien au-delà des orbites de tous les satellites; et la pénombre, à raison de sa grande distance du soleil, et de la petitesse de son disque que sous-tend Jupiter, ne s'étendra, dans les limites des orbites des satellites, qu'à peu de distance de l'ombre sensiblement, ce qui fait qu'elle n'est pas représentée dans la figure. Un satellite circulant de l'Ouest à l'Est, dans la direction des flèches, sera éclipsé quand il entrera dans l'ombre en *a*; mais non pas soudainement, parce qu'il a, comme la lune, un diamètre considérable vu de la planète. Le temps s'écoulant depuis la première perte de lumière jusqu'à son extinction totale, sera celui qu'il met à décrire autour de Jupiter un angle égal à son diamètre apparent vu du centre de la planète, ou sera même un peu plus considérable à raison de la pénombre. La même remarque s'applique à son émersion en *b*. Or, à cause de la différence des télescopes et de celle des yeux, il n'est pas possible d'assigner l'instant *précis* du commencement de l'obscurcissement, ou de l'extinction totale en *a*, non plus

que la première lueur sur le satellite en *b*, ou son illumination complète ; ainsi l'observation d'une éclipse serait incomplète, et n'offrirait aucun renseignement précis, théorique ou pratique, si l'on ne voyait que l'immersion, ou que l'émersion seulement. Mais si l'immersion et l'émersion peuvent être observées toutes deux, *avec le même télescope et par la même personne*, l'intervalle des temps donnera la durée, et leur moyenne le milieu de l'éclipse, quand le satellite est dans la ligne SJX, c'est-à-dire au véritable instant de son opposition au soleil. De telles observations seules sont en usage pour déterminer les périodes et les autres particularités des mouvements de satellites, et peuvent seules offrir des données de quelque utilité pour les longitudes terrestres. On a observé que les intervalles des éclipses, donnent les périodes synodiques des révolutions des satellites, d'où l'on peut conclure les périodes sidérales par la méthode de l'art. 418.

539. Il est évident, à la seule inspection de la figure, que les éclipses ont lieu à l'Ouest de la planète, quand la terre est placée à l'Ouest de la ligne SJ, c'est-à-dire avant son opposition à Jupiter; et qu'elles ont lieu à l'Est, quand la terre est dans l'autre moitié de son orbite, ou bien après son opposition à Jupiter. Quand la terre approche de l'opposition, la ligne de vision devient de plus en plus près de la coïncidence avec la direction de l'ombre, et le lieu apparent où les éclipses arrivent devient de plus en plus près des corps de la planète. Quand la terre arrive en F, point déterminé par la ligne *b* F qui touche le corps de planète, les *émersions* cessent d'être visibles, et à égale distance de chaque côté de l'opposition, elles arrivent *derrière* le disque de la planète, de même, à partir de l'opposition jusqu'au moment où la terre arrive en I, point déterminé en menant *a* I, tangente au limbe extérieur de Jupiter, les immersions cessent d'être visibles pour nous. Quand la terre arrive en G, ou en H, l'immersion ou l'émersion a lieu au bord du disque visible, et quand la Terre arrive dans le très-petit espace entre G et H, les satellites *passent inéclipsés derrière le limbe* de la planète.

540. On observe souvent les deux satellites et leurs ombres au *passage*, en travers du disque de la planète. Quand le satellite arrive en *m*, son ombre se projette sur Jupiter, et paraît s'y mouvoir en travers comme une tache noire, jusqu'à ce que le satellite arrive en *n*. Mais le satellite lui-même ne paraît pas entrer dans le disque tant qu'il ne vient pas sur la ligne tirée

de E au bord Est du disque, et il ne le quitte pas jusqu'à ce qu'il atteigne une ligne semblable tirée au bord Ouest. Il semble alors que l'ombre *précède* le satellite dans son progrès sur le disque, *avant* l'opposition, et *vice versâ*. Dans ces passages des satellites qu'on peut observer avec précision, à l'aide de bons télescopes, il arrive fréquemment que le satellite lui-même peut être discerné comme une tache brillante s'il se projette sur une bande obscure; mais accidentellement il se distingue aussi par une tache sombre de dimensions plus faibles que l'ombre. Ce fait curieux, (observé par Schroeter et Harding), a conduit à conclure que certains satellites ont accidentellement *sur leurs* propres corps, ou dans leurs atmosphères, des taches obscures de grande étendue. Nous disons de grande étendue, car les satellites de Jupiter, quelque petits qu'ils nous paraissent, sont réellement des corps d'un volume considérable, ainsi que le fait voir le tableau suivant. (*Struve, mem. art. sec. iii* 301. *Laplace mec. cal. liv. viii.* § 27.)

	MOYEN diamètre apparent		DIAMÈTRE.		MASSE.
	vu de la Terre	vu de Jupiter.	milles.	myr.	
Jupiter.	38''327	33' 11''	87000	13900	1,0000000
Premier satellite. . .	1 017	17 33	2508	404	0,0000173
Deuxième satellite. .	0 911	18 0	2068	322	0,0000232
Troisième satellite. .	1 488	8 46	3377	544	0,0000885
Quatrième satellite. .	1 273		2890	465	0,0000427

Il suit de là que le premier satellite paraît à un spectateur placé dans Jupiter, aussi grand que notre lune nous paraît; le second et le troisième presque égaux l'un à l'autre, et d'un peu plus de moitié du diamètre apparent du premier; le quatrième d'un quart de ce diamètre. Ces satellites, vus ainsi, s'éclipsent fréquemment l'un l'autre, et causent des éclipses de soleil, dont la dernière n'est d'ailleurs visible que sur une très-petite portion de la planète; les mouvements et les aspects, les uns par rapport aux autres, doivent offrir une continuelle variété et un grand intérêt aux habitants de leur planète primaire.

541. Outre les éclipses et les passages des satellites à travers le disque, ces satellites peuvent aussi disparaître pour nous, sans être éclipsés, en passant *derrière* le corps de la planète. Ainsi quand la terre est en E, fig. 61, l'immersion du satellite sera vue en *a* et son émersion en *b*, l'une et l'autre à l'Ouest de la planète, après quoi le satellite poursuivant sa route dans la direction *ab*, passe derrière le corps, puis émerge de nouveau du côté opposé, après un intervalle d'occultation plus ou moins grand, suivant la distance du satellite. A raison de la grande distance de la terre comparée aux rayons des orbites des satellites, cet intervalle ne varie que peu pour chaque satellite, étant égal au temps qu'il faut aux satellites pour décrire un arc de son orbite, égal au diamètre angulaire de Jupiter, comme vu de leurs centres, lequel temps est : pour le premier satellite, 2 h. 20^m ; pour le deuxième, 2 h. 56^m ; pour le troisième, 3 h 43^m ; et pour le quatrième, 4 h. 56^m ; les diamètres correspondants de la planète, comme vus des divers satellites étant : 19° 49', 12° 25', 7° 47', 4° 25' (1). Avant l'opposition de Jupiter, les occultations des satellites ont lieu *après* les éclipses : après l'opposition, elles ont lieu *avant* les éclipses, lorsque par exemple la terre est en K Il faut observer qu'à raison de la proximité de la planète des orbites du premier et du second satellite, l'immersion et l'émersion de chacun d'eux ne peuvent être observées *à la fois* dans une même éclipse, l'immersion étant cachée par le corps, si la planète est après son opposition, l'émersion étant cachée si la planète n'est pas encore arrivée en opposition. Il en est de même de l'occultation. Le commencement de l'occultation, ou le passage du satellite derrière le disque, a lieu pendant qu'il est obscurci par l'ombre, avant l'opposition, et la réémersion après. Toutes ces particularités sont faciles à voir à l'inspection seule de la figure. C'est seulement pendant le temps fort court, où la terre est dans l'arc G H (c'est-à-dire entre le soleil et Jupiter), que le cône de l'ombre convergent derrière la planète (tandis que celui des rayons visuels est divergent), permet d'observer complètement les occultations, à la fois à l'entrée et à la sortie, sans obscurité, les éclipses étant alors invisibles.

542. Une relation extrêmement singulière subsiste entre les vitesses angulaires moyennes, ou *mouvements moyens*,

(1) Ces données sont extraites d'un article de M. Woolhouse dans le supplément de l'almanach nautique pour 1835.

comme on dit, des trois premiers satellites de Jupiter. Si la vitesse moyenne angulaire du premier satellite est ajoutée deux fois à celle du troisième, la somme sera égale à trois fois celle du second. Il suit de cette relation que si de la moyenne longitude du premier, ajoutée deux fois à celle du troisième, on retranche trois fois celle du second, le reste sera constant ou toujours le même, et l'observation donne pour cette constante 180° ou deux angles droits; de sorte qu'étant données, les situations de deux des satellites, on a celle du troisième. On a essayé de rendre compte de ce fait remarquable par leurs actions mutuelles en vertu de la théorie de la gravité. Une conséquence curieuse, c'est que les trois satellites ne peuvent être éclipsés à la fois, car à raison de la relation ci-dessus, quand le second et le troisième sont dans la *même* direction du centre, le premier est à l'opposite; et par suite, quand le premier est éclipsé, les deux autres sont entre le soleil et la planète, projetant leurs ombres sur le disque, et *vice versâ*.

543. Quoique d'après la raison ci-dessus donnée, les satellites ne puissent pas être tous *éclipsés* à la fois, il peut arriver et il arrive accidentellement que tous sont éclipsés, occultés ou projetés sur le corps, auquel cas ils sont généralement parlant, également invisibles, puisqu'il faut un excellent télescope pour discerner un satellite sur le corps, excepté dans certaines circonstances particulières. Des exemples d'observations de Jupiter ainsi dénudé de sa suite ordinaire et ne présentant qu'un disque solitaire, ont été plus d'une fois rappelés. Le premier fut cité par Molyneux le 2 novembre 1681. Une semblable observation est rappelée par sir W. Herschell comme faite par lui le 23 mai 1802. Ce phénomène a été observé également par M. Wallis le 15 avril 1826; dans ce cas, la privation de satellites dura deux heures; enfin le dernier exemple est cité par M. H. Griesbach, le 27 septembre 1843.

544. La découverte des satellites de Jupiter par Galilée, est l'un des premiers fruits de l'invention du télescope, et forme l'une des époques les plus remarquables de l'histoire de l'astronomie. De cette découverte date immédiatement la première solution astronomique du grand problème (*la longitude*), le plus important pour les intérêts de l'homme, de tous ceux qui aient été jamais ramenés sous l'empire des sciences exactes. L'établissement définitif du système coper-

nicien d'astronomie peut être aussi considéré comme se rapportant à la découverte et à l'étude de ce système en miniature, dans lequel les lois de Kepler pour les mouvements planétaires et spécialement celle qui lie leurs périodes aux distances, furent notées promptement et se trouvèrent maintenues d'une manière satisfaisante. Comme pour accumuler enfin l'intérêt historique sur ce point, c'est à l'observation des éclipses de ces satellites qu'est due la découverte de l'aberration de la lumière, et par suite la détermination de l'énorme vitesse de ce prodigieux élément. Nous allons expliquer ceci plus en détail.

545. L'orbite de la terre étant concentrique et intérieure à celle de Jupiter (fig. 61), leur distance mutuelle varie continuellement, cette variation s'étendant du *soleil* à la différence des rayons des deux orbites, et la différence de la distance la plus grande à la plus petite étant égale au diamètre de l'orbite de la terre. Or, l'astronome danois Roemer a remarqué en 1675, par la comparaison des observations des éclipses des satellites pendant plusieurs années, que les éclipses arrivaient *trop tôt*, plus tôt qu'on ne devait s'y attendre par le calcul, à l'opposition et vers l'opposition de Jupiter (ou bien à son point le plus près de la terre); tandis qu'au contraire elles arrivaient toujours *trop tard* quand la terre était dans la partie de son orbite la plus éloignée de Jupiter. Il conclut du rapprochement de l'erreur observée dans le calcul des temps avec la variation de la distance que, pour faire le calcul sur une période moyenne correspondante au fait, il fallait, eu égard au temps convenable, une allocation proportionnelle à l'excès ou au défaut de la distance de Jupiter de la terre, en dessus et en dessous de sa moyenne, et telle qu'une différence de distance d'un diamètre de l'orbite de la terre, correspondît à 16ᵐ 26ˢ 6 du temps alloué. Réfléchissant à la cause physique probable, il fut naturellement conduit à penser qu'elle était due à ce que la propagation de la lumière était graduelle et non instantanée. Ceci expliquait chaque particularité du phénomène observé, mais la vitesse alors devenait de 192000 *miles* (30899 *myriamètres*) et trop grande pour ne pas effrayer, et, à tout évènement, pour ne pas exiger confirmation. C'est ce qui a été depuis confirmé de la manière la moins équivoque par la découverte de Bradley (art 329) sur l'aberration de la lumière. La vitesse de la lumière déduite de ce dernier phénomène ne diffère pas d'un quatre-vingtième de celle qui ré-

sulte du calcul des éclipses et même cette différence serait sans doute effacée par la correction d'observations plus délicates et plus rigoureuses.

546. Les orbites des satellites de Jupiter n'ont que peu d'excentricité; celles de l'intérieur n'ont même pas d'excentricité qu'on puisse apercevoir; leurs actions mutuelles y produisent des perturbations analogues à celles des planètes autour du soleil, et qui ont été soigneusement étudiées par Laplace et par d'autres. On s'est assuré par une observation assidue que les satellites sont sujets à des variations marquées dans leur éclat, et que ces variations sont périodiques, suivant leur position par rapport au soleil. On en a conclu, avec apparence de raison, qu'ils tournent sur leurs axes, comme notre lune, dans des périodes égales à leurs révolutions sidérales respectives autour de Jupiter, leur planète principale.

547. Les satellites de Saturne ont été beaucoup moins étudiés que ceux de Jupiter, parce qu'il est beaucoup plus difficile de les observer. Le plus éloigné a son orbite inclinée de 12° 14', sur le plan de l'anneau, avec lequel les orbites de tous les autres coïncident à peu près. Ce n'est pas la seule circonstance qui le distingue par une différence marquée du système des six satellites intérieurs, et qui le rende en quelque sorte un membre anormal du système saturnien. Sa distance du centre de la planète excède presque dans la proportion de 3 à 1; celle du plus éloigné après lui n'étant pas moins de 64 fois le rayon du globe de Saturne, distance de la primaire à laquelle notre lune offre seule quelque analogie par sa distance à 60 rayons de la terre. La variation de lumière de ce satellite le plus éloigné de Saturne est aussi plus grande, en différentes parties de son orbite, que celle de toute autre planète secondaire. Dominique Cassini, qui la découvrit le premier en 1671, trouva qu'elle disparaissait presque dans une moitié de sa révolution, quand elle se trouve à l'Est de Saturne, et quoique à cette époque il y eût déjà d'assez bons télescopes pour la suivre dans tout son cours, sa diminution de lumière est si grande dans la moitié Est de son orbite, qu'il est souvent difficile de l'apercevoir. D'après cette circonstance, c'est-à-dire d'après ce manque constant de lumière du même côté de Saturne, *comme vu de la terre*, où le rayon visuel n'est jamais très-oblique à la direction suivant laquelle le soleil tombe sur ce satellite de Saturne, on a présumé avec beaucoup de probabilités qu'il fait sa révolution autour de son axe dans un

temps parfaitement égal à celui de la rotation autour de sa primaire ; c'est d'ailleurs ce que nous savons qui se passe pour la lune, et il y a tout lieu de croire qu'il en est de même pour toutes les planètes secondaires.

548. Le second satellite dans l'ordre intérieur (et le premier dans l'ordre de la découverte (1)), est le plus considérable et le plus visible de tous, et n'est probablement pas beaucoup inférieur à Mars, en grosseur. C'est le seul dont la théorie ait été examinée plus loin (2) qu'il ne suffirait pour vérifier la loi de Kepler sur les temps périodiques, qui se maintient bien, *mutatis mutandis*, et sous les réserves voulues, dans ce système comme dans celui de Jupiter. Les trois satellites suivants, toujours dans l'ordre intérieur (3), sont très-petits, et pour être bien vus demandent l'aide d'un très-bon télescope ; les deux satellites intérieurs qui affleurent juste les bords de l'anneau et se meuvent exactement dans son plan, n'ont jamais été bien discernés qu'avec les meilleurs télescopes et dans les circonstances atmosphériques les plus favorables (4). A l'époque de leur découverte, on les a vus enfiler comme des perles le fil presque infiniment mince de lumière auquel il se réduisait, et s'avançant pour un temps très-court de chaque extrémité, pour retourner et se hâter de se cacher comme d'habitude (5).

549. A raison de l'obliquité de l'anneau, et des orbites des satellites par rapport à l'écliptique de Saturne, il n'y a d'éclipses, occultations, ou passage des corps, ou ombres à travers

(1) Par Huygens, *le* 25 *mars* 1655.
(2) Par Bessel, *Astr. Nachr.* Nos 193, 214.
(3) Par Dominique Cassini, 1672 et 1684.
(4) Par sir William Herschell en 1789.
(5) Une grande confusion a lieu dans le système saturnien quant à la nomenclature, l'ordre de la découverte ne coïncidant pas avec l'ordre des distances. Les astronomes ne sont pas encore d'accord pour appeler les deux satellites intérieurs, le 6e et le 7e (ordre intérieur), et les plus anciens le 1er, le 2e, le 3e, le 4e et le 5e (ordre extérieur) ; ou pour aller de l'intérieur de 1 à 7. On a essayé de remédier à cette confusion par une nomenclature mythologique en harmonie avec celle enfin complètement établie pour les planètes primaires, prenant les noms des Titans, dans l'ordre des vers suivants qui commencent par le plus éloigné :

Japetus, Titan, Rhea, Dione, Thétys ;
Enceladus, Mimas.

Il est à remarquer que Simon Marius qui réclamait, contre Galilée, la priorité de la découverte des satellites de Jupiter, proposait alors les noms mythologiques : *Io, Europa, Ganymède* et *Callisto*. En faisant revivre ces noms, si l'on semble donner gain de cause à Marius, pour la priorité de la découverte, ce qui n'est pas, Galilée n'en a pas moins le mérite de l'usage du télescope comme moyen de découvertes astronomiques. Pour les satellites de Jupiter, il n'y a aucune confusion. Tous les almanachs les donnent sous leurs désignations numériques.

le disque de leur primaire (les satellites intérieurs exceptés) que dans le temps où l'anneau est vu de côté ; quand cela arrive, leur observation exige trop de soins dans la pratique ordinaire, comme les éclipses des satellites de Jupiter, pour la détermination des longitudes ; c'est pour cette raison que peu d'astronomes s'en sont occupés.

550. Il existe une relation remarquable entre les temps périodiques des deux satellites intérieurs de Saturne, et ceux des deux satellites qui suivent dans l'ordre des distances : c'est-à-dire que la période du 3ᵉ (Thétys) est double de celle du premier (Mimas), et que celle du 4ᵉ (Dione) est double de celle du second (Encelade). La coïncidence est égale dans tous les cas à 1/800ᵉ près de la plus longue période.

551. Les satellites d'Uranus exigent des télescopes parfaits et très-puissants pour leur observation. Il y en a deux plus faciles à discerner que les autres, et leurs périodes ainsi que leurs distances ont été estimées avec une exactitude suffisante, ce sont les second et quatrième de la table synoptique : des quatre autres, quoique annoncés avec une égale confiance par celui qui les découvrit le premier, deux seulement ont été observés de nouveau. Le premier de notre table, intérieur aux deux plus grands, par MM. Lassel (14 septembre au 9 novembre 1847) et Otto Struve (du 8 octobre au 10 décembre 1847) : le quatrième, intermédiaire entre les plus grands, par M. Lassel.

Les deux autres, si l'observation établit leur existence d'une manière satisfaisante, seront probablement trouvés faire leurs révolutions dans des orbites extérieures à celles des autres.

552. Les orbites de ces deux satellites offrent des particularités inattendues et sans exemple. Contrairement à l'analogie qui règne dans tout le système planétaire, pour les principales et les secondaires, les places de leurs orbites *sont presque perpendiculaires à l'écliptique*, n'étant pas inclinés de moins de 78° 58' à ce plan, et dans ces orbites leurs mouvements *sont rétrogrades ;* c'est-à-dire que leurs positions, quand on les projette sur l'ecliptique, au lieu d'avancer de l'*ouest à l'est* autour du centre de leur principale, comme dans le cas de toutes les autres planètes et satellites, se meuvent dans une direction opposée. Leurs orbites sont quasi-circulaires et ne paraissent pas avoir un mouvement sensible ou du moins rapide de nœuds, ou subir quelque changement d'inclinaison, dans le cours au

moins d'une demi-révolution de leur planète principale autour du soleil. Quand la terre est dans le plan de leurs orbites, ou presque dans ce plan, leurs traces apparentes sont des lignes droites, ou des ellipses très-allongées; cas où elles deviennent invisibles, leur faible lumière étant effacée par la lumière plus forte de la planète, longtemps avant qu'elles n'arrivent jusqu'à son disque; de sorte que l'observation de leurs éclipses ou occultations se trouve en dehors de la puissance de nos télescopes actuels.

553. Si l'observation des satellites d'Uranus est difficile, celle des satellites de Neptune, à raison de leur distance immense de la planète, offre des difficultés bien autrement grandes, comme on peut l'imaginer. L'existence de l'un de ces satellites, découvert par M. Lassel (8 juillet 1847) ne laisse aucun doute, ayant été reconnu par d'autres astronomes, en Europe et en Amérique. Suivant M. Otto Struve (1), son orbite est inclinée à l'écliptique sous l'angle considérable de 35°; mais on ne peut pas dire si son mouvement est rétrograde, comme dans le cas des satellites d'Uranus, jusqu'à nouvelles observations.

CHAPITRE XI.

COMÈTES.

Grand nombre de comètes enregistrées. — Le nombre de celles non enregistrées probablement plus grand. — Description d'une comète. — Comètes sans queue, ou avec plus d'une queue. — Leur extrême ténuité. — Leur structure probable. — Leurs mouvements conformes à la loi de gravité. — Dimensions actuelles des comètes. — Retour périodique de plusieurs. — Comète de Halley. — Autres comètes anciennes probablement périodiques. — Comète de Encke. — De Biéla. — De Faye. — De Lexell. — De Vico. — De Brorsen. — De Peter. — Grande comète de 1843. — Son identité probable avec plusieurs autres comètes. — Grand intérêt qui s'attache à présent à l'astronomie cométaire, et ses motifs. — Remarques sur les orbites cométaires en général.

554. L'aspect extraordinaire des comètes, leurs mouvements rapides et qui semblent irréguliers, la manière inattendue dont elles éclatent souvent sur nous et la grandeur imposante qu'elles acquièrent quelquefois, les ont rendues dans tous les siècles un objet d'étonnement, non sans crainte superstitieuse de la part des ignorants, et une énigme pour ceux qui sont le plus familiarisés avec les merveilles de la création

(1) *Astron. Nachr.* n° 629: Observations du 11 septembre au 20 décembre 1847.

et les opérations des causes naturelles. Maintenant même qu'on a cessé de regarder leurs mouvements comme irréguliers, ou réglés par d'autres lois que celles qui retiennent les planètes dans leurs orbites, leur nature intime, et le rôle qu'elles jouent dans l'économie de notre système sont tout aussi inconnus que jamais. Aucun compte raisonnable ou même plausible n'a encore été rendu de ces appendices immensément volumineux que l'on connaît sous le nom de leurs queues (nom fort impropre puisque souvent elles précèdent leurs mouvements), non plus que de quelques autres singularités qu'elles présentent.

555. Le nombre des comètes qui ont été observées astronomiquement, ou enregistrées dans l'histoire, est très-grand et se monte à plusieurs centaines (1). Mais si l'on considère que dans les premiers âges de l'astronomie, et dans des temps beaucoup plus récents, avant l'invention des télescopes, on n'avait noté que les plus grandes et les plus brillantes; que depuis qu'on y fait attention, il se passe à peine une année sans qu'on en observe une ou deux; que deux ou trois apparaissent même à la fois; on supposera aisément qu'il doit y en avoir plusieurs milliers. Un grand nombre d'ailleurs échappent à l'observation, parce que leurs cours traversent cette partie des cieux qui est au-dessus de l'horizon, pendant le jour seulement. Ces comètes ne peuvent ainsi devenir visibles que par la coïncidence très-rare d'une éclipse totale de soleil, coïncidence qui se présenta, ainsi que l'a relaté Sénèque, 60 ans avant J.-C., et qui permit d'observer une grande comète près du soleil. Au reste on en cite plusieurs autres assez brillantes pour avoir été vues de jour, et même en plein soleil de midi. Telles furent les comètes de 1402 et 1532, et celle qui parut 43 ans avant la naissance du Christ, pendant les jeux célébrés par Auguste en l'honneur de Vénus, peu de temps après l'assassinat de César, et que la flatterie des poètes déclara être l'âme du héros prenant place parmi les dieux.

556. Que des sentiments de frayeur et d'étonnement aient

(1) Voyez les catalogues de l'Almagest de Riccioli, la cométographie de Pingré; l'astronomie de Delambre, vol. III; Astronomische Abhandlungen n° 1, qui contient les éléments de toutes les orbites des comètes qui ont été calculés jusqu'à sa publication en 1823; le catalogue du Rev. T. J. Hussey. Lond. et éd. phil. mag. vol. II, n° 9 et suiv.; on trouve l'énumération de plus de 700 comètes, dans une liste citée par Lalande, d'après le premier volume des Tables de Berlin. Voyez encore les notices de la Société Astronomique, et Astron. Nachr. Une grande quantité des plus anciennes comètes sont relatées dans les annales de la Chine, et dans certains cas décrites avec assez de précision pour donner les moyens de calculer approximativement leurs orbites, d'après cette description.

été excités par l'aspect soudain et inattendu d'une grande comète, cela n'a rien de surprenant, car c'est, d'après tous les rapports, l'un des plus brillants et des plus imposants phénomènes de la nature. Les comètes consistent pour la plupart, en une masse de lumière, large, splendide, mais terminée mal et nébuleusement, que l'on nomme la tête ; elle est ordinairement beaucoup plus brillante vers le centre, et offre un *noyau* d'une vive apparence, comme celle d'une étoile ou d'une planète. A partir de la tête, et *dans une direction opposée à celle dans laquelle est placé le soleil* par rapport à la comète, semblent diverger deux traînées de lumière, qui deviennent plus larges et plus diffuses à mesure qu'elles s'éloignent de la tête ; quelquefois elles se réunissent à peu de distance derrière la tête ; quelquefois elles continuent à rester distinctes dans la plus grande partie de leur cours, produisant un effet semblable à celui de la traînée de feu laissée par quelques brillants météores, ou par une fusée volante, mais sans étincelle ou mouvement perceptible. C'est la queue; et ce magnifique appendice atteint accidentellement une immense longueur apparente. Aristote parle de la queue de la comète de l'an 371 avant J.-C., comme occupant un tiers de l'hémisphère ou 60°; on dit que la queue de celle de 1618 n'avait pas moins de 104° de longueur. La comète de 1680, la plus célèbre des temps modernes, et sous plusieurs rapports la plus remarquable de toutes, avec une tête n'excédant pas en éclat une étoile de seconde grandeur, couvrait avec sa queue une étendue de plus de 70° des cieux, ou même, suivant quelques rapports, de 90°; la queue de la comète de 1769 s'étendait jusqu'à 97°; celle de la dernière *grande* comète de 1843, à 65° dans sa plus forte longueur. La fig. 79, pl. 3, est une représentation très-correcte de la comète de 1819, non pas l'une des plus considérables sous aucun rapport, mais facilement visible à l'œil nu.

557. Au reste la queue n'est pas du tout un appendice invariable des comètes. On a observé que plusieurs des plus brillantes n'avaient que des queues courtes et faibles, et que plusieurs même en étaient entièrement dépourvues. Celles de 1585 et de 1763 n'offraient aucun vestige de queue; et Cassini décrit la comète de 1682, comme étant aussi ronde (1) et

(1) Cette description s'applique d'ailleurs au *disque* de la tête des comètes vues au télescope. Cassini dit : *aussi rond, aussi net, et aussi clair que Jupiter.* Clair ne peut signifier que brillant, et pour bien comprendre cette description, il faut que le lecteur se reporte à celle du *disque* de la comète de Halley, après son passage en périhélie, 1835 à 1836.

aussi brillante que Jupiter. D'un autre côté, il ne manque pas d'exemples de comètes à plusieurs queues ou traînées de lumière divergentes. Celle de 1744 n'en avait pas moins de six, se déployant comme un immense éventail, et s'étendant à une distance de près de 30° de longueur. La petite comète de 1823 en avait deux, faisant un angle d'environ 160°, la plus brillante loin du soleil et la plus faible vers le soleil à peu près, comme cela a toujours lieu. Les queues des comètes sont souvent courbes, la courbure se dirigeant en général vers la région que la comète a quitté, comme se mouvant en quelque sorte plus lentement, ou comme éprouvant de la résistance dans sa course.

558. Les petites comètes, visibles seulement au télescope, difficilement à l'œil nu, et qui sont les plus nombreuses de beaucoup, sont très-fréquemment dépourvues de queues ; elles paraissent comme des masses vaporeuses rondes ou ovales, plus denses vers le centre où cependant elles n'offrent aucune apparence de nœud distinct, ou de quoi que ce soit qu'on puisse considérer comme un corps solide. Les étoiles de moyenne grandeur restent distinctement visibles quoique recouvertes par ce qui semble la partie la plus dense de ces comètes, et cependant les mêmes étoiles sont complètement oblitérées par une brume modérée qui ne s'étend qu'à quelques mètres au-dessus de la surface de la terre. Puisque l'on observe de fait que même les plus grandes comètes à noyau avec apparence de nœud, n'ont jamais offert de *phases*, quoique l'on ne puisse douter qu'elles n'ont d'éclat qu'un reflet de la lumière solaire, il s'ensuit que les comètes ne doivent être regardées que comme de grandes masses de vapeurs subtiles, susceptibles d'être percées de part en part par les rayons solaires ; et les réfléchissant de toutes les parties de leur intérieur et de leur surface. Que personne ne regarde cette explication comme forcée, ou ne soit disposé à attribuer à la comète elle-même une propriété phosphorescente, pour rendre compte de ces phénomènes, mais plutôt que l'on considère l'énorme espace que les comètes éclairent ainsi et la *masse* extrêmement petite que l'on est en droit d'attribuer à ces corps, ainsi que nous le démontrerons bientôt. Il deviendra dès lors évident que les nuages les plus déliés qui flottent dans les régions les plus élevées de notre atmosphère, ceux qui semblent au coucher du soleil imprégnés de lumière et transparents dans toute leur profondeur, comme s'ils étaient en ignition, sans la moin-

dre ombre ou le moindre côté obscur, peuvent être regardés comme des corps denses et massifs, comparés aux fils déliés du tissu volatil d'une comète. Aussi, toutes les fois que de puissants télescopes ont été braqués sur des comètes, la solidité que l'on attribuait à leur partie la plus condensée, la tête, qui paraît à l'œil comme un nœud, n'a pas manqué de s'évanouir; il est vrai cependant que dans quelques-unes, un point stellaire très-petit a été vu, indice de l'existence d'un corps solide.

559. C'est, suivant toute probabilité, à la faible coërcition du pouvoir élastique de ses différentes parties, par la gravitation d'une si petite masse centrale, que l'on doit attribuer le développement extraordinaire des atmosphères des planètes. Si la terre, conservant son volume actuel, était réduite par quelque changement interne (par une trouée hors du centre), à la millième partie de sa masse actuelle, son pouvoir de coërcition sur l'atmosphère diminuerait dans la même proportion, et conséquemment l'atmosphère pourrait occuper mille fois son volume actuel, ou même plus, à raison de la diminution de la gravité pour les parties qui s'éloignent le plus du centre (1). Une atmosphère libre de s'étendre également en toutes directions, envelopperait le nœud sphériquement, en sorte qu'il devient nécessaire d'admettre l'action d'autres causes pour produire l'énorme extension de la queue. Nous reviendrons sur ce sujet.

560. Que la partie lumineuse d'une comète soit quelque chose de la nature d'une fumée, d'une brume ou d'un nuage, suspendu dans une atmosphère transparente, cela est mis en évidence par ce fait qui a été souvent remarqué, que la portion de la queue se rejoignant au-dessus de la tête pour l'entourer, en est cependant séparée par un intervalle moins lumineux, comme si elle était soutenue et maintenue hors du contact, par une couche transparente, de même que nous voyons souvent des couches de nuages flotter l'un sur l'autre avec un espace clair et considérable entre eux. Ce fait et beaucoup d'autres observés dans l'histoire des comètes, paraissent indiquer que la structure d'une comète, vue en coupe

(1) Newton a calculé (Princ. III, p. 512), qu'un globe d'air de densité ordinaire, d'un *inch* (25 *millimètres* de diamètre, s'il était amené à la densité que produit son élévation à une hauteur égale au rayon de la terre, occuperait une sphère d'un rayon plus grand que l'orbite de Saturne. La queue d'une grande comète, ne serait ainsi qu'une très-faible masse de *un kilogramme* à peine, ou même de quelques *hectogrammes*.

dans la direction de sa longueur, doit être celle d'une enveloppe creuse, de forme parabolique, renfermant presque à son sommet le nœud et la tête, comme le représente la figure 62. Ceci rendrait compte de la division apparente de la queue, en deux branches latérales principales, l'enveloppe étant oblique à la ligne de vision des bords, et conséquemment une plus grande profondeur de matière éclairée étant ainsi exposée à l'œil. Suivant toute probabilité d'ailleurs, les comètes ont une grande variété de structure, et parmi elles, il est très-possible qu'il se trouve des corps de constitution physique entièrement différente. Il est hors de doute que la même comète, à différentes époques, peut subir de grands changements dans la disposition de la matière qui la constitue et dans l'état physique de cette matière.

561. Nous voilà arrivés à parler des mouvements des comètes : ils ont une apparence de caprice et d'irrégularité, quelquefois ne les laissant voir que peu de jours, d'autres fois pendant des mois entiers; les unes emportées avec une vitesse extraordinaire, les autres se promenant avec une extrême lenteur; la même comète offrant fréquemment les deux extrêmes dans les diverses parties de sa course. La comète de 1742 décrivit en un jour un arc de 40° d'un grand cercle (1) dans les cieux. Les unes continuent une marche directe, d'autres rétrogradent; quelques autres ont une marche irrégulière et tortueuse; elles ne sont pas reléguées, comme les planètes, dans certaines régions des cieux, mais elles les traversent toutes indistinctement. La variation de leur volume, pendant le temps où elles continuent à rester visibles, n'est pas moins remarquable que celle de leur vitesse; leur premier aspect n'est souvent que celui d'objets se mouvant lentement, avec peu de queue ou sans queue; par degrés elles accélèrent leur mouvement, s'agrandissent, et développent une queue qui croît en longueur et en éclat, jusqu'à ce que, ainsi que cela arrive souvent dans ce cas, elles se perdent dans les rayons du soleil dont elles vont en s'approchant. Quelque temps après elles reparaissent de l'autre côté du soleil, s'en éloignant d'abord avec une grande vitesse, puis moindre et décroissant graduellement. C'est après leur passage au soleil, et seulement alors, qu'elles brillent dans toute leur splendeur et que les queues acquièrent la plus grande longueur et le plus de dé-

(1) Il était dit 120° dans les éditions précédentes; mais c'était l'arc décrit en *longitude*, et la comète, à l'époque citée, avait une grande latitude Nord.

veloppement ; elles indiquent bien ainsi l'action des rayons solaires comme la cause de cette émanation extraordinaire. A mesure qu'elles s'éloignent du soleil, leur mouvement diminue et la queue se dissipe ou se trouve absorbée dans la tête, qui s'affaiblit elle-même continuellement, jusqu'à extinction totale, pour ne plus reparaître, au moins dans le plus grand nombre des cas.

562. Sans le secours de la théorie de la gravitation, les énigmes de ces mouvements irréguliers et capricieux n'eussent jamais été expliquées. Mais Newton, ayant démontré la possibilité qu'une section conique quelconque fût décrite autour du soleil, par un corps circulant soumis à la loi de gravité, aperçut immédiatement l'application de ce théorème général aux orbites des comètes; la comète de 1680, l'une des plus remarquables dont on se souvienne, à cause de l'immense longueur de sa queue, et de son approche excessive du soleil (un sixième du diamètre de cet astre), lui offrit une occasion excellente d'éprouver sa théorie. Le succès couronna pleinement son attente. Il s'assura que cette comète décrivait autour du soleil, comme foyer, une orbite elliptique d'une si grande excentricité, que l'on pouvait à peine la distinguer d'une parabole (courbe limite d'une ellipse d'un axe infini), et que dans cette orbite, les aires décrites autour du soleil étaient proportionnelles aux temps, comme dans les ellipses planétaires. La représentation des mouvements apparents de cette comète, dans cette orbite, pendant toute la durée de sa course observée, se trouva aussi complète que celle des mouvements des planètes dans leurs orbites presque circulaires. Depuis ce temps, on a commencé à croire que les mouvements des comètes sont réglés par quelques lois générales comme les planètes ; la différence consistant seulement dans l'allongement extraordinaire de leurs ellipses, et dans l'absence de toute limite aux inclinaisons de leurs plans par rapport à celui de l'écliptique, ou dans quelque coïncidence générale dans la direction de leurs mouvements de l'Ouest à l'Est, plutôt que de l'Est à l'Ouest, ainsi que l'est celle que l'on a observée pour les planètes.

563. C'est un problème de pure géométrie, que de trouver, d'après les lois générales du mouvement elliptique ou parabolique, la situation et la dimension de l'ellipse ou de la parabole qui représente le mouvement d'une comète donnée. En général, trois observations complètes de son ascension droite et de

sa déclinaison avec les temps auxquels elles ont été faites, suffisent pour la solution du problème, qui ne laisse pas d'ailleurs que d'être difficile, et pour la détermination des éléments de l'orbite. Ils consistent *mutatis mutandis*, dans les mêmes données requises pour le calcul du mouvement d'une planète ; et une fois déterminés, il devient très-facile de les comparer avec tout ce que l'on a observé du cours de la comète, par un procédé exactement semblable à celui de l'article 502 ; on peut en assurer ainsi la correction, et éprouver par différents essais la vérité de ces lois générales sur lesquelles tous les calculs de ce genre sont fondés.

564. Pour la plupart des comètes, on a trouvé que le mouvement était suffisamment bien représenté par une orbite parabolique, c'est-à-dire une ellipse dont l'axe est d'une longueur infinie, ou si long du moins qu'il n'y aurait pas d'erreur à craindre pour le calcul, en le supposant infini. La parabole est cette section conique qui est la limite entre l'ellipse revenant sur elle-même et l'hyperbole qui s'écarte à l'infini. Ainsi une comète dont l'orbite serait elliptique, quelque long que fût son axe, devrait *avoir* visité le soleil avant, et y revenir, à moins de perturbation dans quelque période déterminée ; mais si son orbite était de la nature de l'hyperbole, quand elle aurait une fois passé son périhélie, elle ne reviendrait jamais dans notre sphère d'observation, mais irait visiter d'autres systèmes, ou se perdrait dans l'espace. Très-peu de comètes ont paru avoir des orbites hyperboliques (1), mais plusieurs en ont d'elliptiques : on peut donc regarder ces dernières comme des membres permanents de notre système, aussi longtemps du moins que leurs orbites ne seront pas altérées par l'attraction des planètes.

565. Nous allons dire quelques mots sur les dimensions des comètes. Les calculs des diamètres de leurs têtes, des longueurs et largeurs de leurs queues, n'offrent pas la moindre difficulté quand les éléments de leurs orbites sont connus ; car on sait ainsi leurs distances réelles de la terre, en tout temps, et la direction véritable de leur queue, que l'on voit seulement raccourcie. Les calculs basés sur ces principes conduisent à ce fait surprenant, que les comètes sont, de beaucoup, les corps les plus volumineux de notre système. Voici les dimensions de quelques-unes des comètes, ainsi calculées.

(1) Par exemple, la comète de 1723 calculée par Burckhardt ; celle de 1771 par Burckhardt et Encke ; la seconde comète de 1818, par Rosenberg et Schwabe.

566. La queue de la grande comète de 1680, immédiatement après son passage au périhélie, fut trouvée par Newton, n'avoir pas moins de *vingt millions de lieues* (de 4 *kilomètres* chacune), et n'avoir mis que deux jours à sortir du corps de la comète? preuve décisive qu'elle était poussée par quelque force active, dont l'origine, à en juger par la direction de cette queue, paraissait être le soleil lui-même. Sa plus grande longueur était de *quarante-un millions* de lieues (de 4 *kilomètres* chacune), longueur excédant tout l'intervalle qu'il y a de la terre au soleil. La queue de la comète de 1769 s'étendait de *seize millions de lieues* (de 4 *kilomètres* chacune), et celle de la grande comète de 1811, de 36,000,000. La portion de la tête, comprise dans l'enveloppe atmosphérique transparente qui la séparait de la queue, avait 180,000 *lieues* de diamètre. Il est à peine concevable que la matière projetée à ces distances énormes puisse être de nouveau rassemblée par la faible attraction du corps de la comète ; cette considération se rapporte à la diminution progressive de la queue, comme ayant été fréquemment observée.

567. La plus remarquable des comètes qui se meuvent dans des orbites elliptiques, est celle de Halley, ainsi appelée du nom du célèbre Edmond Halley qui, en calculant les éléments de son passage au périhélie dans l'année 1682 où elle parut dans une grande splendeur, avec une queue de 30° de longueur, fut conduit à conclure son identité avec les grandes comètes de 1531 et de 1607, dont il avait aussi déterminé les éléments. Les intervalles de ces apparitions successives étant de 75 à 76 ans, Halley fut encouragé à *prédire* sa réapparition vers l'an 1759. Une prédiction si remarquable ne manqua pas d'attirer l'attention de tous les astronomes, et quand le temps approcha, il devint extrêmement intéressant de savoir si les attractions des plus grandes planètes n'auraient pas influencé sensiblement son mouvement orbital. Le calcul de leurs influences d'après la loi newtonienne de gravité, l'un des calculs les plus difficiles et les plus compliqués, fut entrepris et achevé par Clairaut, qui trouva que l'action de Saturne retarderait son retour de 100 jours, et celle de Jupiter de 518 jours, 618 jours en tout, en sorte que le retour attendu serait plus long qu'il n'eût été dans une période invariable ; et qu'enfin le temps de son passage au périhélie arriverait un mois avant ou après le milieu d'avril 1759. Il arriva en effet le 12 mars. Son prochain retour au périhélie avait été calculé par MM. Damoiseau, Pon-

tecoulant, Rosenberger et Lehmann, et fixé successivement au 4, au 7, au 11 et au 26 novembre 1835; ces deux dernières déterminations paraissaient mériter le plus haut degré de confiance, à raison de la discussion la plus complète sur les observations de 1682 et 1759, et de l'état le plus avancé de nos connaissances pour estimer l'effet de perturbation de plusieurs planètes. Le travail de M. Lehmann fut publié le 25 juillet. Dès le 5 août, la comète devint visible, dans le ciel lumineux de Rome, comme une très-belle nébuleuse télescopique, dans le lieu assigné par M. Rosenberger pour ce jour. Le 20 août, elle devint généralement visible, et poursuivant presque son cours tracé par le calcul, elle passa au périhélie, le 16 novembre; après quoi s'avançant vers le Sud, elle cessa d'être visible en Europe, quoiqu'elle continuât d'être visible dans l'hémisphère du Sud, en février, mars et avril 1836, pour disparaître enfin le 5 mai.

568. Quoique l'apparence de cette célèbre comète, à sa dernière apparition, ne fût pas telle qu'on put la croire capable d'exciter des sensations de terreur, même dans un siècle superstitieux, elle n'en fut pas moins l'objet de la plus grande attention des astronomes de toutes les parties du monde, qui, avec des télescopes bien autrement puissants que ceux employés à son observation en 1759, et à quelques-unes des plus grandes comètes signalées, avaient l'occasion d'étudier sa structure physique; aussi les phénomènes extraordinaires qu'elle présenta, dans l'examen qu'on en fit, rendent cette époque, mémorable dans l'histoire des comètes. La première apparence, quand elle était encore très-éloignée du soleil, était celle d'une nébuleuse ronde ou à peine ovale, presque sans queue, avec un point très-petit de lumière concentrée situé excentriquement. Ce ne fut pas avant le 2 octobre que la queue commença à se développer, et de suite elle s'accrut rapidement, étant déjà de 4° à 5° de longueur le 5 : elle atteignit sa plus grande longueur apparente, environ 20°, le 15. A partir de ce temps, quoiqu'elle ne fût pas encore arrivée en périhélie, elle décrut avec une telle rapidité, que déjà le 29 la queue n'était plus que de 3°, et le 5 novembre de 2° 1/2 seulement. Il y a tout lieu de croire qu'avant d'arriver au périhélie, la queue avait entièrement disparu, car la comète continua d'être observée à Pulkowa, au-delà du jour de son passage au périhélie, sans qu'il soit fait mention qu'on lui ait vu la moindre queue.

569. De plus, les phénomènes les plus frappants, observés dans cette partie de sa carrière, étaient ceux qui, commençant simultanément avec la naissance de la queue, s'accordaient évidemment avec la production de cet accessoire et sa sortie en dehors de la tête. Le 2 octobre, jour où l'on observa le premier commencement de la queue, le nœud qui avait été faible et petit, fut vu soudainement plus brillant, et projetant un rayon lumineux par sa partie antérieure, ou celle tournée *vers* le soleil. Ce jet de lumière, après avoir cessé quelque temps, reprit avec beaucoup plus de violence apparente le 8, et continua, sauf quelques intermittences, tout le temps que la queue elle-même continua d'être visible. La forme de ce jet lumineux et la direction suivant laquelle il sortait du nœud, indépendamment de quelques altérations singulières et capricieuses, ne furent jamais les mêmes pendant deux nuits de suite, tant les phases différentes se succédaient avec rapidité. Le jet était quelquefois simple, et dans les limites étroites de divergence du nœud; d'autres fois il présentait la forme d'un éventail ou d'une queue d'hirondelle, analogue à celle du gaz enflammé qui s'échappe d'un bec aplati : enfin, parfois, il y avait deux, trois, ou même plusieurs jets en diverses directions (1). Voyez *a b c d*, fig. 91, où les apparences du nœud avec ses jets de lumière des 8, 9, 10 et 12 octobre, sont fortement grossies, et où la direction de la portion antérieure de la tête, celle qui présente le front au soleil, est supposée toujours la même, c'est-à-dire vers la partie supérieure du dessin. Dans ce dessin, la tête elle-même n'est pas figurée, l'échelle de la gravure ne le permettant pas : *e* représente le nœud et la tête vus le 9 octobre, sur une autre échelle. La direction du jet principal oscillait de l'un et de l'autre côté d'une ligne dirigée vers le soleil, à la manière d'une aiguille de boussole, pouvant vibrer et osciller dans sa position moyenne, mais dont le changement de direction était visible d'heure en heure. Ces jets, quoique très-brillants à leur point d'émanation du nœud, s'affaiblissaient rapidement en se répandant dans la queue, se courbant en arrière comme le fait la vapeur ou la fumée en sortant d'orifices étroits, lorsque le vent la contrarie assez pour la forcer à rebrousser en tourbillons, jusqu'à ce que le courant du vent étant vaincu, elle

(1) Voyez l'excellente lithographie de ce phénomène par Bessel. Astron. Nachr. n° 502. Et les belles séries de Schwabe dans le n° 297 de cette collection; et aussi les magnifiques dessins de Struve, où nous avons copié *a b c d* de notre figure.

se répand en traînée plus large dans la direction du courant (1).

570. En réfléchissant sur ces phénomènes, et après un examen attentif des dessins nombreux et très-exacts qui les mettent en évidence, il semble impossible de ne pas en tirer les conclusions suivantes :

1° Que la matière du nœud d'une comète est puissamment excitée et dilatée dans un état vaporeux par l'action des rayons du soleil, s'échappant en rayons et en jets dans les points de sa surface qui offrent la moindre résistance; et suivant toute probabilité, entraînant cette surface ou le nœud lui-même dans des mouvements irréguliers par sa réaction au moment de s'échapper, ce qui altère sa direction;

2° Que cela a lieu principalement dans cette partie du nœud qui est tournée vers le soleil; la vapeur s'échappant surtout dans cette direction ;

3° Que la vapeur émise ainsi, est arrêtée dans la direction qui lui avait été d'abord imprimée, par quelque force venant *du soleil*, poussant d'arrière et l'emportant à de vastes distances derrière le nœud, formant la queue ou assez de cette queue, pour pouvoir être considérée comme composée d'une substance matérielle ;

4° Que cette force, quelle que soit sa nature, agit inégalement sur la matière de la comète, la plus grande partie restant sans être vaporisée, et une portion considérable de la vapeur produite, restant dans le voisinage pour former la tête et la chevelure ;

5° Que la force agissant ainsi sur la matière de la queue, peut être identique probablement avec la gravitation ordinaire de la matière, étant centrifuge ou répulsive, par rapport au soleil, mais d'une plus grande énergie que la force de gravitation vers le soleil. Cela devient évident si l'on considère la vitesse énorme avec laquelle la matière de la queue est portée en arrière, en opposition à la fois avec le mouvement qu'elle a comme faisant partie du nœud, et avec celui qu'elle acquiert dans l'acte de son émission, double mouvement qui doit être détruit d'abord, et avant qu'aucun mouvement en direction contraire puisse lui être imprimé ;

6° Qu'à moins que la matière de la queue ainsi repoussée du soleil, ne soit retenue par une attraction particulière et

(1) Sur ce point, les dessins de Bessel et de Schwabe sont précis et sans équivoque. L'attention de Struve semble s'être portée plus particulièrement sur l'étude du nœud.

très-énergique pour le nœud, entièrement différente du pouvoir ordinaire de sa gravitation, elle doit abandonner le nœud ; elle est en effet emportée bien loin, pour que la force de gravité qui correspond à la faible masse du nœud puisse la retenir ; on conçoit ainsi qu'une comète peut perdre, à chaque approche du soleil, une portion de cette matière particulière, quelle qu'elle soit, d'où dépend la production de la queue, le reste étant moins excitable par l'action solaire, et plus impassible à ses rayons, et dès lors s'approchant plus de la nature des corps planétaires, *en tant* qu'elle en approche.

571. Après son passage au périhélie, la comète fut perdue de vue pendant deux mois ; sa réapparition le 24 janvier 1836, se présenta sous un tout autre aspect, ayant éprouvé, dans l'intervalle, quelque grand changement physique qui rendait son apparence presque méconnaissable. Elle n'avait pas le moindre vestige de queue ; elle paraissait à l'œil nu comme une nébuleuse de quatrième ou cinquième grandeur ; avec des télescopes d'un grand pouvoir, elle était petite, ronde, d'un disque bien limité, d'un diamètre de plus de 2', entourée d'une chevelure nébuleuse d'une grande étendue. Dans le disque, un peu excentriquement, paraissait un nœud petit, mais brillant, d'où s'étendait vers le bord postérieur du disque, celui le plus éloigné du soleil, un court rayon lumineux très-vif. (*Voy.* fig. 91.) Dès que la comète s'éloignait du soleil, la chevelure disparaissait rapidement, comme absorbée dans le disque, qui, d'un autre côté, s'accroissait continuellement en dimensions, avec une telle rapidité, que dans la semaine qui s'écoula du 25 janvier au 1er février, en calculant sur des mesures micrométriques et d'après la distance connue de la comète à la terre pendant ces jours-là, le volume ou *contenu réel solide* de l'espace éclairé fut dilaté de 1 à 40. Il continua de s'étendre avec une même rapidité, jusqu'à ce qu'il cessât d'être visible, la clarté diminuant à mesure qu'elle s'étendait ; enfin le manque de lumière cessa d'en marquer la trace. Pendant cet accroissement de dimensions, la forme du disque passa, par des additions graduelles et successives à sa longueur, dans la direction opposée au soleil, jusqu'à celle du paraboloïde *g*, la partie courbe antérieure conservant son sommet planétaire, mais la base disparaissant dans ses bords illimités. Il est évident que si cet accroissement de volume eût continué avec assez de lumière pour rendre le résultat visible, une queue eût été reproduite enfin ; mais la lumière dimi-

nuant à mesure de l'augmentation de volume, il ne se forma que les rudiments d'une queue courte, imparfaite, visible à l'œil nu pendant quelques nuits, ou dans un télescope peu grossissant, et seulement lorsque la comète s'éteignait en quelque sorte à raison de son éloignement croissant.

572. Tandis que l'enveloppe parabolique se dilatait et devenait moins claire, le nœud subissait un léger changement, mais le rayon qu'il émettait s'accroissait en longueur et en clarté, conservant toujours sa direction suivant l'axe de la paraboloïde, et n'offrant aucun de ces phénomènes capricieux et irréguliers qui caractérisent les jets de lumière émis avant le périhélie. Si l'office de ces jets était de nourrir la queue, l'office contraire de ramener en arrière successivement sa matière condensée jusqu'au nœud, semblait être celui du rayon en question. Par degrés ce rayon s'affaiblit, et la dernière apparence de la comète fut celle qu'elle avait à sa première apparition en août; c'est-à-dire celle d'une petite nébuleuse ronde avec un point brillant à son centre ou près du centre.

573. Outre la comète de Halley, on soupçonne que plusieurs autres grandes comètes signalées dans l'histoire, doivent avoir des retours périodiques, et par conséquent se mouvoir, en ellipses allongées, autour du soleil. Telle est la grande comète de 1680, dont la période a été estimée de 575 ans, et que l'on regarde, avec toute probabilité, comme identique avec la magnifique comète observée à Constantinople et en Palestine, celle que les historiens chinois et européens rapportent à l'an 1105; avec la comète de 575 qui fut vue en plein midi, près du soleil; avec la comète de l'an 43, avant le Christ, dont nous avons déjà parlé comme ayant paru après la mort de César, et qui fut également observée en plein jour; enfin avec deux autres comètes, dont parlent les oracles sybillins, ainsi qu'un passage d'Homère, et qui se rapporteraient, autant que l'obscurité des textes et de la chronologie permet de le conjecturer, aux années 618 et 1194 avant le Christ. Il est à présumer que l'approche de cette comète vers la terre, au temps du déluge, dont Whiston décrit l'action sur cette grande catastrophe, n'est qu'une idée purement visionnaire.

574. Une autre grande comète, dont le retour en 1848 avait été considéré comme probable par plus d'une autorité en astronomie (1), est celle de 1556; plusieurs historiens ont attribué l'abdication de l'empereur Charles V à la terreur qu'elle

(1) Pingré cométographie, I, 411. Lalande astron. 3185.

lui inspira. On suppose cette comète identique à celle de 1264, mentionnée par plusieurs historiens comme une grande comète, et observée en Chine aussi : la conclusion en ce cas reposant sur la coïncidence des éléments calculés d'après les observations, comme nous l'avons rappelé. Au sujet de cette coïncidence, M. Hind a fait plusieurs calculs dont le résultat est fortement en faveur de l'identité supposée. Les probabilités sont accrues par le fait d'une comète à queue de 40° et à tête brillante, assez visible après le soleil levé, en l'an 975 ; et de deux autres comètes signalées par les annalistes chinois en l'an 395 et en l'an 104. Si c'était la même, la période moyenne ne serait que de 292 ans. Mais l'effet des perturbations planétaires peut amener de plus grandes différences, et l'observation seule peut instruire à ce sujet.

575. Il a paru de grandes comètes, dans les années 1661, 1552, 1402, 1145, 891 et 243 ; celle de 1402 était assez brillante pour être vue en plein midi. Une période de 129 ans concilierait toutes ces apparences, et eût ramené la comète en 1789 ou 1790, en conformité d'autres circonstances. Mais de ce qu'aucune semblable comète n'a été observée alors, il ne s'ensuit pas que son retour, à raison de la situation de son orbite, n'ait eu son passage au périhélie en juillet, et n'ait ainsi échappé à l'observation. Méchain, dans une savante discussion des observations de 1552 et 1661, est arrivé à cette conclusion que ces comètes n'étaient pas la même ; mais les éléments assignés par Olbers à la plus ancienne, diffèrent si complètement de ceux de Méchain pour cette même comète, et se rapportent si bien à ceux de cet astronome pour l'autre comète (1), que l'on est en droit de regarder la question comme n'étant pas décidée encore.

576. Nous allons parler maintenant d'une classe de comètes, à courtes périodes, dont le retour ne laisse aucun doute, et dont deux au moins ont été notées comme ayant achevé des révolutions successives autour du soleil ; comme ayant eu leurs retours prédits déjà plusieurs fois ; comme étant revenues effectivement aux époques indiquées. La première est la comète de *Encke* ainsi appelée du nom du professeur Encke, de Berlin, qui prédit le premier son retour périodique. Elle circule dans une ellipse d'une grande excentricité (quoique non comparable à celle de Halley), inclinée suivant un angle d'environ 13° 22' au plan de l'écliptique, dans la courte période de 1211

(1) Voyez Schumaker, Catal. Astron. Abhandl.

jours, ou d'environ trois ans et demi. Cette découverte remarquable fut faite à l'occasion de sa quatrième apparition constatée en 1819. D'après l'ellipse aussi calculée par Encke, sont retour fut prédit par lui en 1822, et observée à Paramatta, dans la Nouvelle Galle du Sud, par M. Rümker, restant invisible en Europe. Elle a été de nouveau prédite et observée plusieurs fois dans les principaux observatoires des deux hémisphères comme un phénomène très-régulier dans son retour.

577. En comparant les intervalles entre les divers passages de cette comète à son périhélie, après avoir soigneusement tenu compte de toutes les perturbations dues aux actions des planètes, un fait singulier se présente, c'est-à-dire que les périodes vont continuellement en diminuant, en d'autres termes, que la moyenne distance du soleil, ou le grand axe de l'ellipse décroît par degrés lents, mais réguliers, d'environ 0° 11 par révolution. C'est évidemment l'effet que produirait la résistance qu'éprouverait la comète par quelque milieu éthéré très-rare, envahissant la région où elle se meut; car une telle résistance, en diminuant sa vitesse, diminuerait aussi sa force centrifuge, en donnant au soleil un moyen de l'attirer davantage à lui. Cette solution donnée par Encke, est généralement admise. Il est donc probable que la comète finira par tomber dans le soleil, à moins qu'elle ne se dissipe avant, ce qui n'est pas improbable, quand on songe à la légèreté de sa matière.

578. En mesurant la grandeur apparente de cette comète, à différentes distances du soleil, et d'après la connaissance de sa distance à la terre, concluant son volume réel, on a trouvé que ce volume se contractait quand il approche du soleil, et qu'il se dilatait quand il s'en éloigne. M. Valz qui le premier a noté ce fait, en rend compte en supposant que la comète éprouve une compression réelle ou condensation de volume provenant de la pression d'un milieu éthéré qu'il regarde comme plus dense dans le voisinage du soleil. Mais cette hypothèse n'est pas admissible, puisqu'alors il faudrait que l'extérieur de la comète fut de la nature d'un sac ou enveloppe impénétrable au milieu qui la comprimerait. Ce phénomène est analogue à l'accroissement de dimension que nous venons de décrire pour la comète de Halley, à mesure qu'elle s'éloigne du soleil, et dû sans doute à une cause semblable, c'est-à dire la conversion alternative de la matière évaporable, dans les états de nuage visible et de gaz invisible par l'action du froid et de la chaleur. Cette comète n'a pas de queue, mais elle a un petit

nœud, mal limité, excentriquement placé dans une masse ovale plus ou moins allongée de vapeurs, près du sommet tourné vers le soleil.

579. L'autre comète de courte période qui a été dernièrement découverte est celle de *Biéla*, ainsi appelée du nom de M. Biéla de Josephstadt, qui le premier a conclu sa périodicité, lors de son apparition en 1826. Il la considère comme identique avec la comète qui parut en 1772, 1805, etc.; elle décrit une ellipse très-excentrique autour du soleil en 2410 jours, six ans trois quarts, dans un plan incliné de 12° 34' à l'écliptique. Elle a reparu en 1832 et 1846, ainsi qu'on l'avait annoncé. Son orbite est, par une remarquable coïncidence, très-près de couper celle de la terre, et si au temps de son passage en 1832, la terre eût été d'un mois en avance de son lieu, elle eût passé à travers la comète, rencontre singulière qui aurait bien pu ne pas être sans danger (1).

580. Cette comète est petite et à peine visible à l'œil nu; même quand elle est très-brillante. Néanmoins, comme pour compenser son insignifiance apparente, au point de vue physique, elle montra à sa dernière apparition, en 1846, un phénomène qui frappa d'étonnement chaque astronome qui en fut témoin, et dont on n'a pas d'exemple dans l'histoire de notre système (2). On la vit se séparer en deux comètes distinctes qui, après leur départ de compagnie, continuèrent à voyager de conserve dans un arc d'environ 70° de leur orbite apparente, toujours dans le même champ de vue du télescope. La première indication de ce fait inusité peut se rapporter sans doute au 19 décembre 1845, où la comète parut sous la forme

(1) Si le calcul établit aussi le fait de la résistance éprouvée par cette comète, le sujet des comètes périodiques deviendra d'un intérêt extraordinaire. On ne peut douter que l'on en découvrira un plus grand nombre, et les questions de leur résistance en résoudront bien d'autres, telles que les suivantes : Quelle est la loi de la densité du milieu résistant qui entoure le soleil ? Ce milieu est-il en repos ou en mouvement ? S'il se meut, quelle est la direction ? Circulairement autour du soleil, ou traversant l'espace ? Si c'est circulairement, dans quel plan ? Il est évident qu'un mouvement circulaire ou tourbillonnement de l'éther, pourrait *accélérer quelques comètes, en retarder d'autres*, suivant que leur direction serait dans le sens de ce mouvement ou en sens inverse. Supposant le voisinage du soleil rempli d'un fluide matériel, il n'est pas concevable que la circulation des planètes dans ce fluide pendant des siècles, n'en reçoive pas quelque impression. Cela les préserve peut-être de l'effet d'une résistance accumulée.

(2) Cependant, pour ne rien dire de la conjecture singulière de Kepler, que deux grandes comètes vues à la fois en 1618, peuvent n'être qu'une simple comète séparée en deux, le passage suivant de Hevelius, cité par M. Littrow (Nachr. 564), semble se rapporter à quelque phénomène analogue. « J'apprends, dit-il (cométographie p. 326), qu'elle montrait *quatre* ou *cinq* corpuscules ou espèces de nœuds plus denses que le reste du corps. »

d'une poire, dont la nébulosité s'allongeait onduleusement vers le Nord, suivant sa direction (1). Mais le 13 janvier, à Wasington en Amérique, et le 15 ainsi que les jours suivants, dans toutes les parties de l'Europe, on la vit distinctement devenir double; un corps très-petit et très-faible, avec un nœud spécial, fut observé, comme lui étant appendu, à la distance d'environ 2' (en arc) de son centre, en direction formant un angle d'environ 328° avec le méridien, marchant au Nord de la comète principale ou primitive (Voyez art. 204). Depuis cette époque, la séparation des deux comètes, progressivement accomplie, eut lieu lentement. Le 30 janvier, la distance apparente du nœud s'était accrue de 3', le 7 février de 4', et le 13 de 5', et ainsi de suite jusqu'à ce que le 5 mars les deux comètes eurent entre elles un intervalle de 9' 19"; la direction apparente de la ligne de jonction pendant tout ce temps variant, peu, par rapport à la parallèle (2).

581. Pendant cette séparation, on observa des changements très-remarquables dans la comète et sa compagne : toutes deux avaient des nœuds; toutes deux avaient des queues courtes, parallèles en direction, et presque perpendiculaires à la ligne de jonction; mais dès la première observation, le 13 janvier, où la nouvelle comète était petite et faible en comparaison de l'ancienne, la grandeur et la clarté apparente, furent moins différentes. Le 10 février, elles étaient presque égales, quoique le jour précédent la clarté de la lune eut effacé la nouvelle comète, laissant l'ancienne assez brillante pour être observée. Le 14 et le 16, la nouvelle comète avait acquis une supériorité décidée de lumière sur l'ancienne, présentant en même temps un nœud brillant étoilé que le lieutenant Maury a comparé à l'étincelle d'un diamant. Mais cet état de choses ne continua pas. Déjà le 18, la vieille comète avait repris sa supériorité, étant presque deux fois aussi brillante que la nouvelle, et montrant un éclat inusité avec un nœud étoilé. Depuis cette période, la nouvelle comète commença à s'affaiblir, mais resta visible jusqu'au 15 mars. Le 24, la comète redevint simple, et le 22 avril tout avait disparu.

(1) Suivant l'observation de M. Hind. Mais il peut y avoir quelque doute d'une méprise, assez fréquente, quand aucune mesure de position n'a été prise, Nord suivant est une erreur d'enregistrement ou d'impression pour Nord précédent (N. F. pour N. P). De fait l'élongation du Nord suivant ou Sud précédent s'accorderait avec la direction régulière de la queue; et ne donnerait lieu à aucune remarque.

(2) La plus grande partie de cet accroissement de distance apparente était due à l'approche croissante de la comète vers la terre. L'accroissement réel, réduit à la distance = 1 de la comète, était dans le rapport de 3" par jour.

582. Pendant que ce singulier échange de lumière avait lieu, on remarqua certaines indications de quelque espèce de communication entre les comètes. La nouvelle, outre sa queue qui s'épanouissait dans une direction parallèle à celle de l'ancienne, lança un bel arc lumineux qui s'étendait comme une arche de pont, de l'une à l'autre ; et après que l'ancienne comète eut repris sa prééminence, elle émit des rayons nouveaux de manière à présenter, le 22 et le 23 février, l'apparence d'une comète à trois belles queues formant des angles de 120° l'une avec l'autre ; et dont l'une s'étendait vers l'autre comète (1).

583. Le professeur Plantamour, directeur de l'observatoire de Genève, ayant examiné les orbites de ces deux comètes, comme deux corps séparés et indépendants, conclut d'après une longue série d'observations faites avec le plus grand soin, que l'accroissement de distance entre les deux nœuds, *au moins pendant l'intervalle du 10 février au 22 mars*, était dû à la variation de distance de la terre, et à l'angle sous lequel leur ligne de jonction se présentait au rayon visuel ; la distance réelle, pendant cet intervalle, en négligeant de petites fractions, était, en moyenne, environ 39 fois le demi-diamètre de la terre, ou moins des deux tiers de la distance de la lune de son centre. Il semblerait d'après cela, qu'à cette distance déjà, les deux corps avaient cessé d'exercer la moindre influence supputable de gravitation perturbatrice l'un sur l'autre ; d'ailleurs c'est ce à quoi l'on devait s'attendre d'après les faibles masses des comètes. En calculant d'après les éléments assignés par M. Plantamour (2), on trouve 16° 4 pour l'intervalle de leurs prochains passages au périhélie. Il sera donc nécessaire, à leur réapparition, de pointer chaque comète séparément, en calculant sa place d'après ses éléments,

(1) Ces observations sont dues au lieutenant Maury de Wasington, qui avait l'avantage de se servir d'un objectif de près de 23 centimètres de la manufacture de Munich. Il ne paraît pas qu'en Europe, aucun *grand* télescope ait été braqué, ce jour là, sur la comète.

(2)

	Comète primitive.	*Comète qui l'accompagnait.*
Passage en périhélie. — Février 1846.	11,00476	11,07111 Genève M. T.
Log. demi grand axe.	0,5471002	0,5451271
Distance périhélie.	9,9327011	9,9326965
Angle d'excentricité ou dont le sin. = *e*.	49°. 12'. 2", 5	49°. 6'. 14", 1
Inclinaison.	12. 34. 53. 3	12. 34. 14, 3
Nœud ☊.	245. 54. 38,8	245. 56. 1,7
Périhélie.	109. 2. 20.1	109. 2. 39,6
	Equinoxe moyenne de 1846, 0.	

comme si l'autre n'existait pas. Néanmoins, comme il est encore très-possible que quelque lien de connexité subsiste entre elles (si toutefois par quelque procédé inconnu, la nouvelle comète n'a pas été réabsorbée), il serait imprudent de négliger, en se fiant au calcul, la recherche la plus vigilante dans tout le voisinage de la plus visible des deux, car on pourrait ainsi perdre l'occasion de poursuivre, jusqu'à sa conclusion, l'histoire de cette étrange occurrence.

584. Une troisième comète, à courte période, a été plus récemment ajoutée à notre liste, par M. Faye de l'observatoire de Paris, qui la découvrit le 22 novembre 1843. Quelques observations ont suffi pour prouver que la parabole ne satisfait pas aux conditions de son mouvement, et que, pour le représenter complètement, il est nécessaire de lui assigner une orbite elliptique d'une très-faible excentricité. Les calculs de M. Nicolaï, révisés et corrigés par M. Leverrier, ont prouvé qu'une représentation très-parfaite de ses mouvements pendant toute sa période de visibilité, serait sa révolution en 2717j,68 (un peu moins de 7 ans 1/2), dans une orbite elliptique dont l'excentricité est 0,5596, et l'inclinaison à l'écliptique 11° 22' 31"; en prenant ces bases pour le calcul ultérieur, à l'aide de ces données et d'autres éléments de l'orbite, estimant l'effet de la perturbation planétaire pendant le cours actuel de la révolution, on a fixé son retour prochain au périhélie le 3 avril 1851, avec erreur probable de un à deux jours.

585. Nous avons indiqué plus d'une fois, dans tout ce qui précède, l'effet de la perturbation planétaire sur le mouvement des comètes. Sans entrer dans les détails de ce sujet qui sera mieux compris après la lecture du chapitre suivant, il est évident que, comme les orbites des comètes sont très-excentriques, et inclinées sous toute espèce d'angles à l'écliptique, elles doivent, en plusieurs cas, si elles ne le coupent pas, passer très-près des orbites de quelques-unes des planètes. Nous avons vu, par exemple, que l'orbite de la comète de Biéla est si près de couper l'orbite de la terre, qu'un choc n'est pas impossible, et qu'il n'est pas improbable (en supposant que chacune des orbites reste invariable), que ce choc ait lieu dans quelques millions d'années. Il ne manque pas d'exemples de comètes ayant approché la terre à de très-courtes distances, comme celle de 1770 qui, le 1er juillet de cette même année, n'en fut qu'à un peu plus de sept fois la

distance de la lune. La même comète en 1767 passa près de Jupiter à la distance seulement de 58 fois le rayon de l'orbite de cette planète; et il a été regardé comme très-probable que c'est à une perturbation éprouvée alors par son orbite, que nous devons son apparition dans notre champ de vue. Lexel a trouvé que cette comète très-remarquable décrit une orbite elliptique d'une excentricité de 0,7858, avec un temps périodique de 5 ans 1/2, dans un plan incliné seulement de 1° 34' à l'écliptique, ayant passé au périhélie le 13 août 1770. Son retour fut donc attendu avec impatience, mais en vain, car elle n'a jamais reparu depuis. L'observation de son retour en 1776 fut rendue impossible par les situations relatives du périhélie et de la terre à cette époque; et avant qu'une autre révolution pût être accomplie (comme on s'en est assuré depuis), c'est-à-dire vers le 23 août 1779, elle s'approcha de nouveau, par une singulière coïncidence, de Jupiter à la distance de 1/49 de la distance du soleil, se trouvant de 1/5 plus près de cette planète que son quatrième satellite. Il ne faut donc pas s'étonner que l'attraction de cette planète (qui à cette distance excède celle du soleil dans le rapport de 200 à 1 au moins) ait complètement altéré son orbite, en la faisant dégénérer en une courbe qui n'a plus la moindre ressemblance avec l'ellipse de Lexel. Il est digne de remarque, que, par cette rencontre avec le système des satellites de Jupiter, *aucun* de leurs mouvements n'ait subi la plus légère altération perceptible, preuve suffisante de la faiblesse de la masse de la comète. Jupiter d'ailleurs semble constamment, par une étrange fatalité, sur la route des comètes, comme pour leur servir d'achoppement perpétuel.

586. Le 22 août 1844, M. de Vico, directeur de l'observatoire du collège romain, découvrit une comète dont les mouvements déviaient d'une manière remarquable de l'orbite parabolique, ce dont on s'assura par quelques observations. Elle passa au périhélie le 2 septembre et put être observée jusqu'au 7 décembre. Les éléments elliptiques de cette comète, s'accordant parfaitement ensemble, ont été calculés dès lors par plusieurs astronomes; il s'ensuit que sa période de révolution est d'environ 1990 jours, ou 5 ans 1/2 (5,4357), ce qui (en supposant que son orbite n'éprouve aucune perturbation) a dû la ramener au périhélie le 13 janvier 1850. Comme l'ensemble et la comparaison de ces éléments, supputés indépendamment, serviront mieux peut-être que tout autre exemple, pour donner

une idée de cette branche d'astronomie, difficile et complexe, et sujette aux erreurs d'observations *individuelles* d'un corps si mal limité que les petites comètes, pour la plupart, nous les présenterons dans la table suivante : les éléments étant comme à l'ordinaire : temps du passage en périhélie, longitude du périhélie, longitude du nœud ascendant, inclinaison de l'écliptique, demi-axe et excentricité de l'orbite, temps périodique. Cette comète, dans son plus grand éclat, était visible à l'œil nu, et avait une petite queue ; elle est surtout intéressante pour les astronomes, par cette circonstance qu'il est devenu très-probable, d'après les recherches de M. Leverrier, qu'elle est identique avec celle qui parut en 1768, avec quelques-uns de ses éléments considérablement changés par la perturbation. Cette comète est aussi remarquable, d'après les conclusions de MM. Laugier et Mauvais, par son identité avec la comète de 1585, observée par Tycho Brahé, et peut-être aussi avec celles de 1743, 1766 et 1819.

587. Les éléments elliptiques trouvés de même, peu de temps après sa découverte, pour la comète que M. Brorsen a découverte le 26 février 1846, ont prouvé de suite sa déviation de la parabole. Voici ces éléments, avec les noms de ceux qui les ont calculés : en février 1847, temps de Greenwich ;

	ÉLÉMENTS de la COMÈTE PÉRIODIQUE DE BRORSEN, calculés par		
	Brunnow.	Hind.	Van Willingen et de Haan.
Passage au périhélie. .	25j.37794	25j.33109	25j.02227
Longitude du périhélie.	116°28'34"0	116°28'17"8	116°23'52"9
Longitude du nœud ascendant ☊.	102 39 36 5	102 45 20 9	103 31 25 7
Inclinaison.	30 55 6 5	30 49 3 6	30 30 30.2
Demi-axe.	3,15021	3,12292	2,87052
Excentricité.	0,79363	0,79771	0,77313
Période (jours).	2042	2016	1776

ÉLÉMENTS DE LA COMÈTE PÉRIODIQUE DE VICO,

Septembre 1844, — calculés par

	Nicolaï.	Hind.	Goldschmith.	Faye.	Schubert.	Brunnow.
Passage au périhélie. . . .	2j. 47594	2j. 50412	2j. 43430	2j. 48745	2j. 56348	2j. 47402
Longitude du périhélie. . .	342°31′ 5″5	342°32′ 40″1	342°29′ 44″9	342°31′ 15″5	342°34′ 31″5	342°30′ 49″6
Longitude du nœud ascendant ☊. . . .	63 48 48 9	63 52 24 4	63 48 55 2	63 49 30 6	63 54 40 8	63 49 0 1
Inclinaison. . .	2 54 45 8	2 54 27 1	2 55 1 9	2 54 45 0	2 52 5 8	2 54 50 3
Demi-axe. . .	3,09853	3,08582	3,41111	3,09946	3,02612	3,10295
Excentricité. .	0,61716	0,61566	0,61861	0,61726	0,60866	0,61788
Période (jours)	1992	1980	2400	1993	1923	1996

Cette comète est faible et ne présente rien de remarquable dans son apparence. L'intérêt qu'elle inspire provient surtout de la grande similitude de ses éléments *paraboliques* avec ceux de la comète de 1532, le lieu du périhélie et du nœud, ainsi que l'inclinaison de l'orbite, étant presque identiques.

588. M. D'Arrest a calculé aussi les éléments elliptiques d'une comète découverte par M. Peters, le 26 juin 1846, ce qui la place parmi les comètes à courte période, c'est-à-dire de 5806j, 3, ou près de 16 ans. L'excentricité de son orbite est 0,75672, son demi-axe 6,32066, et l'inclinaison de son plan sur celui de l'écliptique 31° 2' 14". Cette comète a paru au périhélie le 1er juin 1846.

589. La comète la plus remarquable de ce siècle, est celle qui parut en 1843, et dont la queue devint visible au crépuscule du 17 mars, en Angleterre comme un grand rayon de lumière nébuleuse, s'étendant d'un point au-dessus de l'horizon Ouest, en travers des étoiles Eridan et le Lièvre, sous la ceinture d'Orion. Cette situation était basse et défavorable, et ce ne fut que le 19 qu'on put voir la tête, seulement comme une faible nébuleuse mal limitée, s'affaiblissant rapidement les nuits suivantes. Mais dans les latitudes plus au Sud, on ne vit pas seulement la queue comme une traînée de lumière de plus de 50° ou 60° de longueur ; mais la tête et le nœud d'un éclat extraordinaire, excitant l'étonnement et l'admiration dans toute la contrée où on les voyait. Toutes les descriptions s'accordent à en faire un spectacle extraordinaire qui n'eût pas manqué de frapper de terreur, dans un siècle superstitieux. Dans les latitudes tropicales de l'hémisphère Nord, la queue parut le 5 mars, et le 1er dans la terre de Van-Diemen, la comète ayant passé au périhélie le 27 février. Le 3, déjà, la tête était assez dégagée de son voisinage du soleil, pour paraître un instant sur l'horizon après le coucher du soleil. Ce jour-là, vue dans un télescope achromatique de 46 *inches* (près de 117 *centimètres*), elle présentait un disque planétaire d'où les rayons émergeaient dans la direction de la queue. La queue était double, se composant de deux banderolles latérales principales, faisant un très-petit angle entre elles, et divisées par une ligne sombre comparativement, de 25° de longueur, prolongée vers le Nord par une banderolle divergente, faisant un angle de 5° à 6°, avec la direction générale de l'axe, et s'étendant jusqu'à 65° de la tête. Un pro-

longement semblable, quoique plus faible, formait banderolle du côté Sud. M. C. P. Smyth, de l'observatoire royal, en a donné un très-beau dessin, à cette date; on a représenté cette comète comme très-symétrique, en un cône de lumière vive avec un axe sombre et des bords rectilignes, renfermé dans un cône plus faible, dont les bords se courbent faiblement en dehors. La lumière de son nœud, à cette période, a été comparée à celle d'une étoile de première ou de deuxième grandeur; le 11, à celle d'une étoile de troisième grandeur; depuis lors, sa lumière s'affaiblit si rapidement que le 19 elle était invisible à l'œil nu; la queue, pendant tout ce temps, continuait d'être brillamment visible, quoique beaucoup plus à quelque distance du nœud, avec lequel sa connexion n'était pas apparente à la vue simple : c'est un trait singulier de l'histoire de ce corps. La queue, après le 3, était, généralement parlant, une simple courbe ou bande étroite de lumière; mais le 11 M. Clerihew qui l'observait à Calcutta, lui vit pousser une queue latérale presque deux fois aussi longue et aussi régulière, quoique plus faible, et faisant un angle de 18° avec sa direction du côté Sud. La projection de ce rayon (qui ne fut vu ni avant, ni après le jour en question) à une si grande distance de près de 100°, en un seul jour, donne une idée de l'intensité des forces agissant pour produire une si grande vitesse de la matière dans l'espace, vitesse qu'aucun autre phénomène naturel n'est capable d'offrir. Il est évident que, *si l'on conçoit ici la matière ayant toute son inertie*, elle doit être sous l'empire de forces incomparablement plus énergiques que la gravitation.

590. Il est hors de doute que cette comète a été vue en plein jour, et dans le voisinage immédiat du soleil. Elle a été vue, le 28 février, jour suivant son passage au périhélie, par tous les passagers à bord du H. E. I. C. S. Owen Glendower, partant alors du Cap, comme un court poignard près du soleil, un peu avant son coucher. Le même jour à $3^h 6^m$ après midi, conséquemment en plein soleil, la distance du nœud au soleil a été mesurée au sextant par M. Clarke de Portland, aux Etats-Unis, et trouvée de 3° 50' 43" de centre à centre. Voici sa description : « Le nœud et aussi certaines parties de la queue étaient aussi bien limités que la lune par un jour serein. Le nœud et la queue avaient la même apparence, ressemblant à un nuage blanc très-pur, sans aucune variation, excepté une faible nuance près de la tête, suffisant à distin-

guer le nœud de la queue en ce point. » La densité du nœud était si considérable, que M. Clarke ne doute pas qu'il eût été visible sur le disque du soleil, s'il eut passé entre le soleil et l'observateur. La longueur de la queue visible, résultant de mesures prises, était de 59', presque le double du diamètre apparent du soleil ; car, comme ce jour-là, les distances du soleil, de la terre et de la comète, étaient presque égales, cela donne 1700000 *miles* (273583 *myriamètres*) pour les dimensions linéaires de la portion la plus dense de cet appendice qui, malgré sa longueur considérable, ne montrait aucune tendance à raccourcir en ce temps-là.

591. Les éléments de cette comète sont parmi les plus remarquables que l'on se rappelle. — Ils ont été calculés par plusieurs astronomes distingués, auxquels nous emprunterons les résultats qui s'accordent le mieux ; les essais pour calculer son passage ayant quelque incertitude à raison de la difficulté d'observations exactes dans la première partie de sa course visible. Voici ceux qui nous semblent mériter une entière confiance :

(*Voir le Tableau ci-contre.*)

	Encke.	Plantamour.	Knorre.	Nicolaï.	Peters.
Passage au périhélie, temps marqué à Greenwich, février 1843.	27 j. 43096	27 j. 42935	27 j. 39638	27 j. 43025	27 j. 41319
Longitude du périhélie.	279° 2' 30"	278° 18' 3"	278° 28' 25"	278° 36' 33"	279° 59' 7"
Longitude du nœud ascendant ☊	4 15 5	0 51 4	1 48 3	1 37 55	3 55 17
Inclinaison.	35 12 38	35 8 56	35 33 29	35 36 29	35 15 42
Distance périhélienne. .	0,00522	0,00581	0,00579	0,00558	0,00428
Mouvement.	Rétrograde.	Rétrograde.	Rétrograde.	Rétrograde.	Rétrograde.

592. Ce qui rend ces éléments si remarquables, c'est la petitesse de la distance périhélienne ; de toutes les comètes connues, c'est celle qui s'est le plus approchée du soleil. Le rayon du soleil étant le sinus de son diamètre apparent (16' 1", 5) pour un rayon égal à la moyenne distance de la terre = 1, est représenté à cette échelle par 0,00466, ce qui raccourcit de 0,00534 la distance périhélienne trouvée en prenant la moyenne des résultats précédents, qui alors est seulement 0,00067, ou bien environ un septième de toute la grandeur. Ainsi la comète s'est approchée de la surface lumineuse du soleil, dans la septième partie d'un rayon de soleil ! Il est bien temps d'examiner ce qu'implique un pareil fait : d'abord, l'intensité de la lumière du soleil et de sa chaleur rayonnante, à différentes distances de ce puissant luminaire, croît proportionnellement à l'aire sphérique d'une partie de l'hémisphère visible couvert par le disque du soleil. Ce disque, dans le cas de la terre, dans sa moyenne distance, a un diamètre angulaire de 32' 3" ; pour notre comète en périhélie, le diamètre angulaire apparent du soleil n'est pas moins de 120° 32'. Le rapport des surfaces sphériques alors occupées (comme l'apprend la géométrie sphérique), est celui des quarrés des sinus du quart de ces angles l'un à l'autre, ou celui de 1 : 47042. C'est dans cette proportion que sont l'un à l'autre les sommes de lumière et de chaleur émises par le soleil sur une aire égale de la surface exposée sur notre terre et à la comète dans des moments égaux. Imaginons donc l'effet d'un si terrible éclat, que celui de 47000 soleils pareils à celui dont nous connaissons, par expérience, la production de chaleur sur la matière dont se compose la surface de la terre. Pour s'en faire quelque idée, il faut le comparer à celui de la grande lentille de Parker, qui a 32 1/2 *inches* (plus de 82 *centimètres*) de diamètre, et dont la longueur focale est de 6 *feet* 8 *inches* (2 *mètres*). Son effet, en supposant toute la lumière et toute la chaleur transmises, ainsi que la concentration focale parfaite (double condition qui n'est qu'imparfaitement remplie), serait d'agrandir le diamètre angulaire effectif du soleil de 23° 26', ce qui, comparé d'après le même principe, avec un soleil de 32' de diamètre, donnerait un total de 1915 seulement, au lieu de 47000. La chaleur à laquelle la comète était exposée surpassait donc celle du foyer de la lentille de Parker, en calculant au plus bas, dans la proportion de 24 1/2 à 1. Cependant cette lentille fond la cornaline, l'agate et le cristal de roche !

593. Mais la comète ne resta exposée à cette chaleur que pendant peu de temps. Sa vitesse au périhélie n'était pas moindre de 366 *milles* (589 *kilomètres*) par seconde, et tout le segment de son orbite en dessus (c'est-à-dire du Nord) du plan de l'écliptique, et dans lequel était situé le périhélie, comme cela semble résulter de l'examen de ses éléments, fut décrit en moins de deux heures; telle est toute la durée du temps du nœud ascendant au nœud descendant, ou pendant lequel la comète avait latitude Nord. Arrivée au nœud descendant, la distance du soleil était doublée déjà, et la radiation réduite au quart de son maximum. La comète de 1680, dont la distance périhélienne était 0,0062, et qui, par conséquent, s'est approchée du soleil d'un tiers de son rayon (plus du double de la distance de la comète de l'article précédent), a été calculée par Newton avoir subi une chaleur 2000 fois plus forte que celle du fer rouge de feu; terme de comparaison un peu vague, et que les savants ne reconnaissent plus comme suffisant pour mesurer la chaleur rayonnante (1).

594. Quoique plusieurs des observations relatives à cette comète soient vagues et peu exactes, il y a lieu de penser que leur ensemble ne peut se concilier avec une orbite parabolique, et que cette comète décrit une ellipse. Avant tout calcul, il fut remarqué que, dans l'année 1668, la queue d'une immense comète fut vue à Lisbonne, à Bologne, au Brésil et ailleurs, occupant presque la même situation parmi les étoiles, et dans la même saison de l'année, vers le 5 mars, et jours suivants; son éclat était tel que sa réflexion sur la mer était distincte. La tête, quand enfin elle se montra, était faible en comparaison et à peine visible. On n'a pas d'observations précises sur cette comète, mais la singulière coïncidence de situation, de saison, et de ressemblance physique, a déterminé le soupçon de l'identité des deux corps, comprenant une période de 175 ans, *à un jour ou deux près*. Ce soupçon a presque été converti en certitude par un examen attentif de ce qu'on a signalé de la plus ancienne des deux comètes : plaçant sur une

(1) Un passage de cette comète sur le disque du soleil, doit avoir eu lieu probablement peu de temps après son passage dans le nœud descendant. Il est fort à regretter qu'un phénomène si intéressant n'ait pas été observé. On ne peut douter qu'il n'ait été possible que quelque rejeton de sa queue n'ait été lancé, vers le 7 mars, époque où la comète était déjà loin au sud de l'écliptique, de manière à croiser ce plan et avoir été vue près des Pléiades. Il est certain que le matin de ce jour, un *vrai rayon cométaire* a été aperçu, dans le voisinage immédiat de ces étoiles, par M. Nasmyth. (Astron. notices, vol. V, p. 270.)

carte céleste la situation de la tête, conclue de l'apparence et de la direction de la queue, de ce qu'on en a vu seulement et de son lieu visible mentionné d'après les descriptions, on a conclu qu'il était possible de retracer son orbite à peu près d'après sa marche connue; cela s'accorde si bien avec celle de l'autre comète, qu'il ne peut plus guère y avoir de doute à ce sujet. Les comètes vues en : 268,442-3,791, 968, 1143, 1317, 1494, seraient le retour de cette même comète, puisque d'après la période ci-dessus mentionnée, elle devait reparaître en 268, 443, 618, 793, 968, 1143, 1318 et 1493, quelque latitude devant être laissée pour des perturbations inconnues.

595. Mais ce n'est pas la seule comète dont l'identité avec celle de 1843 ait été soutenue. En 1689, une comète ayant la plus grande ressemblance avec elle, fut observée du 8 au 23 décembre, et d'après quelques lieux marqués, ses éléments ont été calculés par Pingré (1), l'un des plus infatigables astronomes pour ce genre de recherches. Il paraît, d'après ces calculs, que la distance périhélienne de cette comète était remarquablement petite, et le nœud tendait à corroborer cette opinion. Mais l'inclinaison (69°) assignée par Pingré semblait conclure autrement. En reprenant les éléments, sur ces données, le professeur Pierce assigne à cette comète une inclinaison tout-à-fait différente de celle de Pingré, c'est-à-dire de 30° 4' (2), qui se trouve dans des limites raisonnables de vraisemblance. Mais comment s'accorder avec la longue période de 175 ans? pour y parvenir, il faut supposer que ces 175 ans comprennent 8 retours de la comète, ce qui ne fait qu'une période de 21 ans 875 pour son retour. Or, il est remarquable que cette période calculée, en arrière de 1843 à 1856 nous reporte sur une série d'années remarquables par l'apparence de grandes comètes, dont plusieurs, quoique l'on n'en ait que des descriptions imparfaites, ne contrarient en rien la supposition de leur identité. Outre les comètes mentionnées à période de 175 ans, nous pouvons spécifier comme retours pro-

(1) Auteur de la *Cométographie*, ouvrage indispensable à tous ceux qui s'occupent de cette branche de la science.

(2) Gazette des Etats-Unis, 23 mai 1849. Considérant que toutes les observations se font *près* le nœud descendant de l'orbite, la proximité de la comète du soleil, en ce temps, et la nature incertaine des observations ne *permettent* pas d'en déduire l'inclinaison. Quand les données anciennes sont incorrectes, il faut recourir à d'autres éléments et voir si le phénomène ne peut être expliqué par eux, perturbations comprises. Telle est la marche suivie par Clausen.

bables ou possibles, ceux des comètes de 1733 (1)? 1689 ci-dessus mentionnée; 1559? 1537 (2); 1515 (3) 1471; 1426; 1405-6; 1383; 1361; 1340 (4) 1296; 1274; 1230 (5); 1208; 1098; 1056; 1034; 1012 (6); 990 (7)? 925? 858? 684 (8)? 552; 530 (9); 421; 245 ou 247 (10); 180 (11); 158. Si nos idées à ce sujet sont exactes, nous aurons le retour de cette comète à la fin de 1864 ou bien au commencement de 1865, et il faudra observer l'hémisphère bien avant et après son passage au périhélie (12).

596. En rassemblant toutes les observations sur cette comète, M. Clausen a calculé son ellipse qui donnerait la période extraordinairement courte de 6 ans 38. En effet, la subdivision de 21,875, en trois fois 7,292, ramènerait tout à d'autres comètes remarquables. Cela va peut-être trop loin, mais en tout cas, la possibilité de représenter les mouvements de la comète par une si courte ellipse, nous ramène aisément à la période de 21 ans. Nous avons suffisamment expliqué, d'ailleurs, comment elle peut être visible à certains retours, et non visible à d'autres, par la situation de son orbite.

597. Nous sommes entré dans de grands détails sur cette comète, pour faire voir quel degré d'intérêt peut s'attacher à l'étude de l'astronomie cométaire. Cette branche de la science est en effet plus attachante qu'aucune autre, et nous pouvons dire plus assidûment cultivée à présent; avec ses calculs exacts, on peut la regarder comme complètement établie; d'après les mouvements observés d'une comète, on peut savoir ceux qu'il

(1) P. passage 1733-781. La grande comète Sud du 17 mai semble trop tôt dans l'année.

(2) 1536-906. Une comète fut vue à Pise en 1537.

(3) P. P. 1515-031. Une comète a prédit la mort de Ferdinand le Catholique, décédé en 1515 le 23 juin.

(4) P. P. 1340-031. Comète Sud évidemment et apparence très-probable.

(5) P. P. 1230-656. Peut-être un retour de la comète de Halley.

(6) P. P. 1011-906. Très-grande comète dans la partie Sud des cieux en 1012 (son éclat blessait les yeux), Cométographie de Pingré d'où ces notes sont extraites.

(7) P. P. 990-031. Comète fort épouvantable, *quelque* année entre 989 et 998.

(8) P. P. 683-781. En 684, il parut deux comètes ou même trois, dates incertaines.

(9) Deux comètes distinctes (l'une probablement dite de *César* et celle de 1680), parurent en 530 et 531, la première en Chine, la seconde en Europe.

(10) 246-281. Deux comètes Sud des annales chinoises. L'une ou l'autre année erronée.

(11) P. P. 180-656-656, 6 novembre. Comète Sud des annales chinoises.

(12) Astron. Nachr. n. 485, *Clausen*.

faut dorénavant observer, et on peut les conclure avec une précision mathématique; les perfectionnements apportés dans le calcul de la perturbation cométaire, et le nombre croissant des astronomes qui s'en occupent journellement, nous mettent à même d'en écrire le passé et l'avenir avec une certitude que l'on regardait à peine comme possible d'atteindre au commencement de ce siècle. Chaque comète récemment découverte est soumise à une enquête rigoureuse et bien ordonnée. Ses éléments, calculés d'abord dans le peu de jours où elle paraît, sont examinés et revus par une foule de calculateurs habiles. Sur la moindre indication de déviation d'une orbite parabolique, son ellipse devient un sujet de discussion et d'intérêt général. On reprend les vieilles observations, les notes anciennes, avec tout l'avantage de méthodes perfectionnées, pour tirer de l'oubli les orbites de comètes d'autrefois qui ont quelque ressemblance avec les comètes nouvelles. On porte l'investigation sur les perturbations que l'action planétaire a pu leur faire subir dans l'intervalle, et on les relie au présent, pour les prédire au futur. Une grande impulsion a été donnée à cet égard, en 1840, par le feu roi de Dannemarck (1) d'une médaille de prix, au premier observateur, (dont l'influence peut être le plus positivement indiquée dans le grand nombre de ces corps dont notre liste s'enrichit chaque année), et par une lettre spéciale (2) de chaque découverte (accompagnée, s'il est possible, de ses éphémérides), à tous les observateurs qui ont prouvé du zèle et de l'intérêt en multipliant les observations tant que la comète est en vue de nos télescopes.

598. Au reste, il est un point de vue physique sous lequel les comètes offrent le plus grand stimulant à notre curiosité. C'est le profond secret et le mystère dont la nature couvre tout ce qui concerne le phénomène de leurs queues. Peut-être est-il permis d'espérer que l'observation à l'avenir, apportant son tribut au progrès des sciences physiques (sur tout ce qui concerne les corps éthérés ou éléments impondérables), nous mettra sur la voie de ces mystères, et que nous saurons si c'est réellement de la *matière*, dans l'acception vulgaire du mot, qui est projetée hors de leurs têtes avec une vitesse si surprenante, et si cette matière est poussée, ou du moins *dirigée* par une action

(1) Voyez l'annonce de cette institution. Astron. Nachr. N. 400.

(2) Par le professeur Schumacher, directeur de l'observatoire royal de Altona.

solaire. A aucun égard on ne peut conclure que c'est de la matière, parce qu'on les voit faire révolution autour du soleil au périhélie, comme une bague rigide, en dépit de la gravitation, ou même des lois du mouvement acquis, s'étendant, (comme nous l'ont montré les comètes de 1680 et 1843) de très-près de la surface du soleil jusqu'à l'orbite de la terre, sans être brisées; et, dans ce dernier cas, dans un angle de 180° en moins de deux heures. Il semble vraiment incroyable que ce soit le même objet *matériel* qui puisse être ainsi *brandi*. Si l'on pouvait concevoir cela comme une *ombre négative*, impression momentanée faite sur l'éther lumineux derrière la comète, on s'en rendrait en quelque sorte compte: mais ce n'est pas cela du tout. Une excitation de l'éther, aussi surprenante, même en l'admettant, ne rendrait pas compte: des annexes latérales; de l'effusion de la lumière du nœud de la comète vers le soleil, et de son rejet subséquent; de ce nœud irrégulier et capricieux où l'on ne voit pas cette effusion avoir lieu; ne dirait rien non plus sur ces indications évidentes d'évaporation et de condensation dans les espaces immenses occupés par la queue et la chevelure d'une comète; rien enfin, des faits innombrables qui sont en désaccord avec tout ce que nous savons des forces et des mouvements de la matière.

599. Le grand nombre des comètes qui semblent se mouvoir dans des orbites paraboliques, ou du moins dans des orbites qu'on ne peut discerner des paraboles dans la petite partie qui nous reste visible, a donné naissance à l'idée que les comètes sont des corps étrangers à notre système, errants dans l'espace, et montrant simplement qu'ils sont soumis aux lois de notre système planétaire, pendant leur court séjour. Ce qui peut être vrai à cet égard, n'a jamais été établi d'une manière satisfaisante. D'après cette hypothèse, nos comètes elliptiques devraient leur permanente naturalisation dans la sphère d'attraction prédominante du soleil, à l'action de l'une ou de l'autre des planètes près desquelles, en passant, elles ont assez perdu de leur vitesse, pour en acquérir une compatible avec le mouvement elliptique (1). Une cause semblable, agissant d'autre manière, peut avec probabilité aussi, donner naissance à un mouvement hyperbolique. Mais, dans le premier cas, la comète resterait dans notre système, pour y continuer ses révolutions, et dans le second elle n'y reviendrait plus.

(1) La vitesse en ellipse est toujours moins grande qu'en parabole, à distance égale du soleil; elle est plus grande encore en hyperbole.

C'est peut-être la cause de l'occurrence très-rare d'une planète hyperbolique, par rapport aux comètes elliptiques.

600. Toutes les planètes, presque sans exception, et presque tous les satellites, circulent autour du soleil dans la même direction. Les comètes rétrogrades sont fréquentes au contraire, ce qui semble leur assigner une origine extérieure ou du moins indépendante. Laplace a conclu, d'après toutes les orbites cométaires connues de ce siècle, que la situation moyenne de toutes ces orbites, par rapport à l'écliptique était presque perpendiculaire, ou du moins ne présentait pas d'obliquité sensible. Nous croyons devoir remarquer que parmi les comètes que nous savons décrire des ellipses, aucune, sous l'inclinaison de 17°, n'est rétrograde; des 36 comètes dont les éléments elliptiques sont connus, à petite ou grande excentricité, et sans aucune limite d'inclinaison, 5 sont rétrogrades; deux seulement, celle de Halley et la grande comète de 1843 peuvent être considérées comme en dehors. Enfin, de 125 comètes dont les éléments sont donnés dans la collection de Schumacher et Olbers, jusqu'à 1823, le nombre des comètes rétrogrades, sous 10° d'inclinaison, n'est que de 2 sur 9, et sous 20° de 7 sur 23. Un plan de mouvement, presque coïncidant avec l'écliptique, et un retour périodique, sont donc des circonstances favorables à la révolution directe des comètes, de même qu'elles sont décisives parmi les orbites planétaires.

N. d. T. — J'ai cru devoir conserver cette note de monsieur Virlet, insérée déjà dans l'édition 1837 de ce Manuel, quoique M. Herschell ne l'ait pas reproduite dans son édition anglaise 1849.

Note de M. Théodore Virlet sur la formation des queues des comètes et sur les taches du soleil (1836).

Extrait de l'Echo de la Nièvre. — Les idées de M. Virlet sur la formation des planètes en général et des comètes en particulier, dont les journaux scientifiques ont rendu compte, nous paraissent mériter d'autant plus de confiance qu'elles ont obtenu l'approbation de notre grand astronome, M. Arago, qui a déclaré dans son cours public de l'Observatoire, que jusqu'à présent, c'était celle des hypothèses imaginées pour expliquer le phénomène des comètes, qui présentait le plus de probabilité.

Le fait qui a servi à l'auteur de point de départ, est le suivant :

« L'automne dernier, dit-il, en me rendant dans une des forges des bords de la Saône par une nuit brumeuse, je vis deux longues traînées lumineuses d'inégales dimensions, qui paraissaient partir du point vers lequel je me dirigeais et s'élevaient de l'horizon en faisant un angle d'environ 10°. Ces traînées ressemblaient parfaitement à des queues de comètes et formaient des espèces de gerbes qui s'élargissaient à partir de leur origine et diminuaient en lumière à mesure qu'elles s'élevaient dans l'atmosphère jusqu'à ce qu'elles se confondissent avec elle. Elles étaient séparées par un intervalle très-tranché et aussi sombre que le reste du ciel. Dans le premier moment, je crus que le phénomène était produit par la réfraction de la flamme que j'apercevais s'échapper par la partie supérieure du fourneau et qu'il avait de l'analogie avec celui que j'ai souvent eu occasion d'observer, et qui se produit pendant les nuits humides, les arcs-en-ciel lunaires ; mais, en approchant de l'usine, je reconnus que ces cônes lumineux n'étaient qu'un effet du rayonnement de la tuyère à travers deux ouvertures de la pièce contiguë (1). L'intervalle obscur était dû à l'interception d'une portion des rayons lumineux par la partie opaque qui séparait ces deux ouvertures.

» Ce phénomène, continue l'auteur, produit par le rayonnement d'un foyer incandescent à travers une ouverture de 8 *centimètres* seulement de diamètre, présentait si bien les apparences des queues de comètes, qu'aussitôt je pensai trouver de l'analogie entre la cause qui produit ces dernières et celles dont il est question plus haut ; et je m'enhardis dans cette supposition quand, en interceptant d'une manière convenable les rayons lumineux, je parvins à produire un effet de rayonnement en tout semblable à celui qu'offrit la queue de la comète de 1744, qui avait six divisions séparées par des intervalles aussi obscurs que le reste de l'espace. Cet effet pourtant ne se produisait pas toutes les nuits avec la même intensité ; il dépendait de l'état hygrométrique de l'atmosphère. Par un temps sec, les jets de lumière paraissaient réduits à de très-petites proportions ; la lumière de la lune les

(1) La tuyère par où le vent est injecté dans le fourneau, est le point où les matières en ignition sont arrivées à leur plus haut degré de température ; c'est là que les minerais réduits passent à l'état de fonte ; aussi la lumière qui s'en dégage est si vive, qu'il est impossible dans les premiers moments d'en soutenir la vue.

éclipsait totalement; et en cela ils présentaient une analogie de plus avec les queues des comètes, que la lumière de la lune ou une simple lueur crépusculaire font totalement disparaître. »

Voici comment M. Virlet conçoit la possibilité d'appliquer la même explication aux queues des comètes. Il suppose que tous les astres sont identiques par rapport à leur constitution physique, que tous ont eu la même origine, c'est-à-dire que tous ont été primitivement à l'état d'ignition, et qu'ils ne diffèrent entre eux que par leur volume et par un état plus ou moins avancé de refroidissement. Ainsi les planètes sont des *soleils encroûtés* (1) qui, après avoir brillé d'une lumière propre, sont devenus opaques par un refroidissement qui a été d'autant plus rapide qu'ils étaient moins volumineux; tandis que le soleil, dont la masse est comparativement si considérable (2), ne s'est encore refroidi que d'une quantité très-faible, mais cependant déjà appréciable, si l'on veut considérer les taches de son disque comme produites par les parties déjà solidifiées et encore flottantes à sa surface liquide. A mesure donc que le soleil perdra de son éclat et s'obscurcira par le refroidissement, notre système planétaire tombera dans l'obscurité, et il arrivera une époque où les planètes ne recevront plus que la lumière des étoiles, et ne jouiront plus que de leur chaleur intérieure, laquelle tend également à s'abaisser progressivement.

Si l'on pouvait arriver par l'observation exacte de quelques observations thermométriques à la surface du globe, à reconnaître la quantité de chaleur qu'il peut perdre dans un temps

(1) Les observations géologiques les plus modernes ont prouvé que la terre a été primitivement une masse en fusion, qui s'est consolidée par un refroidissement lent et progressif; tandis que l'accroissement rapide de température qui se manifeste partout, à mesure qu'on descend à de certaines profondeurs dans la croûte terrestre, montre que le noyau central est encore doué d'une très-haute température et très-probablement encore à l'état fluide. D'un autre côté, les lois du mouvement et de la mécanique démontrent qu'une masse fluide homogène doit nécessairement prendre, à la longue, la figure d'équilibre correspondante à toutes les forces qui la sollicitent, et qu'elle doit s'aplatir dans le sens de son axe de rotation et se renfler vers son équateur. Elles déterminent en outre la différence de longueur des deux diamètres, et elles font connaître que dans l'état final d'équilibre, la figure générale de la masse doit être celle d'un ellipsoïde. Ces curieux résultats du calcul se concilient merveilleusement, quant à leur ensemble et même quant à leurs valeurs numériques, avec les nombreuses mesures qui ont été prises de la terre, dans les deux hémisphères. Un tel accord entre les observations géologiques et les travaux des géomètres ne saurait être un pur effet du hasard, il démontre, au contraire, que *la terre a été anciennement à l'état de fluidité ignée ou d'incandescence*, et qu'elle n'est réellement, comme le voulaient Descartes, Leibnitz et Buffon, qu'un véritable *soleil encroûté*.

(2) 374,936 fois plus considérable que le volume de la terre.

donné; il serait facile de calculer combien de temps notre *soleil encroûté* a mis pour passer de l'état de globe incandescent et lumineux, à celui de corps opaque, et par suite combien de temps le soleil en mettra encore à se refroidir; mais nous pouvons être parfaitement rassurés à cet égard; ce moment est si éloigné que ni nous, ni les arrière-petits-neveux de nos petits-neveux, n'avons rien à craindre, attendu qu'il a été démontré, par suite du mouvement de la lune, que la quantité de chaleur que perd maintenant la terre est si faible, qu'en deux mille ans sa température générale n'a pas varié de la dixième partie d'un degré, d'où l'on peut conclure que son refroidissement date peut-être de plusieurs centaines de milliers d'années, et que par conséquent le soleil en mettra plusieurs centaines de millions, avant d'arriver à un état d'opacité comparable. D'ailleurs, qu'on ne croie pas que lorsqu'elle ne recevra plus ou presque plus de la chaleur rayonnante du soleil, la terre se trouvera dans un état de congélation excessive. L'illustre Fourrier a reconnu que la température des espaces que la terre sillonne en décrivant son orbe immense autour du soleil, ne dépassait pas 50 à 60° au-dessous de zéro, c'est-à-dire une température que les capitaines Parry, Franklin et Ross ont éprouvée dans leurs voyages aux régions polaires. Cette température des espaces célestes est très-probablement due au rayonnement de tous les corps de l'univers, qui, en perdant successivement de leur température, tendent à arriver à l'état d'équilibre auquel cet univers parviendra peut-être dans la prolongation incalculable des siècles.

Dans cette hypothèse, les comètes, du moins celles qui sont encore visibles, ne sont que des astres arrivés à un état de refroidissement moyen entre celui du soleil et des planètes, et jouissant d'une lumière propre qui va toujours en diminuant, à mesure que le refroidissement augmente. La différence d'éclat qu'elles présentent tient à des différences d'état de refroidissement. L'auteur pense qu'il peut en exister des milliers qui sont complètement refroidies, ou du moins dont les surfaces sont devenues tout-à-fait obscures, lesquelles parcourent les espaces où elles échappent maintenant à l'observation, et où elles sont comme autant de débris errants de l'ancienne nébuleuse qui a donné naissance à notre système solaire. Enfin il suppose, avec quelques astronomes et physiciens, que les aérolithes, dont l'origine est encore si problématique, pourraient bien n'être que des comètes ainsi éteintes depuis longtemps; car la rapidité du refroidissement de corps ellipsoïdaux, comme les planètes, devant être en raison inverse des masses, il y a des comètes qui, à cause de leurs très-petites dimensions, n'ont dû jouir que pendant bien peu de temps d'une lumière propre; tandis que d'autres d'un volume plus considérable ont pu avoir une très-longue durée avant de devenir opaques. Si donc, selon toute probabilité, la comète de Halley est la même que celle qui parut si brillante cent trente ans avant l'ère chrétienne, lors de la naissance de Mithridate, elle doit avoir des dimensions comparatives assez considérables, puisqu'elle conservait encore un certain éclat lors de sa dernière apparition en 1759, après dix-neuf siècles d'existence connue.

Ces suppositions une fois admises, l'existence des queues qui accompagnent souvent ces astres lui paraît aisément explicable de la manière suivante. On peut les considérer comme un simple effet du rayonnement de la masse incandescente intérieure à travers les crevasses de la croûte en partie obscurcie et solidifiée de la comète. Cette hypothèse, dit-il, rendrait raison de toutes les anomalies et des innombrables variétés de formes que présentent ces queues. En effet, aucune comète ne paraît s'être montrée deux fois de suite avec le même aspect, et cela doit être, puisque le refroidissement peut amener, par le retrait des parties qui se solidifient, des gerçures, des fractures, enfin tous les bouleversements et toutes les dislocations qui ont signalé la formation de la croûte terrestre, et que, par suite de ce travail, les fractures par lesquelles a lieu le rayonnement du noyau intérieur, doivent constamment changer de forme.

L'hypothèse de l'auteur se trouve en quelque sorte confirmée par l'opinion des principaux astronomes (MM. Arago, Herschell, etc.), qui pensent que les comètes doivent perdre successivement de leur éclat; et des trois seules comètes dont les retours périodiques au périhélie aient été jusqu'ici reconnus avec certitude, celle de Encke, qui a dû aussi reparaître au mois d'août 1835, mais être invisible pour notre hémisphère, a montré un décroissement progressif dans son éclat à chacune de ses réapparitions, et celle de Halley (1), qui a tant effrayé

(1) La troisième, celle de Biéla, qui doit reparaître en 1838, a été découverte trop récemment pour qu'on ait pu juger encore si elle perd son éclat; elle est d'ailleurs extrêmement faible et n'a présenté jusqu'ici aucune apparence de queue ni de noyau solide.

le monde par la splendeur et l'immensité de sa queue, à l'époque de ses premières apparitions, n'attira plus en 1682 que bien faiblement l'attention publique, et lors de sa dernière réapparition, en 1759, elle n'offrit aucune apparence de queue. Elle devra donc, dans l'hypothèse, reparaître encore plus obscure cette année; mais il pourrait arriver cependant que, si sa surface venait d'être soumise à quelque phénomène de dislocation, elle présentât de nouveau une ou deux queues, peut-être un plus grand nombre, et qu'elle reparût temporairement avec une partie de son ancien éclat. Son retour, impatiemment attendu des astronomes et des physiciens, permettra peut-être de résoudre cette importante et intéressante question.

C'est le 27 février dernier que M. Virlet émettait au sein de la société des sciences naturelles de France cette espèce de prophétie, que le retour de la comète semble être venu confirmer, puisqu'elle a d'abord reparu comme en 1759, sans aucune apparence de queue, et qu'elle en offre maintenant une fort mince à la vérité, mais qui est très-distincte et qui a plusieurs millions de lieues d'étendue. Il serait curieux, pour que l'hypothèse se trouvât complètement confirmée, de la voir maintenant changer de forme, ainsi que cela a d'ailleurs quelquefois été observé sur d'autres comètes, et entre autres sur celle de 1823 qui offrait deux queues opposées.

Par une conséquence naturelle, M. Virlet pense aussi que l'immense auréole lumineuse qui entoure le soleil, de même que les nébulosités qui enveloppent le noyau des comètes, ne tiennent qu'à un état tout particulier des atmosphères de ces astres, rendues lumineuses par suite de leur haute température et du rayonnement de leur masse ; c'est pour lui un phénomène analogue à celui qu'on observe dans l'obscurité autour d'un boulet chauffé au rouge blanc, ou d'une de ces masses incandescentes de fer réduit, que les forgerons appellent *loupes* dans l'opération de l'affinage du fer, lesquels paraissent environnés d'une auréole ou atmosphère lumineuse très-étendue, comparativement au diamètre de la masse. Les dimensions de cette auréole diminuent à mesure que la masse se refroidit et s'obscurcit. Il doit en être ainsi pour les nébulosités des comètes, et il en sera très-probablement de même pour la brillante atmosphère du soleil, qui à son tour pourra présenter des queues bien autrement effrayantes que celles de ces petits astres. Les loupes dont il est ici question offrent tout à la fois, ainsi que les comètes, le double phénomène d'auréoles et de gerbes lumineuses; car souvent, en se crevassant sous le marteau, elles laissent apercevoir le noyau intérieur qui a encore conservé son état d'incandescence, tandis que la surface est déjà arrivée au rouge sombre et s'est en partie obscurcie; les crevasses ainsi formées laissent échapper des faisceaux lumineux, quelquefois très-vifs, qui sont la représentation exacte des queues des comètes, toujours plus brillantes que les nébulosités qui les enveloppent, puisqu'elles les effacent totalement par leur éclat.

Cette explication fort ingénieuse d'un phénomène, que jusqu'ici on n'avait encore pu expliquer d'une manière bien satisfaisante, nous paraît d'autant plus heureuse, qu'elle satisfait l'esprit tout d'abord et qu'elle répond à toutes les objections que semblaient présenter les anomalies apparentes du phénomène, lesquelles deviennent au contraire une conséquence nécessaire du mode de formation et de refroidissement des comètes. Si cette hypothèse venait à être confirmée par l'observation, elle aurait pour première conséquence de simplifier beaucoup les lois qui semblent avoir présidé à la formation de l'univers, dont le mécanisme ne nous paraît très-probablement si compliqué que parce que nous ignorons encore les causes qui le font mouvoir ainsi que les éléments dont il se compose.

Nous terminerons notre article en rapportant un passage d'un autre article sur les comètes, inséré dans le *Temps* du 3 octobre 1836 : « Le danger de la queue des comètes se trouve bien diminué, si l'on admet la supposition de M. Virlet sur la nature de ces apparences étonnantes, supposition très-ingénieuse et qui a pour elle l'approbation de M. Arago. On sait que tous les astres ont été d'abord incandescents, et ne se sont refroidis qu'à la longue. M. Virlet croit que les comètes sont encore à l'état incandescent, et ne se sont revêtues que d'une mince couche refroidie; rien n'est plus probable, puisqu'on admet que le centre de la terre elle-même est encore en feu. Si, dans cette couche refroidie, il vient à se former quelque fissure, la lumière en jaillit avec éclat, et, selon M. Virlet, cet éclat est la seule queue des comètes. Si, au lieu d'une fissure, il s'en forme plusieurs, les jets de lumière qui en sortent sont distincts et forment plusieurs queues. Cette explication semble plausible, et explique comment il se fait que des comètes paraissent tantôt avec une ou plusieurs queues, tantôt sans queue, et que leur éclat diminue à chaque retour. Elles perdent en vieillissant de leur incandescence, et leur splendeur décroît d'autant. »

On voit donc d'après cela que si la terre venait à se trouver plongée dans une queue de comète, ce qui a dû arriver plus d'une fois, sans même qu'on s'en doutât ; elle n'en éprouverait pas plus d'inconvénient qu'elle n'en éprouve à recevoir chaque jour les rayons du soleil, ou la lumière réfléchie de la lune.

Après avoir lu les détails qui précèdent, on pourra se demander comment il se fait qu'on ait été si longtemps à trouver une explication si naturelle ; cependant, en y réfléchissant, on voit qu'il en a été ici, comme pour toutes les découvertes importantes : qu'il a fallu, non-seulement que le phénomène, qui a mis sur la voie de l'hypothèse, et qui avait très-bien pu être observé des milliers de fois auparavant, fût vu par un esprit observateur, judicieux et capable d'en tirer toutes les conséquences convenables, mais encore que cet observateur possédât des connaissances astronomiques assez étendues, et fût parfaitement initié à toutes les connaissances géologiques actuelles, sans lesquelles cette explication, en apparence si simple à trouver, serait peut-être encore restée longtemps un mystère pour la science.

Taches du soleil. — M. Virlet ajoute : on a objecté que l'hypothèse à laquelle j'attribuais les taches du soleil n'était pas admissible, parce que si quelques parties de la surface du soleil venaient à se refroidir assez pour se solidifier, elles s'enfonceraient nécessairement dans l'intérieur de la masse fluide, en vertu des lois de la pesanteur et de la force centrifuge ; cette objection serait fondée, si les parties solidifiées acquéraient une densité plus grande que la masse en ignition ; mais si le contraire a lieu, comme pour plusieurs substances et ainsi que cela a dû avoir lieu pour les masses à cristallisation confuse, comme les granites, par exemple, on voit qu'elle tombe d'elle-même. S'il n'en avait pas été ainsi à l'origine du refroidissement du globe terrestre, il en serait résulté que le centre de la terre aurait passé le premier à l'état solide, et que l'hypothèse de la chaleur centrale que tout semble démontrer, ne serait plus admissible.

Toutes les observations faites jusqu'ici dans les taches du soleil, semblent démontrer l'hypothèse, que le soleil serait une masse fluide en incandescence, mais qui se refroidit ;

ainsi l'abaissement de température, lorsque les taches sont nombreuses, vient tout-à-fait à l'appui de cette idée; car il reproduit alors des portions d'éclipse, qui empêchent une partie des rayons solaires d'arriver jusqu'à nous.

601. *Température des espaces.* — Le capitaine Back, qui a été envoyé à la recherche du capitaine Ross, a fait vers le pôle nord, plusieurs observations thermométriques qui lui ont donné — 56°,6 cent. Or, comme la température du globe ne peut être plus basse que celle des espaces célestes, il en résulte que celle-ci avait été supposée trop élevée par Fourrier, qui l'évaluait à — 50°. (Voir la note de M. Arago à ce sujet, communiquée à l'Académie des Sciences dans sa séance du 15 juin 1836.)

DEUXIÈME PARTIE.

CHAPITRE XII.

PERTURBATIONS LUNAIRES ET PLANÉTAIRES.

Objet qu'on se propose. — Problème des trois corps. — Superposition de petits mouvements. — Estimation de la force perturbatrice. — Son tracé géométrique. — Estimation numérique en certains cas. — Résolution en composés rectangulaires. — Forces perturbatrices, radiales, transversales et rectangulaires. — Normales et tangentielles. — Leurs effets caractéristiques. — Effets de la force rectangulaire. — Mouvements des nœuds. — Conditions de leur avance et de leur retard. — Cas d'une planète extérieure retardée par une planète intérieure. — Cas inverse. — Dans chaque cas le nœud de l'orbite perturbée s'éloigne en moyenne du plan de l'orbite perturbatrice. — Effets combinés de telles perturbations. — Mouvement des nœuds de la lune. — Changements d'inclinaison. — Conditions de son accroissement et de sa diminution. — Effet moyen dans toute une révolution. — Compensation opérée dans toute une révolution du nœud. — Théorème de Lagrange sur la stabilité de l'inclinaison des orbites planétaires. — Changement d'obliquité de l'écliptique. — Explication de la précession des équinoxes. — Nutation. — Principe des vibrations forcées.

602. Dans le cours de cet ouvrage, nous avons plus d'une fois appelé l'attention du lecteur sur l'existence d'inégalités dans les mouvements lunaires et planétaires, qui ne sont pas comprises dans l'expression des lois de Kepler, mais qui leur sont en quelque sorte supplémentaires, et d'un ordre tellement subordonné à ces grands tracés des mouvements célestes, qu'il faut pour les découvrir, des observations plus délicates avec une comparaison continuée plus longtemps entre les faits et les théories, que celles qui suffisent pour l'établissement et la vérification de la théorie elliptique. Ces inégalités sont connues, en astronomie physique, sous le nom de *perturbations*. Elles proviennent, dans le cas des planètes principales, des gravitations réciproques de ces planètes entre elles, qui dérangent leurs mouvements elliptiques autour du soleil; dans le cas des planètes secondaires, elles proviennent en partie des gravita-

tions réciproques des satellites d'un même système, qui dérangent leurs mouvements elliptiques autour de leur commune planète principale, et en partie de l'attraction inégale du soleil tant sur elles que sur leur principale. Ces perturbations, quoique faibles, et, dans la plupart des exemples, insensibles pour un court espace de temps, lorsqu'elles sont accumulées dans le laps des siècles, ainsi que cela arrive pour plusieurs, altèrent grandement les relations elliptiques primitives, et de manière que les mêmes éléments des orbites planétaires, qui représentaient parfaitement bien les mouvements à une certaine époque, n'y satisfont plus et présentent des inégalités après de longs intervalles de temps.

603. Quand Newton traça, d'après la physionomie générale des mouvements célestes, la loi de la gravitation universelle, s'étendant à chaque particule de matière et la soumettant à une influence réciproque, ce ne fut pas sans penser aux modifications que cette généralisation introduirait dans les résultats d'une application partielle et limitée aux révolutions des planètes autour du soleil, et des satellites autour de leurs principales, comme *seuls* centres d'attraction. Bien loin de cela, son extraordinaire sagacité lui fit apercevoir très-distinctement comment quelques-unes des inégalités lunaires les plus importantes prenaient leur origine, dans cette manière plus générale de concevoir l'effet de l'attraction, spécialement quant au mouvement rétrograde des nœuds, et à la révolution directe des apsides. S'il n'étendit pas ses investigations aux perturbations réciproques des planètes, ce ne fut pas faute de voir que de telles perturbations *doivent* exister, et qu'elles *peuvent* à la longue amener de grands dérangements dans l'état actuel du système; mais, à raison de ce que l'astronomie pratique était peu avancée, il n'était pas possible d'espérer la précision convenable pour se livrer alors à des recherches si délicates. Ce que Newton avait laissé inachevé, ses successeurs l'ont accompli; maintenant il n'est pas une seule perturbation, grande ou petite, découverte par l'observation, dont l'origine ne soit rattachée à la gravitation réciproque de toutes les parties de notre système, et dont on ne puisse rendre un compte numérique et détaillé, basé sur le calcul rigoureux des principes de Newton.

604. Les calculs de cette nature exigent une analyse transcendante que nous ne pouvons exposer ici. Le lecteur qui veut s'y rendre maître, a de longues études préparatoires à faire,

et dont les degrés entraîneraient une trop grande digression. Notre objet, dans ce chapitre, sera de donner quelque aperçu général sur la nature des forces agissantes, sur leur mode d'opérer, et de faire ressortir les circonstances qui, dans quelques cas, leur donnent un haut degré d'efficacité, une espèce de *trébuchement* dans la balance de notre système; tandis que dans d'autres, leur action effective, quoique n'ayant pas moins d'intensité, loin de produire des changements étendus, est compensée ou avortée pour ainsi dire. Nous expliquerons aussi la nature de ces admirables résultats concernant la stabilité de notre système, auxquels les recherches des géomètres les ont conduits, et qui, sous la forme mathématique de théorèmes simples et élégants, comprennent l'histoire passée et future des orbites des planètes pendant des siècles et qui, de ce point de vue, ne laissent apercevoir ni commencement ni fin.

605. Si dans l'univers il n'y avait d'autres corps que le soleil et une planète, la planète décrirait une ellipse exacte autour du soleil, ou tous deux en décriraient autour de leurs centres communs de gravité; l'orbite de leurs révolutions serait toujours la même. Mais dès l'instant que nous ajoutons un troisième corps, son attraction détournera les deux premiers de leurs orbites mutuelles, et en agissant inégalement sur eux, troublera le rapport de l'un à l'autre, et mettra fin à l'exactitude rigoureuse et mathématique de leurs mouvements elliptiques, l'un autour de l'autre ou bien autour d'un point fixe de l'espace. Nous voyons par cette manière d'exposer le sujet, que ce n'est pas l'attraction seule du corps nouvellement introduit qui produit perturbation, mais la *différence* de ces attractions sur les deux corps primitifs.

606. Comparées au soleil, toutes les planètes sont d'une extrême petitesse; la plus grande de toutes, Jupiter n'est pas plus de la 1100me partie du soleil. En conséquence leurs attractions réciproques sont toutes très-faibles, comparées au pouvoir central qui préside, et les effets de leurs forces perturbatrices sont minimes proportionnellement. Dans le cas des planètes secondaires, l'agent principal qui dérange leurs mouvements est le soleil lui-même, dont la masse est très-grande, il est vrai, mais dont l'influence perturbatrice est immensément diminuée par leur proximité de la planète principale, comparée à leurs distances du soleil, ce qui rend la différence des attractions sur les satellites et la principale, extrêmement faible, comparée

à l'attraction totale. Alors la plus grande partie de l'attraction du soleil, c'est-à-dire celle qui leur est commune, s'exerce à retenir la principale et les secondaires dans leur commune orbite autour du soleil, et à prévenir leur départ de compagnie. Le reste de la force n'agit que comme pouvoir perturbateur. Sa valeur moyenne, dans le cas de la perturbation de la lune par le soleil, a été calculée par Newton, et ne s'élève pas à plus de 1/638000 de la gravité à la surface de la terre ou 1/179 de la force principale qui retient la lune dans son orbite.

607. De l'extrême faiblesse des intensités de perturbation, comparées aux forces principales, et par conséquent de la petitesse de leurs effets *momentanés*, il s'ensuit que nous pouvons estimer chacune de ces forces séparément, comme si les autres n'avaient pas lieu, sans crainte pour les conclusions, d'une erreur qui soit au-delà des limites d'une première approximation. C'est un principe mécanique, découlant immédiatement des relations primitives entre les forces et les mouvements qu'elles produisent, que lorsqu'un certain nombre de très-petites forces agissent à la fois sur un système, leur effet réuni est la somme de leurs effets séparés, au moins dans ces limites, que leur action n'a pas changé sensiblement la liaison primitive des parties du système. De tels effets survenant dans les mouvements plus grands dus à l'action des forces principales, peuvent être comparés aux petites rides causées par des milliers de brises diverses sur la surface des eaux; elles y courent et s'y croisent en tous sens, sans se détruire les unes les autres, et sans influer sur le cours régulier des flots du profond Océan; ce n'est que lorsque les effets accumulés par le laps des temps sont assez forts pour altérer les relations primitives du système, qu'il devient nécessaire d'avoir égard aux changements correspondants introduits dans l'estimation de leur efficacité momentanée, par laquelle le *rapport* des changements subséquents est affecté, ce qui donne lieu à des périodes ou cycles d'une très-grande longueur. De là naissent quelques-unes des théories les plus curieuses de l'astronomie physique.

608. Il est évident dès lors, qu'en estimant l'influence perturbatrice de plusieurs corps formant un système, dans lequel l'un des corps a une prépondérance remarquable sur tous les autres, il ne faut pas s'embarrasser des combinaisons des pouvoirs perturbateurs, à moins que cela ne concerne des périodes immensément longues, telles que plusieurs millions de révo-

lutions de ces corps autour de leurs centres communs. De cette manière, le problème de recherche des perturbations d'un système quelque nombreux qu'il soit, se réduit à celui d'un système de trois corps : l'un central et prédominant, l'autre perturbateur, et le troisième troublé; ces deux derniers changeant de dénominations, suivant que ce sont les mouvements de l'un ou de l'autre qui font le sujet de la recherche.

609. L'intensité de la force perturbatrice varie continuellement, suivant la situation relative du corps perturbateur et du corps troublé par rapport au soleil. Si l'attraction du corps perturbateur M, sur le corps central S et sur le corps troublé P (lettres que nous emploierons à l'avenir pour les désigner abréviativement) est égale, et agit suivant des lignes parallèles, quelle que puisse être d'ailleurs la loi de variation, il n'y aura aucune déviation dans le mouvement elliptique de P autour du soleil, ou de l'un autour de l'autre. Le cas sera rigoureusement celui de l'art. 454; l'attraction de M, ainsi circonstanciée, étant à chaque instant exactement analogue dans ses effets à la gravité terrestre, qui agit en lignes parallèles et dont l'*intensité* est la même sur les corps grands et petits. Mais il n'en est pas ainsi dans la nature. Tout ce que l'on a dit dans l'article 454, des effets de perturbation du soleil et de la lune est, *mutatis mutandis*, applicable à chaque cas de perturbation; c'est notre affaire maintenant d'entrer dans les détails des généralités que nous avions alors esquissées.

610. Pour avoir une idée bien nette de la manière dont la force perturbatrice produit ses divers effets, il faut s'assurer en un instant donné, et dans toute situation relative des trois corps, de sa direction et de son intensité, comparées avec la gravitation de P vers S, en vertu de laquelle gravitation seule P décrirait une ellipse autour de S regardé comme un point fixe, ou plutôt P et S autour de leur centre commun de gravité, en vertu de leur mutuelle gravitation à l'un et à l'autre. Dans le problème des trois corps, il convient, pour plus de clarté, d'en considérer un seul comme fixe, et de rapporter les mouvements des deux autres à celui-là pris pour centre relatif. Dans le cas de deux planètes troublant les mouvements l'une de l'autre, on choisit naturellement le soleil comme ce centre fixe; mais dans le cas des perturbations des satellites les uns par les autres, ou par le soleil, le centre de leur primaire est pris comme point de rapport, et le soleil n'est plus considéré qu'au point de vue d'un très-gros satellite

fort distant et se mouvant autour de la primaire, dans une orbite *relative*, égale et semblable à celle que la primaire elle-même décrit *absolument* autour du soleil. On conserve ainsi la locution générale ; et quand, en revenant à quelque corps central particulier, on parle d'une planète *extérieure* et d'une planète *intérieure*, cela comprend les cas où la planète extérieure est le soleil, et la planète intérieure un satellite, comme dans la théorie lunaire. C'est un principe de dynamique que les mouvements relatifs d'un système de corps, *inter se*, ne sont pas altérés en imprimant à tous un mouvement ou des mouvements communs, ou bien en leur appliquant une force ou des forces accélérant ou ralentissant également leur mouvement suivant la commune direction, c'est-à-dire suivant des lignes parallèles. Supposons donc, fig. 63, que nous appliquions aux trois corps S, P, M, semblablement, des forces égales à celles avec lesquelles M et P attirent S, mais en sens contraire. Alors les mouvements relatifs de M et P autour de S ne sont pas altérés ; mais S étant maintenant sollicité par des forces égales et opposées à la fois, par M et par P, restera en repos. Voyons maintenant comment l'un des autres corps P se trouve affecté par l'introduction de ces nouvelles forces, ajoutées à celles qui, d'abord, agissaient sur lui. Il est évident que P subira maintenant l'action de quatre forces : 1° l'attraction *de* S suivant la direction PS ; 2° une force additionnelle, en même direction, égale à son attraction *sur* S ; 3° l'attraction de M suivant la direction PM ; 4° une force parallèle à MS et égale à l'attraction de M *sur* S. Les deux premières, suivant la même loi du carré inverse de la distance SP, peuvent être regardées comme une seule force, précisément comme si la somme des masses de S et de P se trouvait réunie en S ; à raison de leur action réunie, P décrira une ellipse autour de S, tant que son mouvement elliptique ne sera pas troublé par les deux autres forces. Ainsi l'on voit qu'à cet égard la force *relative* perturbatrice agissant en P n'est pas plus grande que la simple attraction de M, mais que c'est une force résultant de la composition de cette attraction avec celle de M sur S, transmise à P, en sens inverse.

611. Soit CPA (fig. 92), la partie relative de l'orbite du corps perturbé, et MB celle du corps perturbateur, leurs plans se coupant suivant la ligne des nœuds SAB, et ayant entre eux l'inclinaison exprimée par le triangle sphérique PA*a*. En MP, d'après la construction, soit MN : MS : : MS^2 :

MP². Alors si SM (1) représente en quantité et en direction l'attraction accélératrice de M sur S, MS représentera en quantité et en direction la nouvelle force appliquée en P, parallèle à cette ligne, et NM représentera de même l'attraction accélératrice de M sur P. Conséquemment, la force perturbatrice agissant en P sera la résultante des deux forces appliquées en P, respectivement représentées par NM et MS, qui, d'après les lois de la dynamique, sont équivalentes à une seule force représentée en *quantité* et en *direction* par NS, *mais ayant* P pour son *point d'application*.

612. La trigonométrie donne les moyens de calculer aisément la *ligne* MS, quand les situations relatives et les distances réelles des corps sont connues; la force exprimée par cette ligne est directement comparable avec les forces attractives de S sur P, par les proportions suivantes, dans lesquelles M, S représentent les masses de ces corps que l'on suppose connus, et auxquels, à distance égale, leurs attractions sont proportionnelles :

Force pertubatrice : attraction de M sur S :: NS : SM;
Attraction de M sur S : attraction de S sur M :: M : S;
Attraction de S sur M : attraction de S sur P :: SP² : SM²,

On en conclut :

Force pertubatrice : attraction de S sur P :: M × NS × SP² : S × SM × SM²
: S × SM³

Quelques exemples numériques vont montrer les résultats de ces calculs pour des cas particuliers choisis exprès dans diverses circonstances, afin d'en montrer l'application à tout le système planétaire. Dans chaque cas les nombres expriment la proportion dans laquelle la force centrale retenant le corps perturbé dans son orbite elliptique, excède la force perturbatrice, jusqu'au nombre le plus voisin. Les calculs sont faits pour trois positions du corps perturbateur, c'est-à-dire sa plus grande, sa plus petite, et sa moyenne distance du corps perturbé.

(1) Le lecteur devra faire grande attention à l'ordre des lettres, quand les forces sont représentées par des lignes. MS représente une force agissant de M vers S; SM une force agissant de S vers M.

Corps perturbateur.	Corps perturbé.	Rapport à la plus grande distance = 1	Rapport à la moyenne distance = 1	Rapport à la plus petite distance = 1
Le Soleil..	La Lune..	90	179	89
Jupiter.. .	Saturne. .	934	312	128
Jupiter.. .	La Terre.	95683	147373	53268
Vénus. . .	La Terre.	255208	210245	26833
Neptune. .	Uranus. .	57420	56592	5519
Mercure. .	Neptune. .	526	526	526
Jupiter. .	Cérès. . .	6435	6937	1033
Saturne. .	Jupiter.. .	20248	21579	3065

613. Si l'orbite du corps perturbateur est circulaire, SM est invariable. Dans ce cas, NS continuera de représenter la force perturbatrice sur la *même échelle invariable*, quelle que soit la configuration des trois corps l'un par rapport à l'autre. Si l'orbite de M n'est qu'un peu elliptique, ce sera presque la même chose. Dans ce qui va suivre, à moins que le contraire ne soit expressément mentionné, nous négligerons l'excentricité de l'orbite perturbatrice.

614. Si P est plus près de M que n'en est S, MN est plus grand que MP, et N se trouve sur le prolongement de MP (fig. 92), par conséquent sur le côté opposé du plan de l'orbite P sur lequel se trouve M. La force NS pousse donc P vers ce plan, en un point X situé entre S et M, sur la ligne MN. Si par la situation de P en D ou en E par exemple, la distance MP devient égale à MS, MN devient aussi égale à MP ou MS; en sorte que N coïncide alors avec P, et X avec S, les forces perturbatrices étant, dans ce cas, dirigées vers le corps central. Mais si MP est plus grand que MS (fig. 93), MN est plus petit que MP, et N se trouve entre M et P, ou du même côté du plan de l'orbite P sur lequel se trouve M; la force NS, appliquée en P, pousse donc P vers le côté opposé de ce plan en un point de la ligne MS, devenue telle que X se transporte alors au côté le plus éloigné de S. Dans tous les cas, la force perturbatrice fait tout son effet dans le plan MPS où se trouvent les trois corps.

Il est important pour l'étudiant de bien fixer dans son esprit et d'y retenir ces relations de l'agence perturbatrice considérée comme *une simple force indéterminée*, puisque c'est le moyen de se préserver de plusieurs erreurs dans l'examen des actions mutuelles des planètes les unes sur les autres. Par exemple, la fig. 92 correspond au cas d'un corps plus près, perturbé par un corps plus éloigné, tel que la terre par Jupiter ou la lune par le soleil; tandis que la fig. 93 correspond au cas inverse, celui de Mars perturbé par la terre, ou d'un corps plus éloigné troublé par un corps plus près. Dans ces derniers cas, que M P soit plus grand que MS, ou SP plus grand que 2 SM, N se trouve du même côté du plan de l'orbite P avec M; de sorte que N S, la force perturbatrice, contrairement à ce que nous avions d'abord supposé, pousse la planète perturbée hors du plan de son orbite vers le côté opposé à celui sur lequel se trouve la planète perturbatrice. On se fera des idées plus claires et mieux arrêtées à ce sujet, en mettant en dehors les diverses hypothèses sur la grandeur relative des orbites perturbatrices et perturbées (supposées dans un même plan), la forme de l'ovale près de M étant considérée comme un point fixe, dans lequel vient N lorsque P a fait une révolution complète autour de S.

615. Il est nécessaire aussi pour avoir, dans le premier cas, une idée nette de l'action de la force perturbatrice, de la considérer comme une simple force ayant une direction définie dans l'espace et une intensité déterminée, quoique cependant cette direction varie continuellement avec la position de N S, tant par rapport aux rayons S P, S M, et à la distance P M, qu'à la direction du mouvement de P; il serait impossible, en la considérant ainsi, de comprendre son effet dynamique après un laps de temps considérable, ce qui rend nécessaire de la décomposer en deux autres forces équivalentes agissant en telles directions qu'on puisse les examiner séparément; ceci peut se faire de différentes manières. D'abord nous la décomposerons en trois forces agissant suivant des directions fixes, dans un espace rectangulaire, l'une sur l'autre, et de l'estimation de leur effet dans chacune de ces directions séparément, nous conclurons leur effet total ou réuni. C'est le mode le plus avantageux pour traiter le problème des perturbations dans toutes ses généralités, et c'est par conséquent celui que suivent les géomètres de la nouvelle école dans leurs recherches laborieuses à ce sujet. Une autre méthode consiste à décomposer la force en trois composantes rectangulaires, non pas en directions fixes, mais variables; c'est-à-dire (fig. 93), suivant les lignes N Q, Q L et L S, parmi lesquelles

LS est la direction du rayon vecteur SP, QL lui est perpendiculaire, et dans le plan desquelles SP se trouve, ainsi que P et une tangente à l'orbite de P; enfin NQ est en direction perpendiculaire au plan dans lequel P se meut, en cet instant, vers S. La première de ces composantes peut s'appeler la composante *radiale* de la force perturbatrice, ou simplement la force radiale perturbatrice ; la seconde, la composante *transversale;* et la troisième, l'*orthogonale* (1). Quand l'orbite perturbée n'a qu'une faible excentricité, la transversale agit presque dans la direction de la tangente en P à l'orbite de P, et se confond alors avec la composante que nous décrirons (art. 618) sous le nom de force tangentielle. C'est le mode de résolution de la force perturbatrice suivi par Newton et ses adeptes.

616. Les actions immédiates de ces composantes de la force perturbatrice sont évidemment indépendantes l'une de l'autre, étant rectangulaires dans leurs directions; elles affectent le mouvement des corps perturbés d'une manière distincte et caractéristique. Aussi, la composante radiale étant dirigée au corps central, ou du corps central, n'a pas de tendance à troubler soit le plan de l'orbite de P, soit les aires régulièrement décrites par P autour de S; puisque la loi des aires proportionnelles aux temps n'est pas un caractère de la force de gravité seulement, mais a lieu également, quelle que soit la force qui retient un corps dans une orbite, *pourvu seulement* que sa direction soit toujours vers un centre fixe (2). De plus, comme la loi de variation n'est pas conforme à la simple loi de gravité, elle altère la forme elliptique de l'orbite de P, en affectant directement et sa courbure et sa vitesse à chaque point. Donc, en vertu de la force perturbatrice, l'orbite dévie de la forme elliptique en s'approchant ou s'éloignant de P, ou de S, en sorte que l'effet des perturbations produites par cette partie de la force perturbatrice tombe en entier sur le rayon vecteur de l'orbite perturbée.

617. D'un autre côté la force perturbatrice transversale représentée par QL, n'a pas l'action directe de tirer P vers S ou loin de S. Tout son effet tend à accélérer ou à retarder le mouvement de P en direction à angles droits à SP. Or, l'aire momentanément décrite par P autour de S est, toutes choses

(1) Le manque de termes pour exprimer cette composante de la force perturbatrice se fait souvent sentir.

(2) Newton, I, I.

égales d'ailleurs, dirigée, comme la vitesse de P, en direction perpendiculaire à SP. Toute force donc qui accroît cette vitesse transversale de P, accélère la description des aires, et réciproquement. Avec l'aire ASP, par la nature de l'ellipse, se trouve lié directement l'angle ASP décrit par P ou que doit décrire P, à partir d'une ligne fixée dans le plan de l'orbite; de sorte que tout changement dans le rapport de la description des aires se réduit, en définitive, à un changement dans le rapport du mouvement angulaire autour de S, et donne naissance à une déviation de la forme elliptique. De là provient ce que l'on nomme dans la théorie des perturbations, (changements ou fluctuation en deçà et en delà d'une certaine limite), les équations du mouvement moyen du corps perturbé.

618. Il est un autre mode de décomposer la force perturbatrice en composantes rectangulaires, qui n'étant pas si bien adapté aux calculs des résultats par la réduction en chiffres des mouvements du corps perturbé, n'en est pas moins tellement clair pour indiquer la forme, la grandeur et la situation d'une orbite soumise à son action, que nous l'adopterons de préférence. Il consiste à estimer les composantes de la force perturbatrice, qui sont dans le plan de l'orbite, non dans la direction que nous avons nommée radiale et transversale, c'est-à-dire suivant celle du rayon vecteur PS et de sa perpendiculaire, mais dans la direction d'une tangente à l'orbite en P, et d'une normale à la courbe, perpendiculaire à la tangente, raison pour laquelle ces forces composantes ont pris le nom de forces *tangentielle* et *normale* perturbatrices. Quand l'orbite d'un corps perturbé se trouve circulaire, ou presque circulaire, ce mode de résolution diffère peu du précédent ou même se confond avec lui; mais quand l'ellipticité est considérable, ces directions diffèrent sensiblement de la radiale et de la transversale. Comme dans le mode newtonien de résolution, l'effet d'une composante tombe entièrement sur le rapprochement du corps P ou son éloignement du corps central S, et celui de tout le reste sur le rapport de la description des aires par P autour de S; de même, dans ce mode dont nous nous occupons, l'effet direct d'une composante (la normale) tombe entièrement sur la courbure de l'orbite en son point d'impact, accroissant cette courbure quand il a lieu du dedans, et la diminuant quand il a lieu du dehors : d'un autre côté la composante tangentielle a son effet direct sur la

vitesse du corps perturbé, l'accroissant ou la diminuant, suivant que sa direction est dans le sens de cette vitesse, ou dans le sens opposé. Il est évident que lorsqu'on a pour but de tracer simplement les changements produits par la force perturbatrice, dans l'*angle* et la *distance* du corps central, le premier mode de résolution doit avoir l'avantage d'être plus facile pour l'application au calcul surtout. Il paraît moins évident, mais il deviendra plus clair par la suite, que le dernier mode offre des avantages spéciaux en montrant aux yeux et à l'esprit l'influence momentanée de la force perturbatrice sur les *éléments* de l'orbite elle-même.

619. Aucune des composantes de la force perturbatrice, parmi celles dont nous venons de parler, ne tend à tirer P hors du plan de l'orbite PSA. Mais la composante qui reste, l'orthogonale, NQ agit directement et uniquement pour produire cet effet. Par conséquent, sous l'influence de cette force, P doit quitter ce plan, et, la même cause agissant toujours, doit décrire une *courbe à double courbure*, comme on l'appelle, dont les deux courbures ne se trouvent pas dans le même plan passant par S. Son effet est de produire une variation continuelle dans les éléments de l'orbite de P, qui dépendent de la *situation de ce plan* dans l'espace : c'est-à-dire dans l'inclinaison à un plan fixe, et dans la position sur ce plan du nœud ou de la ligne de son intersection avec lui. Comme parmi tous ces effets divers de variation de perturbation, celui-ci est à la fois le plus simple à concevoir et à suivre dans ses conséquences poussées le plus loin, nous commencerons par son explication.

620. Supposons qu'au-dessus de P (fig. 92 et 93), le corps décrive une orbite non perturbée CP. Alors en P il se mouvra suivant la direction de la tangente PR à l'ellipse PA, dont le prolongement coupera le plan de l'orbite M, en un point quelconque de la ligne des nœuds, en R. Maintenant en P et sur P, laissons agir momentanément la force perturbatrice parallèle à NQ; P déviera dans la direction de cette force, et au lieu de l'arc P*p*, qu'il eût décrit dans l'instant suivant, s'il n'eût pas été perturbé, il décrira l'arc P*q* représenté dans la fig. 92 en dessous, et dans la figure 93 au-dessus de P*p* par rapport au plan PSA. Ainsi, par l'action de la force perturbatrice, le plan de l'orbite de P a quitté sa position dans l'espace, de PS*p* (partie élémentaire de l'ancienne orbite), à PS*q* (partie élémentaire de la nouvelle orbite). Or la ligne des nœuds SAB,

dans l'ancienne, est déterminée en prolongeant Pp dans la direction de la tangente PR coupant le plan MSB en R, et joignant SR : de même, dans la nouvelle, la ligne des nœuds sera déterminée en prolongeant Pq dans la direction de la tangente Pr, et joignant Sr. On voit que dans les circonstances exprimées, fig. 92, l'action momentanée de la force orthogonale perturbatrice a fait *rétrograder* la ligne des nœuds sur le plan de l'orbite du corps perturbateur, tandis que dans les circonstances, fig. 93, elle l'a fait *avancer* au contraire. Il est évident que les actions des autres composantes de la force perturbatrice n'auront plus d'effet sur ce résultat, car aucune d'elles ne tend à porter P hors de son premier plan de mouvement, ou bien à l'empêcher de quitter ce plan. Leur influence se borne à transférer les points d'intersection des tangentes Pp ou Pq, de R ou r, en R' ou r', plus près de S que Rr, mais sur les mêmes lignes.

621. Supposons maintenant que M soit à gauche, au lieu d'être à droite de la ligne des nœuds, P conservant sa position et MP étant moindre que MS, en sorte que X se trouverait encore entre M et S. Dans cet état de choses (ou *configuration* des trois corps l'un par rapport à l'autre, comme on l'appelle). N se trouvera *en dessous* du plan ASP, et la force perturbatrice tendra à élever le corps P sur ce plan ; la composante orthogonale NQ agissant alors en haut. L'arc perturbé Pq se trouvera au-dessus de Pp, et si on le prolonge jusqu'à sa rencontre avec le plan MSB, il le coupera en un point en avant de R : dans cette configuration, le nœud avancera sur le plan de l'orbite de M, pourvu toujours que la dernière orbite reste fixe, ou du moins pourvu qu'elle ne quitte pas sa position de manière à altérer ce résultat.

622. Généralement parlant, le nœud de la planète perturbée s'éloignera *sur quelque plan que l'on peut considérer comme fixe*, toutes les fois que la force orthogonale perturbatrice tend à porter le corps perturbé plus près de ce plan, et réciproquement. Cela est évident, à la seule inspection de la fig. 94 où CA représente un demi-cercle de la projection du plan fixe, comme vu de S sur la sphère des cieux, et CPA celui du plan de l'orbite non perturbée de P, le mouvement de P suivant la direction de la flèche, de C le nœud ascendant, à A le nœud descendant. On voit aussi, en prolongeant Pq, Pq' suivant les arcs des grands cercles Pr, Pr' (en avant ou en arrière suivant le cas), de manière à rencontrer CA, que le nœud aura rétrogradé suivant l'arc Ar ou Cr, toutes les fois

que Pq se trouve entre CPA et CA, ou lorsque la force perturbatrice porte P vers ce plan fixe; mais que le nœud aura avancé suivant Ar' ou Cr', quand Pq' se trouve au-dessus de CPA, ou quand l'impulsion perturbatrice a quitté P au-dessus de son ancienne orbite, ou en arrière du plan fixe; *et cela sans aucun rapport avec le mouvement orbitul non perturbé* de P, au moment où il se porte soit vers le plan CA, soit en sens inverse, comme dans les deux cas représentés par la fig. 94.

623. Considérons maintenant la perturbation mutuelle de deux corps M et P, dans les diverses configurations où ils peuvent se présenter l'un par rapport à l'autre et à leur corps central commun. Prenons le cas le plus simple d'abord, fig. 93, où l'orbite perturbée et extérieure à celle du corps perturbateur, et la distance entre les orbites plus grande que le demi-axe de la plus petite; les deux planètes se trouvant du même côté de la ligne des nœuds. Alors (art. 620), la direction de toute la force perturbatrice, et par conséquent aussi celle de la composante orthogonale, sera vers le côté opposé du plan de l'orbite de P, à celui où se trouve M. Son effet sera donc d'attirer P hors de son plan, dans une direction s'éloignant du plan de l'orbite de M, en sorte que dans cet état de choses, le nœud avancera vers ce dernier plan, quelles que soient d'ailleurs les situations de P et M dans ces demi-circonférences de leurs orbites respectives. Supposons M transféré sur le côté opposé de la ligne des nœuds, alors la direction de son action sur P, par rapport au plan de l'orbite de P, sera renversée; et P, en quittant ce plan, s'approchera du plan de l'orbite de M, au lieu de s'éloigner, de manière que le nœud alors s'éloignera de ce plan.

624. Alors, tandis que M et P se meuvent autour de S, et que dans le cours de leurs révolutions, ils se présentent l'un à l'autre et à S, dans toutes les configurations possibles, le nœud de l'orbite P avancera vers A quand les deux corps seront du même côté de la ligne des nœuds, et il s'en éloignera quand ils seront du côté opposé. En moyenne, ils s'avanceront donc ou s'éloigneront pendant des temps égaux, en supposant les orbites presque circulaires. Par conséquent si leur avance, à chaque instant de sa durée était d'une vitesse égale à leur éloignement pour chaque instant correspondant, pendant cette phase de mouvement, ils ne feraient qu'osciller en deçà et au-delà d'une position moyenne, sans aucun mouvement permanent dans l'une ou l'autre direction. Mais il n'en est

pas ainsi. La rapidité de la rétrogradation dans chaque position favorable à la rétrogradation est plus grande que celle de l'avance dans la position correspondante. Pour le prouver, considérons, *fig.* 95, deux configurations dans lesquelles les phases de M. sont diamétralement opposées, en sorte que les triangles PSM, PSM' soient dans un même plan, ayant une inclinaison sur l'orbite de P, suivant la situation de P. Menons PS; puis M*m*, M'*m'* qui lui soient perpendiculaires, et qui seront par conséquent égales entre elles. Prenons MN : MS : : $MS^2 : MP^2$; et M'N' : M'S : : $M'S^2 : M'P^2$; alors, si les orbites sont presque des cercles, et par conséquent MS = M'S, N'M' sera moindre que MN; donc, puisque PM' est plus grand que PM, PN' : PM' dans un plus grand rapport que PN : PM; conséquemment, par les triangles semblables, tirant N*n*, N'*n'* perpendiculaires à PS, on a N'*n'* : M'*m'* dans un plus grand rapport que N*n* : M*m*, ce qui donne N'*n'* plus grand que N*n*. Car le plan PMM' coupe l'orbite de P, suivant PS, et se trouvant incliné à cette orbite, sous le même angle, dans toute son étendue, si l'on tire de *n* et *n'* des perpendiculaires à cette orbite, elles seront l'une à l'autre dans la proportion de N*n* à N'*n'*; la perpendiculaire menée de *n'* sera donc plus grande que celle menée de *n*. Or puisque N'S et NS (art. 611) représentent en quantité et en direction les forces perturbatrices totales de M' et M sur P, respectivement, ces perpendiculaires exprimeront les forces perturbatrices orthogonales (art. 615), dont la première tend, comme nous l'avons vu, à faire rétrograder les nœuds, et la dernière tend au contraire à les faire avancer; par conséquent la prépondérance dans chaque système des deux situations de M est en faveur d'un mouvement rétrograde.

625. Voyons maintenant le cas où la distance entre les orbites est moindre que le demi-axe intérieur, ou dans lequel la moindre distance de M à P est moindre que MS : prenons une situation quelconque de P par rapport à la ligne des nœuds AC (fig. 96). Alors les points *d*, *e*, distants de moins de 120°, peuvent être pris sur l'orbite de M, équidistants de P et de S. Supposons que M occupe toute position possible dans son orbite, P restant en place; alors si ce n'était pour l'existence de l'arc *de*, dont les relations de l'art. 624 sont renversées, il paraîtrait d'après le raisonnement de cet article, que le mouvement du nœud est direct, lorsque M occupe un point quelconque de la demi-orbite FMB, et rétrograde quand il est

à l'opposite, mais que le mouvement rétrograde prédomine sur le tout. Il prédomine d'autant plus, qu'il existe un arc *d*M*e* dans lequel, si M s'y trouve, son action produira un mouvement rétrograde, au lieu d'un mouvement direct.

626. Ceci suppose que l'arc *de* se trouve en entier dans le demi-cercle F*d*B. Mais supposons qu'il soit, comme dans la figure 97, partie en dedans et partie en dehors de ce cercle. La *plus grande* partie *d*B sera nécessairement dedans, et même dans cette partie, où le point de l'orbite de M est le plus près de P, dans laquelle par conséquent la force de rétrogradation a son maximum d'effet. Quoique dans la partie B*e*, la tendance rétrograde sur tout ce demi-cercle soit renversée (art. 624), cependant cet effet sera plus que contre-balancé par l'action rétrograde plus énergique et plus prolongée sur *d*B; par conséquent, pour ce cas aussi, dans la moyenne de toute situation possible de M, le mouvement du nœud sera rétrograde.

627. Considérons enfin une planète intérieure perturbée par une planète extérieure. Faisons MD et ME (fig. 92), égale chacune à MS. Alors quand P est entre D et le nœud A, étant plus près que S ne l'est de M, la force perturbatrice agit vers l'orbite de M, du côté ou se trouve M; et le nœud rétrograde. Il rétrograde encore, en conservant la même position, quand P est dans une partie quelconque de l'arc EC, de E à l'autre nœud, parce que dans cette situation, la direction de la force perturbatrice, est renversée, il est vrai, mais cette partie de l'orbite de P étant aussi renversée par rapport au plan de M, P est encore poussé vers ce dernier plan, mais du côté opposé à M. Ainsi, M gardant sa position, toutes les fois que P est quelque part en DA ou EC, le nœud rétrograde. D'un autre côté, il avance quand P est entre A et E, ou bien entre C et D, parce que dans ces arcs, un seul des éléments déterminants (c'est-à-dire la direction de la force perturbatrice par rapport au plan de l'orbite de P; et la situation de ce plan par rapport à l'autre, en dessus ou en dessous), a été renversé également. Or, 1° : toutes les fois que M est quelque part dans la ligne des nœuds, la somme des arcs DA et EC dépasse un demi-cercle, et *cela* d'autant plus, que l'arc le plus près de M est dans une position à angles droits avec la ligne des nœuds; 2° les arcs favorables à la rétrogradation du nœud comprennent les positions dans lesquelles la force orthogonale perturbatrice est la plus puissante, et réciproquement. Cela est

évident, parce que à mesure que P s'approche de D ou de E, cette composante décroît, et disparaît à ces points (art. 612). Le mouvement du nœud lui-même disparaît aussi quand P arrive au nœud ; car quoique dans cette position la force orthogonale ne disparaisse pas et ne change pas de direction, cependant, puisque à chaque instant de P passant le nœud, (A) la rétrogradation du nœud est changée en avance, il doit nécessairement rester stationnaire (1) en ce point ; à raison de ces deux causes (que le nœud rétrograde pendant plus longtemps qu'il n'avance, et qu'une force plus énergique de rétrogradation ajoute à sa vitesse rétrograde), le mouvement rétrograde ne cesse de dominer toute la révolution synodique de P. L'excentricité de chaque orbite ne change rien à ce raisonnement et à celui des articles suivants, parce qu'elle est trop faible en ligne de compte.

628. C'est donc une proposition générale, que pour la moyenne de chaque révolution synodique complète, le nœud de chaque planète perturbée s'éloigne de l'orbite de la planète perturbatrice ; ou en d'autres termes, que dans chaque système de deux orbites, le nœud de chacune rétrograde sur l'autre, et enfin sur tout plan intermédiaire que l'on peut regarder comme fixe. Sur un plan non intermédiaire, le nœud d'une orbite pourrait avancer, tandis que l'autre rétrograderait. Supposons par exemple (fig. 99), que CAC soit un plan intermédiaire entre les deux orbites PP et MM. Si *pp* et *mm* sont les nouvelles positions des orbites, le nœud de P aura rétrogradé sur M de A à 5, celui de M sur P de A à 4, celui de P et de M sur CC respectivement de A à 1, et de A à 2. Mais si FAF est un plan non intermédiaire, le nœud de M sur celui de ce plan, aura rétrogradé de A à 6, tandis que celui de P aura avancé de A à 7. Si le plan fixe n'a qu'une intersection commune avec ceux des deux orbites, il est également facile de voir que le nœud de l'orbite perturbée doit s'éloigner de ce plan et de celui de l'orbite perturbatrice, ou bien avancer sur l'un, et rétrograder sur l'autre, suivant la position relative des plans.

629. C'est le cas des orbites planétaires. Elles ne se coupent

(1) Il semble, à la première vue, que ce soit comme si un changement *par à coup* avait lieu, mais la continuité du mouvement du nœud deviendra sensible à l'inspection de la fig. 98, où *bad* est une partie de la marche perturbée de P, près du nœud A, et concave vers le plan GA. Le lieu momentané du nœud se mouvant est déterminé par l'intersection de la tangente *bc* avec AC, qui lorsque *b* passe en *a* pour aller en *d*, s'éloigne de A jusqu'en *a*, y stationne un instant, puis avance de nouveau.

pas en un nœud commun. Il est très-vrai que le nœud de chaque planète rétrograderait sur l'orbite d'une autre et chacune par l'action individuelle de l'autre; cependant quand elles agissent toutes ensemble, la rétrogradation sur un plan équivaut à l'avance sur un autre; en sorte que le mouvement du nœud de chaque orbite sur un plan donné, provenant de leur action réunie, à raison des différentes positions de tous les plans, devient un phénomène compliqué d'une manière curieuse, et dont la loi ne peut pas être facilement exprimée par des mots, quoiqu'elle se traduise facilement en nombres, comme simple résultat géométrique de tout ce que nous venons de dire.

630. Les nœuds de toutes les orbites planétaires rétrogradent donc sur l'écliptique véritable; c'est un fait; quoiqu'elles ne soient pas toutes ainsi sur un plan fixe, tel que nous l'avons conçu dans le système planétaire, plan relatif qui n'est pas affecté par leurs mutuelles perturbations. C'est au reste, à l'écliptique que nous sommes forcés de rapporter ces mouvements de notre station dans le système; et si nous voulions ramener nos idées à un plan fixe, il serait nécessaire de tenir compte de la variation de l'écliptique elle-même, variation produite par l'action réunie de toutes les planètes.

631. A raison de la petitesse des masses des planètes, et de leurs grandes distances l'une de l'autre, les révolutions de leurs nœuds sont excessivement lentes, étant toujours moindres qu'un seul degré par siècle, et dans certains cas, n'allant pas à un demi-degré. Il en est autrement avec la lune, et cela pour deux raisons distinctes: 1° la force perturbatrice elle-même provenant de l'action du soleil (comme on le voit dans la table de l'art. 612), porte une beaucoup plus grande partie à l'action centrale de l'attraction de la terre sur la lune, que dans la cas de toute autre perturbation d'autres planètes; 2° la révolution synodique de la lune, dans laquelle la moyenne est (toujours du côté de la rétrogradation) seulement de 29 jours et demi, période bien plus courte que celle de toute autre planète, et excessivement par rapport à quelques-unes des planètes. Cela s'accorde avec ce que nous avons dit (art. 407 et 408) sur le mouvement des nœuds de la lune; et il est à peine nécessaire d'ajouter que lorsqu'on fait le calcul, *à priori*, d'après une estimation exacte de toutes les forces agissantes, ce résultat se trouve coïncider précisément avec celui déduit de l'observation; ce qui ne laisse aucun

doute que c'est ainsi que se produit un effet aussi remarquable.

632. Quant à ce qui concerne la condition physique de chaque planète, il est évident que la position de leurs nœuds est de peu d'importance. Il en est autrement de l'inclinaison mutuelle de leurs orbites, l'une par rapport à l'autre, et à l'équateur de chacune. Une variation de position de l'écliptique, par exemple, par laquelle son pôle quitterait sa distance du pôle de l'équateur, troublerait nos saisons. Si le plan de l'orbite de la terre changeait de manière à faire coïncider l'écliptique avec l'équateur, nous aurions un printemps perpétuel sur toute la terre; et d'autre part si elle coïncidait avec le méridien, les extrêmes de l'été et de l'hiver deviendraient insupportables. La recherche des variations de l'inclinaison des orbites planétaires entre elles, est donc d'un plus haut intérêt pratique que celle de leurs nœuds.

633. Il est évident que le plan S P q (fig. 63), dans lequel le corps en perturbation se meut l'instant d'après celui où il quitte P, est différemment incliné par rapport à l'orbite de M, ou à quelque plan fixe, que le plan primitif du mouvement sans perturbation P S p. La différence de situation de ces deux plans dans l'espace est l'angle des plans PSR et PSr; elle est donc facile à calculer par la trigonométrie sphérique, quand l'angle R S r, ou la rétrogradation momentanée du nœud est connue, comme aussi l'inclinaison des plans des orbites l'un à l'autre. Nous voyons que, entre le changement momentané d'inclinaison et la rétrogradation momentanée du nœud, il existe une relation intime, et que la recherche de l'une est de fait basée sur celle de l'autre. Ceci deviendra peut-être plus clair, en considérant l'orbite de M, non comme une simple ligne imaginaire, mais comme un cercle elliptique ou circulaire, matériel et rigide sans inertie, sur lequel glisserait, comme sur un fil, le corps P qui s'y trouverait enfilé. Il est clair que la position de ce cercle sera déterminée à chaque instant par son inclinaison sur le plan qui servira de base à laquelle on le rapporte, et par le point de son intersection avec lui, ou de son nœud. Elle sera aussi déterminée par la direction momentanée du mouvement de P, qui, n'ayant pas d'inertie, doit obéir; et tout changement par lequel P, dans l'instant suivant, altérera son orbite, sera équivalent à un déplacement matériel de tout le cercle, qui changera à la fois son inclinaison et ses nœuds.

634. Une conclusion immédiate de ce qui vient d'être dit, c'est que dans le cas où les orbites seraient faiblement inclinées l'une à l'autre, ainsi que cela arrive dans le système planétaire et pour la lune, les variations momentanées de l'inclinaison sont d'un ordre très-inférieur en grandeur à celles qui ont lieu dans la position du nœud. Une simple inspection de la figure rend ceci évident; l'angle R P r étant à raison de la faible inclinaison des plans SPR, et RSr, nécessairement beaucoup plus petit que l'angle RSr, à mesure que les plans des orbites approchent de la coïncidence, un très-faible mouvement angulaire de Pp autour de PS, comme axe, produira une grande variation de position du point r, où son prolongement coupe le plan de base.

635. En se reportant à la fig. 94, on voit, quoique le mouvement du nœud soit rétrograde, toutes les fois que l'arc Pq momentanément perturbé se trouve entre les plans CA et CGA des deux orbites, et réciproquement, soit que P s'éloigne de CA, comme dans CG, soit qu'il s'en approche, comme dans GA, que cependant la même identité, comme caractère de changement, ne subsiste pas par rapport à l'inclinaison. L'inclinaison de l'orbite perturbée (c'est-à-dire celle de son élément momentané) Pq ou Pq', est mesurée par l'angle sphérique PrH ou Pr'H; or, dans le cadran CG, PrH est moindre et Pr'H est plus grand que PCH, tandis que dans le cadran GA, c'est le contraire. D'où l'on conclut cette règle : 1° si la force perturbatrice pousse P vers le plan de l'orbite de M, et que le mouvement non perturbé de P le porte aussi vers ce plan; 2° si la force perturbatrice pousse P loin de ce plan, et que le mouvement non perturbé de P l'en éloigne aussi; l'inclinaison momentanée s'accroît dans l'un et l'autre cas; 3° mais si la force perturbatrice le rapproche, tandis que le mouvement de P l'éloigne, ou réciproquement, l'inclinaison momentanée diminue. Ou bien, en rassemblant tous les cas dans une seule alternative, si l'action de la force perturbatrice et celle du mouvement non perturbé de P ont le même caractère, par rapport au plan de l'orbite de M, l'inclinaison augmente; elle diminue dans le cas contraire.

636. C'est l'affaire du calcul intégral de passer des changements momentanés qui ont lieu dans la nature, aux effets accumulés produits par un laps considérable de temps, sous l'action continue des mêmes causes, avec des circonstances qui font varier ces effets. Au reste, sans entrer dans les détails

d'aucun calcul, il nous sera facile de tracer, d'après les principes que nous venons de poser, les traits saillants de cette théorie, la nature périodique du changement et du retour de l'inclinaison primitive, et l'oscillation qui en résulte pour chaque plan, dans une certaine position moyenne.

Nous commençons, comme dans l'explication du mouvement des nœuds, par le cas le plus simple, celui d'une planète extérieure perturbée par une planète intérieure à moins de moitié de sa distance du corps central. Soit A C A' un grand cercle des cieux, sur lequel l'orbite de M vue de S soit projetée, suivant une ligne droite, et A *g* C *h* A' la projection correspondante de P vue de la même manière. Supposons que M occupe quelque situation fixe, dans le demi-cercle A C, et que P décrive une révolution complète, de A, sur *g* C *h*, en A', alors pendant qu'il sera entre A et *g*, ou dans le premier cadran, son mouvement a lieu *à partir* du plan de l'orbite de M, tandis qu'en même temps la force orthogonale agit *à partir de* ce plan : l'inclinaison s'accroît donc (art. 635). Dans le second cadran le mouvement est *vers* ce plan, mais la force continue d'agir *de* ce plan, et l'inclinaison décroît. Une semblable alternative a lieu dans la traversée des cadrans C *h* et *h* A'. Ainsi le plan de l'orbite de P oscille, *de çà* et *de là*, par rapport à sa moyenne position, deux fois dans chaque révolution de P. Pendant que cela a lieu, si M conserve une position fixe en G, les forces étant symétriquement semblables de chaque côté, l'étendue de ces oscillations sera exactement égale, et l'inclinaison à la fin de la révolution de P reviendra précisément à son angle primitif. Mais si M est ailleurs, il n'en sera plus ainsi, et une seule révolution de P opérera une compensation partielle; il y aura surplus d'un côté, au lieu de diminution. Mais quand M vient en M', point à égale distance de l'autre côté de G, l'effet sera inverse, en supposant les orbites circulaires. Ainsi, pour la moyenne des deux situations, l'effet sera le même que si M était divisé en deux parties égales, l'une placée en M et l'autre en M', ce qui produit l'annihilation de la prépondérance et effectue une balance parfaite. En moyenne de toutes les situations possibles de M, l'effet sera le même que si la masse était distribuée sur toute la circonférence de l'orbite, formant un anneau dont chaque partie détruit l'effet de celle placée semblablement du côté opposé de la ligne des nœuds.

637. Le raisonnement est le même pour les cas plus com-

pliqués des art. 625 et 627. Supposons qu'à raison, soit de la proximité des deux orbites (dans le cas de perturbation de la planète extérieure), soit de ce que l'orbite perturbée soit intérieure à une orbite perturbatrice quelconque, il y aura une plus grande partie ou une moindre, *de*, de l'orbite de P dans laquelle ces relations seront inverses. Soit M la position de M' correspondante à *de*, prenant alors GM' = GM, il y aura une semblable partie *d' e'* ayant précisément la même relation inverse à M', et par conséquent les actions de M'M, se neutraliseront l'une l'autre comme dans le premier état de choses.

638. Cependant, pour opérer une compensation complète et rigoureuse, il est nécessaire que M se présente à P dans toute configuration possible, non-seulement par rapport à P lui-même, mais encore à la ligne des nœuds, car c'est à la position de cette ligne que s'applique tout le raisonnement. Dans le cas de la lune, par exemple, le corps perturbé (la lune) fait sa révolution en 27j,322 ; le corps perturbateur (le soleil) en 365j, 256 ; et la ligne des nœuds en 6793j, 391 ; nombres qui sont l'un à l'autre dans le rapport de 1 à 13 et à 49. Or, en 13 révolutions de P et 1 de M, si le nœud reste fixe, P se sera présenté à M, dans toute configuration, presque de manière à opérer une compensation presque exacte. Mais en 1 révolution de M, ou 13 de P, le nœud lui-même a glissé de 13/249 ou d'environ 1/19 de révolution, en direction opposée aux révolutions de M et de P, en sorte que, quoique P ait été renvoyé en arrière de la même configuration par rapport à M, les deux révolutions sont de 1/19 de révolution en avance de la même configuration par rapport au nœud. La compensation ne sera donc pas exacte, et pour la rendre exacte, il faut que la chose ait lieu 19 fois ; et alors enfin les deux corps reviennent à la même position relative, non-seulement l'un par rapport à l'autre, mais aussi par rapport au nœud. Les fractions de révolutions entières, que nous avons négligées dans cette explication, sont évidemment sans influence pour rendre la compensation ainsi opérée dans une révolution du nœud inexacte, et pour donner naissance à une période composée de plus grande durée, à la fin de laquelle a lieu définitivement la compensation mathématique rigoureuse.

639. Il est clair, d'après cela, que si les orbites sont des cercles, le laps d'un très-petit nombre de révolutions de ces corps sera presque égal, et celui d'une révolution du nœud presque exactement, amenant un rétablissement parfait des inclinai-

sons. D'ailleurs si l'on suppose les orbites excentriques, il n'est pas moins évident, à raison du manque de symétrie dans la distribution des forces, qu'une compensation parfaite n'aura pas lieu, soit dans une révolution, soit dans plusieurs révolutions de P et de M, indépendantes du mouvement du nœud lui-même, parce qu'il y aura toujours quelque configuration plus favorable à un accroissement d'inclinaison que la configuration opposée ne lui sera défavorable. Ainsi se manifestera un changement d'inclinaison, qui, si le nœud et les apsides des orbites étaient fixes, serait toujours progressif dans une direction, jusqu'à ce que les plans vinssent à coïncider. Mais : 1° une demi-révolution des nœuds change la direction de ce progrès en faisant que la position en question favorise le mouvement opposé d'inclinaison; 2° les apsides planétaires sont eux-mêmes en mouvement avec des vitesses inégales, et la configuration dont l'influence détruit la balance, glisse toujours elle-même sur les orbites. Les variations d'inclinaison dépendantes des excentricités sont donc, comme celles qui en sont indépendantes, périodiques; et d'ailleurs étant d'un ordre inférieur, à raison de la faiblesse des excentricités, il est évident que la variation totale des inclinaisons planétaires doit être comprise dans de très-étroites limites. Les géomètres ont démontré qu'il en doit être effectivement ainsi, par une analyse exacte de toutes les circonstances et une estimation rigoureuse de toutes forces agissantes, et c'est ce qui confirme la stabilité du système planétaire quant aux inclinaisons mutuelles des orbites. Les recherches de Lagrange, dont il est impossible de faire ici connaître la marche analytique, l'ont conduit au théorème élégant que voici :

« *Si l'on multiplie la masse de chaque planète par la racine carrée du grand axe de son orbite, et le produit par le carré de la tangente de son inclinaison à un plan fixe, la somme de tous ces produits sera constamment la même sous l'influence de leur attraction mutuelle.* »

Si l'on prend pour ce plan fixe celui de l'écliptique dans sa situation actuelle (car l'écliptique est elle-même variable comme les autres orbites), on trouve que cette somme est très-petite actuellement; il en sera donc toujours ainsi. Ce théorème remarquable seul, alors, serait garant de la stabilité des orbites des plus grandes planètes; mais de ce que nous avons vu de la tendance de chaque planète à opérer une compensation à l'égard d'une autre, il s'ensuit évidemment que les plus petites planètes ne sont pas exclues de ce bienfaisant arrangement.

640. On ne peut douter néanmoins que le plan de l'écliptique ne varie actuellement par les actions des planètes. Le montant de cette variation est d'environ 48" par siècle, et depuis longtemps les astronomes l'ont reconnu, par l'accroissement de latitude de toutes les étoiles dans certaines situations, et par sa diminution dans les régions opposées. Son effet est d'amener d'autant chaque année l'écliptique vers sa coïncidence à l'équateur ; mais d'après ce que nous avons vu ci-dessus, cette diminution de l'obliquité de l'écliptique ne dépasse pas certaines limites très-restreintes, après quoi (dans une immense période de siècles, cycle composé résultant de l'action réunie de toutes les planètes) l'obliquité croîtra de nouveau, oscillant ainsi en arrière et en avant de sa position moyenne, et l'étendue de sa déviation d'un et d'autre côté n'est que de 1° 21'.

641. Un effet de cette variation du plan de l'écliptique, « ce qui cause le changement de ses nœuds sur un plan fixe », est mêlé avec la précession des équinoxes et ne peut s'en distinguer qu'en théorie. Ce dernier phénomène est, au reste, dû à une autre cause, analogue, il est vrai, dans un point de vue général, à celle que nous venons de considérer, mais singulièrement modifié par les circonstances dans lesquelles il est produit. Nous allons tâcher de rendre ces modifications intelligibles, au moins autant que cela se peut sans recourir aux formules analytiques.

642. La précession des équinoxes, comme nous l'avons montré, art. 312, consiste dans une rétrogradation continuelle du nœud de l'équateur de la terre sur l'écliptique, et c'est, en conséquence, évidemment un effet entièrement analogue au phénomène général de rétrogradation réciproque des nœuds des orbites. D'ailleurs l'immense distance des planètes, comparée à la grandeur de la terre, et la petitesse de leurs masses comparées à celles du soleil, mettent *leur* action hors de question dans la recherche de sa cause ; nous devons donc, pour l'expliquer, recourir à la masse du soleil quoique distant, et au voisinage de la lune quoique peu massive. L'explication se trouvera dans leur action perturbatrice sur la matière répondante à l'équateur de la terre, ce qui rend sa figure sphéroïdale, combinée avec la rotation de la terre sur son axe. C'est à la sagacité de Newton que nous devons la découverte de ce mode singulier d'action.

643. Supposons (fig. 64, 65, 66 et 92) qu'au lieu d'un corps P, circulant autour du soleil, il y eût une suite de particules non cohérentes, mais formant une espèce d'anneau fluide, libre de changer sa forme par l'application d'une force. Alors tandis que cet anneau tournerait autour du soleil dans son propre plan, sous l'influence perturbatrice du corps M (qui représente maintenant la lune ou le soleil, comme P représente une des particules de l'équateur de la terre), deux choses pourront arriver : 1° sa figure se courbera hors du plan suivant une forme ondulée, dont les parties dans les arcs V*c* et T*d* (fig. 66), D A, E C (fig. 92), deviendront plus inclinées au plan de l'orbite de M, et dont les parties dans les arcs *c* T, *d* V (fig. 66), A E, C D (fig. 92), le seront moins; 2° les nœuds de cet anneau, considérés comme un tout, rétrograderont sur ce plan, sans égard à son changement de figure.

644. Supposons que cet anneau, au lieu de consister en molécules disjonctives libres de se mouvoir indépendamment, soit rigide et incapable de fléchir, comme le *cercle* de l'art. 633 ; il est évident alors que l'effort de celles de ces parties qui tendent à devenir plus inclinées, agira par l'intermédiaire de l'anneau lui-même, servant d'engin ou de levier, pour contre-balancer l'effort de celles qui, dans le *même instant,* ont une tendance contraire. Ainsi, il n'y aura de changement d'inclinaison d'un côté ou de l'autre qu'autant que l'un ou l'autre de ces efforts sera en excès, une compensation s'opérant à chaque instant du mouvement de l'anneau ; et il arrivera justement ce que nous avons vu pour les inclinaisons, dans chaque révolution complète d'un seul corps en perturbation, sous l'influence d'un corps perturbateur fixe.

645. Néanmoins, les nœuds de l'anneau rigide rétrograderont, la tendance générale ou moyenne des nœuds de chaque molécule étant dans ce sens. Ici, comme dans l'autre cas, un combat aura lieu entre les efforts contraires des molécules différemment disposées, propagés par la substance solide de l'anneau ; en sorte qu'à chaque instant une compensation s'établira, moyenne identique dans sa nature avec la moyenne compensation effectuée dans la révolution complète d'un seul corps en perturbation, et qui sera, dans chaque cas, en faveur de la rétrogradation du nœud, excepté dans le cas où le corps perturbateur, le soleil ou la lune, est situé dans le plan de l'équateur de la terre (fig. 65).

646. Ce raisonnement est évidemment indépendant de toute

considération de la cause qui maintient la rotation de l'anneau; soit que les particules soient de petits satellites retenus dans des orbites circulaires par l'action équilibrée de la force attractive et de la force centrifuge, soit qu'on les considère comme de petites masses attachées aux rais imaginaires d'une telle roue, ayant pour centre le soleil S, et seulement libres de changer leurs plans pour un mouvement de ces rais perpendiculaires au plan de la roue. Ceci n'apporte aucune différence à l'effet *général*, quoique les différentes vitesses de rotation qui peuvent être imprimées à un tel système, aient une très-grande influence à la fois sur les grandeurs absolues et relatives des deux effets en question, le mouvement des nœuds et le changement de l'inclinaison. On le comprendra aisément, si l'on suppose l'anneau *sans* un mouvement rotatoire; auquel cas extrême il est évident qu'aussi longtemps que M restera fixe, il n'y aura pas de rétrogradation des nœuds du tout, mais seulement une tendance de l'anneau à pousser son plan autour d'un diamètre perpendiculaire à la position de M, en l'entraînant vers la ligne S M.

647. Le mouvement d'un semblable anneau imiterait donc, quant à la rétrogradation des nœuds, la précession des équinoxes; seulement ces nœuds rétrograderaient beaucoup plus rapidement que la précession observée qui est excessivement lente. Concevons maintenant cet anneau lié à une masse sphérique énormément plus pesante que lui, placée concentriquement dans lui, ayant une parfaite cohérence avec lui, mais indifférente ou presque insensible du moins à toute cause de mouvement; supposons de plus, qu'au lieu de cet anneau il y ait un vaste amas groupé autour de l'équateur d'un tel globe, de manière à former une protubérance elliptique qui l'enveloppe comme une écaille de tous côtés, cette protubérance ne formant d'ailleurs qu'une très-petite fraction de tout le sphéroïde. Nous aurons ainsi une image passable de ce qui a lieu dans la nature (1); et il est évident que les anneaux,

(1) Qu'une sphère parfaite soit ainsi inerte et indifférente à une révolution des nœuds de son équateur sous l'influence attractive d'un corps éloigné, cela semble résulter de ce que la direction de la résultante attractive d'un tel corps, ou d'une simple force qui lui serait opposée, et neutraliserait entièrement son action, est nécessairement dans une ligne passant au centre de la sphère, qui dès lors n'a aucune tendance à tourner. Le lecteur peut objecter que l'on conçoit toute la sphère composée d'anneaux parallèles à son équateur. Cette induction n'est pas exacte, mais nous ne pouvons entrer ici dans les détails qui en démontreraient la fausseté. Nous pouvons toutefois affirmer, qu'aucun sujet dynamique n'est sujet à plus de déceptions de ce genre, et qu'il faut la plus sérieuse attention, dans chaque différent point de vue, pour ne pas s'y laisser prendre.

ayant à entraîner avec eux dans leur révolution nodale cette grande masse inerte, auront leur vitesse de rétrogradation diminuée proportionnellement. Il est donc aisé de concevoir comment un mouvement semblable à la précession des équinoxes, et, comme elle, d'une extrême lenteur, peut provenir des causes agissantes.

648. Une rétrogradation du nœud de l'équateur de la terre, sur un plan donné, correspond à un mouvement conique de son axe autour d'une perpendiculaire à ce plan. Mais dans le cas actuel, ce plan n'est pas l'écliptique, c'est celui de l'orbite lunaire au temps présent; et l'on peut demander comment ceci se concilie avec ce que nous avons dit (art. 317) relativement à la nature du mouvement en question. Nous répliquons que les nœuds de l'orbite lunaire étant dans un état de rétrogradation rapide et continuelle, tandis que son inclinaison se maintient presque invariable, le point de la sphère des cieux autour duquel le pôle de l'axe de la terre tourne avec cette lenteur extrême qui caractérise la précession, est lui-même dans un état de circulation continuelle autour du pôle de l'écliptique, avec ce mouvement beaucoup plus rapide qui appartient au nœud lunaire. Un coup-d'œil sur la figure 67, expliquera ceci mieux que des phrases. P est le pôle de l'écliptique, A le pôle de l'orbite lunaire, se mouvant en 19 ans autour du petit cercle A B C D; *a* est le pôle de l'équateur de la terre, qui, à chaque instant de son progrès, a une *direction* perpendiculaire à la position variable de la ligne A*a*, et une *vitesse* dépendant de l'intensité variable des causes agissantes pendant la période des nœuds. Cette vitesse étant d'ailleurs extrêmement petite; quand A vient dans B, C, D, E, la ligne A*a* prend les positions B*b*, C*c*, D*d*, E*e*, et le pôle *a* de la terre, dans une révolution tropicale de nœud, est arrivé en *e*, ayant décrit non pas un arc exactement circulaire, mais une simple ondulation ou courbe épicycloïde, *abcde*, avec une vitesse alternativement plus grande et moindre que son mouvement moyen, et cela se répétera dans chaque révolution successive de nœud.

649. C'est précisément cette espèce de mouvement que, comme nous l'avons vu dans l'art. 325, le pôle de l'équateur de la terre a réellement autour du pôle de l'écliptique, en conséquence des effets réunis de la précession et de la nutation qui sont ainsi représentés uranographiquement. Si nous ajoutons à l'effet de précession lunaire celui de précession

solaire, qui seul fait décrire au pôle un cercle uniforme autour de P, ceci n'affectera que les ondulations de notre courbe, en les étendant en longueur, mais ne produira aucun effet sur la profondeur des ondes, ou sur les excursions de l'axe de la terre en deçà et en delà du pôle de l'écliptique. Ainsi nous voyons que les deux phénomènes de nutation et de précession sont en connexion intime, ou plutôt que tous les deux sont les éléments d'un seul et même phénomène. Il est à peine nécessaire d'ajouter qu'une analyse rigoureuse de ce grand problème, par l'estimation exacte de toutes les forces qui agissent, et la récapitulation de leurs effets dynamiques, conduit précisément à la valeur des coefficients de précession et de nutation que donne l'observation. Les portions solaire et lunaire de la précession des équinoxes, c'est-à-dire celles qui sont uniformes, sont l'une à l'autre dans le rapport de 2 à 5.

650. Dans la nutation de l'axe de la terre nous avons un exemple (le premier de ce genre que nous ayons encore rencontré) d'un mouvement périodique dans une partie du système, donnant naissance à un mouvement ayant précisément la même période dans un autre. Le mouvement des nœuds de la lune, est ici, comme nous voyons, représenté sous une forme très-différente, quoique exactement dans le même temps périodique, par le mouvement d'oscillation particulière imprimée à la masse solide de la terre. Nous ne devons pas laisser passer l'occasion de généraliser le principe contenu dans ce résultat, comme l'un de ceux dont nous retrouverons l'application dans toutes les parties de l'astronomie physique, et même dans toutes les sciences naturelles. On peut le donner « comme le principe des oscillations forcées, ou des vibrations forcées, » et le formuler ainsi d'une manière générale : — *Si l'une des parties d'un système lié par l'attache matérielle ou par l'attraction mutuelle de ses membres, se maintient continuellement, par une cause quelconque, soit inhérente, soit extérieure à la constitution du système, dans un état de mouvement périodique régulier, ce mouvement se propagera dans tout le système, et donnera naissance, dans chacun de ses membres et dans chaque partie de l'un de ses membres, à des mouvements périodiques exécutés dans des périodes égales à celles auxquelles elles doivent leur origine, quoiqu'elles ne soient pas nécessairement synchrones avec elles dans leurs maxima et minima.* Le système peut être favorablement ou défavorablement constitué pour cette transmission de mouvements périodiques, ou favorable dans

quelques parties et défavorable dans d'autres; conséquemment, suivant qu'il sera dans l'un ou dans l'autre de ces cas, l'oscillation *dérivée*, comme on peut l'appeler, sera ou imperceptible ou d'une grandeur sensible et même plus perceptible dans ses effets visibles que dans sa cause originelle, pour un troisième cas; nous avons un exemple de ce dernier dans l'accélération de la lune, et dont nous parlerons plus tard.

651. Ainsi il arrive que notre situation sur la terre, et la délicatesse que nos observations ont atteinte, nous mettent à même de nous en servir comme d'instruments, pour *sentir* ces vibrations forcées, ces mouvements dérivés communiqués de diverses parts, spécialement à raison de notre voisinage de la lune. C'est ainsi que nous découvrons par la vibration d'une planche sous nos pieds la transmission secrète du mouvement par lequel le son d'un tuyau d'orgue se disperse dans l'air et se communique. La révolution mensuelle de la lune et la révolution annuelle du soleil, produisent de même de petites *nutations* dans l'axe de la terre, dont les périodes sont respectivement moitié du mois et de l'année; chacune d'elles, quant à notre sujet, peut être regardée comme une portion de période consistant en deux parties égales et semblables. Mais l'exemple certes le plus remarquable de cette propagation de périodes, et l'un des plus importants pour l'homme, est celui des marées, qui ont des oscillations forcées, excitées par la rotation de la terre sur un océan en perturbation de sa figure par les attractions diverses du soleil et de la lune, circulant dans leur orbite mutuelle, et propageant leur propre période dans celle du phénomène qu'ils produisent. L'explication des marées appartient, au reste, plutôt à cette partie du sujet général de perturbations qui traite de l'action de la composante radiale de la force perturbatrice, et nous la renverrons, par conséquent, à un chapitre subséquent.

CHAPITRE XIII.

THÉORIE DES AXES, DES PÉRIHÉLIES ET DES EXCENTRICITÉS.

Variation des éléments en général. — Distinction entre les variations périodiques et séculaires. — Expression géométrique des forces tangentielles et normales. — Variation du grand axe produit par la force tangentielle. — Théorème de Lagrange sur la conservation des distances moyennes et des périodes. — Théorie des périhélies et des excentricités. — Tracé géométrique de leurs variations momentanées. — Estimation des forces pertubatrices dans presque toutes les orbites circulaires. — Application au cas de la lune. — Théorie des apsides et des excentricités lunaires. — Exemple expérimental. — Application des principes précédents à la théorie planétaire. — Compensation dans les orbites presque tout-à-fait circulaires. — Effets de l'ellipticité. — Résultats généraux. — Théorème de Lagrange sur la stabilité des excentricités.

652. Nous avons suffisamment expliqué dans le chapitre précédent l'action de la composante orthogonale de la force perturbatrice, et tracé jusqu'à ses résultats pour le déplacement continuel du plan de l'orbite perturbée, ce qui fait alternativement avancer et rétrograder les nœuds de ce plan sur le plan de l'orbite du corps perturbateur, avec une prépondérance générale du côté de l'avance, en sorte qu'après le laps d'une longue période les nœuds font une révolution complète et reviennent à leur première position. En même temps l'inclinaison du plan du mouvement perturbé change continuellement, augmentant et diminuant alternativement; cette augmentation et cette diminution d'ailleurs se compensant l'une l'autre, presque dans une seule révolution des corps perturbés et perturbateurs et plus exactement dans une longue période, comme celle d'une complète révolution des nœuds et apsides. Dans ce chapitre et les suivants, nous allons retracer les effets des autres composantes de la force perturbatrice, celles qui agissent dans le plan de l'orbite perturbée, pendant le temps de cette perturbation, et qui tendent à détourner l'orbite elliptique, ainsi que les lois du mouvement elliptique dans ce plan. La petite inclinaison des orbites des planètes et des satellites l'une sur l'autre, généralement parlant, nous permet de séparer ces effets, en théorie, l'un de l'autre, ce qui simplifie beaucoup leur examen. Nous négligerons donc, dans ce qui va suivre, l'inclinaison mutuelle des

orbites des corps perturbés et perturbateurs, et nous regarderons toutes les forces comme agissant dans un seul plan, et tous les mouvements comme se passant dans un même plan.

653. En considérant les changements introduits par l'action mutuelle de deux corps, sous leurs différents aspects, dans les grandeurs et dans les formes de leurs orbites, ainsi que dans leurs positions respectives, il sera convenable, avant tout, d'expliquer les conventions suivant lesquelles les géomètres et les astronomes ont l'habitude de conserver les dénominations et les lois du système elliptique, quoique les orbites en perturbations ne soient plus, suivant la rigueur mathématique, ni des ellipses, ni d'autres courbes connues. Ces conventions sont en partie fondées sur la facilité de conception et de calcul attachée à ce système, et principalement sur ce que l'on peut démontrer par des rapports dynamiques, que la déviation de chaque planète de son ellipse, déterminée à chaque instant, peut être représentée fidèlement, en supposant l'ellipse elle-même lentement variable, changeant de grandeur et d'excentricité, et se déplaçant dans le plan où elle reste suivant certaines lois, tandis que la planète continue pendant tout ce temps à se mouvoir dans cette ellipse, justement comme elle le ferait si l'ellipse restait invariable et qu'il n'existât pas de forces perturbatrices. Dans cette manière d'envisager la question, tout l'effet permanent des forces perturbatrices est regardé comme tombant sur l'orbite, tandis que les relations de la planète à l'orbite ne changent pas, ou n'éprouvent du moins qu'une oscillation brève et momentanée comparativement. Ce mode de procéder est le plus naturel, et quasi-forcé par l'extrême lenteur avec laquelle se développent les variations des éléments eux-mêmes. Par exemple, la fraction exprimant l'excentricité de l'orbite de la terre ne change pas de plus de 0,00004 dans sa valeur pendant un siècle ; et la place de son périhélie, rapportée à la sphère des cieux, ne varie pas de plus de 19' 39" dans le même temps. Il serait donc presque impossible de distinguer, pour quelques années, l'ellipse qui aurait aussi peu varié de celle qui n'aurait pas varié du tout ; dans une seule révolution, la différence entre l'ellipse primitive et la courbe qui représenterait sa variation, est si excessivement petite, que si on les dessine soigneusement sur une table de 2 mètres de diamètre, l'examen le plus minutieux, à l'aide de microscopes, poursuivi sur tout le contour des deux courbes, ne permettra pas d'apercevoir le moindre

vide entre elles. Ne pas appeler *elliptique*, un mouvement qui se conforme si minutieusement à une courbe elliptique, serait une affectation, surtout en ayant égard aux écarts alternatifs d'un et d'autre côté ; mais il y aurait aveuglement manifeste à négliger une variation qui continuant à s'accumuler de siècle en siècle, finit par nous forcer à la remarquer.

654. Les géomètres sont donc convenus de regarder, dans chaque révolution, ou pour de médiocres intervalles de temps, le mouvement de chaque planète, comme elliptique, et accompli suivant les lois de Kepler, mais avec une réserve en faveur de certaines oscillations très-petites et passagères ; comme aussi de regarder tous les éléments de chaque ellipse, comme dans un état de changement continuel, quoique extrêmement lent. En traçant les effets de perturbation sur ce système, ils tiennent compte principalement, ou entièrement, de ce changement des éléments, comme de celui duquel, après tout, dépend tout changement sensible des grands traits du système.

655. Nous rencontrons ici la distinction entre ce que l'on a nommé les variations séculaires, et celles qui sont rapidement périodiques, ou compensées dans de courts intervalles. Par exemple (art. 636), dans notre exposition de la variation de l'inclinaison d'une orbite en perturbation, nous avons vu, que pour chaque révolution du corps en perturbation, le plan de son mouvement éprouve en deçà et en delà de son inclinaison à celui du corps perturbateur, des oscillations qui sont presque compensées ; la portion non compensée l'est quasi par chaque révolution de corps perturbateur ; laissant encore cependant sans compensation une petite portion de changement, qui a besoin de toute la révolution du nœud pour établir une valeur moyenne ; or, les deux premières compensations qui ont été opposées par les planètes prenant leurs configurations successives, l'une par rapport à l'autre, et par conséquent dans de courtes périodes comparativement, s'appellent *variations périodiques ;* les déviations ainsi compensées sont ce qu'on appelle les *inégalités dépendantes des configurations ;* la dernière compensation, qui s'opère par une période de nœud (l'un des éléments), n'a rien de commun avec les configurations des planètes individuelles ; elle exige une fort longue période de temps pour s'accomplir, et on la distingue des premières par le nom de variation *séculaire.*

656. Il est vrai que pour offrir une exacte représentation

des mouvements d'un corps en perturbation, soit planète ou satellite, il faut avoir égard à la fois à leurs variations périodiques et séculaires, et à leurs inégalités correspondantes; et même plus aux unes qu'aux autres, si l'on considère que les inégalités séculaires ne sont que ce qui reste après la compensation des valeurs ordinairement beaucoup plus considérables des inégalités périodiques; mais celles-ci sont passagères et momentanées, de leur nature; elles disparaissent sans laisser de traces. La planète est momentanément tirée hors de son orbite (son orbite variant lentement), mais elle y retourne incontinent, pour dévier alors autant d'un autre côté, tandis que l'orbite changée s'accommode et s'ajuste à la moyenne de ses excursions d'un et d'autre côté; l'orbite continue ainsi à présenter, pour une succession infinie de siècles, une espèce de tableau moyen de tout ce que les planètes ont fait pendant ce laps, tableau dans lequel l'expression et le caractère sont conservés, mais les traits individuels ont disparu. Au reste, ces inégalités périodiques ne sont pas à négliger, ainsi que nous l'avons observé déjà; on en tient compte à part et indépendamment des variations séculaires des éléments.

657. Pour éviter toute complication en tâchant de donner au lecteur une idée de ces deux genres de variation, nous imaginerons que toutes les orbites sont dans un plan, et nous reporterons notre attention sur deux seulement, celle du corps en perturbation, et celle du corps perturbateur ; ce cas, ainsi que nous l'avons vu, est celui de la lune en perturbation par le soleil, puisque l'un des corps peut être regardé comme fixé à volonté, pourvu qu'on imagine tous ses mouvements transportés en sens contraire à l'autre. Supposons donc (fig. 101) que A P B soit l'orbite non perturbée d'une planète P ; M un corps perturbateur; joignant M P, et supposant M K = M S, faisons M N : M K : : MK^2 : MP^2. Alors, si l'on joint S N, N S représentera la force perturbatrice de M sur P, à la même échelle que S M représente l'attraction de M sur S. Supposons Z P Y tangente en P, S Y qui lui soit perpendiculaire, et N T, N L respectivement perpendiculaires à S Y et à P S. Alors N T représente la composante tangentielle, T S la composante normale, N L la composante transversale, et L S la composante radiale, de la force perturbatrice. Dans les orbites circulaires ou d'une faible ellipticité, les directions P S L et S Y sont presque coïncidentes, et la première paire des composantes diffère peu de la seconde. Nous allons prendre le cas

général et nous examinerons dans une orbite elliptique de tout degré d'excentricité, les changements produits par l'action de la force perturbatrice dans ces éléments dont la grandeur, la position et la forme de l'orbite dépendent (c'est-à-dire la longueur et la position du grand axe et l'excentricité), ainsi que nous avons examiné, dans le chapitre précédent, les changements momentanés d'inclinaison et du nœud semblablement produits par la force orthogonale.

658. Nous commencerons par la variation momentanée de la *longueur* de l'axe, élément de première importance, car de lui dépend (art. 487) le temps périodique et le mouvement angulaire moyen de la planète, aussi bien que le surcroît de lumière et de chaleur qu'elle reçoit du soleil, en un temps donné, ainsi que tout changement permanent ou constamment progressif qui altérerait le plus les conditions de l'existence des êtres vivant à sa surface. Or, c'est une propriété du mouvement elliptique permanent sous l'influence de la gravité, et en conformité des lois de Kepler, que si la vitesse avec laquelle une planète se meut en un point quelconque de son orbite est donnée, ainsi que la distance de ce point du soleil, le grand axe de l'orbite se trouve par là également donné. Il n'est pas question de la direction suivant laquelle la planète se meut en ce moment, ce qui influence l'excentricité et la position de son ellipse, mais non sa longueur. Cette propriété du mouvement elliptique a été démontrée par Newton, et c'est un des points les plus clairs et les plus élémentaires de sa théorie. Considérons une planète décrivant un arc infiniment petit de son orbite autour du soleil, sous la double influence de son attraction et de la puissance perturbatrice d'une autre planète. Cet arc aura une certaine courbure et une certaine direction ; il peut dès lors être considéré comme un arc d'une certaine ellipse décrite autour du soleil, comme foyer, pour cette raison, que : quelles que soient la courbure et la direction de cet arc, une ellipse peut toujours être déterminée, dont le foyer soit dans le soleil, et qui coïncidera avec cet arc, infiniment petit, de l'un à l'autre de ses points extrêmes. C'est de la géométrie la plus simple. Il ne s'ensuit pas que l'ellipse ainsi déterminée, instantanément, aura les mêmes éléments que celle déterminée semblablement par l'arc décrit dans l'instant d'avant ou d'après. Cela serait si la force perturbatrice n'existait pas ; mais son action amène une variation de l'élément, d'un moment à l'autre, et l'ellipse ainsi

déterminée, est dans un état de changement continu. Quand la planète a atteint la fin du petit arc, la question de savoir si, dans l'instant suivant, elle décrira l'arc d'une ellipse ayant même axe ou un axe différent, ne dépend pas de la nouvelle *direction* que lui impriment les forces agissantes; car l'axe, comme nous l'avons vu, est indépendant de cette direction; cela ne dépend pas non plus du changement de distance au soleil, pendant la description du premier arc; car les éléments de cet arc lui sont communs, le même axe pouvant lui appartenir du commencement à la fin. La question de savoir si le nouvel arc prendra un nouveau grand axe ou gardera l'ancien, dépend seulement de ce que la *vitesse* a subi, ou n'a pas subi de changement, par l'action de la force *perturbatrice*. En effet, la force centrale résidant au foyer ne peut lui imprimer un changement de vitesse incompatible avec la permanence de son ellipse, l'action de cette force étant de maintenir la vitesse en rapport convenable avec la distance qu'exige le mouvement elliptique.

659. Ainsi la variation momentanée du grand axe ne dépend que de la direction momentanée de la loi de vitesse elliptique produite par la force perturbatrice, sans égard à la direction suivant laquelle est imprimée cette vitesse étrangère, ni à la distance du soleil où se trouve cette planète au moment de cette impression. Il y a plus; car, comme cela a lieu à chaque instant de son mouvement, il s'ensuit qu'après un laps de temps, assez grand d'ailleurs, la totalité du changement que l'axe aura subi sera déterminée seulement par la déviation totale produite par l'action de la force perturbatrice dans la vitesse du corps perturbé, dont il eût été à même distance du centre, si son ellipse n'eût pas été perturbée; et que par conséquent, tout le changement produit dans l'axe, en un laps quelconque de temps, peut être estimé, si l'on sait à chaque instant l'efficacité de la force perturbatrice pour altérer la vitesse du mouvement du corps : et cela sans égard aux altérations que l'action de cette force peut avoir produites en même temps dans les autres éléments du mouvement.

660. Ce n'est pas la force perturbatrice tout entière qui agit pour changer la vitesse de P, mais seulement sa composante tangentielle. La composante normale tend simplement à altérer la courbe de l'orbite ou à la déformer en un cercle d'un rayon plus ou moins grand, suivant le cas; mais pas du tout à altérer la vitesse. Il suit de là que *la variation de la*

longueur de l'axe est due *entièrement à la force tangentielle* et *tout-à-fait indépendante* de la *force normale*. Or, on prouve aisément qu'à mesure que la vitesse croît, l'axe croît aussi (la distance restant la même) (1), quoique ce ne soit pas exactement dans la même proportion. Par conséquent, si la force tangentielle perturbatrice marche d'accord avec le mouvement de P, son action momentanée accroît l'axe de l'orbite perturbée, quelle que soit la situation de P dans son orbite et réciproquement.

661. Soit ASB (fig. 101) le grand axe de l'ellipse APB, et sur le côté opposé à AB, prenons deux points M' et P', semblablement placés par rapport à l'axe, comme le sont M et P de leur côté. Si alors on place en P' et M', des corps égaux à P et M, les forces exercées par M' sur P' et sur S, seront égales à celles exercées par M sur P et sur S; par conséquent, la force tangentielle perturbatrice de M' sur P', agissant suivant la direction P'Z', je suppose, sera égale à celle de M sur P, agissant suivant la direction PZ. Ainsi P', en le supposant faire sa révolution autour de S dans la même direction que P, sera retardé ou accéléré, suivant le cas, par la même force *précisément* qui accélère ou retarde P; en sorte que la variation dans l'axe des orbites respectives de P et P' sera égale et contraire, en totalité. Supposons maintenant que M ait une orbite circulaire. Alors (*si les temps périodiques de* P *et de* M *ne sont pas commensurables, en sorte qu'un nombre modéré de révolutions puisse les ramener en arrière dans les mêmes positions relatives précisément*), il arrivera nécessairement que, dans le cours d'un très-grand nombre de révolutions des deux corps, P aura été présenté à M sur un autre côté de l'axe, en un même moment, de la même manière qu'en un autre moment sur l'autre côté. Quelle que soit la variation effectuée sur son axe dans une position, la même variation sera renversée dans celle symétriquement opposée; et en résultat définitif, sur la moyenne d'un nombre infini de révolutions, il y aura compensation complète et exacte des variations, dans une direction, par les variations dans la direction opposée.

662. Supposons maintenant que l'orbite de P soit circulaire. Si l'orbite de M l'était aussi, il est évident que dans une

(1) Soit a le demi-axe, r le rayon vecteur, et v la vitesse de P en un point quelconque de l'ellipse; a sera donné pour l'équation $v^2 = \frac{2}{r} - \frac{1}{a}$; les unités de vitesse et de force étant convenablement prises.

complète révolution synodique, une exacte restauration de l'axe, dans sa longueur primitive aurait lieu, puisque les forces tangentielles seraient égales et symétriques pendant chaque quart de révolution. Mais si M, pendant une révolution synodique, s'est *éloigné* un peu de S, alors son pouvoir perturbateur sera devenu graduellement plus faible; en sorte que, dans une révolution synodique, la force tangentielle dans chaque cadran, quoique renversée en direction, étant inférieure en puissance, une exacte compensation n'aura pas eu lieu; mais il y aura un reste, une portion non compensée, par l'excès de l'effet le plus puissant. Supposons maintenant que M s'avance par les mêmes gradations qu'il s'est éloigné précédemment. Il est clair que le résultat sera l'inverse; puisque les actions plus fortes non compensées seront toutes dans une direction opposée. Supposons que l'orbite de M soit elliptique : Alors pendant son éloignement de S, ou dans la moitié de sa révolution de son périhélie à son aphélie, une variation continuelle non compensée s'accumulera dans une direction. Mais d'après ce que nous avons dit, il est clair qu'elle sera détruite pendant l'approche de M vers S dans l'autre moitié de son orbite; en sorte que de nouveau, en moyenne d'une multitude de révolutions pendant lesquelles P *a été* présenté à M *dans chaque position pour chaque distance de* M *à* S, la restauration aura été effectuée.

663. Si l'orbite de P n'est pas circulaire et que celle de M ne le soit pas non plus, si d'ailleurs les directions de leurs axes sont différentes, ce raisonnement tiré de la symétrie de leurs rapports l'un avec l'autre, n'est plus applicable, et il devient nécessaire de prendre un point de vue plus général. Parmi les rapports dynamiques fondamentaux, qui ne présupposent aucune loi particulière de force semblable à celle de la gravitation, mais qui expriment en termes généraux les résultats de l'action de la *force* sur la *matière* pendant un *temps*, pour produire ou changer la *vitesse*, il en est un qui s'applique directement au cas que nous considérons, c'est « le principe de conservation de la *force vive* ». Ce principe ou plutôt ce théorème établit que si un corps, sujet à chaque instant de son mouvement à l'action de forces dirigées sur des centres fixes, quelque nombreux qu'ils soient, ayant leurs intensités dépendantes seulement des distances de leurs centres respectifs d'action, va d'un point de l'espace à un autre, la vitesse à son arrivée en ce dernier point diffère de celle qu'il avait au pre-

mier point, d'une quantité dépendant seulement des positions relatives de ces deux points dans l'espace, sans égard à la forme de la courbe suivant laquelle le mouvement a eu lieu d'un point à un autre, soit que cette courbe ait été décrite sous la simple influence de forces centrales, ou que le corps ait été forcé de glisser comme un grain de chapelet sur un fil. Parmi les forces agissant ainsi, sont comprises toutes forces constantes, agissant en directions parallèles, qui peuvent être regardées comme dirigées vers un centre infiniment distant. Il suit de ce théorème, que si le corps retourne au point P d'où il est parti, sa vitesse d'arrivée sera la même que celle du départ : cette conclusion, pour le sujet que nous traitons, nous délivre de la nécessité d'entrer dans aucune considération des lois de la force perturbatrice ; du changement que son action peut avoir introduit dans la forme de l'orbite de P, ou des degrés successifs pour lesquels la vitesse engendrée en un point de son passage intermédiaire est détruite en un autre, par l'action inverse de la force tangentielle. Pour appliquer ce théorème à la question qui nous occupe, supposons que M garde une position fixe pendant toute une révolution de P. Alors P se trouve, pendant cette révolution, soumis à l'action de trois forces : 1° l'attraction centrale de S toujours dirigée vers S ; 2° l'attraction de M toujours dirigée vers M ; 3° une force égale à l'attraction de M sur S, mais suivant la direction MS, laquelle est par conséquent une force constante, agissant toujours suivant des directions parallèles. En achevant sa révolution, la vitesse de P et par conséquent le grand axe de son orbite, seront retrouvés sans altération, du moins en négligeant la très-petite différence qui résulte de ce que l'arrivée, après une révolution, ne se fait pas *exactement* au point de départ, en raison des perturbations produites dans l'intérim, sur l'orbite, par la force perturbatrice, que nous négligeons pour le moment.

664. Supposons que M fasse sa révolution, et d'après un raisonnement précisément semblable à celui de l'art. 662, on verra que quelle que soit la variation non compensée de vitesse survenant dans les révolutions successives de P, pendant que M s'éloigne de S, elle sera détruite par une variation non compensée survenant pendant son rapprochement. Ou plus simplement et plus généralement : quelle que soit la position de M, pour chaque position que P peut avoir, il doit exister quelque autre position de P, telle que P', où l'action de M sera

précisément inverse. Or, *si les périodes sont incommensurables*, dans un nombre infini de révolutions des deux corps, pour chaque combinaison possible des positions (M, P), il surviendra, *dans un temps ou dans un autre*, quelque combinaison (M, P'), qui neutralisera l'effet de l'autre, en fin de compte; en sorte qu'en définitive, et quand on embrasse une très-longue période de temps, on trouvera qu'une compensation complète s'est établie.

665. Ceci suppose que, dans de si longues périodes, l'orbite de M n'est pas assez altérée pour rendre impossible l'occurrence de la situation de compensation (M, P'). Cela aurait lieu si l'orbite de M se trouvait dilatée ou contractée indéfiniment par une variation de *son axe*. Mais le même raisonnement qui s'applique à P, s'applique aussi à M. P conservant une position *fixe*, la vitesse de M, et par conséquent l'axe de son orbite, seraient exactement les mêmes à la fin d'une révolution de M; en sorte que pour chaque position PM il y a compensation en position PM'. Ainsi l'orbite de M est maintenue de même grandeur, et la possibilité de l'occurrence de la position de compensation (M, P') est assurée.

666. Pour démontrer comme une vérité mathématique la compensation définitive, absolue et complète des variations, il faudrait prouver que le changement minime dû à la non-arrivée de P et de M, aux mêmes points *exactement*, à la fin de chaque révolution, ne peut pas s'accumuler par la suite des temps, dans une certaine direction. Or, nous verrons dans la partie de ce chapitre relative aux excentricités et aux apsides des orbites, que l'effet de perturbation fait subir aux unes seulement des variations périodiques, et aux autres une révolution qui les reporte successivement dans toutes les positions possibles. Il suit de là que dans le cours infini des âges, les points d'arrivée de P et de M à des lignes fixes de direction, S.P, S M, dans des révolutions successives, quoiqu'ils paraissent s'approcher de S dans un temps et s'en éloigner dans un autre, ne font que flotter en deçà et en delà des points moyens dont ils ne s'écartent jamais beaucoup. Si l'arrivée de l'un d'eux en P, en un point *plus voisin* de S, à la fin d'une révolution complète, cause un *excès* de vitesse, son arrivée en un point plus éloigné causera un manque de vitesse; et de cette manière, comme les fluctuations de distance en deçà et en delà finissent par se balancer, il en sera de même pour l'excès et le manque de vitesse, qui finiront par se balancer dans des périodes d'une

grande longueur, puisqu'elles ne sont pas moindres que celles d'une complète révolution des apsides de P pour l'une des causes d'inégalité, et pour l'autre, d'une restauration complète d'excentricité.

667. Le théorème dynamique sur lequel est fondé ce raisonnement en général, s'applique également bien aux cas où les forces agissent dans un même plan, ou sont dirigées vers des centres situés partout dans l'espace. Si donc nous prenons en considération l'inclinaison de l'orbite de P sur celle de M, le même raisonnement s'appliquera également bien. Seulement dans ce cas, sur une révolution complète de P, la variation d'inclinaison et le mouvement des nœuds de l'orbite de P empêcheront son retour au point dans le *plan* exact de son orbite primitive, comme la variation d'excentricité et de périhélie empêchera son arrivée à la même *distance* exacte de S. Mais puisque nous avons dit que l'inclinaison flotte autour d'un état moyen dont elle ne se départ jamais, et puisque le nœud tourne dans un circuit complet, il est évident que dans une période complète du nœud, les points de l'arrivée de P à la même longitude dévieront aussi souvent, et des mêmes quantités en dessus et en dessous, d'une exacte coïncidence du point primitif de départ; ainsi, dans le décompte d'un nombre infini de révolutions, l'effet de cette cause de non-compensation se trouvera détruit aussi.

668. Il est encore évident que le théorème dynamique étant général et s'appliquant également à un *nombre quelconque* de centres fixes, aussi bien qu'à une distribution quelconque de ces centres dans l'espace, la conclusion serait la même, quel que soit le nombre des corps perturbateurs, seulement les périodes de compensation se compliqueraient. Nous arrivons donc à cette conclusion remarquable : que les grands axes des orbites planétaires (et lunaire), et conséquemment aussi, leurs mouvements moyens et leurs temps périodiques, ne sont sujets qu'à des changements périodiques; que la longueur d'une année, par exemple, dans le laps infini des âges, n'a pas de tendance prépondérante à s'accroître ou à diminuer; que les planètes ne s'éloigneront pas du soleil et ne s'en rapprocheront pas indéfiniment, jusqu'à tomber dedans, mais continueront, du moins aussi loin que leurs perturbations mutuelles le permettent, à tourner pour toujours dans des orbites presque des mêmes dimensions que leurs orbites actuelles.

669. Ce théorème, la *grande charte* de notre système, dont la découverte est due à Lagrange, est regardé comme le plus important, quant à son résultat, de tous ceux qui ont récompensé les mathématiciens de leurs recherches sur cette branche de la science ; il est spécialement digne de remarque, et il suit évidemment de ce que nous en avons dit, qu'il ne serait pas vrai sans l'influence des forces perturbatrices sur les autres éléments de l'orbite, c'est-à-dire : le périhélie, l'excentricité, et l'inclinaison des nœuds ; car nous avons vu que la révolution des apsides et des nœuds, ainsi que l'accroissement et la diminution périodiques des excentricités et des inclinaisons, sont également essentiels à l'accomplissement de cette compensation complète et finale qui lui donne son caractère d'exactitude mathématique. Nous avons là un exemple d'une perturbation d'une espèce opérant sur une perturbation d'une autre espèce pour annihiler un effet qui, sans cela, s'accumulerait jusqu'à la destruction de tout le système. Il faut bien se mettre dans l'esprit, que c'est la petitesse des excentricités des planètes les plus influentes qui donne à ce théorème son importance pratique, et le distingue d'un simple résultat spéculatif. Limité à la restauration finale, c'est cela seulement qui maintient les fluctuations périodiques de l'axe en deçà et en delà d'une moyenne contenue dans des bornes modérées et convenables. Quoique la terre ne puisse pas tomber dans le soleil, ou s'éloigner de ce foyer de chaleur et de lumière, hors des limites actuelles de notre système ; cependant un accroissement ou une diminution de sa moyenne distance, seulement d'un dixième de celle actuelle, renverserait toutes les conditions sur lesquelles repose l'existence de toutes les races actuelles. Tel qu'il est constitué, rien ne peut changer à notre système, dans son étendue. Le plus grand écart de la moyenne valeur de l'axe d'une orbite planétaire, reconnu par la théorie ou l'observation (celui de l'orbite de Saturne perturbé par Jupiter), ne s'élève pas à plus d'un millième de sa longueur (1). Les effets de ces fluctuations sont cependant très-sensibles, et se manifestent par des accélérations et des retards dans les mouvements angulaires des orbites perturbées auprès du corps central ; ce qui les fait alternativement aller en avant et en arrière de leurs places *elliptiques* dans leurs orbites, donnant

(1) On trouvera peut-être une plus grande déviation dans les orbites des petites planètes extra-tropicales ; mais ce sont des membres trop insignifiants de notre système pour en faire mention ici.

naissance à ce qu'on appelle les équations de leurs mouvements, dont nous signalerons quelques-unes des principales en donnant plus particulièrement le détail des effets de la force tangentielle dans les configurations diverses des corps perturbés et perturbateurs, et que nous expliquerons les conséquences d'un rapprochement de commensurabilité dans leurs temps périodiques. Une exacte commensurabilité à cet égard, telle, par exemple, que celle qui amènerait deux planètes dans la même configuration en deux ou trois révolutions de l'une d'elles, semblerait au premier aperçu détruire un des éléments essentiels de notre démonstration. Mais en supposant même qu'une exacte coïncidence eût lieu, à une époque quelconque, elle ne pourrait rester permanente, puisque, par une remarquable propriété des perturbations de cette classe (que les géomètres ont démontrée, et que nous ne pouvons développer ici), aucun changement produit sur l'axe de l'orbite de la planète perturbée n'a lieu sans un changement en *sens inverse* dans l'orbite de la planète perturbatrice, en sorte que les périodes s'éloignent de toute commensurabilité, par le simple effet de leur action mutuelle. Il ne manque pas de cas d'un certain rapprochement de commensurabilité dans le système planétaire; l'un des plus remarquables (celui d'Uranus et de Neptune), tout grand qu'il soit, est encore trop faible pour battre le moins du monde en brèche notre argument; mais il donne seulement naissance à des inégalités de très-longues périodes : 41 révolutions de Neptune sont presque égales à 81 d'Uranus, ce qui donne naissance à une inégalité ayant 6805 ans pour période.

670. La variation de longueur de l'axe de l'orbite perturbée est due seulement à l'action de la force perturbatrice tangentielle. Il en est autrement pour celle de son excentricité et de la position de son axe, ou ce qui est la même chose, pour la longitude de son périhélie. Les composantes normales et tangentielles de la force perturbatrice affectent ces éléments. Nous allons examiner séparément l'influence de chacune d'elles, en commençant par le cas le plus simple, celui de la force tangentielle : soit P (fig. 102), le lieu de la planète perturbée dans son orbite elliptique APB, dont l'axe à ce moment est ASB, avec S pour foyer. Soit YPZ, une tangente à cette orbite en P. Si nous supposons $AB = 2a$, l'autre foyer de l'ellipse H sera trouvé en faisant l'angle $ZPH = YPS$, ou $YPH = 180^\circ - YPZ$, ou $SPH = 180^\circ - 2YPS$, et prenant PH

$= 2a -$ SP. Cela est évident d'après la nature de l'ellipse courbe, dans laquelle les lignes menées d'un point quelconque à ses deux foyers font des angles égaux avec la tangente, et ont leur somme égale à la longueur du grand axe. Supposons maintenant que la force tangentielle agisse en P pour accroître sa vitesse. Elle accroîtra l'axe, de manière que la nouvelle valeur prise par a, (soit a'), sera plus grande que a. Mais la force tangentielle ne doit pas altérer l'angle de tangence ; en sorte que pour trouver la nouvelle position H' du foyer supérieur, il faudra prendre sur la *même ligne* P H, une distance P H' ($= 2a' -$ P H), plus grande que P H. Ceci fait, joignez S H' que vous prolongerez jusqu'en B' ; A' B' sera le nouvel axe, et 1/2 S H' sera la nouvelle excentricité. On en conclut : 1° que la nouvelle position du périhélie A' déviera de l'ancienne A vers le même côté de l'axe A B, sur lequel P se trouve au moment où la force tangentielle agit pour accroître la vitesse, soit que P se meuve de périhélie en aphélie, ou bien en sens inverse ; 2° que d'après la même supposition pour la force tangentielle, l'excentricité s'accroît quand P est entre le périhélie et la perpendiculaire à l'axe F H G menée par le foyer supérieur ; et qu'elle décroît quand P se trouve entre l'aphélie et cette même perpendiculaire ; 3° que pour un changement donné de vitesse, c'est-à-dire, pour une valeur donnée de la force tangentielle, la variation momentanée dans le lieu du périhélie est un maximum quand P est en F ou G, de laquelle position de P en périhélie ou aphélie, ce maximum décroît jusqu'à rien, le périhélie étant stationnaire quand P est en A ou en B ; 4° que la variation d'excentricité due à cette cause est complémentaire, dans la loi d'accroissement et de décroissement, à celle du périhélie, étant un maximum pour une force donnée tangentielle quand P est en A ou en B, et disparaissant quand il est en G ou en F ; 5° enfin que lorsque la force tangentielle agit pour diminuer la vitesse, tous les résultats sont inverses. Si l'orbite est presque circulaire, à ce point que le cube de l'excentricité puisse être négligé, les points F et G seront placés de manière que, quoique n'étant pas aux extrémités opposées d'un *diamètre*, les *temps* pour décrire A F, F M, M G, et G A (fig. 103), seront égaux, et chaque temps sera d'un quart de tout le temps périodique de P.

671. Examinons maintenant les effets de la composante normale de la force perturbatrice sur les mêmes éléments. L'effet direct de cette force est d'accroître ou de diminuer la

courbe de l'orbite au point P de son action, sans produire aucun changement de vitesse; de sorte que la longueur de l'axe ne subit aucune altération pendant sa durée. Or un accroissement de courbure en P est synonyme d'un décroissement dans l'angle de tangence S P Y, quand P s'approche de S, et d'un accroissement dans le même angle, quand P s'éloigne de S. Supposons le premier cas, et, pendant que P s'approche de S (se mouvant d'aphélie en périhélie), que la force normale agisse en *dedans* ou vers la concavité de l'ellipse. Alors la tangente P Y, par l'action de cette force, prendra la position P Y'. Pour trouver la position correspondante H' prise par le foyer de l'orbite ainsi perturbée, il faut faire l'angle S P H' = 180° — 2 S P Y', ou, ce qui revient au même, mener P H' sur le côté de P H opposé à S, faisant l'angle H P H' égal à deux fois l'angle de fléchissement Y P Y', et dans P H'', prendre P H' = P H. Joignant alors S H' et le prolongeant, A' S' H' M' sera la nouvelle position de l'axe, A' le nouveau périhélie, et 1/2 S H' la nouvelle excentricité. On en conclut : 1° que la force normale agissant en *dedans*, et P se mouvant *vers* le périhélie, la nouvelle direction S A' du périhélie est en avance (par rapport à la direction de la révolution de P), de l'ancienne, ou que les apsides avancent quand P est situé quelque part entre F et A (puisque lorsqu'il est en F le point H' tombe sur H M entre H et M) : quand P est en G, les apsides restent stationnaires, et ils rétrogradent quand P est entre M et G, H' se trouvant dans ce cas sur le côté opposé de l'axe; 2° que les mêmes directions de la force normale et du mouvement de P, étant supposées, l'excentricité s'accroît quand P se meut dans toute la demi-ellipse d'aphélie en périhélie; — le rapport de cet accroissement étant un maximum quand P est en F, puis rien quand il est en aphélie et périhélie; 3° que ces effets sont inverses dans le côté opposé de l'orbite A G M, où P passe de périhélie en aphélie, s'éloignant de S; 4° qu'ils sont inverses aussi par un renversement de la direction de la force normale, en dehors, au lieu d'être en dedans; 5° que là aussi, les variations d'excentricité et de périhélie sont complémentaires l'une de l'autre ; l'une de ces variations étant plus rapide quand l'autre cesse, et réciproquement; 6° enfin que les changements dans la position du foyer H, produits par les actions des composantes tangentielles et normales de la force perturbatrice, sont à angle droit l'un à l'autre dans toute situation de P, et que par conséquent, la force tangentielle est plus efficace (en proportion de son intensité) pour faire varier l'un ou l'autre des éléments en question; que la force normale l'est moins aussi, et réciproquement.

672. Pour déterminer l'effet momentané de toute la force perturbatrice, alors, on n'a qu'à la décomposer en ses deux composantes normale et tangentielle, puis à estimer séparément, d'après les principes précédents, les effets de ces composantes sur les deux éléments; en ajoutant les résultats ou les retranchant l'un de l'autre, suivant qu'ils marchent ensemble ou en sens contraires. On peut aussi faire l'angle H P H'' égal à deux fois l'angle de fléchissement produit par la force normale; mener P H'' égal à deux fois la variation de a produite dans le même moment de temps par la force tangentielle; et H'' sera le nouveau foyer. La vitesse momentanée engendrée par la force tangentielle peut se calculer, d'après les principes ordinaires de dynamique, quand on connaît cette force; on en conclut aisément la variation de l'axe (1). La vitesse momentanée engendrée par la force normale dans sa propre direction, peut se calculer de la même manière d'après la connaissance de cette force; en la divisant par la vitesse linéaire de P à cet instant, on déduit la vitesse angulaire de la tangente en P, ou la variation momentanée de l'angle de tangence S P Y qui lui correspond.

673. Le tableau suivant offre le résumé de plusieurs résultats comprenant chaque variété du cas où P s'approche de S et où il s'en éloigne: quand il est situé dans l'arc F A G de son orbite *près du périhélie*, ou dans l'arc plus éloigné G M P *près de l'aphélie*; quand la force tangentielle *accélère* ou *retarde* le corps perturbé; quand la force normale agit en *dedans* ou en *dehors* par rapport à la concavité de l'orbite.

(1) $\frac{1}{a} = \frac{2}{r} - v^2$, et $\frac{1}{a'} = \frac{2}{r} - v'^2$; $\frac{1}{a'} - \frac{1}{a} = v^2 - v'^2 = (v + v')(v - v')$; ou quand on ne considère que les variations infinitésimales $\frac{a' - a}{a^2} = 2v(v' - v)$, ou $a' - a = 2a^2 v (v' - v)$; d'où il suit que la variation de l'axe, provenant d'une variation de vitesse, est indépendante de r, ou bien, est la même, à quelque distance de S que le changement ait lieu; et, toutes choses égales d'ailleurs, qu'il est plus grand pour un changement donné de vitesse (ou pour une force tangentielle donnée), *en raison directe de la vitesse elle-même.*

Effets de la force tangentielle perturbatrice.

Direction du mouvement de P.	Situation de P dans l'orbite.	Action de la force tangentielle.	Effet sur les éléments.
Approchant S.	Partout.	Accélérant P	Apsides éloignés.
Id.	Id.	Retardant P	— avancés.
S'éloignant de S.	Id.	Accélérant P	— avancés.
Id.	Id.	Retardant P	— éloignés.
Indifféremment.	Vers aphélie.	Accélérant P	Excentricité décroît.
Id.	Id.	Retardant P	— s'accroît.
Id.	Vers périhélie	Accélérant P	— s'accroît.
Id.	Id.	Retardant P	— décroît.

Effets de la force normale perturbatrice.

Direction du mouvement de P.	Situation de P dans l'orbite.	Action de la force normale	Effet sur les éléments.
Indifféremment.	Vers aphélie.	En dedans.	Apsides éloignés.
Id.	Id.	En dehors.	— avancés.
Id.	Vers périhélie	En dedans.	— avancés.
Id.	Id.	En dehors.	— éloignés.
Approchant S.	Partout.	En dedans.	Excentricité s'accroît
Id.	Id.	En dehors.	— décroît.
S'éloignant de S.	Id.	En dedans.	— décroît.
Id.	Id.	En dehors.	— s'accroît.

674. Pour conclure des changements momentanés dans les éléments de l'orbite perturbée, correspondants aux positions successives de P et de M, le décompte total du changement produit dans un temps donné, il est indispensable de recourir au calcul intégral, ce qui est tout-à-fait en dehors du plan de cet ouvrage. Cependant, à l'aide de considérations générales sur le retour périodique des configurations du même caractère, nous pourrons arriver à la plupart des conclusions intéressantes auxquelles le calcul a conduit les géomètres : c'est ainsi que nous avons établi déjà la permanence des axes, la périodicité des inclinaisons, et les révolutions des nœuds des

orbites planétaires. Nous allons procéder de la même manière pour le mouvement des apsides, et pour les variations d'excentricités. Dans ce but, nous allons tracer d'abord les changements introduits dans les forces perturbatrices elles-mêmes, par les variations des positions des corps; quand nous traiterons des inclinaisons, on devra toujours supposer, à moins que nous n'indiquions précisément le contraire, que les deux orbites sont très-près d'être circulaires, sans quoi la complication du sujet entraînerait de trop grandes difficultés pour le lecteur.

675. Dans cette hypothèse, les directions SP, SY perpendiculaires à la tangente en P (fig. 101), peuvent être regardées comme coïncidentes; les forces perturbatrices normale et radiale deviennent presque identiques en quantité; il en est de même des forces tangentielle et transversale, par leur quasi-coïncidence aux points T et L. En ce qui concerne l'*intensité* des forces, peu importe la décomposition de ces forces, et cela n'affectera en rien nos conclusions, pour les effets des forces normale et tangentielle, si dans l'estimation de leurs valeurs *quantitatives*, nous prenons avantage de la simplification introduite dans leur expression numérique, en négligeant l'angle PSY; c'est-à-dire, en leur substituant les composantes radicale et transversale. La nature de ces effets dépend (article 670-671) de la direction suivant laquelle les forces agissent, direction que nous supposerons normale et tangentielle comme précédemment; et c'est seulement pour l'estimation de leurs effets quantitatifs que l'on peut négliger cet angle sans erreur sensible. Dans l'orbite lunaire, cet angle n'excède jamais 3° 10', et son influence sur l'estimation quantitative des forces agissantes peut être négligée dans une première approximation. Maintenant (fig. 103) MN étant donné par cette proportion, $MP^2 : MS^2 :: MS : MN$; $NP (= MN - MP)$ est aussi connu; par conséquent, $NL = NP \sin. NSP = NP \sin. (ASP + SMP)$; $LS = PL - PS = NP \cos. NPS - PS = NP (\cos. ASP + SMP) - SP$; ceci connu, les forces normale et tangentielle sont exprimées respectivement à la même échelle qui donne SM pour représenter l'attraction de M sur S (1). Supposons que P tourne suivant la direction EADB,

(1) $MS = R$; $SP = r$; $MP = f$; $ASP = \theta$; $AMP = M$;
$MN = \frac{R^2}{f^2}$; $NP = \frac{R^2 - f^2}{f^2} = (R - f)\left(1 + \frac{R}{f} + \frac{R^2}{f^2}\right)$

alors en traçant la figure pour les diverses positions de P dans tout le cercle, le lecteur verra facilement lui-même : 1° que la force tangentielle accélère P, quand il se meut de E vers A, et de D vers B; mais qu'il retarde P, quand il se meut de A en D et de B en E; 2° que la force tangentielle s'évanouit aux quatre points A, D, E, B; et qu'elle atteint un maximum dans quelques points intermédiaires; 3° que la force normale est dirigée, en dehors, aux syzygies A, B; en dedans, aux points D E; auxquels points respectivement ses intensités, au dehors et au dedans, atteignent leurs maxima; 4° enfin, que cette force s'évanouit aux points intermédiaires de AD, DB, BE, EA, quand ces points, lorsque M est considérablement éloigné, sont situés plus près de la quadrature que des syzygies.

676. Dans la théorie lunaire à laquelle nous allons appliquer ces principes, le tracé géométrique et le calcul algébrique se simplifient beaucoup pour l'expression des forces perturbatrices. A raison de la grande distance du soleil M, au centre duquel le rayon de l'orbite de la lune ne sous-tend jamais un angle de plus de 8′ au plus, NP peut être regardé comme parallèle à AB. DSE devient une ligne droite coïncidente avec la ligne des quadratures; en sorte que VP devient le cosinus de ASP au rayon SP; NL = NP sin. ASP; LP = NP cos. ASP. De plus, dans ce cas (voyez la note de l'art. 675), NP = 3PV = 3 SP cos. ASP; conséquemment NL = 3SP cos. ASP. Sin. ASP = 3/2 SP sin. 2ASP; LP = SP (3 cos. ASP² − 1) = 1/2 SP (1 + 3 cos. 2ASP) qui s'évanouit quand cos. ASP² = 1/3, ou bien à 64° 14′ de la syzygie. Supposons qu'à chaque point de l'orbite de P on ait SQ = 3 SP cos. ASP² (fig. 104); alors Q tracera un certain ovale plein de trous, comme dans la figure, coupant l'orbite en quatre points, 64° 14′ de A et de B respectivement; et PQ représentera en quantité et en direction la force normale agissant en P.

d'où $NL = (R - f)(\sin.\ \theta + M)\left(1 + \frac{R}{f} + \frac{R^2}{f^2}\right)$; $LS = (R - f).\ \text{Cos.}\ (\theta + M)\left(1 + \frac{R}{f} + \frac{R^2}{f^2} - r\right)$. Quand R et f, à raison de la grande distance de M, sont presque égaux, on a $R - f = PV$; $\frac{R}{f} = 1$ presque; et l'angle M peut être négligé; en sorte qu'on a $NP = 3PV$.

677. Il est important de remarquer ici, parce que cela s'étend à toute la théorie lunaire, et surtout au mouvement des apsides, que toutes les forces perturbatrices, agissant à angles égaux d'élongation ASP de la lune, à partir du soleil, sont, toutes choses égales d'ailleurs, proportionnelles à SP, distance de la lune à la terre; et par conséquent sont plus grandes quand la lune est près de son apogée, que quand elle est près de son périgée; le rapport extrême étant celui de 28 à 25 environ. Ceci posé, considérons d'abord l'effet de la force normale pour déplacer les apsides lunaires. Nous y parviendrons en examinant séparément les cas dans lesquels ces effets sont le plus fortement contrastés; c'est-à-dire, quand le grand axe de l'orbite de la lune est dirigé vers le soleil, et quand il est perpendiculaire à cette direction. Supposons d'abord la ligne des apsides dirigée vers le soleil (fig. 105), dans laquelle A est le périgée, et prenons les arcs A*a*, A*b*, B*c*, B*d* chacun de 60° 14'. Alors, pendant que P est entre *a* et *b*, la force normale agissant en dehors, et la lune étant près de son périgée, les apsides s'éloigneront (art. 671); mais quand P sera entre *c* et *d*, la force agissant en dehors, et la lune étant près de son apogée, les apsides avanceront. La rapidité de ces mouvements atteindra respectivement les maxima en A et B, non-seulement parce que les forces perturbatrices sont alors plus intenses, mais aussi (art. 671), parce qu'elles agissent plus avantageusement en ces points pour déplacer l'axe. Marchant de A en B vers les points neutres *a b c d*, la rapidité de leur éloignement et de leur avance diminue, et devient à rien (ou bien les apsides sont stationnaires), quand P est en l'un de ces points. De *d* à D, ou plutôt en un point quelque peu au-delà de D (art. 671), la force agit en dedans, et la lune est presque à son périgée, en sorte que dans cet arc de l'orbite les apsides avancent. Mais le rapport de l'avance est faible, parce que, dans la première partie de cet arc, la force normale est petite, et qu'à mesure que P approche de D et que la force augmente, elle agit désavantageusement pour mouvoir l'axe, son effet s'évanouissant quand elle arrive au-delà de D, à l'extrémité de la perpendiculaire au foyer supérieur de l'ellipse lunaire. Ainsi sur *c*, la faible avance se renverse et se convertit en retard, la force agissant encore en dedans, mais la lune venant alors près de son apogée. Il en est de même pour les arcs *d*E, E*a*. Dans les figures, ces changements sont indiqués par les signes + + pour la plus rapide avance; par les signes — — pour le plus

rapide retard, et par les signes + ou — pour l'avance ou le retard ordinaire; le signe O est employé pour les points stationnaires. Maintenant, si les forces sont égales des côtés de + et de — il est évident qu'elles se contre-balanceront exactement pour l'avance et le retard pour le total d'une révolution entière. Mais il n'en est point ainsi : la force en apogée est plus grande qu'en périgée, dans le rapport de 28 à 25, tandis que dans les quadratures, vers D et E, elles sont égales. En conséquence, tandis que les faibles mouvements + et — dans le voisinage de ces points, se détruisent exactement l'un l'autre, il reste nécessairement une balance considérable, en faveur de l'avance, dans la position de la ligne des apsides.

678. Supposons l'apogée en A, et le périgée en B. Dans ce cas il est évident que, dans tout ce qui concerne la direction des mouvements des apsides, tous les raisonnements et toutes les conclusions de l'article précédent doivent être inversés, en substituant périgée à apogée, et réciproquement; ce qui change tous les signes de la figure. Mais les forces les plus puissantes agissent du côté de A, c'est-à-dire, encore du côté de l'avance, ce qui renverse aussi cette condition : donc, dans toute position de l'orbite les apsides avancent.

679. Troisième cas. Supposons le grand axe dans la position D E, et le périgée du côté de D. Ici, dans l'arc *bc* du mouvement de P, la force normale agit en dedans, et la lune est près de son périgée; conséquemment les apsides avancent, mais avec une vitesse modérée, le mouvement de la force normale en dedans étant moitié de celle en dehors. Dans les arcs A*b* et *c*B, la lune est encore près de son périgée, et la force agit en dehors; mais quoiqu'elle agisse puissamment vers A et B, elle a constamment un désavantage croissant (art. 671). Ainsi, dans ces arcs, les apsides s'éloignent modérément. En A *a* et B *b* (étant près de l'apogée) les apsides regagnent de l'avance, toujours avec une vitesse modérée. Enfin, dans l'arc *da*, étant près de l'apogée avec une force en dedans, les apsides s'éloignent. Là, comme avant, si les forces en apogée et périgée étaient égales, l'avance contre-balancerait le retard; mais de fait les forces en apogée l'emportent, et pour une révolution entière il y a balance en faveur du retard. Le même raisonnement s'applique si le périgée est vers E. Mais entre ces deux cas et ceux des articles précédents, il y a cette différence, que l'effet dominant résulte dans les uns de l'action en dedans de la force normale en quadrature; tandis que, dans

les autres, elle résulte de l'action en dehors et doublement puissante en syzygies. Le retard des apsides dans leurs quadratures provenant de l'action de la force normale, sera moindre que leur avance dans leurs syzygies; et non-seulement sous ce rapport, mais aussi à raison de la moindre étendue des arcs *bc* et *da*, où la balance est maintenue dans ce cas, que des arcs *ab* et *cd*, qui leur correspondent et qui ont plus d'influence dans l'autre.

680. Dans les positions intermédiaires de la ligne des apsides, l'effet sera intermédiaire, et il y aura enfin une position où pour la totalité d'une révolution, ils sont stationnaires. Cette position, comme il est aisé de le voir, sera plus près de la ligne des quadratures que de celle des syzygies, et la prépondérance de l'avance sera maintenue sur un arc beaucoup plus considérable que celui du retard, dans toutes les positions. Ainsi, sous tous les rapports, l'action de la force normale fait avancer les apsides lunaires *pour une complète révolution* de M, ou dans une année synodique, pendant que le mouvement du soleil autour de la terre (comme si nous considérions la terre en repos), amène la ligne des syzygies dans toutes les positions relativement à celle des apsides.

681. Examinons l'action de la force tangentielle. Supposons, comme dans le premier cas, le périgée de la lune en A, et la direction de sa révolution ADBE; la force tangentielle *retarde* son mouvement dans le cadran AB, où elle s'éloigne de S; conséquemment les apsides *s'éloignent* (art. 370). En DB la force *s'accélère,* tandis que la lune s'éloigne encore, et par conséquent les apsides *s'avancent*. En BE la force retarde, et la lune s'approche; les apsides continuent donc de s'avancer; entrée dans le cadran EA, la force s'accélère et la lune s'approche, par conséquent les apsides s'éloignent. Cette force fait donc que les apsides s'éloignent, pendant toute la description de l'arc EAD, et qu'ils s'avancent pendant DBE; mais dans l'un et l'autre cas, la force tangentielle, étant comme dans le cas de la force normale, plus puissante à l'apogée, l'avance a la prépondérance, et les apsides s'avancent pour la totalité d'une entière révolution.

682. Deuxième cas. Le périgée étant vers B, il faut substituer dans le raisonnement précédent, approche du soleil au lieu de s'éloigne du soleil, et réciproquement, les accélérations et les retards restant comme avant. Conséquemment les résultats, en ce qui concerne la direction, sont inversés dans

chaque cadran, les apsides avancent dans E A D, et s'éloignent dans D B E. Mais la position de l'apogée étant aussi renversée, la prédominance reste du côté de E A D, c'est-à-dire de l'avance.

683. Troisième cas. Les apsides en quadrature, périgée près de D : sur le cadran A D, approche et retard, par conséquent avance des apsides. Sur D B éloignement et accélération, par conséquent les apsides avancent encore. Sur B E, éloignement et retard avec éloignement des apsides; enfin sur E A, approche et accélération, produisant leur continuel éloignement. Résultat total : avance pendant la demi-révolution A D B, et retard en B E A ; les forces agissantes étant plus puissantes, éloignement définitif. Même résultat quand le périgée est en E.

684. L'analogie du raisonnement entre l'action des forces tangentielle et normale est parfaite jusqu'ici; mais à partir de ce point, cela n'a plus lieu. Il n'en est pas ici comme précédemment. L'éloignement des apsides dans les quadratures ne provient pas de la prédominance de forces faibles sur des forces plus faibles, tandis que dans les syzygies les résultats proviennent des forces puissantes sur des forces puissantes. L'action de la force tangentielle qui accélère en maximum, est égale à celle qui retarde en maximum; tandis que l'action en dedans de la force normale, à son maximum, est moitié seulement de son maximum en dehors. Il n'y a pas non plus cette différence dans l'étendue des arcs où la balance a lieu, comme dans l'autre cas, l'action de la force tangentielle étant en dedans et en dehors alternativement sur des arcs égaux, chacun formant un cadran complet. En traçant l'action de la force normale, nous avons trouvé là une raison de conclure qu'elle a plus d'effet pour amener le progrès des apsides dans leurs syzygies que dans leurs quadratures; mais nous ne pouvons conclure de même pour la force tangentielle. En ce qui concerne *cette* force, une *complète symétrie* a lieu dans les quatre cadrans; tandis que pour la force normale, la symétrie n'est qu'une *demi-symétrie* se rapportant à deux *demi-cercles* seulement.

685. Prenant la moyenne de plusieurs révolutions du soleil autour de la terre, pendant lesquelles il se présente dans toutes les positions possibles à la ligne des apsides, on voit que l'effet de la force normale est de produire une avance rapide dans la syzygie des apsides, et un éloignement moins

rapide dans leur quadrature : conséquemment, sur le tout, une avance générale modérément rapide ; tandis que celui de la force tangentielle est de produire une avance également rapide dans les syzygies, et un éloignement en quadrature. Conséquemment, la force tangentielle paraît ne pas avoir directement d'influence définitive pour accroître ou diminuer le *mouvement moyen* des apsides, résultant de l'action de la force normale. Indirectement, agissant avec elle et l'augmentant beaucoup, l'action de la force normale se manifeste ainsi que nous allons l'expliquer.

686. Le soleil se mouvant uniformément, ou presque uniformément et dans la même direction que P, la ligne des apsides, quand il est en syzygie ou près d'y être, suit le soleil et, par conséquent, reste matériellement plus longtemps dans le voisinage des syzygies que s'il restait en repos. D'un autre côté, quand les apsides sont en quadrature, ils s'éloignent, et se mouvant en sens opposé du mouvement du soleil par conséquent, ils restent moins longtemps dans ce voisinage que s'ils étaient en repos. Ainsi l'avance, déjà prépondérante, devient plus prépondérante encore par sa continuité ; et l'éloignement, déjà en défaut, le devient davantage par la brièveté de sa durée. Quelle que soit la cause, alors, qui accroisse directement la rapidité de l'avance et de l'éloignement, *quoiqu'elle puisse le faire également*, elle ajoute à ce procédé indirect ; et c'est ainsi que la force tangentielle devient active à travers le médium du progrès déjà réalisé, en venant à l'aide de la force normale pour lui faire produire un effet dont elle ne serait pas capable sans cela. Ainsi l'on a la perturbation accroissant la perturbation, et l'on voit ce qu'entendent les géomètres quand ils disent qu'une partie considérable du mouvement des apsides lunaires est due au carré de la force perturbatrice, ou en d'autres termes, provient d'une seconde approximation dans laquelle l'influence de la première, en altérant les données du problème, est prise en ligne de compte.

687. L'effet curieux et compliqué de perturbation que nous venons de décrire dans l'article précédent, a donné plus de peine aux géomètres qu'aucune autre partie de la théorie lunaire. Newton lui-même a réussi à tracer cette portion du mouvement de l'apogée qui est due à l'action directe de la force radiale ; mais trouvant que le total était moitié seulement de ce que donne l'observation, il abandonna ce sujet, à

ce qu'il semble, en désespoir de cause. Continué par ses successeurs, le problème, après une très-longue période de temps, prit un aspect plus satisfaisant. Le résultat de Newton parut vérifié dans ses détails; des investigations laborieuses entreprises sans succès, parurent faire douter que l'explication des mouvements lunaires peut s'accorder avec la loi générale de la gravitation newtonienne. Ce doute fut d'ailleurs levé, presque à l'instant de sa naissance, par le géomètre Clairaut, qui répara glorieusement l'erreur d'une hésitation momentanée, en démontrant le premier, l'accord parfait de la théorie et de l'observation, quand on fait entrer convenablement, en ligne de compte, la force tangentielle. L'apogée lunaire circule en 3232 jours, 575343, environ 9 ans 1/2.

688. Examinons maintenant l'influence de la force perturbatrice, ainsi décomposée, sur l'excentricité de l'orbite lunaire. Les articles précédents ayant suffisamment familiarisé le lecteur avec notre mode de suivre les changements dans les diverses situations de l'orbite, nous prendrons une situation plus générale, et nous supposerons la ligne des apsides dans une position quelconque par rapport au soleil, en ZY, par exemple (fig. 106); le périgée étant en Z, point entre la syzygie inférieure et la quadrature qui la suit; la direction du mouvement de P étant indiquée par ADBE. Alors, en commençant par la force normale, le changement momentané d'excentricité s'évanouira en *a*, *b*, *c*, *d*, par l'évanouissement de cette force, et en Z et en Y par l'effet de la situation de l'orbite qui annihile son action (art. 671) dans les axes Z*b* et Y*d*, par conséquent le changement d'excentricité sera petit, la force agissante n'atteignant jamais beaucoup de grandeur ni d'avantages de position dans leurs limites. La force, dans ces deux arcs, ayant le même caractère en dedans et en dehors, mais exerçant une influence opposée en raison de l'approche de P à S, dans l'un d'eux, et de son éloignement dans l'autre, il est évident que pour ces deux arcs, il y aura quasi-compensation; et quoique l'arc apogéal Y*d* ait plus d'influence, ce sera bien peu de chose sur le total d'une révolution.

689. Les arcs *b* D *c* et *d* E *a* ont beaucoup moins d'un cadran d'étendue, et la force agissant en dedans pour eux (à son maximum en D et E, n'étant que moitié de la force en dehors en A et B), décroît très-rapidement d'intensité vers chaque syzygie (art. 676). Il s'ensuit, soit que Z se trouve entre *b c* ou *b* A, que les effets de cette force pour ces arcs, ne

produiront pas des changements très-étendus sur l'excentricité, et les changements produits (par la raison déjà donnée) seront opposés l'un à l'autre. Alors quoique l'arc *a d* soit plus éloigné du périgée que *b c*, et que par conséquent, la force y soit plus grande, cependant la prédominance de l'effet n'y est pas très-marquée, et se trouve partiellement neutralisée par la faible prédominance opposée en Y*d* sur Z*b*. D'un autre côté, les arcs *a*Z, *c*Y ont plus d'étendue qu'aucun des autres, et le siège d'action des forces est doublement puissant. Leur influence sera donc de plus grande importance; et leur prépondérance l'une sur l'autre (ayant une tendance opposée) décidera la question de savoir si, pour le total d'une révolution, l'excentricité s'accroîtra ou diminuera. Il est clair que la décision sera en faveur de l'arc *c*Y, l'arc apogéal, et puisque, dans cet arc, la force est *en dehors* et que la lune *s'éloigne* de la terre, il y aura accroissement d'excentricité dû à cette influence. Un semblable raisonnement conduira évidemment à la même conclusion quand l'apogée et le périgée changeront de place, car les directions du mouvement de P pour s'approcher ou s'éloigner de S seront inverses; mais en même temps les forces dominantes auront changé de côté, et l'arc *a* A Z ne donnera pas le caractère au résultat. Mais quand Z est entre A et E, comme le lecteur peut s'en assurer aisément lui-même, le cas sera tout-à-fait différent, et la conclusion sera l'inverse. Il s'ensuit que les changements d'excentricité ressortant, pour le total de simples révolutions, de l'action de la force normale, seront représentés par les signes + et —, dans la fig. 106.

690. Examinons l'effet de la force tangentielle (fig. 107). Elle retarde P dans les cadrans AD, BE; elle l'accélère dans les cadrans alternatifs. Ainsi dans tout le cadran AD, l'effet n'a qu'un caractère, le périgée étant moindre que 90° de chaque point dans ce cadran; dans tout le cadran BE, c'est le contraire, l'apogée y étant situé (art. 670). D'ailleurs dans le milieu de chaque cadran la force tangentielle est à son maximum dans les autres cadrans EA et DB, le changement du voisinage périgée en voisinage apogée a lieu, et la force tangentielle, quoique puissante, a son effet annulé par la position (art. 670); cela arrive plus ou moins près des points où la force a son maximum. Ces quadrants sont donc loin d'avoir la moindre influence sur le résultat total, en sorte que le caractère de ce résultat se trouvera décidé par la prédominance de l'un sur l'autre des premiers cadrans, apparte-

nant à celui qui renferme l'apogée. Or, dans le cadran BE la force *retarde* la lune et la lune est en apogée ; par conséquent l'excentricité s'accroît. Dans cette position de l'apogée, *tel* est le résultat total d'une révolution complète de la lune. Ici encore, si le périgée et l'apogée changent de place, le caractère de toutes les influences partielles, change également, arc pour arc. Mais le cadran AD n'aura pas la prépondérance, au lieu de DE, en sorte que sous ce double renversement de conditions, le résultat sera le même. Enfin, si la ligne des apsides est en AE, BD, on trouvera de même que l'excentricité doit diminuer pour le total d'une révolution.

691. Il paraît ainsi, qu'en variant l'excentricité, précisément comme en faisant mouvoir la ligne des apsides, l'effet direct de la force tangentielle s'accorde avec celle de la force normale, pour tendre à l'accroissement de l'étendue des déviations en deçà et en delà de chaque côté d'une moyenne, que la position variable du soleil par rapport à la ligne des apsides tend à élever aussi, ayant pour leur période de restauration une révolution synodique de soleil et d'apside. Supposons que le soleil et l'apside s'écartent ensemble, le soleil devancera l'apside (dont la révolution est 9 ans), et dans le laps d'environ $\left(\frac{1}{4}+\frac{1}{32}\right)$ d'une année, il aura gagné 90° ; l'apside pendant tout cet intervalle ayant été dans le cadran AE, et l'excentricité décroissant continuellement. Le décroissement cessera alors, mais l'excentricité elle-même sera au minimum, le soleil se trouvant à angles droits avec la ligne des apsides. Puis elle croîtra jusqu'au maximum, quand le soleil aura de nouveau gagné 90°, atteignant de nouveau la ligne des apsides ; et ainsi de suite alternativement. L'effet actuel sur la valeur numérique de l'excentricité lunaire est très-considérable ; la plus grande et la moindre excentricité étant dans le rapport de 3 à 2 (1).

692. On peut donner un exemple du mouvement des apsides des orbites lunaire et planétaire, avec une petite expérience mécanique qui d'ailleurs est instructive en ce qu'elle donne une idée du mode suivant lequel le mouvement orbital est entraîné par l'action de forces centrales variables, suivant la situation du corps en révolution. Suspendons un poids de plomb par un fil de cuivre ou de fer à un crochet

(1) Airy. Gravitation, p. 106.

sous une solive fixe, de manière à le laisser libre de se mouvoir en tous sens, autour de la verticale, et à ce qu'il affleure, étant en repos, le parquet ou une table placée à trois ou quatre mètres au-dessous du crochet. Le point de support doit être bien assuré contre tout ébranlement résultant d'une oscillation du poids, qui doit être assez lourd pour bien tendre le fil, avec certitude de ne pas le rompre. Communiquons maintenant un léger mouvement au poids, non pas simplement en l'élevant et le laissant tomber, mais en lui donnant une faible impulsion de côté; on le verra décrire une ellipse régulière autour de son point de repos, comme centre. Si le poids est lourd et s'il porte un pinceau reposant dans une direction exacte du fil de suspension, l'ellipse pourra être tracée sur un papier où le pinceau marchera. Dans ces circonstances, la situation des axes grand et petit de l'ellipse restera pendant longtemps presque la même, quoique la résistance de l'air et la raideur du fil diminuent graduellement les dimensions et l'excentricité de l'ellipse. Mais si le mouvement communiqué au poids est considérable, assez pour l'entraîner dans un angle un peu grand (15° à 20° de la verticale), la permanence de situation de l'ellipse ne pourra plus continuer. Ses axes changeront de position à chaque révolution du poids, avançant dans la même direction que le mouvement du poids, par une progression uniforme et régulière qui renversera enfin entièrement leur situation, amenant la direction des plus longues excursions à coïncider avec celle suivant laquelle avaient lieu les plus courtes précédemment; et ainsi de suite autour du cercle entier; enfin imitant parfaitement le mouvement des apsides de l'orbite de la lune.

693. Il n'est pas difficile maintenant de découvrir la cause de cette progression des apsides. Quand un poids est suspendu par un fil, et tiré hors de la verticale, il est attiré vers le point le plus bas (ou plutôt suivant une direction à chaque instant perpendiculaire au fil) par une force qui varie comme le sinus de la déviation du fil de la perpendiculaire. Or les sinus des très-petits arcs sont quasi-proportionnels aux arcs eux-mêmes et approchent d'autant plus d'être proportionnels que les arcs sont plus petits. Donc, si les déviations de la verticale, sont tellement petites qu'on puisse négliger la courbure de la surface sphérique dans laquelle le poids se meut, et regarder la courbe décrite comme coïncidente avec sa projection, sur le plan horizontal, il se mouvra suivant les mêmes

circonstances que si c'était un corps en révolution, attiré vers le centre par une force variant directement comme la distance; et dans ce cas, la courbe décrite sera une ellipse ayant son centre d'attraction non au foyer, mais à son centre (*Newton. Princip.* i. 47), et les apsides de cette ellipse resteront fixes. Mais si les excursions du poids hors de la verticale sont considérables, la force qui le pousse vers le centre déviera de sa loi de simple raison des distances; étant comme le *sinus*, tandis que les distances sont comme les *arcs*. Or, quoique le sinus continue à croître à mesure que l'arc s'accroît, cependant il ne croît pas aussi vite. Dès que l'arc acquiert une étendue sensible, le sinus commence à devenir plus court que ne le requiert une exacte proportionnalité numérique de grandeur; en conséquence, la force qui pousse le poids vers le centre ou point de repos, tombe à grandes distances, en proportion semblable, un peu plus courte que celle qui maintiendrait le corps dans son orbite précisément elliptique. A ces grandes distances la force ne conserve plus son pouvoir sur le poids, *en proportion de la marche*, ce qui la rendrait capable de le faire dévier de sa course tangentielle à une ellipse. La véritable marche qu'il décrit sera donc *moins courbe* dans les parties les plus éloignées que cela ne convient à une forme elliptique comme l'indique la fig. 70; et par conséquent, il n'aura pas aussitôt son mouvement qui le ramène de nouveau à angles droits avec le rayon. La force centrale aura besoin d'une action plus longtemps continuée pour produire ce résultat, et avant qu'il le soit, plus d'un quart de sa révolution doit s'être passé en mouvement angulaire autour du centre. Mais en définitive, cela se réduit à exprimer plus longuement ce fait, *que les apsides de l'orbite sont progressifs.*

On a d'ailleurs eu l'intention, dans tout ce qui précède, de ne rien donner au-delà d'un exemple familier. Ce n'est pas un parallèle exact avec l'orbite lunaire, la force perturbatrice étant simplement radiale, tandis que dans l'orbite lunaire il y a de plus une force transversale; en fut-il autrement, on n'aurait encore obtenu, par cette espèce de considération de la courbe de la marche perturbée, qu'une indication confuse et peu distincte. Pour avoir une idée nette à cet sujet, il faut déterminer les deux foyers de l'ellipse momentanée, d'après les lois du mouvement elliptique accompli sous l'influence d'une force directement à cette distance, et après avoir décomposé la force perturbatrice radiale en ses deux composantes, tangentielle et normale, l'influence momentanée de l'une ou de l'autre altérant leurs positions, et conséquemment les directions et les longueurs de l'axe de l'ellipse. L'étudiant ne trouvera pas de difficultés à cette étude instructive, d'après ces principes sur lesquels nous ne pouvons pas nous étendre davantage ici.

694. La théorie du mouvement des apsides planétaires, et la variation de leurs excentricités se présente sous un point de vue beaucoup plus simple; mais elle est, d'autre part, beaucoup plus compliquée que la théorie lunaire. Elle paraît plus simple, parce que à raison de l'excessive petitesse des changements opérés dans le cours d'une seule révolution, la position angulaire des corps, par rapport à la ligne des apsides, n'est que faiblement altérée par le mouvement des apsides eux-mêmes. La ligne des apsides ne suit pas le mouvement du corps perturbateur, dans son avance, ni réciproquement, en aucun degré capable de prolonger matériellement la phase d'avance ou de raccourcir la phase d'éloignement. Nous ne pouvons donc appliquer à la théorie planétaire, une seconde approximation du genre de celle de l'art. 686, par laquelle le mouvement des apsides lunaires est si puissamment modifié qu'il en est doublé en définitive. D'ailleurs la théorie se complique ici, au moins dans le cas des planètes dont les temps périodiques sont l'un à l'autre en rapport bien moindre que 13 à 1, par cette considération que le corps perturbateur change sa position à l'égard de la ligne des apsides par une quantité angulaire beaucoup plus grande dans une révolution du corps perturbé, que dans le cas de la lune. Dans ce cas nous pouvions sans erreur sensible, pour faciliter l'explication, supposer que le soleil conserverait une position presque fixe pendant une simple lunaison. Mais cela n'est plus possible dans le cas des planètes dont les temps de révolution sont en rapport beaucoup plus faible. Dans le cas de Jupiter perturbé par Saturne, par exemple, Saturne a avancé dans son orbite, à l'égard de la ligne des apsides de Jupiter, de plus de 140°, changement de direction qui altère complètement les conditions sous lesquelles agissent les forces perturbatrices. Dans le cas d'une planète extérieure perturbée par une planète intérieure, la position de cette dernière, à l'égard de la ligne des apsides, varie même beaucoup plus rapidement que la position de la planète extérieure perturbée, à l'égard du corps central. Le raisonnement dont nous nous sommes

servi pour les perturbations lunaires n'est plus applicable du tout; quand on prend en considération aussi l'excentricité d'orbite du corps perturbateur, qui dans les cas les plus importants a beaucoup d'influence, le sujet devient trop compliqué pour l'expliquer avec des phrases; il faut recourir aux expressions algébriques et à l'application du calcul intégral. Quant à Mercure, Vénus et la terre, perturbés par Jupiter et par des planètes supérieures à Jupiter, l'objection au raisonnement précité n'a pas de valeur; dans chacun de ces cas, on peut donc conclure que les apsides sont maintenus en état de progression par l'action de toutes les plus grandes planètes de notre système. Sous certaines conditions de distance, d'excentricité et de position relative des axes des orbites des planètes perturbées et perturbatrices, il est très-possible que l'inverse ait lieu, comme avec Vénus par exemple, dont les apsides s'éloignent, par l'action combinée de la terre et de Mercure, beaucoup plus rapidement qu'ils n'avancent par la réunion des actions de toutes les autres planètes. Il est même possible, sous certaines conditions, que la ligne des apsides de la planète perturbée, au lieu de tourner toujours dans la même direction, puisse osciller en deçà et en delà de certaines limites, et dans une période de temps défini revenant régulièrement.

695. Au reste, sous toutes conditions, comme sous ces conditions particulières, l'idée que nous avons prise du sujet nous met à même d'assigner à chaque instant, et pour toute configuration de deux planètes, l'effet momentané de chacune sur le périhélie et l'excentricité de l'autre. Dans le cas le plus simple, celui de deux orbites presque circulaires, où la position relative des périhélies ne produit pas de différence appréciable dans les intensités des forces perturbatrices, il est très-aisé de montrer que, quelles que soient les oscillations temporaires, en deçà et en delà, de la ligne des apsides, et quelle que soit l'augmentation ou la diminution temporaire de l'excentricité de chaque planète, l'effet définitif d'un grand nombre de révolutions, les présentant l'une à l'autre dans toutes les configurations possibles, doit être *néant* pour les deux éléments.

696. Pour le prouver, il suffit de jeter les yeux sur la table synoptique de l'art. 673. Si M, le corps perturbateur, est supposé en deux positions diamétralement opposées dans son orbite, l'aphélie de P restera, relativement à M, dans une de ces positions, précisément comme le périhélie dans l'autre.

Or les orbites étant quasi des cercles, la distribution des forces perturbatrices, soit normale, soit tangentielle, sera symétrique relativement à leur diamètre commun passant par M, ou bien à la ligne des syzygies. Il s'ensuit que la moitié de l'orbite de P « vers son périhélie » (art. 673) se maintiendra relativement à toutes les forces agissant dans une position de M, précisément comme la moitié « vers son aphélie » le fera dans l'autre : de plus, que la moitié de l'orbite dans laquelle P « s'approche du soleil » se maintiendra relativement à ces forces dans une position précisément la même que celle de la moitié dans laquelle « il s'éloigne du soleil » dans l'autre. Ainsi, à l'égard de la force normale ou tangentielle, les conditions d'avance et d'éloignement des apsides, d'accroissement ou de diminution d'excentricité, sont inverses dans les deux cas. Il s'ensuit que, quelle que soit la position que l'on assigne à M, et quelque influence qu'elle exerce sur P dans cette position, cette influence sera annihilée dans les positions de M et de P diamétralement opposées à celles supposées, et qu'ainsi, au total, l'effet sur les apsides et sur les excentricités se réduit à rien.

697. Si les orbites sont excentriques, la symétrie dont nous venons de parler, n'a plus lieu dans la distribution des forces. Mais en premier lieu, il est évident que si les excentricités sont modérées (comme dans les orbites planétaires), la plus grande partie des effets des forces perturbatrices se détruit d'elle-même, comme nous l'avons vu dans le précédent article, et qu'il n'y a qu'un reste, provenant de la plus grande proximité des orbites en un lieu ou l'autre, qui puisse tendre à produire des effets séculaires ou permanents. L'estimation précise de ces effets est trop compliquée pour prendre place ici ; mais nous pouvons donner quelque idée du procédé qui sert à l'établir et de l'ordre qu'on y suit. Il faut d'abord distinguer les effets de la force normale et ceux de la force tangentielle. Les effets de la première sont plus grands aux points de conjonction des planètes, parce que la force normale elle-même y est toujours à son maximum ; quoique la conjonction ait lieu à 90° de la ligne des apsides, son effet pour mouvoir les apsides est annulé par la position ; quand, *dans* cette ligne, son effet sur les excentricités est également annulé, cependant, dans les positions à angles droits avec celles-ci, il a lieu à son plus grand avantage. D'un autre côté la force tangentielle s'évanouit en conjonction, quel que soit

le lieu de conjonction par rapport à la ligne des apsides; et quand elle est à son maximum, son effet est encore susceptible d'être annihilé par position. Il paraît donc que la force normale a plus d'influence et que c'est elle qui détermine le caractère de l'effet général. C'est par conséquent en conjonction que se produit l'effet le plus influent; au total, ces conjonctions, qui ont lieu dans la position où les orbites sont le plus près, déterminent le caractère général de l'effet. Or les points les plus voisins de l'approche de deux ellipses qui ont un foyer commun peuvent être diversement situés l'un par rapport à l'autre quant au périhélie. Ce peut être en périhélie, ou bien en aphélie de l'orbite perturbée, ou dans une position intermédiaire. Supposons que ce soit en périhélie. Alors si l'orbite perturbée est *intérieure* à l'orbite perturbatrice, la force agit en dehors, et par conséquent les apsides s'éloignent; si elle est *extérieure*, la force agit en dedans, et ils s'avancent. L'excentricité ne change dans aucun cas. Si la conjonction a lieu en aphélie de l'orbite perturbée, les effets sont inverses; si elle a lieu entre l'aphélie et le périhélie, les apsides seront moins affectés, et l'excentricité le sera davantage.

698. Supposons deux planètes seulement, il en sera ainsi jusqu'à ce que les apsides et les excentricités soient assez changés pour altérer le point de l'approche la plus voisine des orbites, assez pour que l'une et l'autre retarde ou avance et renverse peut-être le mouvement des apsides, en donnant à la variation d'excentricité un caractère périodique correspondant. Mais il y a plusieurs planètes qui se perturbent l'une l'autre, et cela produit des variations très-complexes des points de l'approche la plus voisine de toutes les orbites, prises deux à deux.

699. On n'aura pas manqué de remarquer, après avoir attentivement suivi les raisonnements précédents, qu'il existe une parfaite analogie entre deux séries de relations; c'est-à-dire, entre les inclinaisons et les nœuds d'une part, comme entre l'excentricité et les apsides, de l'autre. De fait, les théories géométriques de ces deux cas présentent une parfaite analogie, et conduisent à des résultats définitifs de même nature. Ce que la variation d'excentricité est au mouvement du périhélie, le changement d'inclinaison l'est au mouvement des nœuds. Dans l'un et l'autre cas, la période de l'un est aussi la période de l'autre; et tandis que les périhélies décrivent des

angles considérables par un mouvement oscillatoire, en deçà et en delà, ou bien circulent dans d'immenses périodes de temps autour du cercle entier, les excentricités s'accroissent et diminuent par de petits changements comparativement, et sont enfin ramenées, à leurs grandeurs primitives. Dans l'orbite lunaire, comme la rotation rapide des nœuds empêche le changement d'inclinaison de s'accumuler en un total réel, de même la révolution plus rapide de son apogée effectue une prompte compensation dans les fluctuations de son excentricité, ne lui permettant jamais d'aller jusqu'à une certaine étendue ; tandis que les mêmes causes, en présentant, *par succession rapide*, l'orbite lunaire dans toute position possible à toutes les forces perturbatrices, soit du soleil, soit des planètes, soit de la matière protubérante de l'équateur de la terre, empêche toute accumulation séculaire de petits changements dont l'effet par le laps des temps finirait par accroître ou diminuer sensiblement son excentricité. L'observation, d'accord avec la théorie, prouve que l'excentricité *moyenne* de l'orbite de la lune est à présent la même que dans les siècles les plus reculés de l'astronomie.

700. Les mouvements des périhélies, et les variations d'excentricités des orbites planétaires, sont entrelacés et compliqués de la même manière et presque par les mêmes lois que les variations de leurs nœuds et de leurs inclinaisons. Chacun agit sur l'autre et cette action mutuelle produit sa période particulière de circulation et de compensation ; puis chaque période à son tour, d'après le principe de l'article 650, est alors propagée dans tout le système. Ainsi naissent cycles sur cycles, dont on peut se former une idée de la durée composée, en considérant la longueur d'une telle période dans le cas des deux planètes principales, Jupiter et Saturne. Négligeant l'action de tout le reste, l'effet de leur mutuelle attraction produirait une variation séculaire, dans l'excentricité de l'orbite de Saturne, de 0,08409 (maximum), à 0,01345 (minimum) : tandis que celle de Jupiter varierait dans les limites étroites de 0,06036 à 0,02606 : la plus grande excentricité de Jupiter correspondant à la moindre excentricité de Saturne, et réciproquement. Cette période, dans laquelle ces changements ont eu lieu, serait de 70414 ans. Après cet exemple, on peut comprendre aisément que plusieurs millions d'années doivent s'écouler avant le complet accomplissement du cycle suivant qui doit ramener tout le système à son état primitif, en ce qui concerne les excentricités des orbites.

701. Le lieu du périhélie de l'orbite d'une planète est de peu de conséquence pour son bien-être; mais son excentricité a plus d'importance, car de là (les axes des orbites étant permanents), dépend la température moyenne de sa surface, et les variations extrêmes auxquelles peuvent être sujettes les saisons. On peut facilement prouver que le *total moyen annuel* de lumière et de chaleur reçu, du soleil, par une planète, toutes choses égales d'ailleurs, est comme le petit axe de l'ellipse qu'elle décrit. Conséquemment toute variation dans son excentricité, en changeant ce petit axe, altérera la température moyenne de la surface. On a vu dans l'art. 368 comment un tel changement influence les extrêmes de température. Or on peut se demander, si (dans le vaste cycle dont nous parlions tout à l'heure, où, à une période ou à l'autre, des changements s'accordent à s'accumuler sur l'orbite d'une planète de plusieurs parts) il ne peut pas arriver que l'excentricité de quelque autre planète, comme la terre, devienne assez démesurément grande, pour renverser toutes les conditions qui la rendent habitable à l'homme, ou du moins pour altérer tout ce qui rend son état physique confortable. Les travaux des géomètres nous permettent de répondre négativement. Lagrange a démontré qu'il existe une relation entre les masses, les axes des orbites, et les excentricités de chaque planète, semblable à celle dont nous avons parlé pour leurs inclinaisons; c'est à-dire : *que si la masse de chaque planète est multipliée par la racine carrée de l'axe de son orbite, et le produit par le carré de son excentricité, la somme de tous ces produits est invariable pour tout le système;* et de fait, cette somme extrêmement petite, reste toujours la même. Or, puisque les axes des orbites ne sont pas sujets à des changements séculaires, cela équivaut à dire qu'aucune orbite n'accroîtra son excentricité, au moins aux dépens du fonds commun, dont le total doit rester pour toujours extrêmement faible (1).

(1) Il n'y a rien dans ces relations, prises *per se*, qui préserve les plus petites planètes, Mercure, Mars, Junon, Cérès, etc., etc., d'une catastrophe, si elles accumulent sur elles ou sur l'une d'elles, le total de ce *fonds d'excentricité*. Mais cela ne peut jamais arriver : Jupiter et Saturne retiennent la part du lion. La même remarque s'applique au *fonds d'inclinaison* de l'art. 639. Ces *fonds* ne peuvent jamais être dissipés, chacun de leurs termes étant essentiellement positif.

CHAPITRE XIV.

Inégalités indépendantes des excentricités. — Variation et inégalité parallactique de la lune. — Inégalités planétaires analogues. — Trois cas distincts de perturbation planétaire. — Inégalités dépendantes des excentricités. — Longue inégalité de Saturne et de Jupiter. — Lois de réciprocité entre les variations périodiques des éléments de deux planètes. — Longue inégalité de la terre et de Vénus. — Variation de l'époque. — Inégalités dans l'époque affectant le mouvement moyen. — Interprétation de la partie constante de ces inégalités. — Équation annuelle de la lune. — Son accélération séculaire. — Inégalités lunaires dues à l'action de Vénus. — Effets de la figure sphéroïdale de la terre et des autres planètes sur les mouvements de leurs satellites. — Des marées. — Masses des corps perturbateurs déduites des perturbations qu'ils produisent. — Masses de la lune et des satellites de Jupiter; comment elles sont déterminées. — Perturbations d'Uranus résultant de la découverte de Neptune.

702. Pour calculer le lieu actuel d'une planète ou de la lune, en longitude et latitude, à un temps donné, il ne suffit pas de connaître les changements produits par la perturbation dans les éléments de son orbite, il faut encore au moins connaître les changements séculaires ainsi produits, qui sont seulement les reliquats ou parties non compensées des plus grands changements de configuration introduits dans de courtes périodes. On est à même ainsi d'estimer l'effet actuel, sur sa longitude, de ces accélérations et de ces retardements périodiques dans le rapport de son mouvement angulaire moyen, et sur sa latitude, l'effet de ces déviations au-dessous et au-dessus du plan moyen de son orbite; résultat qui, d'après l'action continue des forces perturbatrices, n'est pas compensé dans de longues périodes, mais bien par le fait de la naissance et de la destruction de ces forces dans de courtes périodes. Nous allons donner dans ce chapitre le relevé de quelques-unes des *équations* les plus saillantes, ou inégalités qui en proviennent; plusieurs sont d'un intérêt historique, comme ayant été reconnues par l'observation avant la découverte de leur cause théorique, et comme ayant, d'après leurs explications successives par la théorie de la gravitation, dissipé les objections que l'on croyait sérieuses contre cette théorie, qu'elles ont enfin établie d'une manière victorieuse.

703. Nous commencerons par celles qui se compensent elles-mêmes dans une révolution synodique du corps perturbé et du corps perturbateur; et qui sont indépendantes de toute

excentricité permanente de l'une et l'autre orbite, poursuivant leurs changements et effectuant leurs compensations dans des orbites faiblement elliptiques, précisément comme si elles étaient circulaires. Ces inégalités résultent, en réalité, d'une circulation du véritable foyer supérieur de l'ellipse perturbée autour de son lieu moyen dans une courbe dont les principes exposés dans le chapitre précédent nous ont donné les moyens de tracer la forme et la grandeur ; dans tous les cas, si l'orbite perturbée est circulaire, le lieu moyen coïncide avec son centre ; si elle est elliptique, avec la position du foyer supérieur déterminée d'après les principes développés précédemment.

704. Pour comprendre la nature de cette circulation, il faut considérer l'action réunie des deux éléments de la force perturbatrice. Supposons que H (fig. 108) soit le lieu du foyer supérieur, correspondant à toute position de P par rapport au corps perturbé, et soit P P' l'élément infinitésimal de son orbite, décrit en un moment. En supposant que la force perturbatrice n'agisse pas, P P' sera une portion d'ellipse ayant H pour son foyer, soit que l'on considère le point P ou le point P'. Mais supposons que l'action des forces perturbatrices se manifeste pendant l'instant où P P' est décrit. Alors le foyer H glisse de sa position pour aller en H', et pour trouver ce point H' il faut se rappeler : 1° ce qui est démontré dans l'art. 671, c'est-à-dire, que l'effet de la force normale est de faire varier la position de la ligne P' H de manière à faire l'angle HPH' égal au double de la variation de l'angle de tangence dû à l'action de cette force, sans altérer la distance P H ; en sorte qu'en vertu de la force normale seule, H se mouvra presque au point *h*, suivant la ligne H Q menée de H en un point Q, 90° en avance de P (parce que S H étant excessivement petit, l'angle P H Q peut être pris pour un angle droit quand P S Q est un angle droit aussi), H *approchant* de Q si la force normale agit *en dehors*, mais *s'éloignant* de Q si elle agit *en dedans*. Pour un effet semblable de la force tangentielle (art. 670), la position de H varie dans la direction H P ou P H, suivant que la force retarde ou accélère le mouvement de P. Sur H Q on prend H *h*, mouvement du foyer dû à la force normale ; sur H P on prend H *k*, mouvement dû à la force tangentielle ; on complète le parallélogramme H H', et la diagonale H H' est l'élément de la véritable trace de H, en vertu de l'action réunie des deux forces.

705. Le cas le plus évident du système planétaire, auquel le raisonnement ci-dessus soit applicable, est celui de la lune perturbée par le soleil. L'inégalité qui s'ensuit est connue sous le nom de variation de la lune, et a été découverte vers l'an 975 par l'astronome arabe Aboul Wefa (1). Sa grandeur (ou l'étendue de fluctuation en deçà et en delà dans la longitude de la lune) est considérable, de 1° 4'; elle est d'ailleurs remarquable comme étant la première inégalité, produite par perturbation, que Newton ait réussi à expliquer dans sa théorie de la gravité. On peut se former une idée générale de sa nature, en considérant l'action directe des forces perturbatrices sur la lune supposée se mouvoir dans une orbite circulaire. La vitesse serait uniforme dans cette orbite qui ne serait pas perturbée ; mais la force tangentielle agissant pour accélérer son mouvement dans les cadrans *précédant* sa conjonction et son opposition, et pour la ralentir dans les cadrans alternatifs, il est évident que la vitesse aura deux maxima et deux minima, les premiers aux syzygies, les seconds aux quadratures. Puis aux syzygies, la vitesse excédera celle qui correspond à une orbite circulaire ; tandis qu'aux quadratures elle sera moindre. La véritable orbite sera donc moins courbe ou plus aplatie qu'un cercle, aux syzygies, et plus courbe ou plus renflée qu'un cercle, aux quadratures. Ce serait le cas, même si la force normale n'agit pas. Mais l'action de cette force est d'accroître l'effet en question aux syzygies, et de 64°14'. De chacun de leurs côtés, elle est en dehors, ou bien en réaction contre l'action de la terre, ce qui empêche l'orbite de se courber, comme elle le ferait sans cela : tandis qu'aux quadratures, et de 25° 46' de chaque côté, elle agit en dedans, aidant l'attraction de la terre, et par conséquent forçant l'orbite de se courber plus qu'elle ne le ferait sans cela. L'action réunie des deux forces est donc d'allonger le cercle de l'orbite, en une ellipse ayant son grand axe aux quadratures et son petit axe aux syzygies; dans cette orbite, la lune se meut plus promptement qu'en sa moyenne vitesse en syzygie, c'est-à-dire, quand elle est le plus près de la terre, et plus lentement aux quadratures quand elle en est plus éloignée. Son mouvement *angulaire*, autour de la terre, est donc, pour ces deux raisons, plus grand dans la première position que dans la seconde. Il suit de là qu'en syzygie, la vraie longitude vue de la terre sera

(1) Sedillot, nouvelles recherches pour servir à l'histoire de l'astronomie chez les Arabes.

en voie de progrès sur sa moyenne; qu'en quadratures, elle sera en voie de perte; et que dans les points intermédiaires (non loin des octants), elle ne sera ni en gain ni en perte de vitesse. Mais à ces points, comme il y a eu *perte* ou *gain* pendant les 90° précédents, le *total du gain* ou de *la perte* aura atteint son maximum. Conséquemment aux octants, la véritable longitude déviera plus de la moyenne, par excès ou par défaut; l'inégalité en question est donc *néant* aux syzygies comme aux quadratures; elle atteint ses maxima d'avance ou de retard aux octants, ce qui est favorable à l'observation.

706. Voyons maintenant à rendre compte de cette inégalité, pour les variations simultanées de l'axe et de l'excentricité, ci-dessus expliquées. La force tangentielle, on se le rappelle, est *néant* aux syzygies et aux quadratures; elle est au maximum aux octants, accélératrice dans les cadrans EA et DB, retardatrice dans les cadrans AD et BE (fig. 109). Ainsi dans les deux premiers, l'axe tend à s'allonger, et dans les deux derniers à se raccourcir. D'un autre côté, la force normale s'évanouit en *a*, *b*, *d*, *e*, à 64° 14' des syzygies; elle agit en dehors sur *e*A*a*, *b*B*d*; en dedans sur *a*D*b* et *d*E*e*. Alors en vertu de la force tangentielle, le point H se meut vers P, tandis que le point P est en AD, BE, et pour s'en éloigner quand il est en DB, EA, le mouvement étant *nul* en A, B, D, E; et plus rapide à l'octant D, points auxquels (en ce qui concerne cette force) le foyer H aurait sa position moyenne. En vertu de la force normale, le mouvement de H dans la direction HQ sera à son maximum de vitesse, vers Q en A, ou B, et en s'éloignant de Q en D ou E; il sera *nul* en *a*, *b*, *d*, *e*. On peut, en suivant ces indications, obtenir la forme de la courbe réellement décrite par H, en traçant séparément la double marche de H en vertu de chaque mouvement séparé, puisque son véritable mouvement résulte de la combinaison de ces deux mouvements partiels superposés, étant à chaque instant à angles droits l'un à l'autre, ce qui en empêche toute confusion. Il est d'abord évident, d'après ce que nous avons dit de la force tangentielle, que lorsque P est en A, H est en repos pour un instant, mais qu'aussitôt que P marche de A vers D, H s'approche continuellement de P sur leur ligne de jonction HP qui, par conséquent, est à chaque instant une tangente à la trace de H. Quand P est dans l'octant, H est à sa moyenne distance de P (égale à PS) et s'approchant de P plus rapidement. De là, jusqu'à la quadrature D, le mouvement de H vers

P décroît en rapidité jusqu'à ce que la quadrature soit atteinte, quand H reste en repos un instant; il commence alors son mouvement inverse et s'éloigne *de* P en progressant dans le même rapport que lorsqu'il allait *vers* P. Il est donc évident qu'en vertu de la force tangentielle seule, H décrirait une courbe à quatre points de rebroussement *a d b e*. Sa direction de mouvement autour de S dans cette courbe étant opposée à celle de P, en sorte que A et *a*, D et *d*, B et *b*, E et *e*, seront des points correspondants.

707. Quant à la force normale, lorsque la lune est en A (fig. 110), le mouvement de H est vers D, et il est à son maximum de rapidité; mais il se ralentit dès que P va vers D, et Q vers B. HQ sera toujours une tangente à la courbe décrite, et puisqu'au point neutre de la force normale (quand P est à 64° 14' de A, et Q à 64° 14' de D), le mouvement de H est *nul* pour un instant, puis devient inverse, la courbe aura un point de rebroussement correspondant en *l*; H commence alors à marcher suivant l'arc *lm*, tandis que P décrit l'arc correspondant du point neutre à l'autre point neutre à travers D. Arrivé au point neutre entre D et B, le mouvement de H suivant QH s'arrête de nouveau, puis devient inverse, donnant naissance à un autre point de rebroussement en *m*; et ainsi de suite. Aussi, en vertu de la force normale agissant seule, la marche de H se fera suivant une courbe allongée, à quatre points de rebroussement *l m n o*, décrits avec un mouvement de S inverse de P, ayant *a*, *d*, *b*, *e*, pour points correspondants à A, D, B, E, qui sont les lieux de P.

708. Rien de plus aisé que de superposer ces mouvements. Supposons que H, H 2, soient les points de chaque courbe correspondant à P, il n'y a qu'à mener de S, S*h* égale et parallèle à SH, dans l'une des courbes; et de *h*, *h*H égale et parallèle à SH, dans l'autre. Faisons la même chose pour chaque point correspondant des deux courbes, et nous aurons pour résultat, une courbe ovale *adb e*, ayant pour demi-axes S*a* = S*a*, + S*a* 2; et S*d* = S*d*, + S*d* 2. Ce sera la véritable trace du foyer supérieur, les points *a*, *d*, *b*, *e*, correspondant aux lieux A, D, B, E de P. Il s'ensuit : 1° qu'aux syzygies A et B, la lune est en périgée dans son ellipse *alors* momentanée, le foyer inférieur étant plus près que le foyer supérieur; 2° qu'aux quadratures D, E, la lune est en apogée dans son ellipse *alors* momentanée, le foyer supérieur étant plus près que le foyer inférieur; 3° que H tourne dans l'ovale *adbe* en

sens contraire de P dans son orbite, faisant une révolution complète de syzygie en syzygie, en une révolution synodique de la lune.

709. Prenons 1 pour moyenne distance de la lune à la terre; représentons S*a*, ou S*d*, (qui sont égaux) par $2a$; S*a* 2 par $2b$; et S*d* 2 par $2c$; alors les demi-axes S*a*, S*d* de l'ovale *adbe*, seront respectivement $2a + 2b$ et $2a + 2c$; en sorte que les excentricités des ellipses momentanées en A et D seront respectivement $a + b$ et $a + c$. Le montant total de l'effet de la force tangentielle sur l'*axe*, en passant de syzygie en quadrature, sera évidemment égal à l'arc curviligne *a*, *d*, qui nécessairement est moindre que $Sa + Sd$ ou $4a$. Ainsi l'effet total sur le *demi-axe* ou distance de la lune est moindre que $2a$; l'excès ou le défaut des plus grandes ou des moindres valeurs de cette distance variant au-dessus et au-dessous de la moyenne valeur $SA = 1$ (que nous appellerons α), sera moindre que a. La lune alors se meut en A *en périgée* d'une ellipse dont le demi-axe est $1 + \alpha$, et l'excentricité $a + b$, en sorte que sa distance actuelle de la terre est là $1 + \alpha - a - b$, ce qui, α étant moindre que a, est moindre que $1 - b$. En D la lune se meut de nouveau *en apogée* d'une ellipse dont le demi-axe est $1 - \alpha$ et l'excentricité $a + c$; en sorte que sa distance actuelle de la terre est $1 - \alpha + a + c$, ce qui, a étant plus grand que α, est plus grand que $1 + c$; la dernière distance excédant la première de $2a - 2\alpha + b + c$.

710. Examinons les changements correspondants introduits dans la vitesse angulaire. C'est une loi du mouvement elliptique, qu'en différents points d'ellipses différentes, dont chacune diffère peu du cercle, les vitesses angulaires sont l'une à l'autre comme les racines carrées des demi-axes directement, et comme les carrés inverses des distances, dans ce cas les demi-axes en A et D sont l'un à l'autre $:: 1 + \alpha : 1 - \alpha$; ou $:: 1 : 1 - 2\alpha$; en sorte que leurs racines carrées sont l'une à l'autre $:: 1 : 1 - \alpha$, les distances étant l'une à l'autre $:: 1 + \alpha - a - b : 1 - \alpha + a + c$, le rapport inverse de leurs carrés (puisque α, a, b, c, sont de très-petites quantités) est celui de $1 - 2\alpha + 2a + 2c : 1 + 2\alpha - 2a - 2b$; ou $:: 1 : 1 - 4\alpha - 2b - 2c$. Les mouvements angulaires sont donc, en raison, composés de ces deux proportions, c'est-à-dire que le rapport est $:: 1 : 1 + 3\alpha - 4a - 2b - 2c$; ou d'une quantité plus grande, à une moindre quantité. Il est évident aussi, d'après la constitution du second terme de ce

rapport, que la force normale a plus d'influence sur ce résultat que la force tangentielle.

711. Nous avons regardé le soleil comme restant fixe, dans le raisonnement précédent. Supposons qu'il se meuve dans une orbite circulaire; il est évident alors qu'à angles égaux d'*élongation* (de P à M, vu de S), des forces perturbatrices égales, auront lieu, tangentielles et normales à la fois; seulement les syzygies et les quadratures, aussi bien que les points neutres de la force normale, au lieu d'être des points fixes en longitude sur l'orbite de la lune, avanceront sur cette orbite avec une vitesse angulaire uniforme, égale au mouvement angulaire du soleil. Les courbes à points de rebroussement $a, d, b, e, a_2 d_2 b_2 e_2$ de la fig. 111 ne seront plus des courbes rentrantes; mais chacune d'elles aura ses cornes *tournées en vis* comme si elles étaient dans la direction du soleil, de manière à accroître les angles entre elles en raison de la révolution synodique à la révolution sidérale de la lune (art. 418). Si de même, les mouvements dans ces deux courbes, alors séparément décrites par H, sont combinés; alors la courbe résultante, quoique en une espèce d'ovale, ne retournera pas sur elle-même, mais fera des circonvolutions spiralées autour de S; ses points les plus éloignés et les plus rapprochés étant dans le même rapport, plus que 90°, séparément. Le mouvement de la lune s'y conformera, décrivant une espèce d'ellipse spiralée, ayant toujours ses moindres distances sur la ligne des syzygies et ses plus grandes distances sur celle des quadratures. Il est évident aussi qu'à raison de l'action plus continue des deux forces, c'est-à-dire à raison du plus grand arc où leurs intensités augmentent et diminuent à pas égaux, les branches de chaque courbe, entre les points de rebroussement, seront plus longues, et les points de rebroussement eux-mêmes plus éloignés de S, dans le même degré où s'accroîtront les dimensions de l'ovale qui en résulte; et avec elles le montant de l'inégalité, qu'elles représentent, dans le mouvement de la lune.

712. Dans le raisonnement ci-dessus, la distance du soleil est supposée si grande, que les forces perturbatrices dans la demi-orbite le plus près, ne diffèrent pas sensiblement de celles qui agissent dans la demi-orbite le plus loin. D'ailleurs le soleil, est actuellement plus près de la lune, en conjonction qu'en opposition, d'environ 1/200 de toute sa distance, et cela suffit pour donner naissance à une inégalité très-sensible,

qu'on appelle l'*inégalité parallactique*, dans les mouvements lunaires, s'élevant à environ 2', dans son effet sur la longitude de la lune, et ayant pour sa période, une révolution synodique, ou lunaison. Comme cette inégalité, quoique subordonnée dans le cas de la lune à une plus grande inégalité de variation avec laquelle elle est en connexité, devient un trait saillant dans le système d'inégalités qui lui correspond dans les perturbations planétaires (à raison des très-grandes variations de leurs distances de conjonction en opposition), il sera nécessaire d'indiquer les modifications que cette considération introduit dans les formes de nos courbes où se meut le foyer, et de leurs ovales superposés. Revenant à nos figures 109 et 110, et supposant la lune à partir de E, et le foyer supérieur dans chaque courbe à partir de *e*, il est évident que les arcs *ea*, *ad* dans l'une, et *ep*, *pal*, *ld* dans l'autre, étant décrits sous l'influence de forces plus puissantes, seront plus grands que les arcs *db*, *be*, et *dm*, *mbn*, *ne* correspondant dans l'autre demi-révolution. Les deux extrémités de ces courbes, le commencement et la fin de *e* dans chaque, ne se rencontreront pas, et la même conclusion aura lieu pour celle de l'ovale composé dans lequel tourne le foyer, et qui présentera la fig. 112. Ainsi, à la fin d'une lunaison complète, le foyer aura glissé de *e* en *f* suivant une ligne parallèle à la ligne des quadratures. La même chose aura lieu pour toutes les révolutions suivantes. Cependant le soleil s'est avancé dans son orbite, et la ligne des quadratures a changé sa position, par un mouvement angulaire égal. Par conséquent, la position finale suivante *g* des forces, ne se trouvera pas sur la ligne *ef* prolongée, mais sur une ligne parallèle à la nouvelle situation de la ligne des quadratures; cette marche continuant, donnera naissance évidemment à un mouvement de circulation du point *e*, autour d'une position moyenne dans une période annuelle : et cela est évidemment équivalent à une circulation annuelle du point central de l'ovale composé lui-même, dans une petite orbite autour de sa situation moyenne S. On voit ainsi qu'il ne peut surgir de cette cause un accroissement permanent et indéfini d'excentricité ; ce qui aurait lieu, cependant, pour le mouvement annuel du soleil.

713. Dans tous les cas de planètes perturbées, des inégalités précisément semblables en principe à l'inégalité parallactique de la lune, ont également lieu ; mais elles sont grandement modifiées par les différentes relations des dimensions

des orbites. On comprendra jusqu'à quel point s'étend cette modification en jetant les yeux sur les exemples donnés dans l'art. 612, où l'on verra que la force perturbatrice, en conjonction, excède souvent celle en opposition, dans un rapport très-considérable, qui dans le cas de Neptune perturbant Uranus est plus de dix fois aussi grand. L'effet sera que l'orbite décrite par le centre de l'ovale composé autour de S, deviendra beaucoup plus grande relativement aux dimensions de cet ovale lui-même, que dans le cas de la lune. Ayant à l'esprit la nature et l'importance de cette modification, nous allons examiner, en dehors de son effet, le nombre et la distribution des ondulations qui, dans le contour de l'ovale lui-même, proviennent des alternatives de direction *plus* et *moins* des forces perturbatrices, dans le cours d'une révolution synodique; mais il faut d'abord se rappeler que, dans le cas d'une planète extérieure perturbée par une planète intérieure, le mouvement angulaire du corps perturbateur excède celui du corps perturbé. Il suit de là que P, quoique s'avançant dans son orbite, recule relativement à la ligne des syzygies, ou, ce qui revient au même, que les points neutres de chaque force l'atteignent successivement, et chacun, quand il y arrive, donne naissance à un point de rebroussement dans la *courbe-foyer* correspondante. Les angles entre les points de rebroussement successifs seront donc aux angles entre les points neutres correspondants, par une position fixe de M, dans le même rapport constant de la période synodique de P à sa période sidérale, ce qui est un rapport de moindre inégalité. Ces angles seront rétrécis, et pour la même raison que précédemment, les excursions du foyer seront diminuées, d'autant plus que la révolution synodique sera plus courte.

714. Puisque les points de rebroussement de chaque courbe reviennent, dans le même ordre aux révolutions synodiques successives, et aux mêmes distances angulaires l'une de l'autre, et de la ligne de conjonction, il en sera de même pour les points correspondants dans la courbe résultant de leur superposition. Dans cette courbe, chaque point de rebroussement des courbes qui la composent, donnera naissance à une convexité, et chaque arc entre les points de rebroussement, à une concavité correspondante. Il est alors évident que cette courbe composée, véritable marche du foyer (fig. 113), par la cause ci-dessus relatée, retournera sur elle-même toutes les fois que les temps périodiques des corps per-

turbateur et perturbé seront commensurables, parce que dans ce cas la période synodique sera commensurable avec l'autre, et que l'arc de longitude intercepté entre le lieu sidéral d'une conjonction et de la suivante, sera une partie aliquote de 360°. Dans tous les autres cas ce sera une courbe non rentrante, plus ou moins ondulée et plus ou moins régulière, en spirale, suivant le nombre des points de rebroussement de chacune des courbes composantes (c'est-à-dire suivant le nombre des points neutres ou changements de direction du dedans au dehors, ou d'accélération et de retard et *vice versâ*, des forces normale et tangentielle), dans une révolution synodique complète, et leur distribution sur la circonférence.

715. Quant à ces changements, il est nécessaire de distinguer trois cas dans lesquels les perturbations de planète à planète ont un caractère très-distinct : le premier cas a lieu quand la planète perturbatrice est extérieure; alors il y a quatre points neutres de chaque force; ceux de la force tangentielle arrivent en syzygies, et aux points de l'orbite perturbée (que nous nommerons points d'équidistance), équidistants du soleil et de la planète perturbatrice (auxquels points, comme nous l'avons vu, art. 614, la force perturbatrice totale est toujours dirigée en dedans vers le soleil) ; ceux de la force normale arrivent aux points intermédiaires entre les points précités et les syzygies, qui, si la planète perturbatrice est *fort* distante, ont presque la position qu'ils ont dans la théorie lunaire, c'est-à-dire beaucoup plus près des quadratures que des syzygies. A mesure que la distance de la planète perturbatrice diminue, deux de ces points, c'est-à-dire ceux qui sont le plus près de syzygie, se rapprochent l'un de l'autre et de la syzygie, jusqu'à coïncider même, quand les dimensions des orbites sont égales.

716. Le second cas est celui où la planète perturbatrice est intérieure à la planète perturbée, mais à une distance du soleil plus grande que moitié de celle de l'autre. Alors il y a quatre points neutres de la force tangentielle et deux seulement de la force normale. Ceux de la force tangentielle arrivent aux syzygies et aux points d'équidistance. La force retarde le corps perturbé de conjonction aux premiers de ses points après conjonction, l'accélère en opposition, puis le retarde de nouveau au point suivant d'équidistance, finissant par l'accélérer de nouveau en conjonction. Comme l'orbite per-

turbatrice se contracte en dimensions, les points d'équidistance approchent; leur distance de syzygie de 60° (cas extrême) diminue jusqu'à rien, lorsqu'ils coïncident l'un avec l'autre et avec la conjonction. Dans le cas de Saturne perturbé par Jupiter, cette distance n'est que de 23° 33'. Les points neutres de la force normale sont quelque peu au-delà des quadratures, du côté de l'opposition, et ne subissent aucun changement de position par la contraction de l'orbite perturbatrice.

717. Le troisième cas est celui où le diamètre de l'orbite intérieure perturbatrice est moindre que la moitié de l'orbite perturbée. Dans ce cas il n'y a que deux points d'évanouissement pour chaque force. Ceux de la force tangentielle sont en syzygie. La planète perturbée est accélérée pendant toute la demi-révolution de conjonction à l'opposition, et retardée d'opposition à conjonction, les *maxima* d'accélération et de retard n'arrivant pas loin de quadrature. Les points neutres de la force normale sont situés presque comme dans le cas précédent, c'est-à-dire au-delà des quadratures, vers l'opposition. L'élève tracera facilement toutes les variétés de figures, en décomposant les forces suivant la série des cas, commençant par un très-grand diamètre de la planète perturbatrice, et finissant par un très-petit diamètre. Il conservera d'autant mieux, dans son esprit, les relations générales de ce sujet, s'il construit pour chaque cas, les ovales élégants et symétriques dans lesquels sont toujours les points N et L (fig. 103), pour une position fixe de M, et dont la fig. 114 montre les formes respectives pour le cas dont nous nous occupons. Le second n'en diffère que parce qu'il a le sommet commun *m* des deux ovales du côté de l'orbite perturbée AP, tandis que dans le cas d'une planète perturbatrice extérieure, l'ovale *m*L prend une forme à quatre lobes; les lobes touchent respectivement l'ovale *m*N dans leurs sommités, et coupent l'orbite AP dans les points d'équidistance et de tangence (c'est-à-dire quand MPS est à angles droits), comme dans la fig. 115.

718. En se rappelant ces tracés, on sera à même de trouver la forme spirale de la courbe décrite par le foyer supérieur, ci-dessus mentionnée, pour toute espèce de cas. Il suffira, quant à présent, de remarquer : 1° qu'entre chaque série de deux conjonctions successives de P et de M, la même forme générale, les mêmes ondulations coordonnées, et le même

déplacement final du foyer supérieur sont répétés constamment; 2° que le mouvement du foyer dans sa courbe, est rétrograde toutes les fois que la planète perturbatrice est extérieure, et qu'en conséquence les apsides de l'ellipse momentanée s'éloignent aussi, avec une vitesse moyenne, telle que, pour ce déplacement, elle l'amène autour d'eux, à chaque conjonction, à la même position relative quant à la ligne des syzygies; 3° qu'en conséquence de ce mouvement rétrograde de l'apside, la planète perturbée, à part cette considération, serait deux fois en périhélie et deux fois en aphélie dans son ellipse momentanée pour chaque révolution synodique, juste comme dans le cas de la lune perturbée par le soleil; et qu'en conséquence aussi de ce mouvement ondulatoire du foyer F lui-même, il surgit une inégalité analogue, *mutatis mutandis*, dans chaque cas, à la variation de la lune : nous comprenons, sous ce terme (non exactement en conformité avec celui qu'on emploie dans la théorie lunaire), non-seulement toutes les inégalités principales qui surgissent, mais toutes leurs fluctuations subordonnées; l'inégalité parallactique ainsi violemment exagérée, leur étant superposée.

719. Nous arrivons maintenant à cette classe d'inégalités dont l'existence dépend d'un montant appréciable d'excentricité *permanente* dans les orbites des planètes perturbatrice et perturbée, par suite duquel toutes leurs conjonctions n'ont pas lieu à distances égales du corps central, ou l'une de l'autre; dès lors cette symétrie, dans chaque révolution synodique, dont dépend l'exacte restauration de l'axe et de l'excentricité dans leurs valeurs primitives à l'accomplissement de ces révolutions, ne peut plus subsister. En passant de conjonction en conjonction, il n'y a pas non plus, soit de restauration complète du foyer supérieur à la même position, soit de l'axe à la même longueur, dans l'état où ils étaient respectivement avant d'en bouger. Il n'est pas moins évident aussi que les différences à ce sujet sont seulement les restes après compensations de la plus grande partie des déviations en deçà et en delà de l'état moyen qui se présente dans le cours d'une révolution, et qu'ils ne s'élèvent qu'à de petites fractions des excursions totales du foyer en dehors de sa position primitive, ou bien de l'accroissement et du raccourcissement de la longueur de l'axe, amenés par l'action directe de la force tangentielle; mais si faiblement que, à moins d'ajustements particuliers qu'ils peuvent accumuler, aux conjonctions successives,

dans la même direction, cela ne mériterait pas d'être l'objet d'une remarque dans un ouvrage de cette nature. Au reste, ces ajustements existeraient évidemment si les temps périodiques des planètes étaient commensurables ; puisque dans ce cas, toutes les conjonctions possibles qui devraient toujours arriver (les éléments n'étant pas changés sensiblement), auraient lieu à des points fixes en longitude, points intermédiaires qui ne sont jamais visités par une conjonction. Or, dans les conjonctions ainsi distribuées, les rotations avec les lignes de symétrie dans les orbites étant toutes dissemblables, il y en a qui ont plus d'influence que tout le reste sur chacun des éléments, mais non pas nécessairement *la même* sur *tous*. Conséquemment, dans un cycle complet de conjonctions, où chacune a été visitée à son tour, l'influence de l'une sur l'élément où elle s'applique spécialement pourra établir une prépondérance sur l'influence de réaction et de compensation de tout le reste; et cela quoique dans le cycle, une compensation définitive plus exacte que dans une simple révolution, ait lieu ultérieurement ; cette compensation peut même n'être pas complète, et laisser subsister une partie de l'effet (pour accroître ou diminuer l'excentricité, ou pour causer l'avance ou le retard de l'apside). Dans le cycle suivant de la même espèce, la même chose se répétera, conservera le même caractère, et ainsi de suite, jusqu'à ce qu'enfin il y ait un total sensible de changement; de fait, jusqu'à ce que l'axe (et avec lui le mouvement moyen) ait été assez altéré pour détruire la commensurabilité des périodes, et que les apsides aient glissé de manière à altérer le lieu de leur conjonction la plus influente.

720. Quoiqu'il soit vrai qu'il n'y ait pas deux planètes dont les mouvements moyens soient commensurables exactement, cependant il ne manque pas d'exemples du rapprochement d'une telle commensurabilité. Ainsi, dans le cas de Jupiter et de Saturne, un cycle composé de cinq périodes de Jupiter et de deux périodes de Saturne, quoiqu'il n'amène pas *exactement* la même configuration, diffère très-peu. Cinq périodes de Jupiter font 21663 jours, et deux périodes de Saturne font 21519 jours. La différence est de 144 jours seulement, pendant lesquels Jupiter décrit 12° en moyenne et Saturne environ 5°; en sorte qu'après le laps du premier intervalle ils ne sont plus qu'à 7° d'une conjonction dans les mêmes parties de leurs orbites que précédemment. Si l'on cal-

cule le temps qui amènera, exactement en moyenne, trois conjonctions des deux planètes, on trouvera 21760 jours, la période synodique étant 7253 jours, 3. Dans cet intervalle Saturne aura décrit 8°.6' en excédant de deux révolutions sidérales, et Jupiter le même angle en excédant de cinq révolutions. Chaque troisième conjonction aura donc lieu 8°.6' en avance de la précédente, ce qui est près d'établir, non pas une identité, mais un rapprochement encore plus considérable que pour le cas en question. L'excédant d'action, pour plusieurs séries de triples conjonctions, 7 ou 8, successivement, marchera dans la même voie, et à chacune d'elles, les éléments de l'orbite de P, et leurs mouvements anguleux seront influencés de même, de manière à accumuler l'effet sur leurs longitudes; alors a lieu l'irrégularité considérable, bien connue des astronomes, sous le nom de la grande inégalité de Jupiter et de Saturne.

721. L'arc 8°.6' est contenu 44 fois 479 dans toute la circonférence de 360°; conséquemment, si l'on trace autour cette conjonction particulière, on trouvera qu'elle revient au même point de l'orbite en autant de fois 21760 jours, ou bien en 2648 années. Mais cette conjonction est seulement l'une des trois du groupe qui nous occupe. Les deux autres viendront aux points de l'orbite vers 123° et 246° de distance, et *ces points aussi avanceront*, par le même arc de 8°.6' en 21760 jours. La période de 2648 ans les amènera donc tous à l'entour, et dans chaque intervalle chacun d'eux passera par ce point des deux orbites par où nous avons commencé : il s'ensuit une conjonction, l'une ou l'autre des trois, en ce point dans un tiers de la période, ou bien en 883 ans ; c'est donc là le cycle dans lequel « la grande inégalité » aurait sa pleine compensation, si les éléments de l'orbite restaient tous invariables pendant ce temps. Mais leur variation est considérable pour ce long intervalle de temps; et, pour cette raison, la période se prolonge jusqu'à 918 ans environ.

722. Nous avons choisi cette inégalité comme l'exemple le plus remarquable de cette espèce d'action, sous le rapport de sa grandeur, de la longueur de sa période et de son haut intérêt historique. Les astronomes ont observé depuis longtemps, qu'en comparant les anciennes observations de Jupiter et de Saturne avec les modernes, les mouvements moyens de ces planètes ne paraissent pas uniformes. La période de Saturne, par exemple, paraissait avoir été allongée pendant tout le cours du

seizième siècle, et celle de Jupiter avoir été raccourcie ; c'est-à-dire que l'une des planètes était toujours en arrière et l'autre toujours en avant de son lieu calculé. » D'autre part dans le dix-huitième siècle, l'inverse précisément semble avoir eu lieu. Il est vrai que les retards et les accélérations observées n'étaient pas très-grandes; mais comme leur influence allait en s'accumulant, elle produisait à la longue des différences sensibles entre les lieux observés et les lieux calculés des deux planètes; et comme aucune théorie n'en pouvait rendre compte, cela excitait fortement l'attention, et même dans un temps, l'on eut le tort de se hâter de le regarder comme subversif de la doctrine newtonienne de la gravité. Pendant longtemps cette différence bravait tous les efforts que l'on tentait pour en rendre compte, lorsqu'enfin Laplace en découvrit la cause dans la presque commensurabilité des mouvements moyens, comme nous venons de le voir, et réussit à en calculer la période et la valeur.

723. L'inégalité en question, à son maximum, s'élève à un retard et une accélération alternatifs d'environ 0° 49' en longitude de Saturne ; à une accélération et un retard correspondant d'environ 0° 21' en longitude de Jupiter. Il est clair qu'une accélération dans l'une des planètes doit être accompagnée nécessairement d'un retard dans l'autre, et *vice versâ*, si nous considérons que l'action étant égale à la réaction, en direction contraire, quelque impulsion que Jupiter communique à Saturne dans la direction P M, fig. 68, Saturne doit communiquer la même impulsion à Jupiter dans la direction de MP, L'une des planètes est donc attirée en avant tandis que l'autre l'est en arrière dans son orbite. Cette conclusion est correcte, *en ce qui concerne le résultat définitif et général;* mais le raisonnement sur lequel elle paraît s'appuyer au premier aperçu, est sinon trompeur, du moins incorrect. Il est très-vrai que quelle que soit l'impulsion que Jupiter communique directement à Saturne, Saturne communique une égale impulsion à Jupiter suivant une ligne en direction contraire. Mais cela n'est pas vrai pour les mouvements absolus des deux planètes dans l'espace; dont nous nous occupons ; cela n'est vrai que pour le mouvement relatif séparément de chacune des planètes, par rapport au soleil considéré comme en repos. Les forces *perturbatrices* (qui perturbent ces mouvements relatifs), n'agissent pas suivant les degrés de jonction des planètes (art. 614). Dans le raisonnement auquel nous faisons objection, l'attrac-

tion de chaque planète sur le soleil a été négligée (1); mais il reste à prouver que ces attractions neutralisent et détruisent chacun des autres effets dans des périodes de temps considérables, pour obtenir le résultat en question. Supposons donc que nous abandonnions pour un moment le point de vue sous lequel nous avons envisagé d'abord ce sujet, et que le soleil soit libre de se mouvoir, et d'être déplacé par l'attraction des deux planètes. Tous les mouvements se feront autour d'un centre de gravité commun, juste comme ils auraient lieu autour du centre du soleil regardé comme immobile, le soleil circulant autour du même centre dans une petite orbite (avec un mouvement composé de deux mouvements elliptiques qu'il aurait en vertu des deux attractions séparées). Or, dans ce cas, M perturbe encore P, et P perturbe M; mais toute la force perturbatrice agit suivant leur ligne de jonction, et puisqu'il reste vrai que quelle que soit l'impulsion que M engendre en P, P engendre la même impulsion en M en direction contraire; il est exactement vrai aussi qu'en ce qui concerne la perturbation de leurs mouvements elliptiques *autour du centre commun de gravité du système seulement*, quelque perturbation de vitesse qui soit engendrée dans l'un, une perturbation contraire de vitesse (seulement en raison inverse des masses, et modifiée, quoique jamais contraire, par les directions suivant lesquelles les corps se meuvent respectivement) sera engendrée dans l'autre. Quand on considère simplement les inégalités de longue période comprenant plusieurs révolutions complètes des deux planètes, et provenant des changements dans les axes des orbites, affectant leurs *mouvements moyens*, peu importe que l'on suppose ces mouvements accomplis autour du centre commun de gravité, ou bien autour du soleil qui ne s'écarte jamais de ce centre à une distance sensible (la masse du soleil étant telle par rapport à celles des planètes, que ce centre reste toujours dans sa surface). Le mouvement *moyen*, considéré comme la moyenne vitesse angulaire pendant une révolution, est donc le même, soit qu'on l'estime par rapport au centre du soleil, ou bien au centre de gravité : en d'autres termes, le mouvement relatif moyen, rapporté au soleil, est identique avec le mouvement absolu moyen, rapporté au centre de gravité.

(1) C'est ici une espèce de rétractation du raisonnement vicieux de l'édition de 1833. La méprise est si naturelle qu'il est bon de prémunir contre les idées fausses qu'elle pourrait laisser dans l'esprit des jeunes gens.

724. Ce raisonnement s'applique également à chaque cas de perturbation mutuelle résultant d'une longue inégalité, comme il peut provenir d'un accroissement ou d'un décroissement lent et périodique continu, des axes; les géomètres ont démontré, comme corollaire, que la proportion dans laquelle de telles inégalités affectent les *longitudes* des deux planètes, ou les maxima d'excès et de défaut de leurs longitudes au-dessus et au-dessous de leurs valeurs elliptiques, est, pour l'une et l'autre, en raison inverse des masses multipliées par les racines carrées du grand axe des orbites. Ce résultat est confirmé par l'observation, et se trouve vérifié immédiatement dans l'exemple en question, du moins autant que le permet l'incertitude encore subsistante sur les masses des deux planètes.

725. Comme nous l'avons observé en général dans l'article 718, l'inégalité serait beaucoup plus grande, s'il n'y avait pas une compensation partielle opérée à chaque triple conjonction des planètes. Soient (fig. 69), P Q R l'orbite de Saturne, *p q r* celle de Jupiter; supposons qu'une conjonction ait lieu en P *p* sur la ligne S A ; qu'une seconde ait lieu à 123° de distance, sur la ligne S B ; une troisième à 246° de distance, sur S C; et la suivante à 368° sur S D. Cette dernière conjonction qui aura lieu très-près de la première, produira presque une répétition du premier effet en retardant ou accélérant les planètes; mais les deux autres étant dans les positions les plus éloignées de la première, arriveront dans des circonstances entièrement différentes, quant à la position des périhélies des orbites. Or, nous avons vu que la présentation d'une planète à l'autre en conjonction, dans des situations variées, tend à produire compensation; et de fait, la plus grande compensation que puissent produire ces trois configurations a lieu lorsqu'elles sont également distribuées autour du centre. Trois positions de conjonction compensent plus que deux, quatre plus que trois, et ainsi de suite. Il s'ensuit que ce n'est pas la totalité de la perturbation qui s'accumule ainsi dans chaque triple conjonction, mais seulement cette petite partie qui est laissée sans compensation par les intermédiaires. Le lecteur qui a déjà quelque connaissance du sujet ne manquera pas d'apercevoir comment cette considération est, en réalité, équivalente à la partie géométrique de cette inégalité qui nous laisse à chercher son expression dans les termes du troisième ordre, ou comprenant les cercles, et les produits à trois dimensions des excentricités; il verra comment l'accumulation

continuelle de si petites quantités, pendant de longues périodes, correspond à ce que les géomètres entendent quand ils parlent de petits termes recevant un surcroît d'augmentation par l'introduction de forts coefficients dans le procédé de l'intégration.

726. De semblables considérations s'appliquent à chaque cas d'approximation de commensurabilité qui peuvent se rencontrer parmi les mouvements moyens de deux planètes. Telle est par exemple celle que l'on obtient entre le mouvement moyen de la terre et de Vénus ; — 13 fois la période de Vénus étant presque égale à 8 fois celle de la terre. Cela donne lieu à une presque coïncidence de chaque cinquième conjonction, dans les mêmes parties de chaque orbite (dans 1/240 de la circonférence), et conséquemment à une accumulation correspondante de la perturbation non compensée. Mais, d'un autre côté, la portion de perturbation ainsi accumulée n'est que ce qui reste après l'épreuve d'égalisation de cinq conjonctions symétriquement distribuées autour du cercle ; ou, suivant le langage du géomètre, elle dépend des pouvoirs et des produits des excentricités et des inclinaisons du cinquième ordre. Elle est donc extrêmement petite, et toute l'inégalité résultante, d'après les calculs récents du professeur Airy qui l'a découverte, ne s'élève pas à plus de quelques secondes à son maximum, tandis que sa période n'a pas moins de 240 ans. Cet exemple servira à montrer jusqu'à quelle recherche minutieuse on a porté la théorie planétaire.

727. D'après ce que nous avons dit sur le mouvement du foyer supérieur sous l'influence des forces perturbatrices, il est évident que les variations de longue période, arrivant de la manière que nous avons décrite, sont nécessairement accompagnées de semblables déplacements périodiques du foyer supérieur, équivalant dans leur effet à des fluctuations périodiques dans la grandeur de l'excentricité et dans la position de la ligne des apsides. Dans le cas des orbites circulaires, le lieu *moyen* de H coïncide avec le centre du soleil, mais si les orbites ont quelque ellipticité indépendante, cette coïncidence ne peut exister plus longtemps ; et le lieu moyen du foyer supérieur se conclura de la moyenne de toutes les situations qu'il prend pendant une révolution entière. Or, la fixité de ce point dépend de l'inégalité de chacune des branches des courbes à points de rebroussement, et conséquemment de l'égalité d'excursion du foyer dans chaque direction particu-

lière, pour chaque situation successive de la ligne de conjonction. Mais s'il y a quelque ligne de conjonction dans laquelle ces excursions soient plus grandes suivant une direction que suivant une autre, le lieu moyen du foyer sera déplacé, et si cela se répète, le lieu moyen continuera à dévier de plus en plus de sa position primitive, et il y aura dès lors une circulation du lieu *moyen* du *foyer* pour une *révolution*, autour d'une autre situation moyenne de tous les premiers lieux moyens pendant un cycle complet de conjonction. Supposons (fig. 116) que S soit le soleil, O la position qu'aurait le foyer supérieur si ces inégalités n'avaient pas lieu, et HK la marche que suit, autour de O, le foyer supérieur à raison de ces inégalités; il est évident que dans le cours d'un cycle complet de l'inégalité en question, l'excentricité aura flotté entre les limites extrêmes SJ et SI, et la direction du grand axe entre la position extrême SH et SK; et que si l'on suppose *i j h k* correspondant aux lieux moyens du foyer, *ij* sera l'étendue de la moyenne fluctuation d'excentricité, et l'angle *h* S *k* celle de la longitude du périgée.

728. Les périodes dans lesquelles ces fluctuations poursuivent leurs phases sont nécessairement égales en durée à celles de l'inégalité en longitude, avec laquelle elles sont en connexité. La variation de l'axe à laquelle celle du mouvement moyen correspond, dépend de la force tangentielle seulement dont le maximum n'est pas en conjonction ou en opposition, mais en des points éloignés de l'une et de l'autre; tandis que l'excentricité dépend à la fois de la force tangentielle et de la force normale, dont la première a son maximum en conjonction. Cette conjonction particulière, qui a plus d'influence sur l'axe, n'en a donc pas autant sur l'excentricité; en sorte qu'on ne peut en conclure si la valeur *maxima* de l'axe coïncide avec le maximum ou avec le minimum d'excentricité, ou bien avec la plus grande excursion en deçà et en delà de la ligne des apsides, de leurs moyennes positions; tout ce qu'on peut affirmer c'est que, soit que l'axe ou l'excentricité de l'une des orbites varie, l'axe ou l'excentricité de l'autre varie en direction contraire.

729. Les éléments primitifs des orbites lunaire et planétaires, que l'on peut regarder comme variables, sont: la longitude du nœud, l'inclinaison de l'axe, l'excentricité, la longitude du périhélie, et l'époque (art. 496). Nous avons fait voir, dans les articles précédents, de quelle manière chacun

des cinq premiers éléments varie par l'action directe des forces perturbatrices, il nous reste à expliquer comment le sixième est affecté par ces forces. Avant tout, il faut dissiper l'obscurité qui peut régner sur l'interprétation de ce terme (époque) en parlant d'une orbite dont chaque autre élément est regardé comme dans un état continuel de variation. Supposons que l'on renverse le procédé de calcul décrit dans les art. 499 et 500, pour lequel on supputé, pour un temps donné, une longitude héliocentrique d'une planète dans une orbite elliptique ; partant de la longitude héliocentrique déterminée par l'observation, tous les *autres* éléments étant connus, on a calculé quelle longitude moyenne avait la planète en un temps donné (époque) ou, ce qui revient au même, à quel moment de temps (pris dès lors comme époque), elle avait une longitude moyenne donnée. Il est évident que par ce moyen, l'époque, si elle n'est pas connue autrement, deviendra connue, soit qu'on la considère comme le moment de temps correspondant à une moyenne longitude convenable, ou comme la moyenne longitude correspondant à un temps convenable. Cette dernière manière de l'envisager a quelques avantages de convenance générale, et les astronomes sont convenus d'employer comme un élément, sous ce titre : « Epoque de moyenne longitude, » la longitude moyenne de la planète ainsi supputée pour une date fixe, comme par exemple, le commencement de l'année 1800, temps moyen en un lieu donné. Supposons tous les éléments de l'orbite invariables, si l'on va dans ce sens inverse, et si l'on assigne l'époque, (ainsi définie), d'après un nombre quelconque de longitudes héliocentriques différentes parfaitement correctes, il est clair que l'on arrivera toujours au même résultat. Une seule et même « époque » ressortira de tous ces calculs.

730. L'*époque*, considérée à ce point de vue comme un simple résultat de ce procédé de calcul inverse, et non comme le résultat direct d'une observation faite à ce dessein au moment précis du temps (époque), ce qui, généralement, est impraticable, sera sujette à varier suivant deux voies distinctes ; *dépendamment*, et *indépendamment*. Elle doit varier dépendamment, comme une conséquence nécessaire de la variation des autres éléments ; parce qu'en partant d'une seule et même longitude héliocentrique observée, on calcule en arrière de l'époque avec deux séries différentes des éléments intermédiaires, une des séries se composant des éléments qu'elle avait

immédiatement à son arrivée à cette longitude, et l'autre, des éléments qu'elle prend immédiatement après (c'est-à-dire avec un système non varié et avec un système ayant subi des variations); on ne peut donc arriver au même résultat, et la différence des résultats est évidemment la variation de l'époque. D'un autre côté, cependant, elle ne peut varier indépendamment; car, puisque c'est seulement le mode suivant lequel les époques non variées et variées peuvent être connues, et que les deux résultats du procédé direct de calcul enveloppent seulement les données, les résultats ne peuvent différer qu'en raison de la différence de ces données. Ou bien l'on peut raisonner ainsi. Le changement dans la marche de la planète, et sa position dans cette marche ainsi changée, à quelque temps futur (en supposant qu'il n'y ait pas de variation ultérieure), sont entièrement dus au changement dans sa vitesse et dans sa direction, produit par les forces perturbatrices, au point de perturbation; or, ces derniers changements (comme nous l'avons vu ci-dessus), sont *complètement* représentés par le changement momentané dans la situation du foyer supérieur, combiné avec la variation momentanée dans le plan de l'orbite; c'est donc l'expression de l'effet total des forces perturbatrices. Il n'y a donc pas d'action directe et spéciale sur l'époque comme une variable indépendante; elle est laissée simplement s'accommoder elle-même à l'état des choses suivant le mode que nous avons indiqué déjà.

731. Néanmoins, les effets de perturbation par l'introduction de changements sur les autres éléments, affectant la longitude moyenne de la planète en toute autre voie que celle qui peut être proprement comptée, par le temps périodique convenable à un changement d'axe, doivent être regardés comme appartenant à l'époque. C'est le cas d'une classe très-curieuse de perturbations que nous allons examiner, et qui prennent naissance dans l'altération de la moyenne distance à laquelle le corps perturbé se trouve à chaque instant d'une révolution complète, distincte, et non amenée par la variation du demi-grand axe, ou « *distance moyenne* » *momentanée*; c'est une grandeur imaginaire, qu'il faut distinguer soigneusement de la moyenne des distances actuelles que nous considérons. Les perturbations de cette classe (comme la variation de la lune avec laquelle elles ont une intime connexité), sont indépendantes de l'excentricité de l'orbite perturbée; c'est pour cette raison que nous allons simplifier ce que nous avons

à dire sur ce sujet, en supposant que cette orbite n'a pas une excentricité permanente. Le foyer supérieur, dans ses déplacements successifs, tournant simplement autour d'une position moyenne coïncidente avec le foyer extérieur. Nous supposerons aussi que M soit très-éloigné, comme dans la théorie lunaire.

732. En nous référant aux articles 706 et 707, ainsi qu'aux fig. 109 et 110, et considérant d'abord l'effet de la force tangentielle, nous voyons qu'outre l'effet de cette force dans le changement de longueur de l'axe, et par conséquent dans le temps périodique, il y a celui de forcer le foyer supérieur H à décrire, dans chaque révolution de P, une courbe à quatre points de rebroussement *a d b e*, autour de S, dont tous les arcs, entre les points de rebroussement, sont semblables et égaux. Ceci suppose M fixe, à une distance invariable ; suppositions qui simplifient les relations, et qui, comme nous le verrons plus tard, n'affectent pas la nature générale des conclusions qu'on en doit tirer. Alors, à raison de l'excentricité qui surgit, P sera au périgée de son ellipse momentanée, en syzygies ; il sera à l'apogée, en quadratures. A *part, donc, des changements provenant de la variation de l'axe,* la distance où est P de S sera moindre en syzygies, et plus grande en quadratures, que dans le cercle primitif. Mais la moyenne de toutes les distances pendant une révolution complète ne sera pas altérée; car les distances où sont *a, d, b, e* de S, étant égales et les arcs symétriques, le rapprochement, en périgée et à l'entour, sera égal à l'éloignement en apogée et à l'entour. De même, les changements survenant dans la longueur de l'axe lui-même, quant à la moyenne en question, sont *néant,* parce que les accroissements et les décroissements alternatifs de cette longueur se balancent les uns les autres dans une révolution complète. Ainsi nous voyons que la force tangentielle est exclue de toute influence productrice des genres de perturbations que nous examinons maintenant.

733. Quant à la force normale, il en est tout autrement. A raison de l'action de cette force, le foyer supérieur décrit, dans chaque révolution de P, la courbe à quatre points de rebroussement de la fig. 110, dont les arcs, entre les points de rebroussement, sont alternativement d'une grandeur très-inégale, comme nous l'avons vu, par la plus grande durée et par la plus grande énergie de l'action de la force perturbatrice, en dehors, qu'en dedans. Quoique, en périgée aux syzy-

gies et en apogée aux quadratures, l'éloignement apogée soit beaucoup plus grand que le rapprochement périgée, d'autant plus que S*d* excède beaucoup S*a*; cependant, en moyenne d'une révolution complète, l'éloignement a la prépondérance, et la distance moyenne est plus grande dans l'orbite perturbée que dans celle qui ne l'est pas. Il est clair que cette conclusion est entièrement indépendante de tout changement dans la longueur de l'axe, que la force normale n'a pas le pouvoir de produire.

734. La force normale n'opère, non plus, aucun changement de vitesse linéaire dans le corps perturbé. En conséquence, lorsqu'il est emporté par l'effet de cette force à une plus grande distance de S, la vitesse angulaire de son mouvement autour de S est diminuée ; le contraire a lieu quand il est emporté à une distance moins grande. La moyenne de tous les mouvements angulaires momentanés, décroît avec l'accroissement de la moyenne des distances momentanées, et dans un rapport plus considérable ; puisque la vitesse angulaire, sous une égale description des aires, est inversement comme le carré de la distance, et que la force perturbatrice, étant (dans le cas supposé) dirigée au centre ou du centre, ne trouble pas l'égalité de cette description (art. 616). Conséquemment, en moyenne d'une révolution entière, le mouvement angulaire est plus lent ; et le temps de compléter une révolution et de retourner à la même longitude, est plus considérable que dans l'orbite non perturbée ; et *cela*, indépendamment, et sans aucun rapport à la longueur de l'axe, au *temps périodique*, ou *mouvement moyen* qui en dépend. Nous laisserons au lecteur à poursuivre le même raisonnement dans le cas de perturbation planétaire, quand M n'est pas très-éloignée, et quand elle est intérieure à l'orbite perturbée. Dans ce dernier cas, l'effet prépondérant change le retard de vitesse angulaire en accélération, et la dilatation des dimensions moyennes de P en contraction.

735. Ce qui précède est une analyse exacte, suivant les stricts principes de la dynamique, d'un effet qui peut en quelque sorte être assimilé à une altération de la gravité de M envers S, par la moyenne prépondérante de l'action en dehors et en dedans des forces normales constamment exercées ; — presque comme cela aurait lieu, si la masse du corps perturbateur était formé en un anneau d'épaisseur uniforme, concentrique avec S, et d'un diamètre tel qu'il exercerait une

action sur P, partout égale à une telle force moyenne prépondérante, et dans la même direction, soit en dedans, soit en dehors. Car il est clair que l'action d'un tel anneau sur P, serait la différence des attractions aux deux points P et S, dont le dernier occupe leur centre, et dont le dernier est excentrique. Or l'attraction d'un anneau sur le centre, est manifestement égale en toutes directions, et par conséquent, dans une direction quelconque, est zéro. D'un autre côté, en un point P hors du centre, si c'est *dans* l'anneau, la résultante de l'attraction sera toujours *en dehors*, vers le point le plus près de l'anneau, ou directement à partir du centre (1). Mais si P existe sans anneau, la force résultante agira toujours *en dedans*, poussant P vers le centre. Il s'ensuit que l'effet moyen de la force radiale de l'anneau sera différente dans sa direction, suivant que l'orbite du corps perturbateur est extérieure ou intérieure à celle du corps perturbé. Dans le premier cas, elle agira en diminution de la gravité centrale, et dans le second, en augmentation.

736. Il est évident, qu'en considérant encore l'effet moyen comme produit dans un grand nombre de révolutions des deux corps, cet accroissement de force centrale doit être accompagné d'une diminution de temps périodique et de distance d'un corps tournant avec une vitesse établie, et *vice versâ*. C'est, comme nous l'avons vu, le premier et le plus utile effet de la partie radiale de la force perturbatrice, quand on

(1) Comme c'est une proposition que l'équilibre de Saturne ne laisse pas simplement spéculative, il est bon de la démontrer, ce qui peut se faire simplement et sans calcul. Concevons une enveloppe sphérique et un point en dedans de cette enveloppe ; chaque ligne passant par ce point et terminée des deux côtés à l'enveloppe, sera également inclinée à sa surface, à chaque extrémité, étant une corde de surface sphérique, et par conséquent symétrique à toutes les parties de cette surface. Concevons maintenant un petit cône double ou pyramide ayant son sommet en ce point, et formée par le mouvement conique d'une telle ligne autour de ce point. Alors il y aura deux parties de l'enveloppe sphérique, qui forment les bases des cônes ou pyramides, qui seront semblablement et également inclinées à leurs axes. Leurs aires seront donc l'une à l'autre, comme les carrés de leurs distances du sommet commun, leurs attractions sur ce sommet seront donc égales, puisque l'attraction est directement comme la matière attirante, et inclusivement comme le carré de sa distance. Or, ces attractions agissent en directions opposées et se contrarient par conséquent. Le point est donc en équilibre entre elles ; et comme cela est vrai pour chaque couple d'aires dans lesquelles on peut décomposer toute l'enveloppe, le point sera en équilibre, *quelque part qu'il soit placé dans l'enveloppe*. Prenons un anneau et décomposons-le de même par couples d'éléments, bases de *triangles* formés par des lignes passant par les points attirés. Les éléments attractifs étant des *lignes* et non des *aires*, sont en rapport *simple* des distances, et non *double*, comme il le faudrait pour maintenir l'équilibre. L'équilibre ne sera donc pas maintenu, mais les éléments les plus près auront la supériorité, et ce point, au total, sera poussé vers la partie la plus voisine de l'anneau. La même chose est vraie pour chaque anneau *linéaire*, et par conséquent pour tout assemblage d'anneaux concentriques formant un anneau *plat*, comme l'anneau de Saturne.

l'analyse exactement. Il altère d'une manière permanente, et jusqu'à une certaine moyenne, les distances et les temps de révolution de tous les corps composant le système planétaire, de ce qu'elles seraient si chaque planète circulait autour du soleil, non influencée par l'attraction de tout le reste; le mouvement angulaire des corps intérieurs du système étant ainsi rendu moindre, et celui des corps extérieurs, plus grand que dans cette hypothèse. Le dernier effet peut se conclure de cette utile considération, que toutes les planètes tournant intérieurement dans une orbite quelconque, peuvent être regardées comme ajoutant à l'agrégation générale de la matière attractive en dedans, ce qui n'est pas moins efficace pour se distribuer sur l'espace et se maintenir dans un état de circulation.

737. Cet effet d'ailleurs est un de ceux que nous n'avons aucun moyen de mesurer, ou même de découvrir autrement que par le calcul. Car notre connaissance des périodes des planètes est tirée des observations faites sur les planètes dans leur état actuel, et par conséquent sous l'influence de cet effet qu'on doit regarder comme une espèce de *partie constante* de l'action perturbatrice. Leurs mouvements moyens observés sont donc affectés par tout le montant de cette influence; et nous n'avons aucun moyen de la distinguer, par l'observation, de l'effet direct de l'attraction du soleil, avec lequel il est confondu. Au reste notre connaissance des masses des planètes nous assure qu'il est extrêmement petit; et c'est tout ce qu'il nous importe de connaître, dans la théorie de leurs mouvements.

738. L'action du soleil sur la lune, tend de même, par son influence moyenne pendant plusieurs révolutions successives des deux corps, à accroître, d'une manière permanente, la distance moyenne de la lune et du temps périodique. Mais cette moyenne générale n'est pas établie, dans le cas de la lune ou des planètes, sous une série de fluctuations subordonnées, que nous avons négligées pour n'en pas embarrasser le raisonnement ci-dessus, et qui tendent complaisamment, dans la moyenne d'un grand nombre de révolutions, à se neutraliser l'un par l'autre. Dans la théorie lunaire, d'ailleurs, quelques-unes de ces fluctuations subordonnées sont très-sensibles à l'observation. La plus apparente de ces fluctuations, est l'équation annuelle de la lune, ainsi nommée parce qu'elle consiste dans un accroissement et un décroissement alternatifs dans sa longitude, correspondant avec la situation de la terre

dans son orbite annuelle ; c'est-à-dire à sa distance angulaire du périhélie, et par conséquent ayant une année au lieu d'un mois, ou d'une partie aliquote du mois, pour sa période. Pour comprendre le mode de sa production, supposons encore le soleil maintenant sa position fixe en longitude, pour approcher graduellement le plus près de la terre, alors il est avec toutes ses forces perturbatrices graduellement accrues dans un rapport très-élevé comparativement à la diminution de distance (étant en raison inverse de son cube ; en sorte que ses effets de chaque espèce sont trois fois aussi grands par rapport à chaque changement de distance, qu'ils le seraient si la loi des rapports était simplement proportionnelle). Il s'ensuit que le foyer H (art. 707), dans sa description de chaque arc, entre les points de rebroussement, de la courbe *a*, *d*, *b*, *e*, continue à être emporté de plus en plus loin de S ; la courbe, au lieu de revenir sur elle-même, à la fin de chaque révolution, s'ouvre dans une espèce de spirale à points de rebroussement, comme dans la fig. 117. Reprenons maintenant le raisonnement de l'art. 733, comme adapté à cet état de choses, on verra que tant que la dilatation a lieu, la différence entre l'éloignement de M à S en aphélie et son rapprochement en périhélie (qui est égale à la différence des deux demi-axes de cette courbe), continue aussi de s'accroître, et avec la moyenne des distances de M à S dans toute une révolution, a conséquemment aussi le temps d'achever une telle révolution. L'inverse a lieu dès que le soleil s'éloigne de nouveau. Ainsi, dès que le soleil approche de la terre, le mouvement angulaire moyen de la lune, sur la moyenne de toute une révolution, diminue ; et la durée de chaque lunaison excède celle de la précédente, et *vice versâ*.

739. L'orbite de la lune étant supposée circulaire, le mouvement orbital du soleil n'aura pas d'autre effet que de retenir la lune plus longtemps sous l'influence de chaque gradation de force perturbatrice, qu'elle ne l'eût été dans le cas où sa position en longitude fût restée sans altération (art. 711). Les mêmes effets auront donc lieu suivant une échelle croissant en proportion du temps accru, c'est-à-dire, en proportion de la révolution synodique de la lune à sa révolution sidérale. L'observation continue ces résultats, et assigne à l'inégalité en question une valeur maxima entre 10' et 11', dont la lune est en avance, dans un temps, et en retard, dans un autre, de son lieu moyen, par suite de cette perturbation.

740. A cette classe d'inégalités appartient l'une des plus importantes par son immense période et qui est bien connue sous le nom d'*accélération séculaire du mouvement moyen de la lune.* Il a été observé par le docteur Halley, en comparant les observations des plus anciennes éclipses de lune des astronomes chaldéens avec celles des temps modernes, que la période de la révolution de la lune à présent, est sensiblement beaucoup plus courte qu'à cette époque reculée; ce résultat a été confirmé par une comparaison postérieure de ces observations avec celles des astronomes arabes des huitième et neuvième siècles. Il paraît, d'après ces comparaisons, que la valeur à laquelle se monte l'accroissement du mouvement moyen de la lune, est d'environ 11 secondes par siècle, quantité très-petite en elle-même, mais qui devient considérable par son accumulation dans la suite des siècles. Ce fait remarquable, comme celui de Jupiter et de Saturne, a été longtemps le sujet de recherches embarrassantes pour les géomètres. La difficulté d'en rendre compte, fit que les uns furent sur le point de déclarer que la théorie de la gravité ne pouvait s'y appliquer, tandis que d'autres niaient l'évidence du fait, quoiqu'il fût aussi constant que peut l'être le point de l'histoire le mieux éclairci. Ce fut alors que Laplace vint encore au secours de l'astronomie physique, en faisant ressortir la cause réelle du phénomène, qui, ainsi expliqué, est l'un des plus curieux et des plus instructifs de tous ceux de notre sujet; l'un de ceux qui étend plus nos vues dans le passé et dans l'avenir, quant à la perspective des changements que notre système a subis, et qu'il est encore destiné à subir, que tout autre qu'ait pu développer l'accord de la théorie et de l'observation.

741. L'année n'est pas un nombre exact de lunaisons; elle est de 12 lunaisons et une fraction. Supposons que le soleil et la lune sortent de conjonction ensemble; et que la douzième conjonction subséquente ne soit pas revenue précisément au même point de son orbite annuelle, mais arrive un peu court, et qu'à la troisième elle le dépasse. Il s'ensuit qu'en douze lunaisons le gain de longitude pendant la première demi-année sera un peu moins que compensé, tandis que dans la troisième il sera plus que compensé. En 26 lunaisons, il sera plus que doublement compensé; en 39 pas tout-à-fait triplement, et ainsi de suite jusqu'à ce que, après un certain nombre de multiples semblables de lunaisons, le soleil se trouve d'une

demi-révolution en avance, et au lieu de s'éloigner à l'expiration de la révolution suivante, il commence à s'avancer. A partir de ce temps, chaque cycle qui se succède détruit quelque partie de cette compensation surabondante, jusqu'à ce qu'une complète révolution du soleil en excès soit accomplie. Alors surgit une inégalité subordonnée, ou plutôt supplémentaire, ayant pour période autant d'années qu'il est nécessaire de multiplier l'arc en défaut dans toute une révolution, pour qu'en fin de temps une plus exacte compensation ait lieu; et ainsi de suite. Ainsi, après un nombre modéré d'années, une parfaite compensation a lieu, et si nous étendons notre vue sur les siècles, nous pouvons dire qu'il en est ainsi. Tel serait le cas du moins, si l'ellipse solaire était invariable. Mais cette ellipse est tenue dans un changement continuel, quoique très-lent, par l'action de toutes les planètes sur la terre. Son axe, il est vrai, n'est pas altéré; mais son excentricité l'est, et depuis des siècles, elle va en diminuant; cette diminution continuera même (il y a peu de raison d'en douter), jusqu'à ce que l'excentricité soit annihilée, et que l'orbite de la terre devienne un cercle parfait; après quoi le cercle s'étendra de nouveau en ellipse, l'excentricité s'accroîtra, jusqu'à un certain point moyen, pour décroître de nouveau. Le temps requis pour ces évolutions, quoique calculable, n'a pas été calculé, au-delà de ce qu'il faut pour nous assurer qu'il ne peut l'être par des centaines ou des milliers d'années. C'est une période dans laquelle toute l'histoire de l'astronomie et de la race humaine n'occupe qu'un point, pendant lequel tous ces changements peuvent être regardés comme uniformes. Or c'est cette variation d'excentricité de l'orbite de la terre qui cause l'accélération séculaire de la lune. La compensation ci-dessus (même après le laps des siècles), ne serait, comme on le voit, qu'imparfaitement effectué par la lente déviation de l'une des données essentielles. La marche de la restauration n'est pas davantage identique, ni égale à celle du changement. La tendance en haut n'est pas maintenue en termes égaux avec celle en bas. Le sol glisse tout le temps sous les pieds de l'antagoniste. Pendant tout le temps que l'excentricité de la terre va en diminuant, une prépondérance a lieu en faveur de l'action contre la réaction; ne n'est que lorsque cette diminution aura cessé, que les choses changeant de face, le procédé de restauration finale commencera. Néanmoins, il reste un très-petit effet non compensé à chaque retour ou approchant le retour des mêmes configurations du soleil, de la lune et des périgées solaires et lunaires. Ces effets accumulés influencent enfin la longitude de la lune jusqu'à une étendue qui ne peut être négligée.

742. Le phénomène dont nous venons de rendre compte est encore un exemple frappant de la propagation d'un changement périodique d'une partie d'un système à une autre. Les planètes n'ont aucune action appréciable directe sur les mouvements lunaires rapportés à la terre. Leurs masses sont trop petites et leurs distances trop grandes, pour que leur différence d'action sur la lune et sur la terre devienne sensible. Cependant, leur effet sur l'orbite de la terre, est propagé, ainsi que nous le voyons, par le moyen du soleil, à celle de la lune; ce qui est très-remarquable, c'est que, transmis indirectement, leur effet produit sur l'angle que décrit la lune autour de la terre est plus sensible à l'observation, que l'effet directement produit sur l'angle que décrit la terre autour du soleil.

743. Revenant au raisonnement de l'art. 738, nous voyons que, si à raison d'une autre cause que celle du mouvement elliptique, la distance du soleil à la terre est sujette à un accroissement et à un décroissement périodique, cette variation donne naissance à une inégalité lunaire de période analogue à l'équation annuelle. Il arrive ainsi que les faibles changements imprimés à l'orbite de la terre par l'action directe des planètes (pourvu que leurs périodes, sans être séculaires, soient d'une longueur considérable), peuvent eux-mêmes en faire de sensibles sur les mouvements lunaires. La longitude de ce satellite, comme observé de la terre, est, de fait, singulièrement sensible à cette espèce d'action réfléchie, qui met en relief d'une manière frappante le principe des vibrations forcées exposé dans l'art. 650. La raison en est facile à saisir, si l'on considère que quelque minime que soit l'accroissement de longitude qui en résulte pour une simple révolution, d'après un accroissement infiniment faible de sa vitesse moyenne angulaire, cet accroissement est non-seulement répété dans chaque révolution subséquente, mais renforcé dans chacune d'elles par un semblable accès de mouvement angulaire qui arrive dans ce laps de temps. Cela dure tant que le mouvement angulaire continue de croître, et ne commence à devenir l'inverse, que lorsque le laps de temps, amenant une action contraire dans le mouvement angulaire, a détruit l'excès de

vitesse précédemment gagnée, et commence à opérer un retard. A cet égard, l'avance gagnée par la lune, sur son lieu non perturbé, peut être assimilée, pendant son accroissement à l'espace décrit par le reste sous l'action d'une force accélératrice continue. La vitesse gagnée à chaque instant, a non-seulement l'effet de porter le corps en avant à chaque instant subséquent, mais d'engendrer de nouvelles vitesses à chaque instant, en poursuivant la cumulation de leurs effets avec ceux déjà produits.

744. La distance de la terre au soleil, comme celle de la lune à la terre, peuvent être affectées dans leur moyenne estimée d'après de longues périodes embrassant plusieurs révolutions, en deux manières différentes, conformes à la théorie ci-dessus, et que voici : 1° il peut y avoir variation dans la longueur du grand axe des orbites, provenant de l'action directe de quelque force perturbatrice tangentielle sur la vitesse ; produisant par conséquent un changement de mouvement moyen et de temps périodique, en vertu de la loi de Kepler sur les périodes, laquelle démontre que les temps périodiques sont en raison d'une fois et demie les moyennes distances; 2° il peut varier à raison de l'action particulière sur la moyenne des distances actuelles pendant une révolution, provenant des variations d'excentricité et de périhélie seulement, ce qui produit cette espèce de changement du mouvement moyen que nous avons caractérisé comme incident à l'époque. Le mouvement de changement moyen qui survient ainsi, n'a rien à faire avec aucune variation du grand axe. Il ne dépend pas du changement de distance par la loi de Kepler *sur les périodes*, mais bien de celle *sur les aires*. Le mouvement moyen altéré n'est pas une fois et demie l'axe altéré de l'ellipse, qui de fait ne s'altère pas du tout, mais il est *sous-double* de la *moyenne des distances* altérées dans une révolution : c'est une distinction qu'il faut avoir toujours à l'esprit quand on veut comprendre soit le sujet lui-même, soit l'explication que Newton en a donné dans le 6e corollaire de sa célèbre 66e proposition. De quelque manière que le mouvement moyen soit altéré, si l'on emploie les termes convenables à la spécialité du cas, il reste vrai que chaque changement de mouvement angulaire est accompagné d'un changement correspondant dans la distance moyenne.

745. Nous avons vu (art. 726), que Vénus produit sur la terre une perturbation en longitude, d'une période de 240

ans, que l'on ne peut regarder, sans sortir du langage ordinaire, autrement que comme une équation de mouvement moyen. Il s'ensuit donc que pendant la moitié de cette longue période de temps, dans laquelle le mouvement de la terre est retardé, la distance du soleil à la terre est en accroissement, et *vice versâ*. Quelque petite que soit l'équation en question, et l'altération qui s'ensuit pour la distance solaire; de plus, quelque faiblesse inconcevable qu'ait l'effet produit sur la vitesse moyenne angulaire, dans une seule lunaison; cependant le grand nombre (1484) des lunaisons, pendant lesquelles cet effet va s'accumulant dans la même direction, fait que la lune au moment où cette accumulation a atteint son maximum, est sensiblement en avance (23" de longitude) sur la position non perturbée qu'elle aurait eue, autant qu'en arrière, après plus de 1484 lunaisons. Le calcul long et difficile qui établit ce résultat curieux est dû, ainsi que sa découverte, au professeur Hansen.

746. L'action de Vénus, convenablement expliquée, est indirecte; c'est une espèce de réflexion de son influence sur l'orbite de la terre. Mais un exemple très-remarquable de son influence, en perturbant les mouvements de la lune par son attraction directe, a été cité par Hansen qui a calculé l'inégalité qui en résulte (1). Comme il n'a pas encore donné les détails de son procédé, nous ne pouvons qu'expliquer en termes généraux le principe sur lequel repose le résultat, ainsi que la nature de l'arrangement particulier de vitesses angulaires moyennes de la terre et de Vénus, au moyen desquels il s'effectue. Les forces perturbatrices de Vénus sur la lune peuvent être représentées ou exprimées (comme cela a lieu pour toutes les forces produisant des perturbations planétaires), par la substitution d'une série d'autres forces, ayant chacune une période ou cycle dans lequel elle atteint un maximum dans une direction, décroît jusqu'à néant, agit en sens inverse, atteint un maximum dans la direction opposée, décroît de nouveau jusqu'à néant, agit de nouveau en sens inverse, pour reprendre enfin sa première grandeur, et ainsi de suite. Ces cycles diffèrent pour chaque constituant particulier, ou *terme*, comme on l'appelle, des forces entières, considérées comme décomposées en forces partielles; généralement parlant, chaque combinaison peut être formée en soustrayant un multiple de l'action moyenne de l'un des corps, d'un multiple de celle de

(1) Astronomische Nachrichten, n° 597.

l'autre; quand il y a trois corps en perturbation l'un par l'autre, chaque combinaison devient triple; sous le nom technique d'argument, le cycle représentant une force agissant de cette manière et suivant la loi décrite. Chacune de ces forces agissant périodiquement produit son effet perturbateur, suivant la loi de superposition de petits mouvements, comme si les autres n'existaient pas. S'il arrive, comme cela se présente dans le plus grand nombre de cas, que le cycle d'une force particulière de ces composantes partielles n'a pas de relation avec le temps périodique du corps perturbé, de manière à l'amener au même point, ou presque au même point de son orbite, ou dans une position particulière, favorable à quelque forme particulière de perturbation, d'excès en excès de nouveau, quand la force est à son maximum; en peu de révolutions, elle neutralise son propre effet, en sorte qu'il ne résulte de son action, que des fluctuations de peu de durée. Le contraire a lieu si le cycle de la force coïncide presque avec la révolution anomalistique du cycle de la lune, de manière à amener le maximum de la force agissant dans une seule et même direction (tangentielle ou normale), tout-à-fait ou presque en un point défini, comme par exemple l'apogée de son orbite. Quel que soit l'effet produit par une telle force sur le mouvement angulaire de la lune, s'il n'est pas exactement compensé dans un cycle de son action, il va en s'accumulant, étant répété d'excès en excès de nouveau dans des circonstances presque les mêmes pour plusieurs révolutions successives, jusqu'à ce qu'enfin, à raison d'un manque d'arrangement précis du cycle avec la période anomalistique, le maximum de la force (dans la même phase de son action), est amené à coïncider avec un point dans l'orbite (tel que le périgée), déterminant un effet contraire; alors, enfin, s'opère une compensation : dans un temps d'autant plus long d'ailleurs, que la différence entre le cercle de la force et la période anomalistique de la lune est moindre.

747. Il existe de fait une combinaison cyclique de ce genre dans le cas où Vénus perturbe la lune. En définitive la force perturbatrice de Vénus sur la lune varie avec sa distance de la terre, et cette distance elle-même dépend de sa configuration par rapport à la terre et au soleil, *prenant en compte l'ellipticité de leurs deux orbites*. Parmi les combinaisons qui naissent de cette considération, et qui sont, comme on le pense bien, d'une grande complication, il y a un terme (excessive-

ment petit), dont l'argument ou cycle est déterminé en soustrayant 16 fois le mouvement moyen de la terre, de 18 fois celui de Vénus. La différence est presque le mouvement moyen de la lune dans sa révolution anomalistique; en sorte que la dernière révolution est complétée en 27^j 13^h 18^m 32^s, 3; tandis que le cycle de cette force est complété en 27^j 13^h 7^m 35^s, 6; différence de 10^m 56^s, 7; ou bien environ de la 3625me partie d'une période complète de la lune, d'apogée en apogée. Pendant la moitié de ce très-long intervalle (c'est-à-dire pendant environ 136 ans 172), les perturbations produites par une force de ce genre, vont en s'accroissant et en s'accumulant, puis sont détruites dans un autre intervalle égal. Quoique excessivement faible dans leur effet sur le mouvement angulaire, cette faiblesse est compensée par le nombre des actes répétés d'accumulation et par la longueur du temps pendant lequel l'action a lieu sur la longitude. M. Hansen a trouvé que le montant total des fluctuations en deçà et en delà, ou la valeur de l'équation de la longitude de la lune, s'élève à 27", 4. Il est très-intéressant d'observer que les deux équations citées dans ces derniers paragraphes, s'accordent d'une manière satisfaisante pour les différences des restes avec la théorie et l'observation de l'histoire moderne de ce satellite qui s'y était montré rebelle jusqu'ici. Nous ne croyons pas nécessaire (car il faudrait un traité sur ce sujet) de donner un compte spécial des autres inégalités innombrables de la lune; elles ont été calculées et enregistrées; et il faut les faire entrer en ligne de compte dans toute supputation, d'après les tables. Il y en a qui sont beaucoup plus considérables. Mais nous ne devons pas passer sous silence, l'inégalité parallactique, expliquée déjà (art. 712); car elle est d'un grand intérêt, comme donnant une mesure de la distance du soleil. Cette équation se déduit, comme nous l'avons vu, de ce fait que les forces perturbatrices ne sont pas précisément les mêmes dans les deux moitiés de l'orbite de la lune, le plus près et le plus loin du soleil, toutes leurs valeurs étant plus grandes dans la première moitié. La connaissance des dimensions relatives des orbites lunaire et solaire nous met à même de calculer, *à priori*, le montant de cette inégalité; de même, une connaissance de ce montant déduite par la comparaison d'un grand nombre de lieux de la lune, observés d'après les tables où toutes les inégalités, *à l'exception de celle-là*, seraient inscrites, nous donnerait les moyens de trouver réciproquement le rapport des distances en question. A raison de la petitesse de cette inégalité, ce n'est pas un bon moyen d'obtenir un élément d'autant d'importance en astronomie, que la distance du soleil; mais si elle était plus grande, (c'est-à-dire si l'orbite de la lune était plus considérable qu'elle ne l'est), ce serait la méthode la plus exacte de toutes celles qui servent à la conclure.

748. La plus grande de toutes les inégalités lunaires produites par la perturbation, est ce qu'on appelle l'*évection*. Elle provient directement de la variation d'excentricité de son orbite, et de la fluctuation en deçà et en delà dans le progrès général de la ligne des apsides, causé par la position différente du soleil relativement à cette ligne (art. 685 et 691). A raison de ces causes, la lune est alternativement en avant et en arrière de son lieu elliptique d'environ 1° 20' 30". Cette équation était connue des anciens, ayant été découverte par Ptolémée, en comparant une longue série d'observations faites dès les premiers âges de l'astronomie. Le mode suivant lequel les effets de ces différentes sources d'inégalités se groupent sous un argument principal qui leur est commun, appartient plutôt à un traité spécial de la théorie lunaire qu'à un ouvrage du genre de celui-ci.

749. Quelques perturbations sont produites dans l'orbite lunaire, par la matière protubérante de l'équateur de la terre. L'attraction d'une sphère est la même que si toute sa matière était condensée à son centre; mais il n'en est pas de même pour un sphéroïde. L'attraction d'une telle masse n'est pas dirigée exactement vers son centre, et ne suit pas exactement la loi de l'inverse du carré des distances. Il s'ensuit une série de perturbations extrêmement faibles au total, mais cependant perceptibles dans les mouvements lunaires, et qui affectent le nœud et les apogées. Une conséquence plus remarquable de cette cause, d'ailleurs, est une petite nutation de l'orbite lunaire, exactement analogue à celle que la lune cause dans le plan de l'équateur de la terre, par son action sur cette même protubérance elliptique. En général, il faut observer que dans les systèmes des planètes qui ont des satellites, la figure elliptique de la primaire a une tendance à ramener les orbites des satellites à coïncider avec son équateur; tendance qui, quoique faible dans le cas de la terre, devient cependant, pour Jupiter dont l'ellipticité est très-considérable, et pour Saturne surtout, où l'ellipticité du corps est renforcée par

l'attraction des anneaux, prédominante sur toute autre cause intérieure ou extérieure de perturbation ; produisant et maintenant une coïncidence presque parfaite des plans en question. Tel est enfin le cas des satellites le plus près. Ceux qui sont le plus loin, sont comparativement moins affectés par cette cause, la différence des attractions entre une sphère et un sphéroïde diminuant très-rapidement, à mesure que la distance s'accroît. Ainsi, tandis que les orbites de tous les satellites intérieurs de Saturne se trouvent presque exactement dans le plan de l'anneau et de l'équateur de la planète, celle du satellite extérieur, dont la distance de Saturne est 60 et 70 diamètres de la planète, est inclinée beaucoup sur ce plan. D'un autre côté, sa distance considérable, tandis qu'elle permet au satellite de conserver son inclinaison, empêche, par la même raison, l'anneau et l'équateur de la planète d'être perturbés par son attraction, ou bien d'être soumis à quelques mouvements appréciables, analogues à notre nutation et notre précession. Si ces mouvements existaient, ils seraient beaucoup plus lents que ceux de la terre ; la masse de son satellite étant, autant qu'on peut en juger par sa grandeur apparente, une beaucoup plus petite fraction de Saturne que la lune ne l'est de la terre; tandis que la précession solaire, à raison de l'immense distance du soleil, serait presque imperceptible.

750. Les marées sont un sujet d'une étrange difficulté pour quelques personnes. C'est une raison pour que nous cherchions à l'expliquer d'une manière satisfaisante, quoiqu'il appartienne plutôt à la physique terrestre qu'à l'astronomie, car il se lie d'ailleurs directement à la théorie des perturbations lunaires. Que le soleil ou la lune, par son attraction, soulève les eaux de l'Océan au-dessus desquelles elle se trouve, cela semble naturel ; mais que la même cause les soulève en même temps du côté opposé, cela semble absurde. L'erreur de cette objection est de la même nature que celle relevée dans l'art. 723 ; elle consiste à ne pas regarder l'attraction du corps perturbateur sur la masse de la terre, et à la considérer comme ayant tout son effet sur la superficie de l'eau. Si la terre était absolument fixe, retenue en place par une force extérieure, et que l'eau fût libre de se mouvoir, sans doute l'effet de la puissance perturbatrice produirait une simple accumulation verticale sous le corps perturbateur. Or, ce n'est pas par toute son attraction, mais bien par la diffé-

rence de ses attractions sur la superficie de l'eau des deux côtés, et sur la masse centrale, que les eaux sont soulevées : justement comme dans la théorie de la lune, la différence des attractions du soleil sur la lune et sur la terre (considérée comme mobile et comme obéissant à ce montant de l'attraction qui est dû à sa situation), *donne* naissance à la tendance *relative* de la lune à s'éloigner de la terre, en conjonction et en opposition, et à s'en rapprocher dans les quadratures. Revenant à la figure 103, au lieu de supposer que ADBE représente l'orbite de la lune, supposons qu'elle représente une section de cette couche d'eau, mince (comparativement), qui repose sur le globe de la terre, suivant un grand cercle, dont le plan passe par le corps perturbateur M, que nous supposerons être la lune. La force perturbatrice sur une particule en P (exactement comme dans la théorie lunaire), pourra être représentée alors en montant et en direction par NS, à la même échelle où SM représente toute l'attraction de la lune sur une particule située en S. Cette force appliquée en P, la poussera dans la direction PX parallèle à NS ; par conséquent, quand elle se compose avec la force directe de la gravité qui (en négligeant, comme n'étant pas à mettre en ligne de compte dans cette théorie, la forme sphéroïdale de la terre) pousse P vers S, est équivalente à une simple force déviant de la direction PS vers X. Supposons (fig. 118) que PT soit la direction de cette force, qui, comme il est aisé de le voir, sera dirigée vers un point de DS, prolongée à une très-faible distance au-dessous de S, à raison de l'excessive petitesse de cette force perturbatrice comparée à celle de la gravité (1). Si l'on fait la même chose à chaque point du cadran AD, il sera évident que la direction PT de la résultante sera toujours celle d'une tangente, à la petite courbe en forme de croissant *ad*, en T, à laquelle tangente la surface de l'Océan en P doit toujours être perpendiculaire, à raison de cette loi de l'hydrostatique qui exige que la direction de la gravité soit toujours perpendiculaire à la surface des eaux tranquilles (en équilibre). La forme de la courbe DPA, à la-

(1) Suivant les calculs de Newton, la force perturbatrice maxima du soleil sur la mer n'excède pas la 25736400me partie de sa gravité. Celle de la lune sera donc à cette fraction comme le cube de la distance du soleil est à celui de la lune directement ; et comme la masse de la lune est à celle du soleil inversement c'est-à-dire : : $(400)^3 \times 0{,}012517 : 354936$, ce qui, réduit en chiffres, donne pour la puissance maxima de la lune, en perturbation sur la mer, environ la 11400000me partie de la gravité, ou bien un peu moins de 2 fois 1/2 celle du soleil.

quelle la surface de l'Océan tend à se conformer elle-même, comme pour se maintenir en équilibre sous l'action de deux forces, sera celle qui a toujours PT pour son rayon de courbure. Elle sera donc un peu moins légèrement courbée en D, et un peu plus en A, n'étant de fait qu'une ellipse, ayant S pour centre, *da* pour sa *développée;* SA, SD pour ses demi-axes; en sorte que toute la surface (en la supposant couverte d'eau) tendra à prendre, comme sa forme d'équilibre, celle d'un ellipsoïde allongé ayant son grand axe dirigé vers le corps perturbateur, et son petit axe à angles droits avec cette direction. La différence du demi-grand axe au demi-petit axe de cet ellipsoïde, dû à l'attraction de la lune, serait d'environ 58 *inches* (1 *mètre* 47); celle d'un ellipsoïde semblable formé par le soleil, serait deux fois moindre, ou d'environ 23 *inches* (58 *centimètres*).

751. Supposons que la lune agisse seule, et qu'elle n'ait pas de mouvement orbital; alors si la terre n'a pas de mouvement diurne non plus, l'ellipsoïde d'équilibre se formerait tranquillement et tout ensuite se maintiendrait paisible. Au reste, ce sphéroïde n'a jamais le temps d'être entièrement formé. Avant que les eaux puissent prendre leur niveau, la lune a avancé dans son orbite diurne et mensuelle (car pour la clarté de cette théorie, il vaut mieux transporter en sens contraire au soleil et à la lune le mouvement diurne de la terre). Le sommet du sphéroïde a changé de place sur la surface de la terre, et l'Océan doit chercher un nouvel équilibre. L'effet à produire est une vague immensément large et excessivement plate (non un *courant* circulaire), qui suit, ou s'efforce de suivre les mouvements apparents de la lune, et qui doit effectivement, si le principe des vibrations forcées est vrai, imiter par des périodes égales, quoique non *synchrones,* toutes les inégalités périodiques de ces mouvements. Suivant que ce sont les parties les plus hautes ou les plus basses de cette vague qui frappent nos côtes, nous aurons la haute ou la basse mer, comme on dit.

752. Le soleil produit aussi précisément une vague semblable, dont le sommet tend à suivre le mouvement apparent du soleil dans les cieux, et à imiter ses inégalités périodiques. Cette vague solaire existe simultanément avec la vague lunaire; elle y est quelquefois superposée, d'autres fois elle la traverse et la neutralise en partie, suivant la configuration synodique mensuelle des deux astres. Ces alternatives de ren-

forcement mutuel ou de neutralisation des effets du soleil et de la lune sur la mer produisent ce qu'on appelle les hautes et les basses marées. — Les premières étant la somme et les secondes la différence de ces effets. Quoique la valeur réelle de chaque marée soit à présent à peine à la portée d'un calcul exact, cependant leur rapport n'est probablement pas très-éloigné de celui que les ellipticités respectives de leurs sphéroïdes doivent avoir pour atteindre l'équilibre. Or ces ellipticités, pour les sphéroïdes solaire et lunaire, sont respectivement de 2 à 5 *feet* (609 à 1523 *millimètres*); en sorte que la moyenne des hautes et basses marées sera dans le rapport de 7 à 3.

753. Un autre effet de la combinaison des marées solaire et lunaire est ce qu'on appelle *l'avance* et le *retard* des marées. S'il n'y avait que la lune, et qu'elle se mût dans le plan de l'équateur, le jour de marée (c'est-à-dire l'intervalle entre deux arrivées successives au même lieu des deux sommets de la vague de marée) serait le jour lunaire (art. 143), formé par la combinaison de la période sidérale de la lune et du mouvement diurne de la terre. De même, s'il n'y avait que le soleil et qu'il se mût toujours dans l'équateur, le jour de marée serait le jour solaire moyen. Ainsi le jour actuel de marée, ou l'intervalle de l'occurence de deux *maxima* successifs des marées solaire et lunaire superposées, variera suivant que leurs marées partielles approcheront ou s'éloigneront de la coïncidence; parce que, lorsque les sommets de deux vagues ne coïncident pas, leur hauteur réunie a son *maximum* en un point intermédiaire entre elles. Cette variation de l'uniformité dans la longueur des jours successifs de marée, se remarque particulièrement au temps de la nouvelle et de la pleine lune.

754. C'est une chose entièrement différente dans son origine de la culmination des astres, ou du maximum théorique de leurs sphéroïdes superposés, que la déviation des temps de haute et basse eau dans un port ou hâvre, ce que l'on appelle établissement de ce port. Si l'eau était sans inertie, et libre de toute gêne due, soit au frottement du lit de la mer, soit à celui des bords du canal étroit qui le conduit dans le port, soit à la longueur, etc., etc., les temps seraient identiques. Mais toutes ces causes tendent à créer une différence et à faire qu'elle ne soit pas la même dans tous les ports. L'observation des établissements des ports est un objet de grande importance maritime, et il n'est pas d'un moindre intérêt, théoriquement

parlant, pour la connaissance de la véritable distribution des marées sur le globe. En faisant ces observations, il faut bien prendre garde de ne pas confondre le temps de « morte-eau », quand le courant causé par la marée cesse d'être visible de l'un et de l'autre côté, avec celui de *haute* ou *basse eau*, quand le niveau de la surface cesse de s'élever ou de s'abaisser. Ce sont des phénomènes entièrement distincts, qui dépendent de causes tout-à-fait différentes, quoiqu'il soit vrai que d'ailleurs ils coïncident quelquefois à l'égard du temps. Il est à craindre qu'ils n'aient été trop souvent confondus par des gens de mer ; circonstance qui, lorsqu'elle se présente, peut produire la plus grande confusion dans toute tentative de réduire le système des marées à des lois intelligibles et distinctes.

755. Les déclinaisons du soleil et de la lune affectent sensiblement les marées en chaque lieu particulier. Comme le sommet de la vague tend à se placer verticalement sous l'astre qui la produit, quand cette verticale change son point d'incidence sur la surface, la marée doit tendre à changer de même, et ainsi, suivant les périodes mensuelle et annuelle, il y a accroissement et diminution alternatives des marées principales. La période des nœuds de la lune s'introduit alors dans ce sujet ; ses excursions en déclinaison dans une partie de cette période étant de 29°, et de 17° dans l'autre, de chaque côté de l'équateur.

756. La géométrie démontre que l'efficacité d'un astre pour attirer les marées est en raison inverse du cube de sa distance. Le soleil et la lune, à raison de l'ellipticité de leurs orbites, sont d'ailleurs alternativement plus près et plus loin de la terre que ne l'indiquent leurs moyennes distances. Par conséquent l'efficacité du soleil peut flotter entre les valeurs extrêmes 19 et 21, ayant 20 pour moyenne, et celle de la lune entre 43 et 59. Prenant en compte cette cause de différence, la plus haute marée sera à la plus basse dans le rapport de $59 + 21$ à $43 - 19$, ou 80 à 24, ou presque 10 à 3. De toutes les causes des différences dans la hauteur des marées, la situation locale est au reste la plus influente. Dans quelques endroits, la marée montante arrivant par un étroit chenal, s'élève soudainement à une hauteur extraordinaire. Par exemple à Annapolis, dans la baie de Fundy, on dit qu'elle s'élève à 120 *feet* (36 *mètres*, 564). Même à Bristol, la différence des eaux basse et haute est parfois de 50 *feet* (15 *mètres*, 535).

757. C'est à l'aide des perturbations des planètes, assu-

rées par l'observation et d'accord avec la théorie, que l'on arrive à connaître les masses des planètes qui, n'ayant pas de satellites, n'offrent pas d'autre moyen de les évaluer. Chaque planète produit dans les mouvements de chaque autre planète un montant de perturbation proportionnel à sa masse, et un degré d'avantage ou d'*acquit* que sa position dans le système lui donne sur le mouvement des autres. L'un est un objet de calcul, et l'autre n'est connu que par l'observation de ses effets, dans la détermination des masses des planètes; par ce moyen des perturbations, la théorie vient très-efficacement au secours de l'observation; en notant la combinaison la plus favorable pour extraire cette connaissance de la foule confuse des inégalités superposées qui affectent chaque lieu observé d'une planète; en donnant les lois de chaque inégalité dans sa naissance et sa décadence; en montrant comment chaque inégalité particulière dépend, pour sa grandeur, de la masse qui la produit. C'est ainsi que la masse de Jupiter elle-même (employée par Laplace dans ses investigations et ses comparaisons de toutes les tables planétaires), a servi à s'assurer par les observations des dérangements qu'elle produit dans les mouvements des planètes ultra-zodiacales, qu'elle avait été déterminée d'une manière insuffisante, ou plutôt avec une méprise considérable, parce qu'on se fiait trop sur l'observation de ses satellites, faite par Pound et autres, depuis longtemps, avec des instruments qui n'avaient pas l'exactitude convenable. On est arrivé à la même conclusion, et presque à la même masse obtenue, à l'aide des perturbations produites par Jupiter sur la comète de Enke. L'erreur était de grande importance : la masse de Jupiter étant, après celle du soleil, l'élément qui a le plus d'influence sur le système planétaire. Il est satisfaisant d'avoir relevé la cause de cette erreur, comme l'a fait M. Airy; en remontant à la source, qui avait pris naissance dans les mesures micrométriques insuffisantes des satellites; en prouvant que l'erreur disparaît, quand ces mesures sont prises avec plus de soin et avec de meilleurs instruments.

758. De la même manière que les perturbations des planètes nous mènent à connaître leurs masses, comparées à celles du soleil, les perturbations des satellites de Jupiter ont conduit, et sans doute celles des satellites de Neptune conduiront plus tard, à la connaissance de la proportion de *leurs* masses comparées à celles de leurs primaires respectives. Le système des satellites de Jupiter a été traité par Laplace; et c'est d'après

sa théorie, comparée avec d'innombrables observations de leurs éclipses, que les masses qu'on leur a assignées (art. 540) ont été fixées. Peu de résultats de la théorie sont plus surprenants que de voir ces faibles atomes pesés dans la même balance qui a servi à peser la masse énorme du soleil, qui excède le moindre d'entre eux dans la proportion effrayante de *soixante-cinq millions* à *l'unité*.

759. On conclut la masse de la Lune : 1° de l'observation de la marée lunaire à la marée solaire, faite en diverses stations, les effets étant séparés l'un de l'autre par une longue série d'observations des hauteurs relatives des grandes et basses marées qui, ainsi que l'avons vu (art. 752), dépendent de l'influence proportionnelle du soleil et de la lune; 2° du phénomène de nutation qui étant le résultat de l'attraction de la lune seule, donne un moyen de calculer sa masse, indépendamment de toute connaissance du soleil. Ces deux méthodes s'accordent à donner à notre satellite une masse d'environ *un soixante-quinzième* de celle de la terre (1).

760. Non-seulement une connaissance des perturbations produites sur les autres corps de notre système, nous met à même d'estimer la masse du corps perturbateur que l'on sait exister et produire la perturbation ; mais elle fait plus encore. Elle met les géomètres à même de s'assurer de l'existence d'une planète inconnue, et d'en assigner la position d'une manière si précise qu'il suffit de pointer un télescope sur le lieu assigné, pour la découvrir. Nous avons eu l'occasion déjà (art. 506) de mentionner cette grande découverte en termes généraux; mais son importance et sa connexité avec le sujet que nous traitons, réclame une notice spéciale sur les circonstances qui la concernent. Dès que l'observation régulière d'Uranus, par suite de sa découverte en 1781, eût donné quelque connaissance certaine des éléments de son orbite, il devint possible de calculer rétrospectivement, en vue de savoir si certaines étoiles de même grandeur, observées par Flamsteed, et depuis notées comme *manquant*, ne seraient pas cette planète. On ne trouva pas moins de six observations anciennes de cette étoile supposée Uranus, faites par cet astronome; une en 1690; une en 1712; et quatre en 1715. Une dernière enquête apprit qu'elle avait été observée aussi par Bradley en 1753; par Mayer en 1756; et pas moins de 12 fois, par Le

(1) Laplace, Système du Monde, 285 à 300.

Mounier en 1750, 1764, 1768, 1769 et 1771 : toujours sans le moindre soupçon que ce fût une planète. Ces observations enregistrées avec toutes leurs circonstances, et faites avec les meilleurs instruments de leurs dates respectives, étaient suffisantes pour corriger les éléments de l'orbite ; ce qui, comme on le comprend aisément, est fait avec une précision d'autant plus grande que l'arc observé de l'ellipse est plus considérable entre les observations extrêmes : il était donc raisonnable d'espérer qu'en se servant de ces données, et faisant la part des perturbations produites, depuis 1690, par Saturne, Jupiter, et les planètes inférieures, l'on obtiendrait des éléments elliptiques, qui, pris en conjonction avec ces perturbations, représentent non-seulement toutes les observations faites jusqu'au temps d'exécuter les calculs, mais encore les observations futures, d'une manière aussi satisfaisante que pour les autres planètes. Mais cette attente n'était qu'illusoire. M. Bouvard l'un des plus experts et des plus laborieux calculateurs dont l'astronomie puisse se glorifier, et auquel on doit les tables actuelles de Jupiter et de Saturne, voulant construire des tables semblables pour Uranus, trouva qu'il était impossible de concilier les anciennes observations ci-dessus mentionnées, avec celles faites de 1781 à 1820, de manière à représenter les deux séries au moyen de la même ellipse et du même système de perturbations. Il mit donc de côté toutes les anciennes observations, pour établir ses calculs sur les observations nouvelles seulement. Mais non sans des soupçons sérieux sur l'importance d'un tel précédent ; laissant au temps à déterminer si la difficulté de concilier les deux séries provient du peu de soin mis à faire les observations anciennes, ou si elle dépend de quelque influence étrangère et inaperçue qui aurait agi sur la planète.

761. Mais les tables ainsi calculées ne continuent pas à représenter, avec la précision convenable, les observations faites subséquemment. L'erreur des tables, après avoir atteint un certain montant, par lequel la véritable longitude d'Uranus était en avance de celle supputée, laquelle avance se maintient de 1795 à 1822, commença, vers cette dernière époque, à diminuer rapidement, jusqu'à ce que, de 1830 à 1831, les longitudes des tables s'accordèrent avec les observations, mais loin de rester d'accord, la planète, perdant encore du terrain, tomba et continua de tomber en arrière de son lieu calculé, et avec tant de rapidité qu'il devint évident

que les tables ne pouvaient pas servir à donner d'une manière assez précise, le lieu véritable de son mouvement.

762. Le lecteur comprendra la nature et la progression de ces discordances, en jetant les yeux sur la fig. 119 où la ligne horizontale (l'*abscisse*) est divisée en parties égales représentant chacune 50° de longitude héliocentrique dans le mouvement d'Uranus autour du soleil ; et où les distances entre les lignes horizontales, représentent chacune 100" d'erreur en longitude. Le résultat de chaque observation d'année d'Uranus (ou la moyenne de toutes les observations faites pendant une année) est représenté par les gros points noirs d'une ligne placée en dessus ou en dessous du point de l'*abscisse*, correspondant à la moyenne des longitudes observées pour l'année; en dessus, si la longitude observée est en excès de celle calculée, en dessous, si elle est en défaut; sur la ligne quand elle est d'accord ; à la distance de la ligne correspondante à leur différence pour l'échelle précitée (1). C'est ainsi que dans les plus anciennes observations de Flamsteed pour 1690, les points sont placés en dessus de la ligne, à 69" 9 ; la longitude observée étant beaucoup plus grande que la longitude calculée.

763. Si, négligeant les points isolés, on mène une courbe (indiquée sur la figure par un trait fin), elle montrera leur cours général, avec une certaine régularité dans ses ondulations. Elle présente deux fortes élévations en dessus, et une dépression intermédiaire presque aussi grande en dessous de la ligne des abscisses. Il est évident que les ondulations seraient bien réduites, et par conséquent les erreurs grandement palliées, si chaque gros point était ramené dans la direction verticale à la distance et dans la direction indiquée par chaque point correspondant de la courbe A B C D E F G H qui coupe l'abscisse aux points distants de 180°, et qui fait d'égales excursions de chaque côté. Ainsi le point *a* pour 1750 étant relevé vers *b* par une distance égale à *cb*, serait amené en coïncidence précise avec le point *e* de l'abscisse. C'est une indication évidente qu'une très-grande partie des différences en question est due, non pas à la perturbation, mais bien à

(1) Ces points sont ceux d'une comparaison', faite par M. Leverrier, de toutes les observations d'Uranus avec un journal de son propre calcul, fondé sur une complète révision des tables de Bouvard, et une supputation rigoureuse des perturbations causées par toutes les planètes connues pouvant exercer quelque influence. Les différences de longitude sont *géométriques*, mais cela importe peu ici, la chose étant la même, soit que l'on considère les erreurs en longitude héliocentrique ou géométrique.

quelque erreur dans les éléments d'Uranus pris pour base du calcul. Car ces excès et ces défauts de longitude alternatifs sur des arcs de 180°, sont précisément ceux qui résulteraient d'une erreur dans l'excentricité, ou dans le lieu du périhélie, ou dans tous les deux à la fois. Dans les ellipses faiblement excentriques, la véritable longitude a des excès et des défauts alternatifs d'une moyenne de 180° pour chaque déviation, et les ellipses plus excentriques offrent de plus grandes fluctuations en deçà et en delà. Si dans l'excentricité de l'orbite d'une planète il y a erreur (en la supposant trop grande par exemple), alors les longitudes observées auront un montant moindre d'une telle fluctuation en dessus et en dessous de la moyenne que celle données par le calcul; la différence au lieu d'être *néant* toujours, comme cela devrait avoir lieu, sera alternativement en + et en — sur des arcs de 180°. Si l'on trouve une différence qui suive cette loi, elle peut provenir d'une excentricité erronée, pourvu toujours que les longitudes avec lesquelles elle s'accorde (supposées différer de 180°), coïncident avec celles du périhélie et de l'aphélie; car dans le mouvement elliptique presque circulaire, ce sont les points où s'accordent les longitudes moyennes avec les vraies longitudes ; en sorte que cette fluctuation observée sur nature, ne peut provenir, si cette condition n'est pas remplie, que d'une erreur d'excentricité. Or la longitude du périhélie d'Uranus, dans les éléments employés par Bouvard, est (en négligeant des fractions de degré) de 168°, et celle de l'aphélie de 348° ; ces points alors, dans notre figure 119, tomberaient en π et en α respectivement; c'est-à-dire presque à moitié chemin entre AC, CE, EG, etc., etc. Il est donc évident que ce n'est pas à une erreur d'excentricité que cette fluctuation est due principalement.

764. Examinons à présent l'effet d'une erreur dans le *lieu* du périhélie, mal assigné, supposons (fig. 120) que $o\,x$ représente la longitude d'une planète, et $x\,y$ l'excès, dû à l'ellipticité de la longitude vraie sur la moyenne, alors si R est le lieu du périhélie, et P ou T l'aphélie en longitude, y se trouvera toujours sur une certaine courbe ondulatrice P Q R S T, au-dessus de P T, entre R et T; et au-dessous, entre P et R. Supposons maintenant que le lieu du périhélie ait glissé en avant en r, ou que toute la courbe ensemble ait glissé en avant dans la position $p\,q\,r\,s\,t$; alors à la même longitude $o\,x$, l'excès de la longitude vraie sur la moyenne sera $x\,y'$ seule-

ment ; en d'autres termes, cet excès aura diminué de la quantité yy' au-dessous de son premier montant. Prenant donc (fig. 121), sur o N, $oy = ox$, et yy' toujours $= yy'$ de la fig. 120 ; puis construisant la courbe L M N O, l'ordonnée yy' représentera toujours l'effet du changement supposé de périhélie. Il est clair (l'excentricité étant toujours supposée faible) que cette courbe se composera aussi d'ondulations alternatives, supérieure et inférieure, ayant chacune 180° d'amplitude; les points L, N, de son intersection avec l'axe se présentent aux longitudes correspondantes à X, Y, entre les *maxima* Q, q ; S, s les courbes primitives, c'est-à-dire (si ces intervalles Q q, S s ou R r auxquels tous deux sont égaux, sont très-petits), seront presque à 90° du périhélie et de l'aphélie. Cela s'accorde avec les conditions du cas en litige, et nous sommes par conséquent autorisés à conclure que la plus grande partie des erreurs en question *est provenue* d'une erreur dans le lieu du périhélie d'Uranus lui-même ; non pas d'une perturbation ; et que pour la redresser, il faut faire glisser le périhélie un peu en avant. Il n'est pas nécessaire de savoir ici jusqu'à quel point il doit glisser, et il nous suffit de dire que ce doit être de manière que la courbe A B C D E F G soit autant que possible semblable, égale et opposée à la courbe tracée en points de l'autre côté.

765. Ceci étant fait, en menant de chaque point de la ligne des longitudes, une ordonnée égale à la différence des ordonnées des deux courbes de la fig. 119, à l'opposite de l'abscisse, et à leur somme du même côté, on aura la courbe indiquée par des points dans la fig. 122. On voit encore ici qu'une réduction ultérieure des différences aurait lieu, si, au lieu de prendre la ligne A B pour la ligne des longitudes, on lui substituait une ligne ab faiblement inclinée par rapport à celle à laquelle on l'aurait substituée; dans ce cas, la totalité des différences entre l'observation et la théorie, de 1712 à 1820, serait annulée, ou du moins assez réduite pour ne pas dépasser les erreurs ordinaires de l'observation ; quant à l'observation de 1690, la différence qui serait encore de 35″ n'excéderait pas non plus l'erreur qu'on peut raisonnablement attribuer à des observations faites en ce temps. En prenant ainsi cette nouvelle ligne de longitudes comme exacte, son effet équivaudrait à l'admission d'une légère erreur dans le temps périodique et dans l'époque d'Uranus ; car il est évident que par la supputation de cette ligne inclinée, au lieu de la ligne ho-

rizontale, on altère effectivement toutes les erreurs provenant d'un montant proportionnel au temps avant ou après la date à laquelle ces deux lignes se coupent (c'est-à-dire vers 1789). Quant à la direction suivant laquelle cette correction serait faite, il est clair d'après le cours des dates, que si l'on compte à partir de A B, ou de toute autre ligne qui lui soit parallèle, la planète observée dans ce long cours tombera de plus en plus en arrière de celle calculée; c'est-à-dire que sa vitesse angulaire moyenne assignée par les tables est trop grande, et doit être déterminée, ou bien que son temps périodique doit être augmenté.

766. Si l'on fait cet accroissement de période, et qu'en correspondance à ce changement, on compte les longitudes sur *ab*, et les différences restant à partir de cette ligne au lieu de AB, on aurait fait tout ce qui peut réduire et pallier ces différences; et cela avec tant de succès, que depuis 1804 il n'y a pas eu de raison de soupçonner l'existence d'aucune cause perturbatrice. Mais à cette date paraît avoir commencé une action qui va croissant et qui produit une accélération du mouvement de longitude, en conséquence duquel Uranus gagne continuellement sur son lieu elliptique, et a continué à gagner ainsi jusqu'en 1822, date à laquelle il a cessé de gagner, son excès de longitude étant à son maximum; après quoi, il a commencé à perdre rapidement, ce qu'il continue de faire jusqu'à présent. Il est évident, dès lors, que dans cet intervalle, quelque cause extraordinaire a été mise en action, qui ne l'avait pas été avant, ou qui n'avait pas eu assez de puissance pour se manifester par quelque effet distinct; et que *cette* cause doit avoir cessé d'agir, ou plutôt commence à produire une action inverse, depuis 1822 environ, l'action inverse étant même plus énergique que ne l'était l'action directe.

767. Tel est le phénomène, dans la forme la plus simple sous laquelle nous puissions *maintenant* le présenter. Des hypothèses diverses, émises pendant le progrès de son développement, aucune n'a semblé avoir un degré de probabilité rationnelle plus grand, que celle de l'existence d'une planète extérieure, non découverte encore, perturbatrice, suivant les lois de perturbation des distances planétaires, du mouvement d'Uranus, ou plutôt ajoutant sa perturbation à celles produites par Jupiter et par Saturne, les deux seules planètes anciennes qui exercent une perturbation sensible sur cette

planète. C'était donc l'explication qui naturellement, et presque forcément, se présentait à l'esprit de ceux qui réfléchissaient sur le sujet des perturbations planétaires. Au reste l'idée de partir des déviations anomales observées, et de les employer comme données pour déterminer la distance et le lieu d'un corps inconnu, ou bien en d'autres termes, de résoudre le problème inverse de celui des perturbations, *prenant, comme données, les perturbations, pour trouver l'orbite, et le lieu dans cette orbite, de la planète perturbatrice*, paraît être venue à la fois à deux mathématiciens, M. Adams en Angleterre, et M. Leverrier en France, avec assez d'espoir de succès pour les engager l'un et l'autre à chercher la solution. L'un et l'autre ont réussi ; leurs solutions parfaitement indépendantes, par l'ignorance de leurs essais réciproquement, se sont trouvées d'accord d'une manière étonnante, eu égard à la nature et à la difficulté du problème. Les calculs de M. Leverrier assignaient pour longitude héliocentrique de la planète perturbatrice, 326° 0', le 23 septembre 1846 ; ceux de M. Adams, 329° 19', avec même date ; la différence n'était donc que de 3° 19' ; le plan de son orbite ne déviant que très-faiblement, ou même pas du tout, de celui de l'écliptique.

768. Ce 23 septembre 1846, date mémorable dans les annales de l'astronomie, le docteur Galle, astronome de l'observatoire royal de Berlin, reçut une lettre de M. Leverrier, lui annonçant le résultat auquel il était parvenu, et le priant de regarder si la planète perturbatrice était au lieu assigné par son calcul, ou dans le voisinage. Le docteur Galle la *trouva effectivement cette nuit-là même*. Une étoile de huitième grandeur fut vue par lui et par M. Encke dans un lieu où aucune étoile n'était marquée, dans les tables du docteur Bremiker, récemment publiées par l'académie de Berlin. La nuit suivante on vit qu'elle avait changé de place et l'on s'assura dès lors que c'était une planète. Des observations et des calculs subséquents ont complètement démontré que cette planète à laquelle on a donné le nom de Neptune, était réellement le corps dont l'attraction perturbatrice, d'après la loi newtonienne de gravité, avait causé les anomalies observées dans le mouvement d'Uranus. La longitude géocentrique déterminée par le docteur Galle, d'après son observation, est 325° 53', qui, convertie en héliocentrique, donne 326° 52', ne différant que de 0° 52' du lieu assigné par M. Leverrier, de

2° 27' du lieu assigné par M. Adams, et seulement de 47' de la moyenne des deux calculs.

769. Il serait hors du plan de cet ouvrage et des connaissances mathématiques que nous avons supposées à nos lecteurs, de donner ici autre chose qu'une idée superficielle de la marche suivie par ces géomètres dans des recherches aussi ardues. Il suffit de dire qu'elle consistait à regarder comme quantités inconnues à déterminer, la masse et tous les éléments de la planète inconnue (supposée tournant dans le même plan et dans la même direction qu'Uranus), à l'exception de son demi-grand axe. Celui-ci fut pris dans le premier calcul (conformément à la loi de Bode, art. 505), et certainement alors avec une *grande* probabilité, pour le double de celui d'Uranus, ou bien (38,364) rayons de l'orbite de la terre. Avec *quelque* présomption sur la valeur de cet élément, à raison de la forme particulière de l'expression analytique des perturbations, l'investigation analytique eût présenté des difficultés qui semblaient insurmontables. Mais en outre, il était aussi nécessaire de regarder comme inconnus, ou du moins comme sujets à corrections d'une grandeur inconnue du même ordre que les pertubations, tous les éléments d'Uranus lui-même; circonstance dont on comprend aisément la nécessité, si l'on considère que les éléments ne pouvaient être adoptés que provisoirement, avec *certitude* qu'ils étaient erronés : les lieux dont on les concluait étant affectés, au moins dans quelques parties, par les perturbations en question. Cette considération indispensable ajoutait à la difficulté du travail. L'axe (et par conséquent le mouvement moyen) d'une orbite étant presque connu, et celui d'une autre étant pris par hypothèse, il devint praticable d'exprimer en termes, partie algébriques, partie numériques, le montant de la perturbation à chaque instant, à l'aide des formules générales de Laplace, dans sa mécanique céleste, et partout ailleurs. Ces expressions, avec les corrections dues aux éléments altérés d'Uranus lui-même, étant appliquées aux longitudes des tables, fournissaient, en les comparant aux longitudes observées, une série d'*équations*, dans lesquelles les éléments et la masse de Neptune, ainsi que les corrections de ceux d'Uranus entraient comme *inconnues*, et dont la résolution, non sans adresse de calcul, donna enfin toutes les valeurs cherchées. Les calculs furent répétés, réduisant en même temps la valeur de la distance de la nouvelle planète, la discordance entre les

résultats donnés et ceux calculés ayant indiqué qu'elle avait été prise trop grande; les résultats furent trouvés s'accorder mieux, et les solutions étaient, de fait, plus satisfaisantes.

C'est ainsi que l'on est arrivé à fixer les éléments de l'orbite de la planète inconnue, ainsi qu'il suit :

	Leverrier.	Adams.
Epoque des éléments. . .	1er janvier 1847.	6 octobre 1846.
Longitude moyenne dans l'époque.	318°47' 4	328°2'
Demi-grand axe.	36,1539	37,2474
Excentricité.	0,107610	0,120615
Longitude de périhélie. .	284°45' 8	299°11'
Masse (le soleil étant 1).	0,00010727	0,00015003

Les éléments obtenus par M. Leverrier, le furent, d'après les observations, jusqu'à l'année 1845, ceux de M. Adams, d'après les observations jusqu'en 1840 seulement. Prenant en compte les observations, des cinq années, 1840 à 1845, M. Adams fut amené à conclure que le demi-grand axe devait être encore beaucoup diminué, et qu'une moyenne distance de 33,33 (étant à celle d'Uranus : : 1 : 0,574) satisferait probablement presque à toutes les observations. — (Lettre du 2 septembre 1846 à l'astronome royal, trois semaines avant la découverte de la planète à l'aide des instruments.)

770. Depuis la découverte de la planète, on a observé assidûment enfin, et l'on s'est assuré aussi qu'une moyenne distance, moindre même que celle que présumait M. Adams, s'accordait mieux avec son mouvement; les éléments ne furent pas plus tôt obtenus, par observation directe, suffisamment approximatifs pour tracer sa marche dans les cieux pendant longtemps, que l'on affirma qu'elle avait été observée, comme étoile, par Lalande les 8 et 10 mai 1795; la dernière de ces observations ayant été rejetée par cet astronome, comme fautive, parce qu'elle ne s'accordait pas avec la première (conséquence du mouvement de la planète dans l'intervalle d'une observation à l'autre). D'après ces observations, combinées avec celles accumulées depuis, le professeur Valker a calculé les éléments que voici :

Epoque des éléments.	1er janvier 1847. minuit. Greenwich.
Longitude moyenne à l'époque.	328°32' 44''2
Demi-grand axe. . .	30,0367
Excentricité.	0,00871946

Longitude de périhélie.	47°12' 6"50
Nœud ascendant. . .	130 4 20 81
Inclinaison.	1 46 58 97
Temps périodique. .	164,6181. année tropicale.
Mouvement annuel, moyen.	2°18688

771. Le grand désaccord entre ces éléments et ceux assignés par MM. Leverrier et Adams, ne manquera pas de frapper le lecteur ; il se demandera naturellement comment il a pu se faire que des éléments si différents aient pu donner une indication satisfaisante de la perturbation, et du vrai lieu de la planète dans les cieux, de manière à ce qu'enfin il n'y eût plus qu'un télescope à pointer, pour la trouver. Quant à ce dernier point, chacun peut y répondre, par une demi-heure de calcul, que les deux séries d'éléments placent réellement la planète, le jour de sa découverte, non-seulement dans les longitudes citées art. 763, c'est-à-dire extrêmement près de son lieu apparent, mais aussi à une distance du soleil beaucoup plus correcte approximativement que les *moyennes distances*, ou demi-axes des orbites respectives. Ainsi le rayon vecteur de Neptune, calculé d'après les éléments de M. Leverrier, pour le jour en question, au lieu de 36,1539 (distance moyenne) vient presque exactement à 33 ; de plus, si l'on considère que l'excentricité assignée par ces éléments, donne pour la distance périhélie 32,2634 ; la longitude assignée au périhélie porte tout l'arc de l'orbite (plus de 83°) décrit dans l'intervalle de 1806 à 1847, à 42° d'un côté ou de l'autre du périhélie; et qu'en conséquence dans tout cet intervalle, la planète supposée se mouvait dans les limites de distance du soleil, de 32, 6 à 33. Les tables suivantes, qui établissent une comparaison entre les positions relatives d'Uranus, la planète réelle et la planète supposée, montreront plus clairement que tout autre document, le mouvement de l'une par celui de l'autre. Dans cet intervalle, les longitudes sont héliocentriques; les calculs sont en dixièmes de degré seulement, ce qui est plus que suffisant pour le point à éclaircir :

(*Voir le Tableau ci-contre.*)

ANNÉES.	Uranus — Longitude.	Neptune. Longitude.	Neptune. Rayon vecteur.	Leverrier. Longitude.	Leverrier. Rayon vecteur.	Adams. Longitude.	Adams. Rayon vecteur.
1805	197° 8	235° 9	30.3	241° 2	33.1	246° 5	34.2
1810	220 9	247 0	30.3	251 1	32.8	255 9	33.7
1815	243 2	258 0	30.3	261 2	32.5	265 5	33.3
1820	264 7	268 8	30.2	271 4	32.4	275 4	33.1
1821	269 6	271 0	30.2	273 5	32.3	277 4	33.0
1822	273 3	273 2	30.2	275 6	32.3	279 5	33.0
1823	277 6	275 3	30.2	277 6	32.3	281 5	32.9
1824	281 8	277 4	30.2	279 7	32.3	283 6	32.9
1825	285 8	279 6	30.2	281 8	32.3	285 6	32 8
1830	306 1	290 5	30 1	292 1	32.3	296 0	32.8
1835	326 0	301 4	30.1	302 5	32.4	306 3	32.8
1840	345 7	312 2	30.1	312 6	32 6	316 3	32.9
1845	365 5	323 1	30.0	322 6	32.9	326 0	33.1
1847	373 3	327 6	30.0	326 5	33.1	329 3	33.2

772. On voit, par cette comparaison, qu'Uranus arrivait à sa conjonction avec Neptune, au commencement, ou immédiatement avant le commencement de 1822 ; avec la planète calculée de M. Leverrier, au commencement de l'année suivante 1823; avec celle de M. Adams, vers la fin de 1824. Ainsi les deux planètes calculées, celle de M. Leverrier surtout, pendant tout l'intervalle du temps ci-dessus, en ce qui concerne les *directions* de leurs forces attractives sur Uranus, agissent presque comme l'a fait la véritable planète. Quant à l'intensité des forces perturbatrices relatives, si on l'estime d'après les principes de l'art. 612, aux époques de conjonction, et pour les commencements de 1805 et 1845, on trouve pour les dénominateurs respectifs des fractions de l'attraction du soleil sur Uranus, regardé comme unité, exprimant la force *totale* perturbatrice N S, dans chaque cas, les résultats que voici :

			1805	Conjonction.	1845
Neptune avec	Masse de Peirce. .	$\frac{1}{19840}$	27540	7508	32590
	Masse de Struve. .	$\frac{1}{14496}$	20244	5519	23810
Masse de la planète théorique de Leverrier.		$\frac{1}{9022}$	20857	5195	19955

Les masses assignées à Neptune sont celles respectivement déduites par le professeur Peirce et M. Struve, des observations du satellite découvert par M. Lassel, avec les grands télescopes de Frauenhofer, à l'observatoire de Cambridge (Etats-Unis), et Pulkova respectivement. Il y a des différences considérables qui résultent, comme on devait s'y attendre, de la difficulté de ces mesurages micrométriques, et il est impossible quant à présent, de donner la préférence plutôt à l'une qu'à l'autre observation. Comparée avec la masse assignée par M. Struve, on ne peut pas désirer un accord plus satisfaisant en tout, dans l'intervalle en question.

773. Soumise à cette incertitude quant à la masse réelle de Neptune, la planète théorique de Leverrier doit être considérée comme représentant avec autant de fidélité qu'on en peut attendre d'une recherche aussi délicate, les particularités de son mouvement et de son action perturbatrice, pendant les quarante années qui se sont écoulées de 1805 à 1845, intervalle qui (comme on le voit par les diminutions rapides des forces du côté de la conjonction indiquée par les nombres du tableau précédent), comprend toute la série la plus influente de son action. Cela serait mis en évidence par le tracé des courbes représentant les forces normale et tangentielle d'après les principes (en ce qui concerne les constituants de la normale) de l'article 717; seulement il y faut un léger changement qui, pour notre dessein, y met encore plus de clarté. La force LS de la figure 114, étant supposée appliquée en P, suivant la direction LS, il faut tracer la courbe de la force normale en élevant à P (fig. 123), PW toujours perpendiculaire à l'orbite perturbée AP; PW, mesurée dans la même direction où S se trouve de L, de longueur égale à LS. Alors PW représente toujours à la fois la direction et la grandeur de la force normale agissant en P. De la même manière, si l'on prend PZ, sur la tangente à l'orbite perturbée en P, égale à NL de la figure 114, et mesurée dans la même direction de P que L l'est de N, PZ représentera à la fois, en

grandeur et en direction, la force tangentielle agissant en P. Alors on tracera les deux ovales curieux de la figure 123, de la forme et de la proportion convenables, au cas dont il s'agit. L'expression de la force normale est formée de quatre lobes ayant un point commun S, SW*m* XS*a*S*n*S*b*SW; l'expression de la force tangentielle est formée de quatre ganses se coupant mutuellement, AZ*cf*B*ed*YAZ, environnant et touchant l'orbite perturbée en quatre points, A, B, *c*, *d*. La force normale agit en dehors sur toute la partie de l'orbite, à la fois en conjonction et en opposition, correspondante aux portions des lobes *m*, *n*, extérieurs à l'orbite perturbée, et en dedans sur tout le reste. La figure met en évidence : la grande disproportion entre l'énergie de cette force près de la conjonction, et pour toute autre configuration des planètes : sa dégradation rapide quand P approche du point de neutralité, (dont la position est à 35° 5' de chaque côté de la conjonction, un arc décrit synodicalement par Uranus, en 16 ans, 72) ; sa durée comparativement courte et dès lors peu efficace pour produire une grande somme de perturbation, de la partie la plus intense de son action en dedans sur les petites portions de l'orbite correspondantes aux lobes *a*, *b*, où la ligne représentant la force en dedans excède le rayon du cercle. La figure montre aussi, non moins distinctement, le développement graduel, puis la dégradation rapide et l'extinction de la force tangentielle à partir de *ses* points neutres *c*, *d*, de chaque côté au-dessus de la conjonction, où son action devient inverse, étant accélératrice sur l'arc *d*A, et retardative sur A*c*, chacun de ces arcs ayant une amplitude de 71° 20', et se trouvant décrit synodicalement par Uranus en 34 ans. L'insignifiance de la force tangentielle, dans les configurations éloignées de conjonction dans l'arc *c*B*d* est aussi clairement exprimée par le petit développement comparatif des ganses *e*, *f*.

774. Examinons maintenant comment l'action de ces forces rejaillit sur la production de ce caractère particulier de perturbation indiqué par la figure 122. Il est évident que l'accroissement de longitude de 1800 à 1822, la cessation de cet accroissement en 1822, et sa conversion en décroissement pendant l'intervalle subséquent/sont en accord complet avec la venue, la décadence rapide, l'extinction en conjonction, et la reproduction subséquente, en sens inverse, de la force tangentielle ; on ne peut donc pas hésiter à lui attribuer la

plus grande partie de la perturbation exprimée par le renflement et l'abaissement de cette courbe entre les années 1800 et 1845 ; toute cette partie qui est symétrique de l'autre côté de 1822, doit être attribuée à la force tangentielle.

775. On demandera sans doute alors, si la force normale (qui dans le dessin de la fig. 123 est presque deux fois aussi puissante que la force tangentielle, et qui n'a pas d'action inverse, comme cette dernière force, au point de conjonction, où elle se montre plus énergique au contraire) n'a pas d'influence sur les effets observés? La réponse est, qu'elle en a très-peu dans la période à laquelle l'observation s'est étendue jusqu'en 1845. L'effet de la force tangentielle sur la longitude est direct et immédiat (art. 650); celui de la force normale est indirect, conséquent et cumulé avec le progrès du temps (art. 734). L'effet de la force tangentielle sur le *mouvement moyen*, prend place dans le milieu du changement qu'il produit sur l'une, et n'est que passager : l'action inverse, après conjonction (en supposant les orbites circulaires), détruisant tout l'effet précédent, sans affecter en rien le mouvement moyen. Dans le passage en conjonction, alors, la force tangentielle produit une accélération soudaine et puissante, à laquelle succède un retard également soudain et également puissant, ce qui étant fait, son action est complète, et il n'en reste pas plus de traces sur le mouvement de la planète, que si elle n'avait jamais existé ; car son action sur le périhélie et l'excentricité est de même annulée par sa direction inverse. Son effet immédiat sur le mouvement angulaire est *néant*. Ce n'est que jusqu'à ce qu'elle ait agit assez pour produire un changement apparent dans la distance de la planète perturbée au soleil, que la vitesse angulaire commence à être sensiblement affectée ; ce n'est que jusqu'à ce que toute son action en dehors ait été exercée (c'est-à-dire sur tout l'intervalle d'un point neutre à un autre point neutre), que son maximum d'effet sur le recul de la planète perturbée dans sa distance au soleil, est produit, et que tout le montant de la diminution de vitesse angulaire qu'elle est capable de produire, a été développé. *Elle* continue d'agir en produisant un retard en longitude, longtemps après que la force normale a exercé son action inverse ; et de force puissante en dehors, elle devient faible force en dedans. Une certaine portion de cette perturbation est incidente sur l'époque d'après le mode décrit dans les art. 731, 732....; elle perturbe constamment le mouvement

moyen, de ce qu'il eût été, si Neptune n'eut pas existé. Le reste de son effet est compensé dans une seule révolution synodique, non par le renversement de l'action de cette force (car cette action inverse est beaucoup trop faible pour cela), mais par l'effet de l'altération permanente produite dans l'excentricité qui (l'axe n'étant pas changé) compense pour la proximité croissante dans une partie de la révolution, l'éloignement croissant dans l'autre. Le temps suffisant n'est pas encore écoulé, depuis la conjonction, pour mettre en évidence l'effet de cette force. Son commencement est indiqué dans la rapide descente de la courbe, figure 122, plus marquée à la conjonction qu'ascendante à cette époque, ce qui indique le commencement d'une série d'ondulations dans sa marche future *d'un caractère elliptique*, conséquente avec l'excentricité altérée et le périhélie (effet total et définitif de cette composante de la force perturbatrice), qui se maintiendront pendant 20 ans environ à partir de la dernière conjonction; à l'exception peut-être de quelques inégalités insignifiantes vers le temps de l'opposition, semblables quant au caractère, mais très-inférieures en grandeur à celles que nous discutons maintenant.

776. La postérité aura peine à croire que, avec une entière connaissance de toutes les circonstances de cette grande découverte ; des calculs de Leverrier et Adams ; des communications de son lieu indiqué au docteur Galle ; enfin de la découverte d'une nouvelle planète trouvée précisément en ce lieu d'une manière si remarquable ; l'on ait élevé des doutes sur les calculs des géomètres et sur leurs conclusions ; et qu'il y ait eu des incrédules attribuant à un pur accident le fait non contesté de l'existence d'une planète en ce lieu précis, à jour fixe au temps indiqué (1) ? Quelle part le hasard peut-il

(1) Ces doutes semblent avoir pris leur origine, partie dans le grand désaccord entre les éléments assignés à Neptune et ceux qu'il a réellement, partie dans la presque commensurabilité (précise, *il est possible*) des mouvements moyens de Neptune et d'Uranus. On comprend que ces doutes proviennent d'ailleurs d'un manque total de conception de la nature du problème, qui n'était pas, d'après des indications incertaines comme celles que les discordances observées peuvent présenter, de déterminer comme quantités astronomiques, l'axe, l'excentricité et la masse de la planète perturbatrice, mais de découvrir où il fallait regarder pour la trouver ; une fois trouvée, ses éléments pouvaient être beaucoup mieux précisés. Pour cela, *tout axe, excentricité, périhélie et masse*, quoique manquant d'exactitude, qui pouvaient représenter même grossièrement le *montant avec une correction suffisante de la direction*, de la force perturbatrice pendant l'intervalle très-modéré que les écarts de la théorie pouvaient rendre très-considérable, suffisaient également pour atteindre le but qu'on se proposait ; avec une excentricité, une masse et un périhélie disponibles, il est évident que tout axe pris dans les limites de 30 à 38 et même dans des limites plus larges, convenait également. Dans

avoir eue dans l'issue heureuse du calcul ; il nous semble, d'après ce que nous avons dit, que le lecteur n'aura pas de peine à la faire. Quant au temps où la découverte a été faite, on l'a attribué surtout à une coïncidence heureuse. Les considérations suivantes dissiperont complètement cette idée, si tant est qu'elle soit restée dans l'esprit de quelqu'un, à ce sujet. La période d'Uranus étant de 84ans,0140, et celle de Neptune de 164ans,6181; leur révolution synodique (art. 418); ou l'intervalle entre deux conjonctions successives est 171 ans,58. La dernière conjonction étant arrivée vers le commencement de 1822, la précédente devait être arrivée en 1649, ou plus de 40 ans avant la première observation enregistrée d'Uranus en 1690, pour ne rien dire de sa découverte comme planète. Alors en 1690 il doit avoir été hors de l'atteinte de toute influence perturbatrice qui vaille la peine d'en parler, et il a dû rester ainsi pendant tout le temps qui s'est écoulé jusqu'en 1800. A partir de ce temps l'effet de perturbation commence à devenir sensible ; il est proéminent en 1805; en 1820, il atteint presque son maximum. En ce temps, l'alarme fut donnée, le maximum n'était pas atteint ; cet évènement, si important pour l'astronomie, était encore dans le progrès de son développement, quand le fait fut signalé, plutôt comme un fait ordinaire que comme une chose frappante, et il excita des regrets. Mais le temps d'en discuter la cause, avec quelque apparence de succès, n'était pas encore venu. Tout repose sur la détermination précise de l'époque du maximum, quand la planète perturbatrice et la planète perturbée sont en conjonction, et sous la loi d'accroissement et de diminution de la perturbation elle-même de chaque côté de ce point. Or, il est toujours difficile d'assigner le temps de l'occurrence d'un maximun par des observations sujettes à erreur, portant sur le rapport d'une très-faible quantité à un total considérable. Jusqu'après un laps de quelques années à partir de 1822, il eût été impossible de fixer cette époque avec quelque certitude ; quant à la loi de dégradation, et à l'arc total de longitude sur lequel s'étendent sensiblement les perturbations, on était arrivé cependant à une période que l'observa-

cet essai pour assigner à l'axe une limite inférieure, M. Leverrier, on peut en convenir, n'avait pas réussi. D'un autre côté, M. Adams, influencé par des considérations qu'il paraît avoir posées avec son confrère le géomètre, se fixait enfin sur un axe pas très-erroné, comme nous l'avons vu. Il eût été à désirer, pour la satisfaction de tous, que quelqu'un eût entrepris le problème *de navo*, en employant des formules non sujettes aux embarras de l'application *continuelle*, jusqu'à l'infini, d'autres formules de perturbation usuelles dans les cas de commensurabilité.

tion seule, on peut le dire, pouvait complètement déterminer. Dans tout cela nous ne voyons rien d'accidentel, à moins qu'il ne soit accidentel qu'un évènement qui eût dû arriver entre 1781 et 1953, soit survenu en 1822 ; quant à l'évènement, nous vivons dans un siècle où l'astronomie est à un tel degré de perfection et où il y a tant d'observateurs instruits, que rien d'important pour la science ne passe inaperçu. On avait suivi la fleur avec intérêt dans son développement, et l'on a cueilli le fruit juste au moment de sa maturité (1).

(1) Le lecteur qui désirerait voir la perturbation d'Uranus par Neptune supputée d'après la connaissance des éléments et la masse de cette planète, tels que nous les savons être bien près de la vérité, la trouvera à la fin des calculs de M. Walker, de Wasington (Etats-Unis) dans les *Recueils de l'Académie américaine des sciences et arts, vol. 1, p.* 334 *et suivantes.* En examinant les comparaisons des formules de M. Walker, avec celles de la théorie de M. Adams. p. 342, il sera peut-être surpris de l'énorme différence entre les actions de Neptune et de la *planète hypothétique* de M. Adams, relativement à la longitude d'Uranus. Cela s'explique aisément. Les perturbations suivant M. Adams, sont déduites de l'orbite d'Uranus telle que M. Bouvard l'avait établie, quand il l'étudiait dans l'attente immédiate de la dernière conjonction. Les perturbations suivant M. Walker; sont déduites d'une orbite moyenne libre de l'influence de la longue inégalité résultant de la quasi-commensurabilité des mouvements.

TROISIÈME PARTIE.

ASTRONOMIE SIDÉRALE.

CHAPITRE XV.

Etoiles fixes. — Leurs classifications par grandeurs. — Echelle photométrique des grandeurs. — Echelle de convention ordinaire. — Distribution des étoiles sur les cieux. — Voie lactée ou galaxée. — Sa forme supposée celle d'une couche plate partiellement subdivisée. — Sa course visible parmi les constellations. — Sa structure intérieure. — Son étendue apparente, indéfinie dans certaine direction. — Distance des étoiles fixes. — Leur parallaxe annuelle. — Unité parallactique de la distance sidérale. — Effet de la parallaxe analogue à celui de l'aberration. — Comment il s'en distingue. — Découverte de la parallaxe par les observations méridionales. — Application de Henderson pour α du Centaure. — Par les observations différentielles. — Découverte de Bessel et Struve. — Liste des étoiles dans lesquelles la parallaxe a été découverte. — Grandeurs réelles des étoiles. — Comparaison de leurs lumières avec celle du soleil.

777. Outre les corps que nous avons décrits dans les précédents chapitres, les cieux nous offrent une multitude innombrable d'autres objets qui sont appelés généralement du nom d'étoiles. Quoique comprenant des individualités différentes les unes des autres, non pas seulement en éclat, mais encore en plusieurs autres points essentiels, cette dénomination les réunit dans un attribut commun, un haut degré de permanence dans leurs situations relatives apparentes ; ce qui leur a fait donner le titre de « étoiles fixes ». Cette expression ne doit se comprendre que dans un sens comparatif et non absolu, car il est certain que plusieurs d'entre elles et probablement toutes, sont dans un état de mouvement, trop lent d'ailleurs pour être aperçu autrement qu'à l'aide de très-délicates observations continuées pendant une longue série d'années.

778. Les astronomes ont l'habitude de distinguer les étoiles en deux classes, suivant leur éclat apparent, ou grandeur. Les étoiles les plus brillantes sont dites de première grandeur ; celles dont l'éclat n'est pas loin de celui des premières sont mises dans la seconde classe, et ainsi de suite jusqu'à la

sixième ou septième grandeur, qui comprend les plus petites étoiles visibles à l'œil nu, dans la nuit la plus sombre et la plus calme. Au reste les télescopes continuent ces classes depuis la huitième jusqu'à la seizième classe, et toutes sont familières à ceux qui ont l'habitude de se servir de ces puissants instruments. Il semble qu'il n'y ait pas de raison pour assigner une limite à cette progression ; chaque perfectionnement de la science optique, comme chaque accroissement des dimensions d'un télescope, amenant en vue une multitude d'étoiles auparavant invisibles ; de sorte qu'à en juger par l'expérience, le nombre des étoiles paraît être réellement infini, dans le sens seulement que l'on puisse donner à ce mot.

779. Nous devons observer au reste que cette classification par grandeurs est entièrement arbitraire. Parmi cette multitude d'objets brillants qui probablement diffèrent de volume et de splendeur intrinsèques, qui sont arrangés à distances inégales de nous, l'un doit nécessairement paraître plus brillant, l'autre moins, et ainsi de suite. Un ordre de cette espèce doit exister (en définitive relatif à notre situation locale parmi les étoiles), et il est indifférent quelles lignes de démarcation on tracera dans cette progression à l'infini, depuis la plus brillante étoile jusqu'à l'étoile invisible. Ce n'est qu'une affaire de convention. L'usage l'a ainsi établi; et quoiqu'il soit impossible de déterminer exactement, ou *à priori*, où finit l'une de ces grandeurs et commence l'autre ; quoique plusieurs observateurs ne s'accordent pas sur la classe à laquelle appartient telle ou telle grandeur, cependant tous les astronomes ont restreint de 23 à 24 le nombre des principales étoiles de première grandeur ; de 50 à 60 celles de seconde ; à 200 environ celles de troisième et ainsi de suite ; les nombres s'accroissent rapidement à mesure que l'on descend l'échelle des grandeurs, et le nombre de toutes les étoiles enregistrées ne s'élève pas à moins de 15000 à 20000.

780. Comme nous ne pouvons voir le disque réel d'une étoile, mais que nous jugeons seulement de son éclat par l'impression que l'œil en reçoit, l'apparente « grandeur » de chaque étoile dépend évidemment : 1° de la distance de l'étoile à nous ; 2° de la grandeur absolue de sa surface éclairée ; 3° de l'éclat intrinsèque de sa surface. Or, nous ne savons rien ou presque rien d'aucune de ces données, et nous avons toute

raison de penser que chacune d'elles peut différer dans divers individus dans le rapport de plusieurs millions à l'unité; il est dès lors évident que nous n'avons pas grande satisfaction à attendre d'aucune des conclusions que l'on peut tirer des classifications numériques des groupes des individus ainsi rangés, avant aucun *principe* défini d'arrangement. En fait, les astronomes ne se sont pas encore accordés sur aucun principe par lequel les grandeurs soient photométricalement classées *à priori*; soit par exemple une échelle d'éclat décroissant en proportion géométrique, et dont chaque terme serait la moitié, ou le tiers du précédent, ou dans tout autre rapport exact, soit plutôt, ce qui serait préférable, une échelle décroissant comme les carrés des termes d'une progression harmonique, c'est-à-dire suivant les séries 1, 1/4, 1/9, 1/16, 1/25, etc., etc. La première échelle serait purement photométrique, et aurait l'avantage apparent de donner par la lumière d'une étoile d'une grandeur quelconque, une proportion exacte de la grandeur de l'étoile suivante; mais cet avantage n'est qu'illusoire, car il est certain d'après plusieurs faits optiques, que l'œil à nu forme des jugements très-différents sur les proportions des lumières brillantes avec les lumières plus faibles. La seconde échelle implique une idée physique, celle que les grandeurs de l'échelle se rapportent à un type ou unité de grandeur, dont elles sont le double, le triple, etc., et qui serait aussi la distance type. Cette échelle indiquerait ainsi, avec la grandeur, la distance *présumable* ou moyenne, d'après la supposition d'une égalité dans les lumières réelles des étoiles, ce qui faciliterait l'expression des idées spéculatives sur la constitution du ciel sidéral. D'un autre côté, au premier aperçu, cette échelle semble faire une trop petite différence entre les lumières des moindres grandeurs. Par exemple, d'après le principe de cette nomenclature, l'éclat d'une étoile de *septième grandeur* serait 36/49 de celui d'une étoile de sixième, et celui d'une étoile de *dixième grandeur* serait 81/100 de celui d'une étoile de neuvième, tandis qu'entre la première et la seconde de ces étoiles, la proportion serait seulement de 4 à 1. Loin d'être une objection, il est d'accord avec la généralite des faits optiques dont nous avons parlé déjà, que l'œil (en l'absence de toute cause perturbatrice), apprécie avec plus de précision la différence entre les intensités des lumières faibles qu'entre les intensités des lumières éclatantes; en sorte que la fraction 36/49 par exemple, exprime un degré en dessous (physiquement parlant) de la sixième grandeur, comme la fraction 1/4 exprime un degré en dessous de la première grandeur. On voit que le choix, entre les deux échelles, consiste à tirer une ligne de démarcation entre ce qu'on appelle les *grandeurs photométriques* des étoiles; nous n'hésitons donc pas à adopter la dernière échelle qui nous semble préférable, et que pour cette raison nous recommandons aux autres d'adopter aussi.

781. Les grandeurs conventionnelles actuellement admises parmi les astronomes, se conforment d'ailleurs, aussi loin que leur usage peut s'étendre, plutôt à l'échelle que nous proposons d'adopter qu'à celle d'une progression géométrique. Il a été prouvé (1) par un mesurage photométrique direct de la lumière d'un nombre considérable d'étoiles de la première à la quatrième grandeur, que si M est le nombre exprimant la grandeur d'une étoile dans le système précité, et m le nombre exprimant la grandeur de la même étoile dans le langage conventionnel et irrégulier que l'on a provisoirement adopté, que la différence entre ces nombres $(M - m)$ aussi loin qu'on a pu récapituler les diverses observations, est la même dans tous les degrés élevés de l'échelle, et qu'elle est moindre que la moitié d'une grandeur ($0^m 414$). L'étoile type, prise pour unité de grandeur, dans le mesurage photométrique direct, était l'étoile brillante du Sud α du Centaure, étoile un peu supérieure en éclat à Arcturus. Si l'on prend la distance de cette étoile pour unité, il s'ensuit que lorsqu'elle s'éloigne aux distances 1,414, 2,414, 3,414, etc., etc., son éclat apparent est égal à celui de la moyenne des étoiles de première, seconde, troisième, etc., etc., grandeurs, *tel qu'on le suppute ordinairement;* pour chacune de ces étoiles respectivement.

782. La différence d'éclat entre les étoiles de deux grandeurs consécutives, est assez considérable pour qu'on puisse y établir plusieurs gradations intermédiaires parfaitement distinctes. Aucune étoile de première ou de seconde grandeur ne peut être jugée par un œil habitué à leur comparaison, avoir exactement le même éclat qu'une autre étoile classée de cette même grandeur. De là, nécessité de subdivisions en fractions de grandeurs, si l'on a besoin d'une observation faite avec quelque soin. Quand cette nécessité commença à se faire sentir, une simple bisection d'intervalle fut reconnue, et le degré intermédiaire d'éclat fut ainsi désigné 1. 2. m, 2. 3. m, et ainsi

(1) Résultats d'observations faites au Cap de Bonne-Espérance, par *l'auteur John, F. W. Herschell*, p. 371.

de suite. Maintenant, il n'est pas rare de trouver une trisection opérée ainsi : 1 *m*, 1.2.*m*, 2.1.*m*, 2 *m*, etc., etc., où l'expression 1.2.*m*, indique une grandeur intermédiaire entre la première et la seconde, mais plus près de 1 que de 2 ; tandis que 2.1.*m*, indique l'intermédiaire plus près de 2 que de 1. Cela peut suffire pour le discours familier, mais à mesure que cette partie de l'astronomie progresse vers l'exactitude, la subdivision décimale doit remplacer cette forme grossière, et la grandeur s'exprimer par un nombre entier, suivi d'une fraction décimale; ainsi, par exemple (2,51), qui exprime la grandeur de γ des Gémeaux dans l'échelle vulgaire conventionnelle des grandeurs, assignant sa place presque exactement entre la moyenne de la 2e à la 3e grandeur, indique que sa lumière est à celle d'une étoile de moyenne première grandeur à cette échelle (dont α d'Orion, dans son état habituel ou normal (1) peut être pris pour type) comme $1^2 : (2,51)^2$; et à celle de α du Centaure, comme $1^2 : (2,924)^2$; ce qui fixe sa place à l'échelle photométrique (ainsi définie) 2,924. Les listes des étoiles du Nord et du Sud comprenant celles de 1re, 2e et 3e grandeurs vulgaires, avec leurs grandeurs exprimées en subdivisions décimales, se trouveront à la fin de cet ouvrage. La lumière d'une étoile de sixième grandeur peut être appréciée grossièrement par la centième partie de celle d'une étoile de 1re grandeur. La lumière de Sirius ferait celle de trois à quatre cents de ces étoiles de sixième grandeur.

783. La détermination photométrique exacte des intensités comparatives de lumière des étoiles présente beaucoup de grandes difficultés, provenant soit de leur différence de couleurs, soit de ce qu'on n'a pas encore de type invariable de lumière *artificielle*, soit de la cause physiologique précédemment signalée de l'inaptitude de l'œil à juger correctement la proportion de deux lumières, quoique l'œil seul en soit le juge en dernier ressort, sans qu'il puisse préciser suffisamment leur égalité ou leur inégalité; soit d'autres causes physiologiques.

Voici la méthode contre laquelle il semble se présenter le moins d'objections. On choisit d'abord pour type naturel une étoile, la plus brillante parmi toutes les autres, afin de pouvoir égaliser sa lumière à celle de toute autre, par une simple *réduction* opérée opticalement dans le type ; il faut en même temps que le type soit invariable, ou du moins, *s'il est variable*,

(1) De 1836 à 1839, l'éclat de cette étoile a subi de grandes variations.

que cette variation puisse être appréciée, calculée et réduite en mesures décimales. La planète Jupiter offre ce type; elle est plus brillante qu'aucune étoile; elle n'est sujette à aucune phase; sa lumière n'est variable qu'à raison de la variation de sa distance au soleil; elle vient d'ailleurs successivement au-dessus de l'horizon, à une hauteur convenable, simultanément avec toutes les étoiles fixes; enfin, en l'absence de la lune, du crépuscule et de toutes les autres causes de perturbation (qui malheureusement affectent toutes les observations de ce genre), elle réunit toutes les conditions voulues. Maintenant, supposons (fig. 124) que Jupiter soit en A et que l'étoile qu'on veut lui comparer soit en B; on place le prisme de verre C, de manière que la lumière de la planète détournée par la *réflexion totale interne* à sa base, émerge parallèlement à la direction BE du rayon visuel de l'étoile. Après réflexion, on le reçoit sur une lentille D, dans le foyer F de laquelle elle forme l'image d'une petite étoile brillante qu'on peut voir d'un œil placé en E, assez loin de l'axe du cône des rayons divergents, pour embrasser en même temps, du même coup-d'œil, et cette image et l'étoile naturelle. En approchant ou éloignant l'œil du foyer F, l'éclat apparent du point focal varie en raison inverse du carré de la distance EF, et par conséquent peut *s'égaliser*, en tant que l'œil puisse juger de semblable égalité, avec l'éclat de l'étoile. Si l'on opère ainsi pour deux étoiles, plusieurs fois alternativement, et qu'on prenne une moyenne des résultats, le mesurage de EF donnera l'éclat relatif de chacune des étoiles; celui de Jupiter, type temporaire de comparaison, étant éliminé à la fois du résultat.

784. Un nombre modéré d'étoiles bien choisies étant ainsi déterminées photométricalement par des mesurages répétés avec soin, de manière à pouvoir établir une échelle précise et graduée d'éclat parmi ces étoiles, les degrés intermédiaires de grandeur seraient remplis par l'intercalation d'autres étoiles, jusqu'à l'œil, par *série* montante ou descendante, dont chaque terme préciserait un éclat moindre que le précédent en dessus, et plus grand que le précédent en dessous; on établirait ainsi l'échelle complète des grandeurs numériques, depuis l'étoile Sirius, la plus brillante de toutes jusqu'à celle de la grandeur la moins visible (1). Il serait à désirer que cette partie de l'astronomie qui ne fait pour ainsi dire que sortir de

(1) Note de la p. 353 des Résultats d'observations faites au Cap de Bonne-Espérance, par l'auteur John F. W. Herschell.

l'enfance, fut cultivée avec soin et persévérance. Ce n'est pas un sujet de curiosité stérile, ainsi qu'on le verra quand nous viendrons à parler des étoiles variables; c'est au contraire un champ fertile qui peut devenir très-productif dans les mains des amateurs qui le cultiveront.

785. Si la comparaison des grandeurs apparentes des étoiles avec leur nombre ne conduit pas à une conclusion précise, il en est autrement de la relation entre leur grandeur et leur distribution dans les cieux. Si nous nous bornons aux trois ou quatre classes les plus brillantes, nous les trouvons distribuées avec assez d'égalité sur la sphère ; il y a cependant une préférence marquée, spécialement dans l'hémisphère Sud, pour une zone ou couche, suivant la direction d'un grand cercle passant par ε d'Orion et α de la Croix. Mais si nous tenons compte de toutes celles qui sont visibles à l'œil nu, nous apercevons un grand et rapide accroissement de nombre en approchant des bords de la voie lactée. Quand nous arrivons aux grandeurs télescopiques, nous trouvons une foule inimaginable sur toute l'étendue de ce cercle et de la branche suivant laquelle il se divise, de sorte que, de fait, toute cette lumière n'est composée que d'étoiles de toutes grandeurs, depuis celles qui sont visibles à l'œil nu, jusqu'à celles qui n'offrent qu'un point de lumière perceptible seulement à l'aide des meilleurs télescopes.

786. Ces phénomènes s'accordent avec la supposition que les étoiles de notre firmament, au lieu d'être semées indistinctement en toutes directions dans l'espace, forment une couche dont l'épaisseur est petite en comparaison de sa longueur et de sa largeur, dans laquelle la terre est vers le milieu de l'épaisseur et près de ce point où elle se subdivise en deux lames principales inclinées l'une à l'autre, suivant un petit angle (art. 302). Il est certain, en effet, que pour un œil ainsi placé, la densité apparente des étoiles, en les supposant presque également réparties dans tout l'espace qu'elles occupent, sera la moindre dans la direction d'un rayon visuel SA (fig. 73), perpendiculaire à ces lames, et la plus grande dans l'une des branches SB, SC, SD ; s'accroissant rapidement en passant de l'une à l'autre direction, juste comme on voit une faible brume, dans l'atmosphère, s'épaissir en un banc nébuleux très-décidé près de l'horizon, par l'accroissement rapide de la simple longueur du rayon visuel. Telle est l'idée prise du firmament étoilé, par sir William Herschell, dont les puissants

télescopes ont donné une complète analyse de cette zone étonnante, et démontré qu'elle n'était composée que d'étoiles (1). Elles sont en si grande foule dans quelques parties de la voie lactée, qu'en les comptant dans le seul champ de son télescope, Herschell conclut qu'il en passa plus de 50000 en revue dans une zone de deux degrés de largeur, pendant une heure d'observation dans cette partie de la voie lactée qui est située en 10h. 30m. A.D et entre le 147e et le 150e degré de NPD, plus de 5000 étoiles ont été comptées dans un degré carré. Les distances immenses auxquelles les régions les plus éloignées doivent être situées expliquent suffisamment la petite grandeur de celles qui y sont de beaucoup les plus nombreuses.

787. Le cours de la voie lactée tel qu'il est tracé dans les cieux par l'œil nu, en négligeant les déviations accidentelles et suivant la ligne du plus grand éclat autant que sa largeur et son intensité variables peuvent le permettre, est à peu près celui d'un grand cercle incliné sous un angle d'environ 63° à l'équinoxial ; coupant ce cercle en A.D $0^h\ 47^m$, et $12^h\ 47^m$, de manière que ses pôles Nord et Sud sont respectivement situés en A.D $12^h\ 47^m$ N.P D 63°, et A.D $0^h\ 47^m$ N P D 117°. Dans cette région où il est si remarquablement subdivisé (art. 786), ce grand cercle prend une position intermédiaire entre les deux grands courants ; en s'approchant plus près cependant du courant le plus éclatant et le plus continu, que du moins brillant qui se trouve parfois interrompu. Si l'on trace son cours suivant l'ordre d'ascension droite, on trouve qu'il traverse la constellation Cassiopée, sa partie ayant le plus d'éclat passant environ deux degrés au nord de l'étoile δ de cette constellation, c'est-à-dire à 62° environ de déclinaison Nord, ou 28° NPD. Passant alors entre γ et ε de Cassiopée, il étend une branche au côté Sud précédent, vers α de Persée, visible aussi loin que cette étoile, prolongée faiblement vers ε de cette même constellation, et qu'on peut suivre vers les Hyades et les Pléiades jusqu'aux dernières limites. Le courant principal d'ailleurs (qui est très-faible ici), passe à travers le Cocher, sur trois étoiles remarquables ε, ξ, η, de cette constellation

(1) Thomas Wrigth de Durham, (*Théorie de l'Univers. Londres*, 1750), paraît avoir exposé, à ce même point de vue général, la constitution de la voie lactée, et de la voûte étoilée, fondé en partie sur un juste esprit d'appréciation astronomique, et partie sur des observations faites avec un réflecteur de 3 décimètres seulement de longueur focale. Voyez un rapport sur cet ouvrage fort rare, par M. Morgan, *phil. mag. ser.* 3. XXXII p. 241 *et suiv.*

appelée les Chevreaux, précédant la Chèvre, entre les pieds des Gémeaux et les cornes du Taureau (où il coupe l'écliptique presque dans le colure solsticial), et de là sur la massue d'Orion jusqu'au col de la Licorne, coupant l'équinoxial en A.D $6^h\,54^m$. Au-dessus de ce point, perpendiculairement à Persée, sa lumière est faible et indéfinie, mais ensuite il reprend graduellement un nouvel éclat, et quand il passe à l'épaule de la Licorne et sur la tête du grand Chien, il présente une largeur d'un éclat modéré, d'une grande uniformité, et sans étoiles pour l'œil nu, jusqu'au point où entre la proue du Navire Argo, près du tropique Sud (1). Là, il se subdivise de nouveau (vers l'étoile m de la Poupe), émettant une branche étroite et tortueuse sur le côté précédent, jusqu'à γ d'Argus, où elle se termine brusquement. Le courant principal poursuit son cours vers le Sud jusqu'à 123^d parallèle de P N D, où il s'étend en largeur et se subdivise de nouveau, s'ouvrant en éventail de près de 20° de largeur, formé de branches entrelacées, qui toutes se terminent brusquement en une ligne tirée presque entre λ et γ d'Argus.

788. En ce lieu, la continuité de la voie lactée est interrompue par une vaste crevasse, et quand elle recommence du côté opposé, c'est par une espèce d'assemblage de branches en éventail qui convergent à la brillante étoile η d'Argus. Là, elle croise de nouveau les pieds du Centaure formant un espace concave vivement terminé, fort curieux et d'un petit rayon ; puis, elle entre dans la Croix par une espèce de col ou d'isthme d'un grand éclat, ayant au plus 3 à 4 degrés de largeur ; c'est la partie la plus étroite de la voie lactée. Ensuite elle se répand en une masse large et brillante, renfermant les étoiles α et β de la Croix, et β du Centaure, pour s'étendre presque au-dessus de α de cette dernière constellation. Dans le milieu de cette masse brillante, enveloppé de tous côtés et occupant environ moitié de la largeur, se présente un singulier vide sombre, en forme de poire, si visible et si remarquable pour tout observateur, que les navigateurs du Sud lui ont donné le nom expressif de *sac au charbon*. Dans ce vide qui a 8° environ de longueur sur 5° de largeur, on ne rencontre qu'une très-petite étoile visible à l'œil nu, quoiqu'il ne manque pas d'étoiles télescopiques, en sorte que cette tache

(1) Il faut suivre cette description sur un globe céleste. Il serait impossible de comprendre ces détails sans une carte céleste au moins ; mais ils y sont ordinairement tracés avec tant de négligence, que l'on a cru nécessaire de les indiquer ici dans le texte.

noire ne paraît ainsi que par le contraste avec l'éclat des groupes qui l'enveloppent. C'est là que la voie lactée s'approche le plus du pôle Sud. Dans toute cette région son éclat est vraiment étincelant, et, quand on le compare avec celui de son cours que nous avons tracé vers le Nord, il semble indiquer une plus grande proximité; cela donne à penser que notre position, comme spectateurs, est séparée des deux côtés par un intervalle considérable du corps dense des étoiles composant la voie lactée, ce qui nous amène à la considérer comme un anneau plat d'une largeur et d'une épaisseur immenses et irrégulières dans laquelle nous sommes excentriquement placés, nous trouvant plus près de la partie Sud que de la partie Nord de son circuit.

789. En α (1) du Centaure, la voie lactée se subdivise, poussant une grande branche de près de la moitié de sa largeur, mais qui s'amincit rapidement, sous un angle de 20° avec sa direction générale, jusqu'à η et δ du Loup, vers sa direction précédente, pour se perdre en un filet mince et faible. Le courant principal passe, en accroissant de largeur jusqu'à γ de Norma, où il fait brusquement un arc, se subdivisant de nouveau en un courant principal et continu d'une largeur et d'un éclat irréguliers sur le côté suivant, et en un système compliqué de bandes et de masses entrelacées sur le courant précédent, qui couvre la queue du Scorpion, pour se terminer en une vaste et faible effusion sur toute la région occupée par la jambe de devant d'Ophiucus, s'étendant vers le Nord à la parallèle 103° N P D, au-delà de laquelle on ne peut plus rien tracer : un large intervalle de 14°, libre de toute apparence de lumière nébuleuse, le sépare de la grande branche sur le côté Nord de l'équinoxial dont on le représente ordinairement comme une continuation.

790. Revenons au point de séparation de cette grande branche, du courant principal, et poursuivons le cours de ce dernier. Faisant un coude brusque du côté suivant il passe sur les étoiles ι d'Ara, θ et ι du Scorpion, et γ de la Flûte jusqu'à γ du Sagittaire, où il se rassemble soudain en une masse vive ovale de 6° environ en longueur sur 4° de largeur, si excessivement riche en étoiles que le calcul le plus modéré n'en donne pas moins de 100,000. Vers le nord de cette masse, le courant croise l'écliptique en longitude vers 276°, s'avançant

(1) Les globes et cartes célestes l'indiquent toujours en β ; c'est une erreur.

le long de l'arc du Sagittaire, il a dans Antinoüs un cours creusé par trois profondes concavités, séparées l'une de l'autre par des protubérances remarquables, dont la plus large et la plus brillante (située entre les étoiles 3 de Flamstead et 6 de l'Aigle), forme la trace la plus visible de la partie Sud de la voie lactée que nous pouvons apercevoir dans nos latitudes.

791. Croisant l'équinoxial à la 19me heure d'ascension droite, ce courant devient irrégulier, rapide, enflé entre l'Aigle, la Flèche, le Renard et l'Oie, jusqu'au Cygne; en ε de cette constellation, sa continuité se trouve interrompue; là commence une région confuse et irrégulière, marquée par un large vide sombre, à peu près comme le *sac au charbon* du Sud, occupant l'espace ε, α et γ du Cygne, qui lui sert d'une espèce de centre pour la divergence de trois grands courants: l'un, que nous avons tracé déjà; le second, qui est la continuation du premier (à travers l'intervalle) de α vers le Nord, entre les bras et la tête de Céphée jusqu'au point en Cassiopée d'où il sort; le troisième s'embranchant de γ du Cygne, très-vif et très-visible, s'écoulant dans une direction Sud à travers β du Cygne, et s de l'Aigle, presque à l'équinoxial, où il se perd dans une région faiblement garnie d'étoiles, où dans quelques mappemondes célestes, on place la constellation du Taureau Poniatowii. C'est cette branche qui, si elle était continuée à travers l'équinoxial, pourrait être supposée se réunir avec la grande effusion du Sud en Ophiucus, comme nous l'avons dit art. 789. Un accessoire protubérant, se montre par le courant Nord, directement de la tête de Céphée vers le pôle, occupant la plus grande partie du quadrat formé par α, β, ι et δ de cette constellation.

792. Nous sommes entrés dans les détails circonstanciés du cours des branches principales de la voie lactée, non-seulement parce que l'on n'en trouve aucune description correcte dans quelque ouvrage que nous connaissions, mais surtout à raison du grand intérêt qu'ils ont pour l'astronomie sidérale, et pour que le lecteur puisse comprendre combien il est difficile de se former une idée juste d'une forme réelle, solide, telle qu'elle existe dans l'espace, d'un objet aussi compliqué, et que l'on voit d'un point de vue si défavorable. La difficulté est du même genre que celle que l'on éprouve pour un arc de l'aurore ou des nuages, mais plus grande encore, puisqu'on connaît les lois qui régularisent la formation de ces arcs ou la limitent dans certaines conditions de hauteurs; puisque

leurs mouvements nous les présentent sous des aspects différents ; mais surtout puisque nous les voyons d'une station bien au-dessous de leur plan général, en sorte qu'on peut établir une espèce de plan de leur forme. Tout cela manque quand il faut établir la carte de la voie lactée, et au-delà de cette conclusion que sa forme est, généralement p[illegible]ant, *plate*, et d'une mince épaisseur comparativement à sa largeur et à sa longueur, les lois de la perspective n'apportent pas d'aide pour une enquête plus détaillée. Il est vrai que les probabilités dessinent çà et là quelques traits. C'est ainsi que dans le *sac au charbon*, où l'on voit un espace ovale défini, libre d'étoiles, isolé dans le milieu d'une bande uniforme qui n'a pas moins de deux fois sa largeur, il semble probable qu'une trouée existe, traversant coniquement la couche d'étoiles qui s'étend à perte de vue ; ensuite que cette masse *éloignée* d'une mince épaisseur, serait perforée de part en part, ou qu'un vide ovale serait pratiqué dans une aire *éloignée*, rétrécie, n'excédant pas deux ou trois fois sa largeur. Nous ne voyons pas que l'on puisse refuser d'admettre que les longs rejetons qui, en plusieurs endroits, abandonnent le tronc principal et courent à de grandes distances, sont, soit des plans vus de côté, soit les convexités de surfarces courbes vues tangentiellement, soit des excroissances cylindriques, ou colonnes s'élevant au-dessus du niveau général. Il est également probable que le filet réticulé que nous avons décrit comme existant dans le voisinage du Scorpion, est produit par un croisement de ces rameaux, à différentes distances, ou par la structure cellulaire de la masse, plutôt que par des intersections réelles. Les nuages striés que l'on voit souvent dans les temps orageux, peuvent donner une idée de ces apparences et de la structure qu'elles indiquent ; il est d'ailleurs d'autres indications, surtout pour l'examen télescopique de la constitution intime de la voie lactée, et par la loi de distribution des étoiles, non-seulement sur cette voie, mais dans tous les cieux, qui doivent nous instruire plus correctement sur sa véritable forme et sur son étendue.

793. C'est sur des observations de ce genre, et non pas sur de simples conjectures, que la généralisation qui, dans l'art. 786, rapporte les phénomènes du firmament étoilé au système de la voie lactée, s'appuie comme sur des faits matériels. Le procédé de « jauger » les cieux fut employé par sir W. Herschell, dans ce dessein. Il consistait à compter simple-

ment les étoiles de toutes grandeurs qui se présentent dans de simples champs de vue de 15' de diamètre, visibles avec un télescope réflecteur de 18 *inches* (4 *décimètres*, 57) d'ouverture, et de 20 *feet* (6 *mètres*) de largeur focale, avec un pouvoir grossissant de 180°; les points d'observation étant très-nombreux et pris indistinctement sur toute l'étendue de la sphère visible dans nos latitudes. D'après la comparaison de plusieurs centaines de ces « jauges » ou énumérations locales, il paraît que la densité de la lumière-étoilée (ou le nombre existant, en moyenne, des étoiles ainsi jaugées) est moindre au pôle que dans le *cercle galactique* (1), et s'accroît de tous côtés, avec la *distance polaire galactique* (presque également en toutes directions), jusqu'à la voie lactée elle-même où elle se trouve à son maximum. Le rapport progressif de l'accroissement, à partir du pôle, est lent d'abord, mais devient de plus en plus rapide à mesure qu'on s'approche du plan de ce cercle, suivant une loi dont les nombres ci-dessous, extraits par M. Struve, d'une analyse résumant toutes les jauges précitées, peuvent donner une idée exacte :

Distance polaire galactique (2) Nord.	Nombre moyen des étoiles dans un champ de vue de 15' de diamètre.
0°	4.15
15	4.68
30	6.52
45	10.36
60	17.68
75	30.30
90	122.00

Il en résulte que la densité moyenne des étoiles dans le cercle galactique excède, presque dans le rapport de 30 à 1, celle du pôle; et dans le rapport de plus de 4 à 1 celle dans une direction inclinée de 15° à ce plan.

794. Ces nombres justifient ce que nous avons dit art. 786, et ajoutent à la ressemblance de l'exemple que nous y avons donné. La densité croissante d'une couche brumeuse, à mesure que le rayon visuel est déprimé vers le plan de l'ho-

(1) De γαλα, γαλακτος, lait; c'est le grand cercle dont il est question art. 787, et que suit le cours de la voie lactée, à peu près exactement. Chaque sujet a ses mots conventionnels et techniques, qui évitent les circonlocutions et rendent plus nettement les idées qu'il comporte. Ce cercle est à l'astronomie sidérale, ce que l'écliptique invariable est à l'astronomie planétaire, — un plan auquel tout se rapporte, le plan par terre du système sidéral.

(2) Etudes d'astronomie stellaire, p. 71.

rizon, est une conséquence non-seulement du simple accroissement en longueur de l'espace brumeux traversé, mais encore d'une augmentation de densité dans les couches brumeuses les plus basses. Or, cette conclusion suit d'une comparaison *inter se* des nombres ci-dessus, telle que M. Struve l'a démontré par l'analyse mathématique à l'aide d'une formule empirique, qui représente fidèlement leur loi de progression, et dont la table suivante donne le résultat, exprimant les densités des étoiles à leurs distances respectives 1, 2, 3, etc., du plan galactique, prenant la densité moyenne des étoiles, dans ce plan lui-même, pour unité :

Distance du plan galactique.	Densité des étoiles.
0.00	1.00000
0.05	0.48568
0.10	0.33288
0.20	0.23895
0.30	0.17980
0.40	0.13021
0.50	0 08646
0.60	0.05510
0.70	0.03079
0.80	0.01414
0.866	0.00532

L'unité de distance dont la première colonne de cette table exprime des fractions, est la distance à laquelle le télescope employé pouvait rendre *visible* une étoile de moyenne grandeur, ou comme on dit son pouvoir de *pénétration dans l'espace.* A mesure que l'on monte du plan galactique dans cette espèce d'atmosphère stellaire, on s'aperçoit que la densité des couches parallèles décroît avec une grande rapidité. A une hauteur au-dessus de ce plan, égale seulement à un vingtième de la limite télescopique, elle a déjà diminué de moitié, et à une hauteur de 0,866, elle est à peine de plus d'un centième de ce qu'elle était dans ce plan. Il n'y aura rien à dire à notre raisonnement, si l'on nous accorde seulement : 1° que les plans de niveau sont continus, et d'une égale densité partout ; 2° *qu'il y a une limite absolue à notre vision télescopique, au-delà de laquelle, s'il existe des étoiles, elles échappent à notre vue, absolument comme si elles n'existaient pas ;* le lecteur en jugera mieux par quelques autres particularités que nous allons lui donner sur la constitution de la voie lactée.

795. Une série d'observations semblables suivies dans l'hé-

misphère Sud, conduit à cette même conclusion comme loi de la distribution visible des étoiles sur l'hémisphère Sud galactique, ou cette moitié de la surface céleste qui a le pôle galactique Sud pour centre. Un système de jauges s'étendant sur toute la surface de cet hémisphère, prises avec le même télescope, champ de vue et pouvoir grossissant, que celui employé par sir William Herschell pour les jauges, a présenté les nombres moyens des étoiles *par* champ de vue de 15' de diamètre, dans les aires des zones enveloppant ce pôle à des intervalles de 15', ainsi qu'il suit :

Zones de la distance galactique polaire Sud.	Nombre moyen des étoiles par champ de vue de 15'
0° à 15°	6.05
15 30	6.62
30 45	9.08
45 60	13.49
60 75	26.29
75 90	59.06

796. Ces nombres ne sont pas directement comparables avec ceux de M. Struve, donnés dans l'art. 793, parce que ces derniers correspondent aux distances polaires limites, tandis que les autres sont des moyennes pour les zones incluses. Cet éminent astronome a donné d'ailleurs une table de jauges moyennes appropriées à *chaque degré* de distance galactique polaire Nord (1), avec laquelle il est aisé de calculer les moyennes pour toute l'étendue de chaque zone. La table suivante montre que les résultats de ce calcul marchent parallèlement, pour l'hémisphère Nord, à ceux donnés dans la table précédente pour l'hémisphère Sud :

Zones de la distance galactique polaire Nord.	Nombre moyen d'étoiles par champ de vue de 15' d'après les tables de M. Struve.
0° à 15°	4.32
15 30	4.42
30 45	8.21
45 60	13.61
60 75	24.09
75 90	53.43

D'après cette table, il semble qu'avec une loi presque exactement semblable de densité apparente dans les deux hémisphères, l'hémisphère Sud est plus riche en étoiles que l'hémisphère Nord ; ce qui provient sans doute de ce que notre

(1) Études d'Astronomie stellaire, p. 34.

position n'est pas précisément au milieu, mais un peu plus près de la surface Nord.

797. Quand on examine avec de puissants télescopes, la constitution de cette zone étonnante (la voie lactée), on la trouve non moins variée que son aspect à l'œil nu semble irrégulier. Dans quelques régions, les étoiles dont elle est entièrement composée, sont réparties avec une uniformité remarquable sur un cours immense, tandis que dans d'autres, l'irrégularité de leur distribution est presque aussi frappante, montrant une succession rapide de riches amas d'étoiles, séparés comparativement par de faibles intervalles, et dans quelques parties par des espaces absolument sombres et *complètement vides* de *toute étoile*, même de la plus petite grandeur télescopique. Dans quelques places, il n'y a pas moins de 40 à 50 étoiles en moyenne par jauge de champ de vue de 15', tandis que dans d'autres places la moyenne s'élève de 400 à 500. Il n'y a pas moins de variété dans le caractère de ses différentes régions par rapport à la grandeur de leurs étoiles, et aux nombres relatifs des grandeurs les plus considérables réunies ensemble, que par rapport aux nombres de leurs agrégations. Par exemple, dans quelques-unes, de très-petites étoiles, quoique ne manquant nulle part, se présentent en si petit nombre que l'on est tenté d'en conclure que dans ces régions on voit *commodément à travers* la couche étoilée; puisqu'il est impossible autrement (en supposant que leur lumière ne soit pas interceptée) que les nombres des plus petites grandeurs n'aillent pas en croissant jusqu'à l'infini. Dans ces cas, d'ailleurs, le champ d'azur du ciel, que l'on voit entre les étoiles, est parfaitement foncé presque partout, ce qui n'aurait pas lieu, si des multitudes innombrables d'étoiles, trop petites pour être visibles séparément, existaient au-delà. D'autres régions présentent le phénomène d'un degré uniforme d'éclat des étoiles individuelles, avec une égale distribution dans les cieux, les plus faibles grandeurs y manquant aussi bien que les plus considérables. Il est alors également impossible de ne pas comprendre que l'on voit *à travers* une couche d'étoiles presque d'une seule grandeur, et qui n'est pas d'une grande épaisseur comparée à la distance qui nous en sépare. S'il en était autrement, il faudrait supposer que les étoiles les plus éloignées sont uniformément les plus grandes, de manière à compenser par leur plus grand éclat une distance plus grande, supposition contraire à toute probabilité. D'autres régions présentent souvent un double phénomène de

même espèce, c'est-à-dire une espèce de tissu ou de grandes étoiles en recouvrant une couche de très-petites, les moyennes grandeurs faisant absolument défaut. Il est évident que dans ce cas on voit à travers deux couches sidérales séparées par un intervalle sans étoiles.

798. Partout, au-delà de la plus grande partie de l'étendue de la voie lactée dans les deux hémisphères, le noir général des cieux où les étoiles sont projetées, l'absence de cette innombrable foule des plus petites grandeurs visibles en masse, et de la lueur que produirait une multitude d'étoiles trop petites d'ailleurs pour affecter l'œil séparément, ce que la supposition contraire paraîtrait nécessiter, doivent être à notre avis considérés comme des indications non équivoques que les dimensions de la voie lactée *dans les directions où ces conditions sont obtenues*, non-seulement ne sont pas infinies, mais sont d'un espace assez limité pour que nos télescopes puissent la percer de part en part. Il est juste d'avertir le lecteur que cette conclusion a été controversée par une autorité que l'on ne peut mettre légèrement de côté, celle de Olbers, à raison de ce qu'un défaut de transparence dans les espaces célestes, peut affaiblir davantage la lumière des étoiles que leur distance relative ne l'affaiblirait. Ainsi l'extinction de la lumière alors engendrée, marchant en progression géométrique, tandis que la distance s'accroît en progression arithmétique, le pouvoir des télescopes pour pénétrer dans l'espace est limité par l'obscurcissement, bien plus que par la distance. Il ne peut entrer dans le plan de cet ouvrage d'y établir une discussion (en partie métaphysique) au sujet de cette controverse. Il suffit d'observer que si l'objection s'applique à une partie quelconque de la voie lactée, elle s'applique également à toutes. Nous n'avons pas la liberté d'arguer que dans une partie de sa circonférence, notre vue est limitée par cette espèce de voile cosmique qui éteint les grandeurs les plus considérables, détruit la lumière nébuleuse des masses éloignées, et plonge votre vue dans d'épaisses ténèbres ; tandis que dans une autre partie nous sommes contraints par l'évidence d'avouer que les télescopes *ouvrent* la perspective de l'éclat étoilé, épuisant leur pouvoir et l'étendant de manière à rendre impossible l'existence d'un pareil voile, c'est-à-dire avec accroissement de nombre et diminution de grandeurs, se terminant par une nébulosité complètement irrésoluble. Tel est en effet le spectacle présenté par une très-grande partie de la voie lactée, dans cette région intéressante, près de son point de

bifurcation dans le Scorpion (art. 789, 792), où, à travers les trous et les profondes retraites de sa structure compliquée, on voit toute l'apparence d'une aire ample, indéfiniment prolongée, sur des masses discontinues et des couches d'étoiles que le télescope finit par refuser d'analyser (1). Quelle autre conclusion en tirer, sinon que cela doit être considéré comme la direction de la plus grande extension linéaire du plan de la voie lactée. Il s'ensuit, comme corollaire inévitable, que dans les régions où cette zone est clairement résolue en deux étoiles bien séparées, et *vues projetées sur un champ d'un noir foncé*, et où par conséquent *il est certain*, si les vues suivantes sont correctes, que nous voyons au-delà de ces étoiles dans l'espace; que les plus petites étoiles visibles nous paraissent telles, non en raison de leur distance excessive, mais bien de leur infériorité réelle de grandeur ou d'éclat.

799. Quand nous parlons de l'éloignement comparatif de certaines régions des cieux étoilés, au-delà des autres, et à partir de notre situation, une question s'élève immédiatement. Quelle est la distance de l'étoile fixe la plus rapprochée? Sur quelle échelle est construit notre firmament visible? Quel est le rapport des dimensions des autres systèmes au nôtre? A tout cela l'astronomie a été mise enfin à même de répondre.

800. Le diamètre de la terre nous a servi de base de triangle dans le *mesurage trigonométrique* de notre système (art. 274), pour calculer la distance du soleil; mais la petitesse extrême de la parallaxe du soleil (art. 357) rendait si délicat le calcul de ce triangle « mal conditionné » (art. 275), qu'il n'y avait qu'une combinaison heureuse de circonstances favorables, offerte par le passage de Vénus (art. 479), qui pût rendre les résultats passablement dignes de confiance. Mais le diamètre de la terre est une base trop petite pour la triangulation directe jusqu'aux confins de notre système (art. 526), et nous sommes obligés de substituer la *parallaxe annuelle* à la parallaxe diurne, ou ce qui revient au même, d'asseoir notre calcul sur les vitesses relatives de la terre et des planètes dans leurs orbites (art. 486), lorsque nous voulons étendre notre triangulation jusque-là. On devait naturellement s'attendre qu'en étendant notre base au vaste diamètre de l'orbite de la terre, le premier pas de notre mesurage (art. 275) serait fait avec un

(1) Ce serait faire tort à l'illustre astronome de Pulkova (dont nous avons combattu l'opinion avec déférence et respect), de ne pas mentionner ici que lorsque parut son écrit relatif à ce sujet, l'on n'avait pas encore publié les essais remarquables que nous avons déjà plus d'une fois cités, et que ce savant ne pouvait connaître alors par conséquent des faits consignés dans un ouvrage qui n'a été imprimé que longtemps après.

grand avantage; que notre changement de station, d'un côté à l'autre de l'orbite, produirait, pour les étoiles, une parallaxe annuelle sensible, susceptible d'être mesurée, et que nous arriverions par son aide à la connaissance de leur distance. Mais après avoir épuisé toute espèce de raffinement d'observation, les astronomes n'ont pu arriver par ce moyen, jusqu'à ces derniers temps, à aucune conclusion positive et concordante; il semble donc démontré que cette parallaxe, même pour les étoiles fixes le plus près et qui ont été le plus soigneusement observées, se trouve encore mêlée aux erreurs accidentelles de toutes les déterminations astronomiques et masquée par elles. La nature de ces erreurs a été expliquée dans les commencements de cet ouvrage, et nous n'avons pas besoin de rappeler au lecteur les difficultés qui se présentent pour dégager un élément qui n'excède pas quelques dixièmes de seconde, ou tout au plus une seconde, de la foule d'incertitudes qui assiègent les résultats des observations, et qui, si elles ne sont pas très-grandes peut-être individuellement, deviennent cependant fort incommodes par leur nombre et la variation de leur montant. Néanmoins, à force de perfectionnements dans les instruments, et par une approximation constante des corrections uranographiques, jusqu'à ce qu'on ait atteint une exactitude suffisante, on est venu à bout, dans les premières années de ce siècle, d'obtenir la certitude qu'aucune étoile visible, dans la latitude Nord, sur laquelle un examen attentif a été dirigé, ne manifestait un montant de parallaxe excédant une simple seconde d'arc. Nous allons nous arrêter un instant sur les conclusions qui résultent de l'admission d'une telle parallaxe.

801. Le rayon est au sinus de 1", comme 206265 est à 1. C'est alors dans cette proportion, *au moins*, que la distance des étoiles fixes au soleil doit surpasser celle du soleil à la terre. Nous avons vu déjà (art. 357) que cette dernière distance surpassait le rayon de la terre dans la proportion de 23984 à 1. Prenant donc le rayon de la terre pour unité, une parallaxe de 1" suppose une distance de 4947059760 ou de près de cinq mille millions de ces unités; et pour descendre à l'étalon ordinaire des mesures, le rayon de la terre est de 4000 *miles* (près de 644 *myriamètres*); on trouve 19 trillions 788239040000 ou près de vingt billions de *miles* (plus de trois billions de *myriamètres*) pour la distance qui en résulte.

802. Dans de tels nombres, l'imagination se perd. Nous n'avons pas d'autre moyen de comprendre de pareilles dis-

tances que par le temps que met la lumière à les traverser. Or la vitesse de la lumière est de 192000 *miles* (30899 *myriamètres*) par seconde, traversant un demi-diamètre de la terre en $8^m\ 13^s, 3$. Il faudrait donc plus de 206265 fois cet intervalle, ou 3 ans et 83 jours pour traverser la distance en question. Or, comme c'est une limite inférieure que nous avons vu déjà qu'excèdent les étoiles les plus brillantes et par conséquent (en l'absence d'autres indications) les moins éloignées. Quelle distance assigner alors à ces innombrables étoiles de moindres grandeurs que le télescope nous découvre! Quelle distance pour ces étoiles de la voie lactée, dans ses régions les plus éloignées, où l'éclat réuni de myriades d'étoiles ne paraît, avec les meilleurs télescopes, que comme une faible lueur nébuleuse!

803. Le pouvoir du télescope, pour pénétrer l'espace ou la distance comparative à laquelle une étoile donnée devrait être éloignée pour que son éclat soit le même au télescope, qu'il était à l'œil nu, peut être calculé d'après l'ouverture du télescope comparée à celle de la pupille de l'œil, et d'après sa puissance de réflexion ou de transmission, c'est-à-dire d'après la proportion de lumière incidente que le télescope transmet à l'œil de l'observateur. On a calculé que ce pouvoir pour pénétrer l'espace, d'un réflecteur pareil à celui employé pour les jauges d'étoiles dont nous avons parlé, peut être exprimé par 75. Alors une étoile de sixième grandeur, éloignée à 75 fois sa distance, serait encore perceptible, *comme une étoile*, avec ce télescope; admettant que cette étoile ait la 100me partie de lumière de l'étoile type de première grandeur, il s'ensuit qu'une telle étoile type, si on l'éloigne à 750 fois sa distance, excitera dans l'œil appliqué au télescope, la même impression qu'une étoile de sixième grandeur à l'œil nu. Avec la multitude infinie de telles étoiles dans les régions les plus éloignées de la voie lactée, on peut conclure que des individus innombrables, égaux en éclat à ceux qui nous entourent, doivent nécessairement exister. Alors la lumière de ces étoiles mettrait plus de 2000 ans à traverser l'espace qui la sépare de notre propre système. Il s'ensuit que tandis que nous observons les lieux et que nous notons l'apparence de ces étoiles, nous revenons simplement à leur histoire avec une date antérieure de deux mille ans. On ne peut échapper à cette conclusion qu'en adoptant, comme une alternative, une infériorité intrinsèque de lumière dans *toutes* les plus petites étoiles de la voie lactée. Nous serons plus en état d'ap-

préciser la probabilité de cette alternative, quand nous aurons pris connaissance d'autres systèmes que le télescope nous découvre, et dont l'analogie nous démontrera que l'idée première que nous avons émise à ce sujet, est en parfaite harmonie avec l'ensemble des faits astronomiques.

804. Jusqu'ici nous avons parlé d'une parallaxe de 1", comme la simple limite antérieure qu'ait ou que puisse avoir toute étoile examinée déjà; il est convenable de regarder ce montant de la parallaxe, comme une espèce d'unité de rapport, qui réunie dans l'esprit du lecteur avec une unité parallactique de distance à partir de notre système de 20 billions de *mètres* (plus de 3 billions de *myriamètres*), et avec un voyage de 3 ans 1/4, pour la lumière, lui évitera la peine de ces calculs et à nous la nécessité de couvrir nos pages de chiffres, quand nous parlerons des étoiles dont la parallaxe a été déterminée avec quelque certitude, soit par une observation méridienne directe, soit par des moyens perfectionnés et plus délicats. Ce sont ces moyens que nous allons expliquer, après avoir indiqué d'abord les particularités théoriques qui nous mettent à même de séparer et de débarrasser leurs effets de ceux des corrections uranographiques et d'autres causes d'erreurs, qui étant périodiques de leur nature ajoutent de grandes difficultés à ce sujet déjà difficile par lui-même. Les effets de précession et de propre mouvement (art. 852), qui sont uniformément progressifs d'année en année, et l'effet de nutation, qui accomplit sa période en 19 ans, se séparent d'eux-mêmes, d'après ces caractères, de celui de la parallaxe; étant connus d'une manière précise, étant certainement indépendante, quant à leurs causes, de toute particularité individuelle dans les étoiles qui en sont affectées, quand même il resterait une légère incertitude concernant leurs éléments numériques qui entrent dans leur supputation (ou dans leurs *coefficients* pour employer le mot technique), ils ne peuvent réellement causer aucun embarras. Quant à l'aberration, c'est toute autre chose. Cette correction affecte le lieu d'une étoile par une fluctuation annuelle dans sa période, et par conséquent s'étend jusqu'à son rapport avec la parallaxe. Elle est aussi très-semblable dans la *loi* de sa variation en différentes saisons de l'année, la parallaxe ayant pour son sommet (art. 343, 344), le lieu apparent du soleil dans l'écliptique, et l'aberration un point dans le même grand cercle 90° derrière ce lieu; en sorte que de fait les formules du calcul (les coefficients exceptés) sont les mêmes, en substituant seulement

au lieu de la longitude du soleil, dans l'expression de l'une, cette longitude diminuée de 90° dans celle de l'autre. Au reste dans l'absence d'une *certitude absolue*, sur la nature de la propagation de la lumière, les astronomes ont considéré qu'il est nécessaire de prendre au moins comme *possibilité* que la vitesse de la lumière peut être, jusqu'à certain point, dépendante des particularités individuelles du corps qui l'émet (1).

805. Si nous supposons une ligne tirée d'une étoile à la Terre pour toutes les saisons de l'année, il est évident que cette ligne se trouvera sur la surface d'un cône oblique très-aigu, ayant pour axe la ligne qui joint le soleil et l'étoile, et pour base l'orbite annuelle de la terre que nous pouvons supposer circulaire, pour l'objet dont nous nous occupons: l'étoile paraîtra donc décrire, chaque année, autour de son lieu moyen regardé comme fixe, et en vertu de la parallaxe seule, une petite ellipse, section de ce cône par la sphère céleste, perpendiculaire au rayon visuel. Mais il y a encore une autre manière de représenter le même fait. L'orbite apparente de l'étoile autour de son lieu moyen, comme centre, sera précisément celle qu'elle paraîtrait décrire, si elle était vue du soleil, en supposant qu'elle tourne réellement autour de ce lieu dans un cercle précisément égal à l'orbite annuelle de la terre, dans un plan parallèle à l'écliptique. Cela est évident d'après l'égalité et le parallélisme des lignes et des directions que cela concerne. Or, l'effet d'aberration (mettant de côté la légère variation de la vitesse de la terre dans les différentes parties de son orbite) est précisément semblable quant à la loi ; différant du montant seulement, et dans son rapport à la direction qui diffère de 90° en longitude. Supposons, pour fixer les idées, que le maximum de parallaxe soit 1" et celui d'aberration 20", 5 ; soient A B, *ab* (fig. 125), deux cercles qu'on imaginera décrits séparément, comme ci-dessus, par l'étoile autour de son lieu moyen S, en vertu de ces deux causes respectivement, S γ étant une ligne parallèle à celle de la ligne des équinoxes. Alors en vertu de la parallaxe seule, l'étoile se trouverait en *a* dans une plus petite orbite, tandis qu'en vertu de l'aberration elle devrait se trouver en

(1) Dans l'état actuel de l'astronomie et de la photologie, cette nécessité peut être à peine considérée comme existant encore, et il est à désirer que la pratique des astronomes d'introduire une correction inconnue pour la constante d'aberration dans leurs « équations de condition » pour la détermination de la parallaxe, soit abandonnée, puisqu'elle tend maintenant à introduire une erreur dans le résultat définitif.

A dans une orbite plus grande, l'angle a S A étant un angle droit. Menant A C égale et parallèle à Sa, et joignant SC, l'étoile, en vertu de la parallaxe et de l'aberration simultanément, se trouvera en C, c'est-à-dire sur la circonférence d'un cercle dont le rayon est SC, et en un point sur ce cercle, en avance de A, lieu aberrationnel, par l'angle ASC. Or, puisque SA : AC : : 20", 5 : 1, on trouve pour l'angle ASC 2°, 47', 35", et pour la longueur du rayon SC du cercle représentant le mouvement comparé 20" 524. La différence (0", 024) entre le maximum d'aberration et SC, rayon du cercle d'aberration, est tout-à-fait imperceptible ; en supposant même qu'une quantité si minime soit capable d'être découverte par une série prolongée d'observations, ce serait une question de savoir si elle a été produite par la parallaxe ou par une différence d'aberration sur la moyenne 20",5 de l'étoile elle-même. C'est donc de la différence 2° 48' entre la position angulaire de l'étoile déplacée dans son orbite hypothétique, c'est-à-dire, dans les *arguments*, comme on les appelle, de la correction réunie (γ S C), et celle de l'aberration seule (γ S A), que nous avons à nous occuper pour résoudre le problème de la parallaxe. Le lecteur peut aisément se figurer la délicatesse d'une recherche qui repose entièrement, (même en la débarrassant de toutes les autres difficultés) sur la détermination précise d'une quantité de cette nature, et d'une très-petite grandeur.

806. Mais les autres difficultés ne sont pas des bagatelles. Tous les instruments astronomiques sont affectés par la différence de température. Non-seulement les matériaux dont se composent ces instruments sont sujets à se dilater et à se contracter, mais encore la maçonnerie et les piliers solides, et même le sol des fondations, participent de ce changement général qu'amène le passage du chaud de l'été au froid de l'hiver. Il s'ensuit de petits mouvements oscillatoires si faibles, que le niveau et le fil-à-plomb peuvent à peine les indiquer, et qui étant *annuels aussi dans leurs périodes* (après avoir mis de côté tout ce qui n'est qu'accidentel et momentané), se mêlent intimement au sujet de notre recherche. La réfraction aussi, outre ses variations d'une nuit à l'autre, qu'une longue série d'observations vient à bout d'éliminer, dépend, pour son expression théorique, de la constitution des couches de notre atmosphère, et de la loi de distribution de chaleur et d'humidité à différentes hauteurs, qui ne peuvent manquer d'être affectées par la variation des saisons. Il ne faut pas s'étonner dès lors que de sim-

ples observations méridiennes aient été jusqu'ici trouvées insuffisantes, excepté dans un cas très-remarquable, pour mesurer d'une manière évidemment satisfaisante la parallaxe d'une étoile fixe.

807. Ce cas remarquable est celui de α du Centaure, une des plus brillantes et, sous beaucoup d'autres rapports, une des plus intéressantes étoiles du Sud. D'après une série d'observations de cette étoile, faites à l'observatoire du cap de Bonne-Espérance, dans les années 1832 et 1833, par le professeur Henderson, avec le cercle mural de cet établissement, une parallaxe dont le montant est d'une seconde entière, a pu être conclue, après le retour de cet astronome en Angleterre. Des observations subséquentes faites par M. Macleár, partie avec le même instrument, et partie avec un nouvel instrument semblable perfectionné, dans les années 1839 et 1840, ont pleinement confirmé la réalité de la parallaxe trouvée par M. Henderson, quoique avec une légère diminution des 10/11 d'une seconde ; (0",9128) : *des étoiles brillantes dans son voisinage immédiat, n'étant pas affectées par un semblable déplacement périodique, ce qui prouve d'une manière satisfaisante que le déplacement indiqué pour l'étoile en question n'est pas un simple résultat des variations annuelles de température* de l'instrument. Comme la très-faible différence dont ce résultat s'éloigne d'une seconde exactement, n'est pas à mettre en ligne de compte, on peut considérer la distance de cette étoile comme exprimée convenablement par l'unité parallactique de distance précitée art. 804.

808. Peu de temps avant la publication (1) de ce résultat important, feu M. Bessel, célèbre astronome de Kœnigsberg, annonça (2) la découverte d'un montant sensible et mesurable de parallaxe dans l'étoile N° 61 du Cygne du catalogue des étoiles de Flamsteed. C'est une petite étoile non apparente, excédant à peine la sixième grandeur, mais que l'on avait notée pour observation spéciale, à raison de cette circonstance remarquable qu'elle a un mouvement *qui lui est propre* (art. 852), c'est-à-dire un déplacement annuel, régulier, continuellement progressif parmi les étoiles environnantes jusqu'à 5" par année ; quantité si considérable par rapport à la moyenne relative annuelle de toutes les autres étoiles, que cela fait soupçonner qu'elle est moins éloignée de notre sys-

(1) Lu à la société astron. de Londres, le 3 janvier 1837, ce rapport est daté du 24 décembre 1838.

(2) 13 décembre 1838, Nos 565, 566. Astron. Nachrichten.

tème. Il est assez remarquable qu'une semblable présomption de proximité existe aussi pour α du Centaure dont le propre mouvement inaccoutumé de près de 4" par an, établi par le professeur Henderson, a été le motif déterminant des observations qui, soumises à une sévère discussion, l'ont conduit à la découverte de la parallaxe. Les observations de M. Bessel sur 61 du Cygne, ont été commencées en août 1837, immédiatement au moment de l'établissement, dans l'observatoire de Kœnigsberg, d'un magnifique héliomètre, ouvrage du célèbre capitaine Fraenhofer de Munich, instrument spécialement consacré au système d'observation adopté ; ce système est entièrement différent de celui de l'observation méridienne directe, mieux entendu et plus exact dans la pratique, ainsi que nous allons l'expliquer.

809. La parallaxe, le mouvement propre, et l'aberration *spécifique* (dénotant par cette dernière expression cette partie de l'aberration de la lumière d'une étoile que nous supposons provenir de particularités individuelles, et qu'il y a lieu de croire, en tous cas, une fraction excessivement petite de l'aberration totale), sont les seules corrections uranographiques qui n'affectent pas nécessairement de même les positions apparentes de deux étoiles situées sur le même rayon visuel ou *très-près sur* cette ligne. Supposons deux étoiles à une immense distance, l'une derrière l'autre, mais situées d'ailleurs de manière à paraître très-près le long du même rayon visuel ; elles constitueront ce qu'on appelle une étoile *opticalement double*, pour la distinguer d'une étoile *physiquement double* dont nous parlerons plus tard. L'aberration (celle qui est commune à toutes les étoiles), la précession, la nutation, *de plus même, la réfraction* et *les causes instrumentales de déplacement apparent, les affecteront de même*, ou si semblablement (si l'on prend en compte la petite différence de leurs lieux apparents), que l'on peut admettre que cette légère différence peut être négligée ou même relevée par un calcul facile. Alors, si au lieu d'essayer de déterminer, par l'observation, la place de la plus voisine des deux étoiles *très-inégales* (qui sera probablement la plus grande, par l'observation directe de son ascension droite et de sa distance polaire), on se contente de rapporter sa place à celle de l'étoile plus éloignée sa compagne, par une *observation différentielle*, c'est-à-dire en mesurant seulement sa *différence* de situation de cette *dernière*, on n'aura plus besoin de correction et l'on sera délivré de toute incertitude quant à leur influence sur le

résultat. Par la même raison, les erreurs, d'ajustage (art. 136), de graduation, ainsi qu'une foule d'erreurs instrumentales, qui, dans cette observation délicate, pourraient affecter la détermination précise du lieu de chacune des étoiles, deviennent sans inconvénients, quand on ne veut connaître que la différence de leurs positions, chacune étant également affectée par ces causes d'erreurs.

810. Mettant donc de côté la considération de toutes ces erreurs et corrections, et sans nous arrêter à présent à l'effet minime d'aberration spécifique et de l'effet uniformément progressif du mouvement propre, occupons-nous de tracer l'effet des différences de parallaxes de deux étoiles ainsi juxtaposée, ou leur distance apparente relative ainsi que leur position dans les diverses saisons de l'année. La parallaxe étant en raison inverse de la distance, les dimensions des petites ellipses apparemment décrites (art. 805), par chaque étoile sur la surface concave des cieux, par le déplacement parallactique, différeront, — l'étoile la plus voisine décrivant la plus grande ellipse. Mais ces ellipses seront semblables et semblablement placées, puisque les deux étoiles sont presque dans la même direction à partir du soleil. Supposons (fig. 126) que S et *s* soient les positions de deux étoiles vues à partir du soleil, et soient A B C D, *a b c d*, leurs ellipses parallactiques; alors, puisqu'en tout temps elles seront placées semblablement dans ces ellipses, quand l'une des étoiles est vue en A, l'autre sera vue en *a*. Lorsque la terre a fait un quart de révolution dans son orbite, leurs lieux apparents deviendront B, *b*; après un autre quart, ce sera C, *c*; puis dans un autre, D, *d*. Alors, si l'on mesure avec soin, à l'aide de micromètres adaptés exprès, leur situation apparente l'une par rapport à l'autre, en différents temps de l'année, on apercevra un changement périodique, à la fois dans la *direction* de la ligne qui les joint, et dans la *distance* entre leurs centres. Car les lignes A *a* et C *c* ne peuvent être parallèles, ni les lignes B *b* et D *d* être égales, que si les ellipses sont d'égales dimensions, c'est-à-dire que si les deux étoiles ont la même parallaxe, ou sont équidistantes de la terre.

811. Les micromètres, convenablement montés, mettent à même de mesurer très-exactement, à la fois, la distance entre deux objets qu'on ne peut voir dans le même champ de vue d'un télescope, et la position de la ligne qui les joint, par rapport à l'horizon, ou le méridien, ou toute autre direction déterminée dans les cieux. Le micromètre à double image, et

spécialement l'héliomètre (art. 200,201), est particulièrement adopté pour cela. Les images des deux étoiles, formées côte à côte, ou sur le prolongement de la même ligne, quoique momentanément déplacées par la réfraction temporaire, ou le remuement de l'instrument, *se meuvent ensemble*, conservant leur position relative, sur laquelle on peut asseoir un jugement indépendant de tous ces mouvements irréguliers. L'héliomètre aussi, instrument d'un ordre plus élevé que les micromètres ordinaires, met à même de comparer une étoile plus grande avec une petite étoile adjacente, et de choisir cette petite étoile parmi plusieurs autres qui en sont voisines, de la manière la plus favorable pour découvrir toute espèce de mouvement de la plus grande, auquel ne participent pas ses voisines.

812. L'étoile examinée par Bessel a deux voisines, très-petites, et probablement très-distantes, le plus favorablement situées, l'une (s) à la distance de 7′ 42″, l'autre (s'), à la distance de 11′ 46″ de cette étoile plus grande; leurs directions à partir de cette étoile, se trouvant être presque à angle droit. Par conséquent l'effet de la parallaxe, fait varier les deux distances Ss et Ss', de manière à atteindre leurs valeurs maxima et minima, à trois mois d'intervalle; c'est ce que l'on a observé, la distance de l'une étant toujours plus rapidement en accroissement ou en décroissement, quand l'autre restait stationnaire (l'effet uniforme du mouvement propre étant toujours compris en ligne de compte). Cette alternative, quoique assez petite au total pour n'indiquer comme résultat définitif, qu'une parallaxe, ou plutôt une différence de parallaxe, entre la plus grande étoile et les deux petites, que d'un tiers de seconde, s'est maintenue avec assez de régularité pour ne laisser aucun doute sur sa cause; ayant été confirmée par la continuation des observations, et tout récemment par une coïncidence exacte entre le résultat ainsi obtenu, et celui déduit par M. Péters d'observations sur la même étoile, faites à l'observatoire de Pulkova (1), on peut la considérer comme parfaitement établie maintenant. La parallaxe de cette étoile, d'après le résultat définitif des observations de Bessel, est 0″,348; en sorte que sa distance de notre système est presque trois unités parallactiques (art. 804).

813. L'étoile brillante α de la lyre, est aussi près de cette étoile; une très-petite étoile, seulement à la distance de 43″

(1) Avec le grand cercle vertical de Ertel.

(et par conséquent dans la recherche avec le fil parallèle ou micromètre ordinaire à double image), a été soumise, depuis 1835, à une enquête sévère et continue de la part de M. Struve, d'après le même principe de l'observation différentielle. Il a établi ainsi l'existence d'un montant mesurable de parallaxe de la grande étoile, moindre que celle de 61 du Cygne (n'étant que d'un quart de seconde), mais suffisant cependant (tant était grande la délicatesse de ses mesurages) pour justifier cet excellent observateur dans l'annonce de ce résultat comme très-probable, par cinq nuits seulement d'observation, en 1835 et 1836. Cette probabilité est devenue une certitude par la continuation de mesurages jusqu'à la fin de 1838, et le résultat des investigations de M. Péters, quoiqu'il n'y ait pas entière coïncidence. M. Struve a le mérite d'avoir été le premier qui ait mis en pratique ce mode d'observation, qui cependant avait été proposé, à raison de ses grands avantages, par sir William Herschell en 1781 (1) ; ce mode était resté sans emploi productif de résultat, soit à cause de l'imperfection des micromètres, soit pour une raison que nous avons ainsi présentement l'occasion d'expliquer.

814. Si les composantes individuelles *Ss* (fig. 126), sont (comme c'est souvent le cas) très-près l'une de l'autre, la variation parallactique de leur *angle de position*, ou l'angle extrême compris entre les lignes A *a*, C *c*, peut être très-considérable, même pour un petit montant de différence de parallaxes entre la grande et les petites étoiles. Par exemple dans le cas des deux étoiles adjacentes de 15" séparément, et d'ailleurs placées favorablement pour l'observation, une fluctuation annuelle de çà et de là dans la direction apparente de leur ligne de jonction jusqu'à un demi-degré (quantité qui ne peut échapper à des mesurages nombreux et soignés), correspond à une différence de parallaxe d'un huitième de seconde seulement. Une différence de 1" entre deux étoiles situées en apparence à 5" de distance peut causer une oscillation dans cette ligne jusqu'à une étendue de 11", et si c'est plus près, une oscillation proportionnellement plus grande. Ce mode d'observation n'est pas encore en usage, mais il semble offrir de grands avantages (2).

(1) Il avait été même connu de Galilée. Mais l'explication générale de la parallaxe dans le système cosmique, Dial. iii, p. 271 (Leyden, édition 1699), à laquelle cela se rapporte, n'a trait à ce cas, ni à ses difficultés.

(2) Trans. phil. 1826, p. 266 et suiv. — 1827. — Une liste d'étoiles convenables à ce genre d'observations avec les temps de l'année les plus favorables. — La liste dans les trans. phil. pour 1826 est incorrecte.

815. La liste suivante est celle des étoiles auxquelles on assigne, jusqu'à présent, des parallaxes plus ou moins probables :

α	du Centaure.	0″913	Henderson.
61	du Cygne.	0 348	Bessel.
α	de la Lyre.	0 261	Struve.
	Sirius.	0 230	Henderson.
1830	Groombridge (1).	0 226	Peters.
i	de Grande Ourse.	0 133	Id.
	Arcturus.	0 127	Id.
	Polaire.	0 067	Id.
	La Chèvre.	0 046	Id.

Quoique l'extrême petitesse des quatre derniers résultats les prive beaucoup de rapport entre eux, il n'en est pas moins certain que les parallaxes suivent l'ordre des grandeurs ; cela a été prouvé d'ailleurs par ce fait que α du Cygne, l'une des étoiles de M. Péters, ne donne absolument aucune indication de parallaxe mesurable quelconque.

816. La distance des étoiles nous conduit naturellement à leurs grandeurs réelles. Mais là survient une difficulté qui reste toujours insurmontable, autant qu'on en peut juger par l'effet dont sont capables les instruments d'optique. Les télescopes ne nous donnent qu'une information négative du diamètre angulaire apparent de chaque étoile. Les disques planétaires bien arrondis que les bons télescopes permettent de tourner vers les étoiles les plus brillantes, sont des phénomènes de diffraction, dépendant, quoique d'une manière un peu énigmatique à présent, de la mutuelle interposition des rayons de lumière. Ce sont donc de simples illusions optiques, et on les a nommées des disques *supposés*. La preuve en est que les télescopes de grandeurs différentes et de pouvoirs grossissants divers, quand on les applique au mesurage de diamètres angulaires, donnent des résultats différents ; la plus grande ouverture (même avec un égal pouvoir grossissant), donnant le plus petit disque. Il paraît que le disque de l'étoile la plus grande et la plus brillante n'a qu'une très-petite mesure angulaire, d'après ce fait que dans l'occultation d'une telle étoile par la lune, son extinction est *absolument instantanée*, la plus faible trace de diminution graduelle de lumière étant imperceptible. Le disque apparent ou supposé reste toujours *parfaitement*

(1) Catalogue des étoiles circumpolaires de Groombridge.

rond et de *toute sa grandeur* jusqu'au moment de la disparition, ce qui n'aurait pas lieu si c'était un objet réel. Si notre soleil était éloigné à la distance exprimée par notre unité parallactique (art. 804), son diamètre apparent de 32' 3" serait réduit à 0", 0093, ou moindre qu'un centième de seconde, quantité que nous ne pouvons espérer qu'aucun perfectionnement de télescope rende jamais d'une *forme distincte*.

817. Il reste donc seulement l'indication que la quantité de lumière peut donner. Mais là surgit une nouvelle difficulté. La lumière du soleil est d'une intensité tellement supérieure à celle de toute autre étoile, qu'il n'y a pas moyen d'obtenir le moindre terme de comparaison. En se servant de la lune comme terme de comparaison intermédiaire, on obtient une précision qui, sans être bien grande, suffit en quelque sorte à ce sujet traité comme objet de curiosité. α du Centaure a été comparé directement avec la lune suivant la méthode expliquée art. 783. A l'aide de onze comparaisons de ce genre, réduites, et faisant la part des principes photométriques pour la déperdition de la lumière de la lune par sa transmission à travers la lentille et le prisme, il paraît que la quantité moyenne de lumière envoyée à la terre par une pleine lune, excède celle envoyée par α du Centaure, dans la proportion de 27408 à 1. Or, Wollaston a trouvé, par une méthode (1) irréprochable, que la proportion de la lumière du soleil à celle de la pleine lune est 801072 à 1. En combinant ces résultats, on trouve que la proportion de la lumière du soleil est à celle de α du Centaure, comme 21955000000, ou 22 billions environ, est à 1. Ainsi d'après la parallaxe assignée ci-dessus à cette étoile, il est aisé de conclure que sa splendeur intrinsèque, comparée à celle de notre soleil, à distances égales, serait 2,3247, celle du soleil étant prise pour unité (2).

818. La lumière de Sirius est quatre fois celle de α du Cen-

(1) Wollaston, trans. phil. 1829, p. 27.

(2) *Résultats d'observations astronomiques au cap de Bonne-Espérance*... art. 278, p. 363. Si seulement les résultats obtenus près des quadratures de la lune (ce qui est la situation la plus favorable pour l'exactitude), sont adoptés, la valeur résultante pour la splendeur intrinsèque de l'étoile, sera 4,1586, (celle du soleil étant prise pour unité). D'un autre côté, si l'on se sert des résultats obtenus en pleine lune, (ce qui est la situation la plus défavorable), on ne trouve que 1,4017. Ces discordances n'effrayeront pas ceux qui connaissent la photométrie. Que α du Centaure émette réellement plus de lumière que notre soleil, cela se conçoit, et peut être regardé comme un fait établi. Pour ceux qui peuvent recourir à l'ouvrage cité, il est nécessaire de mentionner que la quantité représentée par M, exprime, à l'échelle adoptée, 500 fois le pouvoir éclairant de la lune, au moment de l'observation, celle de la pleine lune (moyenne) étant prise pour unité.

taure, et sa parallaxe seulement 0",230 (art. 230). Ceci lui assigne une splendeur intrinsèque égale à 63,02 fois celle de notre soleil (1).

CHAPITRE XVI.

Etoiles variables et périodiques. — Liste de celles déjà connues. — Irrégularités dans leurs périodes et splendeur la plus brillante. — Etoiles irrégulières et temporaires. — Anciens souvenirs chinois de plusieurs étoiles variables. — Doubles. — Leurs classifications. — Specimens de chaque classe. — Système Binaire. — Révolution l'une autour de l'autre. — Orbites elliptiques décrites sous la loi newtonienne de la gravité. — Eléments des orbites de plusieurs. — Dimensions actuelles de leurs orbites. — Etoiles doubles colorées. — Phénomènes des couleurs complémentaires. — Etoiles couleur de sang. — Mouvement propre des étoiles. — Calculé en partie par un mouvement réel du soleil. — Situation de la sommité solaire. — Conformité des étoiles du Sud et du Nord pour donner le même résultat. — Principes sur lesquels repose l'investigation du mouvement solaire. — Révolution supposée de tout le système autour d'un centre commun. — Parallaxe et aberration systématiques. — Effet du mouvement de la lumière pour altérer la période apparente d'une étoile lunaire.

819. Pour quel dessein supposons-nous que ces corps magnifiques soient disposés dans les abîmes de l'espace? ce n'est pas assurément pour éclairer *nos* nuits, qui le seraient beaucoup mieux avec une seconde lune, de moins de la millième partie de celle que nous avons; ce n'est pas non plus pour nous donner un spectacle pompeux et vide au sujet duquel nous nous perdions en vaines conjectures. Les étoiles sont utiles à l'homme, il est vrai, comme points exacts et permanents de comparaison ; mais il faudrait avoir étudié l'astronomie dans des vues bien mesquines, pour arriver à supposer que l'homme soit le seul objet des soins du Créateur; ou pour ne pas voir dans ce vaste et puissant appareil qui nous environne, un ordre de choses destinées à d'autres races de créatures animées. Les planètes, comme nous l'avons vu, tirent leur lumière du soleil, mais il n'en peut pas être ainsi pour les étoiles. Ce sont sans doute elles-mêmes des soleils, et chacun est peut-être, dans sa sphère, le centre autour duquel circulent d'autres planètes, ou corps dont nous ne pouvons nous faire idée par aucune analogie avec ce qui a lieu pour notre système.

820. Les analogies d'ailleurs, et bien autres que conjectu-

(1) P. 367 de l'ouvrage déjà cité. Wollaston fait la lumière de Sirius un 20000 millionième du soleil. Steinheil par une méthode très-incertaine a trouvé ☉ égale $(3286500)^2$ × Arcturus.

rales, ne manquent pas pour indiquer une correspondance entre les lois dynamiques qui prévalent dans les régions les plus éloignées des étoiles et celles qui gouvernent les mouvements de notre propre système. Partout où l'on peut tracer la loi de périodicité, le retour régulier des mêmes phénomènes dans les mêmes temps, on est fortement frappé de l'idée de mouvement rotatoire ou orbital. Parmi les étoiles, il y en a plusieurs qui, quoiqu'elles ne se distinguent en aucune manière des autres, par aucun changement apparent de place, ni par aucune différence d'aspect au télescope, éprouvent cependant un accroissement et un décroissement périodiques réguliers d'éclat, comprenant, dans un ou deux cas, une extinction et une revivification complète. On les appelle *étoiles périodiques*. Une des plus remarquables est l'étoile *omicron*, dans la constellation de *la Baleine* (appelée quelquefois *mira cœti*), et signalée d'abord par Fabricius en 1596. Elle paraît environ douze fois en onze ans, ou plus exactement dans une période de 331 j. 15 h. 7 m.; elle reste dans son plus grand éclat environ une quinzaine, étant alors, en quelques occasions, égale à une forte étoile de seconde grandeur; elle décroît durant environ trois mois, jusqu'à ce qu'elle devienne complètement invisible, ce qui dure environ cinq mois; puis elle redevient visible et continue à croître pendant les trois autres mois de sa période. Tel est le cours général de ses phases. Au reste, elle ne revient pas toujours au même degré d'éclat, ni aux mêmes graduations d'accroissement et de décroissement; les intervalles successifs de ses maxima ne sont pas égaux. D'après les observations récentes de M. Argelander, et l'examen de son histoire, il paraît que la période moyenne qui lui est assignée est sujette à une fluctuation cyclicale comprenant les périodes huit à huit, et ayant pour effet de ralentir et de raccourcir graduellement les intervalles jusqu'à 25 jours d'un côté et de l'autre (1). Les irrégularités dont le degré d'éclat atteint au maximum sont probablement périodiques aussi. Hevelius rapporte (2) que pendant les quatre années, d'octobre 1672 à décembre 1696, l'étoile ne parut pas du tout, elle avait un éclat inaccoutumé le 5 octobre 1839 (époque du maximum pour cette année, d'après les observations de M. Argelander); elle brillait plus que α de la Baleine et elle égalait β du Cocher en éclat.

821. Une autre étoile périodique très-remarquable est celle

(1) Astronom. Nachr. n° 624.
(2) Astronom. de Lalande, Art. 794.

appelée Algol ou β de Persée. Elle est ordinairement visible comme une étoile de seconde grandeur; elle continue à se montrer ainsi pendant 2 j. 13 h. 1/2, après quoi elle commence à décroître soudain d'éclat, puis dans 3 h. 1/2 environ, elle est réduite à ne plus être que de quatrième grandeur. Alors elle recommence à croître, et en 3 h. 1/2 elle reprend son éclat ordinaire, éprouvant tous ces changements en 2 j. 20 h. 48 m. 58 s. 5. Cette loi remarquable de variation paraît certainement suggérer l'idée de la révolution autour d'elle de quelque corps opaque, qui, lorsqu'il s'interpose entre nous et Algol, lui enlève une grande partie de sa lumière; ceci s'accorde avec l'opinion émise à cet égard par Goodricke, à qui nous devons la découverte de ce fait remarquable en 1782 (1); depuis ce temps les mêmes phénomènes ont continué d'être observés, mais avec plus d'intérêt, en ce que les observations récentes comparées aux anciennes indiquent une diminution dans le temps périodique. Les dernières observations de Argelander, Heis et Schmidt, vont même jusqu'à prouver que cette diminution n'est pas uniformément progressive, mais qu'elle marche actuellement avec une vitesse accélérée, laquelle d'ailleurs ne continuera probablement pas, mais qui, semblable à d'autres combinaisons cyclicales en astronomie, se relâche par degrés, puis se change en accroissement, suivant les lois de périodicité, qui restent à découvrir, aussi bien que d'autres causes inconnues jusqu'ici. Le premier minimum de cette étoile en 1844, était le 3 janvier à 4 h. 14 m. du temps moyen de Greenwich (2).

822. L'étoile δ de la constellation de Céphée est aussi sujette à des variations périodiques, qui, depuis l'époque de sa première observation par Goodricke, en 1784, jusqu'à présent, se sont continuées avec une parfaite régularité. Sa période de minimum est 5 j. 8 h. 47 m. 39 s. 5; la première ou époque du minimum pour 1846, tombant le 2 janvier à 3 h. 13 m. 37 s., temps moyen à Greenwich. L'étendue de sa variation est de la cinquième, à l'intermédiaire entre la troisième et la quatrième grandeur. Son accroissement est plus

(1) La même découverte paraît avoir été faite, presque à la même époque par Palitzch, fermier de Prolitz près Dresde, que la nature fit astronome et le sort paysan; qui par son habitude de l'aspect des cieux, arriva à signaler entre tant de millions d'étoiles, une étoile qui se distinguait des autres par sa variation, et qui détermina sa période. Le même Palitzch fut aussi le premier qui retrouva la comète de Halley en 1759; et qui la vit un mois avant tant d'autres astronomes qui l'attendaient en veillant son retour avec leurs télescopes. Cette anecdote nous reporte à l'ère des bergers chaldéens.

(2) Astron. Nachr., No 472.

rapide que sa diminution, l'intervalle entre le minimum et le maximum de sa lumière étant seulement de 1 j. 14 h., tandis que celle du maximum au minimum est de 3 j. 19 h.

823. L'étoile périodique β de la Lyre, découverte aussi par Goodricke, en 1784, a une période que l'on a habituellement établie de 6 j. 9 h. à 6 j. 11 h. et pendant laquelle il n'y a pas de doute que sa lumière subit une diminution et reprend son éclat. Les observations les plus exactes de M. Argelander, le portent à conclure (1) que la véritable période est de 12 j. 21 h. 53 m. 10 s.; et que dans cette période il y a un double maximum et un double minimum, les deux maxima étant presque égaux et d'environ 3, 4 de grandeur, tandis que les minima sont très-inégaux, de 4, 3 à 4, 5. En addition à cette curieuse subdivision de tout l'intervalle de changement entre les deux demi-périodes, cette étoile nous offre un nouvel exemple de lente altération de période qui, elle-même, a toute l'apparence de la périodicité. Depuis l'époque de sa découverte, en 1784, jusqu'en 1840, la période allait en se ralentissant continuellement, mais de plus en plus lentement, jusqu'à ce que, à cette dernière époque, elle cessa de croître, et depuis a été lentement en décroissant. Les observations de M. Argelander assignent comme époque pour le plus petit minimum, janvier 1846, 3 j. 0 h. 9 m. 53 s. temps moyen à Greenwich.

824. Une autre étoile périodique dont les changements ont été soigneusement observés, est η de l'Aigle ou d'Antinoüs, découverte par Pigott, en 1784 (année fertile pour ce genre de découvertes). Sa période est de 7 j. 4 h. 13 m. 53 s., le premier minimum pour 1849 tombant le 2 janvier à 19 h. 22 m. 55 s. temps moyen de Greenwich. Elle met 57 heures dans son accroissement de 5 m. à 4 m. 3; et 115 heures dans son décroissement.

825. Ces étoiles sont toutes les étoiles variables que l'on ait observé avec assez de soin et assez longtemps pour préciser leurs périodes, époques et phases d'éclat. Mais le nombre des étoiles dont on ne connaît qu'approximativement les périodes est considérable, et celles dont le changement est certain, quoique la période soit inconnue, sont plus nombreuses encore. Quoique chaque année ajoute encore à leur nombre; voici la table des principales de ces étoiles:

(1) Astron. Nachr., No 624, et aussi un mémoire de cet astronome, Nos 417, 455.

NOMS.	PÉRIODES.		CHANGEMENT de grandeur.		AUTEURS de leur découverte.	
	jours.	décimales.	de	à		
β de Persée (Algol).	2	8673	2	4	Goodricke. . .	1782
λ du Taureau..	4	±	4	5,4	Baxendel. . .	1848
de Céphée..	5	5664	3,4	5	Goodricke. . .	1784
η de l'Aigle..	7	1763	3,4	4,5	Pigott.	1784
* de l'Ecrevisse A. D. (1) 1800 = 8h 32m, 5. N. P. D. 70° 15′.	9	015	7,8	10	Hind.	1848
ζ des Gémeaux.	10	2	4,3	4,5	Schmidt. . . .	1847
β de la Lyre.	12	9119	3,4	4,5	Goodricke. . .	1784
α d'Hercule..	63	±	3	4	Herschell. . .	1796
59 B de l'Ecu A. D. 1801 = 18h 37m. N. P. D. = 95° 57′.	71	200	5	0	Pigott.	1795
ε du Cocher.	250	±	3	4	Heis..	1846
ο de la Baleine (Mira)..	331	63	2	0	Fabricius. . .	1596
* du Serpent A. D. 1828 = 15h 46m 45s P. D. 74° 20′ 30″..	335	±	7?	0	Harding. . . .	1826
χ du Cygne.	396	875	6	11	Kirch.	1687
ν de l'Hydre (B. A. C. 4501).	494	±	4	10	Maraldi. . . .	1704
* de Céphée (B. A. C. 7582).	5 ou 6 ans.		3	6	Herschell. . .	1782
34 du Cygne (B. A. C. 6990).	18 ans ±		6	0	Janson.. . . .	1600
* du Lion (B. A. C. 3345).	Plusieurs années.		6	0	Koch.	1782
χ du Sagittaire.	Id.		3	6	Halley.. . . .	1676

ψ du Lion..	Id.	6	0	Montanari...	1667
η du Cygne..	Id.	4,5	5,6	Herschell jun^r	1842?
* de la Vierge A D. 1840 = 12h 3m, N. P. D. 82° 8′	145 jours.	6,7	0	Harding....	1814
* de la Couronne boréale (B. A. C. 5236).	10 mois ½	6	0	Pigott.....	1795
7 du Bélier (B. A. C. 581).	5 ans.	6	8	Piazzi.....	1798
η d'Argus..	Irrégulière.	1	4	Burchell....	1827
α d'Orion..	Id.	1	1,2	Herschell jun^r	1836
α de la Grande Ourse..	Quelques années.	1,2	2	Id.	1846
η de Id.	Id.	1,2	2	Id.	1846
β de la Petite Ourse..	2 ou 3 ans.	2	2,3	Struve....	1838
α de Cassiopée.	225 jours.	2	2,3	Herschell jun^r	1838
α de l'Hydre.	29 ou 30 jours?	2,3	3	Id.	1837
* A D. (1847) = 22h 58m 57s, 9 N. P. D. = 80° 17′ 30″	Inconnue.	8?	0	Hind......	1848
* A. D. (1848) = 7h 33m 55s, 2 N. P. D. = 66° 11′ 56″	Id.	9	0	Id......	1848
* A. D. (1848) = 7h 40m 10s, 3 N. P. D. = 65° 53′ 29″	Id.	9	0	Id......	1848
Près * A. D. 22h 21m 0s, 4 (1848) N. P. D. 100° 42′ 40″	Id.	7,8	0	Rümker.	
* A. D (1848) 14h 44m 39s, 6 N. P. D. 101° 45′ 25″	Id.	8	9,10	Schumacker.	
δ de la Grande Ourse..	Plusieurs années.	2?	2,3	Remarque générale.	

(1) *Ascension Droite.*

N. B. Les lettres B. A. C. indiquent le catalogue de l'association anglaise ; B. le catalogue de Bode. Les nombres placés devant le nom de la constellation (comme 34 du Cygne), dénotent les étoiles de Flamsteed. Depuis l'impression de cette table, quatre étoiles additionnelles, variables de la huitième à la neuvième grandeur jusqu'à *o*, nous ont été communiquées par M. Hind, et dont les places sont : (1) A. D 1 h. 38 m. 24 s.; N. P. D. 81° 9' 59"; (2) 4 h. 50 m. 42 s.; 82° 6' 36", (1846); (3) 8 h. 43 m. 8 s.; 86° 11",(1800); (4) 22 h. 12 m. 9 s.;82° 59' 24", (1800); M. Hind remarque qu'auprès de plusieurs étoiles variables, quelque degré de nébulosité se trouve perceptible à leur minimum. Ont-elles des nuages qui tournent avec elles comme des satellites planétaires ou cométaires ? M. Hind fait remarquer aussi que dans la plupart des étoiles variables la couleur rouge domine. L'étoile double n° 2718 du catalogue de Struve, A. D 20 h. 34 m. P. D. 77° 54'; est établie par son auteur comme variable. Le capitaine Smyth (cycle céleste i. 274) mentionne aussi 3 et 18 du Lion comme variable, la première de 6 m. à o, P = 78 jours ; la seconde de 5 m. à 10 m., P = 311 j. 23 h, mais sans citer aucune autorité. Piazzi note 96 et 97 de la Vierge, ainsi que 38 d'Hercule, comme des étoiles variables.

826. Des irrégularités semblables à celles que nous avons indiquées dans *o* de la Baleine, par rapport aux maxima et aux minima d'éclat dans les périodes successives, ont été observées aussi dans plusieurs autres étoiles de la liste précédente. χ du Cygne, par exemple, a été notée par Cassini comme à peine visible dans les années 1699, 1700, 1701, époques auxquelles on s'attendait à ce qu'elle fût plus apparente. Le n° 59 de l'Ecu est quelquefois visible à l'œil nu, à son maximum, et quelquefois ne l'est pas ; son maximum est aussi très-irrégulier. L'étoile variable de Pigott, dans la Couronne, est notée par M. Argelander comme variant si peu, pour la plupart du temps, qu'à l'œil nu l'on peut décider ses maxima et ses minima ; tandis qu'après le laps de toutes ces années de faibles fluctuations, elle deviennent tout-à-coup si grandes que l'étoile disparaît. Les variations de α d'Orion, qui furent très-frappantes de 1836 à 1840, sont à peine perceptibles depuis ce temps ; depuis janvier 1849, elles ont paru recommencer.

827. Ces phénomènes nous préparent à d'autres phénomènes de variation stellaire, qui n'ont été ramenés jusqu'ici à

aucune loi de périodicité, et qui, à raison de notre ignorance et de notre inexpérience, doivent être regardés comme accidentels ; ou, s'ils sont périodiques, de périodes trop longues pour avoir pu se représenter dans le cours des observations dont on a tenu note. Ces phénomènes dont nous voulions parler sont ceux des étoiles temporaires, qui ont paru de temps à autre, en différentes parties du ciel, avec un éclat extraordinaire ; et qui, après avoir paru quelque temps immuables, ont disparu sans laisser de trace. Telle a été l'étoile qui, ayant paru soudain l'an 125 avant J.-C., attira, dit-on, l'attention d'Hipparchus et lui fit entreprendre son catalogue d'étoiles, le plus ancien que l'on connaisse. Telle fut encore l'étoile qui surgit avec éclat, en 389, près de λ de l'Aigle, et qui disparut après être restée pendant trois semaines aussi brillante que Vénus. Dans les années 945, 1264 et 1572, de brillantes étoiles apparurent dans la région des cieux entre Céphée et Calliope ; d'après la notion imparfaite que nous avons des lieux des deux premières, comparés au lieu bien déterminé de cette dernière, aussi bien que d'après la coïncidence presque exacte des intervalles de leur apparition, nous pouvons soupçonner que ce n'est qu'une seule et même étoile, avec période d'environ 312 ans ou de 156 ans comme le suppose Goodricke. L'apparition de l'étoile de 1572 fut si soudaine que Tycho-Brahé célèbre astronome danois, revenant un soir, le 11 novembre, de son observatoire à sa maison, fut surpris de trouver un groupe de gens du pays regardant une étoile qu'ils étaient certains de n'avoir pas vu exister une heure avant ; c'était l'étoile en question. Elle était alors aussi brillante que Sirius, et son éclat s'accrût jusqu'à surpasser celui de Jupiter, au point qu'elle devint visible en plein midi. Cet éclat commença à diminuer en décembre de la même année, et en mars 1574 elle disparut entièrement. Une étoile de ce genre et non moins brillante parut, le 10 octobre 1604, dans la constellation du Serpentaire, où elle continua de rester visible jusqu'en octobre 1605.

828. De semblables phénomènes, d'un caractère moins brillant, ont eu lieu plus récemment : tel est celui de l'étoile de troisième grandeur découverte en 1670, par Anthelm, dans la tête du Cygne ; cette étoile, après être devenue complètement invisible, reparut ; puis après avoir subi une ou deux singulières variations de lumière, pendant deux ans, elle s'éteignit entièrement et n'a pas été revue depuis.

829. Dans la nuit du 28 avril 1848, M. Hind a observé une étoile de 5me grandeur (ou 5,4), très-visible à l'œil nu dans une partie de la constellation d'Ophiucus (A D 16 h. 51 m. 1 s. 5. N D P 102° 39' 49"), où, d'après la connaissance parfaite qu'il avait de cette région, il était certain que, depuis le 5 du mois, aucune étoile aussi brillante (que 9, 10) n'existait avant. On n'avait aucun souvenir qu'une étoile y eût été observée en aucun temps. Depuis sa découverte, l'étoile a continué à diminuer, sans aucun changement de lieu, et avant que la saison fût assez avancée pour rendre toute observation impraticable, l'étoile s'est presque éteinte. Sa couleur était rougeâtre, et d'après plusieurs observateurs elle avait subi plusieurs changements, effet probable de sa basse situation.

830. Les altérations d'éclat dans l'étoile Sud η d'Argus, dont on a gardé le souvenir, sont très-singulières et vraiment surprenantes. Dans le temps de Halley (1677), elle parut comme une étoile de 4me grandeur. En 1751, Lacaille l'observa de 2me grandeur. Dans l'intervalle de 1811 à 1815, elle reparut de 4me grandeur ; puis de 1822 à 1826, de 2me grandeur. Le 1er février 1827, M. Burchell la nota comme s'élevant à la 1re grandeur, et égale à α de la Croix. Elle rétrograda de nouveau à la 2me grandeur, et continua de la même manière jusqu'en 1837. Enfin, au commencement de 1838, son éclat s'accrut subitement de manière à surpasser celui de toutes les autres étoiles de première grandeur, excepté Sirius, Canope et α du Centaure qu'elle égalait presque. Elle diminua de nouveau, mais depuis ce temps, pas au-dessous de la première grandeur, jusqu'en avril 1843, où sa splendeur surpassa celle de Canope, et devint presque égale à celle de Sirius. « Etrange champ de théorie spéculative, ouvert par ce phénomène. » Les étoiles temporaires anciennement signalées sont toutes entièrement éteintes. Les étoiles variables, en tant qu'on les a observées avec soin, ont présenté des altérations périodiques, en quelque sorte régulières à certain degré de splendeur et d'obscurité relatives. Mais il y a une étoile variable, capricieuse d'une manière étonnante, dont les fluctuations datent de plusieurs siècles, sans période fixe, et sans régularité de progression. A quelle origine attribuer ces caprices soudains ? Quelles conclusions tirer, pour ses habitants et leur bien-être, d'une telle variation de lumière et de chaleur ? Les idées spéculatives peuvent se donner carrière, quand on songe que d'après ce que nous avons dit précédemment, on est forcé d'admettre

une certaine analogie de nature entre les étoiles fixes et notre soleil ; quand on réfléchit que la géologie témoigne du fait des grands changements qui ont eu lieu, dès l'antiquité la plus reculée, dans notre climat et dans la température de notre globe ; changements difficiles à accorder avec l'opération de causes secondaires, comme une distribution différente du globe en mers et en terres, mais dont on peut trouver une explication facile et naturelle dans la variation lente de lumière et de chaleur amenée primitivement par le soleil lui-même.

831. Les annales chinoises de Ma-Touan-Lin (1), où sont officiellement consignés, quoique grossièrement, les phénomènes astronomiques remarquables, donnent une longue liste « d'étoiles étranges » parmi lesquelles plusieurs sont très-probablement des étoiles temporaires, tandis que les autres sont évidemment des comètes. Telle est l'étoile temporaire qui parut dans l'an 173, entre α et β du Centaure, qui (scintillant sans doute d'après sa basse situation) montrait « cinq couleurs », et resta visible depuis décembre de cette année 173, jusqu'au mois de juillet 174. Une autre étoile que ces annales notent à l'an 1011, semble identique avec celle que nous avons rapportée à l'an 1012, « elle était d'un éclat extraordinaire, et resta visible dans la partie sud du ciel pendant 3 mois » (2). Situation qui s'accorde avec les annales chinoises pour la placer en bas dans le Sagittaire. Parmi les étoiles temporaires les moins équivoques s'en trouve une, 134 ans avant J.-C., placée dans le Scorpion, et qui peut être l'étoile d'Hipparchus. Au reste, on ne trouve dans les souvenirs d'étoiles aucune de celles notées aux années 389, 945, 1264 et 1572. Il est digne de remarque, que toutes les étoiles de cette espèce, dont on a gardé souvenir, se sont montrées, *sans exception*, dans la voie lactée ou près de ses bords ; et cela seulement dans le demi-cercle suivant, le demi-cercle précédent n'en offrant pas d'exemple.

832. D'après une revue attentive des cieux comparés avec le catalogue, on trouve que plusieurs étoiles manquent ; et quoiqu'il n'y ait aucun doute que cela provient souvent d'erreurs ou d'omission ; cependant il est certain que quelquefois ce n'est pas une erreur, que l'étoile a été bien réellement ob-

(1) Traduction de M. Edouard Biot. — *Connaissance des temps*, 1846.

(2) Hind. Notices de la société astronomique, VIII 156, citant Hepidannus. Il place l'étoile chinoise de 173 avant J.-C., entre α et β du petit Chien ; M. Biot dit positivement entre α et β *pied oriental du Centaure*.

servée et qu'elle a disparu des cieux. C'est une branche d'astronomie pratique trop peu cultivée jusqu'ici, et c'est précisément celle à laquelle les amateurs pouvus de bons yeux, ou d'instruments ordinaires, peuvent employer leur temps avec le plus de fruit; elle promet une riche récolte de découvertes; et c'est précisément celle que ne peuvent cultiver les astronomes qui, dans les observatoires, ont trop d'autres travaux. Sir W. Herschell a dressé des catalogues de l'éclat comparatif des étoiles de chaque constellation, dans le but exprès de faciliter ces recherches, et le lecteur les trouvera avec un rapport sur la méthode employée à cette comparaison, dans les *Phil Trans.* 1796 et années suivantes.

833. Nous arrivons maintenant à une classe de phénomènes d'un caractère presque entièrement différent, qui nous donnent une lumière positive sur la nature de quelques étoiles au moins, et nous mettent à même de les déclarer sujettes aux mêmes lois dynamiques et obéissant à la même puissance de gravité qui régissent notre système. Plusieurs étoiles examinées au télescope, sont doubles, c'est-à-dire se composent de deux (et parfois même de trois) individus presque accomplis. Ceci pourrait être attribué à un voisinage accidentel, si les exemples en étaient moins nombreux; mais la fréquence de cet accouplement, l'extrême rapprochement, et dans plusieurs cas, la presque égalité d'étoiles ainsi jointes, font soupçonner fortement qu'il y a plus qu'une simple et fortuite juxtaposition. Par exemple la brillante étoile Castor, quand elle est fortement grossie, se trouve composée de deux étoiles entre la troisième et la quatrième grandeur, à 5" l'une de l'autre. Les étoiles de cette grandeur ne sont pas assez communes dans les cieux pour qu'il ne soit pas très-improbable que ce soit le hasard qui en rapproche ainsi deux d'entre elles. et ce n'est là qu'un exemple entre beaucoup d'autres; en sorte que l'impossibilité s'accroît beaucoup par cette considération. Mitchell, 1767, appliquant les règles du calcul des probabilités au cas des six étoiles les plus brillantes des Pléiades, trouva qu'il y avait 500000 contre 1 à parier que leur proximité n'était pas le simple résultat d'un hasard agissant sur 1500 étoiles (nombre que l'on peut supposer le total des étoiles de cette grandeur sur toute la sphère céleste) (1). Allant plus loin dans cette idée que c'est une connexité physique et non un

(1) Le nombre en est plus petit et Mitchell l'a exagéré. Mais il est assez grand toujours, en le rectifiant, pour compléter son argument. Trans. phil. vol. 57.

assemblage dû au hasard, il trouva la possibilité (convertie depuis en certitude) de l'existence d'étoiles composées, tournant l'une autour de l'autre, ou plutôt autour de leur centre commun de gravité. M. Struve continuant le cours de ces idées, comme spécialement appliquées aux cas des combinaisons des étoiles doubles et triples, et poussant ses supputations plus parfaites jusqu'à l'énumération des étoiles visibles jusqu'à la 7e grandeur, dans la partie des cieux visible à Dorpat, calcula qu'il y avait 9570 contre 1 à parier qu'aucun système de deux étoiles, de 1re à 7e grandeur comprise, parmi tous les systèmes d'étoiles doubles alors visibles, ne tomberait (si c'était par hasard) dans 4" de chacune. Le nombre des étoiles doubles observées, à la date de ce calcul, était déjà de 91 ; et il a été beaucoup augmenté depuis. M. Struve calcula de nouveau qu'il y avait 173524 contre 1 à parier qu'aucun système d'étoiles triples, ne tomberait (si c'était par hasard) dans 32" de la troisième. Il y a maintenant quatre de ces combinaisons qui paraissent dans les cieux, savoir : θ d'Orion, 6 d'Orion, 11 du Minotaure, et ξ du Cancer. La conclusion en faveur d'une connexion physique d'une espèce ou d'une autre, est donc inévitable.

834. Voici une nouvelle considération à l'appui de cette conclusion : α du Centaure et 61 du Cygne sont toutes deux « des étoiles doubles ». Chacune se compose de deux étoiles presque égales, et séparées l'une de l'autre par un intervalle d'un quart de minute environ. Dans 61 du Cygne, les étoiles excèdent la 7me grandeur; c'est donc déjà une probabilité de 9578 pour 1 contre leur proximité apparente. Les deux étoiles de α du Centaure sont au moins de 2me grandeur, et il n'y en a pas plus de 50 à 60 de cette grandeur dans le ciel. Mais, en laissant de côté cette considération, ces deux étoiles, ainsi que nous l'avons déjà vu, ont un mouvement propre assez considérable, pour qu'en supposant ces deux étoiles individuellement séparées, l'une laisserait l'autre derrière elle. Cependant, aux dates les plus reculées où ces étoiles ont été observées respectivement, on ne s'est pas aperçu qu'elles fussent doubles, et c'est seulement en employant des télescopes grossissant 8 ou 10 fois, que l'on s'est assuré qu'elles étaient doubles. Avec un télescope de cette puissance de grossissement, Lacaille, en 1761, put à peine apercevoir les deux constituantes de α du Centaure; tandis que si l'une d'elles seulement eût été affectée du mouvement propre observé, elles

eussent été de 6' séparément. Dans ce cas une connexité physique quelconque semble prouvée par ce seul fait.

835. Sir William Herschell a énuméré plus de 500 étoiles doubles dont chacune a moins de 32" séparément. M. Struve poursuivant ce travail avec un instrument plus convenablement monté pour cet objet, et amené à un degré étonnant de perfection optique, en a ajouté plus de cinq fois ce nombre. D'autres observateurs ont encore étendu ce catalogue « des étoiles doubles » sans avoir épuisé la fertilité des cieux. Parmi ces étoiles, il y en a beaucoup dont la distance entre les constituantes du couple n'excède pas une simple seconde. M. Struve qui fait autorité dans cette branche de l'astronomie, les a divisées en deux classes, suivant la proximité des constituantes. La 1re classe comprend celles entre lesquelles la distance n'excède pas 1"; la 2me, celles dont la distance excède 1", mais n'atteint pas 2" ; la 3me classe comprend la distance de 2" à 4"; la 4me, de 4" à 8" ; la 5me, de 8" à 12" ; la 6me, de 12" à 16"; la 7me, de 16" à 24"; la 8me, de 24" à 32". Chaque classe se subdivise en deux sous-classes, dont l'une sous la dénomination de doubles étoiles *visibles* (*duplices lucidæ*), comprend les étoiles doubles dont les constituantes d'un même couple excèdent 8 1/4 de grandeur, c'est-à-dire sont assez brillantes séparément pour être vues aisément avec un bon télescope de pouvoir ordinaire. Toutes les autres étoiles doubles, dont les deux constituantes ou l'une des constituantes sont au-dessous d'une visibilité facile, sont mises dans l'autre sous-classe sous le nom de *résidues* (*duplices reliquæ*). Cet arrangement est si convenable, qu'après un peu de pratique dans l'usage du télescope, il est aisé de trouver quel pouvoir optique est nécessaire pour déterminer la classification d'une étoile dans l'une des sous-classes ; il faudrait au reste que la sous-classe des résidues eut une troisième sous-classe des étoiles doubles *délicates*, dont l'une des constituantes est si petite qu'elle exige un haut degré de pouvoir optique pour l'apercevoir. Nous allons en donner des exemples.

836. Voici des échantillons de chaque classe. Ils sont pris parmi les étoiles visibles, et tels que si nos lecteurs sont pourvus de télescopes et veulent s'exercer sur ce sujet, ils pourront juger du degré d'efficacité des instruments.

Classe première. — 0′′ à 1′′.

γ de la Couronne boréale.
γ du Centaure.
γ du Loup.
ε du Bélier.
ζ d'Hercule.
η de la Couronne.
η d'Hercule.
λ de Cassiopée.
λ d'Ophiucus.
π du Loup.

τ d'Ophiucus.
φ du Dragon.
φ de la Grande Ourse.
λ de l'Aigle.
ω du Lion.
Atlas des Pléiades.
4 du Verseau.
42 de la Chevelure.
52 du Bélier.
66 des Poissons.

Classe deuxième. — 1′′ à 2′′.

γ Circini.
δ du Cygne.
ε du Caméléon.
ζ du Bouvier.
ι de Cassiopée.
ι 2 du Cancer.

ξ de la Grande Ourse.
π de l'Aigle.
σ de la Couronne boréale.
2 du Caméléopard.
32 d'Orion.
52 d'Orion.

Classe troisième. — 2′′ à 4′′.

α des Poissons.
β de l'Hydre.
γ de la Baleine.
γ du Lion.
γ de la Couronne australe.
γ de la Vierge.
δ du Serpent.
ε du Bouvier.
ε du Dragon.
ε de l'Hydre.

ζ du Verseau.
ζ d'Orion.
ι du Lion.
ι du Triangle.
κ du Lièvre.
μ du Dragon.
μ du Chien.
ρ d'Hercule.
6 de Cassiopée.
44 du Bouvier.

Classe quatrième. — 4′′ à 8′′.

α de la Croix.
α d'Hercule.
α des Gémeaux.
δ des Gémeaux.
ζ de la Couronne boréale.
θ du Phénix.
κ de Céphée.
λ d'Orion.
μ du Cygne.
ξ du Bouvier.

ξ de Céphée.
π du Bouvier.
ρ du Capricorne.
υ d'Argus.
ω du Cocher.
μ d'Eridan.
70 d'Ophiucus.
12 d'Eridan.
32 d'Eridan.
95 d'Hercule.

Classe cinquième. — 8'' à 12''.

β d'Orion.	θ d'Eridan.
γ du Bélier.	ι d'Orion.
γ du Dauphin.	f d'Eridan.
ζ Antliæ.	2 des Chiens chassants.
η de Cassiopée.	

Classe sixième. — 12'' à 14''.

α du Centaure.	ζ de la Grande Ourse.
β de Céphée.	κ du Bouvier.
β du Scorpion.	8 du Minotaure.
γ de Volante.	61 du Cygne.
η du Loup.	

Classe septième. — 16'' à 24''.

α des Chiens chassants.	χ du Taureau.
ι de Norma.	24 de la Chevelure.
ζ des Poissons.	41 du Dragon.
θ du Serpent.	61 d'Ophiucus.
κ de la Couronne australe.	

Classe huitième. — 24'' à 32''.

δ d'Hercule.	κ de Céphée.
η de la Lyre.	ψ du Dragon.
ι du Cancer.	χ du Cygne.
κ d'Hercule.	23 d'Orion.

837. Les plus remarquables parmi les étoiles triples, quadruples et même multiples (car il y en a), sont :

α d'Andromède.	μ du Bouvier.
ε de la Lyre.	ξ du Scorpion.
ζ du Cancer.	11 du Minotaure.
θ d'Orion.	12 du Linx.
μ du Loup.	

α d'Andromède, μ du Bouvier et μ du Loup ne paraissent, même dans les télescopes d'une grande puissance, que comme des étoiles doubles ordinaires ; il faut d'excellents instruments pour découvrir les compagnes plus petites, qui sont, de fait, très-près de doubles étoiles. ε de la Lyre offre la combinaison remarquable d'un couple d'étoiles doubles. Vue avec un télescope ordinaire, elle paraît comme une étoile double facile à diviser, mais avec un instrument meilleur, chaque étoile se voit double et très-belle, une paire étant d'environ 2" 1/2, et l'autre, d'environ 3" séparément. Chacune des étoiles ζ du Cancer, ξ du Scorpion, 11 du Minotaure et 12 du Lynx, se compose d'une étoile principale, double au plus près, d'une compagne plus petite et plus distante ; tandis que θ d'Orion présente le phénomène de quatre étoiles principales brillantes (fig. 127), de 4me, 6me, 7me et 8me grandeurs, formant un trapèze, dont la diagonale la plus longue est 21". 4, et accompagnée par deux compagnes excessivement petites et très-près ; il y en a une des *deux* qui est un excellent réactif pour essai du télescope.

838. Quant aux « délicates » de la sous-classe des étoiles doubles, se composant d'étoiles principales très-grandes et très-visibles, avec des compagnes excessivement petites, il suffit des échantillons que voici :

α 2 du Cancer.
α 2 du Capricorne.
α de Inde.
α de la Lyre.
α Polaire.
β du Verseau.
γ de l'Hydre.
ι de la Grande Ourse.
κ de Circinus.
κ des Gémeaux.
μ de Persée.
τ du Bouvier.
φ de la Vierge.
χ d'Eridan.
16 du Cocher.
94 de la Baleine.

839. Les étoiles doubles offrent à l'amateur d'astronomie un sujet d'étude très-intéressant, comme essai de ses télescopes, et à raison du contraste des couleurs que présentent plusieurs de ces étoiles dont nous parlerons plus tard. C'est le haut degré d'intérêt physique qui s'y rattache, qui leur a donné place dans l'astronomie mederne, et qui justifie les soins minutieux et continus que l'on apporte au mesurage de leurs angles de position et de leurs distances; ce qui enrichit sans cesse nos catalogues par la découverte de quelques étoiles. Nous avons vu que c'est par de telles combinaisons et sous l'impression de cette idée, qu'une observation attentive pouvait lui donner une mesure de parallaxe par les variations périodiques que l'on devait attendre dans la situation relative de la petite étoile accolée, que sir William Herschell fut amené (entre les années 1779 et 1784) à fournir le premier catalogue étendu des étoiles doubles, avec les premiers télescopes grossissants que l'on eût appliqués à cette recherche. Dans ce dessein, la fin qu'il se proposait dut être d'abord laissée de côté, jusqu'à ce que l'on eût en abondance des sujets convenables

et des circonstances favorables pour l'observation. Au reste les mesures d'époques, pour chaque étoile, furent établies, et quand il en fit le résumé, son attention fut détournée du premier objet de son enquête par des phénomènes d'un caractère inattendu, qui alors absorbèrent toute son attention. Au lieu de trouver, comme il s'y attendait, la fluctuation annuelle en deçà et en delà de l'une des étoiles accolées, par rapport à l'autre; l'accroissement annuel alternatif et le décroissement de distance et d'angle de position, que la parallaxe du mouvement annuel de la terre produirait; il observa, dans plusieurs cas, un changement progressif régulier; portant principalement sur la distance dans quelques cas, sur la position dans quelques autres; en avançant constamment dans la même direction, de manière à indiquer clairement soit un mouvement réel des étoiles elles-mêmes, soit un mouvement général rectiligne du soleil et de tout le système solaire, produisant une parallaxe d'un ordre plus élevé que celui qui résulterait du mouvement orbital de la terre, et qu'on peut appeler la parallaxe systématique.

840. Supposant deux étoiles en mouvement, indépendamment l'une de l'autre, et aussi du soleil, il est clair que dans l'intervalle de peu d'années, ces mouvements doivent être regardés comme rectilignes et uniformes. Ensuite, une faible connaissance de la géométrie suffit à montrer que le *mouvement apparent* de l'une des deux étoiles de l'étoile double, rapporté à l'autre comme centre, et projeté sur un plan dans lequel l'autre serait prise pour un point fixe ou zéro, ne peut être autre qu'une ligne droite. Enfin, il en serait ainsi si les étoiles étaient indépendantes l'une de l'autre; mais il en serait autrement si elles avaient une liaison physique, telle par exemple, qu'elle établit entre elles une proximité réelle et une mutuelle gravitation. Dans ce cas, elles décriraient des orbites l'une autour de l'autre, et autour de leur centre commun de gravité; conséquemment, la marche apparente de l'une, rapportée à l'autre considérée comme fixe, au lieu d'être une portion de ligne droite, serait une courbe concave vers l'autre. Au reste, les mouvements observés étaient si lents, qu'il fallut plusieurs années d'observation pour s'en assurer; ce ne fut que vers l'année 1803, vingt-cinq ans après que cette recherche eut été commencée, que l'on put arriver à quelques conclusions positives quant au caractère rectiligne ou orbital des changements de position observés.

841. Cette année et l'année suivante, il fut distinctement annoncé par sir William Herschell, dans deux mémoires insérés dans les *Transactions of the Royal Society* (1), qu'il existe des systèmes composés de deux étoiles, tournant l'une autour de l'autre dans des orbites régulières, et constituant ce que l'on peut appeler *étoiles binaires*, pour les distinguer des étoiles doubles ordinaires avec lesquelles ces étoiles ainsi liées sont confondues, peut-être, avec d'autres seulement *optiquement* doubles, ou bien accidentellement juxtaposées ainsi dans les cieux à différentes distances de l'œil. Les individus d'une étoile binaire sont, en définitive, équidistants de l'œil, ou du moins leur distance ne peut pas différer de plus d'un demi-diamètre de l'orbite qu'elles décrivent l'une autour de l'autre, ce qui est presque insignifiant, comparé à l'immense distance qu'il y a d'elle à la terre. Cinquante à soixante exemples de changements plus ou moins grands dans les angles de position des étoiles doubles, sont signalés dans les mémoires que nous venons de citer; plusieurs sont trop décidés et trop régulièrement progressifs pour qu'on puisse se méprendre sur leur nature. Parmi les étoiles les plus remarquables, sont particulièrement citées comme exemples les plus frappants du mouvement observé : Castor, γ de la Vierge, ξ de l'Ourse, 70 d'Ophiucus, σ et η de la Couronne, ξ du Bouvier, η de Cassiopée, γ du Lion, ζ d'Hercule, δ du Cygne, μ du Bouvier, ϵ 4 et ϵ 5 de la Lyre, λ d'Ophiucus, μ du Dragon et ζ du Verseau. Pour quelques-unes, les temps périodiques de révolution sont assignés, approximativement, et doivent être regardés plutôt comme des conjectures que comme les résultats d'un calcul exact. Par exemple, la révolution de Castor est fixée à 334 ans, celle de γ de la Vierge à 708, et celle de γ du Lion à 1200 ans.

842. Depuis, l'observation a pleinement confirmé ces résultats, non-seulement dans leur ensemble, mais encore dans leurs détails. De toutes les étoiles ci-dessus nommées, il n'en est pas une seule qui ne puisse réellement être regardée comme binaire; la liste comprend presque tous les objets les plus remarquables de ce genre qu'on ait encore découverts, quoiqu'elle se soit étendue assez rapidement dans ces derniers temps où l'on a multiplié les observations avec un soin plus scrupuleux. Le nombre des étoiles doubles qui ont été recon-

(1) L'annonce fut faite en 1802, mais accompagnée par des observations établissant le fait.

nues pour avoir certainement le caractère particulier de binaires, est de plus d'une centaine, énumérées par M. Mädler, en 1841 (1), avec des observations nouvelles. Il faut d'excellents télescopes pour ces observations, la plupart des binaires étant si rapprochées dans leur accouplement, qu'il faut, pour les voir séparées, un pouvoir très-grossissant, de même que nous employons les microscopes les plus puissants aux recherches les plus délicates.

843. Il est facile de croire que des phénomènes de ce genre, ne pouvaient passer sans qu'on tentât de les rattacher aux théories dynamiques. Dès leur première découverte, on les rapporta naturellement à l'action de quelque force, semblable à celle de la gravitation, réunissant les étoiles que l'on démontrait ainsi devoir être dans un état de circulation l'une autour de l'autre; l'extension de la loi newtonienne de gravitation à ces systèmes éloignés, traçait une marche trop évidente et trop bien garantie par celle de notre système, pour ne pas être ostensiblement ou facilement dans la pensée de quiconque s'occupait avec attention de ce sujet. Nous devons le premier système distinct de calcul, par lequel ces éléments elliptiques de l'orbite d'une étoile binaire peuvent se déduire des observations de son angle de position et de sa distance, à différentes époques, à M. Savary qui (dans sa *Connaissance des temps*, 1830), a prouvé que les mouvements de l'une des plus remarquables entre elles (ξ de l'Ourse) s'expliqueraient, dans les limites ordinaires, à l'erreur d'observation, par la supposition d'une orbite elliptique décrite dans la courte période de 58 1/4 ans. Un procédé différent de calcul, a conduit le professeur Encke (*Berlin. Ephem.* 1832) à une orbite elliptique, dans une période de 74 ans pour 70 d'Ophiucus. M. Mädler s'est spécialement signalé dans cette ligne d'enquête, et plusieurs orbites ont été calculées par M. Hind, et par le capitaine Smyth, et par moi-même qui ai pris une part active à ces intéressantes investigations. Les résultats suivants peuvent être regardés comme les principaux de ceux qui ont été obtenus jusqu'ici dans cette branche d'astronomie:

(1) Dorpat. Observations. Vol. IX, — 1840 et 1841.

NOMS DES ÉTOILES.	Demi-axe apparent	Excentricité.	Position du nœud.	Périhélie du nœud de l'orbite.	Inclinaison.	Périodes en années.	Passage périhélie.	NOMS des ASTRONOMES.
1. d'Hercule.	1''189	0.44434	39° 26'	262° 4'	50° 53'	31.468	1829-30	Mädler.
2. η de la Couronne B.	1 688	0.35760	21 18	261 21	71 8	43 246	1815-23	Id.
3. ζ du Cancer.	1 292	0.23486	1 28	266 0	63 17	58.910	1855-37	Id.
4. a. ξ de la G. Ourse.	3 857	0.41640	95 22	131 38	50 40	58.262	1817-25	Savary.
4. b. Id.	3 278	0.37770	97 47	134 22	86 6	60.720	1816-75	Herschell junior.
4. c. Id. . . .	2 417	0.41550	98 52	130 48	54 56	61.464	1816-44	Mädler.
5. ω du Lion.	0 857	0.64538	135 11	185 27	46 35	82.525	1849-76	Id.
6. a. p. d'Ophiucus. .	4 328	0.43907	147 12	125 22	46 25	73.862	1806-88	Encke.
6. b. Id.	4 392	0.46670	157 2	145 46	48 5	80.340	1807-86	Herschell junior.
6. c. Id.	4 192	0.44380	126 55	142 55	64 51	92.870	1812-73	Mädler.
7. Σ 3062.	1 255	0.44958	45 3	137 27	35 31	94.765	1837-41	Id.
8. ξ du Bouvier. . . .	12 560	0.59374	359 59	100 59	80 5	117.140	1779-88	Herschell junior.
9. δ du Cygne.	1 811	0.60667	24 54	243 24	46 23	178.700	1862-87	Hind.
10. γ de la Vierge. . .	3 580	0.87952	5 35	313 48	23 36	182.120	1836-43	Herschell junior.
11. a. Castor.	8 086	0.75820	58 6	97 29	70 3	252.660	1855-83	Id.
11. b. Id.	7 008	0.79725	23 5	87 37	70 58	232 124	1913-90	Mädler.
11. c. Id.	6 300	0.24050	11 24	256 22	43 14	632.270	1699-96	Hind.
12. a. 6 de la Cour. B.	3 918	0.69978	25 7	64 38	29 29	608.450	1826-60	Mädler.
12. b. Id.	5 194	0.72560	21 3	69 24	25 39	736.880	1826-48	Hind.
13. μ. 2 du Bouvier. . .	3 218	0.84010	117 21	103 17	46 57	649.720	1852-50	Id.
14. α du Centaure. . .	15 500	0.95000	86 7	291 22	47 56	77.000	1851-50	Jacob.

N. B. Les éléments Nos 1, 2, 3, 4 c, 5, 6 c, 7, 11 b, 12 a, sont extraits des Vues synoptiques de Mädler sur l'histoire des Etoiles doubles, vol. IX, des Observations de Dorpat; 4 a de la Connaissance des temps 1830; 4 b, 6 b et 11 a du vol. V. Trans. astron. soc., Lond.; 6 a des Ephémérides, Berlin, 1832; no 8, des Trans. astron. soc. vol. VI; no 9, 11 c, 12 b, et 13 des Notices de la Société astronomique, vol. VII, p. 22, et VIII, p. 159; no 10 des Résultats d'observations astronomiques au cap de Bonne-Espérance, par l'auteur, p. 297. Le Σ devant le no 7 désigne le nombre de l'étoile dans le Catalogue Dorpat de M. Struve (1827); lequel pour 1826 donne les lieux de 3112 étoiles.

La *position du nœud*, dans la quatrième colonne exprime l'angle de position (art. 204) de la ligne d'intersection du plan de l'orbite, avec le plan des cieux sur lequel on le voit projeté. L'*inclinaison*, dans la sixième colonne, est l'inclinaison de ces deux plans l'un sur l'autre. La cinquième colonne donne l'angle compris *dans le plan de l'orbite*, entre la ligne des nœuds (définie comme ci-dessus) et la ligne des apsides. Les éléments assignés dans la table à ω du Lion, ξ du Bouvier, et à Castor, doivent être regardés comme douteux; on peut même en dire autant de μ 2 du Bouvier, dont les éléments se basent sur un trop petit arc de l'orbite, et trop imparfaitement observé, pour qu'on y puisse asseoir un calcul bien certain.

844. Le plus remarquable de ces résultats est peut-être γ de la Vierge. C'est une étoile de troisième grandeur ordinaire (3,08 = photom. 3,494), et ses étoiles composantes sont presque entièrement égales; et, à ce qu'il semble, variables à un faible degré, puisque d'après les observations de M. Struve, l'une est alternativement un peu plus grande et un peu moins grande que l'autre, et qu'elles sont souvent égales. On a reconnu, depuis le commencement du seizième siècle, qu'elle est formée de deux étoiles, dont la distance est de six à sept secondes; en sorte qu'il suffit d'un télescope passablement bon pour les distinguer. Quand elle fut observée par Herschell, en 1780, elle était de 5",66; elle continua à décroître graduellement et régulièrement jusqu'à ce qu'enfin, en 1836, les deux étoiles s'approchèrent tellement qu'elles se confondirent, pour le meilleur télescope, en une simple étoile parfaitement ronde; le grand réfracteur de Pulkowa seul, avec un pouvoir grossissant de 1000, continua d'indiquer, par la forme allongée du disque de l'étoile, sa nature composée. En estimant

le rapport de sa longueur à sa largeur, et mesurant la longueur, M. Struve conclut qu'à cette époque (1836-41), la distance, entre les centres des deux étoiles, pouvait être de 0",22. depuis ce temps l'étoile s'est agrandie, et en 1849 ses deux constituantes étaient séparées de plus de 2". Cette diminution et cet accroissement de distance très-remarquables, ont été accompagnés d'une diminution et d'un accroissement de mouvement angulaire relatif, non moins remarquable. Ainsi, en 1783, le mouvement angulaire apparent s'élevait à peine à 1/2 degré par an, tandis qu'en 1830, il s'est accru jusqu'à 50; en 1834, jusqu'à 20°; en 1835 jusqu'à 40°; vers le milieu de 1836, jusqu'à 70° par an; c'est-à-dire de près d'un degré tous les cinq jours. Cela est entièrement conforme aux principes de la dynamique, qui établit une connexion indispensable entre la vitesse angulaire et la distance, aussi bien dans l'orbite apparente que dans l'orbite réelle d'un corps tournant autour d'un autre, sous l'influence de la réciprocité d'attraction ; la première variant en sens inverse du carré de la dernière, quelle que soit la courbe décrite, et quelle que soit la loi de la force d'attraction. Il est heureusement arrivé que Bradley, en 1718, a noté et rappelé en marge d'un de ses livres d'observation la direction apparente de leur ligne de jonction, comme étant parallèle à celle de deux étoiles remarquables, λ et δ de la même constellation, vues à l'œil nu; cette note tirée récemment de l'oubli par le professeur Rigaud, a rendu un signalé service pour la vérification des éléments assignés ci-dessus à l'orbite, ce qui représente toutes les séries d'observations faites jusqu'à la fin de 1846 (comprenant un mouvement angulaire de presque les neuf dixièmes du circuit complet), à la fois dans l'angle et dans la distance avec un degré d'exactitude *pleinement égal à celui de l'observation elle-même.* Il ne peut donc rester aucun doute sur la prépondérance, dans ce système éloigné, de la loi de Newton sur la gravitation.

845. Les observations de ξ de la grande Ourse, sont également bien représentées par les éléments de M. Mädler (quatrième colonne du tableau), et justifient pleinement l'application de la loi de Newton aux mouvements du système d'étoiles binaires. C'eût été même le cas, comme M. Mädler paraît le croire, que si dans un seul exemple (celui de *p* d'Ophiucus) il existe des déviations du mouvement elliptique, trop considérables pour provenir d'une simple erreur d'observations

(ce que nous ne sommes pas disposés à accorder) (1), il vaut mieux regarder, comme la cause de ces déviations, les perturbations provenant, ainsi que Bessel l'a suggéré, de quelque grande étoile double qui nous a été cachée jusqu'ici, que de douter de la loi de Newton dans la généralité de son application.

846. Si la grande longueur des périodes de quelques-uns de ces corps est remarquable, la brièveté de celles de quelques autres ne l'est pas moins. ζ d'Hercule a déjà complété deux révolutions depuis l'époque de sa première découverte, montrant dans son cours le spectacle extraordinaire d'une occultation sidérale, la plus petite étoile ayant été deux fois complètement cachée derrière la plus grande. η de la Couronne, ζ du Cancer et ξ de l'Ourse ont accompli plus de leur circuit entier ; 70 d'Ophiucus et γ de la Vierge ont accompli la plus grande partie de leurs ellipses respectives depuis la même époque. Si donc il pouvait rester le moindre doute sur la réalité de leurs mouvements suivant leurs orbites, ou quelque idée de les expliquer par de simples changements parallactiques, ces faits suffiraient pour les dissiper. Nous voyons leurs rotations l'une autour de l'autre, avec la même évidence que celle d'Uranus et de Saturne autour du soleil ; la correspondance entre leurs lieux observés et les lieux donnés par le calcul, dans des ellipses très-allongées, doit être admise comme une preuve de la soumission de leurs systèmes à la loi newtonienne de gravité ; elle est du même genre que la preuve donnée par la correspondance entre les lieux observés et les lieux calculés des comètes dans leur circulation autour du corps central de notre système.

847. Mais ce n'est pas plus à des révolutions de corps de nature planétaire ou cométaire autour d'un centre solaire que nous avons affaire maintenant ; c'est à celle d'un soleil autour d'un autre soleil, chacun, peut-être, accompagné de sa suite des planètes avec *leurs* satellites, cachés à notre vue par la splendeur de leurs soleils respectifs, et répartis dans un espace de proportion à peine plus grande, par rapport à l'in-

(1) *p.* d'Ophiucus appartient à cette classe d'étoiles doubles très-inégales, dont les constituantes varient de la 4e à la 7e grandeur. Ces étoiles offrent des difficultés dans le mesurage de leurs angles de position qui continuent encore à embarrasser l'observateur, quoique d'après les derniers perfectionnements introduits dans l'art de ce mesurage, ces difficultés soient moindres que dans les premiers temps d'observation. En plaçant simplement un seul fil parallèle à la ligne de jonction des deux étoiles, on peut commettre une erreur de 3° ou 4°, mais en les plaçant entre deux fils parallèles, on évite en grande partie cette erreur.

tervalle énorme qui *la* sépare, que les distances des satellites de nos planètes à leurs principales par rapport à leurs distances du soleil lui-même. Une subordination moins distinctement caractérisée, serait incompatible avec la stabilité de leurs systèmes, et avec la nature planétaire de leurs orbites. A moins d'être fortement mises à l'abri par leur supérieur immédiat, la marche de leur autre soleil à son passage au périhélie de leur propre soleil les entraînerait hors de leurs orbites, ou les ferait tournoyer dans des orbites incompatibles avec les conditions nécessaires à l'existence de leurs habitants. Il faut avouer qu'il y a là un champ vaste et nouveau d'excursions spéculatives auxquelles il n'est pas aisé d'échapper.

848. La découverte des parallaxes de α du Centaure et 61 du Cygne, que nous avons toutes deux examinées parmi les étoiles doubles « remarquables » de 6e classe (distinction bien méritée, par la première surtout, à raison de l'éclat de ses deux composantes), nous met à même de parler avec quelque certitude des dimensions absolues de leurs deux orbites, et d'en conclure une opinion probable quant à l'échelle générale sur laquelle sont construits ces systèmes étonnants. La distance des deux étoiles de 61 du Cygne sous-tend à la terre un angle qui, depuis les plus anciens mesurages en 1781, a varié d'une demi-seconde à peine dans sa moyenne de 15", 5. D'un autre côté l'angle de position a changé depuis la même époque de près de 50°, en sorte qu'il paraît probable que la vraie forme de l'orbite n'est pas loin d'être circulaire, sa position étant à angles droits avec la ligne visuelle et son temps périodique n'étant probablement pas moindre de 500 ans. Or, comme la parallaxe déterminée de cette étoile est, 0", 348, ce qui est par conséquent l'angle que le rayon de la terre sous-tendrait si la terre était aussi éloignée, il s'ensuit que la moyenne distance entre les étoiles est à ce rayon comme 15", 5 : 0", 342, ou comme 44,54 : 1. L'orbite décrite par ces deux étoiles l'une autour de l'autre sans doute, est donc beaucoup plus grande que celle décrite par Neptune autour du soleil. En supposant que la période soit de cinq siècles (et la distance étant maintenant dans son accroissement, elle peut difficilement être moindre), les propositions générales de Newton (1), combinées avec 3e loi de Kepler, mettent à

(1) Princip. l. 1. prop. 57, 58, 59.

même de calculer la somme des masses des deux étoiles : on trouve, d'après ces données qu'elle est 0, 353 ; la masse de notre soleil étant 1. Ainsi le soleil n'est ni beaucoup plus grand ni beaucoup moindre que les étoiles composant 61 du Cygne.

849. Les données dans le cas de α du Centaure sont plus incertaines. Depuis l'année 1822, la distance a été promptement et assez rapidement décroissante dans le rapport d'une demi-seconde par an, et cela avec un très-petit changement dans l'angle de position. Il s'ensuit évidemment que le plan de son orbite passe presque à travers la terre (et que la distance, vers le milieu de 1834, ayant été 17" 172), il est très-probable qu'une occultation, semblable à celle observée de ζ d'Hercule, ou bien un choc de deux étoiles, aura lieu en 1867. Comme les observations que l'on a ne reposent pas sur des bases suffisantes pour un calcul satisfaisant des éléments elliptiques, nous nous contenterons de prendre ce qui, à tout évènement, est pleinement justifié ; c'est-à-dire que la moitié du grand axe doit excéder 12", et qu'il est très-probablement beaucoup plus grand. Or avec une parallaxe de 0", 913, cela donnerait pour la valeur réelle du demi-grand axe 13,15 rayons de l'orbite terrestre comme minimum. Les dimensions réelles de leur ellipse, ne peuvent donc pas être aussi petites que celles de l'orbite de Saturne ; suivant toutes probabilités, elles excèdent celles d'Uranus ; il est possible qu'elles excèdent de beaucoup les unes et les autres.

850. Le parallèle entre ces deux étoiles double est remarquable, à raison de leur proximité *comparative* de notre système, Leurs mouvements propres apparents sont tous les deux rarement grands, et pour la même raison plutôt qu'à cause de leurs dimensions, leurs orbites nous paraissent, pour des étoiles doubles binaires, sous ce que l'on peut appeler rarement de grands angles. Chacune se compose d'étoiles, pas très-inégales en éclat, et d'un jaune presque orange, la plus petite composante, dans chacune de ces étoiles doubles, étant de la teinte lumineuse la plus foncée. Quelque diversité que l'on trouve dans les autres objets du ciel sidéral, ces étoiles doubles semblant être du même genre ou de la même famille (1).

(1) De semblables combinaisons sont très-nombreuses, on en voit plusieurs exemples remarquables parmi les étoiles doubles, catalogués par l'auteur dans les 2e, 3e, 4e, 6e et 9e vol. des Trans. de la soc. R. A. et dans le volume des observations du Sud déjà

*851. Plusieurs des étoiles doubles offrent le phénomène curieux de couleurs contrastées ou complémentaires (1). Dans ces exemples, la plus grande étoile est ordinairement de couleur rougeâtre ou orangée, tandis que la plus petite semble bleue ou verte, probablement à raison de cette loi générale d'optique que, lorsque la rétine est sous l'influence de l'excitation de quelque lumière brillante et colorée, les lumières plus faibles qui, vues seules, ne produiraient d'autre sensation que la blancheur, paraissent alors pendant quelque temps colorées de la teinte complémentaire de celle des plus brillantes. Ainsi, la couleur jaune dominant dans la lumière de l'étoile la plus brillante, celle qui brille le moins dans le même champ de vue paraît bleue ; si c'est la teinte rouge qui domine dans la plus brillante, l'autre virera au vert, et même assez vif dans des circonstances favorables. Le premier de ces contrastes est donné par ι du Cancer, le second par γ d'Andromède (2), qui sont toutes deux de belles étoiles doubles. Si d'ailleurs, l'étoile colorée est de beaucoup la moins brillante des deux, elle n'affectera pas l'autre sensiblement. Ainsi, par exemple, η de Cassiopée offre la magnifique combinaison d'une grande étoile blanche et d'une petite étoile d'un riche pourpre. Nous ne prétendons pas dire cependant, que dans tous les cas, l'une des couleurs n'est qu'un simple effet de contraste ; il est plus aisé de dire que de concevoir quelle variété d'illumination, *deux soleils*, un rouge et un vert, ou un jaune et un bleu, peuvent donner à une planète circulant autour de l'un et de l'autre ; quels contrastes charmants et « quelles vicissitudes gracieuses, » par exemple, qu'un jour rouge et un jour vert, alternant avec un jour blanc et avec des nuits noires, provenant de la présence ou de l'absence de l'un ou l'autre soleil, ou de tous les deux au-dessus de l'horizon. Des étoiles isolées, de couleur rouge, presque aussi foncée que

cité, Nos 121, 375, 1066, 1907, 2030, 2146, 2244, 2772, 3853, 3395, 3998, 4000, 4055, 4196, 4210, 4615, 4649, 4765, 5003, 5012 de ces catalogues. La belle étoile double binaire B. A. C. N° 4923, a ses composantes 15'' à part une 6 m jaune, l'autre 7 m orange.

(1) « Tu donneras alors, à des soleils plus beaux,
Et suivis de leur lune, une lumière nouvelle
Des deux sexes peut-être, et qui, mâle et femelle,
Redonnera la vie à des astres nouveaux. » *Paradise lost*, VIII, 148.

(2) La petite étoile de γ d'Andromède est double de près. Ses deux composantes sont vertes ; une combinaison semblable avec des couleurs plus tranchées, se présente dans la double étoile N. 881.

celle du sang (1), se montrent dans plusieurs parties des cieux, mais on n'y trouve jamais, que je sache, d'étoile verte ou bleue, de couleur décidée, à moins qu'elle ne soit associée à quelque compagne plus brillante.

852. Un autre sujet très-intéressant de recherches dans l'histoire physique des étoiles, est celui de leurs mouvements propres. Il a été noté par Halley le premier, que trois étoiles principales, Sirius, Arcturus, Aldébaran, sont placées par Ptolémée, d'après les observations d'Hipparchus, faites 130 ans avant J.-C., dans des latitudes respectivement 20' 22" et 33' plus *Nord* que celles trouvées en 1717 (Trans. phil. 1717, vol. 30, fol. 736). Faisant la part de la diminution d'obliquité de l'écliptique dans l'intervalle (1847 ans), elles devaient être, si elles sont fixes réellement, à 10' 14', et 0' plus au *Sud*. Comme les circonstances du renseignement excluent toute supposition d'erreur de transcription dans le manuscrit, on est forcé d'admettre un mouvement Sud en latitude pour ces étoiles jusqu'à une étendue très-considérable, respectivement de 37', 42', et 33'; cela est corroboré par une observation d'Aldébaran à Athènes, en l'an 509, où cette étoile, le 1er mars de cette année, fut vue immédiatement après son emergence d'occultation par la lune, dans une position qu'elle n'aurait pas pu avoir, si cette occultation n'eût pas été presque centrale. Or d'après la connaissance que nous avons des mouvements lunaires, cela n'eût pu avoir lieu pour Aldebaran, dans ce temps, s'il eût eu la latitude plus au Sud qu'il a maintenant. *A priori*, l'on peut s'attendre à découvrir des mouvements apparents de ce genre ou d'un autre parmi la foule des étoiles répandues dans l'espace, et que rien ne maintient fixes. Leurs attractions mutuelles même, quoique inconcevablement affaiblies par la distance, et contrebalancées par des attractions contraires, devraient produire dans le laps des siècles, *quelques* mouvements, quelques changements d'arrangements

(1) Voici pour 1830 les ascensions D. et les distances N. P. de quelques-unes des étoiles rouges les plus remarquables :

A. D.	Dist. N. P.	A. D.	Dist. N. P.
4 h 40 m 55 s	61° 46' 21"	12 h 37 m 31 s	148° 45' 47"
5 38 29	136 32 13	16 29 41	122 2 0
9 27 56	152 2 48	30 7 8	111 50 11
9 43 31	150 47 12	21 57 18	31 59 47
10 52 10	107 24 40	21 37 20	52 51 47

Le n. 5 dans l'ordre d'ascension droite (A. D.) est dans le même champ de vue que α de l'Hydre, et le n. 9 que β de la Croix.

intérieurs résultant de la différence des actions opposées. En effet, il existe de tels mouvements apparents, et les observations exactes de l'astronomie moderne l'ont prouvé. C'est ainsi, comme nous l'avons vu, que les deux étoiles 61 du Cygne sont restées constamment à la même distance, à très-peu près, de 15", depuis au moins cinquante ans, quoique leur situation locale dans les cieux ait glissé, dans cet intervalle de temps, de non moins que 4', 23", le mouvement propre annuel de chaque étoile étant 5"; 3 ; cette quantité (excédant un tiers de leur intervalle) est celle dont le système s'avance chaque année dans une marche inconnue, par un mouvement qui, depuis plusieurs siècles, peut être regardé comme uniforme et rectiligne. Parmi les étoiles qui ne sont pas doubles et qui ne diffèrent des autres par aucune particularité remarquable, ε d'Indus (1) et μ de Cassiopée sont à signaler comme ayant le plus grand mouvement propre qu'on ait encore déterminé, ceux de 7", 74 et de 3", 74, par déplacement annuel. On en a observé un grand nombre d'autres qui éprouvent un déplacement beaucoup plus petit, mais constant et non équivoque (2).

853. Des mouvements qui ont besoin de s'accumuler pendant des siècles, avant de produire des changements d'arrangement qu'on puisse découvrir à l'œil nu, quoique suffisants pour détruire l'idée d'une fixité mathématique en théorie, sont trop peu de chose cependant, dans les applications pratiques, pour nous porter à changer de langage et à nommer autrement que fixes, les étoiles, suivant l'usage. Quelque petites que soient ces étoiles d'ailleurs, les astronomes, dès qu'ils ont été certains de leur existence réelle, n'ont pas été trompés dans leur attente de les ramener aux lois générales. Il n'est personne, ayant réfléchi avec une attention convenable sur ce sujet, qui soit tenté de nier qu'il y a forte probabilité, sinon certitude, que le soleil *a* un mouvement propre dans *quelque* direction ; la conséquence inévitable de ce mouvement auquel le reste ne participe pas, doit être une lente *moyenne* tendance apparente de toutes les étoiles vers le point évanouissant des lignes parallèles à cette direction, et vers la région dont il s'éloigne, quoique plusieurs étoiles puissent différer beaucoup

(1) D'Arrest. Astr. Nachr. n. 618.

(2) On peut consulter « une liste de 314 étoiles ayant, ou étant supposées avoir un mouvement propre de non moins que 0",5 d'un grand cercle, *par an*, par feu *Baily*. *Esq. Trans. astr. soc.* v, p. 158. »

de cette moyenne, à raison du mouvement propre qui leur est particulier. C'est un effet nécessaire de perspective ; il est certain que l'observation nous le ferait découvrir, si nous savions bien les mouvements propres apparents de toutes les étoiles, et si nous étions sûrs qu'ils sont indépendants, c'est-à-dire que tout le firmament, ou du moins sa partie qui nous avoisine, n'est pas entraîné par un *service* général en quelque sorte, dans une même direction, résultant d'un développement inconnu et de lents changements internes dans la couche sidérale à laquelle appartient notre système, comme nous voyons des atomes entraînés par un courant d'air, et y conservant presque la même situation relative les uns par rapport aux autres.

854. C'était dans cette supposition, tacitement mais fortement empreinte dans toute la marche de son raisonnement, que sir William Herschell, en 1783, d'après la considération des mouvements propres apparents de ces étoiles que l'on pouvait alors regarder comme positivement existantes (quoique imparfaitement déterminées), arriva à conclure qu'un mouvement relatif du soleil, parmi les étoiles fixes dans la direction d'un point ou sommet parallactique, situé près λ d'Hercule, c'est-à-dire en ascension droite, 17 h. 22 m. = 260° 34', NPD 63° 43' (1790), devait expliquer leurs mouvements principaux observés, laissant cependant encore quelque chose d'inexplicable par cette cause ; dans la même année, Prévost, envisageant la question presque au même point de vue, arrivait à conclure que le sommet solaire (ou point de la sphère vers lequel le soleil avance relativement), s'accordait presque en distance polaire avec le précédent, mais en différait de 27° en ascension droite. Depuis ce temps, les moyens du calcul ont été perfectionnés, nos connaissances sur les mouvements des étoiles sont devenues plus précises, et l'on a noté un plus grand nombre de ces mouvements. Ce sujet a été résumé par plusieurs astronomes et mathématiciens distingués : 1° par M. Argelander qui, d'après la considération des mouvements propres de 21 étoiles excédant 1" par an en arc, a placé le sommet solaire en A. D. 256° 25' — NPD 51° 23'; qui d'après les mouvements propres de 50 étoiles entre 0", 5 et 1", l'a placé à 255° 10' — 51° 26; qui d'après les mouvements de 319 étoiles entre 0", 1 et 0", 5 par an, l'a placé à 261° 11' — 59° 2'; 2° par M. Lundahl, dont les calculs fondés sur les mouvements propres de 149 étoiles, a trouvé 252° 53' — 75° 34' ; 3° par

M. Otto Struve, dont le résultat 261° 22' — 62° 24 a pour base une discussion approfondie des mouvements propres de 392 étoiles. Toutes ces positions sont pour 1790.

855. La moyenne la plus probable est, d'après les travaux de ces astronomes et pour cette même époque, A. D = 259° 9' — NPD 55° 23'. Leurs recherches ne s'étendant qu'aux étoiles visibles pour les observatoires de l'Europe, c'est une question fort intéressante que celle de savoir de combien les étoiles non visibles de l'hémisphère Sud, examinées de la même manière, corroboreraient ou infirmeraient leurs conclusions. Les observations de Lacaille, au cap de Bonne-Espérance, en 1751 et 1752, comparées avec celle de M. Johnson, à Sainte-Hélène, de 1829 à 1833, et avec celles de M. Henderson, au Cap, en 1830 et 1831, ont donné le moyen de résoudre cette question. M. Galloway, qui a entrepris cette tâche, s'en est tiré en maître dans son mémoire publié dans les transactions philosophiques pour 1847, et nous y renverrons le lecteur qui voudra connaître à fond ce sujet que nous ne pouvons qu'effleurer ici. En comparant les résumés, M. Galloway trouva 81 étoiles Sud non employées dans les investigations précédentes, dont les mouvements propres, dans le même laps de temps, donnent l'assurance qu'elles n'ont pas produit d'erreur dans les observations plus anciennes. Soumettant ces étoiles au même procédé de calcul, il conclut pour 1790, le lieu du sommet solaire A. D 260° 1' — NPD 55° 37, résultat si près d'être identique avec celui trouvé dans l'hémisphère Nord, qu'on peut le regarder comme une démonstration de la cause physique assignée au phénomène dont nous nous occupons.

856. La nature de cet ouvrage ne nous permet pas d'entrer dans les détails du calcul mathématique ; mais nous pouvons expliquer en peu de mots le principe philosophique qui lui servait de base. Presque toutes les grandes découvertes en astronomie proviennent de la considération d'après laquelle nous avons nommé ailleurs (1) *phénomène résidu*, d'une espèce quantitative ou numérique, ce qui reste de tous les résultats d'observations, après en avoir déduit tout ce qui reçoit son application stricte des principes connus. C'est ainsi que la grande découverte de la précession des équinoxes est venue, comme un phénomène résidu, de l'explication imparfaite du retour des saisons par le retour du soleil à la même place ap-

(1) Discours sur l'étude de la philosophie naturelle. *Cab. cyclopædia*, n° 14

parente parmi les étoiles fixes. C'est ainsi que l'aberration et la nutation sont les phénomènes résidus de cette partie des changements des lieux apparents des étoiles fixes qui restaient en dehors de la ligne de compte pour la précession. C'est encore ainsi que les mouvements propres *apparents* des étoiles sont les *résidus* observés de leurs mouvements apparents, restant en dehors du calcul strict des effets de précession, nutation et aberration. Les théories humaines ne pouvant arriver à la perfection, y tendent du moins par la diminution de ce résidu, de ce *caput mortuum* de l'observation, qu'on doit tâcher de réduire à rien, si c'est possible, en prouvant que l'on a négligé quelque chose dans l'appréciation des causes connues, ou bien en le reprenant comme un fait nouveau, pour remonter philosophiquement de l'effet à la cause. Pour toute cause nouvelle à laquelle on ne peut donner d'explication, notre premier soin doit être de rechercher si une telle cause doit produire un tel résultat *dans l'espèce;* ensuite il faut assigner à cette cause une assez grande intensité pour que son total nous laisse peu de reste. Le mouvement propre du soleil étant admis comme cause, nous avons deux choses disponibles, — sa direction et sa vitesse, qui, si elles nous devenaient jamais entièrement connues, ne pourraient l'être que par la considération du vrai phénomène en question. Notre but enfin est de compter, s'il est possible, pour le *tout* des mouvements propres observés, par la présomption propre de ces éléments. Si cela est impraticable, nous devons regarder ce qui reste comme phénomène résidu de l'espèce la plus cachée; mais ce qui le concerne, en tant que cela entre en ligne de compte, doit être considéré comme accidentel, soit d'un côté, soit d'un autre, s'il n'y a rien qui s'y oppose et si les probabilités sont égales. La théorie des probabilités nécessite donc (comme elle le fait dans tous les cas) un procédé mathématique général, connu comme « la méthode des moindres carrés » lequel conduit à une conclusion strictement géométrique, pour la valeur des éléments cherchés, *qui, dans toutes les circonstances, sont le plus probables.*

857. C'est à ce procédé qu'ont eu recours tous les géomètres cités dans les articles précédents (854 et 855). Il indique non-seulement la direction dans l'espace, mais aussi la *vitesse* du mouvement solaire, estimées d'après l'échelle donnant les vitesses des mouvements sidéraux à développer; c'est-à-dire en secondes d'un arc qui serait sous-tendu, à la moyenne dis-

tance des étoiles qu'il concerne, par leur mouvement annuel dans l'espace. Mais ici se présente une considération qui tend matériellement à compliquer le problème, et à introduire dans sa solution un élément qui dépend de suppositions plus ou moins arbitraires. La distance des étoiles étant inconnue, à l'exception de deux ou trois exemples, on est forcé de restreindre l'enquête à *cet égard*, à un trop petit nombre pour obtenir quelque résultat, ou bien de recourir à quelque hypothèse sur la distance relative des étoiles employées. On n'a plus alors, pour se guider qu'une probabilité générale, et deux voies s'ouvrent alors : 1° de classer les distances des étoiles d'après leurs grandeurs, ou leur éclat apparent, et d'établir des calculs séparés pour chaque classe comprenant les étoiles équidistantes ou à peu près ; 2° de classer les distances des étoiles d'après les observations de leurs mouvements propres apparents, sous cette présomption que celles qui nous paraissent se mouvoir le plus vite sont le plus près de nous. La première voie est celle où M. Otto Struve est entré ; la seconde est celle suivie par M. Argelander. Quant à ce dernier principe de classification, d'ailleurs, deux considérations se présentent pour l'appliquer : 1° que nous voyons le mouvement *réel* des étoiles en raccourci par un effet de perspective ; 2° que cette partie du mouvement total propre *apparent*, qui provient du mouvement réel du soleil, dépend, non pas simplement de la distance de l'étoile au soleil, mais aussi de la distance angulaire apparente au sommet solaire, étant, toutes choses égales d'ailleurs, comme le sinus de cet angle. Pour exécuter correctement cette classification, il faut donc connaître ces deux particularités pour chaque étoile. La première est évidemment hors de notre portée. Nous sommes donc, par cette raison, contraints de la regarder comme accidentelle, en établissant que la moyenne d'un grand nombre d'étoiles est sans influence sur le résultat. Mais la seconde ne peut être éliminée sommairement ainsi. A l'aide d'une connaissance approximative du sommet solaire, nous pouvons, il est vrai, trouver les valeurs approximatives des parties simplement apparentes des mouvements propres, en supposant toutes les étoiles équidistantes, et ceci déduit du mouvement total observé, les restes suffisent pour la classification dont il s'agit (1). Ce serait, au reste, un

(1) Les classes de M. Argelander sont établies, en dehors de cette considération, et basées simplement sur le montant total apparent du mouvement propre ; elles sont donc *en cela*, à examiner : il est donc plus satisfaisant de trouver un si grand accord dans les résultats partiels qu'il en obtient.

mode de procéder trop long et trop précaire en certains cas. D'un autre côté, la classification par l'éclat apparent n'offre pas moins de difficultés, puisqu'il faudrait prouver alors, qu'en moyenne, les étoiles les plus brillantes sont le plus près, et que les exceptions à cette règle sont des accidents, mot que l'on emploie toujours, pour exprimer notre ignorance, et justifier le biais pris en dehors d'une règle certaine et mathématique. Dans la discussion par M. Galloway, des étoiles du Sud, la considération des distances est écartée, ce qui équivaut à une complète ignorance sur ce point, aussi bien pour les directions réelles que pour les vitesses des mouvements individuels.

858. La vitesse du mouvement solaire, d'après les calculs de M. Otto Struve, est telle qu'elle aurait une sous-tendante angulaire de 0",3392, si on la voyait à angles droits de la distance moyenne d'une étoile de première grandeur. Si nous prenons, avec M. Struve senior, la parallaxe de cette étoile comme probablement égale à 0",209 (1), il nous sera possible de comparer son mouvement annuel avec le rayon de l'orbite de la terre, le résultat étant 1,623 de ces unités. Alors le soleil s'avance dans l'espace (relativement du moins, parmi les étoiles), entraînant avec lui tout le système planétaire et cométaire avec une vitesse de 1623 rayons de l'orbite de la terre, ou 154185000 *miles* (plus de 10328388 *myriamètres*), *par an*, ou par jour 422000 *miles* (plus de 679120 *myriamètres*), ce qui est presque son propre demi-diamètre : en d'autres termes, avec une vitesse un peu plus grande que le quart du mouvement annuel de la terre dans son orbite.

859. Une autre génération d'astronomes, et peut-être plusieurs autres, passeront avant que l'on puisse décider d'après une connaissance plus précise et plus étendue du mouvement propre des étoiles que celle que l'on a maintenant, de combien la direction et la vitesse ci-dessus assignées au mouvement solaire, diffèrent de l'exacte vérité; et si le mouvement est continu, uniforme; ou s'il donne quelque signe de déviation du mouvement rectiligne ; c'est ainsi qu'un jour peut-être on pourra tracer un arc de l'orbite solaire, et indiquer la direction suivant laquelle la gravitation du firmament sidéral entraîne le corps central de notre système : une analogie à cette déviation de l'uniformité de mouvement semble se présenter dans l'existence reconnue d'une déviation semblable dans les mouvements propres de Sirius et de Procyon ; ces deux étoiles sont

(1) Etudes d'astronomie stellaire, p. 107.

considérées, depuis peu de temps, et d'après une grande autorité astronomique, comme ayant sensiblement varié dans les limites d'une observation authentique et circonstanciée. Cela semble d'une telle évidence et se trouve si bien accepté comme un *fait*, que l'on en conclut spéculativement la circulation probable de ces étoiles autour de corps opaques (invisibles par conséquent), et qui ne seraient pas à grandes distances de ces étoiles réspectivement, comme dans le système des étoiles binaires. M. Struve, au reste (dans son ouvrage déjà cité plusieurs fois), a combattu victorieusement cette conclusion, en prouvant par des recherches rigoureuses de toutes les circonstances de l'un et l'autre cas, que les anomalies supposées ne provenaient que d'erreurs d'instruments et de déterminations imparfaites des coefficients des corrections uranographiques.

860. Tout le raisonnement sur lequel repose la détermination du mouvement solaire dans l'espace, est basé sur une entière exclusion d'une *loi quelconque* dérivée de l'observation, ou bien admise en théorie, affectant le montant et la direction des mouvements réels du soleil et des étoiles à la fois. Il suppose, dans ces mouvements, une ignorance absolue de toute cause directrice générale, telle par exemple qu'une circulation commune du tout autour d'un centre commun. Toute limitation introduite dans les conditions du problème du mouvement solaire altérerait *en totalité* et à la fois la nature et la forme de la solution. Supposons, par exemple, que conformément aux théories spéculatives de plusieurs astronomes, tout le système de la voie lactée, comprenant notre soleil, et les étoiles, notre voisinage le plus immédiat qui constitue notre firmament sidéral, ait un mouvement général de rotation dans le plan du cercle galactique (tout autre mouvement étant improbable et inconciliable avec les principes dynamiques), et soit emporté par une force en opposition à la force centrifuge engendrée par la gravitation réciproque de ses étoiles constituantes. A moins d'admetre en même temps que l'échelle sur laquelle s'opère ce mouvement est assez énorme pour que toutes les étoiles dont les mouvements propres compris dans nos calculs vont ensemble en corps d'une seule masse, en tout ce qui concerne ce mouvement (comme formant une trop petite partie du grand tout pour différer sensiblement dans leur relation avec le point central); nous restons privés de tout moyen de tirer une conclusion quelconque, non-seulement sur le mouvement absolu du soleil, mais encore sur un mouvement relatif parmi les étoiles, jusqu'à ce qu'on ait éta-

bli quelque loi, ou bien au moins forgé quelque hypothèse ayant force de loi, qui concerne tout ou partie du mouvement de chaque constituant avec sa situation dans l'espace.

861. Les théories spéculatives de ce genre ne manquent pas en astronomie ; M. Mädler, récemment, a essayé d'assigner dans l'espace, le centre commun autour duquel tournent le soleil et les étoiles ; il le place dans le groupe des Pléiades, situation improbable en elle-même, puisqu'elle n'est pas à moins de 26° hors du plan du cercle galactique ; car hors de ce plan, il est tout-à-fait inconcevable qu'aucune circulation *générale* puisse avoir lieu. Dans l'état défectueux de nos connaissances actuelles sur le mouvement propre des plus petites étoiles, spécialement en ascension droite (élément beaucoup moins appréciable pour la plupart d'entre elles que la distance polaire, ou du moins qui, jusqu'ici, a été moins bien déterminé), nous ne pouvons regarder les essais tentés en ce genre, que comme étant prématurés, sans vouloir décourager cependant ceux qui cherchent des explications plus décisives. La question, comme fait, si la rotation de la voie lactée, dans son propre plan, existe ou non, peut être résolue par une observation assidue, à la fois en ascension droite et en distance polaire, d'un grand nombre d'étoiles de la voie lactée, choisies judicieusement dans ce dessein, et comprenant *toutes les grandeurs*, en descendant jusqu'à la plus petite distinctement qualifiable, en identité du moins, et pouvant être observée avec un soin rigoureux ; nous recommandons cette recherche à tous les directeurs d'observatoires permanents, pourvus de bons instruments, et dans les deux hémisphères. Trente ou quarante années d'observations dirigées avec persévérance vers cet objet, ne pourraient manquer de décider la question (1).

862. Le mouvement solaire, dans l'espace, s'il est réel et non pas simplement relatif, doit donner naissance à des corrections uranographiques analogues à la parallaxe et à l'aberration. La parallaxe solaire ou systématique n'est pas autre chose que cette partie du mouvement propre de chaque étoile qui est simplement apparente, provenant du mouvement du soleil ; et jusqu'à ce que les distances des étoiles soient con-

(1) Un examen des mouvements propres des étoiles de B. *Assoc. catal.* dans la partie de la voie lactée près chaque pôle (où le mouvement est tout entier en ascension droite), n'indique aucun symptôme distinct d'une telle rotation. Si la question était prise à sa base, elle comprendrait une détermination nouvelle des mouvements propres, à la fois, de la précession des équinoxes, et du changement d'obliquité de l'écliptique.

nues, elle doit rester inextricable, étant mêlée avec la partie réelle de ce mouvement. L'aberration systématique, montant à son maximum (pour les étoiles, 90° du sommet solaire jusqu'à 5" environ), déplace toutes les étoiles dans les grands cercles divergents de ce sommet dans des angles proportionnels aux sinus de leurs distances respectives de lui. Au reste ce déplacement est permanent, et par conséquent ne peut se manifester par aucun phénomène, tant que le mouvement solaire reste invariable; mais si, dans le cours des siècles, ce mouvement était altéré dans sa direction et dans sa vitesse, la direction et le montant du déplacement en question seraient également altérés. Le mouvement se mêlerait avec les autres changements dans les mouvements propres apparents des étoiles, et il semble qu'il n'y ait pas d'espoir de l'en dégager.

863. Un effet singulier, et paradoxal à la première vue, du mouvement progressif de la lumière, combiné avec le mouvement propre des étoiles, est qu'il altère le temps périodique apparent pendant lequel les constituantes d'une étoile binaire circulent l'une autour de l'autre (1). Pour le faire voir, supposons qu'elles circulent l'une autour de l'autre, dans un plan perpendiculaire au rayon visuel, dans une période de 10000 jours. Alors si le soleil et le centre de gravité du système binaire restaient fixes, à la fois, dans l'espace, la situation relative apparente des étoiles reviendrait exactement la même après ce laps de temps, et si l'angle de position était d'abord 0°, après 10000 jours il serait encore le même. Mais supposons que le centre de gravité de l'étoile binaire marche en s'éloignant en ligne directe du soleil avec une vitesse, par jour, de un dixième du rayon de l'orbite de la terre. Alors à l'expiration des 10000 jours, il sera plus éloigné de 1000 de ces rayons, espace que la lumière traverse en 57 jours. Ainsi quoique réellement les étoiles fussent revenues à la position 0° à l'expiration exacte des 10000 jours, il faudrait 57 jours de plus pour constater ce fait dans notre système. En d'autres termes, la période nous paraîtrait être de 10057 jours, puisqu'on ne pourrait la conclure autrement par l'observation de l'angle primitif de position revenu à 0°. Un mouvement contraire produirait un effet contraire.

(1) Astronom. Nachr. N° 520.

CHAPITRE XVII.

AMAS D'ÉTOILES ET NÉBULEUSES.

Amas ou groupes d'étoiles. — Amas globulaires. — Leur stabilité possible dynamiquement. — Liste des plus remarquables. — Classification des nébuleuses et des amas. — Leur distribution sur les cieux. — Amas irréguliers. — Nébuleuses se résolvant. — Théorie de la formation des amas par dépôts nébuleux. — Nébuleuses elliptiques. — Celle d'Andromède. — Nébuleuses annulaires et planétaires. — Doubles nébuleuses. — Etoiles nébuleuses. — Connexité des nébuleuses avec les étoiles doubles. — Nébuleuses isolées de formes irrégulières. — Nébuleuses amorphes. — Leur loi de distribution les range comme les bornes de la voie lactée. — Nébuleuses et groupe nébuleux d'Orion. — D'Argo. — Du Sagittaire. — Du Cygne. — Nuages magellaniques. — Nébulosité singulière dans les plus grands. — Lumière zodiacale. — Etoiles filantes.

864. Quand nous jetons les yeux sur la concavité des cieux par une belle nuit, nous ne pouvons manquer d'observer qu'il y a çà et là des groupes d'étoiles qui semblent se presser plus que dans les parties avoisinantes, formant des amas brillants qui attirent l'attention, comme s'ils étaient formés par quelque cause générale autre qu'une répartition accidentelle. Tel est le groupe appelé des Pléiades, dans lequel on distingue six à sept étoiles, si l'on y fixe l'œil directement; et bien davantage, *si l'œil se détourne* négligemment, tandis que l'on maintient son *attention fixe* (1) sur le groupe. Le télescope y montre cinquante ou soixante grandes étoiles pressées les unes contre les autres dans un très-petit espace, comparativement isolé du reste des cieux. La constellation appelée Chevelure de Bérénice, est un autre groupe du même genre, plus diffus, et se composant de plus grandes étoiles.

865. Dans la constellation du Cancer, il y a quelque chose de semblable, mais moins bien défini, tache lumineuse que l'on nomme Proesepe, ou la Ruche, qui, avec un télescope ordinaire, une lunette de nuit commune, par exemple, se dé-

(1) C'est un fait remarquable que le centre de l'aire visuelle est beaucoup moins sensible aux faibles impressions de la lumière, que les parties extérieures de la rétine. Peu de personnes se rendent compte de l'étendue que prend cette insensibilité sans l'avoir essayée. Pour l'apprécier, que le lecteur regarde alternativement en plein une étoile de cinquième grandeur, et puis de côté, ou bien qu'il choisisse deux étoiles également brillantes, à 3 ou 4 degrés de distance, et qu'il regarde en plein l'une d'elles; il est probable qu'il ne verra *plus que l'autre;* au moins suis-je dans ce cas. Ce fait rend compte de la multitude d'étoiles que présentent les cieux au premier coup-d'œil, et du peu qu'ils en offrent ensuite quand on vient à les compter.

compose entièrement en étoiles. Dans la poignée de l'épée de Persée aussi, est une autre tache semblable, se décomposant en étoiles qui exigent un meilleur télescope pour se montrer distinctes. Ces amas d'étoiles, comme on les nomme, quelle que soit leur nature, sont certainement soumis à des lois d'agrégation différentes de celles qui répartissent les autres étoiles sur toute la surface du ciel. Ceci devient plus concluant encore lorsqu'on dirige de puissants télescopes sur des taches de ce genre. Ce sont de semblables objets que l'on a pris souvent pour des comètes, dont elles ont d'ailleurs assez l'apparence, sauf la queue; ce sont de petits ronds, ou ovales nébuleux que des télescopes de moyen pouvoir montrent comme des taches. Messier, dans sa *Connaissance des temps pour* 1784, a donné une liste des lieux de 203 taches de cette espèce, qu'il est bon que connaissent tous ceux qui recherchent des comètes, afin de ne pas s'y méprendre. Malgré leur apparence de comètes, leur fixité suffit pour prouver que ce ne sont pas des comètes, et quand on les examine avec de puissants instruments, tels que des réflecteurs de 18 *inches à* 2 *feet* (257 à 609 *millimètres*) ou plus, d'ouverture, cette idée de comètes disparaît aussitôt. On s'aperçoit qu'elles se composent, pour la plupart, entièrement d'étoiles amassées, occupant un contour défini, et concourant à la lumière plus intense du centre où leur condensation est ordinairement plus grande. La figure 78 représente (quoique grossièrement) la treizième nébuleuse de la liste de Messier (décrite par lui comme *nébuleuse sans étoiles*), telle qu'elle a été vue à Slough avec le réflecteur de 20 *feet* (609 *millimètres*). Plusieurs objets du même genre ont une figure exactement ronde, et répondent complètement à l'idée d'un espace globulaire rempli d'étoiles, isolé dans les cieux, et constituant une famille à part du reste, soumise seulement à ses propres lois. Ce serait en vain que l'on chercherait à compter les étoiles dans un de ces *amas globulaires*. On ne pourrait les compter même par centaines; un calcul uniforme, basé sur les intervalles apparents entre elles près des bordures (où elles ne sont pas projetées les unes sur les autres), et sur le diamètre angulaire de chaque groupe, ne donne pour plusieurs amas de ce genre, pas moins de dix à douze mille étoiles, agglomérées dans un espace rond, dont le diamètre angulaire n'excède pas huit à dix minutes; c'est-à-dire, dans une aire qui n'est que la dixième partie de celle que couvre la lune.

866. Peut-être pensera-t-on que c'est avoir le goût du gigantesque que de regarder les individus de ces groupes comme des soleils semblables au nôtre, et leurs distances mutuelles comme égales à celles qui séparent notre soleil de l'étoile fixe le plus près. Cependant quand on considère que leur éclat *réuni* affecte l'œil d'une moindre impression de lumière qu'une étoile de cinquième ou de sixième grandeur (car le plus grand de ces amas d'étoiles est à peine visible à l'œil nu), l'idée qu'on sera forcé de se former de leur *distance* de nous, nous préparera à quelque estimation de leurs dimensions; en tout cas nous ne pouvons regarder un groupe ainsi isolé; *formant un ensemble oblong et rond*, comme ne formant pas un système d'un caractère particulier et bien arrêté. Leur figure ronde indique clairement l'existence de quelque lien général d'union, de la nature d'une force attractive; dans plusieurs, il y a une accélération évidente dans le degré de condensation à mesure qu'on approche du centre, ce qu'on ne peut attribuer à une simple distribution uniforme d'étoiles équidistantes dans un espace globulaire, et ce qui marque une *densité* intrinsèque à leur état d'agrégation, plus forte au centre qu'à la surface de la masse. Il est difficile de se former aucune idée de l'état dynamique d'un pareil système. D'une part, sans mouvement rotatoire et sans force centrifuge, il est à peine possible de ne pas le regarder comme dans un état d'affaissement progressif. En admettant, d'autre part, ce mouvement et cette force, il n'est pas moins difficile de concilier la sphéricité apparente de leur forme avec la rotation de tout le système autour d'un seul axe, sans collision apparente inévitable.

Si nous supposons un espace globulaire rempli d'étoiles égales, très-nombreuses et uniformément réparties, s'attirant l'une l'autre avec une force en rapport inverse du carré des distances, la force résultante qui pressera chacune d'elles (celles de la surface seule exceptées), à raison de leurs attractions réunies, sera dirigée vers le centre commun de la sphère et en raison directe de la distance. Cela résulte de ce que Newton a prouvé l'attraction *intérieure* d'une sphère homogène. Or, sous l'empire d'une loi semblable, chaque étoile décrira une ellipse parfaite autour du centre commun de gravité comme centre, et *cela*, quels que soient le plan et la direction suivant lesquels la révolution ait lieu. En conséquence, la condition de rotation de l'amas d'étoiles, comme une masse, autour d'un seul axe n'est pas nécessaire. Chaque ellipse, quelle que soit la proportion de ses axes ou l'inclinaison de son plan par rapport aux autres, sera invariable dans *chaque particularité*, et toutes seront décrites dans une période commune; en sorte qu'à la fin de chaque période semblable, ou *grande année* du système, chaque étoile de l'amas (excepté quelques-unes à la surface) sera rétablie dans sa situation primitive, puis recommencera la même invariable révolution pendant la suite infinie des siècles. Supposant donc leurs mouvements ajustés à chaque instant, de manière que leurs orbites ne se coupent pas l'une l'autre; que la grandeur de chaque étoile et la sphère de sa plus intense attraction soient petites en proportion de la distance qui sépare les étoiles les unes des autres; un tel système pourra subsister évidemment et réalisera, en grande partie, cette harmonie idéale et abstraite que Newton (89me *prop.* 1 *princip.*) a démontré : caractériser la loi d'une force en raison directe de la distance.

867. Le tableau suivant donne pour 1830 les lieux de quelques-uns des principaux amas d'étoile, comme échantillons de leur classe :

A.D. — *Ascension Droite.*

N.P.D. — *Nord Polaire Distance.*

A. D.			N. P. D.		A. D.			N. P. D.	
0h	16m	25s	163°	2'	16h	25m	2s	102°	40'
9	8	33	154	10	16	35	37	53	13
12	47	41	159	57	16	50	24	119	51
13	4	30	70	53	17	26	51	143	34
13	16	38	136	35	17	28	42	93	8
13	34	10	60	46	14	26	4	114	2
15	9	50	87	16	18	55	49	150	14
15	34	56	127	13	21	21	43	78	34
16	6	55	112	33	21	24	40	91	34

La plus visible et la plus remarquable de toutes est ω du Centaure, la cinquième du tableau par ordre d'ascension droite. Elle est visible à l'œil nu comme un objet rond, trouble, cométaire, environ égal à une étoile de grandeur 4,5; mais probablement si elle était concentrée en un seul point, son impression sur l'œil serait plus grande. Avec un puissant télescope, elle paraît comme un globe de 20' de diamètre, avec éclat s'accroissant au centre et composé d'étoiles innombrables de 13me et 14me grandeurs (les premières étant probablement deux ou plusieurs étoiles juxtaposées de très-près). La onzième dans l'ordre de la liste (A. D. 16 h. 35 m.) est aussi visible à l'œil nu, dans les *très-belles* nuits, entre η d'Hercule et ζ d'Hercule ; c'est un objet superbe dans un grand télescope. Toutes deux ont été découvertes par Halley, l'une en 1677, et l'autre en 1714.

868. C'est à sir William Herschell que l'on doit la plus complète analyse d'une grande variété d'objets que l'on classe généralement sous la dénomination commune de nébuleuses, mais qu'il a divisées ainsi qu'il suit : 1° amas d'étoiles, dans lesquels les étoiles sont nettement distinctes ; se subdivisant en amas globulaires, et amas irréguliers ; 2° nébuleuses résolubles, ou telles qu'elles excitent le soupçon d'une décomposition en étoiles ; décomposition que l'on pourrait espérer d'un télescope d'un pouvoir suffisant ; 3° nébuleuses proprement dites, dans lesquelles il n'y a aucune apparence d'étoiles, se subdivisant ensuite, suivant leur éclat et leur grandeur ; 4° en nébuleuses planétaires ; 5° en nébuleuses stellaires ; 6° en étoiles nébuleuses. Le grand pouvoir des télescopes d'Herschell nous a découvert l'existence d'un nombre infini de ces objets, et nous a montré qu'ils étaient répartis sur les cieux, non pas uniformément, mais en général avec une préférence marquée dans un certain district, s'étendant sur le pôle Nord du cercle galactique, et occupant les constellations le Lion, le petit Lion, le corps, la queue et les jambes de derrière de la grande Ourse, les Lévriers, la chevelure de Bérénice, la jambe de devant du Bouvier, la tête, les ailes et l'épaule de la Vierge. Dans cette région occupant environ un huitième de toute la surface de la sphère, le tiers des nébuleuses entières que contient le ciel se trouve rassemblé. D'un autre côté elles sont dispersées avec épargne sur les constellations le Bélier, le Taureau, la tête et les épaules d'Orion, le Cocher, Persée, le Caméléon, l'Hydre, Hercule, la partie nord du Serpentaire, la queue du Serpent, celle de l'Aigle, et toute la Lyre. *Les heures* 3, 4, 5, et 16, 17, 18 d'ascension droite dans l'hémisphère Nord, sont singulièrement pauvres, et d'autre part *les heures* 10, 11, et 12 (mais surtout 12), sont extrêmement riches en ce genre. Dans l'hémisphère Sud, la distribution en est plus égale ; à l'exception de deux centres très-remarquables d'accumulation, appelés les nuages magellaniques, dont nous parlerons plus loin, il n'y a aucune tendance décidée à leur assemblage dans quelque région particulière..

869. Les amas d'étoiles sont, ou globulaires, tels que ceux que nous avons déjà décrits, ou de figure irrégulière. Ces derniers sont en général moins riches en étoiles, et surtout moins con-

densés vers le centre. Ils ont aussi des contours moins arrêtés ; en sorte qu'il est souvent difficile de dire s'ils se terminent, ou si l'on doit les regarder autrement que comme des portions du ciel plus riches en étoiles que celles qui les avoisinent. Plusieurs, et même le plus grand nombre d'entre elles sont situées dans la voie lactée ou sur ses bordures. Dans quelques-uns, les étoiles sont presque toutes d'une seule grandeur ; dans d'autres, elles sont extrêmement différentes, et ce n'est pas chose extraordinaire que d'y trouver une étoile très-rouge beaucoup plus brillante que toutes les autres et occupant parmi elles une place remarquable. Sir William Herschell les regarde comme des amas globulaires dans un état moins avancé de condensation que les autres ; il conçoit tous ces groupes comme tendant à se rapprocher, par leur attraction mutuelle, de la figure globulaire, et s'y rassemblant de toute la région environnante, soumis à des lois dont nous n'avons, il est vrai, aucune autre preuve que la gradation par laquelle on observe que leurs caractères s'y fondent ; en sorte qu'il est impossible de dire où finit une espèce et commence une autre. Parmi les plus beaux objets de cette classe est celui qui entoure l'étoile $\varkappa$ de la Croix, classée comme nébuleuse, par Lacaille ; il occupe une aire d'environ la 48me partie d'un degré carré, et se compose de 110 étoiles au-dessous de la 7me grandeur ; 8 des plus visibles sont colorées de rouge, vert, bleu, de manière à donner à cet objet l'apparence d'une riche pièce de joaillerie.

870. Les nébuleuses résolubles peuvent être considérées comme des amas, ou trop éloignés, ou composés d'étoiles trop faibles pour que leur lumière individuelle nous affecte, à moins que deux ou trois ne se réunissent en groupe pour former un point plus brillant que le reste. Elles sont presque toutes rondes ou ovales, comme si les appendices et les irrégularités de forme disparaissaient à cette distance et qu'il n'y eût plus de distinct que la forme générale des parties les plus condensées. C'est sous l'apparence d'objets de ce caractère que se présentent aux télescopes d'un pouvoir insuffisant les plus grands amas globulaires, et l'on en doit conclure évidemment, pour les nébuleuses que les meilleurs instruments ne peuvent rendre *résolubles*, qu'elles seraient complètement *résolues* avec des télescopes d'une force suffisante. Cette probabilité a fini par devenir une certitude avec le télescope réflecteur grossissant de lord Ross, lequel a plus de 18 décimètres d'ouverture, et à l'aide duquel on a résolu une multitude de nébuleuses qui

avaient résisté à des puissances optiques moins grandes. La sublimité du spectacle que donne cet instrument avec quelques-unes des plus grandes globulaires et pour quelques amas énumérés dans l'art. 867, est telle, au dire de tous ceux qui l'ont vu, qu'il n'y a pas de mots pour l'exprimer.

871. Ainsi, quoiqu'il existe des nébuleuses qui restent *comme* nébuleuses encore, sans donner aucun signe de résolution, avec les meilleurs télescopes, on peut douter qu'il y ait une distinction physique essentielle et réelle entre les nébuleuses et les amas, au moins dans la nature de la matière qui les compose; et si la distinction entre les nébuleuses aisément résolubles; résolubles seulement avec les télescopes les plus puissants; irrésolubles avec les meilleurs instruments; n'est pas autre chose qu'un simple degré provenant de l'excessive petitesse et du grand nombre des étoiles qui composent les unes, par comparaison avec les autres. La première impression que Halley et les astronomes qui découvrirent d'abord ces objets nébuleux, reçurent de leur aspect particulier, si différent de la lumière perçante et concentrée des étoiles pures, fut celle d'une vapeur phosphorescente, comme la matière de la queue des comètes, ou gazeuse et pour ainsi dire de la forme élémentaire de la matière sidérale lumineuse (1), admettant l'existence d'un tel milieu, dispersé dans quelques cas irrégulièrement à travers les vastes régions de l'espace, et dans d'autres cas confiné plus strictement dans des limites définies. Sir William Herschell fut conduit à supposer la condensation et son résidu graduel par l'effet de sa propre densité, en des formes plus ou moins régulièrement sphériques ou sphéroïdales, plus denses (comme cela devait être alors) vers leur centre. Suivant le progrès de ce résidu, des centres locaux de condensation, subordonnés à la tendance générale, ne pouvaient manquer de produire des nœuds solides, dont la gravitation condensant encore la masse, par l'absorption de la matière nébuleuse, devenait des éléments d'étoiles, puis des étoiles, toute la nébulosité passant à l'état d'un amas d'étoiles. Dans la multitude des nébuleuses révélées par les télescopes, chaque progrès peut être considéré comme se développant à nos yeux, et l'on peut comprendre, dans la modification de chaque forme, le principe général dont elle est l'application. L'état plus ou moins avancé d'une nébuleuse vers sa séparation en étoiles disjointes et celui de ces étoiles elles-

(1) Halley, Trans. phil. XXIV, p. 390.

mêmes vers un état plus dense d'agrégation autour d'un nœud central, devient en quelque sorte une indication de son âge. Il n'y a rien, dans la variété d'aspect des nébuleuses, qui soit en contradiction avec cette manière de voir. Même avec le sentiment qui nous pousse à rejeter l'idée d'une *matière nébuleuse*, gazeuse ou vaporeuse, cette manière de voir ne perd que peu ou point de sa force. Le résidu et l'agrégation centrale subséquente en résidu, peut marcher aussi bien parmi une multitude de corps disjoints, quoique sous l'influence d'une attraction mutuelle déterminant des mouvements faibles ou en opposition partielle, que parmi les particules d'un fluide gazeux.

872. L'*hypothèse nébulaire*, comme on l'a nommé, et la *théorie de l'agrégation sidérale* restent, de fait, tout-à-fait indépendantes l'une de l'autre : l'une comme une conception physique d'un procédé qui peut encore, pour quelque chose que nous connaissons, avoir fait partie de cette chaîne mystérieuse des causes et des effets antérieurs à l'existence des corps solides séparés et lumineux par eux-mêmes ; l'autre, comme une application des principes dynamiques à des cas d'une nature sans doute très-compliquée, mais dans lesquels la possibilité ou l'impossibilité, au moins, de certains résultats généraux peut être déterminée parfaitement d'après ces principes. Parmi la foule de corps solides de toutes dimensions, animés d'impulsions indépendantes et parfaitement opposées, les mouvements opposés l'un à l'autre *doivent* produire collision, destruction de vitesse, et résidu ou approche plus près du centre de l'attraction prépondérante ; tandis que ce qui reste, après de tels conflits, *doit* en définitive donner naissance à une circulation ayant un caractère permanent. Quoi que l'on pense de semblables collisions, comme évènements, il n'y a rien dans cette conception de contraire à la base des principes mécaniques. L'on se rappellera que l'apparence d'une condensation centrale parmi une foule de corps séparés en mouvement, n'implique en rien une proximité permanente du centre dans chacun d'eux, pas plus que la foule circulant sur la place d'un marché n'implique la résidence forcée de chaque individu dans cette même aire. Il est de fait que les amas ainsi réunis en foule existent, et par conséquent leur existence doit être dynamiquement possible, et dans ce qui vient d'être dit, on peut du moins apercevoir quelques traces de la manière dont cela se fait. Les intervalles actuels entre les étoiles, même dans la foule la plus nombreuse des nébuleuses résolues, et que nous voyons, doivent être énormes. Les siècles,

qui peuvent nous paraître infinis, peuvent être conçus cependant se passer sans un seul exemple de collision, amenant une catastrophe. Cela peut être devenu d'autant plus rare, depuis que l'univers est sorti de ce que l'on a considéré comme le chaos, jusqu'à ce qu'enfin dans la plénitude des temps, et par les soins de la PROVIDENCE, chaque constituant du système ait pris sa course de manière à annuler toute possibilité d'une rencontre destructive avec un autre.

873. Revenons des régions de la spéculation à la description des faits. Quant à la régularité des formes, qui nous a conduit à cette digression, il y a des nébuleuses elliptiques plus ou moins allongées. On peut remarquer comme un fait sans doute lié d'une manière intime avec les conditions dynamiques de leur existence, que ces nébuleuses sont, pour la plupart, résolues plus difficilement que les nébuleuses de formes globulaires. Elles sont de tous les degrés d'excentricité, depuis l'ovale jusqu'à la ligne presque droite, formant sans doute des ellipsoïdes très-aplatis. Toutes ont plus de densité vers le centre, et l'on peut remarquer comme une loi générale, autant qu'on en peut juger par l'apparence télescopique, que leurs couches intérieures s'approchent plus de la forme sphéroïdale que les couches extérieures. Leur résolution est plus grande aussi dans les parties centrales, ou pour le plus grand nombre de cas de juxtaposition des composantes; en sorte que la réunion de deux ou trois n'a que l'apparence d'une seule. Dans quelques-unes, la condensation est faible et graduelle, dans d'autres elle est forte et soudaine, si soudaine même qu'elle offre l'apparence d'une étoile faible et effacée, au milieu d'une belle nébulosité elliptique : deux échantillons remarquables de ce genre sont en ascension droite, 12 h. 10 m. 33 s. — N. P. D. 41° 46' et A. D. 13 h. 27 m. 28 s. — N. P. D. 119° 0' (1830).

874. Les plus grands et les plus beaux échantillons de nébuleuses elliptiques que les cieux puissent offrir, sont : celui dans la ceinture d'Andromède (près l'étoile ν de cette constellation) et celui découvert en 1783 par M. Caroline Herschell, en A. D. 0 h. 39 m. 12 s., — N. P. D. 116° 13'. La nébuleuse d'Andromède (fig. 83) est visible à l'œil nu et on la prend continuellement pour une comète, quand on n'est pas familiarisé avec l'aspect des cieux. Simon Marius, qui le signala en 1612, décrit son apparence comme celle d'une chandelle brillant à travers la corne d'une lanterne, et cela est assez exact. Sa forme est un ovale long, s'accroissant d'éclat par gradations insensibles d'abord, puis enfin plus rapidement jusqu'à un

point central qui, quoique beaucoup plus brillant que tout le reste, n'est cependant évidemment pas stellaire, mais seulement d'une nébulosité à un état élevé de condensation. Quelques étoiles accidentelles y sont disséminées; mais avec un réflecteur de 18 *inches* (45 *centimètres*), rien ne fait soupçonner qu'elle se compose d'étoiles. Examinée avec des instruments d'une puissance supérieure, elle est évidemment résolue en étoiles. M. G. P. Bond, aide à l'observatoire de Cambridge, Etats-Unis, la décrit et la figure comme s'étendant de près de 2° 1/2 en longueur et de plus d'un degré en largeur (de manière à comprendre deux autres plus petites nébuleuses adjacentes), comme de forme ovale avec une irrégularité très-protubérante à son extrémité suivant le Nord, qui très-soudainement condensée en un nœud presque semblable à une étoile, et, malgré qu'elle ne soit pas elle-même résolue, s'ensemence cependant de petites étoiles visibles, assez nombreuses pour qu'on en compte 200 dans un champ de vue de 20' dans les parties les plus riches. Le trait le plus remarquable de sa description, est que deux bandes parfaitement droites, étroites et comparativement ou également sombres, courent dans toute la longueur d'un côté de la nébuleuse, et (quoique faiblement divergentes l'une de l'autre) sont presque parallèles à son grand axe. Ces bandes (qui indiquent évidemment une structure stratifiée dans la nébuleuse, si toutefois elles ne proviennent pas de l'interposition de quelque matière imparfaitement transparente entre la nébuleuse et nous), ne se voient pas dans un examen superficiel; il faut beaucoup d'attention pour les distinguer (1); cette circonstance ne doit pas être omise en regardant le dessin très-extraordinaire qui accompagne le mémoire de M. Bond. La fig. 80 est plutôt une esquisse qu'un tableau correct. Un cas semblable, mais plus marqué d'arrangement parallèle que celui-ci, noté par M. Bond, est un cas où les deux demi-ovales d'une nébuleuse à forme elliptique sont coupés et séparés par une bande obscure, parallèle au plus grand axe de la nébuleuse, dans le milieu duquel une belle raie de lumière parallèle aux côtés paraît les couper; on le voit dans l'hémisphère Sud en A. D. 13 h. 15 m. 31 s. — N. P. D. 132° 8' (1830). Les nébuleuses en 12 h. 27 m. 3 s. — 63° 5', et 12 h. 31 m. 11 s. — 100° 40' présentent des traits analogues.

875. Il existe aussi des nébuleuses annulaires, mais on doit

(1) Rapport sur la nébuleuse dans Andromède, par G. P. Bond, Trans. Améric. vol. iii, p. 80.

les ranger parmi les objets les plus rares des cieux. La plus remarquable de cette classe a été trouvée à moitié chemin exactement entre les étoiles β et γ de la Lyre, et on l'y peut voir avec un télescope de force moyenne. Elle est petite, et particulièrement d'un contour bien arrêté, de manière qu'elle a réellement plutôt l'apparence d'un anneau ovale plat et solide, que celle de la nébulosité. Les axes de l'ellipse sont l'un à l'autre dans le rapport d'environ 4 à 5, et l'ouverture est à peu près moitié du diamètre. L'ouverture centrale n'est pas entièrement sombre, mais remplie d'une pâle et languissante lumière uniformément répartie, comme si une légère gaze s'étendait sur l'anneau. Les télescopes puissants de lord Ross résolvent cet objet en étoiles excessivement petites, et montrent des filaments d'étoiles adhérents à ses bords.

Les lieux des nébuleuses annulaires à présent connues (pour 1830), sont :

	A. D.	N. P. D.
1	17h 10m 39s	128° 18
2	17 19 2	113 57
3	18 47 13	57 11
4	20 9 33	59 57

876. Les *nébuleuses planétaires* sont des objets très-extraordinaires. Elles ont, ainsi que l'indique leur nom, une parfaite ressemblance, dans quelques exemples, avec les planètes, présentant des disques ronds ou faiblement ovales, dans quelques cas, nettement terminés, dans d'autres, un peu obscurs vers leurs bords. Leur lumière est, dans quelques-unes, parfaitement égale ; dans d'autres elle est bigarrée, et d'une *texture* particulière, en quelque sorte pommelée. Ce sont des objets rares comparativement, car il n'y en a pas plus de 24, ou 25 qui aient été observés, et encore presque les trois quarts sont situés dans l'hémisphère Sud. Voici la liste des plus remarquables de ces objets intéressants :

	A. D.	N. P. D.		A. D.	N. P. D.
1	7h 34m 2s	104° 20'	7	15h 5m 18s	135° 1'
2	9 16 29	147 35	8	19 10 9	83 46
3	9 59 52	129 36	9	19 34 21	104 33
4	10 16 36	107 47	10	19 40 19	39 54
5	11 4 49	34 4	11	20 54 53	102 2
6	11 41 56	146 14	12	23 17 44	48 24

On peut spécifier plus particulièrement le n° 6, situé dans la Croix. Sa lumière est presque égale à celle d'une étoile de grandeur 6, 7 ; son diamètre est d'environ 12" ; son disque circulaire ou très-faiblement elliptique, a un bord clair, vif et bien terminé, ayant exactement l'apparence d'une planète, à l'exception de sa couleur, qui est d'un beau bleu foncé virant un peu sur le vert. Il est digne de remarque que ce phénomène de la couleur bleue, si rare parmi les *étoiles* (à l'exception de celles qui avoisinent des étoiles jaunes), se présente, quoique à des degrés différents, dans trois autres nébuleuses planétaires que voici : Le n° 4 est couleur bleu de ciel; les nos 11 et 12, quoique plus pâles, ont évidemment cette même teinte. Les nos 2, 7, 9 et 12 sont aussi des objets excessivement caractéristiques de cette classe. Les nos 3, 4, et 11 (ce dernier dans la parallèle de γ du Verseau, et précédant cette étoile de 5m environ), sont considérablement elliptiques; leurs diamètres respectifs sont : 38", 30" et 15". Sur le disque du n° 3 et très-près du centre de l'ellipse, est une étoile 9m, et la texture de sa lumière veloutée comme formée d'une poussière fine, indique clairement sa résolubilité en étoiles. Le n° 5 est la plus grande de toutes; elle est située un peu au sud de la parallèle de β de la grande Ourse, et suivant cette étoile de 12m environ. Son diamètre apparent est 2' 4", ce qui, en la supposant placée à la même distance de nous que 61 du Cygne, donnerait un contour sept fois plus grand que celui de l'orbite de Neptune. La lumière de ce globe merveilleux est parfaitement égale (excepté sur le bord où elle est faiblement adoucie), et d'un éclat considérable. Une telle apparence ne pourrait être présentée par un espace globulaire uniformément rempli d'étoiles ou de matière lumineuse, dont la structure donnerait nécessairement une augmentation apparente d'éclat vers le centre, en proportion de l'épaisseur traversée par le rayon visuel. On peut donc en conclure que sa constitution réelle est celle d'une écaille sphérique creuse, ou d'un disque aplati, qui nous est présenté (par une coïncidence très-improbable), dans un plan précisément perpendiculaire au rayon visuel.

877. Quelque idée que nous nous formions de la nature d'un corps de cette espèce, ou des nébuleuses planétaires en général, qui toutes s'accordent quant à l'absence de concentration centrale, il est évident que la splendeur intrinsèque de leurs surfaces, *si elle est continue*, doit être infiniment moindre que celle du soleil. Une portion circulaire du disque du soleil, sous-tendant un angle de 1', donnerait une lumière égale à celle de 780 pleines lunes; tandis que parmi les nébuleuses planétaires, il n'en est pas une seule qui puisse se voir à l'œil nu. M. Arago a imaginé que ce pouvait être des enveloppes brillant par la lumière *réfléchie* d'un corps solaire placé dans leur centre, et qui nous est invisible par l'effet de sa dis-

tance excessive; nous éloignons ou nous essayons d'éloigner cette idée paradoxale par le principe optique qu'une surface *illuminée* est également *brillante* à toutes distances, et qu'ainsi, si elle est assez grande pour sous-tendre un arc mesurable, elle peut être également vue, tandis que son corps central ne sous-tendant pas un pareil angle, a son effet sur notre vue diminué en raison inverse du carré de sa distance (1). L'application des pouvoirs optiques immenses que nous avons récemment conquis pour les diriger vers les cieux, dissipera peut-être une partie du mystère qui enveloppe encore ces énigmes.

878. Les nébuleuses doubles se montrent accidentellement, et alors les constituantes appartiennent plus communément à la classe des nébuleuses sphériques; dans quelques cas, ce sont des amas globulaires. Toutes les variétés d'étoiles doubles, quant à leur distance, position, éclat relatif, ont leurs contre-parties dans les nébuleuses doubles; en outre les variétés de forme et de gradation de lumière offrent un nouveau champ de combinaisons. Quoique l'on manque encore de l'évidence concluante du mouvement observé; quoique la vaste échelle sur laquelle sont construits ces systèmes et la lenteur très-probable de leurs mouvements angulaires en ait ordonné ainsi pendant des siècles, il est impossible cependant, quand nous fixons nos regards sur ces objets ou même sur les dessins que l'on en a donnés, que nous puissions douter de leur connexion physique (2). L'argument tiré de la rareté comparative de ces objets en proportion de toute l'étendue des cieux, si puissant dans le cas des étoiles doubles, n'a plus la même valeur dans le cas des nébuleuses doubles. Rien de plus imposant ne peut être soumis à notre examen que ces magnifiques combinaisons. Leur échelle merveilleuse, la multitude des individus qu'elle comprend, la symétrie et la régularité parfaite que plusieurs présentent, l'entassement de système sur système au mépris de toute complication, de construction sur construction, doivent nous frapper d'admiration et porter jusqu'à l'évi-

(1) Avec la déférence convenable pour une si grande autorité, nous ne pouvons admettre la conclusion. En supposant même que l'enveloppe réfléchisse et disperse (également dans toutes les directions), *toute* la lumière du soleil central, la portion de lumière ainsi dispersée qui serait notre partage, ne pourrait excéder celle que le soleil lui-même nous enverrait par son rayonnement direct. Mais, d'après l'hypothèse, elle est déjà trop faible pour affecter notre œil par une perception lumineuse quelconque; elle le ferait encore bien moins si elle tombait sur une surface excédant plusieurs millions de fois le disque apparent du soleil central lui-même. (Annuaire du bureau des longitudes pour 1812, p. 409, 410, 411). M. Arago est *expressément combattant pour la lumière réfléchie*. Si l'enveloppe est lumineuse par elle-même, son raisonnement est parfaitement juste.

(2) Trans. phil. 1833, pl. vii.

dence l'infini de la puissance créatrice dans les desseins impénétrables de sa providence.

879. Les nébuleuses de formes régulières sont souvent en relations fixes et symétriques avec les étoiles simples et doubles à la fois. Ainsi elles se montrent accidentellement avec le phénomène frappant d'une belle étoile brillante entourée d'un disque parfaitement circulaire, ou d'une atmosphère lumineuse se fondant insensiblement de toutes parts, et dans d'autres d'un contour soudainement arrêté. Ce sont des *étoiles nébuleuses*. Les plus beaux échantillons de cette espèce sont les 45me et 69me nébuleuses de 4me classe de sir William Herschell (1), (A D 7 h. 19 m. 8 s. — N P D 68° 45', et 3 h. 58 m. 36 s. 59° 40'), dans lesquels des étoiles de huitième grandeur sont entourées de photosphères (de cette espèce que nous venons de décrire) de 12" et de 25" de diamètre. Parmi les étoiles de grandeurs plus considérables, sont 55 d'Andromède et 8 des Lévriers; elles montrent le même phénomène, avec plus d'éclat peut-être, mais avec une régularité moins parfaite.

880. La connexion des nébuleuses avec les étoiles doubles est souvent très-remarquable. Ainsi en A D 18 h. 7 m. 1 s. — N P D 109° 56', se montre une nébuleuse elliptique ayant son grand axe de 50", dans laquelle deux constituantes égales d'une étoile double sont placées symétriquement, et un peu plus près des sommets que les foyers de l'ellipse; chacune de ces constituantes est de 8me grandeur. Dans une combinaison semblable, notée par M. Struve (en A D 18 h. 25 m. — N P D 25° 7'), les étoiles sont inégales et situées précisément aux deux extrémités du grand axe. En A D 13 h. 47 m. 33 s. — N P D 129° 9', une nébuleuse ovale de 2' de diamètre, a près de son centre une double étoile fermée dont les constituantes, faiblement inégales et de la grandeur 9, 10 environ, ne sont pas séparées de plus de 2". Le nœud de Messier, 64me nébuleuse, est fortement soupçonnée d'être une étoile double fermée, et l'on en pourrait citer d'autres exemples.

881. Parmi les nébuleuses qui, sans être d'une évidente symétrie de forme, n'en ont pas moins une certaine régularité de figure, et qui semblent devoir être regardées comme des systèmes d'une nature arrêtée, quelque mystérieuses que soient

(1) Les classes citées ici ne se rapportent pas aux espèces décrites dans l'art. 868, mais aux listes de nébuleuses 8 en nombre, rangées suivant leur éclat, leur volume, leur densité d'amas, etc., etc. Chacune de ces nébuleuses était originairement ainsi classée par lui : 1. *Nébuleuses brillantes*; 2. *Belles*; 3. *Très-belles*; 4. *Nébuleuses planétaires*, étoiles avec barres, chevelure lactée, courtes rales, formes remarquables; 5. *Très-grandes nébuleuses*; 6. *Amas riches très-pressés*; 7. *Moins pressés*; 8. *Amas grossiers*.

leur nature et leur destination, les plus remarquables sont la 51ᵉ et la 27ᵉ du catalogue de Messier : lieu pour 1830 : A.D 19 h. 52 m. 12 s. — N P D 67° 44' ; et A.D 13 h. 22 m. 39 s. — N P D 41° 56. Elles se composent de deux masses rondes ou un peu ovales réunies par un col très-court de même densité, le tout dans une très-belle enveloppe nébuleuse qui complète la forme elliptique, et dont les masses intérieures occupent le petit axe. Vue avec le réflecteur de 45 centimètres d'ouverture, la forme est d'une grande régularité ; et quoiqu'il y ait çà et là quelques étoiles disséminées, cette nébuleuse n'a pas été résolue. Lord Ross, avec un réflecteur du double de cette ouverture de 45 centimètres, la décrit comme se résolvant en étoiles nombreuses avec force nébuleuses interposées ; la symétrie de forme, rendant les traits trop délicats pour être vus avec un réflecteur moins puissant, n'en est pas moins frappante.

882. La 51ᵐᵉ nébuleuse de Messier, vue avec un réflecteur de 45 centimètres, a l'apparence d'une grande nébuleuse globulaire brillante, entourée d'un anneau à distance considérable du globe, très-inégal en éclat dans ses différentes parties et subdivisé dans les deux cinquièmes environ de sa circonférence, en deux lames, dont l'une paraît comme si elle était tournée vers l'œil, hors du plan de tout le reste. Près de la nébuleuse, à un rayon de l'anneau presque de distance, se montre une petite nébuleuse ronde brillante. Vu dans le réflecteur de plus de 18 décimètres de lord Ross, son aspect est différent. L'intérieur, ou ce qui semble la portion tournée en dessus de l'anneau, prend l'aspect d'un cordage dont la circonvolution en spirale va vers le centre, avec une tendance générale de tous les traits de la nébuleuse, ayant connexité avec l'anneau, à une forme spiralée ; la masse centrale que le réflecteur met en vue, devient distincte et forme un trait caractéristique. La bordure nébuleuse se montre aussi liée par une bande étroite et courbe de lumière nébuleuse avec l'anneau ; le tout, s'il ne se résout pas nettement en étoiles, a du moins *un caractère de résolution* qui indique clairement sa composition (1).

883. Nous voici arrivés à une classe de nébuleuses d'un caractère entièrement différent. Elles ont beaucoup d'étendue, sans aucune symétrie de forme, étant au contraire d'une irrégularité capricieuse dans leurs formes et leurs contours, non moins que dans la distribution de leur lumière. Aucune n'a

(1) Cette description provient d'un dessin remis à l'association anglaise ; chaque astronome est redevable à lord Ross des merveilles révélées par son admirable instrument.

de ressemblance d'aspect ou de forme avec une autre, quoiqu'elles aient un caractère commun important. Elles sont toutes situées dans la voie lactée ou sur ses bords. La plus éloignée est celle qui se trouve dans la poignée de l'épée d'Orion, qui étant à 20° du cercle galactique, et à 15° de la bordure visible de la voie lactée, doit sembler former une exception, quoiqu'elle ne soit pas bien marquante. Sa vraie position peut être citée comme preuve à l'appui du principe général de localisation indiqué ci-dessus : la faible branche de la voie lactée que nous avons tracée (art. 787), de α et ε de Persée vers Albébaran et les Hyades, dans la zone des grandes étoiles citées dans l'art. 785, est une annexe qui se lie probablement à cette grande nébuleuse.

884. Il semble s'ensuivre que cette annexe doit être considérée comme une bordure très-distante ; comme des fragments détachés du grand amas de la voie lactée ; cette manière de voir est appuyée par le développement sur un dessin des groupes divisés en quatre masses, ou en quatre grandes régions nébuleuses d'Orion, d'Argus, du Sagittaire et du Cygne. Ainsi, par induction, nous pouvons nous faire quelque idée de la structure et de la forme de la voie lactée elle-même, qui vue comme un tout, à la distance qui nous sépare de ces objets, se présenterait probablement sous un aspect aussi compliqué et aussi irrégulier.

885. La grande nébuleuse entourant les étoiles marquées θ 1 dans la poignée de l'épée d'Orion, a été découverte par Huyghens, en 1656 ; elle a été souvent dessinée et décrite par d'autres astronomes depuis ce temps. Son apparence varie beaucoup (comme celle de tous les objets nébuleux), suivant le réflecteur employé (1) ; en sorte qu'il est difficile de reconnaître ses traits principaux avec des télescopes inférieurs, pour ne rien dire des détails. Tant qu'on n'a pas compris cette distinction, on a supposé qu'elle avait changé matériellement de forme et d'étendue depuis l'époque de sa découverte. Il n'y a pas à douter que ces changements supposés ont été dus en partie à la cause que nous venons d'énoncer, en partie à la difficulté de dessiner correctement, puis à celle de graver, enfin à un manque d'exactitude dans la copie faite par les dessinateurs de l'image qu'ils voyaient dans le télescope. La figure 128 est une réduction d'un dessin [illegible]s, dans les circonstances [illegible]

(1) On peut en juger en comparant les fig. 82 et 83 avec les fig. 128 et 129.

les plus favorables, avec un réflecteur de 45 centimètres, au cap de Bonne-Espérance, où la hauteur méridienne surpasse de beaucoup celle des stations de l'Europe. L'aire occupée par cette figure est d'environ la 25me partie d'un degré carré, s'étendant en A. D (ou horizontalement) 2^m de temps, équivalant presque exactement à 30' en arc, très-près de l'équateur, et 24' verticalement, ou en distance polaire. La figure se montre renversée dans les deux directions, le côté Nord étant le plus bas, et le précédent à main gauche. Quant à la forme, la portion la plus brillante offre quelque ressemblance avec la tête et la bouche béante d'un animal monstrueux ayant une sorte de trompe lui sortant du nez. Plusieurs étoiles y sont disséminées, et l'étoile sextuple remarquable θ 1 d'Orion, dont nous avons parlé art. 837, occupe une place très-visible près de la portion la plus brillante, presque au bord de la gueule béante. Il est remarquable, au reste, qu'il n'existe pas de *nébuleuse* dans l'aire du Trapèze. L'aspect général de la partie la moins lumineuse est simplement nébuleux et irrésoluble; mais la partie la plus brillante, immédiatement adjacente au Trapèze, formant le carré du front de la tête, se montre avec le réflecteur de 45 centimètres, rompue en masses (que la figure 128 représente imparfaitement), dont la lumière pommelée indique une sorte de texture granulaire composée d'étoiles; quand on l'examine avec le grand réflecteur de lord Ross, ou bien avec l'excellent télescope achromatique de Cambridge, Etats-Unis (U. S.), on voit clairement que c'est un amas d'étoiles. Il n'y a donc guère de doute que le tout soit composé d'étoiles, trop petites pour être discernées même avec les meilleurs réflecteurs, mais qui deviennent visibles comme points lumineux dans la foule la plus compacte ainsi que nous l'avons déjà indiqué.

886 La nébuleuse ne s'arrête pas aux limites de la fig. 128. Au nord de θ d'environ 33', et presque sur le même méridien, sont deux étoiles marquées C 1 et C 2 d'Orion, enveloppées dans une nébuleuse brillante et branchue, de forme très-singulière; au sud est l'étoile ι d'Orion, enveloppée aussi dans une forte nébuleuse. L'examen attentif avec un puissant télescope, trace une continuité de lumière nébuleuse entre la grande nébuleuse et ces objets; il n'y a guère de doute que la région nébuleuse ne s'étende vers le Nord, aussi loin que dans le ceinturon d'Orion, qui est enveloppé d'une forte nébulosité, aussi bien que plusieurs étoiles plus petites dans le voisinage immédiat. Le professeur Bond a donné un beau

dessin de la grande nébuleuse dans les Trans. américaines de l'Académie des sciences et arts, nouvelle série, vol. III.

887. Nous avons déjà parlé de variation remarquable d'éclat dans la brillante étoile η d'Argus. Cette étoile est située dans la région la plus condensée d'une nébuleuse très-étendue ou assemblage de masses nébuleuses, dont la fig. 129 représente une partie des embranchements. Toute la nébuleuse s'étend sur une aire d'un degré carré entier; la fig. 129 en donne environ le quart, c'est-à-dire 28' en distance polaire, et 32s d'arc en A. D; la portion non comprise dans la figure, est plus faible et plus capricieusement contournée que celle que l'on voit dessinée, et dans laquelle il faut observer que le côté précédent est à main droite, et le Sud au-dessus. Vue avec un réflecteur de 45 centimètres, aucune partie de cet étrange objet ne montre aucun signe de résolution en étoiles, ni dans la portion la plus brillante et la plus condensée adjacente au vide ovale singulier du milieu de la figure, où il n'y a pas d'apparence pommelée indiquant une tendance à se séparer en nœuds brillants et en portions plus sombres, ce qui caractérise la nébuleuse d'Orion, et ce qui indique qu'elle est résoluble; le tout gît dans une très-riche et très-brillante partie de la voie lactée, si parsemée d'étoiles (que l'on a omises exprès dans la figure 129), qu'il n'y en a pas moins de 1200 dans l'aire occupée par cette nébuleuse, déterminée par A. D et D. P. Cependant il est évident qu'elles n'ont aucune connexion quelconque avec la nébuleuse; c'est une simple continuation du champ général de la voie lactée, qui, en moyenne de 2 h. A. D, ne contient pas moins de 3138 étoiles par degré carré, toutes distinctes, et (à l'exception de l'endroit où est situé l'objet en question) se projetant nettement sur un ciel parfaitement sombre, sans aucune apparence de nébulosité interposée. Concluons qu'en regardant au-delà de la voie lactée, dans cet espace immense, région sans étoile, qui sépare de notre système, « il n'est pas facile de trouver des mots pour exprimer la sublimité du spectacle qu'offrirait cette nébuleuse dans le champ de vue d'un télescope fixé en A. D, par le mouvement diurne, et où défilerait une procession innombrable d'étoiles auxquelles elle sert de gradation. » Une autre nébuleuse de forme très-brillante et très-remarquable, de grandeur considérable, le précède presque dans la même parallèle, mais sans aucune connexion que l'on puisse saisir entre elles.

888. Le groupe nébuleux du Sagittaire se compose de plu-

sieurs nébuleuses visibles (1), de formes très-extraordinaires et dont il n'est pas facile de donner une idée par une simple description. L'une d'elles (*h* 1991) (2) est singulièrement divisée ; elle consiste en trois masses nébuleuses brillantes et irrégulièrement formées, se dégradant insensiblement vers les bords extérieurs, mais se condensant fortement sur les bords intérieurs, où se trouve enfermée et enveloppée une sorte de crevasse en trident, ou aire vide, abruptement et étrangement crochue, sans aucune lumière nébuleuse. Une belle étoile triple est située précisément sur le bord de l'une de ces masses nébuleuses, justement où le vide intérieur se prononce en trident. Une quatrième masse nébuleuse s'étend comme un éventail ou plumet cotonneux, depuis une étoile jusqu'à une petite distance de la nébuleuse triple.

889. Presque adjacente à cette nébuleuse que nous venons de décrire, et liée sans aucun doute avec elle, quoique la connexité n'ait pas encore été tracée cependant, est située la 8me nébuleuse du catalogue de Messier ; c'est un assemblage de masses nébuleuses moutonnées, enveloppant et renfermant un certain nombre de vides ovales et sombres : dans un endroit de cet amas nébuleux la lumière arrive à un tel éclat qu'elle offre l'apparence d'un nœud allongé. Superposé à cette nébuleuse, et s'étendant dans une direction au-delà de son aire, est un bel et riche amas d'étoiles disséminées, qui ne semblent pas avoir de liaison avec elle, comme la nébuleuse qui, dans la région d'Orion, ne montre aucune tendance à s'agréger aux étoiles.

890. La 19me nébuleuse du catalogue de Messier, quoique plus éloignée que les autres, appartient évidemment à ce groupe. Sa forme très-remarquable consiste en deux ganses semblables à celles de la lettre capitale grecque Oméga ( ), l'une brillante, l'autre excessivement faible, liées à leur base par une bande large et brillante de nébuleuses, dans laquelle, isolé par une bordure très-obscure comparativement, brille un nœud résoluble, ou ce qui est probablement un amas d'étoiles excessivement petites. Une très-faible nébuleuse

(1) Environ A. D. 17 h. 52 m. — N. P. D. 113° 1', quatre nébuleuses, n° 41 de sir W. Herschell, 4e classe, et Nos 1, 2, 3 de sa 5e, sont liées dans une grande nébuleuse complexe. — En A. D. 17 h. 53 m. 27 s. — N. P. D. 114° 21', la 8e, et à 18 h. 11 m. — 106° 15', la 17e du catalogue de Messier.

(2) Ce nombre se rapporte au catalogue des nébuleuses des Trans. phil. 1833. Le lecteur trouvera les figures de plusieurs nébuleuses de ce groupe dans ce volume, pl. IV, fig. 55. — Dans les résultats d'observation au cap de Bonne-Espérance, pl. I, fig. 1; et II, fig. 1 et 2. — Dans le mémoire de Mason, collection de la Société phil. américaine, vol. XII, art. XIII.

ronde se lie avec le sommet ou la partie convexe de la branche la plus brillante.

891. Le groupe nébuleux du Cygne se compose de plusieurs nébuleuses grandes et irrégulières, dont l'une passe en travers de la double étoile $\varkappa$ du Cygne, comme un long col étroit, courbe, et fourchu en deux ou trois endroits. Les autres (A.D 20 h. 49 m. 20 s. N P D 58° 27'), observées d'abord par sir W. Herschell et par l'auteur de cet ouvrage, comme des nébuleuses séparées, ont été tracées en connexité par M. Mason, se rattachant à un système nébuleux et compliqué qui se compose : 1° d'une bande longue, étroite, courbe et fourchue; 2° d'une effusion cellulaire d'une grande étendue, dans laquelle la nébuleuse paraît entremêlée avec les étoiles autour des bords des cellules, tandis que leur intérieur est libre de nébuleuse, et presque toujours d'étoiles.

892. Les nuages magellaniques, ou les nubécules (*major* et *minor*), comme on les nomme sur les mappemondes et cartes célestes, sont, comme l'indiquent leurs noms, deux masses de lumière nébuleuse ou nuageuse, visibles à l'œil nu, dans l'hémisphère Sud; leur apparence et leur éclat ressemblent à ceux de quelques parties de la voie lactée d'une même grandeur; ils sont, généralement parlant, ronds ou peu ovales; les plus grands qui dévient le plus de la forme circulaire, offrent l'apparence d'un arc de lumière, assez mal limité, et difficilement distinct de la masse générale qui semble s'ouvrir à ses extrémités en deux espèces de balais ovales, qui constituent la partie précédente et la partie suivante de sa circonférence. Une petite trace, visiblement plus brillante que la lumière générale qui l'entoure, dans la partie suivante, indique à l'œil nu le lieu d'une nébuleuse très-remarquable (N° 30 Doradus du catalogue de Bode), dont nous parlerons plus tard. La plus grande nubécule est située entre les méridiens de 4 h. 40 m. et 6 h. 0 m. et les parallèles de 156° et 162° de N P D ; elle occupe une aire de près de 42 degrés carrés. La plus petite nubécule est entre deux méridiens (il y a erreur de près d'une heure pour ce lieu dans toutes les mappemondes et cartes célestes), 0 h. 28 m. et 1 h. 15 m. et les parallèles de 162° et 165° N P D; elle couvre environ dix degrés carrés. Leur éclat peut s'assimiler à celui d'un fort clair de lune qui effacerait la plus faible, mais pas tout-à-fait la plus grande.

893. Quand on examine la constitution des nubécules et surtout celle de la grande nubécule, avec un télescope puis-

sant, on la trouve d'une complication surprenante. La courbe générale des deux nubécules se compose de traits larges et déliés de nébulosité dans chaque degré de résolution, depuis la lumière irrésoluble avec le réflecteur de 45 centimètres, jusqu'aux étoiles parfaitement séparées comme la voie lactée, et aux amas groupés, isolés et condensés, irréguliers et assez riches en quelques cas. Mais en outre il y a aussi des nébuleuses en abondance, à la fois régulières et irrégulières; des amas globulaires dans tout état de condensation; enfin des objets d'un caractère nébuleux tout-à-fait particulier et qui n'ont pas d'analogue dans aucune région des cieux. Telle est la concentration de ces objets, que dans l'aire occupée par la grande nubécule, on n'a pas compté moins de 278 nébuleuses et amas, plus 50 ou 60 en bordures, qui à raison de la stérilité de la région voisine en ce genre, doivent certainement être des appendices, car il y en a 6 1/2 en moyenne d'un degré carré, ce qui excède la plus grande richesse nébuleuse du ciel en d'autres régions. Dans la petite nubécule, la concentration des mêmes objets est encore frappante; on en a observé 37 dans l'aire, et 6 adjacentes hors bordures. Ainsi les nubécules combinent, dans leur aire, des caractères qui dans le reste du ciel sont séparés — savoir ceux du système galactique avec ceux du système nébuleux. Les amas globulaires (excepté dans une région de petite étendue) et les nébuleuses régulières de forme elliptique, sont rares comparativement dans la voie lactée, tandis qu'on les trouve agrégées en grande abondance dans la partie du ciel la plus éloignée du cercle galactique : dans les nubécules, il y a mélange avec la couche étoilée et les petites nébuleuses irrégulières.

894. Cette combinaison de caractères, à la bien considérer, offre une grande instruction pour la distance probable comparativement entre les *étoiles* et les *nébuleuses*, et pour l'éclat réel des étoiles l'une par rapport à l'autre. Prenant le demi-diamètre apparent de la grande nubécule à 3°, et regardant sa forme solide, comme sphérique, pour cet à peu près grossier, ses parties les plus voisines et ses parties les plus éloignées ne diffèrent pas, dans leur distance de nous, de plus d'un dixième de notre distance de leur centre. L'éclat des objets situés dans les parties les plus voisines, ne peut donc pas être *beaucoup* exagéré, ni celui des objets situés dans la partie la plus éloignée, *beaucoup* affaibli par la différence de leur distance; cependant, dans cet espace globulaire, nous avons compté au-delà de 600 étoiles de septième, huitième, neu-

vième et dixième grandeurs, près de 300 nébuleuses, globulaires, amas; *de tous degrés de résolubilité*, et d'innombrables étoiles plus petites, de grandeur inférieure, depuis la dixième grandeur, jusqu'à celle dont la multitude et la petitesse constituent la nébulosité irrésoluble, disséminées sur des traces de plusieurs degrés carrés. N'y eût-il qu'un seul objet, on peut soutenir avec quelque probabilité que sa sphéricité apparente n'est qu'un effet de raccourci, et qu'il existe en réalité une différence proportionnelle de distance, plus grande entre les parties les plus proches et les parties les plus éloignées. Mais ce qui serait improbable dans le cas d'un seul objet, l'est bien davantage dans le cas de deux objets, et tout-à-fait insoutenable quand il y en a un plus grand nombre. On peut donc regarder comme démontré que les étoiles de septième ou huitième grandeur et les nébuleuses irrésolubles peuvent coexister dans des limites de distance qui ne diffèrent pas au-delà du rapport neuf à dix; cela peut donner quelque *certitude* aux conséquences que nous allons en tirer..

895. Précédant immédiatement le centre de la petite nubécule, et sans doute appartenant au même groupe, se présente le superbe amas globulaire, n° 7 Toucani de Bode, très-visible à l'œil nu, et l'un des plus beaux objets de ce genre que l'on trouve dans le ciel. Il se compose d'une masse sphérique très-condensée d'étoiles, d'*une couleur rose pâle*, concentriquement renfermées dans un globe moins condensé d'étoiles blanches ayant de 15' à 20' de diamètre. C'est le premier dans la liste des amas donnés à l'art. 867.

896. Dans la grande nubécule, ainsi que nous l'avons indiqué déjà, et faiblement visible à l'œil nu, est la nébuleuse singulière (marquée comme l'étoile 30 Doradus dans le catalogue de Bode); Lacaille l'avait notée comme ressemblant au nœud d'une petite comète. Elle occupe environ la 500me partie de toute l'aire de la nubécule, et la fig. 130 en offre un dessin assez satisfaisant pour en rendre toute description superflue.

897. Nous terminerons ce chapitre par la mention d'un phénomène qui semble indiquer l'existence de quelque faible degré de nébulosité vers le soleil lui-même, ce qui le rangerait dans la classe des étoiles nébuleuses. Ce phénomène a reçu le nom de lumière zodiacale et peut être vu chaque soir, quand le temps est serein, aussitôt après le coucher du soleil, vers les mois d'avril et mai, ou bien avant le lever du soleil dans la saison opposée, comme un cône lumineux ou lumière

de forme lenticulaire s'étendant de l'horizon, obliquant en haut, et suivant généralement le cours de l'écliptique, ou plutôt celui de l'équateur du soleil. La distance angulaire apparente de son sommet au soleil varie, suivant les circonstances, de 40° à 90°, et la largeur de sa base perpendiculaire à son axe est de 80° à 30°. Cette lumière est extrêmement faible et d'un contour mal arrêté, au moins dans nos climats; mais quoiqu'elle se voie mieux dans les régions tropicales, on ne peut la confondre avec aucun météore atmosphérique ou une aurore boréale. Elle est manifestement de la nature d'une atmosphère épaisse, de forme lenticulaire, environnant le soleil, et s'étendant au-delà de l'orbite de Mercure et même de Vénus ; on peut conjecturer que ce n'est autre chose que la partie la plus dense de ce milieu qui, ainsi que nous avons des raisons de le croire, résiste au mouvement des comètes ; elle est peut-être chargée des éléments de ces queues d'un million de comètes qui les y ont laissées, dans leurs périhélies successifs (art. 566). Une *atmosphère* du soleil, dans l'acception exacte de ce mot, ne peut exister ; une enveloppe gazeuse propagerait sa pression de part en part ; elle serait soumise à des frottements réciproques dans les couches ; elle tournerait dans le même temps, ou à peu près, que le corps central ; et d'après ses dimensions et son ellipticité, tout cela devient incompatible avec les lois dynamiques. Si ses particules restaient inertes, elles seraient, relativement au soleil, dans l'état de petites planètes indépendantes et séparées, ayant chacune son orbite, son plan de mouvement, et son temps périodique. La masse totale étant presque rien par rapport à celle du soleil, une *perturbation mutuelle* est hors de question, quoique des *collisions* pussent se présenter dans le cours des siècles, et même une absorption de tout ou partie de ces masses inertes par le soleil ou par d'autres planètes.

898. Rien n'empêche que ces particules, ou quelques-unes d'elles, puissent avoir quelque volume appréciable et se trouver à de grandes distances l'une de l'autre. Comparées avec les planètes visibles dans nos télescopes les plus puissants, les masses de rochers d'un grand volume et d'un grand poids deviennent une poussière impalpable telle qu'un rayon de soleil en montre dans le filet de lumière qui pénètre par une petite ouverture dans une chambre obscure. C'est un fait établi, par une évidence qu'on ne peut nier, que des masses de pierre, la plupart ferrugineuses, tombent assez souvent, sur la terre des hauteurs de notre atmosphère (où il semble im-

possible qu'elles aient été formées), et que cela a toujours eu lieu depuis les temps historiques les plus reculés. Un bloc de pierre est tombé à Ægos Potamos, l'an 465 avant J.-C.; il était aussi volumineux que deux meules de moulin; un autre à Narni, en 921, fut projeté comme un rocher, de plus d'un mètre au-dessus de la surface de la rivière où on le vit tomber. L'empereur Jehanvire avait un glaive forgé avec une masse de fer météorique qui était tombée, en 1620, à Jahlinder dans le Punjab (1). Sept exemples de chutes de pierres météoriques, sont authentiques en Angleterre, depuis 1620, dont une à Londres même. En 1803, le 26 avril, éclata en fragments qui couvrirent plusieurs kilomètres carrés autour de la ville de l'Aigle, en Normandie, un globe météorique très-volumineux. Le fait eut lieu en plein jour, et fut constaté par une commission nommée par le gouvernement (2). Ces exemples et une foule d'autres (3) constatent ce fait général; après avoir essayé vainement de l'expliquer par des éruptions volcaniques de la terre ou de la lune, on a fini par reconnaître et par admettre la nature planétaire de ces pierres météoriques. La chaleur qu'elles ont au moment de leur chute, le phénomène igné qui l'accompagne, leur explosion à leur arrivée dans les régions plus denses de notre atmosphère, etc., etc., tout s'accorde avec les principes physiques, par la condensation de l'air à raison de leur vitesse énorme, et des rapports de l'air dans cet état de ténuité provenant de la chaleur extrême. La Revue d'Edimbourg, pour janvier 1848, p. 195, observe qu'il est vraiment remarquable que dans aucun des nombreux échantillons météoriques analysés, la chimie n'ait découvert de principes ou éléments nouveaux.

899. Outre les pierres et les masses métalliques, il est probable qu'il y a des corps de nature très-différente, ou du moins de divers états d'aggrégation, qui circulent autour du soleil. Les étoiles filantes sont suivies souvent de longues traînées de lumière; ces globes énormes qui se présentent plus rarement, mais qui ne sont pas *inaccoutumés*, ont des traînées qui durent plusieurs minutes, traversent les régions supérieures de notre atmosphère en brûlant quelquefois avec explosion, et s'éteignant par fois tout à fait; on peut présumer

(1) Rapport de l'empereur lui-même sur cet évènement remarquable, traduit dans les Trans. phil. 1793, p. 202.

(2) Rapport de Biot. Mémoires de l'Institut, 1806.

(3) Liste de plus de 400, publiée par Chladni. — Annales du bureau des longitudes de France, 1825.

que ce sont des corps étrangers à notre planète, et qui ne nous deviennent visibles qu'en effleurant les confins de notre atmosphère. Parmi les météores dont nous venons de parler, il en est que l'on peut difficilement regarder comme des masses solides. Le météore remarquable d'août 1783 traversa toute l'Europe, de Shetland à Rome, avec une vitesse de 30 *miles* (plus de 48 *kilomètres*) par seconde, à une distance de 50 *miles* (plus de 80 *kilomètres*) de la surface de la terre ; sa lumière surpassait de beaucoup celle de la pleine lune, et son diamètre réel était de plus d'un demi *mile* (plus de 804 *mètres*). Malgré ses vastes dimensions, il changea visiblement de forme, et finit par se séparer en plusieurs corps distincts, se suivant dans leurs courses parallèles, et accompagnés chacun d'une traînée en queue.

900. Il y a dans l'histoire des étoiles filantes des circonstances qui corroborent l'idée de leur origine étrangère ou *cosmique*, et leur circulation autour du soleil dans des orbites limitées. En plusieurs occasions on a observé qu'elles paraissent en nombre étonnant et inusité, de manière à donner le spectacle d'une pluie de fusées volantes ou de flocons de neige, illuminant tout le ciel brillamment pendant plusieurs heures, et cela non pas dans une localité spéciale, mais sur tous les continents, sur toutes les mers, et même en plusieurs cas, dans les deux hémisphères. Il est fort remarquable que toutes les fois que cela a eu lieu (au moins dans les temps modernes), c'était pendant la nuit du 12 au 13, ou du 13 au 14 novembre. Tels ont été les exemples fournis en 1799, 1823, 1832, 1833 et 1834. En remontant dans les souvenirs de semblables phénomènes, on retrouve que le plus souvent ces nuits-là même, ou celles qui s'en rapprochent immédiatement, ont toujours été signalées par cet étonnant spectacle. Une autre époque, revenant annuellement, dans laquelle, quoique moins brillants, les météores se montrent le plus certainement (car celle de novembre est souvent interrompue pour un grand nombre d'années), est celle du 10 août, dans la nuit, et du 9 au 11, où l'on est presque toujours sûr de voir de brillantes étoiles filantes avec queues. On a remarqué quelques autres époques moins certaines de retour périodique.

901. Il est impossible d'attribuer au hasard le retour de ces dates identiques. La périodicité annuelle, en dehors de toute position géographique, nous reporte au lieu occupé par la terre dans son orbite annuelle, et nous mène directement à conclure, qu'en ce lieu la terre est sujette à de *fréquentes* ren-

contres avec la couche des météores qui sont en circulation autour du soleil. Complétons cette idée en la suivant dans quelques-unes de ses conséquences. En premier lieu, supposons que la terre, dans son circuit annuel, plonge dans un *anneau* uniforme de petites planètes-météores, de telle largeur qu'elle le traverse en un ou deux jours; puisque durant ce peu de temps, les mouvements, soit de la terre, soit de chaque météore individuel, peuvent être considérés comme uniformes et rectilignes, et ceux de tous ces derniers (en lieu et temps), comme parallèles, ou à peu près, il s'ensuit que le mouvement relatif des météores rapporté à la terre comme étant en repos, sera aussi uniforme, rectiligne et *parallèle*. Ainsi, vus du centre de la terre (ou de chaque point de sa circonférence, en négligeant la vitesse diurne comme infiniment petite en comparaison de la vitesse annuelle), ces mouvements de météores paraîtront diverger d'un point commun, *fixé en rapport à la sphère céleste*, comme s'il émanait d'un sommet sidéral (art. 115).

902. C'est précisément ce qui a lieu. Les météores du 12 au 14 novembre, ou du moins la plus grande partie, décrivent des arcs apparents de grands cercles passant par γ du Lion ou très-près. Il importe peu quel est le lieu de cette étoile par rapport à l'horizon, ou ses points Est et Ouest au moment de l'observation, les traces des météores paraissent toutes diverger de cette étoile. Du 9 au 11 d'août, le fait géométrique est le même, le sommet seul diffère : B du Caméléon est, à à cette époque, le point de divergence. On n'a pas besoin de supposer que l'anneau météorique coïncide avec le plan de l'écliptique, et comme, pour l'*anneau* de météores, nous pouvons supposer un anneau elliptique d'assez grande excentricité, de manière que la vitesse et la direction de chaque météore puissent différer de celles de la terre, il n'y a rien dans la grande différence, *en latitude*, de ces sommets, qui aille contre notre conclusion.

903. Si les météores étaient uniformément distribués dans cet anneau ou cette courbe elliptique, la rencontre de la terre avec eux, dans chaque révolution, serait certaine, une fois qu'il y en aurait eu une. Mais si l'anneau est brisé, s'il y a une série de groupes tournant dans une ellipse suivant une période *non identique* avec celle de la terre, il peut s'écouler plusieurs années sans rencontre; et quand cela arrive, cette rencontre peut varier dans l'intensité de son caractère, suivant qu'elle a lieu avec des groupes plus riches ou plus pauvres,

904. Aucune autre explication plausible de ces traits hautement caractéristiques (la périodicité annuelle, et la divergence d'un sommet commun, *toujours le même pour chaque époque respective*) n'a été proposée : d'après l'opinion unanime des astronomes, les étoiles filantes appartiennent à l'astronomie, et leur observation, ainsi que le développement de leurs lois, est du plus grand intérêt pour la science. Les séries le mieux suivies d'observations à ce sujet, ayant pour objet de tracer la *marche relative* des étoiles filantes eu égard à la terre, sont celles de Benzenberg et de Brandes, qui, en notant les instants et les lieux apparents de leur apparition et de leur disparition, aussi bien qu'en précisant leurs traces apparentes parmi les étoiles, pour les météores individuels, depuis les extrémités d'une base de plus de 150 *mètres* de longueur, ont conclu que leurs hauteurs au moment de l'apparition et de la disparition variaient de 16 à 140 *miles* (25 à 225 *kilom.*), et leur vitesse relative de 18 à 36 *miles* (29 à 58 *kilomètres*) par seconde; des vitesses aussi considérables indiquant clairement une circulation planétaire indépendante autour du soleil.

905. On peut concevoir que la terre s'approchant de ces planètes-météores dont elle diffère peu en direction et en vitesse, en a retenu quelques-unes comme satellites permanents ; parmi ceux-là il *peut* s'en trouver qui soient d'un volume et d'une solidité à briller par la lumière réfléchie, ce qui les rend visibles (du moins quand ils sont très-près de la terre), pour un moment très-court, après quoi ils disparaissent dans l'ombre de la terre : en d'autres termes, après quoi ils subissent une éclipse totale. Sir John Lubbock pense qu'il en est ainsi; il a donné des formules géométriques pour calculer leurs distances d'après des observations de ce genre (1). Les observations de M. Petit, directeur de l'observatoire de Toulouse, donneraient à penser qu'il existe au moins un de ces corps, tournant autour de la terre, comme satellite, en 3 h. 20 m. environ, par conséquent à une distance égale à 2,513 rayons de la terre de son centre, ou d'environ 5000 *miles* (environ 804 *myriamètres*) au-dessus de sa surface (2).

(1) Mag. phil. Lond. Ed. dub. 1848, p. 80.
(2) Comptes-rendus, 12 octobre 1846 et 9 août 1847.

QUATRIÈME PARTIE.

MESURE DU TEMPS.

CHAPITRE XVIII.

Unités naturelles du temps. — Relation du jour sidéral et du jour solaire affecté par la précession. — Incommensurabilité du jour et de l'année. — Son inconvénient. — Comment on y a obvié. — Calendrier julien. — Irrégularités à sa première introduction. — Réformé par Auguste. — Réformation grégorienne. — Cycles lunaire et solaire. — Indiction. — Période julienne. — Table des ères chronologiques. — Règles pour calculer les jours écoulés entre des dates données. — Temps équinoxial.

906. Comme la distance, le temps peut être mesuré par comparaison avec des étalons de certaine longueur, et tout ce qu'il faut pour déterminer correctement la longueur de chaque intervalle, c'est de pouvoir appliquer l'étalon à l'intervalle dans toute son étendue sans double emploi d'une part, et de l'autre sans omission ; de déterminer sans erreur possible d'une unité, le nombre de mesures exactes que l'intervalle permet d'interposer de son commencement à sa fin ; et d'estimer précisément la fraction, en dessus et en dessous de la mesure exacte, qui reste après que l'on a compté le nombre de mesures exactes.

907. Quoique tout étalon d'unité de temps, théoriquement parlant, soit également possible, tous ne sont pas également praticables et convenables. Le jour solaire est un intervalle naturel, que les besoins de l'homme et les affaires de la société forcent à adopter, comme unité fondamentale du temps. Sa longueur est estimée du départ du soleil d'un méridien donné, à son retour suivant au même point; elle est, il est vrai, sujette à une fluctuation annuelle en plus et en moins de la moyenne, dont le maximum est $1/2$ minute. Mais à l'exception des observations astronomiques, ce changement est trop petit pour nuire à son usage habituel; d'ailleurs la substitution du temps moyen, au temps vrai (ou variable), peut être considérée comme ayant empêché, depuis des

siècles, toute erreur dans cette unité fond entale de la mesure du temps.

908. Le temps occupé par une rotation complète de la terre sur son axe, ou le jour sidéral moyen (1), peut être considéré d'après les principes dynamiques, comme n'étant sujet à aucune variation provenant de cause extérieure; et quoique sa durée pût à la rigueur se raccourcir par la contraction du globe lui-même dans ses dimensions, telle qu'elle pourrait surgir de l'échappement de sa chaleur intérieure, et par suite du refroidissement et du rétrécissement de toute la masse; cependant la théorie a, d'un autre côté, rendu presque certain que cette cause n'a amené aucun changement sensible pendant toute la durée historique du genre humain; enfin la comparaison des observations anciennes et modernes apporte un appui décisif à cette conclusion. D'après ces comparaisons, Laplace a prouvé que le jour sidéral n'a pas changé d'un millième de seconde depuis le temps de Hipparchus. Le jour sidéral est donc un type parfait d'unité de temps, car il est d'une *complète invariabilité.* Il en est de même de l'année sidérale, quand on la compte sur une moyenne assez grande pour compenser les petites fluctuations provenant des variations périodiques du grand axe de l'orbite de la terre, conformément à la perturbation planétaire (art. 668).

909. Le jour solaire moyen est un dérivé immédiat du jour et de l'an sidéraux; il y est lié par la même relation qui détermine les révolutions synodiques d'après les révolutions sidérales de chacune des deux planètes, ou d'autres corps accomplissant leurs révolutions (art. 418). La détermination *exacte* du rapport du jour solaire au jour sidéral, qui est un point de la plus grande importance en astronomie, se complique un peu d'ailleurs par l'effet de la précession, qui rend nécessaire de distinguer entre le temps absolu de la rotation de la terre sur son axe (étalon réel, naturel et invariable, de comparaison), et l'intervalle *moyen* entre deux retours successifs, d'une étoile donnée, au même méridien, ou plutôt d'un méridien donné à une même étoile; ce qui ne diffère que d'une faible quantité du jour sidéral, mais qui n'est pas le même pour toutes les étoiles. Comme il y a quelque difficulté à le comprendre, nous l'expliquerons en détail, pour la fi-

(1) Le vrai jour sidéral est variable par l'effet de la nutation; mais cette variation (fraction très-minime du tout) se compense elle-même dans une révolution des nœuds de la lune.

gure 131. Soit π le pôle de l'écliptique, P celui de l'équinoxial, A B C D les colures solsticiaux et équinoxiaux à une époque quelconque donnée, P p q r le petit cercle décrit par P autour de π dans une révolution d'équinoxes, c'est-à-dire en 25870 ans, ou 9448309 jours solaires ; le tout projeté sur le plan de l'écliptique A B C D. Soit S une étoile située quelque part sur l'écliptique, ou bien entre l'écliptique et le petit cercle P q r. Si le pôle P était en repos, un méridien de la terre sortant de P S C, et tournant dans la direction CD, reviendra de nouveau à l'étoile après le laps exact d'un jour sidéral, ou bien une rotation de la terre sur son axe. Mais P n'est pas en repos. Après le laps d'un jour sidéral, il reviendra dans la position p, par exemple, l'équinoxe du printemps B s'étant retiré en b, et le colure P C ayant pris sa nouvelle position pc. Or un mouvement conique imprimé sur l'axe de rotation d'un globe déjà tournant, équivaut à une rotation imprimée sur tout le globe autour de l'axe du cône, en addition à celle que le globe avait et a conservée autour de son axe indépendant de rotation. Cette nouvelle rotation en allant de P en p, étant accomplie autour d'un axe passant par π, n'altère pas la situation de ce point du globe qui a π dans son zénith, il s'ensuit que p π c passant par π sera la position prise par le méridien P π C, après le laps de temps d'un jour sidéral exactement. Mais il ne passe pas par S, il s'en faut de l'angle horaire π p S, qui est encore à décrire avant que le méridien arrive à l'étoile. Aussi le méridien a perdu autant, ou s'est écarté d'autant, de l'étoile, dans ce laps de temps; cela est vrai, quel que soit l'arc P p. Après le laps d'un certain nombre de jours, le pôle étant transféré en p, l'angle sphérique π p S mesure l'angle total horaire que le méridien a perdu sur l'étoile. Quand S se trouve entre C et r, cet angle s'accroît continuellement (quoique non uniformément), atteignant 180° quand p vient en r, puis encore (comme on le voit en suivant le mouvement au-delà de r), s'accroissant jusqu'à ce qu'il ait atteint 380° lorsque p a complété son circuit. Ainsi dans toute une révolution des équinoxes, le méridien a perdu une révolution exacte sur l'étoile, ou bien en 9448300 jours sidéraux, tandis qu'il a réatteint l'étoile seulement 9448299 fois : en d'autres termes, la longueur du jour mesurée par la moyenne des arrivées successives d'une étoile quelconque hors du cercle P p q r sur un seul et même méridien, est au temps absolu de rotation de la terre sur son axe, comme 9448300 : 9448299, ou comme 1,00000011 : 1.

910. Il en est autrement pour une étoile située *dans* ce cercle, comme en σ. Pour celle-là l'angle $\pi p \sigma$, exprimant le retard du méridien, s'accroît jusqu'au maximum pour quelque situation de p, entre q et r, pour décroître de nouveau jusqu'à zéro en r : après quoi, il prend une direction opposée, et le méridien commence à venir en avance de l'étoile, puis continue ainsi de plus en plus, jusqu'à ce que p ait atteint quelque point entre s et P, où l'avance est un maximum ; alors il décroît de nouveau jusqu'à zéro quand p a complété son circuit. Pour toute étoile ainsi placée, la moyenne de tous les jours estimée pour toute une période d'équinoxes, est un jour sidéral exact, comme si la précession n'existait pas.

911. Si l'on compare le soleil avec une étoile placée dans l'écliptique, l'année sidérale est une moyenne de tous les intervalles de son arrivée à cette étoile à travers l'infini des siècles, ou (sans crainte d'erreur sensible) à travers l'histoire de tous les temps. Si l'on veut calculer la révolution sidérale synodique du soleil et d'un méridien de la terre, *eu égard à une étoile* ainsi placée, d'après les principes de l'art. 418, il faut procéder ainsi qu'il suit : soit D la longueur du jour solaire moyen (ou jour synodique en question), d la révolution sidérale moyenne du méridien *eu égard à la même étoile*, et y l'année sidérale. Les arcs décrits par le soleil et par le méridien, dans l'intervalle D, seront respectivement $360^\circ \frac{D}{y}$ et $360^\circ \frac{D}{d}$. Or puisque la seconde expression excède la première de 360° précisément, on aura $360^\circ \frac{D}{d} = 360^\circ \frac{D}{y} + 360^\circ$; d'où il suit $\frac{D}{d} = 1 + \frac{D}{y} = 1,00273780$: prenant la valeur de l'année sidérale y dans l'art. 383, c'est-à-dire 365 j. 6 h. 9 m. 9 s. 6. Mais, comme nous l'avons vu, d n'est pas le *jour sidéral* absolu ; il le dépasse, dans le rapport de 100000011, à 1 ; ainsi pour avoir la valeur du jour moyen solaire, exprimé en jours sidéraux absolus, le nombre ci-dessus doit s'accroître dans ce rapport, ce qui le met à 100273791, qui est le rapport du jour solaire au jour sidéral actuellement en usage parmi les astronomes.

912. Il serait bien pour la chronologie, que le monde ait

voulu et voulût encore se contenter de cet étalon invariable, naturel et convenable, pour supputer le temps. Les anciens Egyptiens s'en servaient, et par leur adoption d'une année historique et officielle de 365 jours, ils ont donné le seul exemple de chronologie exempt de toute obscurité et de toute complication. Mais la nature des saisons d'où dépend l'arrangement le plus important des affaires de ce monde, ne peut se conformer à un tel multiple de l'unité de jour. Le retour des saisons est réglé par *l'année tropicale,* ou par l'intervalle entre deux arrivées successives du soleil à l'équinoxe vernal, qui comme nous l'avons vu, art. 383, diffère de l'année sidérale, en raison du mouvement des points équinoxiaux. Ce mouvement n'est pas absolument uniforme, parce que l'écliptique, d'après lequel on l'estime, change graduellement, quoique lentement, sa position dans l'espace, sous l'influence perturbatrice des planètes, art. 640. Il en résulte une variation dans l'année *tropicale,* qui dépend du lieu de l'équinoxe, art. 383, l'année *tropicale* est actuellement d'environ 4s. 21 plus courte qu'elle ne l'était du temps d'Hipparchus. Ce manque d'invariabilité, qualité la plus essentielle d'un étalon, nous force, à défaut de l'année tropicale elle-même, d'employer une mesure en quelque sorte artificielle et arbitraire, qui, ne se chargeant pas du moins d'une accumulation d'erreur, satisfait, sans mécompte, à tous les besoins de la vie civile. Pour les usages scientifiques, l'année tropicale ainsi arrangée, est considérée comme représentant simplement un certain nombre de jours et une fraction : le jour étant, en effet, la seule mesure employée. Le cas est presque analogue à celui des valeurs des monnaies d'or et d'argent, dont la loi fixe le rapport, et qui n'est jamais exactement le même que le rapport réel de l'or à l'argent dans le prix de ces métaux sur les marchés ; celui des deux dont la valeur est le plus réellement invariable ou le plus en usage parmi les autres nations, devant être pris comme véritable étalon théorique de valeur.

913. L'autre inconvénient de l'année tropicale comme l'unité la plus grande, est son incommensurabilité avec la plus petite unité, le jour. Dans nos mesures d'espace, toutes les subdivisions sont des parties aliquotes de l'unité principale. Mais une année n'a pas un nombre *exact* de jours, ni même un nombre entier de jours avec une fraction exacte, comme un tiers ou un quart, en moins ou en plus ; mais bien un surplus en fraction *incommensurable* composée d'heures, minutes,

secondes, etc. C'est un inconvénient du même genre pour le compte du temps, que le seraient pour le compte des monnaies, des pièces d'or et d'argent qui ne seraient pas des parties aliquotes d'une même unité monétaire. Il n'y a d'ailleurs à cela d'autre remède que de garder exactement note des fractions de temps, et d'en tenir compte quand leur somme se monte enfin à un jour entier.

914. C'est là l'objet d'un bon calendrier, qui doit présenter ce mode le plus simple et le plus convenable de cette réduction des fractions. Le calendrier grégorien, que nous suivons, opère avec une simplicité et une clarté remarquables; en allant un peu au-delà des principes d'une seule année arbitraire ou artificielle, il adopte *deux* années d'un nombre exact de jours, c'est-à-dire l'une de 365 jours et l'autre de 366 jours; puis il les fait se succéder dans un ordre facile à retenir, en sorte que pendant un laps de plusieurs siècles, la somme des années artificielles grégoriennes, ne différera pas d'un seul jour de celle des années tropicales réelles. Par ce moyen, les équinoxes et les solstices tombent toujours à des jours semblablement placés, et portant le même nom dans chaque calendrier grégorien; les saisons correspondent aux mêmes mois, au lieu de faire le tour de l'année, comme cela aurait lieu avec une autre manière de compter, et comme cela arrivait effectivement avant que l'usage du calendrier grégorien fût adopté, comme par hasard dans la chronologie grecque et romaine, et comme une observance rigoureuse des superstitions de la chronologie égyptienne.

915. Voici le système grégorien: les années sont dénommées *comme années courantes* (*non comme années écoulées*), depuis minuit entre le 31 décembre et le 1er janvier suivant; la naissance du Christ, suivant une détermination chronologique de cette naissance par *Dyonisius Exiguus*. Chaque année dont le numéro d'ordre n'est pas exactement divisible par 4, sans reste, se compose de 365 jours; chaque année dont le numéro d'ordre est divisible ainsi, mais ne l'est pas par 100, se compose de 366 jours; chaque année divisible par 100 et non par 400 est de 365 j.; chaque année divisible par 400 est de 366 j. Par exemple l'année 1833 n'étant pas divisible par 4, était composée de 365 j.; l'an 1836 l'est de 366; 1800 et 1900 en ont chacune 365; mais l'an 2000 aura 366 j. Afin de voir combien cette règle nous rapproche de la vérité, voyons quel nombre de jours auront 10000 années grégoriennes en commençant par l'année 1. En 10000, les nombres non divisibles

par 4, seront les 3/4 de 10000 ou 7500; ceux divisibles par 100, mais non par 400, seront les 3/4 de 100 ou 75; en sorte que, dans les 10000 années en question, 7575 se composant de 365 jours, et les 2425 autres de 366, produisent en tout 3652425 j., qui donnent pour moyenne de chaque année, l'une dans l'autre, 365 j., 2425. La valeur actuelle de l'année tropicale (art. 383) réduite en fraction décimale est 365 jours 24224; ainsi l'erreur de la règle grégorienne sur 10000 des années tropicales, est 2 j., 6 ou 2 j. 14 h. 24 m.; c'est-à-dire, moins d'un jour en 3,000 ans; cette exactitude est plus que suffisante pour les besoins de la société, mais elle ne l'est pas pour les astronomes, qui ne peuvent négliger cette légère inexactitude. On pourrait même éviter cette erreur en étendant la règle grégorienne plus loin que n'y songeaient probablement ses inventeurs, et declarant que les années divisibles par 4000 seraient composées de 365. Ceci retrancherait deux jours entiers du nombre ci-dessus calculé, et 2 j. 5 pour la plus grande moyenne, ce qui ferait pour la somme des jours de ces 10000 années grégoriennes 36524225, nombre qui ne diffère que d'un seul jour de celui de 10000 années tropicales actuelles.

916. Dans les dates historiques des évènements, il n'y a pas d'année A. D. O (*zéro*). L'année immédiatement avant A. D. I., est toujours appelée A. C. I; il faut se le rappeler pour compter les intervalles chronologiques et astronomiques. La somme des années nominales A. C. et A. D. doit être diminuée de 1. Ainsi du 1er janvier. A. C. 4713, au 1er janvier 1582, les années écoulées ne sont pas au nombre de 6295, mais bien à celui de 6294.

917. La distance d'une longue route pourrait être comptée, quoique d'une manière incommode et compliquée, mais sans erreur cependant, avec des bornes miliaires à intervalles de longueurs inégales; de telle sorte par exemple, que chaque borne, de quatre en quatre, fût placée à un mètre plus loin, ou suivant toute autre disposition; il suffirait seulement de numéroter les bornes, et d'avertir les voyageurs de la différence périodique de leurs intervalles. C'est précisément ainsi que le calendrier grégorien donne correctement la mesure du temps, quand on connaît la base du calcul sur lequel il repose. On sait ainsi combien d'années de 365 jours et combien d'années de 366 jours se sont écoulées dans un laps de temps donné. Les années de 366 jours sont nommées *bissextiles*, ou de transition, et les jours qu'elles ont en plus des autres, se nomment *intercalaires* ou *jours de transition*.

918. Si la règle grégorienne, telle que nous venons de la donner, eût toujours été reconnue, rien ne serait plus facile que de compter le nombre de jours écoulés depuis un évènement quelconque jusqu'au temps actuel. Mais il n'en est pas ainsi; l'histoire du calendrier, par rapport à la chronologie, ou bien au calcul des observations anciennes, peut se comparer à celle d'une horloge allant régulièrement quand on l'abandonne à elle-même, mais qu'on oublie quelquefois de remonter, et qui avance ou retarde à la fantaisie de celui qui la remonte, soit pour servir des intérêts particuliers, soit pour rectifier des méprises dans sa pose. Tel paraît être au moins le cas du calendrier romain, d'où le nôtre tire son origine, depuis le temps de Numa jusqu'à celui de Jules César, quand l'année lunaire de 13 mois, ou 355 jours fut augmentée à plaisir pour correspondre à l'année solaire, déterminant les saisons suivant les intercalations arbitraires des prêtres, les usurpations des décemvirs et autres magistrats, jusqu'à ce que la confusion devint inextricable. C'est à Jules César, aidé par Sosigènes, astronome et mathématicien célèbre d'Alexandrie, que nous devons le raccordement par deux années de 365 et de 366 jours, avec insertion d'une année bissextile après trois années ordinaires; ce changement important se rapporte à la 45e année avant J.-C., qui fut la première année régulière, commençant le 1er janvier, *jour de la nouvelle lune suivant immédiatement le solstice d'hiver de l'année précédente.* Nous pouvons juger de l'état dans lequel était tombé le compte du temps, par ce fait, qu'il fut nécessaire de déclarer que l'année précédente (46 avant J.-C.) se composerait de 445 jours, circonstance qui lui a valu le surnom de « l'année de confusion. »

919. Si César eût vécu, poursuivant la pratique de sa propre réformation, comme souverain pontife, il eût évité l'inconvénient qui mit tout en confusion à sa mort. Les termes de l'édit établissant le système julien, ne nous ont pas été transmis, mais il est probable qu'ils contiennent quelque expression équivalente à « chaque quatrième année » que les prêtres ont mal interprétée après sa mort pour vouloir (suivant le système sacerdotal de numération) *compter l'année bissextile nouvellement écoulée comme* N° 1 *de quatre,* intercalant *chaque troisième* au lieu de *chaque quatrième* année. Cette pratique erronée dura 36 ans, pendant lesquels par conséquent 12 jours au lieu de 9 furent intercalés, ce qui produisit une erreur de 3 jours: pour la rectifier, Auguste ordonna

la suspension de toute intercalation durant trois *quadriennia* complets, — restaurant ainsi, comme on peut présumer que c'était son intention, les dates juliennes pour l'avenir, et rétablissant le système julien, qui ne fut ensuite jamais vicié par aucune erreur, jusqu'à l'époque où les défauts qui lui sont inhérents donnèrent lieu à la réformation grégorienne. Suivant la réforme augustienne, les années A. v. c. 761, 765, 769, etc., que nous appelons maintenant A. D. 8, 12, 16, etc., sont les années bissextiles. S'appuyant sur cette base comme sur un fait certain (car les établissements de transaction par les auteurs classiques ne sont pas assez précis pour ne laisser *absolument aucun doute* relativement aux années intermédiaires précédentes), les chronologistes et les astronomes se sont accordés à compter en arrière dans une succession non interrompue d'après ce principe, et à porter ainsi la chronologie julienne dans le temps passé, *comme* si elle n'eût jamais souffert pareille interruption, et *comme* s'il était certain (ce qui n'est que probable) (1) que César pour assurer l'intercalation, par un précédent, ait fait bissextile, son année initiale 45 A. C. Toutes les fois donc que dans la relation d'un évènement de l'histoire ancienne ou moderne avant le changement de style, le temps est spécifié dans notre nomenclature moderne ; il faut le concevoir comme ayant été identifié avec la date assignée par les séries (quoique souvent obscures et embrouillées) de la chronologie spéciale et nationale, en rapportant ce jour à la place qu'il aurait dans le système julien ainsi interprété.

920. Différentes nations en divers siècles du monde ont compté le temps en séries différentes partant d'époques diverses ; il est donc convenable que les astronomes et les chronologistes (de même qu'ils s'accordent pour l'adoption du système julien, années et mois) s'accordent aussi sur une époque, antécedente à toutes les autres, comme un point fixe auquel on puisse rattacher toute la liste des ères chronologiques. Cette époque est midi du 1er janvier 4713 A. C. que l'on a nommé l'époque de la période julienne, cycle de 7980 années juliennes ; pour en comprendre l'origine, il faut développer celle de trois cycles subordonnés dont la combinaison l'a créée, par la multiplication des nombres d'années qu'ils con-

(1) Suivant Scaliger, Ideler et les meilleures autorités. On a cependant argumenté que César commençait naturellement son premier *quadriennium* avec trois années ordinaires, renvoyant la rectification de leur erreur accumulée à la quatrième par l'insertion du jour intercallaire. Pour la correction des dates romaines pendant les 52 ans entre les réformations julienne et augustienne, voyez Ideler que nous avons suivi dans tout ce chapitre. *Handbuch der Math. und Technisch. chronologie.*

tiennent séparément, c'est-à-dire les cycles solaire, lunaire et d'indiction.

921. Le cycle solaire se compose de 28 années juliennes, après le laps desquelles les mêmes jours de la semaine du système julien reviennent aux mêmes jours de chaque mois dans toute l'année. Pour quatre de ces années comprenant 1461 jours, qui n'est pas un multiple de 7, il est évident que le moindre nombre d'années qui remplira cette condition doit être 7 fois cet intervalle, ou 28 années. La place dans ce cycle, pour chaque année A. D, comme 1849, se trouve en ajoutant 9 à l'année et divisant par 28, le reste est le nombre cherché, o étant compté comme 28.

922. Le cycle lunaire se compose de 19 ans ou 235 lunaisons, ce qui diffère de 19 années juliennes de 365 jours 1/4 seulement de 1 heure 1/2 environ; en sorte qu'en supposant la nouvelle lune au 1er janvier, dans la première année du cycle, elle reviendra en ce jour (ou dans un temps très-court à partir du commencement ou de la fin du jour), après un laps de 19 ans; et presque certainement ce jour, à 1 h. 1/2 de la même heure du jour, après le laps de quatre de ces cycles, ou 76 ans; toutes les nouvelles lunes, dans l'intervalle viendront au même jour du mois, comme dans le cycle précédent. La période de 19 ans est quelquefois appelée cycle métonique, du nom de Méton, mathématicien athénien, qui la découvrit le premier; les Grecs, qui suivaient le cycle lunaire, apprécièrent beaucoup cette découverte de leur compatriote qui assurait ainsi une correspondance entre les cycles solaire et lunaire. On lui décerna des honneurs publics, circonstance qui exprime bien le tort qu'une année lunaire fait nécessairement à un peuple civilisé, pour lequel un calendrier simple et régulier est un des premiers besoins de la vie. Le cycle de 76 ans, grand perfectionnement du cycle métonique, fut proposé d'abord par Callipus, et s'appelle cycle callipique. Pour trouver la place d'une année donnée dans le cycle lunaire (ou le nombre d'or comme on le nomme), ajoutez 1 au nombre de l'année A. D, et divisez par 19, le reste (ou 19 si le nombre est exactement divisible) est le nombre d'or.

923. Le cycle d'indiction est une période de 15 ans dont on se servait pour l'organisation du fisc, et dans les cours de justice de l'empire romain, sous Constantin et ses successeurs; il a été ainsi introduit dans les dates légales, comme le nombre d'or, servant à déterminer Pâques, l'a été dans quelques dates ecclésiastiques. Pour trouver la place d'une année dans le cycle

d'indiction, on ajoute 3 et l'on divise par 15; le reste (ou 15 s'il reste o) est le nombre de l'an d'indiction.

924. Si l'on multiplie l'un par l'autre les nombres 28, 19 et 15, on trouve 7980; ainsi une période ou cycle de 7980 années ramène les années des trois cycles dans le même ordre; en sorte que chaque année prend la même place dans les trois cycles, comme l'année correspondante dans la période suivante. Aucun des trois nombres 28, 19, 15 n'ayant de facteur commun, il est évident qu'il n'y a pas deux années, dans la même période composée, qui puisse s'accorder dans toutes ces trois particularités : ainsi pour spécifier les nombres d'une année dans chacun de ces cycles, il suffit de spécifier l'année, si elle est dans cette longue période; ce qui embrasse toute la chronologie authentique. La période de 7980 années juliennes, se nomme la période julienne; on l'a trouvée si utile, que les autorités les plus compétentes n'ont pas hésité à déclarer que de son emploi datent l'ordre et la lumière dans la chronologie (1). On doit son invention ou du moins son rétablissement à Joseph Scaliger qu'on dit la tenir des Grecs de Constantinople. La première année de la période julienne courante, ou celle dont le nombre est 1 dans chacun des trois cycles subordonnés, est l'année 4713 A.C; midi du 1er janvier au méridien d'Alexandrie, est l'époque chronologique à laquelle on rapporte toutes les ères chronologiques, promptement et intelligiblement, en comptant le nombre des jours entiers entre cette époque et le midi (pour Alexandrie) du jour qui est compté pour le premier de l'ère en question. Le méridien d'Alexandrie est choisi comme celui auquel Ptolémée rapporte le commencement de l'ère de Nabonassar, base de tous les calculs.

925. Donnant l'année de la période julienne, celles des cycles subordonnés se déterminent aisément, comme ci-dessus. Réciproquement, étant données les années des cycles solaire, lunaire et d'indiction, pour déterminer l'an de la période julienne, on procède ainsi qu'il suit : on multiplie le nombre de l'année dans le cycle solaire par 4845, dans le cycle lunaire par 4200, dans le cycle d'indiction par 6916; on divise la somme des produits par 7980, et le reste est l'année cherchée de la période julienne.

926. La table suivante contient ces intervalles pour quelques-unes des ères historiques les plus importantes;

(1) Ideler, *Handbuch*, vol. I, p. 77.

Intervalles, en jours, entre le commencement de la période julienne, et celui de quelques autres Ères remarquables, en astronomie ou en chronologie.

NOMS SUIVANT LESQUELS L'ÈRE EST ORDINAIREMENT CITÉE.	Premier jour courant de l'ère	Désignation chronologique de l'année.	Année courante de la période julienne.	Jours d'intervalle.
Epoques juliennes.	*Dates juliennes.*			
Période julienne.	1 janvier.	A. c. 4713	1	0
Création du Monde (Asher).	(1 janvier.	4004	710	258963
Ère du déluge (Aboulhassan Kuschiar).	18 février.	3102	1612	588466
Id. suppulation vulgaire.	1 janvier.	2348	2366	863877
Ere d'Abraham (sir H. Nicholas).	1 octobre.	2015	2699	985718
Destruction de Troie, *idem*.	12 juillet.	1184	3530	1 289160
Dédicace du temple de Salomon.	1 mai.	1015	3699	1 350815
Olympiades (époque moyenne en usage généralement.	1 juillet.	776	3938	1 438171
Fondation de Rome (époque varronienne. v. C.).	22 avril.	753	3961	1 448502
Ere de Nabonassar.	26 février.	747	3967	1 448638
Cycle métonique (époque astronomique).	15 juillet.	432	4282	1 563831
Cycle callipique (*idem*, Biot).	28 juin.	330	4384	1 599608
Ere philippique ou ère de Philippe Aridœus. . .	12 novembre.	324	4390	1 603398

Ere des Séleucides	1 octobre.		312	4402	1 60777
Ere césarienne d'Antioche	1 septembre.		49	4665	1 7037
Réformation julienne du calendrier	1 janvier.		45	4669	1 7049
Ere espagnole	1 janvier.		38	4676	1 70754
Ere actienne de Rome	1 janvier.		30	4684	1 710466
Ere actienne d'Alexandrie	29 août		30	4684	1 710706
Ere vulgaire ou dionysienne	1 janvier.	A. D.	1	4714	1 721424
Ere de Dioclétien	29 août.		284	4997	1 825030
Hégire (époque astronomique, nouvelle lune). Ere de Yezdegird	16 juin.		632	5345	1 952065
Ere gélaléenne (sir H. Nicholas)	14 mars.		1079	5792	2 115285
Dernier jour du vieux style (nations catholiques)	4 octobre.		1582	6295	2 299160
Idem (en Angleterre)	2 septembre.		1752	6465	2 261221
Epoques grégoriennes.					
Nouveau style (nations catholiques)	15 octobre.		1582	6295	2 299161
Idem (Angleterre)	14 septembre.		1752	6465	2 361222
Commencement du XIXe siècle	1 janvier.		1801	6514	2 378862
Epoque du catalogue des étoiles de Bode. *Idem* de la société R. astronomique	1 janvier.		1830	6543	2 389454
Idem de l'association britannique	1 janvier.		1850	6563	2 396759

N. B. Les époques civiles du cycle me ; sont chacune un jour postérieur à celles astrono les premières étant les époques des *nouvelles lunes* absolument, et les secondes, celles de la visibilité possible du croissant de la lune sur le ciel des tropiques. M. Biot a prouvé que le solstice et la nouvelle lune non-seulement ne coïncident pas au jour placé au commencement du cycle callipique, mais que, par une coïncidence heureuse, il existait une *simple* possibilité de voir le croissant de la lune à Athènes *en ce jour*, compté de minuit à minuit.

927. La détermination de l'intervalle exact entre deux dates données, est de telle importance, et si sujette à l'erreur, à moins de l'obtenir méthodiquement, que les règles suivantes ne seront pas hors de place ici. Il faut remarquer d'abord qu'une date, soit jour ou année, exprime toujours le jour ou l'année *courante* et non *écoulée ;* que la désignation d'une année A. D ou A. C doit être regardée comme le *nom* de cette année et *non comme un simple nombre désignant sans interruption la place de l'année dans l'échelle des temps.* Ainsi, dans la date 5 janvier A. C. I, 5 janvier n'exprime pas que 5 jours de janvier dans l'année en question sont écoulés, mais que 4 le sont et que le 5 est courant. A. C. I indique que le *premier jour* de l'année ainsi nommée (la première année courante avant Jésus-Christ), a précédé d'une année le premier jour de l'ère vulgaire. L'échelle de A. D et de A. C (ou A. J. C) n'est pas continue, l'année o (*zéro*) manquant à l'une et à l'autre ; ainsi (en supposant correct le compte vulgaire), notre Sauveur est né dans l'an A. C. 1.

928. *Pour trouver l'année courante de la période julienne* (P. J), *correspondante à une année courante* A. C ou A.D : si c'est A. C, on soustrait le nombre de 4714 ; si c'est A. D, on ajoute ce nombre à 4713. (Voir les exemples de la table suivante.)

929. *Pour trouver le jour courant de la période julienne correspondant à une date donnée du vieux style.* On convertit l'an A. C ou A.D, comme précédemment, en arrière de P. J. On retranche 1, et l'on divise le nombre ainsi diminué par 4. Soit Q le quotient, et R le reste : alors Q est ce nombre de *quadriennia* de 1461 jours chaque, exactement, et R les années restantes, dont la première est toujours bissextile. On convertit Q en jours, à l'aide de la première des tables ci-annexées, R à l'aide de la seconde de ces tables ; et la somme est l'intervalle entre l'époque julienne et le commencement 1er janvier de

l'année. On trouve les jours entre le commencement 1er janvier, et celui du jour daté à l'aide de la troisième table, se servant de la colonne pour bissextile, quand R = o, et de celle de l'année commune quand R est 1, 2 ou 3. On ajoute les jours ainsi trouvés à ceux en Q + R, et la somme donne les jours écoulés de la période julienne, dont le nombre augmenté de 1 donne le jour courant.

TABLE 1re.
Multiple de 1461, jours dans un quadriennium julien.

1	1461	4	5844	7	10227
2	2922	5	7305	8	11688
3	4383	6	8766	9	13149

TABLE 2e
Jours dans les années restantes.

0	0
1	366
2	731
3	1096

TABLE 3e. *Jours écoulés du 1er janvier au 1er de chaque mois.*

	Année commune.	Année bissextile.
1er Janvier.	0	0
1er Février.. . . .	31	31
1er Mars.	59	60
1er Avril..	90	91
1er Mai.	120	121
1er Juin.	151	152
1er Juillet.	181	182
1er Août.	212	213
1er Septembre. . .	243	244
1er Octobre.. . . .	373	274
1er Novembre. . .	304	305
1er Décembre.. . .	334	335

Exemple. — Quel est le jour courant de la période julienne, correspondant au dernier jour du vieux style en Angleterre; au 2 septembre A. D. 1752.

1752		1000	1461000
4713		600	876600
6465 année cour.		10	14610
1		6	8766
4). 6464 années écoul.		R=0	0
Q=1616 }	1er janv. au 1er sept.		244
R= 0 }	1er sept. au 2 sept.		1
			2361221 jours écoul.
		Jour courant le	2361222

930. Pour trouver la même chose, en nouveau style, on procède comme ci-dessus, considérant la date comme date julienne, et négligeant le changement de style. Alors des jours résultants, on soustrait ainsi qu'il suit :

Pour chaque date du nouveau style antérieure au 1er mars A. D. 1700.	10 jours.
Après le 28 février 1700 et avant le 1er mars A. D. 1800.	11 —
— — 1800 — — — 1900.	12 —
— — 1900 — — — 2100.	13 —

931. *Pour trouver l'intervalle entre deux dates quelconques, soit de l'ancien, soit du nouveau style, ou l'une de l'un, et l'autre de l'autre*, on prend la date courante de la période julienne correspondante à chaque date, et leur différence donne l'intervalle cherché. Si les dates contiennent des heures, minutes, secondes, on les annexe à leurs jours respectifs courants, et on fait la soustraction comme à l'ordinaire.

932. La règle julienne fit, sans exception, chaque quatrième année bissextile. C'est de fait, une correction exagérée, qui suppose de 365 j. 1/4 l'année tropicale, ce qui est beaucoup trop, et induit par conséquent en erreur de 7 jours en 900 ans, comme on peut s'en convaincre. Aussi dès l'an 1414, on commença à s'apercevoir que les équinoxes s'écartaient graduellement du 21 mars et du 21 septembre, époques auxquelles ils se rapportaient, à ce qu'il paraît primitivement, et auxquelles ils auraient dû continuer à se rapporter toujours, si la période julienne eût été exacte. La nécessité d'une nouvelle réforme du calendrier fut dès lors de plus en plus urgente et finit par avoir lieu. Le changement (qui eut lieu

sous le pontificat de Grégoire XIII) consiste dans l'omission nominale de dix jours après le 4 octobre 1582 (en sorte que le jour suivant, au lieu d'être nommé le 5 fut appelé le 15), et l'on publia pour l'avenir la règle que nous avons expliquée. Ce changement fut immédiatement adopté dans tous les pays catholiques; mais beaucoup plus lentement par les protestants. En Angleterre, « le changement de style », comme on l'appela, eut lieu après le 2 septembre 1752; onze jours furent alors nominativement omis, en sorte que le dernier jour du vieux style, étant le 2, le premier du nouveau style, ou le jour suivant, au lieu d'être nommé le 3 fut nommé le 14. Le même acte législatif qui établit en 1752 l'année grégorienne en Angleterre, accrut l'année précédente 1751, d'un plein quartier. Avant ce temps l'année commençait au 25 mars, et l'année 1751 avait suivi cette marche qu'on ne lui laissa pas continuer à partir du premier janvier 1752 qui commença le nouveau style. La Russie est maintenant la seule contrée en Europe dans laquelle le vieux style est conservé, et (une autre année séculaire s'étant écoulée) la différence entre les dates de la Russie et celles du reste de l'Europe est maintenant de 12 jours.

933. Il est heureux pour l'astronomie que la confusion des dates, et les contradictions qu'offrent trop souvent les documents historiques, quand on les confronte avec les connaissances les plus exactes que nous ayons des comptes des temps anciens, n'affectent que bien peu les observations astronomiques qui nous ont été laissées. Une observation astronomique, de quelque phénomène frappant et bien caractérisé, porte avec elle, dans la plupart des cas, de nombreux moyens de retrouver sa date exacte, quand une approximation passable lui est donnée par des souvenirs chronologiques. Loin d'être servilement dépendante des dates obscures et souvent contradictoires qu'indique la comparaison des anciennes autorités, elle est souvent elle-même l'indication la plus certaine d'une époque chronologique. Les éclipses remarquables, par exemple, maintenant que la théorie lunaire est bien comprise, peuvent être calculées en arrière pour plusieurs siècles, sans qu'on puisse s'y tromper d'un seul jour. Ainsi, toutes les fois qu'une telle éclipse intervient dans le compte-rendu de quelque évènement historique par un ancien auteur, de manière à fixer l'intervalle de temps qui s'est écoulé entre l'évènement et l'éclipse, et qu'on ne puisse pas se tromper sur

l'identité de l'éclipse, la date de l'évènement est recouvrée et fixée pour toujours (1).

934. Les jours étant répartis en année, la marche à suivre pour une parfaite connaissance du temps est d'assurer l'identité de chaque jour, en lui imposant un nom connu et employé universellement. Comme les jours d'une année sont trop nombreux pour qu'on puisse se rappeler un nom distinct pour chaque, tous les peuples ont senti la nécessité de les diviser en séries ayant des noms distincts, et dans lesquelles chaque jour à son numéro d'ordre et son indication spéciale. Le mois lunaire a souvent été employé à cet usage; quelques peuples ont préféré la chronologie lunaire à la chronologie solaire; les Turcs et les Juifs ont conservé jusqu'ici cette coutume, faisant l'année de 13 mois lunaires, ou 354 jours (2). Notre division de l'année en douze mois inégaux, est entièrement arbitraire, et produit souvent de la confusion par l'équivoque subsistant entre les mois de la lune et ceux du calendrier. Le jour intercalaire se rattache naturellement au mois de février qui est le plus court.

935. Le temps astronomique, compte de midi du jour courant; le temps civil de minuit qui précède, en sorte que les deux dates ne coïncident que pendant la première moitié du temps astronomique, et la dernière moitié du temps civil. Il y a d'ailleurs un autre inconvénient, très-sérieux, auquel tous les deux sont sujets, inhérent à la nature même du jour, qui est un phénomène local, commençant à différents instants du temps absolu, sous des méridiens différents, que l'on compte de midi, de minuit, du lever ou du coucher du soleil. En conséquence, toutes les observations astronomiques exigent en addition à leur date, pour les rendre comparables l'une à l'autre, la longitude du lieu de l'observation de quelque méridien, communément reconnu de tous les astronomes. Pour les longitudes géographiques, l'île de Ferroë a été choisie par quelques-uns comme un méridien commun, indifférent, inoffensif pour toutes les nations. Les astronomes, s'ils voulaient suivre cet exemple, le fixeraient probablement à Alexandrie, comme celui auquel se réduisent les observations et les calculs

(1) Voyez les calculs remarquables de M. Baily, relatifs à la célèbre éclipse solaire qui mit fin à la bataille entre les rois de Médie et de Lydie, l'an 610 avant J.-C. (30 *sept. Phil. Trans.* 220.)

(2) « Un mois légal, en Angleterre, est le mois lunaire de 28 jours, à moins qu'il ne soit autrement exprimé. » *Blackstone*. i i. *chap.* 9. « Un bail pour 12 mois est seulement pour 48 semaines. » *Ibid.*

de Ptolémée, et comme exigeant le respect de tout le monde, sans offenser personne. Mais cela n'éviterait pas toute difficulté. Il reste encore douteux, à un méridien 180° éloigné du celui d'Alexandrie, quel jour répond à une date donnée. Quand il est lundi le 1er janvier 1849, dans une partie du monde, il est dimanche 31 décembre 1848 dans une autre partie du monde, aussi longtemps que les heures locales l'indiquent. Cette équivoque et la nécessité de spécifier la localité géographique, comme un élément de date, ne peut s'éviter que par un compte de temps, qui se rapporte lui-même à quelque évènement, réel ou imaginaire, commun à tout le globle. Un tel évènement est le passage du soleil à l'équinoxe vernal (du printemps), ou plutôt le passage d'un soleil imaginaire, supposé libre des inégalités de nutation, et se retirant sur l'écliptique avec une *parfaite* uniformité. L'équinoxe actuel est variable, non-seulement par l'effet de la nutation, mais aussi par celui de l'inégalité de précession résultant du changement dans le plan de l'écliptique dû à la perturbation planétaire. Ces deux variations, d'ailleurs, sont périodiques; l'une dans la courte période de 19 ans, l'autre dans une période d'une longueur énorme, qu'on n'a pas calculée jusqu'ici, et dont le maximum de fluctuation n'est pas connu non plus. Cela semble, à la première vue, rendre impraticable le moyen d'obtenir, du mouvement du soleil, une mesure uniforme de temps; mais une considération spéciale nous fera voir qu'il n'en est pas ainsi. Les tables solaires, qui représentent avec une précision presque absolue depuis l'antiquité jusqu'à nous, le lieu apparent du soleil dans les cieux, sont construites d'après cette hypothèse, qu'un certain angle qu'on appelle « longitude moyenne du soleil » (et qui est en effet la somme du mouvement sidéral moyen du soleil, *plus* le mouvement sidéral moyen de l'équinoxe en direction opposée, *aussi près qu'on peut l'obtenir*, des observations accumulées pendant 25 siècles), s'accroît avec une rigoureuse uniformité à mesure que le temps avance. La conversion de cette longitude moyenne en temps au rapport de 360° à la moyenne année tropicale (tel que les tables le prennent), donne donc à la fois l'unité de temps, et la mesure uniforme de son laps que nous cherchons. Cela donne aussi une époque qui n'est pas marquée par quelque évènement réel, mais n'en étant pas moins positivement fixée, par sa liaison, dans le médium des tables, avec chaque observation particulière du soleil d'après lequel elles ont été construites et à laquelle on les a comparées.

936. Telle est la conception abstraite la plus simple du temps équinoxial, c'est la moyenne longitude du soleil de *quelque série perfectionnée de tables solaires,* convertie en temps dans le rapport de 360° à l'année tropicale. Son unité est l'année tropicale moyenne que ces tables prennent, *et non d'autre;* son époque est l'équinoxe vernal moyen de ces tables pour l'année courante, ou bien l'instant où la longitude moyenne de ces tables est O rigoureusement, suivant le mouvement moyen pris du soleil et de l'équinoxe, l'époque prise de longitude moyenne, et le point équinoxial pris, sur quoi les tables ont été calculées, et *non d'autre.* Pour compléter cette idée, il reste seulement à spécifier les tables particulières faites dans ce but, qui doivent être d'une perfection véritable, puisqu'une fois admises, la véritable essence de la conception est *qu'aucune altération subséquente à aucun égard ne peut être faite, même en admettant que les progrès continuels de la science astronomique prouveraient qu'un ou tous les éléments qu'elles comprennent sont erronés en quelque faible degré* (comme ils le sont nécessairement), et *qu'on a même fait les corrections exigées* (corrections qui seront faites, quand un autre progrès dans la perfection aura lieu).

937. Les tables solaires de Delambre (en 1828), quand ce mode de compter le temps fut admis, ont paru mériter cette distinction. D'après ces tables, la longitude moyenne du soleil était 0°, où l'équinoxe vernal moyen avait lieu, en l'an 1828, le 22 mars, à 1 h. 2 m. 59 s., 05 temps moyen à Greenwich; par conséquent à 2 h. 56 m. 34 s., 55 temps moyen à Paris; ou 2 h. 56 m. 34 s., 55 temps moyen à Berlin; auquel instant ainsi, le temps équinoxial était 0 j. 0 h. 0 m. 0 s.; étant le commencement de la 1828me année courante du temps équinoxial; si l'on date de l'équinoxe tabulaire moyen, le plus près de l'ère vulgaire; ou de la 654me année de la période julienne si l'on préfère dater de la 1re année de cette période.

938. Ainsi le temps équinoxial date de l'équinoxe vernal moyen des tables solaires de Delambre, et son unité est l'année tropicale moyenne de ces tables; 365 j. 242264. Ayant la fraction d'un jour exprimant la différence entre le temps moyen en un lieu quelconque (soit Greenwich), à un jour quelconque entre deux équinoxes vernaux moyens; cette différence sera la même pour chaque autre jour dans le même intervalle. Ainsi, entre l'équinoxe moyen de 1828 et de 1829,

la différence entre le temps équinoxial et celui de Greenwich est 0 j. 956261, ou bien 0 j. 22 h. 57 m. 0 s. 95, ce qui exprime le jour équinoxial, l'heure, la minute et la seconde, correspondant au midi moyen à Greenwich, le 23 mars 1828 ; et pour les midi des 24, 25, etc., il n'y a qu'à substituer 1 j., 2 j. etc., au lieu de 0 j., et ainsi de suite comprenant le 22 mars 1829. Entre midi Greenwich, du 22 et du 23 mars 1829, la 1828me année équinoxiale se termine, et la 1829me commence. Cela arrive à 0 j. 286003, ou bien 6 h. 51 m. 50 s. 66 temps moyen Greenwich, après laquelle heure, et jusqu'au midi suivant, l'heure Greenwich ajoutée au temps équinoxial 364 j. 956261, s'élèvera à plus de 365 j. 242264; année complète, qu'il faut soustraire pour donner la date équinoxiale dans l'année nouvelle, correspondant au temps de Greenwich. Par exemple, à 12 h. 0 m. 0 s. temps moyen Greenwich, ou 0 j. 500000, le temps équinoxial sera 364 j. 956261 + 0 j. 500000 = 365 j. 456261, ce qui étant plus grand que 365 j. 242264, prouve que l'année courante équinoxiale a changé, et le dernier nombre étant retranché, on a 0 j. 213977 pour le temps équinoxial de l'année courante 1829 correspondant au 22 mars, 12 h. temps moyen Greenwich.

939. Ayant la partie fractionnaire d'un jour pour une année quelconque exprimant l'heure équinoxiale, de l'Est au Midi moyen d'un lieu donné, on aura celle pour les années subséquentes en soustrayant 0 j. 242264 et les multiples de cette fraction (accrue d'une unité si cela est nécessaire), et en les ajoutant pour les années précédentes. Ainsi, ayant trouvé 0, 198525 pour la partie fractionnaire d'un jour pour 1827, la partie fractionnaire pour les années suivantes jusqu'à 1853 sera :

1828. . . .	0,956261	1841. . . .	0,806829
1829. . . .	713997	1842. . . .	564565
1830. . . .	471733	1843. . . .	322301
1831. . . .	229469	1844. . . .	080037
1832. . . .	987205	1845. . . .	837773
1833. . . .	744941	1846. . . .	595509
1834. . . .	502677	1847. . . .	353245
1835. . . .	260413	1848. . . .	110981
1836. . . .	018189	1849. . . .	868717
1837. . . .	775885	1850. . . .	626453
1838. . . .	533621	1851. . . .	384189
1839. . . .	291357	1852. . . .	141925
1840. . . .	049093	1853. . . .	899661

Ces nombres diffèrent de ceux de l'almanach nautique et devraient leur être substitués, pour emporter avec eux l'idée du temps équinoxial, comme nous l'avons émise ci-dessus. Dans les années 1828-1833, l'éditeur éminent de cet almanach s'est servi d'un équinoxe différant faiblement de celui de Delambre, qui compte pour cette différence dans ces années. En 1834, il semblerait qu'une déviation du principe du texte et de la pratique précédente de cet almanach eussent eu lieu, en divisant la fraction pour 1834 de celle de 1833, ce qui a toujours été perpétué depuis. Cela consiste à rejeter la longitude moyenne des tables de Delambre, pour adopter la correction qu'a faite Bessel à cet élément. L'effet de cette altération, a été d'insérer 3 m. 3 s. 68 *d'un temps purement imaginaire* entre la fin de l'année équinoxiale 1833 et le commencement de 1834 : en d'autres termes, de faire l'intervalle entre les midi du 22 mars et du 23 mars 1834, de 24 h. 3 m. 3 s. 68, quand on compte en temps équinoxial. En 1835 et dans les années subséquentes, on s'est éloigné davantage du principe du texte en substituant l'année tropicale de Bessel de 365 j. 2422175 à celle de Delambre. Ainsi tout a été mis en confusion, et il faut revenir au dessein primitif dans son intégrité, ou continuer la pratique actuelle (évitant tout changement ultérieur), pour les années à venir.

APPENDICE.

I. LISTE DES ÉTOILES NORD ET SUD

avec leurs grandeurs approximatives à l'échelle vulgaire et photométrique.

1. *Etoiles Nord.*

ÉTOILES.	Grandeurs vulg.	Grandeurs phot.	ÉTOILES.	Grandeurs vulg.	Grandeurs phot.
Arcturus. . . .	0.77	1.18	α de Persée.. .	2.07	2.48
La Chèvre. .. .	1.0:	1.4	η de l'Ourse (v.)	2.18	2.59
La Lyre. . . .	1.0:	1.4	γ d'Orion.. . .	2.18	2.59
Procyon. . . .	1.0:	1.4:	β du Taureau..	2.28	2.69
α d'Orion.. . .	1.0:	1.43	Polaire.	2.28	2.69
Aldébaran. . .	1.1:	1.5:	γ du Lion. . .	2.34	2.75
α de l'Aigle.. .	1.28	1.69	α du Bélier.. .	2.40	2.81
Pollux.	1.6:	2.0:	ζ de l'Ourse. .	2.43	2.84
Régulus. . . .	1.6:	2.0:	β d'Andromède	2.45	2.86
α du Cygne. .	1.90	2.31	β d'Amiga. . .	2.48	2.89
Castor.	1.94	2.35	γ d'Andromède	2.50	2.91
ε de l'Ourse (v.)	1.95	2.36	γ de Cassiopée.	2.52	2.93
α de l'Ourse (v.)	1.96	2.37	α d'Andromède	2.54	2.95

ÉTOILES.	Grandeurs vulg.	Grandeurs phot.	ÉTOILES.	Grandeurs vulg.	Grandeurs phot.
α de Cassiopée.	2.57	2.98	ζ d'Hercule.. .	3.28	3.69
γ des Gémeaux	2.59	3.00	ι du Cocher. .	3.29	3.70
Algol (var). . .	2.62	3.03	γ de la petite Ourse. . .	3.30	3.71
ε de Pegase.. .	2.62	3.03	η de Pégase.. .	3.31	3.72
γ du Dragon. .	2.62	3.03	ζ de l'Aigle.. .	3.32	3.73
β du Lion. . .	2.63	3.04	β du Cygne.. .	3.33	3.74
α d'Ophiucus. .	2.63	3.04	γ de Persée.. .	3.34	3.75
β de Cassiopée.	2.63	3.04	μ de l'Ourse. .	3.35	3,76
γ du Cygne.. .	2.63	3.04	β Triangle bor.	3.35	3.76
α de Pégase.. .	2.65	3.06	δ de Persée.. .	3.36	3.77
β de Pégase.. .	2.65	3.06	ψ de l'Ourse. .	3.36	3.77
α de la Couron.	2.69	3.10	ε du Cocher (v.)	3.37	3.78
γ de l'Ourse. .	2.71	3.12	γ du Lynx. . .	3.39	3.80
β de l'Ourse. .	2.77	3.18	ζ du Dragon. .	3.40	3.81
ε du Bouvier. .	2.80	3.21	π d'Hercule.. .	3.41	3.82
ε du Cygne.. .	2.88	3.29	β du pet. Chien?	3.41	3.82
α de Céphée. .	2.90	3.31	ζ du Taureau. .	3.42	3.83
α du Serpent. .	2.92	3.33	δ du Dragon. .	3.42	3 83
δ du Lion.. . .	2.94	3.35	μ des Gémeaux.	3.42	3.83
γ de l'Aigle.. .	2.98	3.39	γ du Bouvier..	3.43	3.84
δ de Cassiopée.	2.99	3.40	ε des Gémeaux.	3.43	3.84
η du Bouvier..	3.01	3.42	δ d'Hercule.. .	3.44	3.85
η du Dragon. .	3,02	3.43	δ des Gémeaux.	3.44	3.85
β du Dragon. .	3.06	3.47	q d'Orion.. . .	3.45	3.86
β du Bélier.. ,	3.09	3.50	β de Céphée. .	3.45	3.86
γ de Pégase.. .	3.11	3.52	θ de l'Ourse. .	3.45	3.86
ε de la Vierge?.	3.14	3.55	ι de l'Ourse. .	3.46	3.87
θ du Cocher. .	3.17	3.58	η du Cocher. .	3.46	3.87
β d'Hercule.. .	3.18	3.59	γ de la Lyre. .	3.47	3.88
α des Lévriers.	3.22	3.63	η des Gémeaux.	3.48	3.89
β d'Ophiucus. .	3.23	3.64	γ de Céphée. .	3.48	3.89
δ du Cygne.. .	3.24	3.65	κ de l'Ourse. .	3.49	3.90
ε de Persée.. .	3.26	3.67	ε de Cassiopée.	3.49	3.90
η du Taureau?	3.26	3.67	δ de l'Aigle.. .	3.50	3.91
ζ de Persée.. .	3.27	3.68			

2. *Etoiles Sud.*

ÉTOILES.	Grandeurs vulg.	Grandeurs phot.	ÉTOILES.	Grandeurs vulg.	Grandeurs phot.
Sirius..	1.08	0.49	θ du Centaure..	2.54	2.95
η d'Argus. . .	—	—	β du Chien. . .	2.58	2.99
Canope.. . . .	0.29	0.70	κ d'Orion.. . .	2.59	3.00
α du Centaure.	0.59	1.00	δ d'Orion.. . .	2.61	3.02
Rigel.	0.82	1.23	γ du Centaure.	2.68	3.09
α d'Eridan. . .	1.09	1.50	ε du Scorpion..	2.71	3.12
β du Centaure.	1.17	1.58	ζ d'Argus. . .	2.72	3.13
α de la Croix. .	1.2	1.6	α de Phœnice. .	2.78	3.19
Antarés.. . . .	1.2	1.6	ι d'Argus. . .	2.80	3.21
Spica..	1.38	1.79	α du Loup. . .	2.82	3.23
Fomalhaut. . .	1.54	1.95	ε du Centaure..	2.82	3.23
β de la Croix. .	1.57	1.98	η du Chien. . .	2.85	3.26
α de la Grue. .	1.66	2.07	β des Verseaux	2.86	3.26
γ de la Croix. .	1.73	2.14	δ du Scorpion..	2.86	3.27
ε d'Orion.. . .	1.84	2.25	η d'Ophiucus. .	2.89	3.30
ε du Chien. . .	1.86	2.27	γ du Corbeau. .	2.90	3.31
λ du Scorpion..	1.87	2.28	η du Centaure.	2.91	3.32
ζ d'Orion.. . .	2.01	2.42	κ d'Argus. . .	2.94	3.35
β d'Argus.. . .	2.03	2.44	β du Corbeau..	2.95	3.36
γ d'Argus. . .	2.08	2.49	β du Scorpion..	2.96	3.37
ε d'Argus. . .	2.18	2.59	ζ du Centaure..	2.96	3.37
α du Triangle A	2.23	2.64	ζ d'Ophiucus. .	2.97	3.38
ε du Sagittaire.	2.26	2.67	α des Poissons.	2.97	3.38
θ du Scorpion..	2.29	2.70	π d'Argus. . .	2.98	3.39
α de l'Hydre. .	2.30	2.71	δ du Centaure.	2.99	3.40
δ du Chien. . .	2.32	2.73	α du Lièvre.. .	3.00	3.41
α du Paon. . .	2.33	2.74	δ d'Ophiucus. .	3.00	3.41
β de la Grue. .	2.36	2.77	ζ du Sagittaire.	3.01	3.42
σ du Sagittaire.	2.41	2.82	π d'Ophiucus. .	3.05	3.46
δ d'Argus. . .	2.42	2.83	β de la Balance.	3.07	3.48
β de la Baleine.	2.46	2.87	γ de la Vierge..	3.08	3.49
λ d'Argus. . .	2.46	2.87	μ d'Argus. . .	3.08	3.49

ÉTOILES.	Grandeurs vulg.	Grandeurs phot.	ÉTOILES.	Grandeurs vulg.	Grandeurs phot.
δ du Sagittaire.	3.11	3.52	π du Scorpion.	3.35	3.76
α de la Balance.	3.12	3.53	β du Lièvre.. .	3.35	3.76
λ du Sagittaire.	2.13	3.54	γ du Loup. . .	3.36	3.77
β du Loup. . .	3.14	3.55	γ du Scorpion..	3.37	3.78
α de la Colombe	3.15	3.56	α d'Orion.. . .	3.37	3.78
ι du Centaure.	3.20	3.61	α d'Autel. . . .	3.40	3.81
δ du Capricorne	3.20	3.61	π du Sagittaire	3.40	3.81
δ du Corbeau..	3.22	3.63	α de la Mouche.	3.43	3.84
β d'Eridan. . .	3.26	3.67	α de l'Hydre? .	3.44	3.85
θ d'Argus. . .	3.26	3.67	τ du Scorpion.	3.44	3.85
β de l'Hydre. .	3.27	3.68	ζ de l'Hydre. .	3.45	3.86
ε du Corbeau..	3.28	3.69	γ de l'Hydre. .	3.46	3.87
Les Autels. . .	3.31	3.72	β du Triangle..	3.46	3.87
α de Toucanus	3.32	3.73	σ du Scorpion.	3.50	3.91
β du Capricorne	3.32	3.73	τ d'Argus.. . .	3.50	3.91
ρ d'Argus. . .	3.32	3.73			

II. — TABLEAU SYNOPTIQUE

DES ÉLÉMENTS DU SYSTÈME PLANÉTAIRE.

NOM du CORPS.	DISTANCE moyenne DU SOLEIL, ou demi-axe.	PÉRIODE moyenne sidérale en jours moyens solaires.	EXCENTRICITÉ en parties du demi-axe.
Le Soleil. .			
Mercure. .	0,3870981	87,9692580	0,2055149
Vénus. . .	0,7233316	224,7007869	0,0068607
La Terre. .	1,0000000	365,2563612	0,0167836
Mars. . . .	1,5236923	686,9796458	0,0933070
Flora. . . .	2,2016870	1193,249	0,1565570
Vesta. . . .	2,3610810	1325,7431000	0,0891300
Iris	2,3806240	1341,636	0,2299424
Métis. . . .	2,3856070	1345,850	0,1202532
Hébé. . . .	2,4257866	1379,994	0,2001805
Astrée. . .	2,5770470	1511,095	0,1880586
Junon. . .	2,6708370	1594,296	0,2548847
Cérès. . . .	2,7680510	1682,125	0,0766523
Pallas. . .	2,7728580	1686,510	0,2398150
Jupiter. . .	5,2027760	4332,5848212	0,0481621
Saturne . .	9,5387861	10759,2198174	0,0561505
Uranus. . .	19,1823900	30686,8208296	0,0466794
Neptune. .	30,0368000	60126,7100000	0,0087195

Suite du Tableau synoptique.

NOM du CORPS.	INCLINAISON de l'orbite à l'écliptique.	LONGITUDE du nœud ascendant.	LONGITUDE du périhélie.
	° ′ ″	° ′ ″	° ′ ″
Le Soleil. .			
Mercure. .	7 0 9,1	45 57 30,9	74 21 46,9
Vénus. . .	3 23 28,5	74 54 12,9	128 43 53,1
La Terre. .			99 30 5
Mars. . . .	1 51 6.2	48 0 3,5	332 23 56,6
Flora.. . .	5 53 4,8	110 18 12,0	33 0 40,8
Vesta . . .	7 8 29,7	103 23 31,6	250 46 32,2
Iris. . . .	5 28 15,9	259 48 10,2	41 41 13,5
Métis.. . .	5 34 27,8	68 32 17,4	70 33 42,8
Hébé.. . .	14 47 5,6	138 29 42,6	14 50 50,3
Astrée. . .	5 19 22,7	141 25 14,6	135 20 47,0
Junon. . .	13 3 22,5	170 54 45,6	54 24 12,8
Cérès.. . .	10 37 4,4	80 48 46,6	147 46 12,4
Pallas. . .	34 37 33,1	172 43 59,7	121 21 48,5
Jupiter.. .	1 18 51,3	98 26 18,9	11 8 34,6
Saturne . .	2 29 35,7	111 56 37,4	89 9 29,8
Uranus.. .	0 46 28,4	72 59 35,3	167 31 16,1
Neptune. .	1 46 59,0	130 5 11,0	47 12 56,7

NOM DU CORPS.	Moyenne longitude L / anomalie A à époque.				Epoque des éléments en temps moyen à Grenwich G, à Berlin B.	MASSE (le dénominateur de la fraction du soleil étant 1.)	DIAMÈTRE en kilomètres.	Densité.	Temps de rotation de l'axe.
		°	′	″					
Le Soleil. .						1	1420020	0,25	607h 48m
Mercure. .	L =	166	0	48,0	1801 1er janvier 0 h. G	4865751	5055	1,12	24 5
Vénus. . .		11	33	3,0	Id.	401839	12638	0,92	23 21
La Terre. .		100	39	10,2	Id.	389551	12760	1,00	24 0
Mars. . . .		64	22	55,5	Id.	2680337	6571	0,95	24 37
Flora. . .	A =	35	48	7,0	1848 1er janvier 0 h. B				
Vesta. . .		225	44	18,8	1850 9 janvier 0 h. B		402?		
Iris. . . .		330	41	54,0	1848 1er janvier 0 h. B				
Métis. . . .		146	30	18,5	1848 5 mai 12 h. B				
Hébé. . . .		275	8	51,5	1847 1er janvier 0 h. B				
Astrée. . .		318	45	3,5	1846 1er janvier 0 h. B				
Junon. . .		124	31	10,8	1850 8 avril 0 h. B		13?		
Cérès. . .		219	6	29,5	1850 25 sept. 0 h. B		262?		
Pallas. . .		217	31	10,6	1850 25 août 0 h. B				
Jupiter. . .	L =	112	15	23,0	1801 1er janvier 0 h. G	1047,871	140070	0,24	9 56
Saturne. .		135	20	6,5	Id.	3501,600	129547	0,14	10 29
Uranus. . .		167	31	16,1	Id.	24905	55545	0,24	9 30?
Neptune. .		330	44	41,8	1848 1er janvier 0 h. G	18780	66815	0,14	

N. B. Les éléments des orbites de Mercure, Vénus, la terre, Mars, Jupiter, Saturne et Uranus, sont ceux donnés par feu F. Baily, dans ses « Tables et Formules astronomiques »; ce sont les mêmes que ceux qui forment la base des tables de Delambre, en incorporant les formules de Laplace. Les éléments d'Uranus et de Neptune ne peuvent être regardés que comme provisoires; ceux du premier exigeant des corrections considérables, nécessitées par la découverte de Neptune, mais qui n'étant pas définitivement déterminées, à raison de l'incertitude sur la masse et les éléments de Neptune, doivent rester ainsi plutôt que d'y faire une rectification imparfaite. Les masses des planètes sont celles récemment adoptées par Encke (*Astr. nachr.* n° 445), d'après les meilleures autorités, celle de Neptune exceptée, qui est la détermination du professeur Peirce, d'après l'observation de Bond et Lassel sur le satellite qu'a découvert ce dernier. Les densités sont celles de Hansen (*Astr. nachr.* n° 443).

Les éléments de Vesta, Junon, Cérès et Pallas, sont les éléments pour 1850, computés par Encke (*Astr. nachr.* n° 636). Ceux de Flora, Iris, Métis, Hébé et Astrée proviennent des calculs de Brunnow (*Astr. nachr.* n° 645); Galle (n° 643); Sontag (n° 644); Lehman (n° 636); D'Arrest (n° 626), *Astr. nachr.* Les cinq dernières planètes que nous venons de nommer sont si récemment découvertes, que leurs éléments auront sans doute à subir des rectifications provenant de nouvelles observations.

TABLEAU SYNOPTIQUE
DES ÉLÉMENTS DES ORBITES DES SATELLITES, AUTANT QU'ELLES SONT CONNUES.

N. B. *Les distances sont exprimées en rayons équatoriaux des planètes principales. L'époque est le 1er janvier 1801, à moins d'indication contraire.*

Les périodes, etc., sont exprimées en jours solaires moyens.

I. LA LUNE.

Distance moyenne de la terre.	59r96435000
Révolution sidérale moyenne.	27j.,32166148
Révolution synodique moyenne.	29j.,530588715
Excentricité de l'orbite.	0,054844200
Révolution moyenne des nœuds.	6793j.,391080
Révolution moyenne de l'apogée.	3232j.,575343
Longitude moyenne des nœuds à l'époque.	13° 53' 17",7
Longitude moyenne du périgée à l'époque.	266 10 7, 5
Inclinaison moyenne de l'orbite.	5 8 47, 9
Longitude moyenne de la lune à l'époque.	118 17 8, 3
Masse, celle de la terre étant 1.	0,011399
Diamètre, 2158 *miles*.	3474 *kilomètres.*
Densité, celle de la terre étant 1.	0,5657

II. SATELLITES DE JUPITER.

SATELLITES.	RÉVOLUTION sidérale.	DISTANCE moyenne.	INCLINAISON de l'orbite à un plan propre à chacun.	INCLINAISON du plan fixe à l'équateur de Jupiter.	RÉVOLUTION rétrograde des nœuds dans le plan fixe.	MASSES, celle de Jupiter étant 1,000000000
	j. h. m. s.		° ′ ″	° ′ ″	Années.	
1	1 18 27 33,506	6,04853	0 0 0	0 0 6		17328
2	3 13 14 36,393	9,62347	0 27 50	0 1 5	29,9142	23235
3	7 3 42 33,362	15,35024	0 12 20	0 5 2	141,7390	88497
4	16 16 31 49,702	26,99835	0 14 58	0 24 4	531,0000	42659

Les excentricités du 1er et du 2e satellites sont insensibles ; celles du 3e et du 4e sont faibles, mais variables à raison de leur perturbation mutuelle.

III. SATELLITES DE SATURNE.

SATELLITES.	RÉVOLUTION sidérale.	DISTANCE moyenne.	ÉPOQUE des éléments.	LONGITUDE moyenne à l'époque.	EXCENTRICITÉ.	PERI SATURNIUM.
	j. h. m. s.			° ' "		° ' "
1 Mimas. . .	0 22 37 22,9	3,3607	1790	256 58 48		
2 Encelade.	1 8 53 6,7	4,3125	1836	67 41 36		
3 Thétys.. .	1 21 18 25,7	5,3396	Id.	313 43 48	0,04 ?	54?
4 Dionée.. .	2 17 41 8,9	6,8398	Id.	327 40 48	0,02 ?	42?
5 Rhéa. . .	4 12 25 10,8	9,5528	Id.	353 44 00	0,02 ?	95?
6 Titan. . .	15 22 41 25,2	22,1450	1830	137 21 24	0,029314	256 38 11
7 Hypérion.	22 12 0 0,0	28, ±				
8 Japet. . .	79 7 53 40,4	64,3590	1790	269 37 48		

Les longitudes sont comptées dans le plan de l'anneau de son nœud descendant à l'écliptique. Les six premiers satellites se meuvent dans ce plan, ou à peu près; celui du 8e lui est incliné à un angle d'environ moitié entre les plans de l'anneau et de l'orbite de la planète. Les apsides de Titan ont un mouvement direct de 30' 28" par an, en longitude sur l'écliptique.

La découverte de Hypérion est récente (18 septembre 1848), par M. Lassalle, de Liverpool, et le professeur Bond, de Cambridge (*Etats-Unis*). Sa distance et sa période ne sont que des conjectures. MM. Kater, Encke et Lassel s'accordent à représenter l'anneau de Saturne comme subdivisé par plusieurs lignes sombres, étroites, outre les larges divisions noirâtres vues au télescope ordinaire.

IV. SATELLITES D'URANUS.

SATELLITES.	RÉVOLUTION sidérale.	Distance moyenne.	ÉPOQUES du passage et du nœud le plus ascendant des orbites G. T.	NOEUDS et INCLINAISONS
	j. h. m. s.			Les orbites sont inclinées sous un angle d'environ 78° 58' à l'écliptique dans un plan dont le nœud ascendant est en long. 165° 30' (équinoxe de 1798). Leur mouvement est rétrograde ; les orbites sont presque circulaires.
1	4?			
2	8 16 56 31,3	17,0	février 16 1787, 0h 10m.	
3	10 23?	19,8?		
4	13 11 7 12,6	22,8	janvier 7 1787, 0h 28m.	
5	38 2?	45,5?		
6	107 12?	91,0?		

V. SATELLITES DE NEPTUNE.

Un seul a été observé d'une manière certaine. Sa période approximative est 5 j. 20 h. 50 m. 45 s. Sa distance est d'environ douze rayons de la planète.

VI. ÉLÉMENTS DES COMÈTES PÉRIODIQUES A LEUR DERNIÈRE APPARITION.

	DE					
	HALLEY.	ENCKE.	BIÉLA.	FAYE.	DE VICO.	BRORSEN.
	1835. 15 novembre	1845. 15 août.	1846. 11 février.	1843. 17 octobre.	1844. 2 septembr.	1846. 25 février.
Temps du passage en périhélie........	h. m. s. 22 41 22	h. m. s. 15 11 11	h. m. s. 0 2 50	h. m s. 34 41 16	h. m. s. 11 26 53	h. m. s. 9 13 35
Longitude du périhélie..	304°31'32"	157°44'21"	109° 5'47"	49°31'19"	342°31'15"	116°98'34"
Longitude du nœud ascendant pour époque du périhélie......	55 9 59	334 19 33	245 56 58	209 29 19	63 49 31	102 39 36
Inclinaison à l'écliptique	17 45 5	13 7 34	12 34 14	11 22 31	2 54 45	30 55 7
Demi-axe........	17,98796	2,21640	3,50182	3,81179	3,09946	3,15021
Excentricité......	27865 j. 74	1205 j. 23	2593 j. 52	2718 j. 26	1993 j. 09	2042 j. 24
Période en jours....	Rétrograde..	Directe.	Directe.	Directe.	Directe.	Directe.

N. B. On trouvera une liste complète des éléments de toutes les comètes connues jusqu'en juin 1847, d'après *tous* leurs calculateurs, dans le professeur Encke, édition de Olbers. — « *Abhandlung über die leichteste und bequemste méthode die Bahn Eines cometen zu berechnen.* » — La liste est complétée par le docteur Galle. Elle contient les orbites de 178 comètes distinctes. D'après un examen de ces orbites, nous indiquons comme l'établissement le plus correct des statistiques cométaires, celui de l'art. 601 ; savoir : Comètes rétrogrades sous l'inclinaison de 10°, 3 en dehors de 15 ; 20°, 9 en dehors de 29 ; comètes rétrogrades, se mouvant dans des orbites sensiblement elliptiques, sous 17° d'inclinaison, 0 en dehors de 9. Dans ces orbites, de toutes inclinaisons, depuis 0 jusqu'à 90°, 11 en dehors de 37. On voit que les conséquences de cet article sont renforcées par un large champ de comparaison.

VOCABULAIRE ANALYTIQUE.

N. B. Les chiffres renvoient aux articles et non aux pages, les .... indiquent que le renvoi s'étend à plusieurs articles suivants

A

B

C

D

É

F

G

H

K

L

M

R

S

T

U

V

Z

FIN.

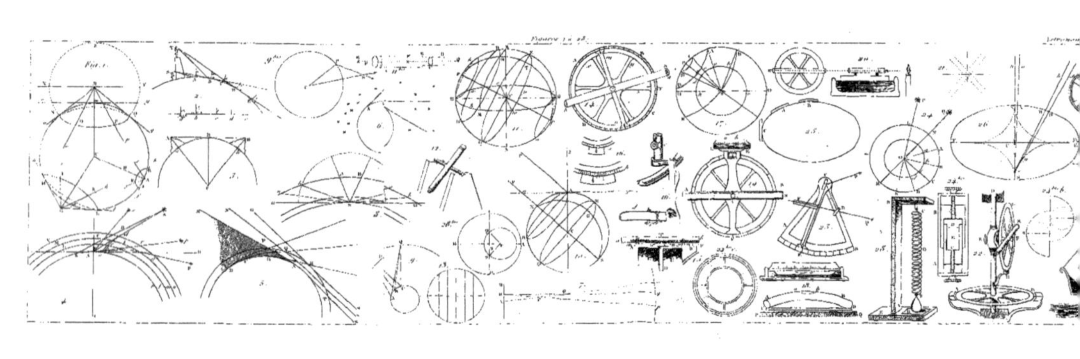

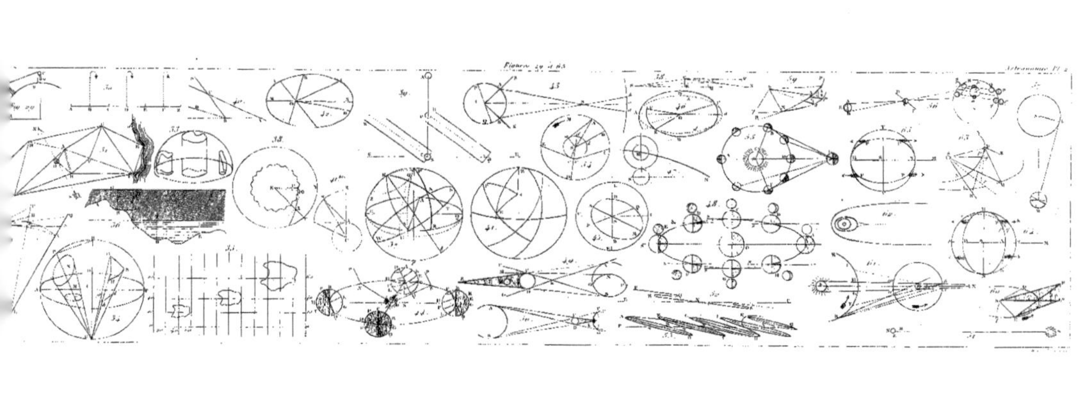
Figures 29 à 63
Astronomie Pl. 2

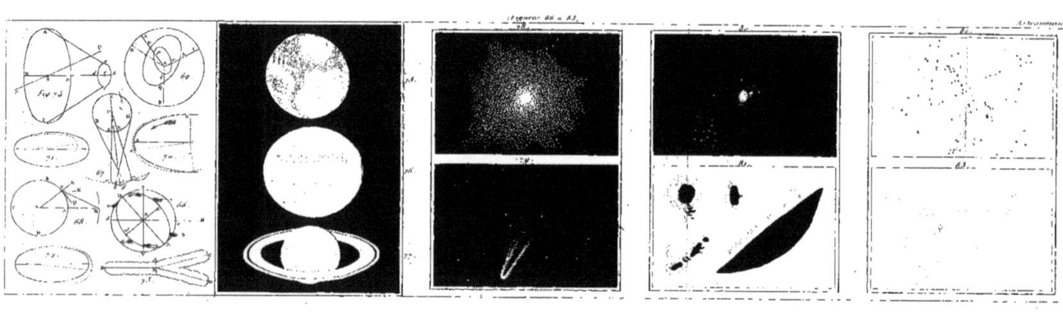

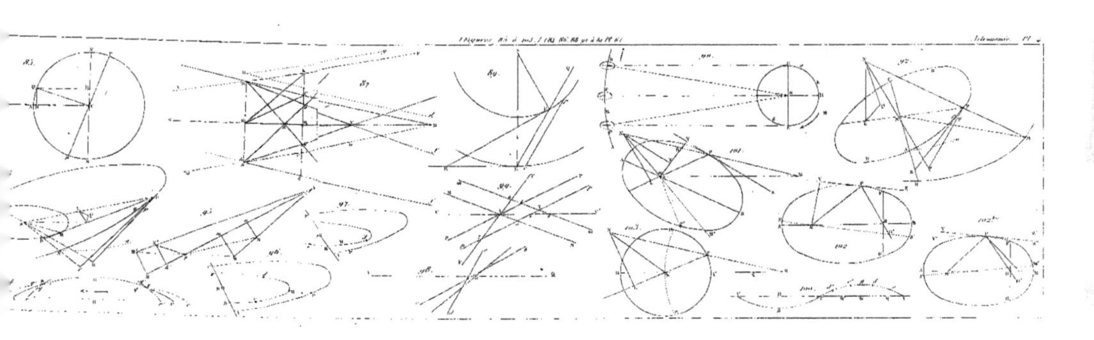

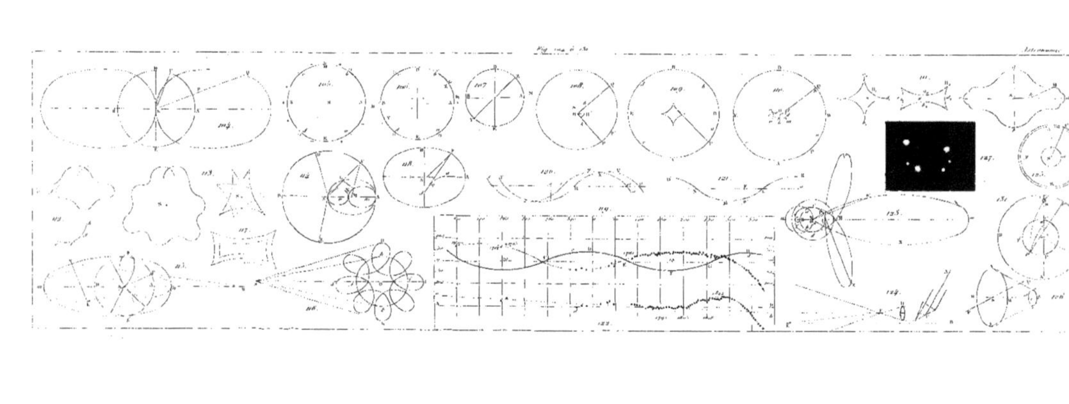

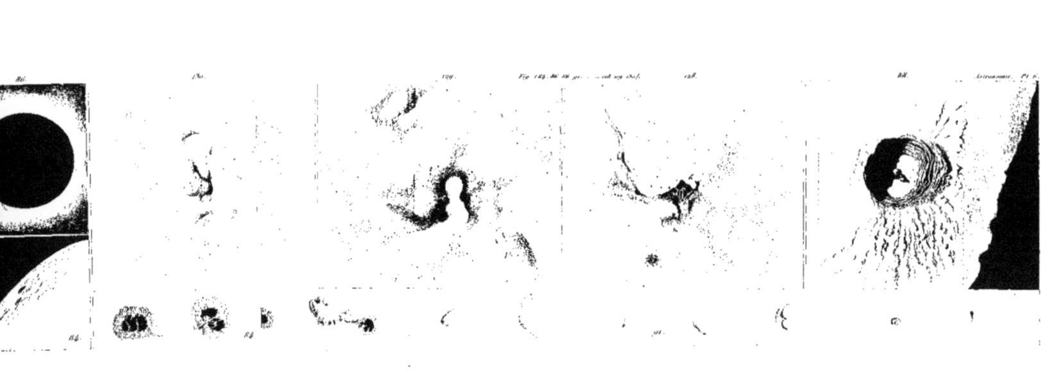

TABLE

DES MATIÈRES.

DEUXIÈME PARTIE.

TROISIÈME PARTIE.

ASTRONOMIE SIDÉRALE.

QUATRIÈME PARTIE.

MESURE DU TEMPS.

APPENDICE.

FIN DE LA TABLE DES MATIÈRES.

BAR-SUR-SEINE. — IMP. DE SAILLARD.

www.ingramcontent.com/pod-product-compliance
Ingram Content Group UK Ltd.
Pitfield, Milton Keynes, MK11 3LW, UK
UKHW021838190726
13855UKWH00001B/44